Autodesk授权培训中心（ATC）：北纬华元培训专用系列教程

Autodesk Revit
Architecture 201x
建筑设计
全攻略

北京北纬华元软件科技有限公司　秦军　编著

中国水利水电出版社
www.waterpub.com.cn

内 容 提 要

本书是美国 Autodesk 公司授权培训中心（ATC）：北京北纬华元软件科技有限公司（RNL）的专用培训系列教程之一。

本书以 Revit Architecture 软件功能为主干，以一个别墅设计主案例为枝，以几百个小案例为叶，辅以 368 个练习文件和详细操作说明，以图文并茂的形式详细、系统地讲解了 Revit Architecture 所有功能的操作方法和技巧，是学习 Revit Architecture 必备的"功能＋案例"大全学习手册。

本书适合广大建筑设计师、在校学生及三维设计爱好者学习和参考。

图书在版编目（ＣＩＰ）数据

Autodesk Revit Architecture 201x 建筑设计全攻略
/秦军编著. ——北京：中国水利水电出版社，2010.10
（2024.6 重印）
Autodesk 授权培训中心（ATC）北纬华元培训专用系列教程
ISBN 978-7-5084-8002-2

Ⅰ.①A …　Ⅱ.①秦…　Ⅲ.①建筑设计：计算机辅助设计－应用软件，Revit Architecture－技术培训－教材
Ⅳ.①TU201.4

中国版本图书馆 CIP 数据核字(2010)第 206232 号

书　　　名	Autodesk 授权培训中心（ATC）：北纬华元培训专用系列教程 Autodesk Revit Architecture 201x 建筑设计全攻略
作　　　者	北京北纬华元软件科技有限公司　秦军　编著
出版发行	中国水利水电出版社 （北京市海淀区玉渊潭南路 1 号 D 座　100038） 网址：www.waterpub.com.cn E-mail：sales@mwr.gov.cn 电话：（010）68545888（营销中心）
经　　　售	北京科水图书销售有限公司 电话：（010）68545874、63202643 全国各地新华书店和相关出版物销售网点
排　　　版	汇鑫腾达商贸公司
印　　　刷	北京市密东印刷有限公司
规　　　格	184mm×260mm　16 开本　32.5 印张　771 千字
版　　　次	2010 年 10 月第 1 版　2024 年 6 月第 7 次印刷
印　　　数	11001—13000 册
定　　　价	**92.00 元**（附光盘 1 张）

凡购买我社图书，如有缺页、倒页、脱页的，本社营销中心负责调换

序

如果历数 20 世纪末期影响中国工程设计行业最深远的事情，"甩图板工程"无疑可以算其中之一，同样，如果历数 21 世纪最初十年影响中国工程设计行业最深远的事情，"BIM 模式"的出现也毫无疑问是其中之一。与 20 世纪末工程设计领域"甩图板"工程类似，BIM 在中国的应用也遵循着同样的轨迹：少数技术发烧友热衷→企业决策层从企业发展角度逐步认同→行业逐步认同并开始建立相关标准→开始进入工程项目的业务流程。可以说，秦军近年来所做的努力，包括本书，推动了中国工程设计行业的 BIM 应用沿着客观的轨迹加速前进。

1990 年，美国著名管理学者普拉哈德和哈默尔提出了核心竞争力的概念，他们认为，随着世界的发展变化，竞争加剧，产品生命周期的缩短以及全球经济一体化的加强，企业的成功不再归功于短暂的或偶然的产品开发或灵机一动的市场战略，而是企业核心竞争力的外在表现。按照他们给出的定义，核心竞争力是能为客户带来特殊利益的一种独有技能或技术。

工程设计企业的核心竞争力是什么？BIM 无疑已成为工程设计企业核心竞争力的要素之一，因为工程设计企业的客户——业主，已经不满足于简单获取设计结果，而更关注设计对工程投资效益的影响与价值。

本书不是一本简单的操作技巧工具书，而是秦军将多年 BIM 服务积累融入其中的心血之作。在接到做序邀请后，我回顾了与秦军同事十多年的经历，在我脑海中的秦军，始终伴随着积极、勤奋、进取，我为有秦军这样的同事而感到荣幸，也相信本书能够成为读者职业发展的好帮手。

中国软件联盟副理事长
北京东经天元软件科技有限公司总经理　汪巍

前　言

美国 Autodesk 公司的三维建筑设计 Revit Architecture 软件，从 2003 年正式发布中文简体版到今天，已经历了 5、6.1、8、9、2008、2009、2010、2011 共 8 个版本。经过 8 年的艰苦历程，特别是到 2011 版本，无论是从软件主界面，还是软件功能方面，Revit Architecture 都经历了质的变化，并得到了广大建筑师的关注和认可。

从 2005 年开始至今，作者先后主编、合作主编与撰写了《Autodesk Revit Building 8 实战绘图教程》、《Autodesk Revit Building 9 应用宝典》、《Autodesk Revit Architecture 2008 实战全攻略》、《Autodesk Revit Architecture 2009 实战培训教程》等一系列教程。上述教程在过去的三维建筑设计起步与发展阶段虽说都起到了重要的作用，但总有很多不满意的地方，始终没有达到自己心目中预期的教程模样！

2010 年 6 月发布的 Revit Architecture 2011 版本，在软件功能大为改进的同时，软件的操作主界面也发生了根本性的变化。为了让广大建筑师、在校大学生及三维设计爱好者能与时俱进，作者在收集广大读者的建议之后，独立编著了软件改版后也是有史以来第一本"功能＋案例"大全学习手册：《Autodesk Revit Architecture 201x 建筑设计全攻略》。

- 功能：全书以软件功能为主干，分 6 大部分，全面讲述 Revit Architecture 201x 的每一个功能细节。例如：在"第 5 章墙"中，您可以像查字典一样，找到各种墙以及墙饰条与分隔缝的所有创建、编辑和设置方法，一查到底。
- 案例：全书以一个别墅设计主案例为枝，以几百个小案例为叶，辅以 368 个练习文件和详细操作说明，全面阐述 Revit Architecture 201x 所有大小功能的操作方法和技巧，让您充分理解每一个"功能"的含义。

本书是北京北纬华元软件科技有限公司（RNL）的 2010 年度巨制、倾情奉献之作！RNL 公司作为 Autodesk 公司在中国最大的软件代理商，在全国拥有 20 多家办事处，多年来一直致力于为中国工程建设行业提供专业的行业解决方案、技术支持与培训、BIM 顾问咨询等服务。RNL 公司也是 Autodesk

公司的授权培训中心（ATC），为广大学者提供 Autodesk 公司系列软件专业的培训和考试认证服务。同时 RNL 公司的"北纬服务"论坛（http：//www. bim123. com）也成为行业内最大的 BIM 专业论坛，为广大三维设计与 BIM 爱好者提供了一个最好的学习与交流平台。

在本书的编著过程中，得到了 RNL 公司总经理杨万开先生，以及李浩、裴莹、刘庆、祝鹏、涂逸晨、王效磊、吴加军等技术经理的大力支持，在此一并感谢！

由于时间紧张、作者水平有限，书中难免有错漏之处，还请广大读者谅解并指正，以期再版时斧正。

秦军 （RiShengChang）

北京北纬华元软件科技有限公司　技术总监

2010 年 8 月 10 日于北京

重 印 说 明

鉴于本书在广大设计师中的良好口碑，应广大设计师、读者的要求而重印。

到今天为止，Autodesk 的 Revit 新版本软件发生了以下变化：

- 一方面是软件功能的改进、新增。例如从 2013 版本增加非常好的"楼梯（按构件）"功能，使设计师可以真正的"设计楼梯"，而非绘制楼梯。

- 另一方面是从 2013 版本开始，Autodesk 公司将原来的 Revit Architecture、Revit Structure、Revit MEP 三个独立的专业设计软件合并为 Revit 2013 一个行业设计软件，方便了全专业协同设计。

有鉴于此，此次重印时，本书重新编排了"第 11 章 楼梯"的内容，在更新原有内容的基础上，增加了"按构件创建楼梯"内容，以满足设计师需求；同时也更新了其他章节的部分内容，此处不再一一列举。更新内容部分的光盘练习文件，请在我社网站上的"下载中心"栏处下载。

虽然 Autodesk 公司合并了原来的 3 个专业设计软件为 Revit 单一软件，但其功能界面、工具命令及操作方法等基本没有大的变化。因此本书依然适用于 Revit 2013 以及今后的 2014……等更高版本。这也是本书取名为《Autodesk Revit Architecture 201x 建筑设计全攻略》的真正用意。

Revit 软件中除建筑、结构、机电专业的专用建模命令外，其他所有功能的操作方法完全相同。因此本书除适用于建筑师学习 BIM 建筑专业设计以外，还适用于结构专业（本书包含了结构专业常用建模设计工具章节内容）、机电专业学习使用（基本设置、协同设计方法、视图布图打印、族定制等）。

由于时间紧张，书中难免有错漏之处，还请广大读者谅解并指正，以期再版时斧正。

秦军（RiShengChang）

北京北纬华元软件科技有限公司　技术总监

2013 年 5 月 10 日于北京

目　　录

第六部分　Revit 大师之路

引　子

话说天下大势，分久必合、合久必分！古往今来，莫不如是！

在建筑工程设计之天下，公元 1982 年之前，设林众生都处于原始手工绘图时代，图板、铅笔、丁字尺人手一套，三件法宝走天下，虽说辛苦，倒也其乐无穷，天下太平。

公元 1982 年，大洋彼岸一个姓美的国度，悄然诞生了一个名叫"AutoCAD"的设林奇才。此人一入设林便惊显了其超强的天赋，世人惊呼"一代设林盟主"即将横空出世。果不其然，AutoCAD 西出美洲，漂洋过海，经过 10 几年的设林磨炼，摧枯拉朽般消灭了手工绘图王国，并以迅雷不及掩耳之势迅速吞并了天下各路诸侯，成就了一统霸业，世人称为"CAD"。

时光飞逝，转眼进入了 21 世纪，太平日久的 A 帝国暮气渐生。设林中原来已经悄无声息的几个小诸侯，痛定思痛，立志变法，一片生机勃勃繁荣昌盛的景象。同时经过高人指点，几个小诸侯打起了"合纵抗 A"的大旗，大有敢教日月变新天的气势。就连原先一些依附于 A 国的小诸侯也都蠢蠢欲动，暗送秋波。

暗流涌动的 A 帝国幡然醒悟，开始大手笔改革祖制，先后成立了工程建设、机械制造、地理空间、传媒娱乐、教育和交通运输 6 大诸侯国，并公开向世人传授三维设计、BIM 等一系列设林秘籍，一时风起云涌。

花开两朵，各表一枝。话说 A 帝国的工程建设诸侯国，有 5 大分舵：Revit Arhitecture、Revit Structure、Revit MEP、Civil 3D、Navisworks。5 大分舵舵主各负设林绝学，又联袂排演了 BIM 阵法，由此闻名天下，慕名求学者络绎不绝。

Revit Arhitecture 舵主与时俱进，将其独门秘籍整理成册，公布天下，供有识之士共赏。此即为本秘籍的由来。

武林有句俗语：外炼筋骨皮，内炼精气神。Revit Arhitecture 舵主也将其独门秘籍分为筋、骨、皮、精、气、神 6 篇，由浅入深、由外到内娓娓道来：

1. 筋篇：第一部分　基础知识（基本功）
　　1）基本功：RAC 基本功-1
　　2）基本功：RAC 基本功-2
　　3）基本功：RAC 基本功-3
2. 骨篇：第二部分　建筑设计（34 式 RAC 之基础 12 式）
　　4）基础 12 式：第 1 式　梅花桩——建筑柱与结构柱
　　5）基础 12 式：第 2 式　铁布衫——墙
　　6）基础 12 式：第 3 式　金镂玉衣——幕墙

第一部分

基 础 知 识

俗话说：练武不练功，到底一场空。练武首先要练基本功，既然称之为"基本功"，显然就是练武最基础的一些东西，就像房屋的地基一样，基本功是练武之人必修的第一堂课。

学习 CAD 设计软件技术也是同理，在以 AutoCAD 为首的二维设计大行天下之时，想要快速掌握更高深的"设林绝学"——三维建筑设计软件 Revit Architecture，同样要先从基本功开始，然后才能登堂入室，真正领略"34 式 RAC"（RAC 是 Revit Architecture 的简称）的风采。

本部分就先来研究一下 Revit Architecture 之"RAC 基本功"。

请仔细学习本部分基本功内容，本部分的内容将贯穿后面"34 式 RAC"的各个细节，因此是 Revit Architecture 的"筋"篇。

在后面各部分的讲解中，将不再就这些操作细节作详细的文字描述。例如：本部分"2.2 基础绘制功能"节中详细讲解了绘制线、矩形、圆、弧、正多边形等的各种操作和设置细节，在后面讲到"墙的创建"时，就不再详细描述绘制矩形房间、圆和弧墙、正多边形房间等的操作方法，将用"捕捉两个对角点绘制矩形房间"等简要描述。

第1章 Revit Architecture 项目准备

Autodesk 公司的 Revit Architecture 是一款专业三维参数化建筑 BIM 设计软件，是有效创建信息化建筑模型（Building Information Modeling，简称 BIM）和各种建筑施工文档的设计工具。

从 Revit Architecture 2011 版本起，Revit Architecture 的工作界面采用了最新 Microsoft Windows 操作系统"功能区"的界面，操作方式和以前的版本有了根本的改变。本章将在开始建筑项目设计之前，帮助您重新全面认识 Revit Architecture。

1.1 Revit Architecture 基本概念

在开始学习 Revit Architecture 之前，先来认识几个 Revit Architecture 的基本概念。

1.1.1 项目

在 Revit Architecture 中开始项目设计新建一个文件是指新建一个"项目"文件，这有别于传统 AutoCAD 中的新建一个平面图或立剖面图等文件的概念。

在 Revit Architecture 中的"项目"是指单个设计信息数据库——建筑信息模型（BIM）。Revit Architecture 的一个项目文件包含了建筑的所有设计信息（从几何图形到构造数据），包括完整的三维建筑模型、所有设计视图（平、立、剖、大样节点、明细表等）和施工图图纸等信息。而且所有这些信息之间都保持了关联关系，当建筑师在某一个视图中修改设计时，Revit Architecture 会在整个项目中传播这些修改，从而实现了"一处修改、处处更新"。

这一点，也完全不同于传统 AutoCAD 设计中，将所有平、立、剖、大样节点、明细表等设计图形放在一个 DWG 文件中保存，但设计信息各自独立互不相关的设计模式。所以 Revit Architecture 可以自动避免各种不必要的设计错误，大大减少了建筑设计和施工期间由于图纸错误引起的设计变更和返工，提高了设计和施工的质量与效率。

1.1.2 图元

在 Revit Architecture 中通过在设计过程中添加图元来创建建筑，Revit 图元有 3 种：建筑图元、基准图元、视图专有图元。

1）模型图元：表示建筑的实际三维几何图形，它们显示在模型的相关视图中。例如，墙、窗、门和屋顶都是模型图元。模型图元又分 2 种类型：

- 主体：通常在项目现场构建的建筑主体图元，例如，墙、屋顶等。
- 模型构件：是指建筑主体模型之外的其他所有类型的图元。例如，窗、门和橱柜都是模型构件。

2）基准图元：可帮助定义项目定位的图元。例如，轴网、标高和参照平面都是基准图元。

3）视图专有图元：只显示在放置这些图元的视图中，可帮助对模型进行描述或归档。例如，尺寸标注、标记和二维详图构件都是视图专有图元。视图专有图元也分 2 种类型：

- 注释图元：是对模型进行标记注释，并在图纸上保持比例的二维构件。例如，尺寸标注、标记和注释记号都是注释图元。
- 详图：是在特定视图中提供有关建筑模型详细信息的二维设计信息图元，例如，详图线、填充区域和二维详图构件等。

图 1-1 为各种图元之间的相互关系示意：上面 3 层为 3 大类 Revit 图元及其子类的关系。

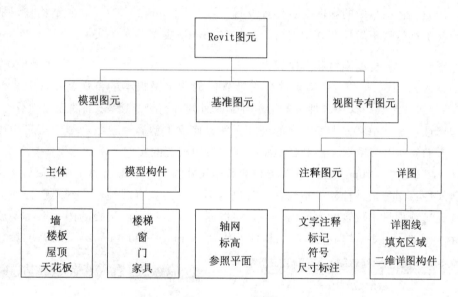

图 1-1　Revit 图元

1.1.3　类别、族、类型和实例

对上述各种图元 Revit Architecture 按照类别、族和类型进行分类。图 1-1 第 4 层即为各类图元的常见类别举例。

1）类别：用于对建筑模型图元、基准图元、视图专有图元进一步分类。例如，图 1-1 中的墙、屋顶以及梁、柱等都有数据模型图元类别。标记和文字注释则属于注释图元类别。

2）族：用于根据图元参数的共用、使用方式的相同和图形表示的相似来对图元类别进一步分组。一个族中不同图元的部分或全部属性可能有不同的值，但是属性的设置（其名称与含义）是相同的。例如，结构柱中的"圆柱"和"矩形柱"都是柱类别中的一个族，虽然构成此族的"圆柱"会有不同的尺寸和材质。

3）类型：特定尺寸的模型图元族就是族的一种类型，例如一个 450mm×600mm、600mm×750mm 的矩形柱都是"矩形柱"族的一种类型；类型也可以是样式，例如"线性尺寸标注类型"、"角度尺寸标注类型"都是尺寸标注图元的类型。一个族可以拥有多个类型。图 1-2 为类别、族和类型的相互关系示意。

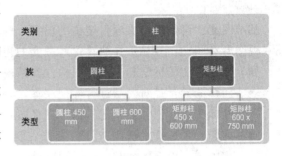

图 1-2　Revit 图元

理解了上述项目、图元、类别、族和类型的基本概念，也就明白了在 Revit Architecture 中做建筑设计的过程，就是不断创建不同尺寸规格或不同样式类型 Revit 图元的过程。由此引出另一个基本概念"实例"。

4）实例：就是放置在 Revit Architecture 项目中的每一个实际的图元，每一实例都属于一个族，并且在该族中，它属于特定类型。例如：在项目中的轴网交点位置放置了 30 根 450mm×600mm 的结构柱，那么每一根柱子都是"矩形柱"族中"450mm×600mm"类型的一个实例。

1.1.4　图元属性：类型属性和实例属性

Revit Architecture 作为一款参数化设计软件的一个最根本的特点就是：大多数图元都具有各种属性参数，这些属性参数用于控制其外观和行为。Revit 的图元属性分 2 大类：

1）类型属性：是族中某一类型图元的公共属性，修改类型属性参数会影响项目中族的所有已有的实例（各个图元）和任何将要在项目中放置的实例。例如，图 1-3"M_矩形-结构柱"族"450mm×600mm"类型的截面尺寸参数 b 和 h 就属于类型属性参数。

2）实例属性：则是指某种族类型的各个实例（图元）的特有属性，实例属性往往会随图元在建筑或项目中位置的不同而不同，实例属性仅影响当前选择的图元或将要放置的图元。例如，图 1-4"M_矩形-结构柱"族"450mm×600mm"类型的高度参数"基

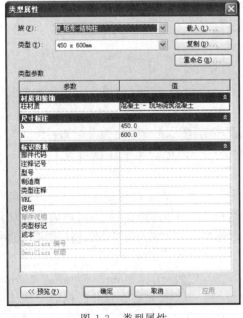

图 1-3　类型属性

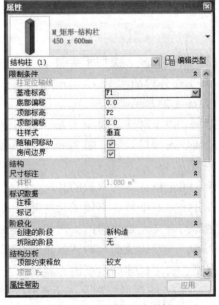

图 1-4　"属性"选项板

准标高"、"顶部标高"就属于实例属性参数，当修改该参数时，仅影响当前选择的
"矩形柱"实例图元，其他同类型的图元不受影响。

类型属性和实例属性是在 Revit Architecture 中两个容易混淆，但非常重要的概念，
在项目设计过程中经常用到。各种类别图元的图元属性参数的含义将在后面的章节中详细
介绍。

1.2　Revit Architecture 系统设置"选项"

理解了上节的基本概念，在开始正式使用 Revit Architecture 进行项目设计之前，建
议先给 Revit Architecture 软件系统做一次基本设置。

1.2.1　启动 Revit Architecture

鼠标左键双击桌面的"Autodesk Revit Architecture 2011"软件快捷启动图标，安装
完成后第 1 次启动 Revit Architecture 2011 软件，将显示"最近使用的文件"主界面如图
1-5。

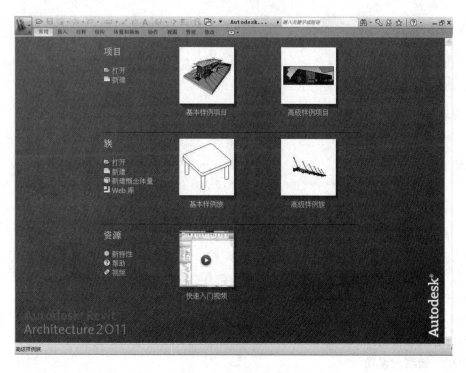

图 1-5　Revit Architecture 启动"最近使用的文件"主界面

Revit Architecture 的工作界面将在下节作详细介绍，在刚启动的 Revit Architecture
"最近使用的文件"主界面中，所有的设计功能命令都不能激活使用，只有左上角的
"R$_A$"图标的"应用程序菜单"、"快速访问工具栏"、主界面中间的"项目"和"族"下
面的"打开""新建"等命令，以及"资源"下的"新特性""帮助"等可以使用。"应用
程序菜单"和"快速访问工具栏"中的"新建""打开"命令此处不介绍，下面先简要介

绍主界面中间的"项目"和"族"下面的"新建""打开"等命令。

1. 项目

- "打开"项目文件命令：单击可选择打开一个已有的 Revit Architecture 项目文件。也可以单击右侧显示的最近打开过文件的预览图形和文件名快速打开该文件。
- "新建"项目文件命令：单击可使用默认的样板文件快速新建一个 Revit Architecture 项目文件。

【提示】 第 1 次启动 Revit Architecture，单击此处"新建"命令，将使用软件本身自带的默认样板文件"DefaultCHSCHS. rte"为模板新建项目文件，此模板的标高符号、剖面标头、门窗标记等符号不完全符合中国国标出图规范的要求。因此需要设置自己的样板文件，然后再开始项目设计，具体设置方法见下节内容。

2. 族

- "打开"族文件命令：单击可选择打开一个已有的 Revit Architecture 族文件。也可以单击右侧显示的最近打开过族文件的预览图形和文件名快速打开该文件。
- "新建"族文件命令：单击可新建一个 Revit Architecture 族文件。
- "新建概念体量"族文件命令：单击可新建一个 Revit Architecture 概念体量族文件。
- "Web 库"：单击可链接到 Revit 族库网站（http：//revit. autodesk. com/library/html/）查找下载需要的 Revit 族文件。

【提示】 关于"新建"族、"新建概念体量"族等的具体用途和方法，将在后续的章节中作详细介绍，此处只介绍命令用途。

3. 资源

单击"资源"下的"新特性"、"帮助"、"视频"等可以链接到相关学习资源，也可以单击右侧显示的最近打开过学习文件的预览图形和文件名快速打开该文件。

1. 2. 2 系统设置"选项"

如开始所述，在开始项目设计之前，需要先给 Revit Architecture 软件系统做一次基本设置，如前面提到的设置满足中国出图标准的样板文件、设置绘图背景等，以提高今后项目设计的一致性和效率。本设置只需要设置一次，设置方法如下：

单击主界面左上角的"R$_A$"图标，在下拉菜单中单击"选项"按钮，打开"选项"对话框。分别单击顶部的"常规"、"图形"、"文件位置"等选项卡设置相关内容。

1. "常规"选项卡设置

如图 1-6，对其中选项说明如下。

1）通告：

- "保存提醒间隔"：设置保存文件提醒间隔时间。
- "与中心文件同步提醒间隔"：在工作集协同设计模式下，设置本地设计文件与项目中心文件同步的提醒间隔时间。

2）用户名：用户名是 Revit Architecture 将其与某一特定任务关联的标识符，该功能在多用户"工作集"协同设计环境下非常有用，因为每个用户的编辑权限是基于用户名管理的。首次启动 Revit Architecture 时，系统使用登录 Windows 的用户名作为默认用户名，设计师可以设置自己的用户名。

3）日志文件清理：日志文件是记录 Revit Architecture 从软件启动到停止这段时间内 Revit Architecture 所执行操作的文本文件，可用来解决该软件的技术问题。每次使用 Revit Architecture 时，该软件都会创建一个新日志文件，编号最高的日志文件是最新文件。日志文件位于以

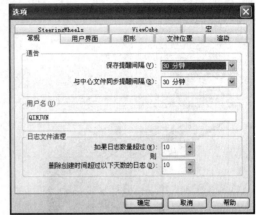

图 1-6　"常规"设置

下位置：安装路径\＜Revit 产品名称和版本＞\ Journals。此处可设置自动删除日志文件的条件："如果日志数量超过"设定的数量，则"删除创建时间超过以下天数的日志"设定天数的日志文件。

2. "用户界面"选项卡设置

1）配置：

- 活动主题：可设置"活动主题"为"暗"或"亮"。该设置将影响主界面顶部标题栏的背景显示亮度。
- "启动时启用'最近使用的文件'页面"：勾选该选项，则启动 Revit Architecture 时显示如图 1-5 的"最近使用的文件"主界面。取消勾选，则启动 Revit Architecture 将不显示中间的"项目"、"族"下的"打开"、"新建"和最近使用过文件的预览图标和文件名。
- "快捷键"：单击后面的"自定义"按钮，打开"快捷键"对话框，可自定义快捷键，定义方法详见"36.11 快捷键设置"。

2）选项卡显示行为：该选项可设置"在项目环境中"和"在族编辑器中"，当取消对象选择或结束命令时，功能区选项卡的显示行为。建议按系统默认设置。

- 可选择"停留在'修改'选项卡上"或"返回到上一个选项卡"。
- 勾选"选择时显示上下文选项卡"：当选择图元时将显示一个子选项卡，其中包含了与该图元有关的所有常用编辑工具。

3）"工具提示助理"：可设置工具提示方式为"无（没有提示）、最小（最精简的提示）、标准（先显示最精简的文字提示，再显示最全的文字和图形提示）、高（最全的文字和图形提示）"4 个级别。默认为"标准"提示方式，如图 1-7，当移动光标到"墙"命令时，先显示"最小"方式，鼠标停留一会儿，即可显示"高"方式。

3. "图形"设置

如图 1-8，对其中选项说明如下。

1）图形模式：此项需要在硬件设备支持情况下才可以使用。勾选"使用硬件加速（Di-

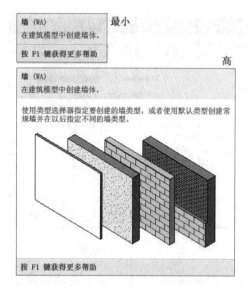

图 1-7 "工具提示助理":最小和最

图 1-8 "图形"设置

rect3D)"选项,可以提高系统显示性能,例如刷新时可以快速显示大模型、可使视图窗口之间的切换更快、可使创建和修改注释的速度更快等。

2）颜色:

- "反转背景色":系统默认的白色视图背景中绘制黑色图元,勾选该选项可以将视图背景设置为黑色,而图元显示为白色,如同大家熟悉的 AutoCAD 绘图背景。
- "选择颜色":当选择某图元时,图元以默认的蓝色显示。单击后面的"RGB"颜色按扭可以打开"颜色"对话框选择自己喜欢的颜色。
- "亮显颜色":当移动光标到图元上方时,该图元高亮显示的颜色为默认的紫色。单击后面的"RGB"颜色按扭可以打开"颜色"对话框选择自己喜欢的颜色。
- "警报颜色":当设计发生错误,Revit Architecture 会自动报警提示,并将有问题的图元以默认的橙色显示。单击后面的"RGB"颜色按扭可以打开"颜色"对话框选择自己喜欢的颜色。

3）外观质量:勾选"将反失真用于三维视图"选项,三维视图中的线的质量将更高,边缘更加平滑（勾选该选项可能影响系统性能）。

4）临时尺寸标注外观:当选择图元时显示的蓝色临时尺寸标注文字的字号默认为 8 号,"背景"为"透明"。可选择其他字号和"不透明"背景。

4. "文件位置"设置

如图 1-9,对其中选项说明如下。

1）"默认样板文件":最重要的系统设置。Revit Architecture 默认使用软件本身自带的默认样板文件"DefaultCHSCHS. rte"为模板新建项目文件,此模板的标高符号、剖面标头、门窗标记等符号不符合中国国标出图规范的要求。因此需要设置自己的样板文件,然后再开始项目设计。

- 从本书光盘中根目录下的"样板文件"目录下复制 R-Arch 2011 _ chs. rte 文件,

将其粘贴到计算机硬盘任意目录中
（建议复制到自己专用的三维设计库
文件目录中，以便今后随时查询使
用），然后回到图 1-9 的"文件位
置"选项卡中。

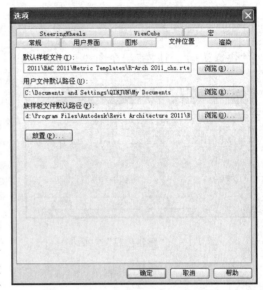

- 单击"默认样板文件"右侧的"浏
  览"按钮，定位到刚复制的 R-Arch
  2011 _ chs.rte 文件，选择后单击
  "打开"，系统自动保存该文件的保
  存路径。今后再新建项目时，则自
  动选择该文件为项目模板。

2)"用户文件默认路径"：系统默认的保存
文件路径，采用默认设置即可。也可单
击右侧的"浏览"按钮，定位到当前设
计的项目文件所在目录后，单击"打
开"，系统自动保存文件保存路径。今后
在保存或打开文件时，自动定位到该目
录方便项目设计。

图 1-9　"文件位置"设置

3)"族样板文件默认路径"：Revit Architecture 自动设置此路径，采用默认设置即可。

4) 族库"放置"路径：可以根据公司内部需要设置内部专用的构件库，单击"放置"按
钮，在对话框中可以添加新库、设置库名、库路径后点"确定"即可。

5. 其他设置

其他"渲染"、"SteeringWheels"、"ViewCube"、"宏"的设置对项目设计影响不大，
都采用系统默认设置。各设置选项在后面章节相关内容中将作详细讲解。

1)"渲染"：指定用于渲染外观和贴花的文件路径，以及指定 ArchVision Content Manag-
er（ACM）的位置（如果需要），详见"第 32 章　渲染"。

2)"SteeringWheels"设置：指定 SteeringWheels 视图导航工具的可见性、外观等选项。
详见"1.5.1 视图导航"一节。

3)"ViewCube"设置：指定 ViewCube 导航工具的外观等选项。详见"1.5.1 视图导航"
一节。

4)"宏"设置：设置"应用程序宏"和"文档宏"的安全性设置。

1.3　新建项目与工作界面

上一节设置好 Revit Architecture 的样板文件等系统"选项"设置后，即可开始项目
设计，首先来创建项目。

1.3.1　新建项目

新建项目有 3 种方式：

1）"最近使用的文件"主界面：在图 1-5 中，单击"项目"下的"新建"命令，Revit Ar-chitecture 即以设置好的样板文件 R-Arch 2011 _ chs. rte 为项目模板，新建了一个项目文件。

2）"快速访问工具栏"：在图 1-5 中，单击主界面左上角的快速"新建" 命令，Revit Architecture 即以设置好的样板文件 R-Arch 2011 _ chs. rte 为项目模板，新建一个项目文件。

图 1-10 "新建项目"对话框

3）"应用程序菜单"：单击主界面左上角的"R_A"图标，在下拉菜单中单击选择"新建"-"项目"命令，打开"新建项目"对话框。Revit Architecture 即自动选择设置好的样板文件 R-Arch 2011 _ chs. rte 为项目模板，如图 1-10。单击"确定"即可新建一个项目文件。

【提示】 在图 1-10 中可单击"浏览"按钮选择其他合适的项目样板文件新建项目。

1.3.2 工作界面

新建项目文件后默认的 Revit Architecture 工作界面如图 1-11。Revit Architecture 的工作界面包含以下几个部分。

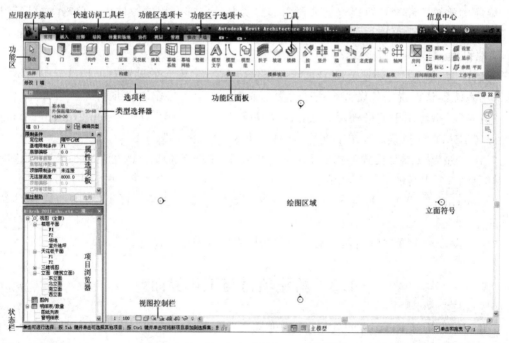

图 1-11 Revit Architecture 工作界面

1. 应用程序菜单

单击主界面左上角的"R_A"图标，即可打开"应用程序菜单"。下拉菜单中提供了

"新建"、"打开"、"保存"、"另存为"、"导出"、"发布"、"打印"、"授权"、"关闭"文件等各种常用的文件操作和设置"选项"、"退出 Revit"命令等。

1)"关闭":单击"关闭"命令将关闭当前正在编辑的文件。

2)"退出 Revit":单击"退出 Revit"命令将关闭当前所有打开的文件,并退出 Revit Architecture 应用程序。

3)"授权":用于 Revit Architecture 的许可管理。在"授权"下有 3 个子命令,如图 1-12,后 2 个命令只有网络版软件用户可用。

- "产品与授权信息":用于查看 Revit Architecture 的单机、网络授权信息等。
- "借用许可":网络版软件用户,可以向服务器借用许可实现离线使用。
- "提前返还许可":已经借用许可的网络版软件用户,可提前归还许可。

4)"最近使用的文档":默认情况下,在"应用程序菜单"的右半边列出了最近使用的文档名称列表(单击左侧的圖命令后右侧显示列表),最顶部的文件是最后使用的文件,如图 1-13。使用这个功能可以直接快速打开近期使用的文件。

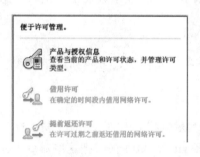

图 1-12 "授权"子命令

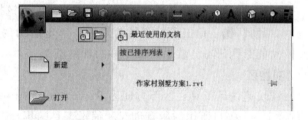

图 1-13 "应用程序菜单"局部

- 单击文件名称顶部的"排序列表"可以设置文件的排序方式为"按已排序列表""按访问日期""按大小""按类型"。
- 单击文件名后的图钉按钮,可将文件固定在文件列表的底部,不论之后又保存了多少其他文件。

5)"打开的文档":单击左侧圖命令后右侧显示现在已经打开的文件列表。

2. 快速访问工具栏

主界面左上角"R$_A$"图标右侧的一排大家非常熟悉的工具图标即为"快速访问工具栏",如图 1-14。工具栏中提供了"新建""打开""保存""同步并修改设置""撤消""恢复""测量""对齐标注""标记""文字""默认三维视图""剖面"等常用命令。

1)单击工具栏最右侧的下拉三角箭头,从下拉列表中勾选或取消勾选命令即可显示或隐藏命令。

2)"自定义快速访问工具栏":从下拉列表中选择"自定义快速访问工具栏",可以自定义快速访问工具栏中显示的命令及顺序。

3)"在功能区下方显示":在下拉列表中单击最下方的"在功能区下方显示"命令,则"快速访问工具栏"的位置将移动到功能区下方显示,同时命令会变为"在功能区上方显示",单击可恢复原位。

图 1-14　快速访问工具栏 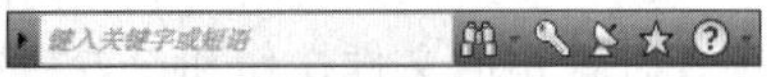　　　　　　　　　　　　图 1-15　信息中心

3. 信息中心

主界面右上角为 Revit Architecture "信息中心"，如图 1-15，下面依次简要介绍各工具的功能用途。

1）"搜索" ：在前面的框中输入关键字，单击后面的"搜索"即可得到需要的信息。单击"搜索"旁边的下拉三角箭头，可"添加搜索位置"，可进行"搜索设置"。

2）"速博应用中心" ：针对购买了"Subscription 维护暨服务合约"升级保障的用户，单击即可链接到 Autodesk 公司 Subscription Center 网站，用户可自行下载相关软件的工具插件、可管理自己的软件授权信息等。

3）"通讯中心" ：单击可显示有关产品更新和通告的信息的链接，可能包括至 RSS 提要的链接。收到新的信息时，通讯中心将在"通讯中心"按钮下方显示气泡式消息来通知用户。

4）"收藏夹" ：单击可显示保存的主题或网址链接。

5）"帮助" ：单击可打开帮助文件。单击后面的下拉三角箭头，可找到更多教程、新功能专题研习、族手册等更多的帮助资源。

4. 功能区

"快速访问工具栏"下方即为 Revit Architecture "功能区"，如图 1-16。"功能区"是创建 Revit 项目所用的所有创建和编辑工具的集合，Revit Architecture 把这些命令工具按类别分别放在不同的选项卡面板中。

图 1-16　功能区"常用"主选项卡

1）功能区选项卡：Revit Architecture 默认有"常用"、"插入"、"注释"、"结构"、"体量和场地"、"协作"、"视图"、"管理"、"修改" 9 个主选项卡。如果安装了基于 Revit Architecture 的功能插件，则会增加"附加模块"主选项卡。

2）功能区子选项卡：当选择某图元、或激活某命令时，在"功能区"主选项卡后会增加子选项卡，其中列出了和该图元或该命令相关的所有子命令工具，而不需要在下拉菜单中逐级查找子命令。如图 1-17 中的"修改 | 墙"即为选择墙图元后的子选项卡。

【提示】　2011 版本的 Revit Architecture 将"修改"选项卡的工具设置为常显状态，无论是创建图元、还是修改选择编辑图元，其子选项卡都是在"修改"选项卡的工具后增加了某图元的专用创建和修改工具后的组合选项卡。

3）面板：每个选项卡都将其命令工具细分为几个面板，如图 1-16 中的选项卡下方的"构

图 1-17　功能区"修改｜墙"子选项卡

建""模型""楼梯坡道""洞口""基准""房间和面积""工作平面"。其中"房间和面积"后面有下拉三角箭头，表明该面板为展开面板，可以显示更多的工具。

4) 对话框启动程序箭头 ：有的面板的右下角显示一个箭头，单击该箭头将打开一个对话框来定义设置或完成某项任务。如"结构"选项卡的"结构"面板，单击打开"结构设置"对话框。

5) 自定义"功能区"：

- 移动面板：单击某个面板标签按住鼠标左键，将该面板拖曳到功能区上所需的位置放开鼠标左键即可。

- 浮动面板：单击某个面板标签按住鼠标左键，将该面板拖曳到绘图区域放开鼠标左键即可。将鼠标移动到浮动面板上，当浮动面板两侧出现深色背景条时，如图 1-18 单击右上角的"将面板返回到功能区"按钮，浮动面板即可复位。

图 1-18　浮动面板

- 功能区视图状态：单击选项卡最右侧的 工具，可使功能区显示在"最小化为面板标题""最小化为选项卡""最小化为面板按钮"和全部显示 4 种状态间循环切换（或单击其右侧的下拉箭头从列表中选择其他显示方式）。

5. 选项栏

"功能区"下方即为"选项栏"，如图 1-11。当选择不同的工具命令，或选择不同的图元时，"选项栏"会显示与该命令或图元有关的选项，从中可以设置或编辑相关参数。

6. "属性"选项板与类型选择器

"选项栏"下方最左侧一列上面的浮动面板即为"属性"选项板。当选择某图元时，"属性"选项板会立即显示该图元的图元类型、属性参数等，如图 1-19 为墙的"属性"选项板。"属性"选项板由以下 3 部分组成：

1) "类型选择器"：选项板上面一行的预览框和类型名称即为图元类型选择器。单击右侧的下拉三角箭头可以从下拉列表中选择已有的合适的构件类型直接替换现有类型，而不需要反复修改图元参数。

2) 实例属性参数：选项板下面的各种参数列表，显示了当前选择图元的各种限制条件类、图形类、尺寸标注类、标识数据类、阶段类等实例参数及其值。修改参数值可改变当前选择

图 1-19　"属性"选项板

15

图元的外观尺寸等。

3）"编辑类型"：单击该按钮，可打开"类型属性"对话框，可以复制、重命名对象类型，并编辑其中类型参数值，从而改变与当前选择图元同类型的所有图元的外观尺寸等。

7. 项目浏览器

"属性"选项板下方即为"项目浏览器"，如图 1-11。项目浏览器用于显示当前项目中所有视图、明细表、图纸、族、组、链接的 Revit 模型和其他部分的目录树结构。展开和折叠各分支时，将显示下一层目录。

"项目浏览器"的形式和操作方式类似于 Windows 的资源管理器，双击视图名称即可打开视图；选择视图名称单击鼠标右键即可找到复制、重命名、删除等视图编辑命令。

8. 绘图区域和立面符号

"项目浏览器"右侧空白区域即为 Revit Architecture 的"绘图区域"，如图 1-11。"绘图区域"背景默认为白色，可在"选项"中反转为黑色（详见 1.2.2 节）。

在"绘图区域"默认的平面视图中，上下左右居中位置各显示一个"立面符号"⊙，东南西北 4 个正立面视图即由这 4 个立面符号自动生成。

【提示】　请不要随意删除立面符号，否则正立面视图也将被删除。如果项目很大超出了立面符号的空间范围，请窗选该符号，用鼠标拖拽或工具栏的"移动"命令将其移动到项目之外，则立面视图会自动显示建筑的完整立面。

9. 视图控制栏

"绘图区域"左下角即为"视图控制栏"，如图 1-11。通过"视图控制栏"可以快速设置当前视图的"比例"、"详细程度"、"视觉样式"、"打开/关闭日光路径"、"打开/关闭阴影"、"打开/关闭裁剪区域"、"显示/隐藏裁剪区域"、"临时隐藏/隔离"和"显示隐藏的图元"，以上功能命令将在后续章节中详细介绍。

10. 状态栏

主界面最下面一行是 Revit Architecture 的"状态栏"，如图 1-11。当选择、绘制、编辑图元时，系统会在状态栏提供一些技巧或提示。

1）当高亮显示图元或构件时，状态栏会显示该图元的族和类型名称。

2）勾选"状态栏"右侧的"单击＋拖拽"，允许在不事先选择图元的情况下直接单击并拖曳图元。

3）过滤器 ▽₀："状态栏"右侧的过滤器图标，显示当前已经选择的图元数量。选择图元后，单击过滤器可通过勾选的方式按类别过滤选择的图元。

11. 其他

1）工具提示：将光标停留在"功能区"的某个工具上时，默认情况下，Revit Architecture 会显示工具提示，简要介绍该工具的功能用途。工具提示方式由"选项"设置决定（详见 1.2.2 节），默认为"标准"显示模式，即先显示"最小"，后显示"高"。

2）按键提示：按下 Alt 键可以显示应用程序窗口中常用工具的按键快捷键提示，如图 1-20。当按了"功能区"选项板对应的快捷按键后，将显示其中的各个工具命令的快捷键提示。

3）右键菜单：选择构件或在视图空白处点鼠标
右键，可找到与所选图元或当前视图相关的
编辑命令及删除、缩放等常用命令。

4）自定义用户界面：在功能区"视图"选项卡
的"窗口"面板中单击"用户界面"命令，
从下拉列表中勾选或取消勾选"项目浏览器"
"属性""状态栏"等，可以打开或隐藏其
显示。

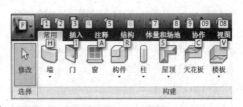

图 1-20　按键提示

1.4　项 目 基 本 设 置

熟悉了 Revit Architecture 的工作界面，在开始绘图前，需要先进行项目设置。项目
设置的命令在功能区的"管理"选项卡的"设置"和"项目位置"面板中，如图 1-21。

图 1-21　项目设置

1.4.1　项目信息

"项目信息"将设置项目名称、地址、编号等最基本的项目信息。

1）按 1.3.1 节方法"新建"一个项目文件。单击功能区"管理"选项卡"设置"面板中
的"项目信息"工具，打开当前项目的"实例属性"对话框。

2）分别单击"项目发布日期"、"项目状态"、"客户姓名"、"项目名称"、"项目编号"参
数后面的"值"列，按图 1-22 所示输入项目信息。

3）单击"项目地址"参数后面的"编辑"按钮，在"编辑文字"对话框中输入"北京市
江湖风景度假村"后，单击"确定"返回项目的"实例属性"对话框。

4）能量设置：单击"能量数据"参数后面的"编辑"按钮，在"能量设置"对话框中按
图 1-23 所示设置"建筑类型"为"独立住宅"、"地平面"为"室外地坪"。其他参数
按默认值。单击 2 次"确定"关闭所有对话框完成项目信息设置。

【提示】　能量分析设置，用于定义第三方能量分析软件使用的 gbXML 文件的信息。
在将模型导出为 gbXML 文件用于第三方能量能量分析软件之前，必须设置该参数。

1.4.2　项目地点

单击功能区"管理"选项卡的"项目位置"面板中的"地点"工具，打开"位置、气
候和场地"对话框。如图 1-24 设置"定义位置依据"为"默认城市列表"，可通过以下两
种方式设置项目地点。

图 1-22 项目信息   图 1-23 能量设置

1）"城市"：从右侧的下拉列表选择"北京，中国"。

2）"纬度"、"精度"参数：设置精确的项目所在地的经纬度数值。

    【提示】   自定义地名文件：从软件的安装目录下（默认路径是 C：\ Program Files \ Revit Architecture 2011 \）的 Program 文件夹下，找到并打开文本文件 Sitename. txt。按下面格式设置：纬度 经度 城市名（详细格式规则见文件开头的说明）。设置完成后保存关闭文件，重新启动 Revit Architecture，地名文件即刻生效。

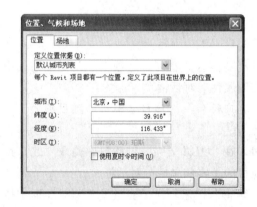

图 1-24 项目地理位置   图 1-25 项目单位

1.4.3 项目单位

    "项目单位"设置在前面的样板文件 R-Arch 2011 _ chs. rte 中已经设置好，在开始设计前可以根据实际项目的要求随时设置。

1）单击功能区"管理"选项卡的"设置"面板中的"项目单位"工具，打开"项目单位"
    对话框，如图 1-25。

2）单击单位参数"长度"、"面积"、"体积"、"角度"、"坡度"、"货币"后面的"格式"
    示意按钮，打开"格式"对话框，即可设置"单位"、"舍入"、"单位符号"以及"消
    除后续零"等格式设置。完成后单击"确定"关闭所有对话框完成设置即可。

1.4.4　捕捉设置

　　为方便设计中精确捕捉定位，可以在项目开始前或随时根据自己的操作习惯设置对象捕捉功能。

1) 单击功能区"管理"选项卡的"设置"面板中的"捕捉"工具，打开"捕捉"对话框，如图 1-26。从中可以设置"对象捕捉"位置及长度和角度捕捉增量。括号中的字母为对象捕捉的快捷键。

2) 单击"确定"完成设置。单击快速访问工具栏的"保存"命令保存文件为"江湖别墅.rvt"后关闭文件。

　　其他更多项目设置在"设置"面板中及"其他设置"工具下拉列表中，如"对象样式"、"线样式"、"线宽"、"填充样式"等。这些设置以及更高级的"材质"、"标注样式"、"文字样式"等在前面的样板文件"R-Arch 2011 _ chs. rte"中已经设置好，本节不再详述，后面章节的有关内容中也将详细描述。上述设置的详细设置方法和项目样板文件的自定义方法等内容详见"第36章　自定义项目设置"。

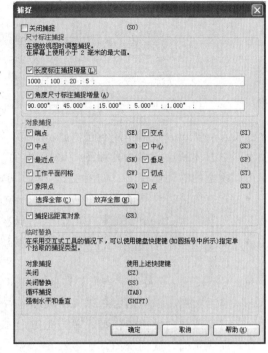

图 1-26　捕捉设置

1.5　图形浏览与控制基本操作

　　有了前面几节的基本概念、系统设置、工作界面、项目设置后，本节再来介绍 Revit Architecture 视图和图元浏览与控制的基本操作方法，例如：缩放、平移视图，隐藏、隔离、显示构件，或在平、立、剖面等视图之间切换，选择和过滤图元等，以便顺利完成后面章节的设计内容。

　　单击快速访问工具栏的"打开"命令，定位到本书附赠光盘的"练习文件 \ 第 1 章"目录，选择"1-01. rvt 文件"后单击"打开"，显示该项目的三维视图，练习下面的操作。

1.5.1　视图导航

1. ViewCube 导航

　　ViewCube 导航工具用于在三维视图中快速定向模型的方向。图 1-27 为 ViewCube 在不同情况的显示，前面 6 个都带指南针显示，图 1-27（g）是关闭指南针后的显示。

1) 不活动状态：ViewCube 在不活动状态时为半透明显示，不会遮挡模型视图，如图 1-27（a）所示。

2) 活动状态：当移动光标到 ViewCube 上时，ViewCube 处于活动状态，不透明显示。光

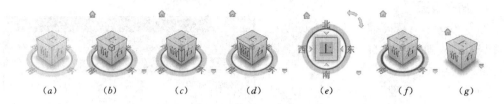

| (a) | (b) | (c) | (d) | (e) | (f) | (g) |

图 1-27 ViewCube

标在 ViewCube 上的位置不同，显示不同，单击后模型方向不同。

- 立方体顶点：移动光标到 ViewCube 立方体顶点上，顶点蓝色亮显，单击切换至模型的等轴侧视图。如图 1-27（b），单击顶点可切换至东南等轴侧视图。
- 立方体棱边：移动光标到 ViewCube 立方体棱边上，棱边蓝色亮显，单击切换至模型的 45°侧立面视图。如图 1-27（c），单击棱边可切换至东南侧立面视图。
- 立方体面：移动光标到 ViewCube 面上，面蓝色亮显，单击切换至模型的正立面视图或俯视、顶视视图。如图 1-27（d），单击面可切换至南立面视图。
- ViewCube 面视图：当模型切换到某正立面视图或俯视、顶视视图时，ViewCube 显示如图 1-27（e）。单击 ViewCube 右上角的逆时针或顺时针弧形箭头，即可逆时针或顺时针旋转模型；单击正方形 4 边外的单线小箭头，可快速切换到其他立面或顶面、底面视图。
- 转至主视图：单击 ViewCube 左上角的"主视图"（小房子）按钮，可切换到主视图方向。默认的主视图为东南等轴侧视图，可以将自己设置主视图。

3）指南针：立方体下的带方向文字的圆盘即是指南针。

- 单击指南针的方向文字即可切换到东南西北正立面视图。
- 单击拖拽方向文字可以旋转模型。
- 移动光标到指南针的圆，圆加粗蓝色亮显，如图 1-27（f），单击拖拽圆可旋转模型。

4）ViewCube 关联菜单：除了在 ViewCube 导航工具上鼠标单击或拖拽切换视图外，还可以通过 ViewCube 菜单进行操作和设置。单击 ViewCube 右下角的下拉三角箭头，或在 ViewCube 上单击鼠标右键，即可打开 ViewCube 关联菜单，如图 1-28。在关联菜单中可进行以下操作和设置。

图 1-28 ViewCube 菜单

- 主视图设置：单击"将当前视图设定为主视图"命令即可将当前的模型视图方向设定为主视图，以后即可随时用"转至主视图"命令快速切换至该视图。
- 前视图设置：单击"将视图设定为前视图"命令即可从子菜单中选择东南西北 4 个主立面视图或其他项目文件中已经创建的立面视图中的一个，并将其视图方向设定为前视图方向，此时 ViewCube 立方体的前会自动调整到所选择视图的方向。单击"重置为前视图"命令可前视图恢复为默认的南立面视图方向。

- "保存视图"：单击该命令，输入新的三维视图名称，单击"确定"后即可将当前视图保存在"项目浏览器"的"三维视图"节点下随时打开查看。

- "显示指南针"：单击该命令可显示或关闭 ViewCube 的指南针。如图 1-27 (g) 为关闭指南针后的 ViewCube。

- 模型定向：单击"定向到视图"命令，从展开的"楼层平面"或"立面"子菜单中选择某一个平面或立面视图的名称后，即可将模型定向到某平面或立面视图方向。单击"确定方向"命令，从子菜单中选择东南西北顶某一个方向或东北等轴

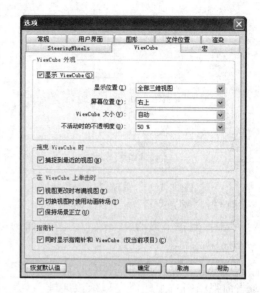

图 1-29　ViewCube "选项" 设置

　　侧等某一个轴侧方向后，即可将模型定向到该方向。

- ViewCube "选项"设置：单击"选项"命令，打开系统设置"选项"对话框的"ViewCube"选项卡，如图 1-29。其中可以设置 ViewCube 的外观显示（显示位置、屏幕位置、大小、不透明度）、单击和拖拽时的视图表现、指南针显示等。单击左下角的"恢复默认值"按钮将上述设置恢复到系统原始设置。

2. 导航栏

　　在 ViewCube 右下方的矩形工具栏为"导航栏"（图 1-30），其中包含"控制盘"（SteeringWheels）和"缩放"两大工具。

　　导航栏在默认情况下为 50% 透明显示，不会遮挡视图。单击右下角的下拉三角箭头，在自定义菜单中可以做以下设置：

1）自定义工具：单击"SteeringWheels""缩放"命令可以在"导航栏"中显示或关闭"SteeringWheels"和"缩放"工具。

2）"固定位置"：设置"导航栏"的显示位置。

- 单击该命令，从子菜单中的"左上、右上、左下、右下"选择一个方向，"导航栏"移动到对应的位置显示。

- 单击该命令，从子菜单中的"连接到 ViewCube"，可以将"导航栏"和 ViewCube 连接在一起，或取消连接。在连接状态下，"导航栏"和 ViewCube 的位置一起移动。取消连接时，导航栏为独立面板，可单独移动位置。

3）"修改不透明度"：单击该命令可以选择导航栏的透明度值。

　　【提示】　在功能区"视图"选项卡的"窗口"面板中单击"用户界面"命令，从下拉列表中勾选或取消勾选"导航栏"可以显示或隐藏导航栏。

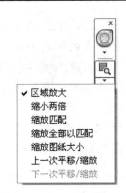

图 1-30　导航栏　　　　　　　　　图 1-31　"缩放"工具

3. 导航栏："缩放"工具

单击导航栏下方的"缩放"工具下面的下拉三角箭头，从下拉菜单如图 1-31 中选择一个缩放命令：

1）区域放大（默认快捷键 ZR）：选择命令后，用光标单击捕捉要放大区域的两个对角点，当前视图窗口中即放大显示该区域。

2）缩小两倍（默认快捷键 ZO）：选择命令后，即以当前视图窗口的中心点为中心，自动将图形缩小两倍以显示更多区域。

3）缩放匹配（默认快捷键 ZF、ZE）：选择命令后，即在当前视图窗口中自动缩放以充满显示所有图形。

4）缩放全部以匹配（默认快捷键 ZA）：当同时打开显示几个视图窗口时，选择命令后，将在所有打开的窗口中执行"缩放匹配"命令，自动缩放以充满显示所有图形。

5）缩放图纸大小（默认快捷键 ZS）：选择命令后，将视图自动缩放为实际打印大小。

6）上一次平移/缩放（默认快捷键 ZP）：选择命令后，将视图恢复到最近平移或缩放状态中的上一次平移和缩放视图。

7）下一次平移/缩放：选择命令后，将视图恢复到最近平移和缩放状态中的下一次平移和缩放视图。

【提示】　从下拉菜单中选择了某一个缩放命令后，该命令即作为默认的当前缩放命令，下次使用时可直接单击使用，无须从菜单中选择。

4. 导航栏："控制盘"（SteeringWheels）

"控制盘"（SteeringWheels）是一组跟随光标的功能按钮，它将多个常用导航工具结合到一个单一界面中，便于快速导航视图。

"控制盘"根据适用视图和使用用途可分为以下 4 种：

1）"查看对象控制盘"：适用于三维视图，有缩放、中心、回放、动态观察导航功能，可以查看模型中的各个对象或特征。

2）"巡视建筑控制盘"：适用于三维视图，有环视、回放、向上/向下功能、向前导航功能，可以在模型中移动或围绕模型进行漫游或导航。

3）"全导航控制盘"：适用于三维视图，有平移、缩放、中心、回放、动态观察、环视、向上/向下导航功能，可以查看各个对象以及围绕模型进行漫游和导航。"全导航控制盘"是"查看对象控制盘"和"巡视建筑控制盘"的集合。

4）"二维控制盘"：适用于平立剖等二维视图，只有缩放、平移、回放导航功能。

　　在三维视图中单击"导航栏"上方的"控制盘"工具下面的下拉三角箭头，如图 1-32（a），从下拉菜单中可选择某一种"控制盘"或其对应的"小"图标命令，即可跟随光标出现一个"控制盘"。

　　在练习文件"1-01.rvt"中，双击项目浏览器中"楼层平面"节点下的"F1"平面视图名称，打开一层平面图。单击"导航栏"上方的"控制盘"工具，即可跟随光标出现一个"二维控制盘"。

　　从图 1-32（b）起，图 1-32（b）～（h）分别为"全导航控制盘""全导航控制盘（小）""查看对象控制盘（基本型）""查看对象控制盘（小）""巡视建筑控制盘（基本型）""巡视建筑控制盘（小）"和"二维控制盘"的图标。

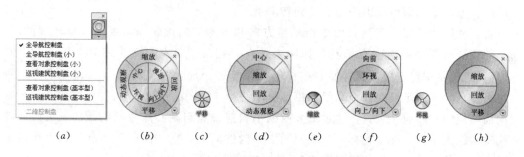

图 1-32　控制盘类型

　　每个"控制盘"都被分割成不同的功能按钮，每个按钮都对应一个导航工具。这些导航工具的使用方法不尽相同，下面逐一讲解各工具的使用方法。

1）平移：移动光标到三维视图中合适位置，在"平移"工具按钮上单击鼠标左键按住不放，光标变成十字四边箭头形状 ✥（光标下方出现工具提示"平移工具"）时，拖动鼠标即可平移视图。

2）缩放-"全导航控制盘"：

- 单击并拖曳：移动光标到三维视图中需要缩放的位置，在"缩放"工具按钮上单击鼠标左键按住不放，在光标位置会放置一个绿色的球体把当前光标位置作为缩放轴心，同时光标变成放大镜形状（光标下方出现工具提示"缩放工具"），拖动鼠标即可缩放视图。轴心随着光标位置变化。

- Ctrl＋单击并拖拽：如果在"缩放"工具按钮上，按住 Ctrl 键再单击鼠标左键按住不放，则将以上一次"单击并拖拽"的轴心或"中心"工具定义的轴心为缩放轴心，拖动鼠标缩放视图。

- Shift＋单击：如果在"缩放"工具按钮上，按住 Shift 键再单击鼠标左键，光标变成中间有一个正方形的放大镜形状，则可以实现区域缩放——单击鼠标位置为区域顶点，移动鼠标再次单击鼠标左键捕捉举行区域对角点后，放大该区域。

3）缩放-"查看对象控制盘"：

- 单击：移动光标到三维视图中需要缩放的位置，在"缩放"工具按钮上单击一次鼠标左键，则以"中心"点为中心按 25％的系数放大。

- Shift＋单击：移动光标到三维视图中需要缩放的位置，在"缩放"工具按钮上按住 Shift 键再单击鼠标一次左键，则以"中心"点为中心按 25％的系数缩小。
- 单击并拖曳：移动光标到三维视图中需要缩放的位置，在"缩放"工具按钮上单击鼠标左键按住不放，光标变成放大镜形状（光标下方出现工具提示"缩放工具"），拖动鼠标即可以"中心"点为中心缩放视图。

4）中心：在"中心"工具按钮上单击鼠标左键按住不放，光标变成一个球体（光标下方出现工具提示"中心工具"）时，拖动鼠标到某构件模型上松开鼠标放置球体，即可将该球体作为模型的中心位置。在缩放、动态观察时将使用该中心。

5）动态观察：在"动态观察"工具按钮上单击鼠标左键按住不放，光标变成旋转双箭头 ⊚ （光标下方出现工具提示"动态观察工具"），同时在模型的中心位置显示绿色轴心球体，拖动鼠标即可以围绕轴心点旋转模型。

6）环视：使用"环视"工具，可以沿垂直方向和水平方向旋转当前视图。旋转视图时，人的视线将围绕当前视点旋转，如同人站在固定位置，左右转头同时上下查看。在"环视"工具按钮上单击鼠标左键按住不放，光标变成左右箭头弧 ↶ （光标下方出现工具提示"环视工具"），拖动鼠标模型将围绕当前视图的位置旋转。

7）向前：使用"向前"工具，通过增大或减小当前视点与轴心点之间的距离，可以修改模型的放大系数。移动光标到三维视图中某构件面上，在"向前"工具按钮上单击鼠标左键按住不放，光标变成如图 1-33 时，拖动鼠标即可。

8）向上/向下：使用"向上/向下"工具沿模型的 Z 轴来调整当前视点的高度。在"向上/向下"工具按钮上单击鼠标左键按住不放，光标变成如图 1-34 时，上下拖动鼠标即可。

9）回放：使用"回放"工具，可以从导航历史记录中检索以前的视图，可以快速恢复到以前的视图，也可以滚动浏览所有保存的视图。在"回放"工具按钮上单击鼠标左键按住不放，向左侧移动鼠标即可可以滚动浏览以前的导航历史记录。要恢复到以前的视图，只要在该视图记录上松开鼠标左键即可，如图 1-35。

图 1-33 "向前"工具

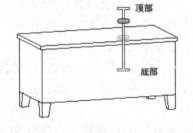

图 1-34 "向上/向下"工具

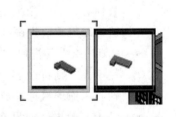

图 1-35 "回放"工具

10）漫游：该工具仅适用于透视图。在透视图中，在"漫游"工具按钮上单击鼠标左键按住不放，在模型中沿要移动的方向拖拽鼠标即可。漫游时，按"＋"号可调整移动速度，按上下箭头键可调整视图高度。

　　【提示】　鼠标中键应用：在任何视图中，按住鼠标中键移动鼠标即可平移视图；滚动中键滚轮，即可缩放视图；按住 Shift 键和鼠标中键，即可动态观察视图。这是缩放、平移、动态观察视图的最快捷的方式。

　　每个"控制盘"的右下角都有下拉三角箭头，单击可单开"控制盘"菜单。菜单中的"转至主视图"、"定向到视图"等命令同前 ViewCube 的功能一样，不再详述，此处再补充一个命令"定向到一个平面"。

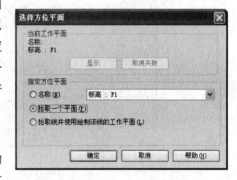

图 1-36　定向到一个平面

　　"定向到一个平面"：单击该按钮，打开如图 1-36 所示对话框，从 3 种方法中选择其一，可以快速旋转建筑到某特定方向。例如：如果需要定向视图到某构件的斜向平面上，可以用"拾取一个平面"命令，然后在三维视图中光标拾取构件的斜面即可。

1.5.2　图元可见性控制

　　在设计过程中，为了操作方便和打印出图的需要，经常需要隐藏或显示某些设计内容。在 Revit Architecture 中控制图元显示的方法有以下 3 种。

1. 可见性/图形

　　与 AutoCAD 的图层概念相类似，使用功能区"视图"选项卡"图形"面板中的"可见性/图形"工具（默认快捷键：VG），通过勾选或取消勾选构件及其子类别的名称，可以一次性地控制某一类或某几类图元在当前视图中的显示和隐藏，如图 1-37。

1）"模型类别"：控制墙体、门窗、楼板、屋顶等模型构件及其子类别的可见性。

2）"注释类别"：控制所有文字、尺寸标注、门窗标记、参照平面等注释类别的可见性。

3）"导入的类别"：控制导入的 DWG 文件图层的可见性。

4）"过滤器"：通过设置过滤器来控制图元的可见性。

　　【提示】　取消勾选顶部的"在此视图中显示模型类别"可以隐藏所有模型类别图元，注释和导入类别同理。

2. 隐藏与显示

　　隐藏图元还有一个非常方便的方法："隐藏"或"视图中隐藏"命令。

1）在练习文件的三维视图中按住 Ctrl 键，单击随便选择几个门、窗图元。功能区会出现"修改│选择多个"子选项卡（选择对象不同，选项卡名称不同）。

2）从"修改│选择多个"子选项卡中的"视图"面板中单击"在视图中隐藏"（灯泡图标）命令，选择以下三个子命令，或从右键菜单中选择"在视图中隐藏"命令的 3 个子命令，即可按不同的方式隐藏不需要显示的图元：

- "图元"：选择该命令，则隐藏当前所选择的所有图元。
- "按类别"：选择该命令，则隐藏与所选择的图元相同类别的所有图元，本例中则

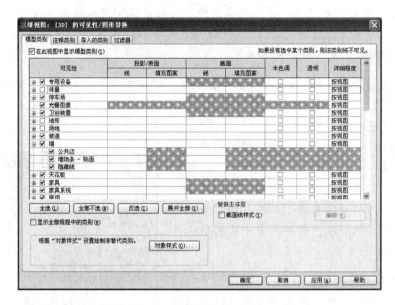

图 1-37 "可见性/图形"对话框

隐藏所有的门和窗构件。

- "按过滤器":选择该命令,则可以设置条件过滤器来设置图元的显示。

3)取消隐藏:隐藏的图元要恢复显示必须按下面的方法操作。

- 先单击绘图区域左下角视图控制栏中最右侧的灯泡图标 💡 ("显示隐藏的图元"命令),此时在绘图区域周围会出现一圈紫红色加粗显示的边线,同时隐藏的图元也以紫红色显示。
- 单击选择隐藏的图元,在功能区单击"取消隐藏图元"或"取消隐藏类别"命令,或者从右键菜单中选择"取消在视图中隐藏"命令的子命令,即可重新显示被隐藏图元。
- 操作完成后,再次单击灯泡图标 💡 恢复视图正常显示。

【提示】 上述两种隐藏图元设置是永久隐藏,当保存项目文件时自动保存这些隐藏设置。

3. 临时隐藏/隔离

如果是为了临时的操作方便而需要隐藏或单独显示某些图元,则可以选用"临时隐藏/隔离"命令。

1)在练习文件的三维视图中单击随便选择一面墙。

2)从绘图区域左下角的视图控制栏中单击眼镜图标 👓 ("临时隐藏/隔离"命令),从中选择以下子命令按不同的方式临时隐藏或隔离相关的图元。临时隐藏图元后,在绘图区域周围会出现一圈浅绿色加粗显示的边线:

- "隐藏图元":选择该命令,则只隐藏所选择的图元。
- "隐藏类别":选择该命令,则隐藏与所选择的图元相同类别的所有图元。

- "隔离图元"：选择该命令，则单独显示选择的图元，隐藏未选择的其他所有图元。
- "隔离类别"：选择该命令，则单独显示与所选择的图元相同类别的所有图元，隐藏未选择的其他所有类别的图元。

3）"将隐藏/隔离应用到视图"：隐藏、隔离图元后，从"临时隐藏/隔离"命令中选择"将隐藏/隔离应用到视图"命令，将把当前视图的临时隐藏设置转变为前述的永久隐藏，并在保存项目文件时自动保存隐藏设置以备以后编辑时使用。

4）"重设临时隐藏/隔离"：隐藏、隔离图元后，从"临时隐藏/隔离"命令中选择"重设临时隐藏/隔离"命令，即可取消隐藏/隔离模式，显示所有临时隐藏的图元。

【提示】　设置了临时隐藏/隔离后，如果没有使用"将隐藏/隔离应用到视图"命令将临时隐藏转变为永久隐藏，则保存关闭项目文件后，再次打开文件时会恢复显示所有被临时隐藏的图元。

1.5.3　视图与视口控制

在 Revit Architecture 中，所有的平面、立剖面、详图、三维、明细表、渲染等视图都在项目浏览器中集中管理，设计过程中经常要在这些视图间切换，或者同时打开与显示几个视口，以便于编辑操作或观察设计细节。下面是一些常用的视图开关、切换、平铺等视图和视口控制方法。

1）打开视图：在项目浏览器中双击"楼层平面"、"三维视图"、"立面"等节点下的视图名称，或选择视图名称从右键菜单中选择"打开"命令即可打开该视图，同时视图名称黑色加粗显示为当前视图。新打开的视图会在最前面显示，原先已经打开的视图也没有关闭只是隐藏在后面。

2）打开默认三维视图：单击快速访问工具栏"默认三维视图"工具，可以快速打开默认三维正交视图。

图 1-38　"窗口"面板

3）"切换窗口"：当打开多个视图后，从功能区"视图"选项卡的"窗口"面板中，如图 1-38 单击"切换窗口"命令，从下拉列表中即可选择已经打开的视图名称快速切换到该视图。名称前面打√的为当前视图。

4）"关闭隐藏对象"：当打开很多视图，尽管当前显示的只有一个视图，但有可能会影响计算机的操作性能，因此建议关闭隐藏的视图。如图 1-38 单击"窗口"面板的"关闭隐藏对象"命令即可自动关系所有隐藏的视图，而无须手工逐一关闭。

5）"平铺"视口：如果需要同时显示几个视口的设计内容，可按下面的方法平铺视口。
- 在练习文件的项目浏览器中，双击 F1、南立面、{3D} 视图，同时打开 3 个视图。
- 如图 1-38 单击"窗口"面板的"平铺"命令，即可自动在绘图区域同时显示 3 个视图。每个视口的大小可以用鼠标直接拖拽视口边界调整。

6）"层叠"视口：如图 1-38 单击"窗口"面板的"层叠"命令，也可以同时显示几个视口。但"层叠"是将几个视口从绘图区域的左上角向右下角方向重叠错行排列，下面的视口只能显示视口顶部的带视图名称的标题栏，单击标题栏可切换到相应的视口。

练习完成后，关闭练习文件"1-01. rvt"，不保存。

学完本章内容，相信您已经对 Revit Architecture 有了基本的认识，学会了新建项目文件及项目基本设置，也学到了很多全新的视图导航知识。怎么样？是否有一种蠢蠢欲动、想打它三拳两脚的感觉？不要着急，下面先来学几招基本的拳法和掌法。

第 2 章　基础绘制与编辑

在 Revit Architecture 中绘制墙体、绘制楼板和屋顶等的轮廓草图、绘制模型线或详图线等操作时，都会用到基本的"绘制"命令，其中包含了线、圆、弧、椭圆、多边形、样条曲线等各种常用的绘制方法。同时在编辑图元时，除了墙门窗等各种专业对象专用的编辑命令外，也有各种常用的复制、移动、镜像、阵列、偏移、修剪等常规编辑命令。为了更好地掌握后面的专业三维建筑构件的创建和编辑方法，本章先把这些最基础的绘制和编辑命令在 Revit Architecture 中的使用方法作集中讲解。

2.1　图元选择与过滤

选择图元是项目设计中最基本的操作命令，和其他 CAD 设计软件一样，在 Revit Architecture 中也提供了单击选择、窗选、交叉窗选以及各种选择过滤的手段。

单击快速访问工具栏的"打开"命令，定位到本书附赠光盘的"练习文件 \ 第 2 章"目录，选择"2-01.rvt"文件后单击"打开"，显示三维视图，练习下面的操作。

2.1.1　图元选择

Revit Architecture 提供了多种选择图元的方法。

1. 单击　选择单个图元

在三维视图中移动光标到一面墙或一扇窗构件上，当图元亮显时单击鼠标左键，即可选择一个图元。

2. 窗选

在视图中，从左侧单击鼠标左键并按住不放，向右侧拖曳鼠标拉出矩形实线选择框，此时完全包含在框中的图元高亮显示，如图 2-1 (a)。在右侧松开鼠标，即可选择完全包含在框中的所有图元。

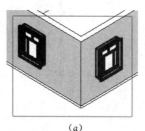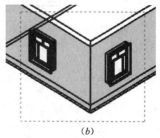

(a)　　　　　　　　(b)

图 2-1　窗选与交叉窗选

3. 交叉窗选

在视图中，从右侧单击鼠标左键并按住不放，向左侧拖拽鼠标拉出矩形虚线选择框，此时完全包含在框中的图元以及和选择框交叉的图元都高亮显示，如图 2-1 (b)。在左侧松开鼠标，即可选择完全包含在框中的图元以及和选择框交叉的所有图元。

4. Ctrl＋单击（或窗选、交叉窗选）选择多个图元

按住 Ctrl 键，光标箭头右上角出现"＋"符号，连续单击拾取（或窗选、交叉窗选）图元，即可选择多个图元。

5. 取消选择

选择图元后，在视图空白处单击鼠标左键或按 Esc 键即可取消选择。

6. "上次选择"

取消选择后，在视图空白处单击鼠标右键，从右键菜单中选择"上次选择"命令，即可快速最后一次选择的所有图元。

7. "选择全部实例"

单击选择一扇窗，单击鼠标右键从右键菜单中选择"选择全部实例"命令，即可快速选择所有相同类型的窗。

8. Tab 键的应用

在 Revit Architecture 中选择图元时，Tab 键有时候起着非常重要的作用。

1）选择墙链（或线链）：墙链（或线链）是指首尾相连的墙（或线）。移动光标到练习文件的一面外墙上，当该墙高亮显示时不要单击鼠标，先按 Tab 键，此时和其相连的一串墙都会高亮显示，此时单击鼠标左键，即可选择整个墙链。

2）选择链的一部分：有时候在一个连续的链中，需要选择链的一部分，而不是整个链。

- 先单击选择第一个图元作为链的起点。
- 移动光标到链中最后一个图元上，高亮显示该图元。
- 按 Tab 键将高亮显示两个图元之间的所有图元，单击选择高亮显示的一部分链。

【提示】 在闭合链中，选择链的一部分时，拾取第 2 个图元时光标的拾取位置将决定链的方向。如图 2-2（a），顶部左边的墙为第一个图元，移动光标到顶部右边墙的左端点附近按 Tab 键，则选择顶部的墙链；如图 2-2（b），移动光标到顶部右边墙的右端点附近按 Tab 键，则选择下面的墙链。

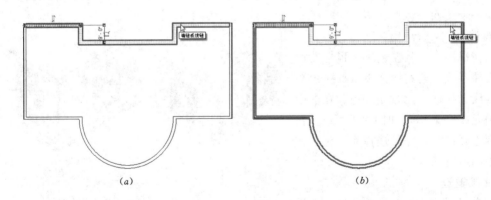

图 2-2 选择链的一部分

3）共点的墙或线：当多面墙或多条线在一个公共点连接时，可以使用 Tab 键选择多个图元。移动光标到练习文件的星形连接墙的任一面墙上，按 Tab 键 2 次，所有共点相交的墙全部亮显，单击鼠标左键，即可选择所有的墙。

4）重叠图元切换选择：当设计比较复杂，多个图元的边线重叠难以准确选择时，可以连续按 Tab 键在多个图元之间循环切换选择。下面以选择幕墙嵌板为例：

- 在练习文件的三维视图中，旋转视图到东北拐角处的幕墙处。
- 移动光标到幕墙的一根竖梃上，竖梃高亮显示，注意左下角状态栏提示当前亮显的图元名称。
- 连续按 Tab 键，系统会在幕墙、幕墙网格、幕墙嵌板等图元之间循环切换。
- 切换到幕墙嵌板时，单击鼠标左键，即可选择幕墙嵌板。

【提示】　选择图元后，功能区将自动显示"修改｜XXX"子选项卡，从中可以快速选择各种与所选图元相关的编辑命令来编辑图元。

2.1.2　图元过滤

当选择了多个图元后，Revit Architecture 可以从选择集中过滤不需要的图元，也可以知道当前选择了多少个图元。

1. Shift＋单击选择　过滤

选择多个图元后，按住 Shift 键，光标箭头右上角出现"-"符号，连续单击拾取几个图元，即可将这些图元从当前选择集中取消选择。

2. Shift＋窗选　过滤

选择多个图元后，按住 Shift 键，光标箭头右上角出现"-"符号，从左侧单击鼠标左键并按住不放，向右侧拖拽鼠标拉出矩形实线选择框，此时完全包含在框中的图元高亮显示，在右侧松开鼠标，即可将这些图元从当前选择集中取消选择。

3. Shift＋交叉窗选　过滤

选择多个图元后，按住 Shift 键，光标箭头右上角出现"-"符号，从右侧单击鼠标左键并按住不放，向左侧拖拽鼠标拉出矩形虚线选择框，此时完全包含在框中的图元以及和选择框交叉的图元都高亮显示，在左侧松开鼠标，即可将这些图元从当前选择集中取消选择。

4. "过滤器"按图元类别过滤

1）选择多个图元后，在最下面状态栏右侧的"过滤器" 🔽:34 会显示当前选择的图元数量。

2）单击"过滤器"漏斗图标或功能区的"过滤器"工具，打开"过滤器"对话框。

3）如图 2-3，在"过滤器"对话框左侧的"类别"栏中通过勾选或取消勾选图元类别前的复选框即可过滤选择的图元：

- 勾选：保留勾选类别的图元在当前选择集中。
- 取消勾选：从当前选择集中排除没有勾选类别的图元。
- "选择全部"：单击该按钮自动勾选所有类别。
- "放弃全部"：单击该按钮自动取消勾选所有类别。

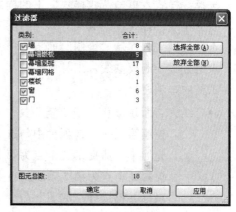

图 2-3　过滤器

4）设置完成后，"过滤器"对话框下面的"图元总数"会自动统计新的选择图员总数。单击"确定"关闭对话框。此时选定的图元仅包含在"过滤器"中指定的类别，状态栏右侧的已选择图元总数自动更新。

2.2 基础绘制功能

如本章开始时所说，在 Revit Architecture 中绘制墙体、绘制楼板和屋顶等的轮廓草图、绘制模型线或详图线等操作时，都会用到基本的"绘制"命令，其中包含了线、圆、弧、椭圆、多边形、样条曲线等各种常用的绘制方法。

这些绘制命令的使用方法和 AutoCAD 大致相同，本节将以"模型线"为例，逐一讲解这些绘制命令的绘制技巧，以后章节中将不再详细描述。

接上节练习，在练习文件"2-01.rvt"中，从项目浏览器中双击"楼层平面"节点下的"F1"打开一层平面图，练习下面的操作。

2.2.1 绘制模型线

Revit Architecture 中的线分两大类：模型线和详图线。模型线是三维线，它和墙体等三维模型一样，一根线可以在所有平立剖及三维视图中显示；而详图线是专用于绘制二维详图的，它只能在绘制的当前视图中显示。无论哪种线，其绘制和编辑方法完全一致，下面以模型线为例，详细讲解线的绘制方法。

1）在 F1 平面图中，从功能区"常用"选项卡的"模型"面板中单击"模型线"命令，如图 2-4，功能区最后出现"修改｜放置线"子选项卡，光标变为┼，进入绘制模式。

图 2-4 "模型线"工具和"修改｜放置线"子选项卡

2）选择线样式：单击"线样式"下的样式下拉列表，从表中可以选择已有的线样式（细线、粗线、虚线、隐藏线等），此处采用默认的"粗线-5 号"样式。

3）选择绘制工具：从"绘制"面板中单击选择以下直线、矩形、圆形等绘制工具，按要求的方式绘制模型线。工具不同，其"选项栏"可设置选项参数不同，图 2-4 为"线"工具的选项栏。

- 线✐：系统默认的线绘制工具。
  ◇ 连续绘制线：选项栏中勾选"链"，在平面图中单击捕捉一点为线起点，移动光标单击捕捉第 2 个点为第 1 条线的终点，绘制一段直线，移动光标单击捕捉第 3 个点为第 2 条线的终点，连续绘制第 2 条线……直到按 Esc 键或单击鼠标右键选择"取消"命令完成绘制。
  ◇ 绘制单段线：取消勾选"链"，在平面图中单击捕捉两个点绘制一段线。

◇ 封闭环：连续绘制线时，按快捷键"SZ"或单击鼠标右键选择"捕捉替换"-"关闭"命令后，系统自动捕捉到线链的起点，单击鼠标即可完成环。

◇ "半径"：选项栏中勾选"半径"复选框，并在后面激活的输入框中设置半径值，则在连续绘制线时，在转角处自动创建圆角。

◇ "偏移量"：如果设置了"偏移量"参数值，则实际绘制的线将相对捕捉点的连线偏移指定的距离。此功能在创建平行线时比较有用，设好"偏移量"然后捕捉已有线的端点，则自动创建了该线的平行线。

● 矩形 ▭："绘制"面板中单击选择该命令，选项栏如图 2-5。

图 2-5　"矩形"命令选项栏

◇ 绘制直角矩形：选项栏中不勾选"半径"，在平面图中单击捕捉矩形第 1 个角点，然后拖动鼠标，拉出矩形框。此时矩形框旁边显示蓝色的长宽临时尺寸标注可帮助捕捉定位（按 Tab 键可将有小数的尺寸值取整，方便精确定位），再次单击捕捉矩形对角点即可创建直角矩形。

◇ 绘制圆角矩形：选项栏中勾选"半径"复选框，并在后面激活的输入框中设置半径值，则按上述方法捕捉 2 个矩形对角点后即可自动创建圆角矩形。

◇ "偏移量"：同前，绘制同心矩形非常方便。

● 内接多边形 ⬡："绘制"面板中单击选择该命令，选项栏如图 2-6。

图 2-6　"矩形"命令选项栏

◇ "边"数设置：先在选项栏中输入多边形的"边"数。

◇ 绘制浮动半径多边形：在平面图中单击捕捉一点为中心点，移动光标拉出一个半径值不断变化的圆及其内接多边形，同时移动光标选择多边形的方向，然后直接输入一个半径值即可创建多边形。

◇ 绘制固定半径多边形：选项栏中勾选"半径"复选框，并在后面激活的输入框中设置半径值。在平面图中单击捕捉一点为中心点，移动光标拉出一个固定半径的圆及其内接多边形，移动光标选择多边形的方向后单击鼠标即可创建多边形。

◇ "偏移量"：同前，绘制同心多边形非常方便。

● 外切多边形 ⬡："绘制"面板中单击选择该命令，选项栏同前如图 2-6。

◇ "边"数设置：先在选项栏中输入多边形的"边"数。

◇ 绘制浮动半径多边形：在平面图中单击捕捉一点为中心点，移动光标拉出一个半径值不断变化的圆及其外切多边形，同时移动光标选择多边形的方向，然后直接输入一个半径值即可创建多边形。

◇ 绘制固定半径多边形：选项栏中勾选"半径"复选框，并在后面激活的输入框中设置半径值。在平面图中单击捕捉一点为中心点，移动光标拉出一个固定半径的圆及其外切多边形，移动光标选择多边形的方向后单击鼠标即可创建多边形。

◇ "偏移量"：同前，绘制同心多边形非常方便。

- 圆形 ⊚："绘制"面板中单击选择该命令，选项栏同"矩形"如图 2-5。

   ◇ 绘制浮动半径圆：在平面图中单击捕捉一点为圆心，移动光标拉出一个半径值不断变化的圆，直接输入一个半径值即可创建圆。

   ◇ 绘制固定半径圆：选项栏中勾选"半径"复选框，并在后面激活的输入框中设置半径值，然后在平面图中单击捕捉一点为圆心即可创建圆。

   ◇ "偏移量"：同前，绘制同心圆非常方便。

- 起点-终点-半径弧 ⌒："绘制"面板中单击选择该命令，选项栏同"线"如图 2-4。

   ◇ 绘制浮动半径弧：在平面图中单击捕捉第 1 点为弧起点，移动光标单击捕捉第 2 点为弧终点（捕捉时可以直接输入两点之间的弦长），移动光标出现一段半径和方向随光标不断变化的圆弧，确定方向后直接输入一个半径值即可创建圆弧。

   ◇ 绘制固定半径弧：选项栏中勾选"半径"复选框，并在后面激活的输入框中设置半径值，然后按上述方法捕捉两点为弧的起点和终点，移动光标确定弧方向，系统将根据两点之间的弦长和指定的半径值自动找到存在的圆心位置，单击即可创建圆。如果两点的弦长已经超出了指定半径的 2 倍，则该圆不存在，系统自动切换到上述 绘制浮动半径弧的方式。

   ◇ "链"：勾选该项，可以连续绘制圆弧。

   ◇ "偏移量"：同前，绘制同心圆弧非常方便。

- 圆心-端点弧 ⌒："绘制"面板中单击选择该命令，选项栏同"矩形"如图 2-5。

   ◇ 绘制浮动半径弧：在平面图中单击捕捉一点为圆心，移动光标拉出半径随光标不断变化的圆，单击捕捉一点作为弧的起点（或先移动光标确定弧起点的方向，再输入半径值自动捕捉起点位置），再移动光标捕捉一点作为弧的终点（或在出现弧度标注时输入角度值自动捕捉终点），即可创建圆弧。

   ◇ 绘制固定半径弧：选项栏中勾选"半径"复选框，并在后面激活的输入框中设置半径值，单击捕捉一点作为圆心先放置一个固定半径的整圆。移动光标单击捕捉光标和圆心连线与圆的交点为弧的起点，再移动光标捕捉一点作为弧的终点（或在出现弧度标注时输入角度值自动捕捉终点），即可创建圆弧。

   ◇ "偏移量"：同前，绘制同心圆弧非常方便。

- 相切-端点弧 ⌒："绘制"面板中单击选择该命令，选项栏如图 2-7。该命令可从现有墙或线的端点创建相切弧。

   ◇ 绘制自由半径弧：在平面图中单击捕捉与弧相切的现有墙或线的端点为弧起点，移动光标拉出一段半径和弧度随光标不断变化的圆弧，单击捕捉一点作为弧的终点（或在出现弧度标注时输入角度值自动捕捉终点），即可创建一段相切圆弧，弧的半径是由光标位置随意决定的。

修改 | 放置 线 　放置平面：标高：F1 ▼ ☑链 □半径：1000.(

图 2-7 "切线-端点弧"命令选项栏

◇ 绘制固定半径弧：选项栏中勾选"半径"复选框，并在后面激活的输入框中设置半径值，在平面图中单击捕捉与弧相切的现有墙或线的端点为弧起点，即会出现一段固定半径的圆弧，移动光标单击捕捉一点作为弧的终点（或在出现弧度标注时输入角度值自动捕捉终点），即可创建一段相切圆弧。

◇ "链"：勾选该项，可以连续绘制圆弧。

- 圆角弧 ⌐：俗称"倒圆角"。"绘制"面板中单击选择该命令，选项栏如图 2-8。

◇ 绘制自由半径弧：在平面图中单击拾取要绘制圆角的两段线，移动光标出现一段与线相切，半径随光标不断变化的圆弧，根据临时半径标注值单击捕捉大致位置放置圆角弧（弧半径可选择弧后修改临时半径尺寸精确设置）。

◇ 绘制固定半径弧：选项栏中勾选"半径"复选框，并在后面激活的输入框中设置半径值，在平面图中单击拾取要绘制圆角的两段线，即可创建圆角弧。

修改 | 放置 线 　放置平面：标高：F1 ▼ ☑链 □半径：1000.(　　　修改 | 放置 线 　放置平面：标高：F1 ▼ ☑链

图 2-8 "圆角弧"命令选项栏  　　　　　　　图 2-9 "样条曲线"命令选项栏

- 样条曲线 ∿："绘制"面板中单击选择该命令，选项栏如图 2-9。在平面图中单击捕捉一点作为起点，移动光标单击捕捉第 2 点的控制点，继续捕捉其他控制点，直到按 Esc 键或单击鼠标右键选择"取消"命令完成绘制。

- 椭圆 ⊚："绘制"面板中单击选择该命令，选项栏同"样条曲线"如图 2-9。在平面图中单击捕捉一点作为圆心，移动光标出现椭圆线，确定轴线方向后单击捕捉半径端点（或输入半径值自动捕捉），再次移动光标捕捉垂直轴方向半径端点（或输入半径值自动捕捉），即可创建椭圆。

- 半椭圆 ⊃："绘制"面板中单击选择该命令，选项栏同"样条曲线"如图 2-9。在平面图中单击捕捉一点作为半椭圆起点，移动光标出现半椭圆线，确定轴线方向后单击捕捉直径端点（或输入直径值自动捕捉），再次移动光标捕捉垂直轴方向半径端点（或输入半径值自动捕捉），即可创建半椭圆。

- 拾取线 ⚲：此命令可以单击拾取现有的墙、楼板等各种已有图元的边来快速创建线。如勾选选项栏的"锁定"则新创建的线将和拾取的图元之间保持连动关系。

4）按上述方法绘制完成各种需要的线图元后，按 Esc 键或单击功能区左侧的"修改"命令完成绘制，"放置线"子选项卡消失，回到"常用"选项卡。

5）切换到三维视图，也可以看到刚才绘制的各种模型线图元。

2.2.2 绘制和工作平面

在上面的练习中，所有的绘制操作都是在 F1 一层平面图上完成的，选项栏中的"放置平面"参数为"标高：F1"，因此所有的模型线都绘制到了 F1 楼层平面上。

Revit Architecture 默认的工作平面是楼层平面，如果想在三维视图中墙的立面上，或直接在立面、剖面视图上绘制模型线的话，其结果要么依然绘制在平面位置上，要么提示你选择工作平面。其原因是 Revit Architecture 作为一个真正的三维设计软件，无论是三维、还是立面、剖面视图，事实上都是在三维空间里操作，因此在绘制模型线之前，需要先告诉软件你要把线绘制到哪个平面上。

下面以在南立面外墙面上绘制模型线为例，说明工作平面的设置方法。

1) 在练习文件 F1 平面图中，从功能区"常用"选项卡的"模型"面板中单击"模型线"命令，光标变为┼，进入绘制模式，默认选择"线"工具，工作平面为"标高：F1"。

2) 单击选项栏的"放置平面"参数后面的下拉列表，从中选择"拾取…"，打开"工作平面"对话框，如图 2-10。

3) 设置新工作平面的方法有以下 3 种：
   - "名称"：从列表中选择可用的工作平面，其中包含标高名称、轴网和已命名的参照平面，确定后可切换到该标高、轴网、参照平面所在的楼层平面、立剖面视图或三维视图中绘制。
   - "拾取一个平面"：手动拾取墙等各种模型表面、标高、轴网和参照平面，确定后可切换到相应的楼层平面、立剖面视图或三维视图中绘制。
   - "拾取线并使用绘制该线的工作平面"：手动拾取已有的线，并将创建该线的工作平面作为新线的工作平面。

4) 本例选用第 2 种方法。在图 2-10 中单击"拾取一个平面"，单击"确定"后移动光标到 1 号轴线的外墙面上，当外墙面亮显时单击拾取打开"转到视图"对话框，如图 2-11。

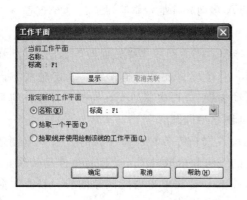

图 2-10　工作平面

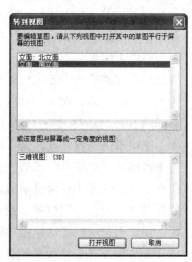

图 2-11　转到视图

5) 在图 2-11 中选择"立面：南立面"视图后，单击"打开视图"关闭对话框，视图自动切换到南立面视图中。

6) 在南立面视图中，用鼠标中键滚轮缩放到外墙上，随意绘制一个矩形、一个圆。按 Esc 键或单击功能区左侧的"修改"命令完成绘制。

7) 打开三维视图,可以看到南立面外墙面上多了一个矩形、一个圆。

　　【提示】　在三维视图中绘制模型线,手工"拾取一个平面"后,不会打开图 2-11 的 "转到视图"对话框,而是直接在三维视图中绘制。如果不习惯在三维视图中绘制,可以 使用 ViewCube 等导航工具定向到一个正立面视图上绘制。

2.3　基 础 编 辑 功 能

　　和 AutoCAD 一样,Revit Architecture 在编辑图元时,除了墙门窗等各种专业对象专 用的编辑命令外,也可以使用"修改"选项卡"修改"和"测量"面板中常用的复制、移 动、镜像、阵列、偏移、修剪、测量等各种常规编辑命令,如图 2-12。这些编辑命令不 仅可以编辑模型线、详图线等线图元,也可以用来编辑墙体、门窗等各种专业对象。

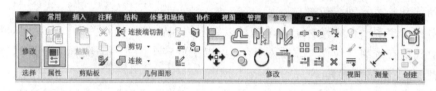

图 2-12　"修改"选项卡

　　这些绘制命令的使用方法和 AutoCAD 大致相同,本节将逐一讲解这些基础编辑命令 的使用技巧,以后章节中将不再详细描述。

　　接上节练习,在练习文件"2-01. rvt"中,从项目浏览器中双击"楼层平面"节点下 的"F1"打开一层平面图,练习下面的操作。

2.3.1　移动图元

　　移动是使用最多的编辑命令,Revit Architecture 提供了各种移动工具、键盘和鼠标 操作方式,以便在绘图区域中单独移动图元,或将图元与其他图元关联移动。

1. 单击拖拽

　　确保勾选右下角状态栏的"单击和拖拽",移动光标到右侧 C 号轴线的墙上,单击并 按住鼠标左键不放,拖拽鼠标即可移动墙体。以墙为主体的门窗,以及和该墙相交的上下 两面墙也会同步移动或延伸。

2. 箭头键

　　单击选择右侧 C 号轴线的墙,按键盘的左或右箭头键即可移动墙体。

3. "移动"工具

1) 单击选择右侧 C 号轴线的墙,从功能区"修改 | 墙"子选项卡的"修改"面板中单击 "移动"工具,"选项栏"如图 2-13。

2) 单击捕捉墙上一点作为移动起点,向右移动光标,再次单击捕捉移动终点完成移动。

3) 选项栏设置:

　　● "约束":移动前如勾选"约束",则光标只能在水平或垂直方向移动;取消勾选, 可随意移动。

- "复制"：移动前如勾选"复制"，则原来的墙不动，在终点位置复制相同的墙。同时勾选"多个"则可以连续复制多个墙到新的位置。此时"移动"工具相当于"复制"工具。

图 2-13　"移动"工具及其选项栏　　　　　图 2-14　"对齐"工具及其选项栏

4. "对齐"工具

1) 功能区单击"修改"选项卡的"对齐"工具，选项栏如图 2-14，设置"首选"参数为"参照墙中心线"，然后单击拾取 2 号轴线作为要对齐的目标位置，轴线上出现一条浅蓝色目标虚线。
2) 移动光标到 2 号轴线下方的水平墙上，墙的中心线亮显时单击拾取墙，墙及其附属的门自动移动到 2 号轴线位置。
   - 对齐后出现一个锁性标记，单击可以锁定墙和轴线的位置关系，实现同时移动。
   - 对齐前在选项栏勾选"多重对齐"，可以拾取多个图元对齐到同一个目标位置。

5. "剪切"和"粘贴"工具

1) 单击选择右侧 C 号轴线墙上方的窗，从功能区"修改 | 窗"子选项卡的"剪贴板"面板中单击"剪切到剪贴板"工具，将窗剪切到剪贴板中。同时自动跳转到"修改"选项卡。
2) 单击"修改"选项卡"剪贴板"面板中的"粘贴"工具，移动光标到别的墙上单击放置窗，完成移动，窗会自动识别墙的方向。

2.3.2　复制、旋转、镜像、阵列

1. "复制"工具

1) 单击选择右侧 C 号轴线的墙，从功能区"修改 | 墙"子选项卡的"修改"面板中单击"复制"工具，选项栏如图 2-15。
2) 单击捕捉墙上一点作为参考点，向右移动光标，当出现蓝色临时尺寸标注时捕捉 1000 位置再次单击捕捉移动终点，或直接输入 1000 后回车完成复制。
3) 选项栏设置：
   - "约束"：复制前如勾选"约束"，则光标只能在水平或垂直方向移动；取消勾选可以随意移动，将构件复制到任意位置。
   - "多个"：复制前勾选"多个"，则为多重复制，可以连续复制多个副本。取消勾选"多个"则只复制一个。

【提示】　也可以使用"剪贴板"面板中单击"复制"、"粘贴"工具，像前面的"剪切"、"粘贴"工具一样复制图元到新的位置。

2. "旋转"工具

1) 窗选左侧星形相交的 5 面墙，从功能区"修改 | 墙"子选项卡的"修改"面板中单击"旋转"工具，选项栏如图 2-16。

图 2-15　"复制"工具及其选项栏 　　　　　　图 2-16　"旋转"工具及其选项栏

2）此时在墙的外围出现一个虚线的矩形范围框，中心位置有一个旋转中心符号，移动光标可选择旋转起始位置。

3）设置旋转中心：在旋转中心符号上单击鼠标左键按住不放，拖曳光标到水平墙最左侧端点位置，当出现墙中心线端点捕捉时松开鼠标放置旋转中心。

4）捕捉旋转起始位置：移动光标到图形右侧水平墙中心线的延长线上单击捕捉旋转起始位置。

5）捕捉旋转终点位置：逆时针或顺时针移动光标到合适角度，或出现角度标注时输入旋转角度后回车，将所有的墙旋转到新的位置。

6）选项栏设置：

- "复制"：旋转前勾选"复制"，则选择的图元位置不动，旋转后复制一个副本。
- "角度"：旋转前设置"角度"参数值，回车后将围绕中心位置自动旋转到指定角度位置。"角度"参数正值逆时针旋转，负值顺时针旋转。

3. "镜像"工具

1）窗选左侧星形相交的 5 面墙，从功能区"修改 | 墙"子选项卡的"修改"面板中单击选择以下 2 个子命令之一，如图 2-17：

图 2-17　"镜像"工具及选项栏

- "镜像-拾取轴"：选择该命令，移动光标单击拾取 B 号轴线为镜像轴，将墙镜像到右侧。
- "镜像-绘制轴"：选择该命令，移动光标在墙的上方 3 号轴线附近位置，单击捕捉两点绘制一条虚线镜像轴，将墙镜像到上方，完成后镜像轴消失。

2）选项栏设置：镜像前如勾选"复制"则保留原始图元；如取消勾选"复制"，则在镜像完成后，删除原始图元。

4. "阵列"工具

1）缩放图形到左下角房间的餐桌椅位置，单击选择下面的餐椅，从功能区"修改 | 家具"子选项卡的"修改"面板中单击"阵列"工具，选项栏如图 2-18。

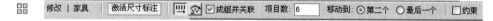

图 2-18　"阵列"工具及线性阵列选项栏

2）阵列分线性阵列和径向阵列，下面分别讲解其操作方法。

3）线性阵列 ⸺ ：

- 设置选项栏：单击"线性" ⸺ 图标，如图 2-17 勾选"成组并关联"，设置阵列数"项目数"参数为 6，选择"移动到"参数为"第二个"，不勾选"约束"。
- 移动光标到椅子中心单击捕捉中点为阵列起点。移动光标出现长度和角度临时标注：角度决定阵列方向，长度决定椅子和第 2 把椅子之间的距离。

- 向右移动光标单击捕捉第 2 把椅子的终点位置，或选好角度方向后直接输入到第 2 把椅子的距离值 600，回车后按 600 的间距阵列了椅子，同时出现阵列的"项目数" 6，直接回车（或输入新的阵列数后回车）完成阵列。
- 单击选择阵列后的任意一把椅子，在椅子外围出现代表"成组并关联"的虚线矩形框以及阵列"项目数" 6，输入 5 后回车更新阵列，如图 2-19 (a)。

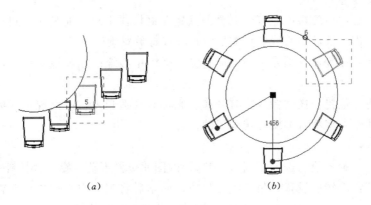

（a）　　　　　　　　　　（b）

图 2-19　线性阵列和径向阵列

【提示 1】　　阵列前如果取消勾选"成组并关联"，则阵列时输入距离值回车后不出现 "项目数" 直接完成阵列，选择椅子时也不出现"项目数"参数，不能随时修改阵列数量。

【提示 2】　　阵列前如果"移动到"参数选择"最后一个"，则要捕捉或输入第 1 把椅子和最后一把椅子的总距离。

【提示 3】　　勾选"约束"则只能在水平或垂直方向移动光标阵列。

4）径向阵列 ◌：按 Ctrl＋Z 键撤消阵列，回到原始状态，完成下面的练习。同样方法选择椅子，单击"阵列"工具。

- 设置旋转中心：单击"径向" ◌ 图标，椅子中心点出现旋转中心符号，移动光标到旋转中心符号上单击鼠标左键按住不放，拖动光标到上面的餐桌圆心位置，当出现三角形中点标记时，松开鼠标左键放置旋转中心。
- 设置选项栏：如图 2-20 勾选"成组并关联"，设置阵列数"项目数"参数为 6，选择"移动到"参数为"第二个"。

图 2-20　径向阵列选项栏

- 向下移动光标到椅子中心单击捕捉中点为旋转起点，再向右上方移动光标出现角度临时标注时捕捉到 60°角位置单击作为第 2 把椅子的角度位置，或直接输入 60 作为第 2 把椅子的旋转角度后回车，即可阵列椅子，同时出现阵列的"项目数" 6，直接回车（或输入新的阵列数后回车）完成阵列。
- 单击选择阵列后的任意一把椅子，在椅子外围出现代表"成组并关联"的虚线矩形框以及阵列"项目数" 6，可修改该值更新阵列，如图 2-19 (b)。

　　【提示 1】　　阵列时如果不捕捉阵列起点和旋转角度，可以在选项栏中设置"角度"
参数为 60，回车后即可阵列椅子，同时出现阵列的"项目数"6，直接回车（或输入新的
阵列数后回车）完成阵列。

　　【提示 2】　　阵列前如果"移动到"参数选择"最后一个"，则要捕捉或输入第 1 把椅
子和最后一把椅子间的旋转角度。

2.3.3　修剪/延伸、偏移、拆分

1. 修剪/延伸

　　功能区"修改"选项卡的"编辑"面板中。Revit Architecture 有 3 个修建/延伸命
令，且修剪和延伸是合二为一的，如图 2-21，下面分别讲解。

1）"修剪/延伸为角部"工具：

- 缩放 F1 平面视图到右上角房间入口位置。如图 2-21 单击
  （a）"修剪/延伸为角部"工具。

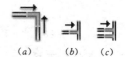

图 2-21　修剪/延伸

- 单击选择 3 号和 C 号轴线上的墙，墙体自动延伸（或修剪），
  相交于 3 号和 C 号轴线交点处。

2）"修剪/延伸单一图元"工具：选择一个边界只修剪/延伸一个图元。

- 缩放 F1 平面视图到左下角房间位置。如图 2-21 单击（b）"修剪/延伸单一图元"
  工具。

- 单击选择 2 号轴线为修剪/延伸边界。然后移动光标到餐桌右侧内墙上，墙高亮显
  示且墙中心线位置出现一条虚线延伸线时单击鼠标选择墙，墙上部的端点自动延
  伸（或修剪）到修剪/延伸边界位置上。

- 再次单击选择 2 号轴线下的水平墙为修剪/延伸边界，同样方法在餐桌右侧内墙的
  边界以下部分单击选择该墙，则边界以上部分自动修剪（或延伸）到修剪/延伸边
  界位置上（即修剪时要保留哪段就选择那段）。

3）"修剪/延伸多个图元"工具：选择一个边界可修剪/延伸多个图元。

- 缩放 F1 平面视图到左侧星形连接墙位置。如图 2-21 单击（c）"修剪/延伸多个图
  元"工具。

- 单击选择 3 号轴线为修剪/延伸边界。然后移动光标连续单击选择星形连接墙上面的
  两面斜墙，则两面斜墙的上部端点自动延伸（或修剪）到修剪/延伸边界位置上。

　　【提示】　　上述修剪/延伸命令适用于编辑模型线、详图线、墙、梁和支撑。

2. "偏移"工具

1）缩放 F1 平面视图到左下角房间位置，功能区单击"修改"选项卡"偏移"工具，选
   项栏如图 2-22。在选项栏中选择以下两种方式之一创建偏移。

2）"数值方式"：先设置偏移距离，拾取偏移的图元即可偏移。

- 选择"数值方式"，在后面的"偏移"栏中输入偏移的距离 1000，勾选"复制"。

- 然后移动光标到餐桌右面的内墙右墙面位置（在墙左右墙面两侧移动光标决定偏
  移的方向），在光标右侧有一条偏移的虚线，单击选择内墙即可向右复制一面平行
  墙。可以连续单击拾取，或修改偏移距离后再单击拾取复制。

3）"图形方式"：先选择偏移的图元和起点，再捕捉终点或输入偏移距离后偏移。

- 选择"图形方式"，勾选"复制"。
- 先单击拾取要偏移的餐桌右面的内墙，再单击拾取墙上任意一点作为偏移起点，向左移动光标单击捕捉一个位置为偏移终点（或出现蓝色临时尺寸时输入偏移距离值 1000 直接回车），即可向右复制一面平行墙。

【提示】 "复制"：偏移前如取消勾选"复制"选项，则将偏移的图元移动到新的位置。

图 2-22　"偏移"工具及其选项栏

图 2-23　"拆分"工具及其选项栏

3."拆分"工具

1）"拆分图元"工具：缩放 F1 平面视图到左侧 A 号轴线外墙位置。单击"拆分图元"工具光标变为 ✎ ，选项栏如图 2-23（a）。

- 不勾选"删除内部线段"：移动光标到左侧外墙上 2 号轴线位置单击墙，将墙拆分为上下两段。可以继续单击其他位置，将墙拆分为连续的多段。
- 勾选"删除内部线段"：先移动光标到左侧外墙上的下面窗的下方位置附近单击墙，再移动光标到窗的上方位置附件单击墙，则将这两点之间的墙段（或线段）删除。

2）"用间隙拆分"工具：单击该工具，选项栏如图 2-23（b），设置"连接间隙"（1.6～304.8mm），在墙或线上单击即可在单击位置创建一个缺口。

3）拆分墙或线后，即可单独选择其中的一段编辑修改，而不影响其他部分。

【提示】在立剖面视图和三维视图中，可以用"拆分"工具沿水平线拆分一面墙。

2.3.4　测量、锁定/解锁、删除、撤消、恢复、取消

1."测量"工具

功能区"修改"选项卡的"测量"面板中。如图 2-24（a）单击"测量"工具右侧的下拉三角箭头，有两个测量命令。

1）"测量两个参照之间的距离"工具：单击该命令，选项栏如图 2-24（b）。

- 勾选"链"然后在图中连续单击捕捉一系列测量点，则"总长度"中显示线链的总测量长度，同时在每段线的旁边灰色显示其长度尺寸标注。
- 取消勾选"链"，则每次只能单击捕捉两个点，"总长度"中显示一段线的长度，同时在线的旁边灰色显示其长度尺寸标注。

2）"沿图元测量"工具：单击该命令，在图中单击选择要测量的墙或线等图元，则

(a)　　　　　　　　(b)

图 2-24　"测量"工具及其选项栏

"总长度"中显示该图元的长度，同时在线的旁边灰色显示其长度尺寸标注。

2."锁定/解锁"工具

　　当选择图元后，在出现相关的子选项卡中才能找到该工具。为防止误操作时移动图元位置，可以锁定其位置。

1）"锁定"：单击选择左下角房间中的餐桌，在功能区"修改｜家具"子选项卡的"修改"面板中单击"锁定"工具［如图 2-25（a）的下图］，即可锁定餐桌位置，同时出现一个锁定图钉符号◎和一条引线。

2）"解锁"：选择锁定的餐桌，功能区原来的"锁定"工具会变为"解锁"工具［如图 2-25（a）的上图］，单击即可解除位置锁定。

3）临时解锁：选择锁定的餐桌，单击锁定符号◎变为 ，即可临时解除位置锁定，并用编辑临时尺寸标注或拖拽的方式移动餐桌位置，完成后单击 恢复锁定。

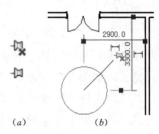

图 2-25　锁定/解锁

3."删除"工具

　　选择图元，在出现相关的"修改｜××"子选项卡的
"修改"面板中单击"删除"（红色×）工具即可删除图元。也可以从右键菜单中选择"删除"命令，或按 Delete 键删除图元。

4."撤消"与"恢复"

　　单击快速访问工具栏的"撤消" 工具（快捷键：Ctrl＋Z）可取消最近执行的操作。撤消后单击"恢复" 工具（快捷键：Ctrl＋Y）可恢复最近执行的操作。单击图标右侧的下拉三角箭头，可以从下拉列表中选择撤消或恢复到以前某一步操作。

5."取消"操作

　　在命令执行中如要取消操作，有 3 种方式。

1）按 Esc 键两次。

2）单击鼠标右键，从右键菜单中选择"取消"命令。

3）单击功能区最左侧的"修改"工具。

2.3.5　端点、造型控制柄与临时尺寸标注

　　端点相当于 AutoCAD 中的夹点，造型控制柄是控制三维模型的端面（例如墙端头的面），临时尺寸相当于 AutoCAD 中的动态输入。三者是 Revit Architecture 中随时可以见到，并经常用来编辑图元的手段。

1. 端点

1）选择单段线、墙等图元时，在两头会出现一个蓝色实心点的端点符号，如图 2-26。在点上单击鼠标左键不放并拖拽光标即可移动图元端点位置。

2）选择多段相连的线、墙等图元时，在交点位置会出现一个蓝色空心点的端点符号，如图 2-26。在点上单击鼠标左键不放并拖拽光标即可同时移动相交图元的端点位置。

2. 造型控制柄

1）在平面视图中，移动光标到墙端点上，按 Tab 键 1 次或几次，墙的端面造型控制柄会亮显，如图 2-27（*a*），单击选择并拖拽可以改变墙长度。

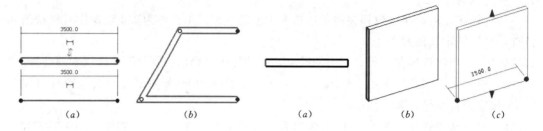

图 2-26　端点　　　　　　　　　　图 2-27　造型控制柄

2）在三维视图中，移动光标到墙端点上，按 Tab 键 1 次或几次，墙的端面造型控制柄会亮显，如图 2-27（*b*），单击选择并拖拽可以改变墙长度。

3）在三维视图中，单击选择墙，墙的顶面和底面会出现实心三角形造型控制柄，如图 2-27（*c*），单击并拖拽可以改变墙高度。

3. 临时尺寸标注

选择图元时才出现的蓝色尺寸标注，可用来精确定位图元。

1）缩放 F1 平面视图到左下角房间南立面窗位置，单击选择窗，两侧出现到墙面距离的临时尺寸标注，如图 2-28。单击左侧尺寸文字，输入 1500mm 后回车，向左移动窗。

2）循环单击尺寸界线上的蓝色实心正方形控制柄，可以在内外墙面和墙中心线之间切换临时尺寸界线参考位置。也可以在实心正方形控制柄上单击按住鼠标左键不放，并拖拽光标到轴线等其他位置上松开，捕捉到新的尺寸界线参考位置。

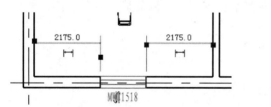　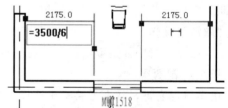

图 2-28　临时尺寸标注　　　　　　图 2-29　公式计算

3）公式计算：在创建图元或选择图元时，可以为图元的临时尺寸标注输入一个公式。公式以等号开始，然后使用常规数学语法。如图 2-29，单击左侧尺寸文字，输入"＝3500/6"后回车，向左移动窗到距离内墙面 583 位置。

练习完成后，关闭练习文件"2-01.rvt"，不保存。

学完本章的基本拳法和掌法（图元选择和过滤、基础绘制和编辑功能等），相信您一定有似曾相识的感觉！对了，在 AutoCAD 里有很多吗！老生常谈，是不是有点按捺不住了，恨不得马上学习"34 式 RAC"？先别急，基本功还不够，还要先学习几招基本的脚法和腿法。只有脚下沉稳才能出手敏捷！

第 3 章　标高、轴网、参照平面

标高、轴网是建筑设计中两个非常重要的参考定位工具，Revit Architecture 三维建筑设计中墙、门窗、梁柱、楼梯、楼板屋顶等大部分构件的定位都和两者有着密切的关系。同时为了方便捕捉、绘制等，经常需要绘制一些辅助定位的线，Revit Architecture 就提供了专用的辅助定位工具——参照平面。本章将详细讲解这些定位工具的使用方法。

在 Revit Architecture 中作设计，本书建议先创建标高，再创建轴网，其中的原因主要是为了在平面图中正确显示轴网。

1) 在 Revit Architecture 的立剖面视图中，只有轴线的标头位于最上面一层标高线之上，保证轴线与所有标高线相交，所有楼层平面视图中才会自动显示轴网。如果先创建轴网后创建标高，需要在两个不平行的立面视图中，例如南立面和东立面中，分别手动将轴线的标头拖拽到顶部标高之上，后创建的标高楼层平面视图中才能正确显示轴网。

2) 这点对体育场等具有放射形轴网的建筑尤其重要：如果先创建轴网后创建标高，则必须手动在和放射形轴线垂直的立面视图中逐一拖拽轴线标头到顶部标高之上，后创建的标高楼层平面视图中才能正确显示轴网。

3.1　创　建　标　高

"标高" 工具只有在立剖面视图中才能使用。常用创建标高的方法有 4 种：绘制、拾取线、阵列和复制。

单击快速访问工具栏的 "打开" 命令，定位到本书附赠光盘的 "练习文件 \ 第 3 章" 目录中的 "江湖别墅-03. rvt" 文件，选择后单击 "打开"，显示 "F1" 楼层平面视图。

双击项目浏览器中立面 "建筑立面" 节点下的 "南立面"，打开南立面视图。视图中默认已经有了 F1、F2、室外地坪标高。单击选择 F2 标高，层高 4.000 蓝色显示，单击输入 3 回车，层高变为 3.000。

3.1.1　绘制标高

绘制标高是最基本的创建标高方法，对低层建筑可以用该方法直接手工绘制标高。

1) 如图 3-1 (a)，单击功能区 "常用" 选项卡 "基准" 面板中的 "标高" 工具，"修改 | 放置标高" 子选项卡及选项栏如图 3-1 (b)。默认选择 "绘制" 面板 "线" 工具 ╱。

2) 在 "属性" 选项板的类型选择器中选择 "C _ 上标高＋层标" 标高类型（可从下拉列表中选择下标高或单标头标高等类型）。

3) 确认选项栏勾选 "创建平面视图" 选项，单击 "平面视图类型" 按钮。如图 3-2 在打

45

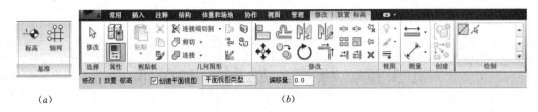

图 3-1　"基准"面板、"修改｜放置标高"子选项卡和选项栏

开的对话框中单击取消选择"天花板平面"（只选择"楼层平面"，绘制标高后将在项目浏览器中只创建楼层平面视图，不创建天花板平面视图），单击"确定"关闭对话框。"偏移量"设为 0。

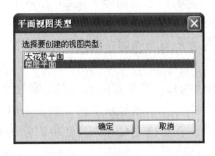

图 3-2　平面视图类型

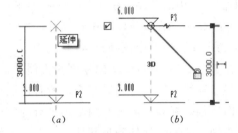

图 3-3　绘制标高

4）移动光标到 F2 标高左侧端点正上方，出现一条浅蓝色虚线表示端点对齐（光标旁显示"延伸"），然后向上移动光标根据变化的灰色临时尺寸捕捉 3000 位置，如图 3-3（a），单击鼠标左键捕捉标高起点。

5）向右水平移动光标到 F2 标高右侧端点正上方，当出现浅蓝色对齐虚线时再次单击鼠标左键即可绘制标高 F3，如图 3-3（b）（单击右侧的蓝色临时尺寸标注可调整层高）。同时在项目浏览器中新建了"F3"楼层平面视图（标高标头为蓝色）。

【提示】　绘制标高时，如在选项栏中取消勾选"创建平面视图"，则将创建参照标高，而不生成楼层平面和天花板平面视图，辅助标高的标头为黑色。

3.1.2　拾取线创建标高

"拾取线"创建标高是高效创建标高的方法：可以拾取图形中已有的标高线或其他图元（例如事先导入的 DWG 立面图的标高）快速创建标高。

1）同前单击功能区"标高"工具，在"绘制"面板中单击"拾取线"工具。"偏移量"设为 3500，其他标高样式、选项栏设置同前。

2）移动光标到 F3 标高上偏上一点，F3 亮显同时在 F3 上方 3500 位置出现浅蓝色虚线，单击鼠标左键创建标高 F4。同时在项目浏览器中新建了"F4"楼层平面视图（连续单击拾取即可快速创建其他楼层标高）。

3）按 Esc 键结束"标高"命令，保存文件，完成后的标高如图 3-4。其他立面标高无须绘制，自动显示。

3.1.3　阵列标高

对层高相同的超高层建筑，可以直接选择已有标高线用"阵列"工具快速创建标高。

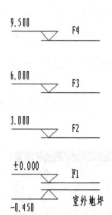

图 3-4 标高

1）用鼠标中键滚轮缩小南立面视图，单击选择 F4 标高，在"修改｜标高"子选项卡中单击选择"阵列"工具。

2）在选项栏中确认选择"线性"阵列，取消勾选"成组并关联"，"项目数"设为 18，"移动到"选择"第二个"，勾选"约束"。

3）移动光标到 F4 标高上单击任意一点（最近点）作为阵列起点，向上垂直移动光标，在出现蓝色临时尺寸时输入 3000，回车后创建了新的标高，标高名称按从 F4 自动排序。

【提示】阵列和复制的标高是参照标高，其标头是黑色显示，且项目浏览器中不会自动创建楼层平面视图，需要手动创建，方法见下文。

4）单击功能区"视图"选项卡"创建"面板中的"平面视图"工具，从下拉菜单中选择"楼层平面"命令，打开"新建平面"对话框，如图 3-5。

5）按住 Shift 键单击"F21"选择所有参照标高名称，单击"确定"，在项目浏览器中创建了所有的楼层平面视图，并自动显示最后创建的"F21"楼层平面视图。

6）连续单击快速访问工具栏的"撤消"工具或 Ctrl＋Z 键，取消刚才阵列的标高，回到图 3-4 状态。

3.1.4 复制标高

当建筑每层的层高都不完全一样时，"复制"命令是快速创建标高的好方法。

1）单击选择 F4 标高，在"修改｜标高"子选项卡中单击选择"复制"工具。

2）在选项栏中确认勾选"约束"、"多个"，进行垂直方向多重复制。

3）移动光标在 F4 标高上单击捕捉一点作为复制起点，向上垂直移动光标在出现蓝色临时尺寸时输入 2800，回车后创建 F5 标高。继续向上垂直移动光标输入 3200，回车后创建 F6 标高。按 Esc 键结束"复制"命令。

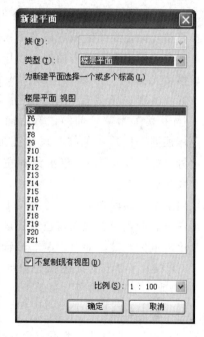

图 3-5 新建平面

4）复制的参照标高同样需要用"楼层平面"命令创建楼层平面视图。按两次 Ctrl＋Z 键，取消刚才复制的标高，回到图 3-4 状态。

3.2 创 建 轴 网

与标高一样，常用创建轴网的方法有 4 种：绘制、拾取线、复制和阵列。

接上节练习，在功能区"视图"选项卡"窗口"面板中单击"切换窗口"工具，从下拉列表中选择"江湖别墅-03.rvt-楼层平面 F1"回到一层平面视图创建轴网。

3.2.1 绘制轴线

绘制轴线是最基本的创建轴网方法，对每个分区每个方向的起始轴线一定用该方法创建。

1）单击功能区"常用"选项卡"基准"面板中的"轴网"工具，"修改｜放置轴网"子选项卡及选项栏如图 3-6。默认选择"绘制"面板"线"工具 ✐。

图 3-6　"修改｜放置轴网"子选项卡和选项栏

2）在"属性"选项板的类型选择器中选择"双标头"轴网类型（可从下拉列表中选择单标头等类型）。选项栏"偏移量"设为 0。

3）移动光标在绘图区域内偏左下角位置单击捕捉一点作为轴线起点，向上垂直移动光标到合适位置再次单击捕捉一点作为轴线终点，绘制 1 号起始轴线。

4）移动光标到 1 号轴线下方标头正右方位置，出现一条浅蓝色虚线表示端点对齐（光标旁显示"延伸"），然后向右移动光标根据变化的灰色临时尺寸捕捉 3900 位置，如图 3-7（a），单击鼠标左键捕捉轴线起点。

5）向上垂直移动光标到 1 号轴线上方标头正右方位置，当出现浅蓝色对齐虚线时再次单击鼠标左键，即可绘制 2 号轴线，如图

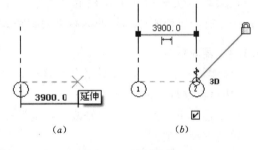

图 3-7　绘制轴线

3-7（b）（单击上面的蓝色临时尺寸标注可调整开间尺寸）。按 Esc 键或功能区单击"修改"结束"轴网"命令。

3.2.2 复制轴线

当开间、进深尺寸都不完全一样时，"复制"命令是快速创建轴网最好的方法。

1）单击选择 2 号轴线，在"修改｜轴网"子选项卡"修改"面板中单击选择"复制"工具。在选项栏中确认勾选"约束""多个"，进行水平方向多重复制。

2）移动光标在 2 号轴线上单击捕捉一点作为复制起点，向右水平移动光标到右侧立面符号位置，在出现蓝色临时尺寸时输入 2400，回车后创建 3 号轴线。继续分别输入 2100、2700、3600 后回车，快速创建 4～6 号轴线。按 Esc 键结束"复制"命令。

3.2.3 拾取线创建轴线

"拾取线"创建轴线：可以拾取图形中已有的起始轴线或其他图元（例如事先导入的

DWG 平面图的轴线）快速创建轴网。

1）先按 3.2.1 节方法单击"轴网"工具，在 1 号轴线下标头左上方一点捕捉绘制一根水平轴线，自动编号为 7。单击编号"7"，输入"A"回车。

2）在"绘制"面板中单击"拾取线"工具 。"偏移量"设为 1800，移动光标到 A 号轴线上偏上一点，A 号轴线亮显同时在 A 号轴线上方 1800 位置出现浅蓝色虚线，单击鼠标左键创建标高 B 号轴线。继续分别设置"偏移量"为 3300、2100、3900 后单击拾取上一根轴线，快速创建 C～E 号轴线。

3.2.4　阵列轴线

　　当多个相邻的开间、进深尺寸相同时，可以使用"阵列"工具是快速创建轴网。操作方法同"阵列标高"，轴号自动排序，此处不再详述。

3.2.5　绘制附加轴线

　　附加轴线可以用手工绘制或复制的方法创建，并手动编辑轴号。

1）单击"轴网"工具，从类型选择器中选择"双标头-附加轴线"轴网类型，在 1 号、2 号轴线中间绘制一根垂直附加轴线，自动编号为 F。单击到 1 号轴线的蓝色开间临时尺寸标注输入 2445 后回车，单击编号"F"，输入 1/1 回车。

2）同样方法在 5 号、6 号轴线间绘制 1/5 附加轴线，距离 6 号轴线 1200。在 D 号、E 号轴线间绘制 1/D 附加轴线，距离 E 号轴线 1200。

3）按 Esc 键两次结束"轴网"命令，完成后的轴网如图 3-8 示意。

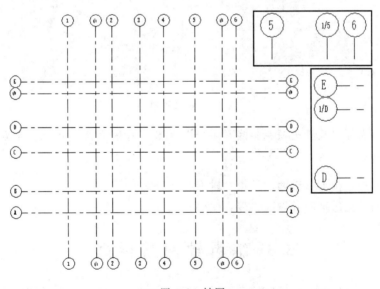

图 3-8　轴网

4）保存文件"江湖别墅-03.rvt"。

　　【提示】　前面讲的绘制、复制、拾取线、阵列轴线方式创建的轴线，当把其中一根轴线的标号改为附加轴线编号，以及增加绘制主轴线时，后面的轴线编号不会自动更新排序。所以本节采用了绘制附加轴线的方法。重新排序轴号的方式有两种：一是手动从后往前逐一修改，效率很低；二是用"3.4"节中的增强编辑器高级编辑功能，详见后面讲解。

3.2.6 绘制弧形轴网

弧形轴网的创建只能用绘制方法创建。和"2.2.1 绘制模型线"中的绘制弧线一样，可以用"圆心-端点弧" ⌒ 和"起点-终点-半径弧" ⌒ 命令相结合的方法快速绘制弧形轴网。

1) 单击功能区"轴网"工具，在"修改｜放置轴网"子选项卡"绘制"面板中单击"圆心-端点弧" ⌒ 工具。

2) 在 F1 平面视图中旁边位置，单击捕捉弧形轴网圆心位置。向左移动光标捕捉半径 4000mm 位置单击鼠标捕捉弧线左端点，再向移动光标出现弧形轴线预览后单击捕捉右端点，单击标头文字，输入"2-1"回车，绘制了分区起始弧形轴线。

3) 在"绘制"面板中单击"起点-终点-半径弧" ⌒ 工具，选项栏设置"偏移量"为 3000mm。

4) 如图 3-9（a），移动光标到"2-1"号轴线左侧标头位置单击捕捉轴线左侧端点。再移动光标单击捕捉"2-1"号轴线右侧端点，如图 3-9（b）。最后如图 3-9（c），移动光标单击捕捉"2-1"号轴线顶部象限点或轴线上任一最近点后即可创建"2-2"号弧形轴线。

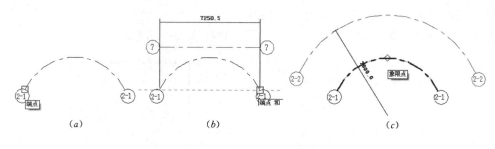

（a）　　　　　　　　　（b）　　　　　　　　　（c）

图 3-9　弧形轴网

【提示】　也可以设置选项栏轴线"半径"参数，再依次捕捉圆心、左右端点位置自动创建弧形轴线。

5) 剩余轴线同理，按 Esc 键两次结束"轴网"命令。

6) 选择刚绘制的弧形轴网并删除，保存文件。

3.3　编辑轴网与标高

轴网和标高创建完成后，可以随时根据需要选择轴网和标高，调整其标头位置、开间进深和层高尺寸、隐藏标头、偏移标头等，使图面更美观。接上节练习下面的各种编辑命令。

3.3.1 编辑轴网

选择任意一根轴线，会显示蓝色临时尺寸标注、一些控制符号和复选框，如图 3-9，可以编辑尺寸值、单击控制符号调整轴网标头位置、控制标头隐藏或显示、进行标头偏移等操作。

1. "属性"选项板

　　单击选择 D 号轴线，左侧的"属性"选项板显示该轴线的类型和实例属性参数，如图 3-10。

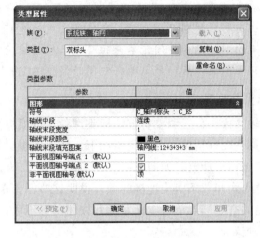

图 3-10　"属性"选项板　　　　　　　　图 3-11　类型属性

1）类型选择器：从类型选择器下拉列表中可以选择"起点标头""终点标头""双标头-附加轴线"等类型，改变选择的 D 号轴线的类型和显示。

2）实例属性参数：编辑实例属性参数只影响当前选择的轴线。
- 可设置轴线"名称"参数。
- "范围框"：控制工作平面类图元在视图中的显示。将在以后章节详细讲解。

3）类型属性参数：单击"编辑类型"按钮，打开"类型属性"对话框，如图 3-11。编辑以下参数将影响到和当前选择轴线同类型的所有轴线的显示。
- "符号"：从下拉列表中可选择不同的轴网标头族，例如主轴线和附件轴线的轴网标头不同。
- "轴线中段"：默认选择"连续"，轴线按常规样式显示；如选择"无"则将仅显示两段的标头和一段轴线，轴线中间不显示；如选择"自定义"，则将显示更多的参数，可以自定义自己的轴线线型、颜色等。
- "轴线末端宽度"参数可设置轴线宽度为 1～16 号线宽；"轴线末端颜色"参数可设置轴线颜色；"轴线末端填充图案"参数可设置轴线线型。
- "平面视图轴号端点 1（默认）"和"平面视图轴号端点 2（默认）"：勾选或取消勾选这两个选项，即可显示或隐藏轴线起点和终点标头。
- "非平面视图轴号（默认）"：该参数可控制在立面、剖面视图上轴线标头的上下位置。可选择"顶"、"底"、"两者"（上下都显示标头）或"无"（不显示标头）。
- "复制"：单击该按钮，复制新的轴线类型，设置上述参数"确定"后将只替换当前选择轴线的类型，其他轴线不变。

2. 临时尺寸标注：调整轴网开间、进深尺寸

如图 3-12 选择轴线，出现蓝色的临时尺寸标注，鼠标单击尺寸值即可修改开间或进深尺寸。

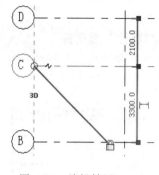

图 3-12　编辑轴网

【提示】　如果调整中间的某一根轴线时，后续编号的所有轴线间距要保持不变，则要选择这些轴线，然后用"修改｜轴网"子选项卡"修改"面板中的"移动"工具将轴线移动一个距离来实现。或者先标注开间进深尺寸，然后锁定间距不变的尺寸后，再修改临时尺寸来调整间距，后续锁定的轴线间距保持不变。

3. 标头位置调整

轴网标头位置调整有整体标头调整、单根标高标头调整、平行视图同步调整与仅当前视图调整几种情况，分别说明如下，请根据情况灵活使用。

1) 整体标头调整：如图 3-12 选择轴线后轴线端点位置会出现一个蓝色的空心圆、一条绿色虚线和一条引线连接的锁，说明这些标头是端点自动对齐并锁定的。移动光标在蓝色的空心圆上单击鼠标左键并按住鼠标不放，然后左右拖拽鼠标即可整体调整轴网标头位置。

2) 单根轴线标头调整：单击标头对齐锁可解除对齐锁定，此时在蓝色空心圆上单击并拖拽鼠标即可调整单根轴线标头位置。

3) 平行视图同步调整：在选择的轴线标头附近有一个蓝色的"3D"符号，在此状态下，无论是整体标头调整、还是单根标高标头调整，平行视图是同步联动的。例如：当调整 F1 平面视轴网标头位置时，平行的其他楼层平面视图也会自动同步调整。

4) 仅当前视图调整：单击蓝色的"3D"符号变成"2D"，蓝色空心圆变成实心点，同时标头对齐锁消失。在此状态下，在蓝色的实心点上单击并拖拽鼠标仅调整当前视图的标头位置，其他平行视图不动。

4. 隐藏/显示标头

1) 逐个隐藏/显示：如图 3-12 选择一根轴线，标头附近显示一个正方形"隐藏/显示标头"复选框☑，取消勾选或勾选该选项，即可隐藏或显示轴线标头。

2) 批量隐藏/显示：选择要隐藏或显示标头的轴线，在"属性"选项板的类型选择器中选择"起点标头"或"终点标头"轴网类型，即可替换现有双标头类型，或在轴线"类型属性"对话框中，取消勾选或勾选"平面视图轴号端点 1（或 2）（默认）"参数。

5. 标头偏移

如图 3-13（a），当轴线间距较近标头发生干涉时，可以选择标高线，单击标头附近的蓝色"添加弯头"符号╱，将标高线截断并按住鼠标左键拖拽两个蓝色实心点调整到合适位置，如图 3-13（b）。

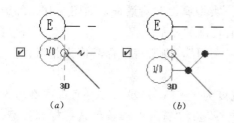

图 3-13 标头偏移

【提示】 按住鼠标左键拖拽靠近标头的蓝色圆点，到和水平标高线共线时松开鼠标，标高线又恢复原状。

6. 影响范围

在当前视图中按上述方法调整了单根轴线的标头位置、标头显示、标头偏移等后，可以快速将这些调整应用到其他相关平行视图中，方法是：选择调整后的轴线，在功能区"修改｜轴网"子选项卡的"基准"面板中单击"影响范围"工具，在"影响基准范围"对话框中勾选需要应用的平行视图名称，单击"确定"即可。

3.3.2 编辑标高

从项目浏览器中，打开南立面视图，可以看到轴网标头自动显示在顶部标高之上，无须调整，只需要调整标高标头位置即可。

和轴线一样，选择任意一根标高线，也会显示临时尺寸标注、一些控制符号和复选框，如图 3-14。其各项编辑功能同轴网完全一致，此处不再详述，请参见 3.3.1 节有关内容。

1. "属性"选项板

单击选择 F3 标高，左侧的"属性"选项板显示该标高的类型和实例属性参数，如图 3-15。

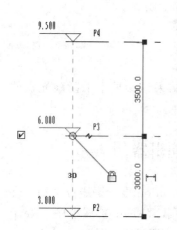

图 3-14 编辑标高 　　　图 3-15 "属性"选项板 　　　图 3-16 类型属性

1) 类型选择器：从类型选择器下拉列表中可以选择"C _ 上标高 _ 起点""C _ 上标高 _ 终点""C _ 下标高"等类型，改变选择的 F3 标高的类型和显示。

2) 实例属性参数：编辑实例属性参数只影响当前选择的标高。

　　● 可设置标高"名称"参数。

　　● "范围框"：控制工作平面类图元在视图中的显示。将在以后章节详细讲解。

3）类型属性参数：单击"编辑类型"按钮，打开"类型属性"对话框，如图 3-16。编辑
以下参数将影响到和当前选择标高同类型的所有标高的显示。

- 限制条件类参数："基面"参数默认选择"项目"，则所有的标高值为相对标高；
  如选择"共享"，则标高值为绝对标高。
- 图形类参数："线宽"参数可设置标高线宽度为 1～16 号线宽；"颜色"参数可设
  置标高颜色；"线型图案"参数可设置标高线型；"符号"参数可选择标高类型；
  勾选或取消勾选"端点 1 处的默认符号"和"端点 2 处的默认符号"两个选项，
  即可显示或隐藏标高起点和终点标头。
- 尺寸标注类参数："自动计算高度"和"计算高度"参数用于房间面积和体积计
  算，将在"20.4 面积分析平面视图"一节详细讲解。
- "复制"：单击该按钮，复制新的标高类型，设置上述参数"确定"后将只替换当
  前选择标高线的类型，其他标高不变。

2. 临时尺寸标注：调整层高

层高调整方法同轴网开间、进深尺寸调整，请参见 3.3.1 节有关内容。

3. 标头位置调整

标高标头位置调整方法同轴网标头位置调整，请参见 3.3.1 节有关内容。

在南立面视图和东立面视图中按前述方法，分别拖拽左右标高标头到两侧轴线位置
附近。

4. 隐藏/显示标头

标高标头隐藏/显示方法同轴网标头，请参见 3.3.1 节有关内容。

5. 标头偏移

标高标头偏移方法同轴网标头，请参见 3.3.1 节有关内容。

6. 影响范围

标高影响范围操作方法同轴网，请参见 3.3.1 节有关内容。

完成上述编辑后保存并关闭文件"江湖别墅-03.rvt"，结果请参见本书附赠光盘的
"练习文件 \ 第 3 章"目录中的"江湖别墅-03 完成.rvt"文件。

3.4　Revit Extensions 及增强编辑器

购买了 Autodesk 公司 Revit Architecture 软件的"Subscription 维护暨服务合约"升
级保障的用户，可以从官方"Subscription Center"网站上下载"Revit 扩展程序（Revit
Extensions）"和"Revit Architecture 增强编辑器"程序插件。该程序在轴网、尺寸标注
标识符以及标准式样门窗表、文字、图形冻结、模型对比等方面，提供了一系列智能快捷
的创建和编辑等高级功能。其中的"轴网增强"功能勘称 Revit Architecture 基本脚法之
"无影脚"！

该扩展程序安装完成后，显示在功能区最后面"附件模块"选项卡中，如图 3-17。
下面简要介绍其中的标高和轴网的高级创建和编辑功能。

新建项目文件，打开 F1 平面视图，体验 Revit Architecture 之"无影脚"的风采。

图 3-17 "附件模块"选项卡

3.4.1 创建标高与轴网

（1）单击"轴网增强"面板中的"创建/编辑"工具打开"轴网生成"对话框，如图 3-18。可以从左侧栏中分别选择"层、轴网、构件"，然后在右侧栏中精确设置。

图 3-18 "轴网生成"对话框

（2）标高设置：选择左侧的"层"，在右侧右上角的"族"下拉列表中可选择需要的标高类型"C_上标高+层标"，然后在标高列表中最下面标记星号"＊"一行中输入新的标高名称"F3""F4"，标高值分别为 7000、10000。完成后如图 3-19。

图 3-19 设置标高

（3）轴网设置：

1）选择左侧的"轴网"，如图 3-20 设置中间一列选项：

- "轴网类型"：选择"直角坐标"创建直线轴网，选择"柱坐标"创建弧形轴网。下方为轴网预览示意。
- "轴网-位置和旋转"：默认为 0。可根据需要设置轴网插入点和旋转角度等。

- "到轴线端点距离"：设置标头到轴线端点距离 "d" 为 2000。
- "轴网族"：选择 "双标头" 类型。

2）设置 "水平轴线"：如图 3-20 输入水平轴线的 "轴线间距" 和 "跨数量"，设置 "编号" 为 "ABC…"。

3）设置 "竖向轴线"：如图 3-20 输入竖向轴线的 "轴线间距" 和 "跨数量"，设置 "编号" 为 "123…"。

4）单击 "确定" 后自动创建所有的标高和轴网。需要打开立面视图调整标高标头左右位置。

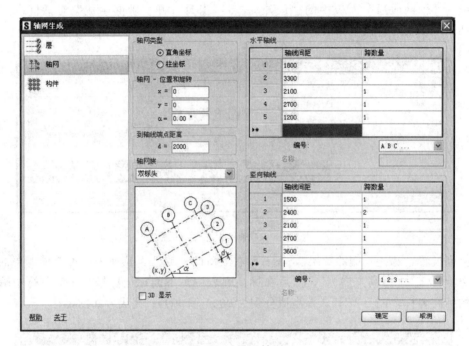

图 3-20　设置轴网

3.4.2　编辑标高与轴网

用 "轴网生成" 方式创建的标高和轴网，可以用 "3.2 编辑轴网与标高" 中的所有编辑方法进行编辑修改。但当修改开间、进深、层高间距时，建议不要用临时尺寸标注修改，要用原始的 "轴网生成" 对话框修改相关设置。因为后者的优先级更高，临时尺寸标注的修改不会记录到 "轴网生成" 对话框中，而 "轴网生成" 对话框的修改将重新生成图形，取消临时尺寸标注所做的一切修改。

下面分别讲解增强编辑器的专用高级编辑功能，这些功能同样也适用于 "3.2 创建轴网" 所述方法创建的所有轴网。

1. "创建/编辑" 工具

单击功能区 "附件模块" 选项卡 "轴网增强" 面板中的 "创建/编辑" 工具重新返回到 "轴网生成" 对话框中，根据需要修改标高和轴网设置后，单击 "确定" 即可重新更新标高和轴网。

2. 主附轴线转换

最实用的附加轴线编辑功能：

1）主转附加：单击选择 2 号轴线，然后在功能区"附件模块"选项卡"轴网增强"面板中单击"主附轴线转换"工具，轴号自动变为"1/1"，且后续轴号自动重新排序。

2）附加转主：单击选择"1/1"号轴线，再次单击"主附轴线转换"工具，轴号自动变为"2"，且后续轴号自动重新排序。

3. 轴网排序

分自动排序和自定义排序两种方式：

1）自定义排序：功能最强的排序方式，适用于分区轴网快速编号。

- 交叉框选 1～7 号轴线的上标头选择 7 根轴线，在功能区"附件模块"选项卡"轴网增强"面板中，单击右上角的下拉三角箭头，选择"自定义排序"工具。

- 如图 3-21（a），在弹出的"选择起始轴线"提示框中单击"确定"，在图 3-21（b）的"起始轴号"对话框中输入"1-1"分区起始轴号，单击"确定"后自动排序所有轴号。

（a）   （b）

图 3-21　自定义排序

2）自动排序：适用于对简单的正交轴网按常规排序规则（水平方向从左到右依次为 1，2，3，…；竖直方向从下到上依次为 A，B，C，… 且排除 O、Z、I）快速重新排序。无须选择轴线，在功能区"附件模块"选项卡"轴网增强"面板中，单击右上角的下拉三角箭头，选择"自动排序"工具即可快速复原。

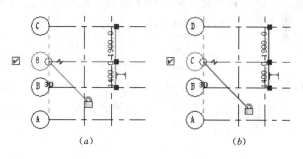

（a）   （b）

图 3-22　单选更新

4. 单选更新

最方便的增加主轴线排序功能：

1）用"轴网"工具在 B 轴和 C 轴线间绘制一根轴线，自动编号为 8，如图 3-22（a）。

2）选择 8 号轴线，在功能区"附件模块"选项卡"轴网增强"面板中单击"单选更新"工具，即可将 8 号轴线按其所在的轴线序列自动编号为 C，且后续编号自动排序，如图 3-22（b）。

3.5　参　照　平　面

在 AutoCAD 中设计时，为方便精确定位捕捉和设计经常要绘制一些辅助线，这些线和其他设计图元没有区别，需要单独放到一个层上集中管理。而 Revit Architecture 提供了专门的辅助线工具"参照平面",如图 3-23。

1. 创建参照平面

在功能区"常用"选项卡"工作平面"面板中单击"参照平面"右侧的下拉三角箭头,从中选择以下两个命令之一即可创建参照平面。

1) "绘制参照平面":选择该命令,在图中单击捕捉两个点即可绘制一个参照平面。

2) "拾取现有线/边":选择该命令,在图中单击拾取已有的线或模型图元的边,即可创建一个参照平面。

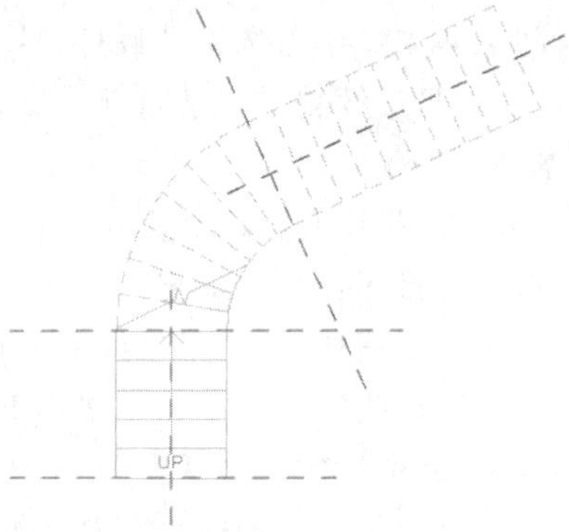

2. 命名参照平面

对一些重要的参照平面,可以给它起个名字,以方便今后通过名字来选择其作为设计的工作平面。

图 3-23　参照平面

选择参照平面,在功能区"修改 | 参照平面"选项卡"图元"面板中单击"图元属性"工具。在打开的"实例属性"对话框中输入"名称"参数的值后,单击确定即可。

3. 参照平面与工作平面

需要特别说明的是:参照平面是个平面,只是在某些方向的视图中显示为线而已。因此参照平面除了可以当作定位线使用外,还可以作为工作平面使用,在该面上绘制线等图元。

设置工作平面的方法见"2.2.2 绘制和工作平面",可以通过选择参照平面的名称、或手工拾取的方式定位工作平面后,切换到合适的视图中绘制图元。

练习完成后,关闭新建的项目文件,不保存。

学完本章的基本脚法和腿法(标高和轴网的创建和编辑、Revit Extensions 及增强编辑器、工作平面),特别是"轴网增强"无影脚后,相信您一定两眼冒光了(终于得到了盼望多年的设林秘籍)!下面将带您循序渐进地学习"34 式 RAC"!

第二部分

建 筑 设 计

通过第一部分的学习，大家已经掌握了 Revit Arhitecture 的基本拳法、掌法、脚法、腿法等基本动作。

从本部分开始，将详细讲解"34 式 RAC"每一招的分解动作，力求让大家对每一个动作细节都烂熟于胸。唯有如此，才能在今后的江湖实战中达到活学活用、出神入化的境界。

本部分内容为"34 式 RAC"之"基础 12 式"——建筑设计，将详细讲解以下建筑设计中最基本的建筑构件的各种创建和编辑方法，以及自定义构件族的方法与技巧。此部分内容是 Revit Arhitecture 的"骨"篇，完成之后将创建建筑的骨干身躯。

"34 式 RAC"之"基础 12 式"

- 第 1 式　梅花桩——建筑柱与结构柱
- 第 2 式　铁布衫——墙
- 第 3 式　金镂玉衣——幕墙
- 第 4 式　画龙点睛——门窗
- 第 5 式　脚踩乾坤——楼板
- 第 6 式　金钟罩——屋顶
- 第 7 式　穿墙术——洞口
- 第 8 式　步步高升——楼梯
- 第 9 式　借坡下驴——坡道
- 第 10 式　空中楼阁——阳台与扶手
- 第 11 式　锦上添花——室内外常用构件及其他
- 第 12 式　独门暗器——自定义构件族

第 4 章　建 筑 柱 与 结 构 柱

按常规建筑设计习惯，有了轴网后将创建柱网。根据柱子的用途及特性不同，Revit Architecture 将柱子分为以下两种。

1) 建筑柱：适用于墙垛等柱子类型，可以自动继承其连接到的墙体等其他构件的材质，例如墙的复合层可以包络建筑柱。基于这样的特性，可以使用建筑柱围绕结构柱的方式来创建结构柱的外装饰涂层。

2) 结构柱：适用于钢筋混凝土柱等与墙材质不同的柱子类型，是承载梁和板等构件的承重构件，在平面视图中结构柱截面与墙截面各自独立。

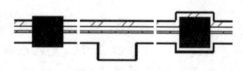

图 4-1　建筑柱与结构柱

图 4-1 从左至右分别是结构柱、建筑柱、建筑柱包结构柱三种与复合墙的连接形式。

建筑柱和结构柱的创建方法不尽相同，但编辑方法完全相同。

4.1　创 建 建 筑 柱

打开本书附赠光盘的"练习文件 \ 第 4 章"目录中的"江湖别墅-04.rvt"文件，显示"F1"楼层平面视图。创建建筑柱的方法如下：

1) 如图 4-2 （*a*），单击功能区"常用"选项卡"构建"面板中"柱"工具下方的下拉三角箭头，从下拉菜单中选择"建筑柱"命令。"修改｜放置柱"子选项卡及选项栏如图 4-2 （*b*）。

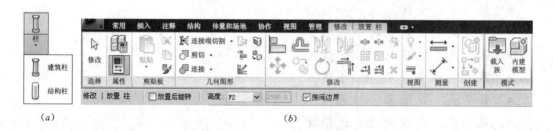

(*a*)　　　　　　　　　　　　　　　　　(*b*)

图 4-2　"建筑柱"命令及"修改｜放置柱"子选项卡和选项栏

2) 新建 350mm×350mm 柱类型：

- 单击右侧"属性"选项板中的"编辑类型"按钮，打开"类型属性"对话框。
- 单击"复制"按钮，在弹出的"名称"对话框中输入"350mm×350mm"后单击

"确定"。分别设置其"深度""宽度"参数的"值"为 350。单击"确定"完成
设置。

3) 选项栏设置：

- "放置后旋转"：不勾选。对不等边柱子，勾选该项放置柱后可以直接旋转其方向。
- "高度"：选择标高"F2"。可从下拉列表中选择其他楼层标高作为柱子高度。
- "房间边界"：默认勾选。勾选后计算房间面积时，自动扣减柱子面积。

4) 单击放置：移动光标单击捕捉 1 和 B、3 和 D、3 和 C、5 和 D 号轴线交点位置放置 4
根 350mm×350mm 建筑柱。按两次 Esc 键或单击"修改"结束"建筑柱"命令，保
存文件。

【提示 1】　可以选择已有建筑柱，用复制、阵列、镜像等命令快速创建其余建筑柱。

【提示 2】　单击"模型"面板的"载入族"工具可以打开 Revit Architecture 的公制
库（Metric Library），然后从"柱"目录中选择需要的柱子族文件，单击"打开"即可载
入当前项目文件中使用。单击"内建模型"工具可以在位创建自定义建筑柱，自定义方法
请参考"第 15 章 自定义构件族"。

4.2　创 建 结 构 柱

创建结构柱的方法除了像建筑柱一样可以单击捕捉放置、复制、阵列、镜像之外，还
有两种非常方便快捷的创建方法："在轴网上"和"在柱上"。

1) 接上节练习，单击功能区"常用"选项卡"构建"面板中"柱"工具下方的下拉三角
箭头，从下拉菜单中选择"结构柱"命令。"修改｜放置结构柱"子选项卡及选项栏如
图 4-3。

图 4-3　"修改｜放置结构柱"子选项卡和选项栏

2) 新建 300mm×300mm 结构柱类型：同前所述单击"属性"选项板中的"编辑类型"
按钮，打开"类型属性"对话框。单击"复制"按钮，输入"300mm×300mm"后单
击"确定"。分别设置其宽度、深度参数"b"、"h"的值为 300，单击"确定"。

3) 选项栏设置：

- "放置后旋转"：不勾选。对不等边柱子，勾选该项放置柱后可以直接旋转其方向。
- 柱高度设置：按以下两种设置方法之一设置柱子高度（本例采用"高度"方式）。
  - ◇　"高度"：从下拉列表中选择"高度"，并从后面的下拉列表中选择比当前标
    高高的标高名称"F2"（或选择"未连接"并在后面栏中输入柱子实际高度
    值），则从当前楼层平面标高往上创建结构柱。

◇ "深度"：从下拉列表中选择"深度"，并从后面的下拉列表中选择比当前标高低的标高名称，如"室外地坪"（或选择"未连接"并在后面栏中输入柱子实际深度值），则从当前楼层平面标高往下创建结构柱。

- "房间边界"：默认勾选。勾选后计算房间面积时，自动扣减柱子面积。

4）放置结构柱：根据实际需要选择以下不同的方法放置结构柱（本例采用后两种方式）。

- 轴网交点创建：可以在选定的轴线交点处批量放置结构柱。

    ◇ 单击功能区"多个"面板中"在轴网处"工具，进入"修改｜放置结构柱＞在轴网交点处"子选项卡。如图 4-4（a），从右向左交叉窗选顶部 E、1/D 号轴线和 1～7 号轴线的交点，则上述轴线变成浅蓝色显示，在所有轴线交点处出现结构柱的预览图形，如图 4-4（b）。

    ◇ 单击功能区"多个"面板中的"完成"放置了两排结构柱。

    ◇ 按 Ctrl＋Z 键取消放置结构柱。

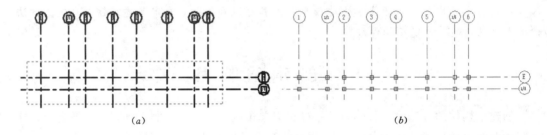

图 4-4　轴网交点

- 建筑柱创建：单击功能区"多个"面板中"在柱处"工具，进入"修改｜放置结构柱＞在建筑柱处"子选项卡。窗选图中的 4 个建筑柱，单击功能区"多个"面板中的"完成"即可在建筑柱中创建结构柱。

- 单击放置：移动光标单击捕捉 1 和 D、1 和 E、3 和 E、1/5 和 E、1/5 和 C、6 和 C、6 和 A、5 和 A、3 和 A、1/1 和 A 、1/1 和 C、2 和 C、2 和 D 轴线交点位置放置 13 根 300mm×300mm 结构柱。

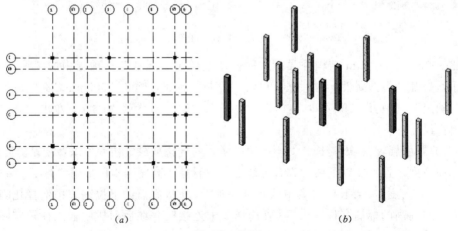

图 4-5　柱网

5）按两次 Esc 键结束"结构柱"命令，打开三维视图查看柱网模型，结果如图 4-5，保存并关闭文件。结果请参见本书附赠光盘的"练习文件 \ 第 4 章"目录中的"江湖别墅-04 完成 . rvt"文件。

【提示】　本例放置结构柱时，"修改｜放置结构柱"子选项卡默认选择"垂直柱"选项。如选择"斜柱"选项，则可以创建斜柱：需要在选项栏分别设置"第一次单击"和"第二次单击"时捕捉的斜柱底部或顶部所在标高和偏移高度。详细操作请自行体会。

4.3　柱 子 编 辑

可以随时选择创建好的柱子，用以下各种编辑工具编辑修改。

打开本书附赠光盘的"练习文件 \ 第 4 章"目录中的"4-01. rvt"文件，显示 F1 平面视图。选择右上角的结构柱，功能区"修改｜结构柱"子选项卡及选项栏如图 4-6 所示（建筑柱的子选项卡及选项栏和结构柱完全一样，仅选项卡名称为"修改｜建筑柱"）。

图 4-6　"修改｜结构柱"子选项卡和选项栏

4.3.1　"属性"选项板

选择结构柱后，左侧的"属性"选项板显示该柱子的类型和实例属性参数，如图 4-7。

1）类型选择器：从类型选择器下拉列表中可以选择"400mm×600mm"矩形柱或圆柱等其他类型，替换当前选择结构柱的类型。因此在布置柱网时，可以用"在轴网处"工具一次创建所有相同类型的柱子，然后再用类型选择器快速替换为其他类型的柱子。

2）实例属性参数：编辑实例属性参数只影响当前选择的结构柱。

- 限制条件类参数：
  - ◇ "基准标高""底部偏移"：设置柱子底部所在楼层标高和相对偏移距离。
  - ◇ "顶部标高""顶部偏移"：设置柱子顶部所在楼层标高和相对偏移距离。
  - ◇ "柱样式"：默认选择"垂直"柱样式；可以选择"倾斜－角度控制"或"倾斜－端点控制"样式，创建斜柱并编辑其角度或端点偏移距离来控制其倾斜度。
  - ◇ "随轴网移动"：默认勾选，移动轴网时，柱子随轴网一起移动。
  - ◇ "房间边界"：默认勾选，计算房间面积时，自动扣减柱子面积。
- 其他结构、尺寸标注、标识数据、结构类参数：自动计算柱子"体积"等。

3）类型属性参数：单击"编辑类型"按钮，打开"类型属性"对话框，如图 4-8。编辑以下参数将影响到和当前选择结构柱同类型的所有结构柱的显示。

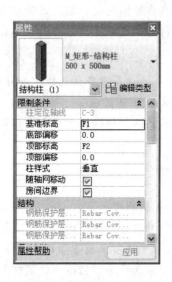

图 4-7　"属性"选项板

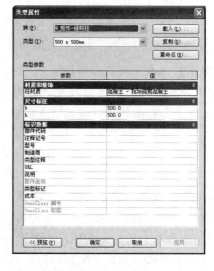

图 4-8　类型属性

◇ "柱材质"：修改后将改变所有 500mm×500mm 柱子的材质显示。

◇ "复制"：单击该按钮，复制新的结构柱类型，设置上述参数"确定"后将只替换当前选择结构柱的类型，其他结构柱不变。

4.3.2　附着与分离

使用"附着"工具可以将柱子的顶部或底部附着到屋顶、楼板、天花板、梁、参照平面或标高的下方或上方。为便于选择柱子附着的对象，建议在三维或立剖面视图中操作。

1）打开东立面视图，选择 1 号轴线上的结构柱，单击"修改｜结构柱"选项卡中的"附着顶部/底部"工具，选项栏如图 4-9。

图 4-9　"附着顶部/底部"工具选项栏

2）设置附着部位：设置"附着柱"为"顶"（选"底"可附着柱子底部）。

3）设置剪切关系：从"附着样式"下拉列表中选择附着样式为"剪切柱"（目标剪切柱子），另两个选项为"剪切目标"（柱子剪切目标）和"不剪切"。

4）选择对正方式：从"附着对正"下拉列表中选择柱子与附着目标对正方式为"最大相交"（或"相交柱中线""最小相交"），图 4-10 从左至右分别为最小相交、相交柱中线、最大相交 3 种"附着对正"方式的示意。

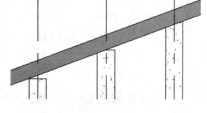

图 4-10　三种"附着对正"方式

5）设置偏移：在"从附着物偏移"后面的栏中输入从附着点的上下偏移距离，可以使柱子在附着位置超出或缩回一个距离。

6）移动光标到单击拾取屋顶，柱子顶部自动附着到屋顶下方。同样方法选择 2 号、3 号轴线上的柱子，分别按"相交柱中线"和"最小相交"对正方式附着结构柱到屋顶，体验各自不同的结果。

7）选择刚附着的柱子，功能区单击"分离顶部/底部"命令，单击拾取屋顶（附着目标对象）即可将柱子和屋顶分离。

【提示】 附着后的柱子高度将随屋顶的高度而自动变化。分离后的柱子，其高度不会复原到附着前的高度，而是维持附着后的高度，只是在交接位置取消了剪切关系，切断了两者之间的关联关系。

4.3.3 随轴网移动

选项栏勾选"随轴网移动"（同"实例属性"参数），则单击捕捉轴网交点和用"在轴网处"工具创建的结构柱和建筑柱，默认会随轴线位置的调整而调整。

4.3.4 移动、复制、旋转、镜像、阵列等常规编辑命令

可以先创建部分柱子，然后用"修改｜结构柱"选项卡"修改"面板中的移动、复制、旋转、镜像、阵列、对齐等各种常规编辑命令，快速创建其他柱子或移动柱子位置。

练习完成后，关闭练习文件，不保存。

"基础 12 式"第 1 式"梅花桩"——建筑柱与结构柱，根根柱子有如武学之梅花桩！学完本章内容，相信您一定可以在"梅花桩"上健步如飞了！下面开始学习第 2 式"铁布衫"——墙。

第 5 章　墙

在 Revit Architecture 中墙是三维建筑设计的基础，它不仅是建筑空间的分隔主体，而且也是门窗、墙饰条与分割缝、卫浴灯具等设备模型构件的承载主体。同时墙体构造层设置及其材质设置，不仅影响着墙体在三维、透视和立面视图中的外观表现，更直接影响着后期施工图设计中墙身大样、节点详图等视图中墙体截面的显示。

Revit Architecture 提供了 4 种创建墙的方法："墙"工具的绘制和拾取线，面墙（拾取面）和内建模型。绘制和拾取线适用于创建常规直线和弧线墙，面墙（拾取面）和内建模型适用于创建斜墙、曲面墙和其他异形墙。不同的墙其编辑方法也不尽相同，下面分别讲述。

5.1　常规直线和弧线墙

5.1.1　创建常规直线和弧线墙

1. 绘制

常规的直线与弧线墙体、矩形、圆形与正多边形房间墙体，都可以用绘制墙体的方法快速创建。打开本书附赠光盘的"练习文件 \ 第 5 章"目录中的"江湖别墅-05.rvt"文件，打开"F1"楼层平面视图，绘制一层墙体。

1）如图 5-1（a），单击功能区"常用"选项卡"构建"面板中"墙"工具，"修改｜放置墙"子选项卡及选项栏如图 5-1（b）。

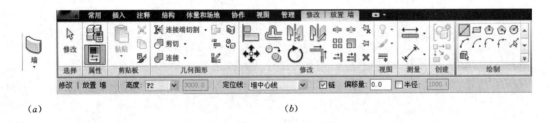

（a）　　　　　　　　　　　　　　　　　（b）

图 5-1　"墙"命令及"修改｜放置墙"子选项卡和"线"选项栏

2）选择墙类型：从右侧"属性"选项板的类型选择器中选择"基本墙"类型下的"外保温墙 350mm-20 + 60 + 240 + 30"复合墙类型，该类型已经设置了墙的复合构造层。

3）选择绘制工具：从"绘制"面板中选择"线" ╱ 绘制工具，选项栏如图 5-1（b）。

4）设置选项栏：不同的绘制工具，选项栏设置略有不同。本例以直线墙为例。

- 设置墙高度：从"高度"后面的下拉列表中选择"F2"标高为墙的顶部标高（墙高将随标高自动调整，可以选择"未连接"并在后面栏中输入高度值）。

- 设置定位线：从"定位线"后面的下拉列表中选择"核心层中心线"。列表中各种定位方式的含义如下，如图5-2。

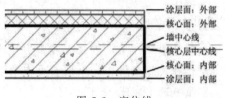

涂层面：外部
核心面：外部
墙中心线
核心层中心线
核心面：内部
涂层面：内部

图 5-2　定位线

- ◇ "墙中心线"：墙体总厚度中心线。
- ◇ "核心层中心线"：墙体结构层厚度中心线。
- ◇ "面层面：外部"：墙体外面层外表面。
- ◇ "面层面：内部"：墙体内面层内表面。
- ◇ "核心面：外部"：墙体结构层外表面。
- ◇ "核心面：内部"：墙体结构层内表面。

- 设置"偏移量"：本例设为0。"偏移量"与"定位线"配合使用，用来设置墙体定位线相对于要捕捉的墙体起点和终点连线的偏移距离。例如：360mm墙如选择"墙中心线"为"定位线"，设置偏移为60mm，则捕捉轴线绘制墙体后，轴线两侧宽度为240mm和120mm。

- 勾选"链"：勾选该项可以连续绘制墙链。取消勾选每次仅绘制一段墙。

- 设置圆角"半径"：本例不勾选。勾选"半径"并输入半径值可以自动创建墙角弧墙。

5) 移动光标，单击捕捉3和A号轴线交点为起点，然后顺时针连续单击捕捉1/1和A、1/1和C、2和C、2和D、1和D、1和E、1/5和E、1/5和C、6和C、6和A、5和A号轴线交点绘制直线外墙链。按Esc键1次结束墙链绘制。

6) 绘制弧墙：从"绘制"面板中选择"起点-终点-半径弧" 绘制工具，同前设置选项栏，取消勾选"链"。然后单击捕捉5和A、3和A号轴线交点，向下移动光标显示180°包角时单击鼠标创建弧墙。完成后的外墙如图5-3（a）。

7) 绘制内墙：同样方法，从类型选择器中选择"基本墙"类型下的"常规200mm"，选择"线" 绘制工具，"高度"设置为"F2"，"定位线"设置为"墙中心线"。如图5-3（b）绘制其余内墙和左下角墙。

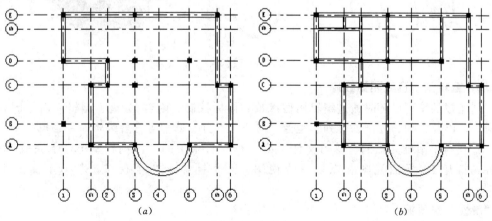

(a)　　　　　　　　　　　(b)

图 5-3　绘制墙

【提示】　绘制墙时建议顺时针绘制，确保墙体的外面层朝外。绘制时出现的蓝色临时尺寸为墙的长度，此时可以直接输入墙的长度值，回车后创建墙体。

8）绘制结束后按 Esc 键 2 次或单击"修改"结束"墙"命令。

9）保存并关闭文件。结果请参见本书附赠光盘的"练习文件 \ 第 5 章"目录中的"江湖别墅-05-01 完成 . rvt"文件。

【提示】　其他矩形、正多边形、圆形等绘制工具的设置和操作方法同"2.2.1 绘制模型线"。

2. 拾取线

如果图中已经有轴线、参照平面、体量、楼板、线等图元，或导入了外部的 DWG 文件作为底图，则可以用"拾取线"工具单击拾取现有图元的边或线快速创建直线或弧形墙体。

1）打开本书附赠光盘的"练习文件 \ 第 5 章"目录中的"05-01. rvt"文件，打开 F1 平面视图和默认三维视图，平铺显示两个视口。

2）单击功能区"常用"选项卡"构建"面板中"墙"工具，从类型选择器中选择"基本墙"类型下的"常规 200mm"。在"修改 ｜ 放置墙"子选项卡中，选择"拾取线"工具。

3）选项栏设置："高度"设置为"F2"，"定位线"设置为"墙中心线"（墙中心线和拾取的线重合），"偏移量"为 0。

4）如图 5-4 移动光标到平面图左侧的线上，当线亮显时按 Tab 键高亮显示线链，然后单击拾取线链自动创建墙体。按 Esc 键 2 次结束"墙"命令。保存并关闭"05-01. rvt"文件。

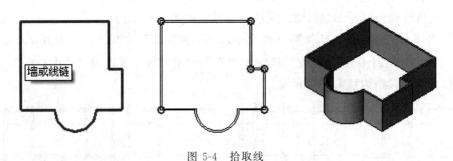

图 5-4　拾取线

5.1.2　编辑常规直线和弧线墙

创建好的墙可以随时通过编辑属性参数、鼠标控制、附着/分离、编辑立面轮廓等编辑命令，以及移动、复制、阵列、镜像、对齐、拆分、修剪等常规编辑命令编辑。

打开本书附赠光盘的"练习文件 \ 第 5 章"目录中的"江湖别墅-05-01 完成 . rvt"文件，打开 F1 平面视图和默认三维视图，并平铺显示两个视口，学习下面的编辑命令。

1. "属性"选项板

1）拆分墙：在 F1 平面视图中，单击功能区"修改"选项卡"修改"面板中"拆分图元"

工具，缩放至左下角 1/1 轴线外墙上，在 B 号
　　轴线位置单击将墙拆分为上下两段。

2）选择墙：移动光标到左上角西立面外墙上按
　　Tab 键，当一圈外墙链亮显时单击选择墙链，
　　再按住 Ctrl 键单击增加选择左侧 B 号轴线上的
　　水平墙，按住 Shift 键单击取消选择左侧 B 和 D
　　号轴线间的 4 段外墙。选择集如图 5-5，功能区
　　"修改 | 墙"子选项卡如图 5-6。

3）类型选择器：选择墙后，左侧的"属性"选项
　　板显示选择墙的类型和实例属性参数，如图 5-
　　7。从类型选择器的下拉列表中可以选择其他类
　　型的墙快速替换选择的墙类型。

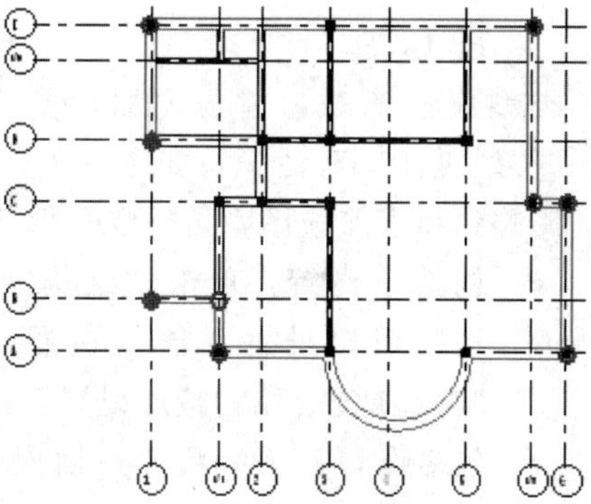

4）实例属性参数：编辑实例属性参数只影响当前选择的墙。

图 5-5　选择墙

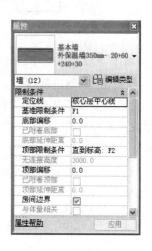

图 5-6　"修改 | 墙"子选项卡和选项栏

- "基准限制条件""底部偏移"：设置墙底部所在楼层标高和相对偏移距离。
- "已附着底部""底部延伸距离"：如果墙的底部延伸到下面的楼板等图元表面上，
  则该参数激活并自动提取参数值。
- "顶部限制条件""顶部偏移"：设置墙顶部所在楼层标
  高和相对偏移距离。如果选择"顶部限制条件"参数
  为"未连接"，则可以设置参数"无连接高度"数值为
  墙实际高度值。本例选择"顶部限制条件"为"直到
  标高：F3"，"顶部偏移"为 0。
- "已附着顶部""顶部延伸距离"：如果墙的顶部延伸到
  上面的楼板、屋顶等图元表面上，则该参数激活并自
  动提取参数值。
- "房间边界"：默认勾选，放置房间时将自动捕捉墙体
  为房间边界。
- "与体量相关"：如果墙和体量模型相关联，则该参数
  激活。
- "结构用途"：可设置墙的结构用途为"非承重"、"承
  重"、"抗剪"、"符合结构"。
- 其他尺寸标注类（面积、体积等）、标识数据类、阶段化参数自动设置。

图 5-7　"属性"选项板

- 单击"确定"后所有选择的墙的高度延伸到F3 标高。

5）类型属性参数：单击"编辑类型"按钮，打开"类型属性"对话框，如图 5-8。编辑以下参数将影响到和当前选择墙同类型的所有墙的显示。

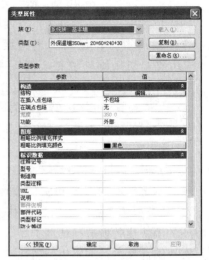

图 5-8　类型属性

- 构造层设置：单击"结构"后面的"编辑"按钮可以设置墙体构造层。详细设置参见"5.3.1 复合墙构造层设置"内容。

- 包络设置：从参数"在插入点包络"和"在端点包络"后面的下拉列表中可以选择"不包络"、"外部"、"内部"、"两者"等包络方式，从而控制在墙体门窗洞口和端点处内外涂层的表现方式，如图 5-9。

- 墙"功能"：从后面的下拉列表中可以选择"外部"、"内部"、"基础墙"、"挡土墙"、"檐底板"、"核心竖井"等功能，方便后期的墙体分类统计。也可用于创建过滤器，以便在导出模型时对模型进行简化。

- 图形类参数：设置"粗略比例填充样式"指定墙体在粗略比例下的截面填充图案，"粗略比例填充颜色"设置墙体在粗略比例下的填充图案的颜色。

- 新建墙类型：单击"复制"，输入新的墙体类型"名称"后可以新建墙体类型，编辑前述各参数后确定，将只替换当前选择的墙为新的墙类型。

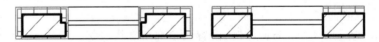

图 5-9　墙体包络和不包络显示

6）单击"确定"关闭对话框，保存文件。

2. 编辑轮廓/创建洞口

常规直线墙体的立面轮廓是矩形，可以编辑墙体的矩形轮廓为任意形状，从而创建异形立面墙体如图 5-10 示意。弧墙也可以在立面上创建矩形洞口。

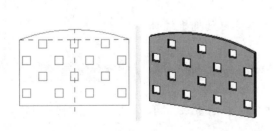

图 5-10　异形立面

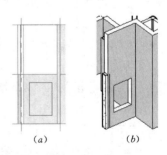

(a)　　　　(b)

图 5-11　编辑轮廓

1) 在三维视图中选择左下角的"常规-200mm"墙，单击功能区"修改│墙"子选项卡"模式"面板中的"编辑轮廓"工具，进入"修改│墙>编辑轮廓"子选项卡，墙显示为矩形轮廓边线。

2) 单击绘图区域右上角的 ViewCube 立方体的"前"面切换到前视图。单击功能区"绘制"面板中的"矩形"▭绘制工具，如图 5-11（a）绘制矩形洞口边界线（矩形底部距离墙底边 1000、高度 2000，左右边线距离墙边线 500）。

3) 单击功能区"模式"面板中的"√"工具，创建墙洞口，结果如图 5-11（b）。保存文件。

【提示】　重设轮廓：选择编辑轮廓后的墙体，单击"模式"面板中的"重设轮廓"工具，则墙自动恢复到原始的矩形状态。

"编辑轮廓"命令仅适用于编辑直线矩形墙，如果要在弧墙上开矩形洞口，则要选择弧墙，然后单击功能区"修改│墙"子选项卡的"墙洞口"命令，然后在弧墙立面上捕捉矩形对角点自动创建矩形洞口。可以移动、复制、阵列、镜像弧墙矩形洞口。

3. 鼠标控制与临时尺寸标注

选择任意一面墙，在三维、平面、立剖面视图中，墙上将显示一些临时尺寸、控制柄等控制符号，通过鼠标拖拽、编辑临时尺寸等方式可以改变墙体的长度、高度、位置及内外面层方向，如图 5-12。

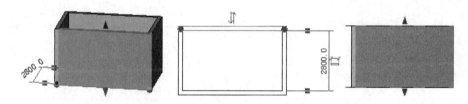

图 5-12　控制柄与临时尺寸

1) 墙端点控制柄：选择墙后在平面和三维视图中墙端点位置会出现两个蓝色的实心圆点，按住鼠标左键拖拽圆点可以改变墙的长度。

2) 高度造型控制柄：选择墙后在立剖面和三维视图中墙的顶部和底部会出现两个蓝色的实心三角，按住鼠标左键拖拽三角可以改变墙的高度。

3) 临时尺寸标注：选择墙后在平面和三维视图中会有蓝色的距离相邻墙体距离或墙体长度的临时尺寸标注，单击尺寸值可以修改墙的位置或改变墙的长度。

4) 内外面层方向控制：选择墙后在平面图中，单击墙体中点位置旁边的方向"翻转"符号 ↕ 或 ↔，可以反转墙体内外面层方向。

4. 附着与分离

和附着结构柱一样，可以将墙体顶部或底部附着到屋顶、楼板或天花板等构件，特别是坡屋顶、斜楼板，如图 5-13 示意。附着后的墙体和屋顶、楼板等之间保持一种关联关系，当屋顶或楼板等构件的形状、高度位置等发生改变后，墙体会自动更新始终保持附着状态。"分离"则可以将已经附着的墙体分离开来恢复矩形形状。

1）"附着顶部/底部"：在三维或立面视图中选择一面墙，
单击"修改｜墙"子选项卡"修改墙"面板中的"附
着顶部/底部"工具，选项栏中选择"附着墙"的"顶
部"或"底部"，移动光标单击拾取附着目标屋顶、楼
板或天花板等构件即可附着墙体。

2）"分离顶部/底部"：在三维或立面视图中选择已经附着
的墙体，单击"修改墙"面板中的"分离顶部/底部"
工具，移动光标单击拾取附着目标屋顶、楼板或天花
板等构件即可分离墙体。

图 5-13　附着墙

5. 编辑墙连接

在 F1 平面视图中如图 5-14（*a*）绘制两面相交成某角度的墙，墙角部连接自动处理
为平接。可根据设计需要改变墙的连接方式，方法如下：

1）功能区单击"修改"选项卡"几何图形"面板中的"墙连接" 工具。移动光标到墙
角位置，出现灰色显示的墙连接正方形预览框。单击捕捉墙连接，选项栏如图 5-14
（*b*）。

2）当前的"平连接"显示如图 5-14（*c*），在选项栏中单击"下一个"，墙连接如图 5-14
（*d*）；单击选择"斜接"墙连接如图 5-14（*e*）；单击选择"斜接"墙连接如图 5-14
（*f*）。

（*a*）　　　　　　　　　　（*b*）　　　　　　　　　（*c*）　　　（*d*）　　　（*e*）　　　（*f*）

图 5-14　墙连接

3）按 Esc 键或在空白处单击结束"墙连接"命令。删除刚绘制的连接墙。

6. 拆分、修剪、偏移、复制、镜像等常规编辑命令

除上述编辑工具外，还可以使用"修改｜墙"子选项卡"修改"面板中的移动、复
制、旋转、阵列、镜像、对齐、修剪、延伸、拆分、偏移等编辑工具，以及"复制到剪贴
板"和"剪切到剪贴板""粘贴"等命令来编辑墙。

1）复制二层内墙：

- 打开 F1 平面视图，单击选择一面"常规-200mm"内墙，单击鼠标右键，从右键
  菜单中选择"选择全部实例"-"在视图中可见"命令，自动过滤选择所有的
  内墙。
- 复制粘贴：如图 5-15（*a*），单击功能区"修改｜墙"子选项卡"剪贴板"面板中
  的"复制到剪贴板"工具，复制墙到剪贴板中。再单击"粘贴"工具的下拉三角
  箭头，从下拉菜单中选择"与选定的标高对齐"命令，在弹出的对话框中选择
  "F2"单击"确定"，复制了二层内墙。

【提示】　　如果层高不同，复制二层墙后，需要设置墙"顶部偏移"参数调整墙高度。

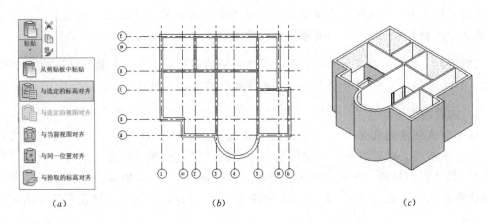

|（a）|（b）|（c）|

图 5-15 复制、粘贴工具与完成后的二层墙

2）编辑二层其他墙体：打开 F2 平面视图，补充绘制、修剪、删除二层内外墙，结果如
图 5-15（b）、（c）。保存并关闭文件。结果请参见本书附赠光盘的"练习文件 \ 第 5
章"目录中的"江湖别墅-05-02 完成 .rvt"文件。

5.2 斜 墙 及 异 形 墙

5.2.1 拾取面

绘制和拾取线可以创建垂直于楼层平面的常规直线和弧线墙，而对一些不垂直于楼层
平面且有固定厚度的斜墙或异形曲面墙体，则需要用"拾取面"工具来拾取常规模型或体
量的表面来创建，如图 5-16 示意。

1）打开"5.1.1"节最后保存的"05-
01.rvt"文件。打开三维视图，图中
有一个顶部倾斜的棱台常规模型。

2）单击功能区"常用"选项卡"构建"
面板中"墙"工具下的下拉三角箭
头，从下拉菜单中选择"面墙"命

图 5-16 拾取面

令，在"修改｜放置墙"子选项卡中自动选择"拾取面" 🔲 工具。

3）从类型选择器中选择"基本墙"类型下的"外保温墙 350mm-20 ＋ 60 ＋ 240 ＋ 30"
类型。

4）选项栏设置："标高"设置为"＜自动＞"，"高度"选择默认的"＜自动＞"（墙体的
高度将和拾取的面相同）。设置"定位线"为"墙中心线"（墙中心线和拾取的面重
合）。

5）移动光标到棱台侧斜面上，当面亮显时单击拾取面，创建斜墙。按 Esc 键结束"墙"
命令。

6）"面的更新"工具：拾取的面和墙之间保持关联关系，如果修改了常规模型或体量的形
状、大小或移动了位置，则墙也可以自动更新。单击选择棱台，移动其位置，选项栏

单击"相关主体"按钮，系统会自动搜寻和棱台面相关的斜墙图元并亮显，再单击功能区"面的更新"工具，所有基于面创建的斜墙也自动更新其位置。保存文件。

【提示】　拾取面创建的墙，同样具有常规墙的各种图元属性参数可以编辑，但附着/分离、编辑轮廓、修剪/延伸、拆分、偏移等编辑工具将不起作用。

5.2.2　内建模型

以上方法创建的都是有固定厚度的常规或异形墙体，对一些没有固定厚度的异形墙，如：古城墙，则需要用"内建模型"命令的"实心拉伸（融合、旋转、放样、放样融合）"和"空心拉伸（融合、旋转、放样、放样融合）"工具创建内建族。这些命令的详细使用方法请参见"第 15 章 自定义构件族"，本节仅以古城墙为例说明异形墙体的创建方法。

1）新建墙类别：

- 接上节练习。在 F1 平面视图中，如图 5-17（a）单击功能区"常用"选项卡"构建"面板中"构件"工具的下拉三角箭头，从下拉菜单中选择"内建模型"命令。
- 在弹出的"族类别与族参数"对话框中，选择族类别"墙"单击"确定"。在弹出的"名称"对话框中输入"古城墙"为墙体名称，单击"确定"打开族编辑器进入内建模型模式，其"常用"选项卡如图 5-17（b）。

（a）　　　　　　　　　　　　　　　　　（b）

图 5-17　"内建模型"命令及其"常用"选项卡

2）绘制定位线：单击"基准"面板中的"参照平面"工具，如图 5-18 绘制一条水平和垂直的参照平面。

3）拉伸墙体：

- 单击"形状"面板中的"拉伸"工具，进入"修改｜创建拉伸"子选项卡，如图 5-19。

- 设置工作平面：城墙的拉伸轮廓需要到立面视图中绘制，所以需要先选择一个绘制轮廓线的工作平面。单击功能区"工作平面"面板中的"设置"命令。

图 5-18　绘制参照平面

- 在"工作平面"对话框中选择"拾取一个平面"，单击"确定"。移动光标单击拾取垂直的参照平面。在"转到视图"对话框中选择"立面：东立面"，单击"打开视图"进入东立面视图。

- 绘制轮廓：在"绘制"面板中选择"线" ╱ 绘制工具，以参照平面为中心按图 5-20 所示尺寸绘制封闭的城墙轮廓线。

- 拉伸属性：在左侧"属性"选项板中，设置参数"拉伸终点"值为 10000mm，

图 5-19　"修改│创建拉伸"子选项卡和选项栏

"拉伸起点"值为－10000（城墙总长 20m，从中心向两边拉伸）。单击参数"材质"的值"按类别"，右侧出现一个小按钮，单击打开"材质"对话框，从左侧列表中选择"砖石建筑－砖"，单击"确定"。

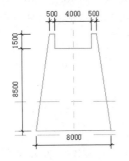

图 5-20　实心拉伸轮廓

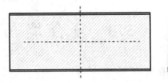
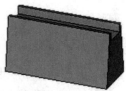

图 5-21　实心拉伸

- 单击功能区"模式"面板中的"√"工具，创建了城墙，其平面和三维视图如图 5-21。

4）剪切墙垛：

- "切换窗口"到 F1 平面视图。在"常用"选项卡中单击"形状"面板中的"空心形状"工具，从下拉菜单中选择"空心拉伸"命令，进入"修改│创建空心拉伸"子选项卡，各项命令同图 5-19 的"修改│创建拉伸"子选项卡。
- 设置工作平面：同样方法单击"工作平面"面板中的"设置"命令，拾取水平参照平面为工作平面，选择"立面：南立面"为绘制轮廓视图。
- 绘制轮廓：在"绘制"面板中选择"矩形"绘制工具，以参照平面为中心绘制一个 500mm×500mm 的正方形。然后选择绘制的正方形，用"复制"工具向右侧复制 6 个正方形，间距 1500。然后选择右侧复制的所有正方形，用"镜像-拾取轴"工具拾取垂直参照平面镜像左侧正方形，结果如图 5-22。
- 拉伸属性：同样方法在左侧"属性"选项板中，设置参数"拉伸终点"值为 4000，"拉伸起点"值为－4000，单击"确定"。
- 单击功能区"模式"面板中的"√"工具，自动剪切了城墙垛口。

5）单击"修改"选项卡"在位编辑器"面板中的"√完成模型"工具，关闭族编辑器，创建了古城墙，其三维视图如图 5-23。保存并关闭文件，结果请参见本书附赠光盘的"练习文件\第 5 章"目录中的"05-01 完成.rvt"文件。

【提示 1】　因为开始时选择了族类别"墙"，所以在自定义城墙上可以插入门作为

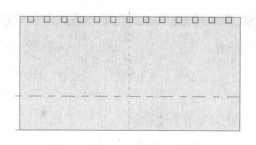
图 5-22　空心拉伸轮廓

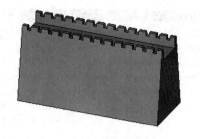
图 5-23　完成后的古城墙

城门。

【提示 2】　　选择古城墙，单击"修改｜墙"子选项卡"模型"面板的"在位编辑"工具，可以返回族编辑器中重新编辑修改城墙模型，或拖拽蓝色三角控制柄控制。而附着／分离、编辑轮廓、修剪／延伸、拆分、偏移等编辑工具都不起作用。

5.3　复合墙与叠层墙

5.3.1　复合墙构造层设置

前面练习文件中的"外保温墙 350mm-20 ＋ 60 ＋ 240 ＋ 30"是事先设置好的复合墙类型，在后续的墙身大样、节点详图等精细比例施工详图中，可以自动显示墙体的构造层及填充材质，可以节约大量的施工详图细节绘制工作量。Revit Architecture 可以随时根据设计需要自定义复合墙类型，然后替换已有的墙。

1. 面层单材质复合墙

打开本书附赠光盘的"练习文件 \ 第 5 章"目录中的"江湖别墅-05-02 完成 . rvt"文件，打开 F1 平面视图和默认三维视图，并平铺显示两个视口。

1）单击功能区"常用"选项卡"构建"面板中的"墙"工具。从"属性"选项板的类型选择器中选择"常规-200mm"类型。

2）新建类型：单击"编辑类型"按钮打开"类型属性"对话框，单击"复制"，在弹出的"名称"栏中输入"常规-240mm-20 ＋ 200 ＋ 20"，点"确定"新建墙类型。

3）设置构造层：

- 单击参数"结构"后面的"编辑"按钮打开"编辑部件"对话框。单击左下角的"预览≫"按钮展开预览框，注意选择其"视图"为"剖面：修改类型属性"，在预览框中滚动鼠标中键放大显示预览图形。如图 5-24 设置构造层。

- 单击"插入"添加新面层"结构［1］"，单击"向上"按钮移动新面层到第 1 行。

- 单击新面层的"结构［1］"从下拉列表中选择"面层 1［4］"，设置面层为外面层（此项对外墙内外面层材质不同的情况非常有用）；在"厚度"栏中输入面层厚度 20mm。

- 单击新面层"材质"栏的"＜按类别＞"，再单击栏右侧出现的浏览按钮 打开"材质"对话框。在左侧列表中选择"涂层-内部-石膏板"，单击"确定"。

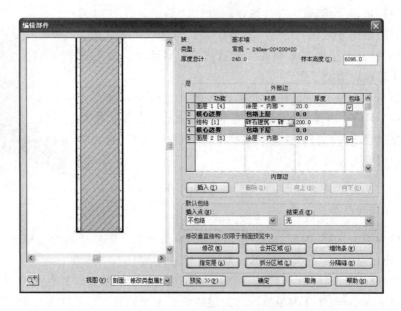

图 5-24 "编辑部件"对话框

- 同样方法，添加内面层"面层 1〔4〕"，"厚度"和"材质"同上，移动位置到最下面一行；设置中间核心层"结构〔1〕"的材质为"砖石建筑-砖"。

【提示】 选择的材质中设置了墙体的表面、截面填充图案和颜色，从而决定了墙体在墙身大样、节点详图等精细比例施工详图中的表现。材质的详细设置方法请参见"第 37 章 自定义项目设置"。

4）设置包络：在下面的"默认包络"栏中，从"插入点"和"结束点"的下拉列表中选择墙体在门窗洞口和墙体端点位置的包络方式。然后在"层"列表右侧的"包络"列中勾选需要包络的层。

5）单击"确定"回到"类型属性"对话框中，设置"功能"、"粗略比例填充样式"、"粗略比例填充颜色"等参数后。单击"确定"关闭所有对话框后即创建了新的墙类型。

6）按 Esc 键结束"墙"命令。单击选择任一"常规-200mm"内墙，从"右键菜单"中选择"选择全部实例"-"在整个项目中"命令，选择所有内墙。从"属性"选项板的类型选择器中选择刚创建的"常规-240mm-20 + 200 + 20"复合墙类型替换内墙。

7）按 Esc 键取消选择，保存并关闭文件。结果请参见本书附赠光盘的"练习文件＼第 5 章"目录中的"江湖别墅-05-03 完成 .rvt"文件。

2. 面层多材质复合墙

如图 5-25 同一面墙但其面层却有上下几种材质表现的特殊墙体设计需求，Revit 可以在墙体结构的"编辑部件"对话框中用"拆分区域"和"指定层"命令轻松实现。

打开本书附赠光盘的"练习文件＼第 5 章"目录中的"05-02.rvt"文件，打开 F1 平面视图和默认三维视图，并平铺显示两个视口。

1）在 F1 平面视图中单击选择 2 号轴线上的"常规-240mm-20 + 200 + 20"内墙。在"属性"选项板单击"编辑类型"按钮，打开"类型属性"对话框。按前面所述方法，"复制"新墙类型"常规-240mm-表面双材质"，打开"结构"参数的"编辑部件"对话框。放大显示左侧预览框中墙的下部。

2）单击"拆分区域"按钮，移动光标到左侧预览框中，在墙左侧"面层 1 ［4］"内部捕捉距离墙底部 1000mm 处单击，将外面层拆分成上下两部分。注意右侧栏中"面层 1 ［4］"的"厚度"参数值变为"可变"。

【提示】　单击"修改"按钮，单击选择拆分边界，编辑蓝色临时尺寸可以调整拆分位置。

图 5-25　多材质面层

3）在右侧栏中单击选择"层"的"1"行标，单击"插入"在上方添加新面层。设置其"功能"为"面层 1 ［4］"，"材质"为"砖石建筑-瓷砖"，"厚度"为 0。
4）再次单击行标"1"选择刚创建的面层，单击"指定层"按钮，移动光标到左侧预览框中外面层下面 1000 部分内单击，将面层指定给下面部分。注意刚创建的面层和原来的面层"厚度"都变为 20mm，如图 5-26。

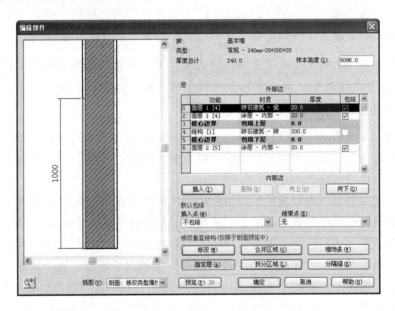

图 5-26　"编辑部件"对话框

5）单击"确定"关闭所有对话框后，选择的墙变成了外涂层有两种材质的复合墙类型，如图 5-25。保存文件。

3. 复合墙详图显示设置

接上节练习。从项目浏览器中打开"详图视图（详图）"节点下的"详图 01"视图，可以看到在 1∶10 的比例和"精细"程度显示下，系统自动显示各面层边界线和填充图案。但 Revit 默认情况下是墙体总厚度内外边线显示粗线，中间面层公共边显示细线，需

要手工设置复合墙构造层的显示样式，以满足出图要求，如
图 5-27 示意。设置方法如下：

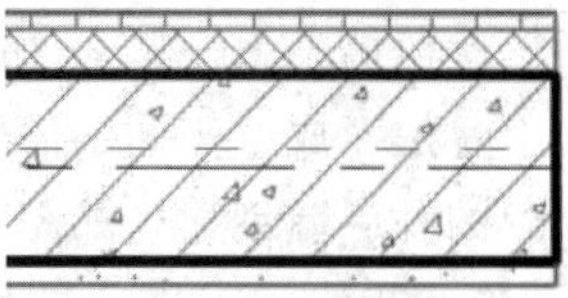

1) 在"详图 01"视图中，单击"视图"选项卡"图形"面板
   中的"可见性/图形"工具，打开当前视图的"可见性/图
   形替换"对话框，如图 5-28。

2) "截面线样式"设置：勾选"替换主体层"下的"截面线
   样式"选项，单击后面的"编辑"按钮，打开"主体层线
   样式"对话框。如图 5-29 设置"结构 [1]"的"线宽"为"5"号线，"线颜色"为
   "黑色"，"线型图案"为"实心"；设置其他层的"线宽"为"1"号线，"线颜色"为
   "紫色"，"线型图案"为"实心"。单击"确定"返回"可见性/图形替换"对话框。

3) "公共边"设置：在图 5-28 中单击"墙"节点下"公共边"后面的第 2 个"替换"按
   钮，打开"线图形"对话框。如图 5-30 设置线"宽度"为"1"号线，"颜色"为"紫
   色"，"填充图案"为"实心"。

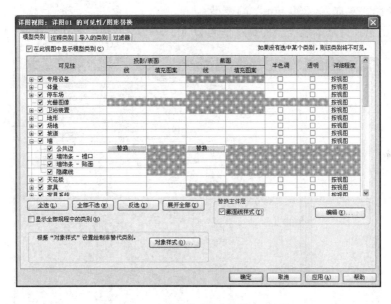

图 5-28　"可见性/图形替换"对话框

4) 单击"确定"关闭所有对话框，墙体截面各面层边界线按预定线宽和颜色显示。

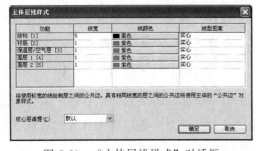

图 5-29　"主体层线样式"对话框

图 5-30　"线图形"对话框

5.3.2 叠层墙设置

叠层墙是 Revit Architecture 的一种特殊墙体类型, 它由几种基本墙体类型在高度方向上叠加而成。当同一面墙上下有不同的厚度、材质、构造层时, 可以用 Revit Architecture 的叠层墙创建, 如图 5-31。

1) 接上节练习。在 F1 平面视图中, 单击功能区 "常用" 选项卡 "构建" 面板中 "墙" 工具, 从 "属性" 选项板中的类型选择器中选择 "叠层墙" 下的 "外部-带金属立柱的砌块上的砖" 类型。

2) 单击 "编辑类型" 命令打开 "类型属性" 对话框, 按前面所述方法 "复制" 新叠层墙类型 "3 层叠加", 打开 "结构" 参数的 "编辑部件" 对话框。

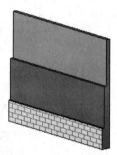

3) 如图 5-32, 单击 "插入" 增加一行, 用 "向上" 命令将其移动到第 1 行, 单击 "可变" 按钮将其 "高度" 设置为 "可变" (此时第 2 行的 "高度" 由 "可变" 变为具体的值), 从 "名称" 下拉列表中选择 "常规 - 200 mm" 墙类型。

图 5-31 叠层墙

4) 设置第 2、第 3 行基本墙类型的高度值为 2000、1000, 其他参数用默认值。

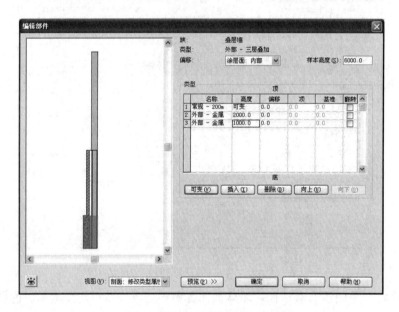

图 5-32 叠层墙 "编辑部件" 对话框

5) 在对话框顶部的 "偏移" 下拉列表中选择 "面层面: 内部" 为 3 种基本墙在垂直方向的对齐方式。单击 "确定" 关闭所有对话框后即创建自己的叠层墙类型。

6) 在平面图中绘制一面叠层墙, 在三维视图中查看如图 5-31。叠层墙可以使用和前述常规直线和弧线墙一样的编辑方法任意编辑。

7) 分解叠层墙: 选择刚创建的叠层墙, 从鼠标右键菜单中选择 "断开" 命令, 可以将叠层墙分解为上下 3 段基本墙, 可单独选择编辑修改。注意: 叠层墙一旦分解后将不能重新组合, 请谨慎操作。按 Ctrl+Z 键取消分解。

8）保存并关闭文件，结果请参见本书附赠光盘的"练习文件＼第 5 章"目录中的"05-02
完成．rvt"文件。

5.4 墙饰条与分割缝

墙饰条和分割缝是主体放样对象，只能依附于墙存在。建筑外墙立面上的墙饰条、分
割缝、檐口及室内装修墙角的装饰线脚等，都可以使用"墙饰条"、"分割缝"快速创建。
Revit Architecture 墙饰条与分割缝的创建有两种方式：一是专用的"墙饰条"、"分割缝"
工具；二是定义墙结构。

5.4.1 墙饰条与分割缝专用工具

1. 创建墙饰条、分割缝

为便于捕捉及一次将外墙所有墙饰条和分割缝全部放置完毕，建议在三维视图中操
作。样板文件中墙饰条和分割缝的轮廓默认为矩形。

1）接上节练习或打开本书附赠光盘的"练习文件＼第 5 章"目录中的"05-02 完成．rvt"
文件。．打开默认三维视图，单击功能区"常用"选项卡"构建"面板中"墙"工具的
下拉三角箭头，从下拉菜单中选择"墙饰条"命令。"修改｜放置墙饰条"子选项卡如
图 5-33（b）。

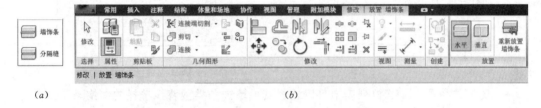

（a） （b）

图 5-33 "墙饰条"命令及"修改｜放置墙饰条"子选项卡

2）从"属性"选项板的类型选择器中选择"墙饰条-矩形"类型，功能区单击"水平"按
钮，移动光标到外墙上窗台下方位置单击放置一面墙的水平墙饰条，转动三维模型在
相邻墙上继续单击放置同一位置其他墙体的墙饰条，单击功能区"完成当前"按钮完
成放置。

3）同样方法在窗口上方位置单击放置第二圈墙饰条，完成后按 Esc 键结束命令。

4）定位：选择放置好的墙饰条，会出现距离墙顶部和底部的蓝色临时尺寸，单击编辑尺
寸即可调整墙饰条的位置（或在立面视图中用对齐、移动工具精确定位）。

【提示】 单击"轮廓"面板的"垂直"按钮，可放置垂直墙饰条。"分割缝"工具的
操作方法同"墙饰条"完全一样，本节不再详述。

2. 编辑墙饰条、分割缝

放置好的墙饰条（或分割缝），可以随时替换其轮廓形状、设置其材质、添加或删除
其中某段墙饰条（或分割缝）、修改其转角角度等。墙饰条和分割缝的编辑方法完全一样。

接上节练习，单击选择窗口上方的墙饰条，"修改｜墙饰条"子选项卡如图 5-34。

图 5-34　"修改｜墙饰条"子选项卡

1）"属性"选项板：选择墙饰条后，左侧的"属性"选项板显示墙饰条类型和实例属性参数，如图 5-35。

图 5-35　"属性"选项板

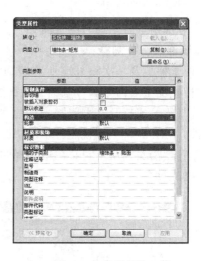

图 5-36　类型属性

- 类型选择器：从下拉列表中可以选择其他墙饰条类型替换选择的墙饰条类型。
- 实例属性参数：编辑实例属性参数只影响当前选择的墙饰条。
  - "与墙的偏移"：可以设置墙饰条与墙之间的距离，实现一些特殊装饰线脚效果。
  - "标高"与"相对标高的偏移"参数：可以设置墙饰条的高度位置。
  - 其他参数："长度"自动提取参数值。标识数据与阶段化类参数默认。
- 类型属性参数：单击"编辑类型"打开"类型属性"对话框，如图 5-36。编辑类型参数，确定后将改变和选择的墙饰条类型相同的所有墙饰条。
  - "轮廓"参数：可以选择事先载入的截面轮廓。
  - "材质"参数：可以指定墙饰条的外观。
  - 限制条件类参数：勾选"剪切墙"参数当墙饰条插入到墙中时自动剪切墙体；勾选"被插入对象剪切"参数则当墙饰条与门窗等对象局部相交时剪切墙饰条。
  - "复制"：单击该按钮，复制新的墙饰条类型，设置上述参数"确定"后将只替换当前选择墙饰条的类型，其他墙饰条不变。
2）"添加/删除墙"：选择已有的墙饰条，功能区单击"添加/删除墙"工具，移动光标在有墙饰条的墙上单击，即可删除该墙上的墙饰条；在没有墙饰条的墙上单击，即可在墙上同一位置添加墙饰条。

3）"修改转角"：使用该命令可以改变墙饰条端点与墙面的交接形式为直线剪切和转角。选择已有的墙饰条（或分割缝），功能区单击"修改转角"工具，选项栏如图 5-37。

图 5-37　"修改转角"选项栏

- 选项栏选择"转角选项"为"转角"，并输入"角度"值，移动光标在墙饰条（或分割缝）的端点面上单击，即可将转角修改为设置的角度值。
- 选项栏选择"转角选项"为"直线剪切"，移动光标在墙饰条（或分割缝）端点的斜面上单击，即可将修改为常规的垂直剪切交接形式。

【提示】　对于墙饰条：转角角度为正值，则墙饰条端点移动靠近墙；转角角度为负值，则墙饰条端点移动远离墙。对于分隔缝：转角角度为正值，则分隔缝端点移动远离墙；转角角度为负值，则分隔缝端点移动靠近墙。

4）反转方向：选择已有的墙饰条（或分割缝），单击方向控制符号 ⇅ 即可上下反转方向。

5）移动、复制、镜像、阵列等常规编辑命令编辑：使用上述编辑工具编辑墙饰条和分割缝时，在新的位置需要有墙主体存在，否则将无法创建墙饰条和分割缝。

5.4.2　定义墙结构：墙饰条与分割缝

在设计中，有的时候创建一种带墙饰条、分割缝的墙体类型要比用专用的"墙饰条"和"分割缝"工具创建更方便。Revit Architecture 可以在墙结构中直接定义墙饰条、分割缝。

1）接上节练习，选择一面内墙，单击"属性"选项板的"编辑类型"按钮，打开"类型属性"对话框。按前面所述方法，"复制"新墙类型"常规-240mm-墙饰条"，打开"结构"参数的"编辑部件"对话框。

2）单击"墙饰条"按钮，打开"墙饰条"对话框，单击"添加"按钮增加一行。如图 5-38（a）设置墙饰条。

- 从"轮廓"栏下拉列表中选择"默认"（或点"载入轮廓"按钮从"Metric Library"-"轮廓"库中载入需要的轮廓族，然后再从下拉列表中选择）。
- 设置"材质"为"默认"。设置"自"为"顶部"，"距离"为"－800"，"边"为"外部"，"偏移"为"－20"（面层厚度）。勾选"翻转""剪切墙""可剖切"。

3）完成后单击"确定"，预览框中将在距离墙顶部 800 位置显示墙饰条的预览图形。如图 5-38（b）。分割缝设置同理。

4）单击"确定"关闭所有对话框后即创建了带墙饰条的墙类型。保存并关闭文件，结果请参见本书附赠光盘的"练习文件 \ 第 5 章"目录中"05-03 完成 . rvt"文件。

5.4.3　自定义轮廓族

前述墙饰条、分割缝、檐口，及室内装修墙角的装饰线脚等的截面轮廓，可以用功能区"插入"选项卡"从库中载入"面板中的"载入族"工具，从系统库："Metric Librar-

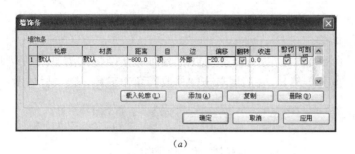
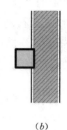

（a）　　　　　　　　　　　　　　　　（b）

图 5-38　"墙饰条"对话框

y"-"轮廓"中载入需要的轮廓族，并在"类型属性"对话框中替换。

　　也可以根据项目需要自定义自己的轮廓族，不同的轮廓定义方法相同，只是选择的默认族样板文件不同。Revit 有以下 5 个公制轮廓族样板文件：

- 公制轮廓-分隔缝 .rft：适用于墙分隔缝轮廓。
- 公制轮廓-扶手 .rft：适用于扶手轮廓。
- 公制轮廓-楼梯前缘 .rft：适用于楼梯前缘轮廓。
- 公制轮廓-竖梃 .rft：适用于幕墙竖梃轮廓。
- 公制轮廓-主体 .rft：：适用于墙饰条、檐口、装饰线脚、楼板边缘、屋顶檐槽等所有轮廓。

　　下面以檐口轮廓为例简要介绍自定义方法：

1）单击应用程序菜单中的"新建"-"族"命令，选择"公制轮廓-主体 .rft"为样板，单击"打开"进入族编辑器。图中参照平面的交点为轮廓插入点，有"主体"字样的一侧为墙等主体位置，轮廓线绘制在相反一侧。

2）单击功能区"常用"选项卡"详图"面板中的"线"工具，然后从"修改｜放置线"子选项卡中选择"线" ∕ 或"矩形" ☐ 等绘制工具，按实际尺寸绘制封闭轮廓线，如图 5-39（a）示意。保存轮廓族文件为"yankou.rfa"。

3）打开本书附赠光盘的"练习文件 \ 第 5 章"目录中"05-03 完成 .rvt"文件，单击选择上面的墙饰条，单击"属性"选项板"编辑类型"按钮，打开"类型属性"对话框，从"轮廓"参数的下拉列表中选择 yank-

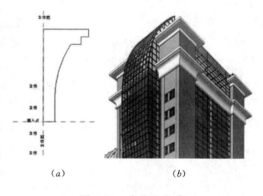

（a）　　　　　　　　（b）

图 5-39　自定义轮廓

ou，单击"确定"关闭所有对话框，即可替换檐口轮廓，结果如图 5-39（b）示意。

4）关闭"05-03 完成 .rvt"文件，不保存。

　　"基础 12 式"第 2 式"铁布衫"——墙！学完本章内容，相信您一定练就了铜墙铁壁、金刚不坏之身！下面来学习第 3 式"金镂玉衣"——幕墙！

第 6 章　幕　墙

Revit Architecture 的幕墙是一种特殊的墙类型，由玻璃或金属材质的幕墙嵌板和幕墙竖梃按幕墙网格规则排列而成。

和第 5 章的墙一样，常规直线弧线幕墙和异形幕墙的创建方法不同，编辑方法也不尽相同。常规直线和弧线幕墙可以用"墙"工具的绘制、拾取线、拾取面创建；异形幕墙可以用"幕墙系统"快速创建。

6.1　常规直线和弧线幕墙

用"墙"工具的绘制、拾取线、拾取面方式，选择专用的幕墙类型，即像绘制常规直线和弧线墙完全一样的设置和操作方法，快速创建常规直线和弧线幕墙。而且其编辑方法也和常规直线和弧线墙的编辑方法完全一样，并增加了一些幕墙特有的编辑方法。本节将仅对内容不同的部分作详细讲述，对内容相同的部分将不再详述，请参见"5.1 常规直线和弧线墙"一节。

本书提供的新建项目的 R-Arch 2011 _ chs. rte 样板文件中提供了以下几种幕墙类型可以直接选用，绘制方法完全一样，但显示结果不同，如图 6-1。

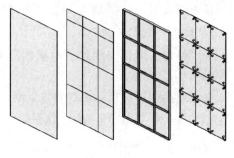

1）幕墙：创建整块嵌板，需手工创建幕墙网格和竖梃。
2）店面：按规则自动布置幕墙网格，需手工创建幕墙竖梃。
3）铝合金明框玻璃-矩形竖梃 $50mm \times 150mm$：按规则自动布置幕墙网格、嵌板和 $50mm \times 150mm$ 竖梃。

图 6-1　幕墙类型

4）铝合金隐框玻璃：按规则自动布置幕墙网格、嵌板和 $10mm \times 10mm$ 竖梃。

6.1.1　创建常规直线和弧线幕墙

打开本书附赠光盘的"练习文件 \ 第 6 章"目录中的"06-01. rvt"文件，打开 F1 平面视图和默认三维视图，并平铺显示两个视口。图中已经有了一面整块玻璃嵌板的幕墙、一条弧线、一个体量模型。如果看不到右侧的体量模型，请单击功能区"体量和场地"的"显示体量"工具。

1. 绘制

1）在 F1 平面视图中，单击功能区"常用"选项卡"构建"面板中"墙"工具，从"属性"选项板中的类型选择器中选择"店面"幕墙类型，"修改│放置墙"选项卡如图 6-2。

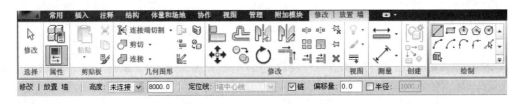

图 6-2　"修改│放置墙"选项卡

2）选择"矩形"□绘制工具，设置选项栏"高度"为"未连接"输入 8000。

3）移动光标在平面图左侧单击捕捉两个对角点即可绘制矩形幕墙房间，如图 6-3（*a*）。

2. 拾取线

1）接上节练习，从类型选择器下拉列表中选择"铝合金隐框玻璃-点爪式"幕墙类型。

2）在"绘制"面板中选择"拾取线"↙工具。设置选项栏"高度"为"未连接"输入 8000mm，"偏移量"为 0。

3）移动光标在平面图或三维图中单击拾取弧线即可创建弧线幕墙，如图 6-3（*c*）。

【提示】　"墙"工具的"拾取线"命令只能拾取直线、弧线，不能拾取样条曲线、椭圆。

3. 拾取面

1）接上节练习，从类型选择器下拉列表中选择"铝合金明框玻璃-矩形竖梃 50mm×150mm"类型。

2）在"绘制"面板中选择"拾取面"⬛工具。设置选项栏"标高"和"高度"为"自动"。

3）在三维图中移动光标到右侧体量模型的南立面山墙面上，当面亮显时单击拾取面即可创建幕墙，如图 6-3（*d*）。保存文件。

【提示】　"墙"工具的"拾取面"命令只能拾取体量或常规模型的垂直于楼层平面的平面或弧面创建直线或弧线幕墙。其他异形曲面幕墙请用"幕墙系统"工具创建。

6.1.2　创建幕墙网格

无论是上述哪种幕墙类型，都可以用"幕墙网格"工具对其进行整体或局部网格细分。已有的网格线可以用"添加或删除线段"命令做局部处理以满足设计需求。

1）接上节练习。在三维视图中，单击功能区"常用"选项卡"构建"面板中"幕墙网格"工具，"放置幕墙网格"子选项卡如图 6-4。

2）选择以下 3 种方式，在左侧那面有整块玻璃嵌板的幕墙上创建幕墙网格：

- "全部分段"：功能区选择该命令，移动光标到玻璃嵌板顶部边界 1/2 或 1/3 位置

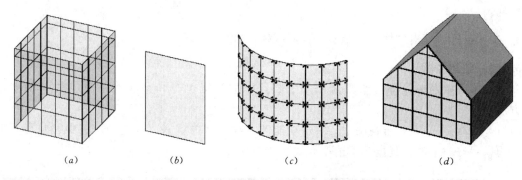

图 6-3　绘制、拾取线、拾取面创建幕墙

图 6-4　"幕墙网格"工具与"放置幕墙网格"子选项卡

附近，系统自动捕捉 1/2 或 1/3 分割点，且沿幕墙整个长度或高度方向出现一条预览虚线和临时尺寸，如图 6-5（b），单击即可添加一根完整网格线。如图 6-5（c）创建幕墙网格分割玻璃嵌板。

- "一段"：功能区选择该命令，移动光标到左上角单块幕墙嵌板网格线上时，捕捉 1/2 分割点，会在该嵌板中出现一段预览虚线和临时尺寸，如图 6-5（d），单击仅将该嵌板分割为上下两块小嵌板，如图 6-5（e）。

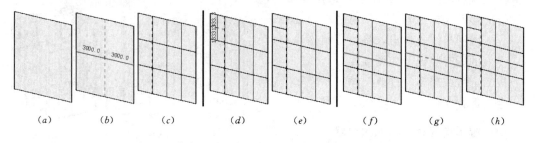

图 6-5　幕墙网格：全部分段、一段、除拾取外的全部

- "除拾取外的全部"：功能区选择该命令，移动光标到幕墙右边界水平中点位置，会沿幕墙整个长度方向出现一条预览虚线和临时尺寸。单击后沿幕墙整个长度方向添加一根红色加粗亮显的完整实线网格线，如图 6-5（f）。然后在其中不要的第 2 段网格线上单击使其变成虚线显示（可继续单击选择），如图 6-5（g）。最后单击功能区"完成当前"命令，在剩余的实线网格线段处添加网格线，如图 6-5（h）。

【提示】　移动光标到幕墙嵌板网格线上时，系统会自动捕捉嵌板的 1/2 和 1/3 位置显示预览虚线，可以快速平均布置网格线。也可以编辑同时显示的蓝色临时尺寸定位网格线。

3）按 Esc 键或单击"修改"结束"幕墙网格"命令，保存文件。

6.1.3　创建竖梃

　　有了幕墙网格线即可给幕墙添加竖梃，添加竖梃也有和幕墙网格对应的 3 种创建方法。

1）接上节练习。在三维视图中，单击功能区"常用"选项卡"构建"面板中"竖梃"工具，"修改│放置竖梃"子选项卡如图 6-6（b）。

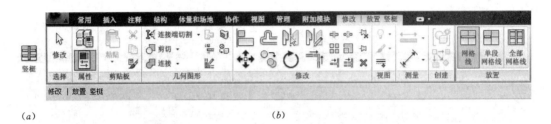

（a）

（b）

图 6-6　"修改│放置竖梃"子选项卡

2）选择以下 3 种方式，创建竖梃：

- "网格线"：功能区选择该命令，从类型选择器中选择"L 形角竖梃"类型，移动光标到矩形房间幕墙角的垂直网格线上单击创建整段 L 形角竖梃，如图 6-7（a）。
- "单段网格线"：功能区选择该命令，从类型选择器中选择矩形竖梃"50mm×150mm"类型，移动光标到幕墙某一段网格线上单击创建一段矩形竖梃，如图 6-7（b）。
- "全部网格线"：功能区选择该命令，移动光标在幕墙上没有竖梃的任意一段网格线上单击，将给幕墙创建剩余的所有竖梃，如图 6-7（c）。

3）按 Esc 键或单击"修改"结束"竖梃"命令，保存文件。

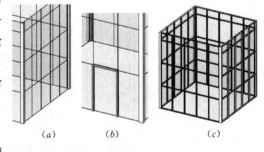

（a）　　（b）　　　（c）

图 6-7　幕墙竖梃

6.1.4　编辑常规直线和弧线幕墙

　　前面讲解了幕墙、幕墙网格、竖梃的创建方法，下面反过来从竖梃、幕墙网格、幕墙嵌板到幕墙的顺序详细讲解幕墙各组成部分的编辑方法。

1. 编辑竖梃

　　接上节练习。在三维视图中，单击选择一段"50mm×150mm"矩形竖梃，功能区"修改│幕墙竖梃"子选项卡如图 6-8。用以下方法编辑竖梃：

1）"属性"参数编辑：从类型选择器中可以选择其他竖梃类型快速替换现有类型。单击"属性"选项板中的"编辑类型"按钮，打开"类型属性"对话框，如图 6-9，编辑以下参数将影响到和当前选择竖梃同类型的所有竖梃的显示。

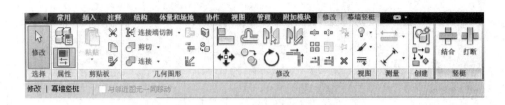

图 6-8　"修改｜幕墙竖梃"子选项卡

- 尺寸标注类：设置"边 1 上的宽度""边 2 上的宽度"参数，指定竖梃在幕墙网格线两侧的宽度。两者之和为竖梃截面宽度。

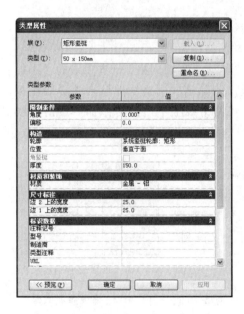

图 6-9　类型属性

- 构造类：可设置竖梃截面"厚度"。从"轮廓"下拉列表中可以选择当前已经载入到项目中的轮廓族。"位置"参数可以控制竖梃的方向为"垂直于面"（垂直于嵌板面，默认设置）或"与地面平行"（对斜幕墙此选项很有用）。
- 限制条件类：设置"角度"参数可以控制竖梃截面轮廓的旋转角度，"偏移"参数可以设置竖梃距嵌板的偏移距离。
- 材质：可从材质库中选择需要的竖梃材质。
- "复制"：单击该按钮，复制新的竖梃类型，设置上述参数"确定"后将只替换当前选择竖梃的类型，其他竖梃不变。

【提示】　选择角竖梃，其类型属性参数略有不同，没有角度、轮廓、位置参数。

2）结合与打断：使用以下两种方式切换竖梃连接方式。

- 选择一段竖梃，端点位置出现"切换竖梃连接"符号╫，如图 6-10，单击该符号即可结合或打断竖梃在该端点位置的连接。
- 选择一段断开的竖梃，单击功能区"结合"工具即可连接竖梃两个端点位置与相邻竖梃的连接；选择连接的竖梃，单击功能区"断开"工具即可断开竖梃两个端点位置的连接。

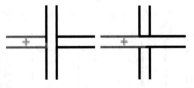

图 6-10　结合与打断

2. 编辑幕墙网格

　　无论是否创建了竖梃，都可以随时选择幕墙网格线进行编辑。对已经创建了竖梃的幕墙网格线，单击不好选择时可以移动光标到竖梃位置，按 Tab 键切换亮显幕墙网格线后单击选择，或框选后用"过滤器"过滤选择。

　　接上节练习，选择一条网格线，功能区"修改｜幕墙网格"子选项卡如图 6-11。

图 6-11　"修改│幕墙网格"子选项卡

1）网格线间距调整：

- 单击选择手工放置的网格线，鼠标拖拽网格线或编辑蓝色临时尺寸即可移动其位置。

- 选择按左侧矩形房间幕墙上按布局规则创建的网格线，单击锁定符号 变为 ，鼠标拖拽网格线编辑蓝色临时尺寸即可移动网格线位置。

2）合并幕墙嵌板：选择一段网格线，单击功能区"修改│幕墙网格"子选项卡的"添加/删除线段"工具，移动光标在实线网格线上单击删除该段网格线即可合并幕墙嵌板，同时网格线以虚线显示，如图 6-12（a）；在虚线网格线上单击即可添加一段网格线，如图 6-12（b）。取消合并。

3）整段删除：选择一段网格线，按功能区"修改│幕墙网格"子选项卡的"删除"工具或按 Delete 键删除整段网格线。删除网格线后，依附于网格线的竖梃自动删除。

4）对齐、复制、阵列网格线：可以在立剖面视图或三维视图中用"对齐"工具精确定位网格线，用"复制"、"阵列"工具快速创建其他网格线。

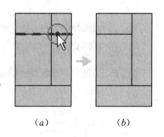

（a）　　　　（b）

3. 幕墙嵌板

　　幕墙嵌板除了默认的玻璃外，还可以替换为金属或其他材质的实体、空、门窗、常规基本墙体类型或其他自定义的

图 6-12　合并幕墙嵌板

任意形状。因此用户可以将幕墙功能扩展应用从而实现很多意想不到的效果。如图 6-13（a），下面的 3 块嵌板是把玻璃嵌板分别替换为金属板、双开门、基本墙（墙上可以开门窗）的效果；图 6-13（b），点爪式幕墙是定义了带爪的玻璃嵌板；图 6-13（c），是用幕墙功能实现的装饰栅格。

　　接上节练习。移动光标到左侧矩形幕墙房间南立面幕墙下方中间玻璃嵌板边线附近，

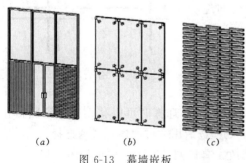

（a）　　　　（b）　　　　（c）

图 6-13　幕墙嵌板

按 Tab 键切换预选择对象，当状态栏提示为"幕墙嵌板：系统嵌板：玻璃"等字样时单击选择中间的嵌板。功能区"修改│幕墙嵌板"子选项卡如图 6-14。

1）"属性"参数编辑：单击"属性"选项板的"编辑类型"按钮，打开"类型属性"对话框，如图 6-15，可设置以下参数。

- 设置"厚度"参数指定嵌板的厚度。

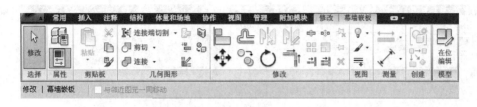

图 6-14　"修改│幕墙嵌板"子选项卡

- 设置"偏移"参数控制相对竖梃的偏移距离。
- "材质"：可从材质库中选择需要的嵌板材质。
- "复制"：单击该按钮，复制新的嵌板类型，设置上述参数"确定"后将只替换当前选择嵌板的类型，其他嵌板不变。

2）类型选择器：

- 选择嵌板，从类型选择器中选择"系统嵌板：实体"（或"空系统嵌板：空""点爪式幕墙嵌板"）等嵌板类型或"常规-200mm"等基本墙类型即可将嵌板替换为实心板、空洞口或基本墙（墙上可以开门窗）类型。

幕墙门窗替换：选择嵌板，从类型选择器中选择"M _ 幕墙-店面-双：店面双扇门"类型（或其他有"幕墙"字样的门窗类型），即可创建幕墙门。

【**提示**】　可以用"插入"选项卡的"载入族"命令，从"Metric Library"库中的"门"和"窗"文件夹中载入更多带有"幕墙"字样的门窗类型。这些门窗本质上是外观像门窗的幕墙嵌板，只能在幕墙中替换嵌板使用，不能插入到常规墙上。

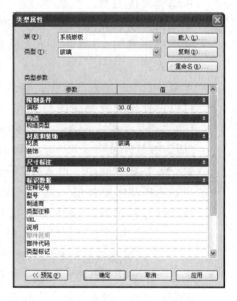

图 6-15　类型属性

3）"在位编辑"：选择嵌板，单击功能区"在位编辑"工具，即可打开嵌板族在位编辑器，编辑修改当前选择嵌板的模型及参数设置，而其他同类型嵌板不受影响。此功能在异形幕墙设计中对局部嵌板做特殊处理时非常有用。

4. 幕墙"属性"选项板

　　了解了竖梃、幕墙网格和嵌板的属性及编辑方法，即可在幕墙的"图元属性"中通过编辑幕墙属性参数来控制其网格布局规则、竖梃样式和嵌板样式，从而组合出不同样式的幕墙。这也是常规幕墙设置最方便、功能最强的地方。

　　选择左侧矩形房间的一面幕墙，"修改│墙"子选项卡如图 6-16（同基本墙一样）。

1）类型属性参数：单击"属性"选项板中的"编辑类型"按钮，打开"类型属性"对话

图 6-16　"修改│墙"子选项卡

框，如图 6-17。编辑以下参数将影响到和当前选择幕墙同类型的所有幕墙的显示。

- 构造类：参数"墙功能"指定幕墙为外墙或内墙等；勾选"自动嵌入"则当在常规墙体内部绘制幕墙时，将在幕墙位置自动创建洞口，可使用本功能将幕墙作为带形窗等使用；参数"幕墙嵌板"可选择嵌板类型；参数"连接条件"控制竖梃的连接方式，可选择"边界和水平网格连续"、"边界和垂直网格连续"等方式。

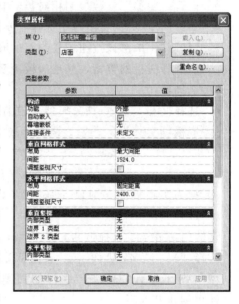

图 6-17　类型属性

- 垂直（水平）网格样式类：参数"布局"可以设置幕墙网格线的布置规则为"固定距离"、"最大间距"、"最小间距"、"固定数量"或"无"；选择前 3 种方式要设置参数"间距"值来控制网格线距离，选择"固定数量"则要设置实例参数"编号"值来控制内部网格线数量，选择"无"则没有网格线需要用"幕墙网格"命令手工分割；勾选"调整竖梃尺寸"，可以确保幕墙嵌板的尺寸相等。

- 垂直（水平）竖梃类：参数"内部类型"可以设置幕墙内部垂直（水平）竖梃的类型；参数"边界 1 类型"设置幕墙左边界垂直竖梃（上边界水平竖梃）的类型；参数"边界 2 类型"设置幕墙右边界垂直竖梃（下边界水平竖梃）的类型。

- "复制"：单击该按钮，复制新的幕墙类型，设置上述参数"确定"后将只替换当前选择幕墙的类型，其他幕墙不变。

2）类型选择器：从类型选择器中可以选择其他幕墙类型快速替换现有类型。

3）实例属性参数：如图 6-18，编辑实例参数只改变当前选择的幕墙。

- 限制条件类：参数"基面限制条件"、"基准偏移"可以设置幕墙的底部所在标高和对相偏移高度；参数"顶部限制条件"、"顶部偏移"可以设置幕墙的顶部所在标高和对相偏移高度，如果"顶部限制条件"选择"未连接"则可以设置参数"无连接高度"数值为幕墙实际高度值；默认勾选参数"房间边界"，放置房间时将自动捕捉幕墙为房间边界。

- 图形：勾选"使中心标记可见"，则显示弧线幕墙的圆心标记。

● 垂直（水平）网格样式类：参数"对正"可以控制内部网格线是从起点还是从终点、或从中心向两边按规则排列；参数"偏移"可以控制网格线起始排列点相对于"对正"位置的偏移距离；参数"角度"可以控制网格线倾斜角度，从而创建倾斜竖梃幕墙；当类型参数"布局"为"固定数量"时，设置实例参数"编号"的值控制幕墙内部网格线的数量。

图 6-18　"属性"选项板

【提示】　从以上内容可以看到，创建新的幕墙类型时，可以预先设置好其嵌板类型、网格线布置规则和内部与边界竖梃类型等各项参数。这样就可以直接绘制出有需要类型的嵌板和竖梃的幕墙，而无须重复手工创建和替换，提高设计效率。

5. 编辑轮廓

同第 5 章的基本墙一样，选择幕墙，单击"修改｜墙"子选项卡"模式"面板中的"编辑轮廓"工具，可以编辑幕墙的立面轮廓，从而快速创建异形立面幕墙。详细操作方法请参见"5.1.2 编辑常规直线和弧线墙"，本节不再详述。

6. 鼠标控制与临时尺寸

同第 5 章的基本墙一样，选择幕墙时同样会显示左右端点蓝色实心点控制柄、上下左右蓝色实心三角形造型控制柄、方向控制符号和蓝色临时尺寸标注，如图 6-19。拖拽控制柄即可改变幕墙的端点位置和底部顶部高度、编辑临时尺寸可以改变幕墙的位置或长度、单击方向控制符号即可改变幕墙内外方向。详细操作方法请参见"5.1.2 编辑常规直线和弧线墙"，本节不再详述。

选择幕墙时，同时还会显示"配置轴网布局"符号◇，单击即可显示各项设置参数，如图 6-19（d），并用图形方式设置以下参数：

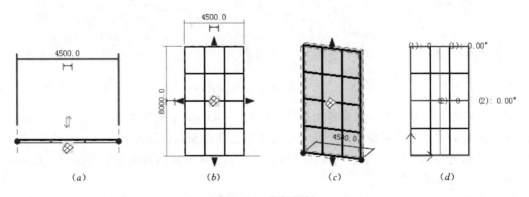

图 6-19　鼠标控制

1）单击箭头可设置垂直（水平）网格线"对正"方式（实例参数"对正"）。

2）单击（1）：0 和（2）：0 可设置垂直（水平）网格线的原点（实例参数"偏移"）。

3）单击（1）：0.00°和（2）：0.00°可设置垂直（水平）网格线的角度（实例参数"角

度"）。

7. 附着与分离

同第 5 章的基本墙一样，选择幕墙，单击"修改｜墙"子选项卡"修改墙"面板中的"附着顶部/底部"工具，即可将幕墙的顶部或底部附着到屋顶、楼板或天花板等构件。单击"分离顶部/底部"工具即可即将附着的幕墙恢复矩形形状。详细操作方法请参见"5.1.2 编辑常规直线和弧线墙"，本节不再详述。

8. 拆分、修剪、偏移、复制、镜像等常规编辑命令

同第 5 章的基本墙一样，移动、复制、阵列、镜像、旋转、对齐、拆分、修剪、偏移等编辑命令同样适用于幕墙，可以快速创建其他幕墙。详细操作方法请参见"5.1.2 编辑常规直线和弧线墙"，本节不再详述。

完成上述练习后，保存并关闭文件，结果请参加本书附赠光盘的"练习文件＼第 6 章"目录中的"06-01 完成 .rvt"文件。

6.2　幕　墙　系　统

除常规直线和弧线幕墙外，现代建筑设计中有大量的倾斜或球面等异形曲面幕墙，可以使用"幕墙系统"命令拾取体量或常规模型的斜面或曲面快速创建。

1. 创建幕墙系统

打开本书附赠光盘的"练习文件＼第 6 章"目录中的"06-02.rvt"文件，打开默认三维视图。图中已经有了一个半球形体量模型。如果看不到右侧的体量模型，请单击功能区"体量和场地"的"显示体量"工具。

1）单击功能区"常用"选项卡"构建"面板中的"幕墙系统"命令，"修改｜放置面幕墙系统"子选项卡如图 6-20。单击"选择多个"。

图 6-20　"面幕墙系统"子选项卡

2）从"属性"选项板的类型选择器中选择"1000×1000mm"幕墙类型。

3）移动光标到半球形体量模型的表面上连续单击拾取两个曲面（勾选"选择多个"可以连续单击选择多个面），单击功能区"创建系统"按钮自动按规则布置网格线。按 Esc 键结束"幕墙系统"命令。

4）单击功能区"常用"选项卡中的"竖梃"命令，选择"全部空线段"工具，在网格线上单击创建所有竖梃。按 Esc 键结束"幕墙系统"命令。

5）单击功能区"体量和场地"的"显示体量"工具，关闭体量模型，查看幕墙系统。结果如图 6-21。

【提示】　拾取面和幕墙系统的区别：拾取面只能创建垂直于楼层平面的直线和弧线幕墙，而幕墙系统则可以创建各种垂直、非垂直以及各种复杂异形曲面幕墙。

图 6-21　幕墙系统

2. 编辑幕墙系统

选择幕墙系统，可以像上节常规直线和弧线幕墙一样，编辑其图元属性中的实例和类型属性参数、新建幕墙类型、替换幕墙类型、编辑其幕墙网格竖梃与嵌板等。但不能做附着/分离、编辑轮廓等操作。

同时，幕墙系统还有两个专用的编辑命令：

1）"编辑面选择"：选择幕墙系统，"修改｜幕墙系统"子选现卡如图 6-22。

- 单击"编辑面选择"命令，在已有幕墙系统的体量或常规模型面上单击拾取面，再单击功能区"重新创建系统"命令，即可自动删除幕墙系统。

- 在没有幕墙系统的体量或常规模型面上单击，拾取面，再单击功能区"重新创建系统"命令，即可创建幕墙系统。

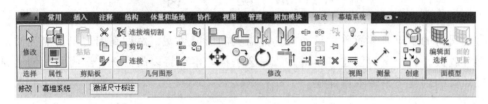

图 6-22　"修改｜幕墙系统"子选项卡

2）面的更新：幕墙系统与体量或常规模型的表面保持关联修改关系。

- 当移动了体量或常规模型位置，或修改了体量或常规模型的形状大小后，选择幕墙系统，单击功能区"面的更新"命令，幕墙系统即可随体量或常规模型的表面自动更新。

- 当移动了体量或常规模型位置，或修改了体量或常规模型的形状大小后，选择体量或常规模型，单击功能区"相关主体"命令，系统自动查找与体量或常规模型的面相关联的所有幕墙系统或墙等基于面创建的图元，然后再单击功能区"面的更新"命令，幕墙系统即可随体量或常规模型的表面自动更新。

【提示】　拾取面创建的垂直直线和弧线幕墙，也可以用"相关主体"、"面的更新"命令自动随体量或常规模型的面而更新。

完成上述练习后保存并关闭文件，结果请参见本书附赠光盘的"练习文件＼第 6 章"目录中的"06-02 完成.rvt"文件。

"基础 12 式"第 3 式"金镂玉衣"——幕墙！学完本章内容，您一定折服于 Revit Architecture 强大的参数化建模功能！至此也才算真正炼就了"铜墙铁壁"工夫，成就了金刚不坏之身！下面来学习第 4 式"画龙点睛"——门窗！

第 7 章　门　　窗

门窗是除墙外另一种被大量使用的建筑构件，门窗就像人的眼睛一样，有了门窗的建筑就有了灵性。在 Revit Architecture 中墙是门窗的承载主体，门窗可以自动识别墙并且只能依附于墙存在。

除常规门窗之外，通过在常规墙中嵌套玻璃幕墙的方式，也可以实现入口处玻璃门联窗、带形窗、落地窗等特殊的门窗形式。本章将详细讲述上述各种门窗的创建、编辑方法。

7.1　常　规　门　窗

常规门窗的创建非常简单，只需要选择需要的门窗类型，然后在墙上单击捕捉插入点位置即可放置。门和窗的创建与编辑方法完全一样，本节将以门为例详细讲解其创建和编辑方法，窗的创建与编辑不再详述。

7.1.1　创建常规门窗

1. 创建门

打开本书附赠光盘的"练习文件 \ 第 7 章"目录中的"江湖别墅-07.rvt"文件，打开 F1 平面视图创建一层门窗。

1）缩放 F1 平面视图到右下角水平墙位置，单击功能区"常用"选项卡"构建"面板中"门"工具，"修改｜放置门"子选项卡及选项栏如图 7-1（a）。

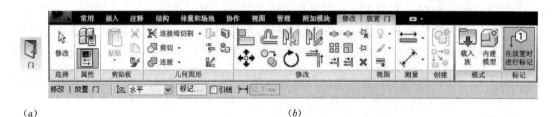

（a）　　　　　　　　　　　　　　　　　　　　　　　　（b）

图 7-1　"门"工具及"修改｜放置门"子选项卡

2）注意功能区"在放置时进行标记"功能默认打开，可自动创建门标记。选项栏如图 7-1（b）默认设置。

3）选择门类型：从"属性"选项板的类型选择器中选择"M _ 单-玻璃"下的"M0821"单开门类型。

4）捕捉控制：

- 插入点捕捉：如图 7-2（a），移动光标到右下角水平墙右侧，光标处出现门的预览图形，以及灰色显示的门与右侧垂直墙和墙左端点（或已有门窗构件）之间的临时尺寸标注。移动光标捕捉到右侧垂直墙 200 位置。
- 开启方向：如图 7-2（a），在墙上下方向移动光标调整门为内开，按"空格"键调整门为右开。最后单击鼠标左键创建门和门标记 M0821。

5) 精确定位门：如图 7-2（b），刚插入门后，灰色显示的临时尺寸会变为蓝色显示的临时尺寸，在尺寸值上单击即可编辑临时尺寸精确定位门的位置。

6) 移动光标到 1/1 和 2 号轴线间北立面外墙上，系统自动捕捉左右两面墙的中点位置单击放置门。同样方法如图 7-3 创建其他 M0821 单开门。

7) 放置双开门：从类型选择器中选择"M_双-玻璃"下的"M1521"双开门类型，捕捉西立面 C 和 D 轴线间垂直墙的中点位置单击放置外开双开门。同理在 3 和 D 轴线交点右侧 400mm 位置单击放置 M1221 双开门。

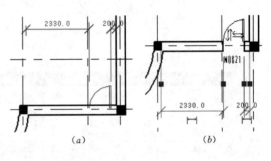

图 7-2　插入门

8) 载入门：
- 单击功能区"载入族"工具，定位到"Metric Library ＼ 门 ＼ 现代 ＼"目录中，选择"滑升门 1.rfa"，单击"打开"载入车库卷帘门族。
- 新建门类型：单击"属性"选项板的"编辑类型"按钮，打开"类型属性"对话框。单击"复制"输入名称"M2520"后确定，设置"高度"参数为 2000，"宽度"参数为 2500，单击"确定"创建了新的卷帘门类型 M2520。
- 移动光标到南立面弧墙左侧水平墙上，捕捉墙中点位置单击放置卷帘门。

　　【提示】　本书提供的 R-Arch 2011_chs.rte 样板文件默认的门窗标记是自动提取门窗族的族类型名称，如本例中的 M2520。而从软件自带库中载入门窗的类型名称可能不符合设计要求，需要"复制"新类型或"重命名"类型名称。

9) 按 Esc 键结束"门"命令，保存文件。完成后的一层门如图 7-3。

2. 创建窗

1) 接上述练习。缩放 F1 平面视图到右下角水平墙位置，单击功能区"常用"选项卡"构建"面板中"窗"工具，"放置窗"子选项卡及选项栏如图 7-4。

2) 注意功能区"在放置时进行标记"功能默认打开，可自动创建窗标记。选项栏如图 7-4 默认设置。

3) 选择窗类型：从"属性"选项板的类型选择器中选择"单层固定窗"下的"MWC1518"类型。

4) 移动光标到门左侧墙外墙面上，捕捉门左边界与墙左端点的中点位置，单击放置窗。同样方法如图 7-3 单击放置其他 MWC1518 窗。

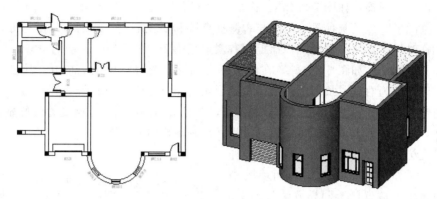

图 7-3 一层门窗

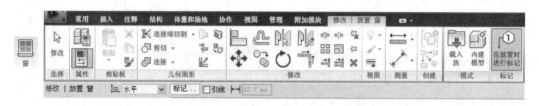

图 7-4 "窗"工具及"放置窗"子选项卡

5）新建窗类型：单击"属性"选项板的"编辑类型"按钮，打开"类型属性"对话框。单击"复制"输入名称"MWC0818"后确定，在"图形"类参数中只勾选"横梃可见""窗套可见"选项，设置"高度"参数为 1800mm，"宽度"参数为 800mm，单击"确定"创建了新的窗类型。移动光标到南立面弧墙中点位置和左右两侧单击各放置一扇 MWC0818 窗。

6）按 Esc 键结束"窗"命令，保存文件。完成后的一层窗如图 7-3，结果请参见本书附赠光盘的"练习文件 \ 第 7 章"目录中的"江湖别墅-07 完成 .rvt"文件。

【提示】 除平面视图外，也可以在立面、剖面、三维视图中创建门窗，创建时系统会自动捕捉门窗的底高度位置，并显示一条绿色虚线。

7.1.2 编辑常规门窗

门和窗的编辑方法完全一样。选择左下角的单开门，"修改｜门"子选项卡如图 7-5，可用以下方法编辑门窗。

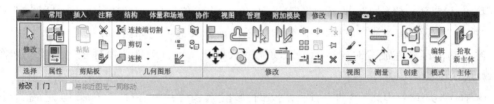

图 7-5 "修改｜门"子选项卡

1. "属性"选项板

1）类型选择器：从类型选择器下拉列表中可以选择其他类型的门，替换当前选择门的类型。

2）实例属性参数：如图 7-6，编辑实例属性参数只影响当前选择的门。

- 限制条件类参数：参数"标高"可选择门所在的楼层标高名称；"底高度"可以设置门相对所在"标高"的高度偏移距离。
- "顶高度"为门顶部到当前楼层顶高度的距离，和"底高度"对应可以修改门位置。
- 其他构造类、材质类、标识数据类、阶段类参数默认设置。

图 7-6　"属性"选项板

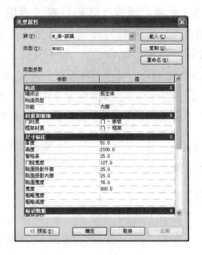

图 7-7　类型属性

3）类型属性参数：单击"编辑类型"按钮打开"类型属性"对话框，如图 7-7。编辑以下参数将影响到和当前选择门同类型的所有门的显示。

- 构造类：从参数"墙闭合"的下拉列表中选择"按主体"则门窗洞口处墙的包络按墙的"类型属性"参数设置处理；如"墙闭合"选择"内部"、"外部"、"两者"、"两者都不"则将忽略墙参数的任何设置而优先按当前选择门窗设置处理；"功能"参数可设置门窗先"内部"后"外部"，方便创建过滤器，以便在导出模型时对模型进行简化。
- 材质和装饰类：编辑参数"门材质"、"框架材质"可以从材质库中选择需要的材质。
- 尺寸标注类：编辑参数"宽度"、"高度"、"门框宽度"等可以改变门各部分尺寸规格。
- "复制"：单击该按钮，复制新的门类型，设置上述参数"确定"后将只替换当前选择门的类型，其他门不变。

2. 移动门：拾取主体

单击选择门并按住鼠标左键拖拽可以在当前墙的方向上移动门，如果需要把门移动到不同方向的墙体上，可以使用"拾取新主体"命令。

1）选择左下角的单开门，单击功能区"主体"面板中的"拾取新主体"工具，移动光标到右侧垂直外墙上，出现门的预览图形和灰色临时尺寸标注。

2）同插入门一样捕捉插入位置，设置开启方向，单击即可将门移动到另一面墙上。按 Ctrl＋Z 键，取消移动门。

3. 开启方向与临时尺寸控制

选择左下角的单开门门，如图 7-2 右出现蓝色临时尺寸和方向控制按钮。

1）位置调整：单击蓝色临时尺寸文字，编辑尺寸数值，回车后门位置自动调整。

2）开启方向控制：单击蓝色"翻转"方向符号 ⇕ 或 ⇆，即可调整门的左右、内外开方向。

4. 移动、复制、镜像、阵列、对齐等编辑命令

除上述编辑工具外，还可以使用"修改｜门"子选项卡"修改"面板中的移动、复制、旋转、阵列、镜像、对齐等编辑工具，以及"剪贴板"面板中的"复制到剪贴板"、"剪切到剪贴板"、"粘贴"等命令来编辑门。例如：可以用"框选＋过滤"的方式选择一层门窗，然后用"复制到剪贴板"和"粘贴"-"与选定的标高对齐"命令将其对齐复制到第 2 层后编辑：删除多余门窗、补充其他门窗。

【提示】　移动、复制、镜像、阵列命令创建门窗时，新的位置必须有墙体存在，否则系统将报警并自动删除门。

5. 高窗

窗的编辑方法同门完全一样，不再详述。这里补充一个"高窗"的设计方法。

1）在 F1 平面图中，选择北立面外墙最右侧的 MWC1518 窗，在"属性"选项板中修改实例属性参数"底高度"为 2300，确定后窗户高度上移。

2）此时窗的平面显示按高窗样式显示，如图 7-8。

【提示】　高窗的显示样式需要在窗族中事先设置，从"Metric Library"库中载入的窗不一定都有高窗的显示设置，具体设置方法参见"第 15 章　自定义构件族"。

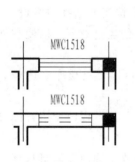

图 7-8　窗与高窗图

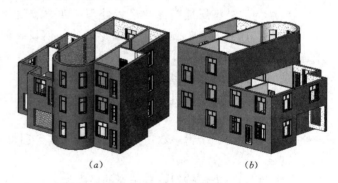

(a)　　　　　　　　　(b)

图 7-9　完成后的墙、门窗

使用前面几章讲到的墙、门窗、柱的创建和编辑功能，在"江湖别墅-07.rvt"文件中完成 F2、F3 的墙、门窗，同时调整相应柱子高度到对应的 F3、F4 标高，调整一层外墙的底部标高（"基准限制条件"）到"室外地坪"标高，完成后的墙和门窗如图 7-9，保存文件。结果请参见本书附赠光盘的"练习文件＼第 7 章"目录中的"江湖别墅-07 完成 .rvt"文件。

7.2　嵌套幕墙门窗

除常规门窗之外，在现代建筑设计中，经常有入口处玻璃门联窗、带形窗、落地窗等特殊的门窗形式。这些门窗在传统概念上仍属于门窗的范畴，但其外形上却是"幕墙＋门窗"形式，且外形各异，很难用一个或几个前面的门窗族来实现。

基于上述原因，以及前面两章讲到的墙和幕墙的强大建模功能，在 Revit Architecture 中，建议通过在常规墙中嵌套玻璃幕墙的方式快速创建。

下面以图 7-10 的入口门联窗为例简要说明设计流程：

1) 打开本书附赠光盘的"练习文件 \ 第 7 章"目录中的"07-01.rvt"文件，打开 F1 平面视图和默认三维视图，并平铺显示 2 个视口。图 7-10 中已有一面常规墙。

图 7-10　嵌套幕墙门联窗

2) 在 F1 平面视图中，单击功能区"常用"选项卡"墙"工具，从"属性"选项板中的类型选择器下拉列表中选择"幕墙"类型。

3) 幕墙属性设置：在"属性"选项板中设置"底部偏移"为 0，"顶部限制条件"为"未连接"，"无连接高度"为 3000。单击"编辑类型"打开"类型属性"对话框，勾选"自动嵌入"，单击"确定"关闭所有对话框。

4) 绘制幕墙：绘制移动光标在墙中单击捕捉左侧一点为幕墙起点，在墙内向右移动光标输入 4800，回车后在基本墙内部嵌入一面幕墙，并自动剪切洞口，如图 7-11 (a)。

5) 幕墙网格：在三维视图中，选择幕墙，单击功能区"常用"选项卡"幕墙网格"工具，用"全部分段"工具捕捉距离幕墙顶部 800 位置单击创建水平网格线，如图 7-11 (b)；用"一段"工具捕捉上下嵌板 1/2、1/3 分割点创建垂直网格线，如图 7-11 (c)。

6) 创建竖梃：单击功能区"竖梃"工具，用"全部网格线"命令在网格线上单击创建所有竖梃，如图 7-11 (d)。

7) 替换门嵌板：按 Tab 键切换分别单击选择中间的两块嵌板，从"属性"选项板的类型选择器中选择"M _ 幕墙-店面-双：店面双扇门"嵌板类型，将玻璃嵌板替换为双开门，如图 7-11 (e)。

8) 保存并关闭文件，结果请参见本书附赠光盘的"练习文件 \ 第 7 章"目录中的"07-01

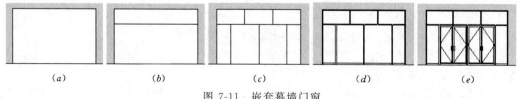

| (a) | (b) | (c) | (d) | (e) |

图 7-11　嵌套幕墙门窗

完成 . rvt"文件。

　　以上讲解了常规门窗和嵌套幕墙门窗的创建和编辑方法，从前面的操作中可以看到，除本书提供的样板文件中自带的门窗样式外，Revit Architecture 也提供了一个强大的构件库"Metric Library"，其中的门和窗目录中收集了大量的中式、欧式以及通用门窗族文件，可以直接载入到项目文件中使用。

　　如有特殊项目的特殊门窗样式，库中没有匹配的门窗族，可以通过自定义构件族的方式解决，详细自定义方法请参见"第 15 章 自定义构件族"。

　　"基础 12 式"第 4 式"画龙点睛"——门窗！学完本章内容，是否感觉有了灵气，有眉有眼像个样子了，可以拿出去小试身手了？先别急，这才刚入门！下不着地（无楼板）根基浅，上不着天（无屋顶）眼光短。还是静下心来打好根基，学习第 5 式"脚踩乾坤"——楼板！

第 8 章 楼 板

Revit Architecture 不仅可以简单方便地创建和编辑各种平楼板和斜楼板，而且可以进行楼板汇水和一体式平斜组合楼板的设计。同时，和第 6 章的复合墙一样，楼板也可以设置构造层材质、厚度等，以满足后期施工详图的要求。

8.1 平 楼 板

平楼板是最常见的楼板形式，创建平楼板也非常简单：只需要通过"拾取墙"或使用各种"绘制"线工具，创建楼板封闭轮廓线即可创建平楼板。

8.1.1 创建平楼板

打开本书附赠光盘的"练习文件 \ 第 8 章"目录中的"江湖别墅-08.rvt"文件，打开 F1 平面视图。

1）单击功能区"常用"选项卡"构建"面板中的"楼板"工具，"修改｜创建楼层边界"子选项卡及选项栏如图 8-1（a）。系统默认进入创建楼板"边界线"模式，所有图形都灰色显示。

（a）   *（b）*

图 8-1 "楼板"工具及"修改｜创建楼层边界"子选项卡

2）创建楼板边界线：可以使用以下两种方式之一或两种结合的方式创建封闭轮廓边界线。本例采用"拾取墙"工具（默认选择工具）创建。

- "拾取墙"：单击"绘制"面板中的"拾取墙" ▦ 创建工具，设置选项栏参数。
  - ◇ 设置"偏移"为 0：该参数可以控制创建的线和捕捉拾取位置的相对偏移距离。
  - ◇ 勾选"延伸到墙中（至核心层）"：自动拾取墙体结构层外边界或内边界位置（取消勾选则自动拾取墙体内外面层外边界位置）。
  - ◇ 移动光标到北立面外墙外边线上，在结构层外边界位置出现一条绿色虚线，按 Tab 键整个外墙链亮显时，单击选择墙链在外墙结构层外边界位置创建一圈紫色边界线（可根据情况连续单击拾取创建封闭的边界线）。

◇　单击拾取墙链后，在拾取的外墙上会有一个"翻转"符号 ⇕，单击可以在墙结构层内外边界之间切换。拾取创建的边界线如图 8-2（a）。

【提示】　可能会出现"警告"框，提示"高亮显示的线重叠……"信息，并将有问题的北立面边线以橙色（报警颜色）显示。同时在一些交点位置也有十字交叉的线，如图 8-2（b），必须处理完这些问题才能完成楼板创建，见下面内容。

● "绘制"：单击"绘制"面板中的"线" ✐、"矩形" ▭、拾取线 ✎ 等绘制工具，输入相对捕捉位置的"偏移"值，捕捉墙、轴线等已有图元的交点、端点等位置绘制楼板边界线。

【提示】　采用"拾取墙" ⊠ 和绘制中的"拾取线" ✎ 工具创建的楼板边界线会自动和拾取的墙等图元间创建关联关系，并随墙等图元位置的移动而自动更新楼板。

图 8-2　楼板边界线　　　　　　　　　图 8-3　嵌套轮廓线

3）编辑边界线：框选 3 和 E 轴线交点位置，选择多余的短线并删除。单击功能区"修改"面板中的"修剪/延伸为角部"工具，将弧墙左右两侧的线修剪成角连接，再拾取北立面左右两段线修剪其连接。

【提示】　完成的楼板边界线必须是连续的封闭轮廓。可以在外边界内继续绘制嵌套的封闭轮廓，形成类似"回"字形的嵌套轮廓，但不能相交，如图 8-3 示意。

4）楼板属性：单击"属性"选项板的"编辑类型"按钮，打开"类型属性"对话框，从"类型"下拉列表中选择"常规 140-20＋120"楼板类型，单击"确定"；实例参数"标高"自动提取当前所在楼层平面标高 F1；设置参数"相对标高"为 0 指定楼板高度位置。

5）单击功能区"模式"面板中的"√"工具，如图 8-4 在弹出的"Revit"提示对话框中单击"是"创建楼板，并自动连接楼板和墙，同时剪切楼板和墙重叠的体积。

图 8-4　Revit 提示重叠剪切

图 8-5　Revit 提示附着

6）同样方法创建 F2、F3 平楼板。"完成楼板"时在弹出的图 8-5 "Revit"提示对话框中单击"是"，自动将室内墙的顶部附着到楼板下面。完成后保存文件，结果请参见本书附赠光盘的"练习文件＼第 8 章"目录中的"江湖别墅-08 完成 .rvt"文件。

【提示】　面楼板：如果从体量模型开始设计，则可以用"体量楼板"命令给体量模型在标高位置创建体量楼层面，然后再用"面模型"中的"楼板"命令拾取楼层面创建平楼板。详细请参见"第 18 章　概念设计"。

8.1.2　编辑平楼板

接 8.1.1 节练习，在 F1 平视图中，窗选所有的图元，单击功能区"过滤器"工具，单独勾选"楼板"确定后选择一层平楼板，"修改｜楼板"子选项卡如图 8-6。

图 8-6　"修改｜楼板"子选项卡

1. "属性"选项板

1）类型选择器：从类型选择器下拉列表中可以选择其他楼板类型，替换当前选择楼板的类型。

2）实例属性参数：如图 8-7，编辑实例属性参数只影响当前选择的楼板。

- "标高"参数：可以选择楼板所在楼层的标高。
- "相对标高"参数：可以设置楼板相对所在楼层"标高"参数的高度偏移。
- "房间边界"参数：默认勾选，楼板可以作为计算房间时的边界定义对象。
- "结构"参数：不勾选。如勾选该选项，则楼板为结构楼板。
- 尺寸标注类参数：自动计算楼板的"体积"、"面积"、"周长"、"厚度"、"坡度"等。
- 其他"标识数据类""阶段化类"等参数默认。

3）类型属性：单击"编辑类型"打开"类型属性"对话框，如图 8-8。编辑以下参数将影响到和当前选择楼板同类型的所有楼板的显示。

- "结构"：单击"编辑"按钮打开"编辑部件"对话框，可以设置楼板构造层，设置方法同复合墙，详细设置方法请参见"5.3.1 复合墙构造层设置"。
- "粗略比例填充样式"指定楼板在粗略比例下的截面填充图案；"粗略比例填充颜色"设置填充图案的颜色。
- "复制"：单击该按钮，复制新的楼板类型，设置上述参数"确定"后将只替换当前选择楼板的类型，其他楼板不变。

2. 编辑楼板轮廓

选择楼板，单击功能区"编辑边界"命令，显示"修改｜楼板＞编辑边界"子选项卡，使用和"创建楼板边界"同样的方法，重新修改楼板边界线，编辑完成后单击"√"完成编辑。

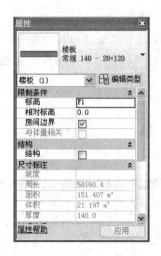

图 8-7　"属性"选项板

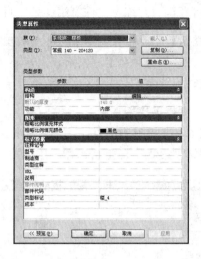

图 8-8　类型属性

3. 形状编辑

选择楼板，功能区"形状编辑"面板中有"添加点"、"添加分割线"等专用编辑工具，可以快速编辑平楼板形状，实现楼板汇水和一体式平斜组合楼板的设计。详见"8.3 异形楼板与平楼板汇水设计"一节。

4. 楼板洞口

创建楼板洞口有两种方法：

1）编辑楼板边界线：绘制楼板封闭边界线时，在外边界内绘制封闭的嵌套轮廓线，设计栏单击"√"即可创建楼板洞口。

2）功能区"常用"选项卡"洞口"面板中的"按面"、"垂直"、"竖井"工具可创建楼板洞口。详细操作方法请参见"第10章　洞口"。

5. 移动、复制、旋转、镜像、阵列等常规编辑命令

除上述编辑工具外，还可以使用"修改｜楼板"子选项卡"修改"面板中的移动、复制、旋转、阵列、镜像、对齐等工具，以及"剪贴板"面板中的"复制到剪贴板"、"剪切到剪贴板"、"粘贴"等命令来编辑楼板。例如：可以选择一层楼板，然后用"复制到剪贴板"和"粘贴"-"与选定的标高对齐"命令将其对齐复制到第2层后编辑。

完成上述练习后关闭"江湖别墅-08.rvt"文件。

8.2　斜　楼　板

创建斜楼板依然是用"楼板"命令，但设置方法不同。平楼板的编辑方法，除"形状编辑"面板中的"修改子图元"等专用编辑工具外，其他方法同样适用于斜楼板，本节不再详述。下面详细讲解斜楼板的3种设置方法。

新建项目文件，打开 F1 平面视图，完成下面的练习。

1. 创建斜楼板：坡度箭头设置

1）单击功能区"常用"选项卡的"楼板"工具，用"矩形" ▱ 绘制工具绘制 8000mm×

5000mm 的矩形边界线。

2）单击功能区"绘制"面板中的"坡度箭头"命令，单击选择"线" ╱ 绘制工具。移动光标单击捕捉左侧垂直边线中点为箭头尾部，向右水平移动光标，输入 3000 回车，创建一个 3000 长的箭头，如图 8-9。

3）选择该坡度箭头，在"属性"选项板中，按以下两种方法之一设置坡度，本例选择第 1 种方式：

- 尾高：如图 8-10，设置参数"指定"为"尾高"；"最低处标高"为"F1"，"尾高度偏移"为 0，指定箭头尾部的位置和高度；"最高处标高"为"F1"，"头高度偏移"为 500，指定箭头头部的位置和高度。根据箭头长度和首尾高自动计算坡度。

- 坡度：如图 8-11，设置参数"指定"为"坡度"；设置"尾标高"、"尾高度偏移"和"坡度"参数。根据坡度箭头尾部位置和高度及"坡度角"值指定楼板坡度。

图 8-9　坡度箭头　　　　图 8-10　设置坡度　　　　图 8-11　设置尾高

4）单击功能区"模式"面板中的"√"工具创建斜楼板。

2. 创建斜楼板：设置两条平行边线高度

1）单击"楼板"工具，同样方法绘制 8000mm×5000mm 的矩形边界线。

2）单击选择左侧垂直边界线，在"属性"选项板中勾选"定义固定高度"参数；设置"标高"为"F1"，设置"相对基准的偏移"为 0，边线变为蓝色虚线。

3）单击选择右侧对边平行线，在"属性"选项板中勾选"定义固定高度"参数，设置属性参数"标高"为"F1"，"相对基准的偏移"为 800，边线变为蓝色虚线，如图 8-12。

4）单击功能区"模式"面板中的"√"工具创建斜楼板。

3. 创建斜楼板：设置单条边线高度与坡度

1）单击"楼板"工具，同样方法绘制 8000mm×5000mm 的矩形边界线。

图 8-12　两条平行线

图 8-13　单条边线

2）单击选择左侧垂直边界线，在"属性"选项板中勾选"定义固定高度"和"定义坡度"参数；设置"标高"为"F1"，"相对基准的偏移"为 0，输入"坡度"为 20%，边线旁显示一个三角形坡度符号，如图 8-13。

【提示】 也可以选择边线，选项栏勾选"定义坡度"，边线旁出现蓝色三角形坡度符号和坡度值，单击可修改。

3）单击功能区"模式"面板中的"√"工具创建斜楼板。保存文件，结果请参见本书附赠光盘的"练习文件＼第 8 章"目录中的"08-01 完成．rvt"文件。

8.3 异形楼板与平楼板汇水设计

前面两节分别讲述了平楼板和斜楼板的创建方法，但在某些情况下，有一些特殊的楼板设计，例如：错层连廊楼板需要在一块楼板中实现平楼板和斜楼板的组合，在一块平楼板的卫生间位置实现汇水设计等。这样的设计在 Revit Architecture 中可以通过"修改｜楼板"子选项卡"形状编辑"面板中的"添加点"、"添加分割线"、"拾取支座"、"修改子图元"命令快速实现。"形状编辑"面板如图 8-14，各命令功能如下：

图 8-14 形状编辑

- 添加点：给平楼板添加高度可偏移的高程点。
- 添加分割线：给平楼板添加高度可偏移的分割线。
- 拾取支座：拾取梁，在梁中线线位置给平楼板添加分割线，且自动将分割线向梁方向抬高或降低一个楼板厚度。
- 修改子图元：单击该命令，可以选择前面添加的点、分割线，然后编辑其偏移高度。
- 重设形状：单击该命令，自动删除点和分割线，恢复平楼板原状。

打开本书附赠光盘的"练习文件＼第 8 章"目录中的"08-02.rvt"文件，打开 F1 平面视图。在图中左侧是连廊的平楼板，距离左右边线 2000 位置各有一个参照平面；右侧是住宅的平楼板，上方四条长的参照平面围合的空间是卫生间位置，里面四条短的参照平面代表地漏位置。

8.3.1 异形楼板

1）在 F1 平面视图中选择左侧的连廊平楼板，单击功能区"修改｜楼板"子选项卡"形状编辑"面板中的"添加分割线"工具，楼板四周边线变为绿色虚线，角点处有绿色高程点。如图 8-15（a）。

2）移动光标在矩形内部左右两侧捕捉参照平面和矩形上下边界交点各绘制一条分割线，分割线蓝色显示，如图 8-15（b）。

3）单击功能区"修改子图元"工具，窗选右侧小矩形，在选项栏"立面"参数栏中输入 600 后回车，将右侧边线抬高 600。按 Esc 键结束命令，楼板如图 8-15（c）。

4）从项目浏览器的"剖面（建筑剖面）"节点下打开 1—1 剖面视图，完成以后的连廊楼板如图 8-15（d）。

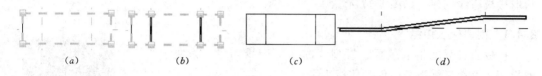

图 8-15 连廊楼板

8.3.2 平楼板汇水设计

卫生间平楼板汇水设计方法同上，不同之处在于要在卫生间边界和地漏边界上分别添加几条分割线，并设置其相对高度，同时要设置楼板构造层，保证楼板结构层不变，面层厚度随相对高度变化，操作如下：

1) 在 F1 平面视图中选择右侧的平楼板，单击功能区"形状编辑"面板中的"添加分割线"工具，楼板四周边线变为绿色虚线，角点处有绿色高程点，如图 8-16（a）。

2) 移动光标在楼板内部捕捉四条长参照平面的交点绘制 4 条分割线，如图 8-16（b）；再捕捉四条短参照平面的交点绘制 4 条短分割线，如图 8-16（c），分割线蓝色显示。

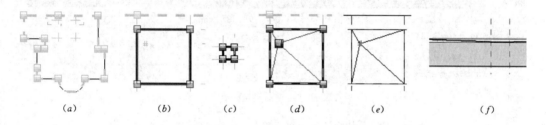

图 8-16 平楼板汇水设计

3) 单击功能区"修改子图元"工具，窗选 4 条短分割线，在选项栏"立面"参数栏中输入-15 后回车，将地漏边线降低 15mm。"回"字形分割线角角相连，出现 4 条灰色的连接线，如图 8-16（d）。按 Esc 键结束命令，楼板如图 8-16（e）。

4) 从项目浏览器的"剖面（建筑剖面）"节点下打开 2—2 剖面视图，发现楼板的结构层和面层都向下偏移了 15mm。单击选择楼板，在"属性"选项板中单击"编辑类型"命令，打开"类型属性"对话框。

5) 单击"复制"输入"汇水楼板"，确定后，单击"结构"参数后的"编辑"按钮打开"编辑部件"对话框，勾选第 1 行"面层 2［5］"后面的"可变"选项，点"确定"关闭所有对话框后，楼板结构层保持水平不变，面层厚度地漏处降低了 15mm，如图 8-16（f）。

6) 保存文件，结果参见本书附赠光盘的"练习文件 ＼ 第 8 章"目录中的"08-02 完成.rvt"文件。

8.4 楼 板 边 缘

"楼板边缘"同墙体的"墙饰条"和"分割缝"一样属于主体放样对象，其放样的主体是楼板。像阳台楼板下面的滴檐、建筑分层装饰条等对象都可以使用"楼板边缘"命令拾取楼板边线创建，如图 8-17 示意。

8.4.1　创建楼板边缘

　　楼板边缘只能拾取楼板、模型线的水平边线创建。为便于捕捉，建议在三维视图中创建楼板边缘。

1) 接上节练习。单击功能区"常用"选项卡"构建"面板中"楼板"工具的下拉三角箭头，选择"楼板边缘"命令，"修改│放置楼板边缘"子选项卡如图 8-18（*b*）。

2) 从类型选择器中选择"楼板边"类型，移动光标单击拾取楼板边的水平上边线（或下边线），自动创建一段楼板边缘实体，旋转模型继续单击拾取可连续创建。

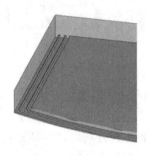

图 8-17　楼板边缘

3) 单击"重新放置楼板边缘"工具可继续单击拾取创建下一圈楼板边缘。完成后单击"修改"或按 Esc 结束命令。

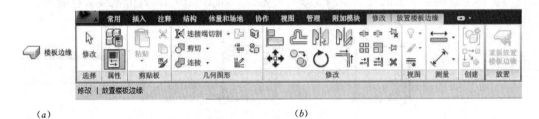

（*a*）　　　　　　　　　　　　　　　（*b*）

图 8-18　"楼板边缘"命令和"修改│放置楼板边缘"子选项卡

8.4.2　编辑楼板边缘

　　选择楼板边缘，"修改│楼板边缘"子选项卡如图 8-19。可选择以下编辑方法编辑楼板边缘。

图 8-19　"修改│楼板边缘"子选项卡

1. "属性"选项板

1) 类型选择器：从下拉列表中可以选择其他楼板边缘类型，替换当前选择楼板边缘的类型。

2) 实例属性参数：如图 8-20，编辑图元类型和实例属性参数只影响当前选择的楼板边缘。

- "垂直轮廓偏移"：可以调整楼板边缘相对楼板的垂直高度偏移。
- "水平轮廓偏移"：可以调整楼板边缘相对楼板的水平位置偏移。
- "角度"：可以将楼板边缘的横断面轮廓绕附着边旋转一个角度。

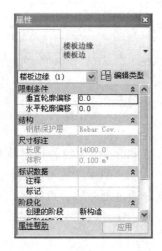

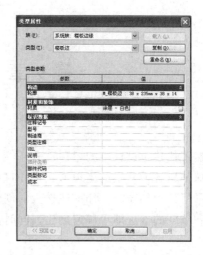

图 8-20 "属性"选项板 　　　　　　　　　　图 8-21 类型属性

- 尺寸标注类参数：自动计算"长度"、"体积"等参数。
- 其他结构、标识数据类、阶段类参数默认。

3）类型属性参数：单击"编辑类型"按钮，打开"类型属性"对话框，如图 8-21。编辑以下参数将影响到和当前选择楼板边缘同类型的所有楼板边缘的显示。

- "轮廓"：从下拉列表中可以选择需要的楼板边缘横断面轮廓。可以事先从"Metric Library"-"轮廓"库中载入现有或自定义的轮廓族后选用。
- "材质"：可以设置楼板边缘的材质。
- "复制"：单击该按钮，复制新的楼板边缘类型，设置上述参数"确定"后将只替换当前选择楼板边缘的类型，其他楼板边缘不变。

2. 反转方向

选择已有的楼板边缘，单击方向"翻转"控制符号 ⇆ 和 ↕ 即可左右、上下反转方向。

3. 添加或删除线段

选择已有的楼板边缘，选项栏单击"添加或删除线段"按钮，在有楼板边缘的楼板边线上单击，即可删除楼板边缘；在没有楼板边缘的楼板边线上单击，即可添加楼板边缘。

4. 自定义楼板边缘轮廓

自定义楼板边缘轮廓的方法同墙饰条，详细请参见"5.4.3 自定义轮廓族"一节。

5. 移动、复制、镜像、阵列等常规编辑命令

除上述编辑工具外，还可以使用"修改｜楼板边缘"子选项卡"修改"面板中的移动、复制、阵列、镜像等编辑工具编辑楼板边缘。

上述练习完成后关闭"08-02.rvt"文件，不保存。

"基础 12 式"第 5 式"脚踩乾坤"——楼板！学完本章内容，一定感觉有了脚踏实地，底气十足的感觉。下面再来研究一下第 6 式"金钟罩"——屋顶！

第 9 章　屋　　顶

虽然现代建筑设计中的屋顶形式千变万化，但 Revit Architecture 的各种屋顶命令则可以快速创建各种复杂的屋顶形状，并自动生成屋顶的平、立、剖面等视图。各种常用坡屋顶和平屋顶的创建方法和前述楼板的创建方法非常相似，通过创建屋顶边界线，定义边线属性和坡度的方法即可快速创建。同时，屋顶和楼板、墙一样可以定义构造层，满足施工图要求。

9.1　迹　线　屋　顶

在 Revit Architecture 中，将通过创建屋顶边界线，定义边线属性和坡度的方法快速创建的各种常规坡屋顶和平屋顶统称为"迹线屋顶"。其设计和编辑方法同第 8 章的楼板非常相似。

9.1.1　创建迹线屋顶

1. 创建平屋顶

打开本书附赠光盘的"练习文件 \ 第 9 章"目录中的"江湖别墅-09.rvt"文件，打开 F3 楼层平面视图，为左侧 2 层的墙创建平屋顶。

1) 单击功能区"常用"选项卡"构建"面板中的"屋顶"工具，"修改 | 创建屋顶迹线"子选项卡如图 9-1。系统进入创建屋顶轮廓边界线模式，所有图形都灰色显示。

图 9-1　"修改 | 创建屋顶迹线"子选项卡

2) 创建屋顶迹线：可以使用"拾取墙"和"绘制"两种方式之一或两种结合的方式创建封闭轮廓边界线。本例采用两种结合的方式创建平屋顶迹线。

3) "拾取墙"：单击"绘制"面板中的"拾取墙" ▨ 创建工具，设置选项栏参数：

- 取消勾选"定义坡度"：勾选该选项将创建带坡屋的屋顶迹线。
- 取消勾选"延伸到墙中（至核心层）"：取消勾选则自动拾取墙体面层外边界位置（勾选该选项将自动拾取墙体结构层外边界或内边界位置）。
- "悬挑"：设置屋檐到外墙的出挑距离为 500。
- 移动光标到北立面左侧外墙外边线上，在墙外 500 位置出现一条绿色虚线，单击选择墙创建一条紫色迹线。同样方法单击拾取西立面 E 和 D 轴线间的外墙，和南立面弧墙左侧外墙创建两条迹线（单击拾取墙后，在创建的迹线上有一个"翻转"符号 ↕ ，单击可以在墙内外方向之间切换）。

4）"绘制"：单击"绘制"面板中的"线" ╱ 绘制工具，选项栏取消勾选"定义坡度"、设置"偏移量"为 0。沿 F2 层的"常规-240mm"内墙左边线绘制一条垂直迹线。

5）修剪边线：单击功能区"修剪/延伸为角部"命令，单击拾取创建的 4 条迹线修剪成矩形角连接，如图 9-2（*a*）。

6）单击"属性"选项板的"编辑类型"按钮，打开"类型属性"对话框。从"类型"下拉列表中选择"架空隔热保温屋顶-混凝土"屋顶类型，单击"确定"。设置屋顶"基准标高"参数为 F3、"基准与标高的偏移"为－140。

7）单击功能区"模式"面板中的"√"工具创建平屋顶如图 9-2（*b*）。保存文件。

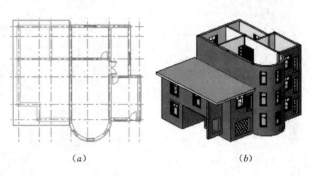

（*a*）　　　　　　　　（*b*）

图 9-2　平屋顶

2. 创建多坡屋顶

接上述练习，打开 F4 平面视图，为右侧 3 层的墙创建坡屋顶。

1）单击功能区"常用"选项卡"构建"面板中的"屋顶"工具，进入创建屋顶轮廓边界线模式。同上节方法，使用"拾取墙"＋"绘制"的方法创建屋顶封闭迹线。

2）"拾取墙"：单击"绘制"面板中的"拾取墙" 创建工具，选项栏勾选"定义坡度"，取消勾选"延伸到墙中（至核心层）"，设置"悬挑"为 500。移动光标，单击拾取 F3 层除弧墙之外的所有外墙的外边线，创建 6 条带坡度的迹线。如图 9-3（*a*）。

3）"绘制"：

- 单击选择右下方的水平迹线，修改其长度临时尺寸为 3600。
- 单击"绘制"面板中的"线" ╱ 绘制工具，选项栏勾选"定义坡度"和"链"、设置"偏移量"为 0。捕捉右下方的水平迹线的左端点，向下垂直移动光标输入 2450 后回车，再向左水平移动光标捕捉和左侧垂直迹线的延长线交点后单击鼠标，绘制了两条带坡度的迹线。

4）修剪边线：单击功能区"修剪/延伸为角部"命令，单击拾取左下角 2 条迹线修剪成角连接，完成后的多边形屋顶迹线如图 9-3（*b*）。

5）设置迹线坡度：单击选择最左侧的垂直迹线，选项栏取消勾选"定义坡度"。

6）单击"属性"选项板的"编辑类型"按钮，打开"类型属性"对话框，从"类型"下拉列表中选择"架空隔热保温屋顶 - 混凝土"屋顶类型，单击"确定"。设置屋顶"基准标高"参数为 F4、"基准与标高的偏移"为 0、"坡度"为 45％。

7）"对齐屋檐"：单击功能区"工具"面板的"对齐屋檐"工具，先单击拾取左侧垂直迹线为对齐目标高度，再单击拾取刚才绘制的两条迹线，所有的屋檐高度对齐为

-225mm。

【提示】　绘制和拾取墙创建的迹线屋檐高度不同，需要对齐屋檐，否则会出现意想不到的屋顶形状。

8）单击功能区"模式"面板中的"√"工具创建了多坡屋顶，如图 9-3（c）。注意此时屋顶平面图显示的是屋顶截面图（从默认的楼层标高以上 1200mm 位置剖切屋顶），需要设置屋顶平面视图的视图范围，将剖切位置调整到最高屋脊高度之上，以显示完整屋顶平面。

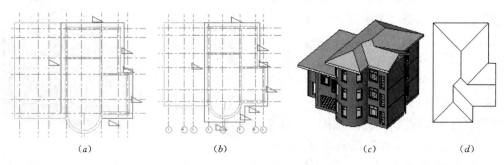

|（a）|（b）|（c）|（d）|

图 9-3　多坡屋顶

9）"视图范围"设置：
- 在左侧"属性"选项板中单击"视图范围"参数后的"编辑"按钮，打开"视图范围"对话框。
- 如图 9-4，设置参数"顶"为"无限制"，"剖切面"的"偏移量"为 2100。

10）单击"确定"关闭所有对话框，屋顶平面图如图 9-3（d）。

11）附着墙：平铺显示三维视图和 F3 平面视图，在 F3 平面视图中用窗选 2 号轴线右侧的墙和门窗。单击功能区"过滤器"工具，在对话框中只勾选"墙"，单击确定选择所有的内外墙。单击功能区"修改 | 墙"子选项卡的"附着顶部/底部"

图 9-4　视图范围

工具，选项栏选择"附着墙"为"顶部"。然后单击拾取三维视图中的坡屋顶，将墙附着到坡屋顶下方。

【提示】　在创建屋顶时，如果屋顶下的墙高度超出了屋顶，则系统自动提示是否附着屋顶，单击"是"即可自动附着。

12）完成后保存并关闭文件，结果请参见本书附赠光盘的"练习文件 \ 第 9 章"目录中的"江湖别墅-09 完成.rvt"文件。

3. 屋顶坡度设置

从图 9-1 的"修改 | 创建屋顶迹线"子选项卡和前面的操作可以看出，屋顶的坡度定

义和斜楼板一样有两种方法：

1）坡度定义线：前面的多坡屋顶采用的就是坡度定义线的方法。指定坡度定义线有以下
两种方式：

- 创建屋顶迹线时，勾选"定义坡度"，绘制的屋顶迹线即为坡度定义线，可在屋顶的"属性"选项板中设置所有坡度定义线的"坡度"参数值。

- 选择已有迹线勾选"定义坡度"，即
可指定迹线为坡度定义线。选择迹线
后，可单击迹线旁边的蓝色"坡度"
值修改单边迹线的坡度，或在"属
性"选项板中设置其"坡度"参数，
如图 9-5。

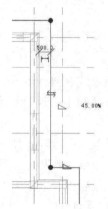

2）坡度箭头：和斜楼板坡度箭头的定义方法
一样，先绘制坡度箭头，再设置箭头的属
性参数定义坡度。坡度箭头的定义方法请
参见"8.2 斜楼板"一节。

9.1.2 常见迹线屋顶

图 9-5 定义迹线坡度

以上内容介绍了创建迹线屋顶时最常用
的创建屋顶迹线、定义屋顶坡度的各种方法，下面再介绍几个常见迹线屋顶，简要说明其
中的操作技巧。新建项目文件，完成以下的练习。

1. 双坡与四坡屋顶

1）单击"屋顶"工具，勾选"定义坡度"，绘制 4000mm×8000mm 矩形屋顶迹线。选择
左右两条迹线取消勾选"定义坡度"，单击"√"工具创建双坡屋顶，如图 9-6（a）。

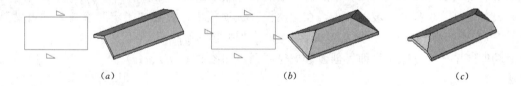

图 9-6 双坡与四坡屋顶

2）如设置 4 条边线都带坡度，则可创建普通四坡屋顶，如图 9-6（b）。

3）在四坡屋顶中，选择左右两条坡度定义线，在"属性"选项版中设置"板对基准的
偏移"参数为 400（调整屋檐高度），另两条为 0，则可创建图 9-6（c）所示四坡
屋顶。

2. 圆锥与棱锥屋顶

1）单击"屋顶"工具，勾选"定义坡度"，绘制半径为 3000 的圆形迹线。选择圆在"属
性"选项板中设置参数"完全分段的数量"为 0，单击"√"工具创建圆锥屋顶，如
图 9-7（a）。

2）如果设置参数"完全分段的数量"值为 6，则创建正六边形棱锥屋顶，如图 9-7（b）。

【提示】　　也可以直接绘制正多边形坡度定义线来创建棱锥屋顶，但不如用圆形的"完全分段的数量"参数来任意设置多边形边数方便。

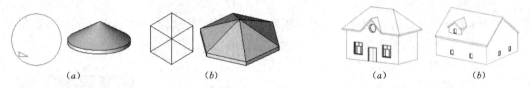

图 9-7　圆锥与棱锥屋顶　　　　　　　图 9-8　老虎窗屋顶

3. 老虎窗屋顶

如图 9-8，老虎窗屋顶大致有两种形式：

1) 图 9-8（a）的老虎窗屋顶和主屋顶为一个屋顶对象，将墙体顶部附着到屋顶后，插入窗即可。
2) 图 9-8（b）的老虎窗屋顶，由屋顶、墙、窗和洞口组合而成。先创建小的老虎窗次屋顶，再用"连接屋顶"命令将其和主屋顶连在一起；在小屋顶下绘制三面墙并附着到小屋顶下，墙上开窗；最后用"老虎窗"洞口命令创建洞口即可。"老虎窗"洞口详细操作方法请参见"第 10 章 洞口"。

下面简要说明第一种老虎窗的设计技巧：坡度定义线和坡度箭头组合应用。

1) 单击"屋顶"工具，如图 9-9（a），绘制 4000mm×8000mm 矩形双坡屋顶迹线。
2) 用功能区"修改"选项卡中的"拆分图元"工具，捕捉距离左右迹线 3000mm 位置单击，将下边水平迹线拆分为 3 段。选择中间段，选项栏取消勾选"定义坡度"，如图 9-9（b）。
3) 在"修改│创建屋顶迹线"子选项卡中单击"坡度箭头"命令，如图 9-9（c），捕捉拆分后中间段迹线的左端点和中点、右端点和中点绘制两个坡度箭头。
4) 设置坡度：选择两个坡度箭头，在"属性"选项板中，设置"指定"参数为"坡度"，"最低处标高"为 F1，"尾高度偏移"为 0，"坡度"为 90%。
5) 功能区单击"√"工具即可创建老虎窗屋顶，如图 9-9（d）、（e）。

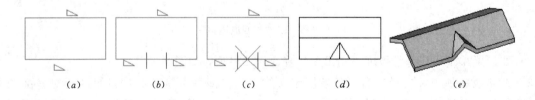

图 9-9　老虎窗屋顶

4. 四面双坡屋顶

四面双坡屋顶的关键是完全通过坡度箭头来定义坡度。

1) 单击"屋顶"工具，取消勾选"定义坡度"，如图 9-10（a），绘制 4000mm×8000mm 矩形屋顶迹线。
2) 单击"坡度箭头"命令，如图 9-10（b），分别捕捉左侧垂直迹线的上端点和中点、下端点和中点绘制两个坡度箭头。同样绘制右侧迹线坡度箭头或复制左侧坡度箭头到右侧。

3）单击捕捉上水平迹线的左端点，向右水平移动光标输入 2000 后回车，绘制一个 2000mm 长的坡度箭头。同理捕捉水平迹线的中点，向左移动光标输入 2000 后回车，绘制一个 2000mm 长的坡度箭头。下水平线坡度箭头同样绘制或复制，完成后的坡度箭头如图 9-10（c）。

4）设置坡度：选择 8 个坡度箭头，在"属性"选项板中，设置"指定"参数为"坡度"，"最低处标高"为 F1，"尾高度偏移"为 0，"坡度"为 60%。

5）功能区单击"√"工具即可创建四面双坡屋顶，如图 9-10（d）、（e）。

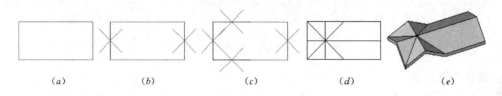

（a）   （b）   （c）   （d）   （e）

图 9-10　四面双坡屋顶

5. 双重斜坡屋顶：截断标高

对于一些复杂的坡屋顶，用一个屋顶不能生成，可以分别创建两个或几个屋顶组合而成。其设计技巧是：先创建一个屋顶，设置"截断标高"和"截断偏移"从中间截断屋顶并删除顶部，然后在上面再创建一个屋顶。

1）单击"屋顶"工具，勾选"定义坡度"，如图 9-11（a），绘制多边形屋顶迹线，长宽为 12000mm×6000mm，下方 3 段均分为 4000mm，中间一段向上凹进去 2000mm。选择凹进去的水平迹线，选项栏取消勾选"定义坡度"。

2）在"属性"选项板中设置参数"基准标高"为 F1、"基准与标高的偏移"为 0、"坡度"为 45%。单击"√"工具创建多坡屋顶，结果如图 9-11（b）。

3）选择屋顶，在"属性"选项板中设置参数"截断标高"为 F1，"截断偏移"为 500，将从 F1 以上 500mm 位置截断坡屋顶，结果如图 9-11（c）。

4）创建小屋顶：用"屋顶"工具，选择"拾取线"绘制工具，单击拾取截断屋顶的内边线绘制屋顶迹线，如图 9-11（d）。并设置屋顶"属性"参数"基准标高"为 F1、"基准与标高的偏移"为 500、"坡度"为 45%，单击"√"工具创建顶部多坡屋顶。

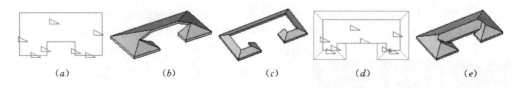

（a）   （b）   （c）   （d）   （e）

图 9-11　双重斜坡屋顶

5）连接屋顶：单击功能区"修改"选项卡"几何图形"面板中的"连接"命令，单击拾取上下两个屋顶即可消除中间的连接线。完成后的屋顶如图 9-11（e）。

6）保存并关闭文件，结果请参见本书附赠光盘的"练习文件 \ 第 9 章"目录中的"09-01
完成.rvt"文件。

9.1.3　编辑迹线屋顶

打开本书附赠光盘的"练习文件 \ 第 9 章"目录中的"09-02.rvt"文件，在三维视
图中，选择大坡屋顶，"修改｜屋顶"子选项卡如图 9-12。

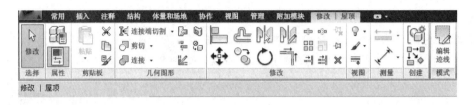

图 9-12　"修改｜屋顶"子选项卡

1. "属性"选项板

1）类型选择器：从下拉列表中可以选择其他类型的屋顶快速替换当前屋顶类型。

2）实例属性参数：如图 9-13，编辑实例参数，确定后只改变当前选择的屋顶。

- 限制条件类："基准标高"设置屋顶所在楼层标高，"基
  准与标高的偏移"可以设置屋顶相对"基准标高"的偏
  移高度；"截断标高"、"截断偏移"设置屋顶从中间截断
  的高度位置，参见上节的"双重斜坡屋顶"；勾选"房间
  边界"，放置房间时屋顶可作为房间边界。

图 9-13　"属性"选项板

- 构造类：从"椽截面"参数下拉列表中选择"垂直截
  面"、"垂直双截面"或"正方形双截面"改变屋顶边缘
  截面形状，图 9-14 所示为 3 种截面示意。如选择"垂直
  双截面"或"正方形双截面"，则必须设置参数"封檐带
  深度"，其值介于 0 和屋顶厚度之间。

- 尺寸标注类："坡度"可设置屋顶坡度值；其他面积、体
  积、厚度为自动统计。

3）类型属性参数：单击"编辑类型"打开"类型属性"对话框，如图 9-15。编辑类型参
数，确定后将改变和选择的屋顶类型相同的所有屋顶。

- "结构"：单击"编辑"按钮打开"编辑部件"对话框，可以设置屋顶构造层，设
  置方法同复合墙，详细设置方法请参见"5.3.1 复合墙构造层设置"。

- 设置参数"粗略比例填充样式"指定屋顶在粗略比例下的截面填充图案，"粗略比
  例填充颜色"设置填充图案的颜色。

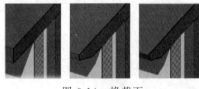

图 9-14　椽截面

- 新建屋顶类型：单击"复制"，输入新的屋
  顶类型"名称"后可以新建屋顶类型，编
  辑前述各参数后确定，将只替换当前选择
  的屋顶为新的屋顶类型。

2. 编辑屋顶迹线

选择屋顶，单击功能区"编辑迹线"命令，显示"修改|屋顶>编辑迹线"子选项卡，使用和"创建屋顶迹线"同样的方法，重新修改屋顶迹线、坡度定义线及其坡度值、设置"屋顶属性"、"对齐屋檐"等，编辑完成后单击"√"工具。

3. 连接/取消连接屋顶

使用"连接/取消连接屋顶"命令可以将一个屋顶连接到其他屋顶或墙，或者在以前已连接的情况下取消它们的连接。

1）在三维视图中，单击功能区"修改"选项卡"几何图形"面板中的"连接/取消连接屋顶" 工具。如图 9-16（*a*），单击拾取小坡屋顶朝向大坡屋顶方向端头的一条边线。

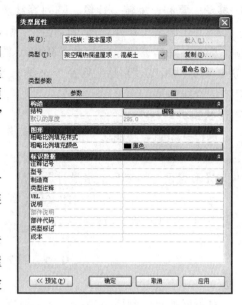

图 9-15　类型属性

2）如图 9-16（*b*），再单击拾取要连接到目标大屋顶的面，小屋顶自动连接到大屋顶，如图 9-16（*c*）。

3）取消连接屋顶：再次单击"连接/取消连接屋顶"命令，单击连接后的小屋顶和大屋顶的交线，即可取消连接。

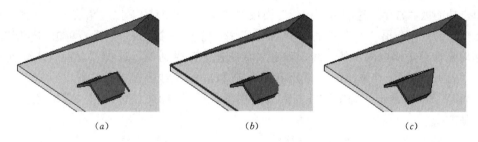

|　　　　　（*a*）|　　　　　（*b*）|　　　　　（*c*）|

图 9-16　连接屋顶

4. 造型操纵柄控制

选择屋顶，在屋脊线上出现屋顶造型控制柄（蓝色实心双三角箭头），如图 9-17。单击并拖拽可以调整屋脊高度和屋顶形状。建议在立面视图中拖拽控制柄精确调整屋脊高度位置。

5. 屋顶洞口

创建迹线屋顶洞口有两种方法：

1）编辑屋顶迹线：屋顶迹线时，在外边界内绘制不带坡度的封闭嵌套轮廓线，单击"√"工具即可创建垂直屋顶洞口。

图 9-17　造型操纵柄

2）功能区"常用"选项卡"洞口"面板中的"按面"、"垂直"、"竖井"命令创建屋顶洞口。详细操作方法请参见"第 10 章　洞口"。

6. 移动、复制、旋转、镜像、阵列等常规编辑命令

除上述编辑工具外，还可以使用"修改｜屋顶"子选项卡"修改"面板中的移动、复制、旋转、阵列、镜像、对齐等编辑工具，以及"剪贴板"面板中的"复制到剪贴板"、"剪切到剪贴板"、"粘贴"等命令来编辑屋顶。例如：可以用"对齐"工具在三维视图中对齐屋脊线高度。

7. 形状编辑

选择平屋顶，功能区"形状编辑"面板中有"添加点"、"添加分割线"、"修改子图元"等专用编辑工具，可以快速编辑平屋顶形状，实现平屋顶汇水和异形屋顶设计。详见"9.5 异形屋顶与平屋顶汇水设计"一节。

完成上述练习后保存并关闭文件，结果请参见本书附赠光盘的"练习文件 \ 第 9 章"目录中的"09-02 完成 . rvt"文件。

9.2　拉　伸　屋　顶

对不能通过绘制屋顶迹线、定义坡度线创建，但屋顶横断面为有固定厚度的规则形状断面的屋顶，例如波浪形断面屋顶，则可以用"拉伸屋顶"命令创建。

9.2.1　创建拉伸屋顶

打开本书附赠光盘的"练习文件 \ 第 9 章"目录中的"09-03. rvt"文件，打开 F2 平面视图，创建拉伸屋顶。

1）单击功能区"常用"选项卡"构建"面板中"屋顶"工具的下拉三角箭头，选择"拉伸屋顶"命令。弹出"工作平面"对话框，选择"拾取一个平面"选项，单击"确定"。

2）移动光标单击拾取南墙外边线，弹出"转到视图"对话框，选择"立面：南立面"单击"打开视图"。在弹出的"屋顶参照标高和偏移"对话框中，设置"标高"为 F2，"偏移"为 0，单击"确定"打开南立面视图，在 F2 标高位置出现一条绿色虚线为绘制基准线。

3）功能区显示"修改｜创建拉伸屋顶轮廓"子选项卡，如图 9-18。

图 9-18　"修改｜创建拉伸屋顶轮廓"子选项卡

4）绘制横断面线：单击选择"起点-终点-半径弧"⌒绘制工具，选项栏勾选"链"，"偏移量"为 0，在立面视图中基准线上方连续绘制 3 段圆弧，如图 9-19（a）。

5）在"属性"选项板中单击"编辑类型"按钮，从"类型"下拉列表中选择"架空隔热保温屋顶—混凝土"屋顶类型，单击"确定"。设置"拉伸起点"为 500mm，"拉伸起点"为 -7850mm（由南向北拉伸），其他参数选择默认值。

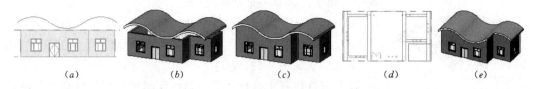

图 9-19 拉伸屋顶

6）功能区单击"√"工具创建了拉伸屋顶，如图 9-19（b）。

7）附着墙体：在三维视图中按 Tab 键选择墙链，单击"附着顶部/底部"工具，选项栏设置"附着墙"为"顶部"，移动光标单击拾取拉伸屋顶，将墙附着到屋顶下方，如图 9-19（c）。

9.2.2 编辑拉伸屋顶

单击选择拉伸屋顶，"修改｜屋顶"子选项卡如图 9-20。

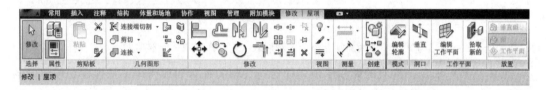

图 9-20 "修改｜屋顶"子选项卡

9.1 节讲的编辑迹线屋顶的图元"属性"选项板、连接/取消连接屋顶、移动、复制等编辑工具，同样适用于拉伸屋顶。下面介绍 2 个新的专用编辑工具。

1. 编辑轮廓

此工具和迹线屋顶的"编辑迹线"功能相同。在绘制拉伸屋顶轮廓线的南立面视图中，选择拉伸屋顶，单击功能区"编辑轮廓"命令，显示"修改｜屋顶＞编辑轮廓"子选项卡，使用和"创建拉伸屋顶轮廓"同样的方法，重新修改屋顶轮廓线、设置"屋顶属性"等，编辑完成后单击"√"工具。

2. 垂直洞口

1）在 F2 平面视图中选择拉伸屋顶，单击功能区"洞口"面板的"垂直"工具，屋顶边界变为绿色虚线显示。

2）单击"矩形"⊏绘制工具，如图 9-19（d），捕捉屋顶右下角交点，绘制一个 4000mm ×2800mm 的矩形。单击"√"工具剪切拉伸屋顶洞口，结果如图 9-19（e）。

3）保存并关闭文件，结果请参见本书附赠光盘的"练习文件 \ 第 9 章"目录中的"09-03 完成 .rvt"文件。

9.3 面 屋 顶

和"面墙"一样，Revit 可以拾取已有体量或常规模型族的表面创建有固定厚度的异形曲面或平面屋顶，如图 9-21。

打开本书附赠光盘的"练习文件 \ 第 9 章"目录中的"09-04.rvt"文件，打开三维视图，图中已经有一个常规模型。

图 9-21　面屋顶

1）单击功能区"常用"选项卡"构建"面板中"屋顶"工具的下拉三角箭头，选择"面屋顶"命令，"修改｜放置面屋顶"子选项卡如图 9-22 (b)。

2）从类型选择器中选择"架空隔热保温屋顶——混凝土"屋顶类型。选项栏选择默认设置。

3）移动光标到模型顶部弧面上，当面亮显时单击拾取面，再单击功能区"创建屋顶"命令。按 Esc 键或单击"修改"结束"面屋顶"命令，屋顶如图 9-21。

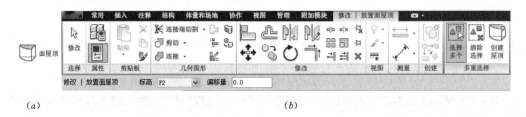

(a)　　　　　　　　　　　　　　　　　(b)

图 9-22　"面屋顶"命令及"修改｜放置面屋顶"子选项卡

4）"面的更新"工具：拾取的面和屋顶之间保持关联关系，如果修改了常规模型或体量的形状、大小或移动了位置，则屋顶也可以自动更新。单击选择常规模型，移动其位置，选项栏单击"相关主体"按钮，系统会自动搜寻和常规模型面相关的屋顶并亮显，再单击功能区"面的更新"工具，屋顶也自动更新其位置。

5）保存并关闭文件，结果请参见本书附赠光盘的"练习文件＼第 9 章"目录中的"09-04 完成 .rvt"文件。

【提示】　　面屋顶和迹线屋顶一样可以编辑其图元属性，可以将墙附着到屋顶下方、可以移动复制、可以用"垂直洞口"创建洞口等。

9.4　玻　璃　斜　窗

现代建筑设计中经常有用来采光的透明玻璃屋顶，"6.2 幕墙系统"一节的方法可以从外观上满足某些设计需求，但对于玻璃屋顶这种构件来说，用创建迹线屋顶的方法来创建则是最有效、最快捷的方法，Revit Architecture 称这种玻璃屋顶构件为"玻璃斜窗"。

"玻璃斜窗"是迹线屋顶的一种特殊类型，它既具有屋顶的功能，又具有幕墙的功能。

9.4.1　创建玻璃斜窗

新建项目文件，打开 F2 平面视图，创建玻璃斜窗。

1）和创建四坡迹线屋顶一样，单击功能区"常用"选项卡"构建"面板中"屋顶"工具，在"修改｜创建屋顶迹线"子选项卡"绘制"面板中单击"边界线"和"矩形"□绘制工具，选项栏勾选"定义坡度"。如图 9-23 (a)，绘制 5000mm×8000mm 的矩形屋顶迹线。

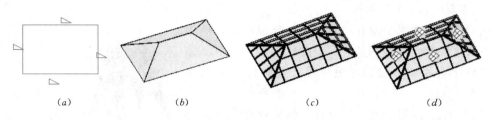

(a)　　　　　　　　(b)　　　　　　　　(c)　　　　　　　　(d)

图 9-23　玻璃斜窗

2）在屋顶"属性"选项板中单击"编辑实例"按钮，从顶部的"族"下拉列表中选择
"系统族：玻璃斜窗"，"类型"中自动切换为默认的"玻璃斜窗"类型，设置"坡度"
为 60%，单击"确定"。

3）功能区单击"√"工具创建玻璃斜窗，如图 9-23（b）。屋顶不再是传统四坡屋顶，而
是由 4 块玻璃嵌板组合成的玻璃斜窗，可以用"第 6 章 幕墙"中的各种编辑功能
编辑。

4）幕墙网格：单击功能区"常用"选项卡中的"幕墙网格"工具，单击捕捉玻璃嵌板的
1/2、1/3 分割点位置布置网格线分割嵌板。

5）竖梃：单击功能区"常用"选项卡中的"竖梃"工具，从类型选择器中选择矩形竖梃
"50mm×150mm"类型，选择"全部网格线"命令，分别在 4 面网格上单击一点创建
竖梃，如图 9-23（c）。按 Esc 键结束命令。

6）保存并关闭文件，结果请参见本书附赠光盘的"练习文件 \ 第 9 章"目录中的"09-
05.rvt"文件。

【提示】　可以选择已有的迹线屋顶从类型选择器中选择"玻璃斜窗"类型，快速创
建玻璃斜窗。

9.4.2　编辑玻璃斜窗

如前所述，玻璃斜窗同时具有屋顶和幕墙的功能，因此也同样可以用屋顶和幕墙的编
辑方法编辑玻璃斜窗。

玻璃斜窗本质上是迹线屋顶的一种类型，因此选择玻璃斜窗后，功能区显示"修改
｜屋顶"子选项卡，可以用图元属性、类型选择器、编辑迹线、移动复制镜像等编辑命
令编辑，并可以将墙等附着到玻璃斜窗下方。此处不再详述，详见"9.1.3 编辑迹线屋
顶"。

同时，玻璃斜窗可以用幕墙网格、竖梃等编辑命令编辑，并且当选择玻璃斜窗后，会
出现"配置轴网布局"符号，如图 9-23（d），单击即可显示各项设置参数。具体设置
方法请参见"第 6 章 幕墙"有关内容。

9.5　异形屋顶与平屋顶汇水设计

以上方法创建的都是有固定厚度和构造层的屋顶，对一些没有固定厚度的异形屋顶，
或有固定厚度，但形状异常复杂的屋顶（如图 9-24 所示装饰屋顶），以及平屋顶汇水设计

等，则需要用以下方法创建：

1）内建模型：适用于没有固定厚度的异形屋顶，操作方法请参考异形墙的"5.2.2 内建模型"一节。详细设计流程和方法请参见"第 15 章 自定义构件族"。

2）形状编辑：适用于有固定厚度，但形状异常复杂的屋顶和平屋顶汇水设计。平屋顶汇水设计的方法和平楼板汇水设计完全一样，本节不再详述，请参考"8.3 异形楼板与平楼板汇水设计"。

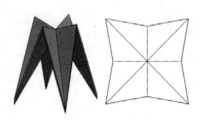

图 9-24 异形屋顶

下面如图 9-24 所示屋顶为例，简要说明其设计方法：

1）新建项目文件，打开 F1 平面视图。绘制十字参照平面。

2）单击"屋顶"工具，选择"线"✏绘制工具，取消勾选"定义坡度"，如图 9-25（*a*）绘制屋顶迹线。

3）在屋顶"属性"选项板中单击"编辑实例"按钮，从"类型"下拉列表中选择"常规-400mm"屋顶类型，确定后单击"√"工具创建平屋顶，如图 9-25（*b*）。

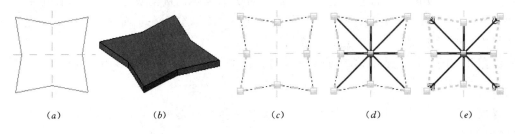

（*a*） （*b*） （*c*） （*d*） （*e*）

图 9-25 异形屋顶

4）选择平屋顶，单击"添加分割线"工具，平屋顶边线变为绿色虚线显示，同时角点处有绿色高程点，如图 9-25（*c*）。分别单击捕捉屋顶边线 8 个角点和中心点绘制 8 条分割线，如图 9-25（*d*）。

5）单击"修改子图元"工具，单击选择中心点选项栏设置其"立面"值为 5750 后回车。再选择屋顶四边的 4 个中间点，设置其"立面"值为 6500 后回车，结果如图 9-25（*e*）。

6）按 Esc 键结束命令，完成后的屋顶如图 9-24。保存并关闭文件，结果请参见本书附赠光盘的"练习文件＼第 9 章"目录中的"09-06.rvt"文件。

9.6 屋顶封檐带、檐沟与屋檐底板

屋顶"封檐带"和"檐沟"同墙体的"墙饰条"和"分割缝"及"楼板边缘"一样属于主体放样对象，其放样的主体是屋顶。"屋檐底板"则属于屋顶的附属构件，其创建和编辑方法同迹线屋顶非常相似。

打开本书附赠光盘的"练习文件＼第 9 章"目录中的"09-07.rvt"文件，打开三维

视图，图中有三栋坡屋顶建筑，下面分别为屋顶创建封檐带、檐槽和屋檐底板。

9.6.1 封檐带与檐沟

1. 创建封檐带

可以拾取屋顶、屋檐底板、模型线和其他封檐带的水平或斜向边缘创建封檐带。为便于捕捉，建议在三维视图中创建屋顶封檐带。

1）在三维视图中，单击功能区"常用"选项卡"构建"面板中"屋顶"工具的下拉三角箭头，选择"封檐带"命令，"放置封檐带"子选项卡如图 9-26（b）。

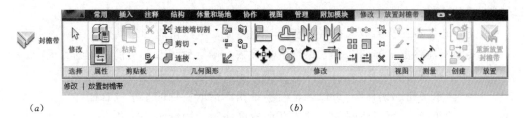

（a）   （b）

图 9-26 "封檐带"命令和"修改｜放置封檐带"子选项卡

2）从类型选择器中选择"封檐带"类型，移动光标到左侧建筑坡屋顶上边缘，当边线亮显时单击拾取创建一段封檐带，旋转模型继续单击拾取同一位置屋顶边缘创建一圈封檐带。在转角位置封檐带自动交接处理，如图 9-27。

3）单击"重新放置封檐带"可继续单击拾取创建下一圈楼板边缘。完成后单击"修改"或按 Esc 结束"封檐带"命令。保存文件。

2. 创建檐沟

可以为屋顶、屋檐底板和封檐带边缘添加檐沟，也可以向模型线添加檐沟。为便于捕捉，建议在三维视图中创建屋顶檐沟。

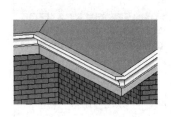

图 9-27 封檐带

图 9-28 檐沟

檐沟的创建方法和封檐带完全一样，唯一的区别是：创建檐沟时只能拾取水平边线。详细操作请参考上小节"创建封檐带"内容。

单击功能区"常用"选项卡"构建"面板中"屋顶"工具的下拉三角箭头，选择"檐沟"命令，拾取中间建筑的坡屋顶下边缘水平边线，创建檐沟，结果如图 9-28。保存文件。

3. 编辑封檐带和檐沟

封檐带和檐沟的编辑方法完全相同，本节以封檐带为例详细讲解。选择封檐带，"修改｜封檐带"子选项卡如图 9-29。

图 9-29　"修改｜封檐带"子选项卡

1) "属性"选项板：

- 类型选择器：从类型选择器中选择其他类型，可以快速创建其他样式封檐带。
- 实例属性参数：如图 9-30，编辑实例参数，确定后只改变当前选择的封檐带。
  ◇ "垂直轮廓偏移"：可以调整封檐带相对拾取屋顶的垂直高度偏移。
  ◇ "水平轮廓偏移"：可以调整封檐带相对拾取屋顶的水平位置偏移。
  ◇ "角度"：可以将封檐带的横断面轮廓绕附着边旋转一个角度。
- 类型属性参数：单击"编辑类型"打开"类型属性"对话框，如图 9-31，编辑类型参数，确定后将改变和选择的封檐带类型相同的所有封檐带。
  ◇ "轮廓"：从下拉列表中可以选择需要的封檐带横断面轮廓。可以事先从"Metric Library"-"轮廓"库中载入现有或自定义的轮廓族后选用。
  ◇ "材质"：可以设置封檐带的材质。
  ◇ 新建封檐带类型：单击"复制"输入新的类型名称，确定或设置上述参数后确定，只替换当前选择的封檐带为新的类型。

图 9-30　"属性"选项板

图 9-31　类型属性

2) 反转方向：选择已有的封檐带，单击方向"翻转"控制符号 ⇆ 和 ⇅ 即可左右、上下反转方向。

3) 添加或删除线段：选择已有的封檐带，选项栏单击"添加/删除线段"工具，在有封檐带的屋顶边线上单击，即可删除封檐带；在没有封檐带的屋顶边线上单击，即可添加封檐带。

4）自定义封檐带轮廓：其方法同墙饰条，详细请参见"5.4.3 自定义轮廓族"一节。

5）移动、复制、镜像、阵列等常规编辑命令：除上述编辑工具外，还可以使用"修改｜封檐带"子选项卡"修改"面板中的移动、复制、阵列、镜像、对齐等编辑工具编辑楼板边缘。

9.6.2 屋檐底板

1. 创建屋檐底板

屋檐底板的创建方法和和创建楼板非常相似，在平面图中通过拾取和绘制的方式创建封闭的轮廓线即可创建屋檐底板。所不同的是屋檐底板可以拾取现有墙体和屋顶边线快速创建轮廓线，且完成后的屋檐底板和墙体与屋顶之间保持关联关系。当然也可以通过绘制的方式创建和墙体与屋顶无关联的屋檐底板。

1）接 9.6.1 节练习。打开 F2 平面视图，给右侧建筑坡屋顶创建屋檐底板。

2）单击功能区"常用"选项卡"构建"面板中"屋顶"工具的下拉三角箭头，选择"屋檐底板"命令，"修改｜创建屋檐底板边界"子选项卡如图 9-32。

图 9-32　"修改｜创建屋檐底板边界"子选项卡

3）创建边界线：单击功能区"边界线"工具，使用以下拾取、绘制的方式创建封闭边界线。

- "拾取墙"：单击"绘制"面板中的"拾取墙" 创建工具，选项栏设置"偏移"为 0，取消勾选"延伸到墙中（至核心层）"。移动光标至右侧建筑外墙面上按 Tab 键，当墙链亮显时单击选择，创建一圈边界线。

- "拾取屋顶边"：单击"绘制"面板中的"拾取屋顶边" 创建工具。移动光标至右侧建筑屋顶边线上单击选择，自动沿屋顶外边界创建一圈边界线。形成了"回"字形边界。

- 绘制：可用直线、矩形等绘制工具补充创建封闭的底板轮廓线。

4）檐底板属性：单击"属性"选项板的"编辑类型"按钮，从"类型"中选择"常规-50mm"类型，单击"确定"。设置底板所在的"标高"为 F2，"相对标高"设为 −288.7。

【提示】　−288.7mm 的偏移值和屋顶厚度有关系，可以先创建屋檐底板，然后在立面图中用"对齐"工具将屋檐底板底部对齐到屋顶下边缘。

5）功能区单击"√"工具，在屋顶下边缘位置创建屋檐底板。

6）从项目浏览器中打开"三维剖切"三维视图，观察屋檐底板如图 9-33（a）。单击功能区"修改"选项卡中的"连接"命令，单击选择屋顶和屋檐底板即可连接两者，结果

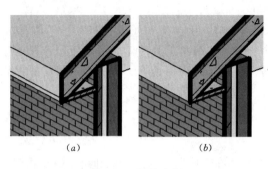

（a）　　　　　　　　（b）

图 9-33　屋檐底板

如图 9-33（b）。保存文件。

【提示】　斜屋檐底板：如果需要创建非水平的斜屋檐底板，可以像定义斜楼板坡度一样的方法，用坡度箭头或定义单边界线或平行双边界线的坡度属性参数方法定义屋檐底板坡度，具体方法请参见"8.2 斜楼板"，本节不再详述。需要注意的是：斜屋檐底板和斜楼板都只能定义单方向坡度，不能像多坡屋顶一样定义多方向坡度。因此对本例中的环形屋檐底板，如果要创建斜屋檐底板，需要分段创建，不能创建连续的整体屋檐底板。

2. 编辑屋檐底板

选择屋檐底板，"修改｜屋檐底板"子选项卡如图 9-34。

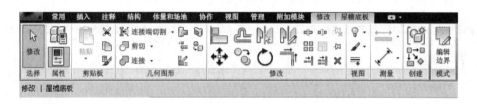

图 9-34　"修改｜屋檐底板"子选项卡

1）"属性"选项板

- 类型选择器：从下拉列表中选择其他类型，可以快速创建其他样式屋檐底板。
- 实例属性参数：如图 9-35，编辑实例参数，确定后只改变当前选择的屋檐底板。
  - ◇ "标高"、"相对标高"：可以设置屋檐底板所在的楼层标高，和相对"标高"的垂直高度偏移。
  - ◇ "房间边界"：默认勾选，放置房间时屋檐底板可以作为房间边界图元。
- 类型属性参数：单击"编辑类型"打开"类型属性"对话框，如图 9-36，编辑类型参数，确定后将改变和选择的屋檐底板类型相同的所有屋檐底板。
  - ◇ "结构"：单击"编辑"按钮打开"编辑部件"对话框，可以设置檐底板构造层，设置方法同复合墙，详细设置方法请参见"5.3.1 复合墙构造层设置"。
  - ◇ 设置参数"粗略比例填充样式"指定檐底板在粗略比例下的截面填充图案，"粗略比例填充颜色"设置填充图案的颜色。
  - ◇ 新建屋檐底板类型：单击"复制"，输入新的屋檐底板类型"名称"后可以新建屋檐底板类型，编辑前述各参数后确定，将只替换当前选择的屋檐底板为新的屋檐底板类型。
2）编辑边界：选择屋檐底板，单击功能区"编辑边界"命令，显示"修改｜屋檐底板＞编辑边界"子选项卡，使用和"修改｜创建屋檐底板边界"同样的方法，重新修改屋

图 9-35 "属性"选项板

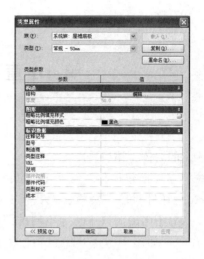

图 9-36 类型属性

檐底板边界线、设置"檐底板属性"等,编辑完成后单击"√"工具。

3) 移动、复制、镜像、阵列等常规编辑命令:除上述编辑工具外,还可以使用"修改 | 屋檐底板"子选项卡"修改"面板中的移动、复制、阵列、镜像、对齐等编辑工具编辑屋檐底板。

完成上述练习后保存并关闭文件,结果请参见本书附赠光盘的"练习文件 \ 第 9 章"目录中的"09-07 完成 .rvt"文件。

"基础 12 式"第 6 式"金钟罩"——屋顶!学完本章内容,相信您对 Revit Architecture 的三维建模能力有了更深刻的认识。有了"金刚罩"、"铁布衫"护体,"梅花桩"、"脚踩乾坤"坐底,加上"画龙点睛"的灵气,您真正具备了 RAC 金刚不坏之身!可以在江湖上小露一手了!但距离"纵横江湖"还有很大的距离。下面就来给金刚不坏之身补上五脏六腑及四肢!先来学习第 7 式"穿墙术"——洞口!

第 10 章　洞　　口

在前面的墙体、楼板、屋顶 3 章中，都已经讲到可以使用编辑墙体立面轮廓、绘制嵌套轮廓线等方式创建墙体、楼板和屋顶洞口。除此之外，Revit Architecture 还针对墙、楼板、天花板、屋顶、结构柱、结构梁和结构支撑等不同的洞口主体、不同的洞口形式，提供了专用的"洞口"命令，如图 10-1，其中包括：按面、墙、垂直、竖井和老虎窗 5 种洞口。

图 10-1　洞口

打开本书附赠光盘的"练习文件 \ 第 10 章"目录中的"10-01. rvt"文件，打开三维视图，完成下面的练习。

10.1　面　　洞　　口

使用"按面"洞口命令可以垂直于楼板、天花板、屋顶、梁、柱子、支架等构件的斜面、水平面或垂直面剪切洞口。

10.1.1　创建面洞口

可以在能显示构件面的平面、立面、剖面或三维视图中创建面洞口。如在斜面上创建洞口，可以在三维视图中用导航"控制盘"菜单的"定向到一个平面"命令定向到该斜面的正交视图中绘制洞口草图。下面以坡屋顶为例，介绍"面洞口"的创建方法。

1）旋转缩放三维视图到屋顶南立面坡面，单击功能区"常用"选项卡"洞口"面板中的"按面"工具。如图 10-2（a），移动光标到屋顶南立面坡面，当坡面亮显时单击拾取屋顶坡面，功能区显示"修改 | 创建洞口边界"子选项卡，如图 10-3。

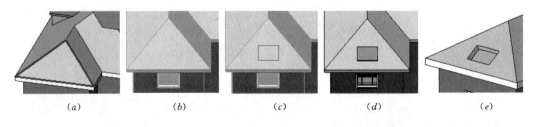

| (a) | (b) | (c) | (d) | (e) |

图 10-2　面洞口

2）定向到斜面：单击绘图区域右侧的"控制盘"（SteeringWheels）图标，显示"全导航控制盘"工具，单击右下角的下拉三角箭头，从"控制盘"菜单中选择"定向到一个平面"命令，在弹出的"选择方位平面"对话框中选择"拾取一个平面"，单击"确

图 10-3　"修改｜创建洞口边界"子选项卡

定"后单击选择屋顶南立面坡面，三维视图自动定位到该坡面的正交视图，如图 10-2
(*b*)。

3) 绘制洞口边界：功能区选择"矩形" ▭ 绘制工具，如图 10-2 (*c*) 绘制一个 1500mm×
1000mm 的矩形（可以用临时尺寸精确定位洞口边界线位置，可绘制任意形状洞口边
界）。

4) 功能区单击"√"工具创建了垂直于坡屋面的洞口，如图 10-2 (*d*)、(*e*)。保存文件。

10.1.2　编辑面洞口

选择刚创建的面洞口，"修改｜屋顶洞口剪切"子选项卡如图 10-4。

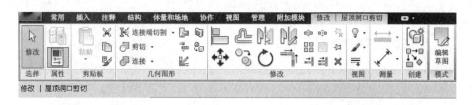

图 10-4　"修改｜屋顶洞口剪切"子选项卡

1) "编辑草图"：功能区单击"编辑草图"工具，显示"修改｜屋顶洞口剪切＞编辑边界"
子选项卡，使用和"修改｜创建洞口边界"同样的方法，重新修改洞口边界线形状、
位置等，完成后单击"√"工具重新创建面洞口。

2) 移动复制等常规编辑命令：可以使用"修改"面板中的的移动、复制、旋转、阵列、
镜像等编辑命令快速创建其余洞口。

10.2　墙　洞　口

在"5.1.2 编辑常规直线和弧线墙"一节中讲解了直线墙用"编辑轮廓"命令，弧墙
用"墙洞口"命令创建墙体洞口的方法。专用的"墙洞口"命令则可以在任意直线、弧线
常规墙以及幕墙上快速创建矩形洞口，并可以用参数控制其位置与大小。

10.2.1　创建墙洞口

1) 接上节练习，旋转缩放三维视图到南立面双开门所在墙位置。单击功能区"常用"选
项卡"洞口"面板中的"墙"洞口工具。

2) 移动光标单击拾取双开门所在墙，光标会变成"十字＋矩形"形状。如图 10-5，在墙
面上单击捕捉矩形对角点，即可创建矩形洞口。连续捕捉可以继续创建其他洞口。

3）单击"修改"或按 Esc 键结束"墙"洞口命令。
保存文件。

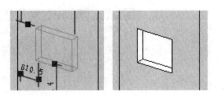

图 10-5　墙洞口

10.2.2　编辑墙洞口

选择刚创建的矩形墙洞口，"修改｜矩形直墙洞口"子选项卡如图 10-6。

1）"属性"选项板：如图 10-7，编辑以下洞口实例参数，可修改当前选择洞口的形状大小和位置。

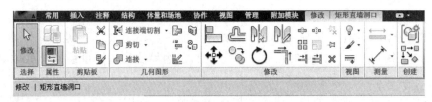

图 10-6　"修改｜矩形直墙洞口"子选项卡

- "基准限制条件""底部偏移"：设置洞口底部所在标高和相对高度偏移值。
- "顶部限制条件""顶部偏移"：设置洞口顶部所在标高和相对高度偏移值。
- "无连续高度"：设置洞口的实际高度值。

图 10-7　"属性"选项板

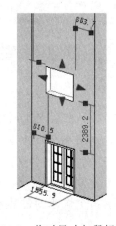

图 10-8　临时尺寸与鼠标控制

2）移动复制等常规编辑命令：可以使用"修改"面板中的的移动、复制、旋转、阵列、镜像等编辑命令快速创建其余洞口。

3）临时尺寸与造型控制柄控制：

- 选择洞口，如图 10-8 单击并编辑蓝色临时尺寸可以移动洞口的前后、左右位置。
- 选择洞口，如图 10-8 在蓝色实心三角造型控制柄上，单击并按住鼠标左键拖拽可以改变洞口的尺寸大小。或直接拖拽洞口边界，调整洞口位置。

10.3　垂　直　洞　口

使用"垂直"洞口命令可以在楼板、天花板、屋顶或屋檐底板上创建垂直于楼层平面的洞口，例如要在屋顶上创建洞口放置烟囱等。

10.3.1　创建垂直洞口

1) 接上节练习，打开 F1 平面视图，缩放到屋顶东侧坡屋面位置。单击功能区"常用"选项卡"洞口"面板中的"垂直"洞口工具。

2) 单击选择坡屋顶，功能区显示"修改│创建洞口边界"子选项卡，同图 10-3。

3) 绘制洞口边界：功能区选择"矩形" ▭ 绘制命令，如图 10-9（*a*）绘制一个 1500mm×1000mm 的矩形（可以用临时尺寸精确定位洞口边界线位置，可绘制任意形状洞口边界）。

4) 功能区单击"√"工具重新创建垂直洞口，如图 10-9（*b*）。保存文件。

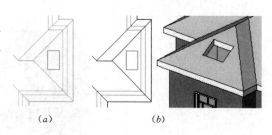

（*a*）　　　　　　（*b*）

图 10-9　垂直洞口

10.3.2　编辑垂直洞口

编辑垂直洞口的方法和编辑面洞口完全一样。选择洞口后，可以用功能区的"编辑草图"和移动、复制、旋转、阵列、镜像等编辑命令编辑或快速创建其他洞口，本节不再详述。

10.4　竖　井　洞　口

使用"垂直洞口"命令一次只能剪切一层楼板、天花板或屋顶创建一个洞口，而对于楼梯间洞口、电梯井洞口、风道洞口等，在整个建筑高度方向上洞口形状大小完全一样，则可以使用"竖井"洞口命令一次剪切所有的楼板、天花板或屋顶创建洞口，提高设计效率。

10.4.1　创建竖井洞口

接上节练习，打开 F1 平面视图和默认三维视图，在三维视图中旋转缩放图形到北立面楼梯间位置，图中隐藏了北面外墙，可楼梯间楼板没有洞口，楼梯穿楼板而过。下面在平面视图中绘制洞口边界为楼梯创建竖井洞口。

1) 在 F1 平面视图中缩放图形到楼梯间位置，单击功能区"常用"选项卡"洞口"面板中的"竖井"洞口工具，功能区显示"创建竖井洞口草图"子选项卡，如图 10-10。

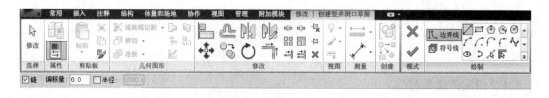

图 10-10　"修改│创建竖井洞口草图"子选项卡

2) 绘制洞口边界：功能区选择"线" ╱ 绘制工具，如图 10-11（*a*），沿楼梯间墙和楼梯绘制多边形洞口边界（边界位置请综合考虑楼板边界情况合理绘制：本例中的左边界线和上边界线把外墙都包含进来，将楼板的左上角整体剪切掉）。

3）在左侧"属性"选项板中，设置"基准限制条件"为 F2，"顶面限制条件"为"直到标高：F3"，"顶部偏移"和"基准偏移"为 0。

4）功能区单击"√"工具，在 F2、F3 楼板上创建楼梯间竖井洞口，如图 10-11（b）、（c）。保存文件。

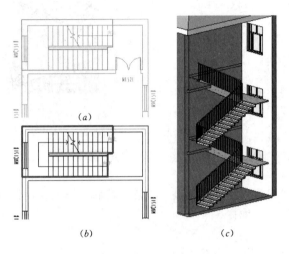

图 10-11　竖井洞口

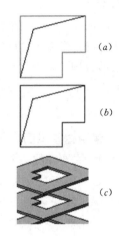

图 10-12　符号线

　【提示】　如果是风道等上下贯通的洞口，在绘制洞口边界后，单击功能区"符号线"工具，在边界内部绘制一条折线，如图 10-12（a）。则完成洞口后，所有平面图中都显示洞口符号线，如图 10-12（b），其三维效果如图 10-12（c）。

10.4.2　编辑竖井洞口

选择竖井洞口，可以用和前面一样的功能区的"属性"选项板、"编辑草图"和移动、复制、旋转、阵列、镜像等编辑命令编辑或快速创建其他洞口。同时选择竖井洞口后，上下基准和顶部面上会有两个蓝色实心三角造型控制柄，拖拽控制柄即可调整洞口基准和顶部高度偏移值，本节不再详述。

10.5　老虎窗洞口

垂直洞口和面洞口是垂直于楼层平面或垂直于面剪切屋顶、楼板、天花板等，而"老虎窗"洞口则比较特殊，需要同时水平和垂直剪切屋顶。"老虎窗洞口"只适用于剪切屋顶。

10.5.1　创建老虎窗洞口

为便于捕捉老虎窗墙边线，建议在平面视图或立面视图中拾取老虎窗洞口边界。

1）打开 F4 屋顶平面和"剖面 1"剖面视图，并平铺显示两个视图，如图 10-13（a）、（b）。

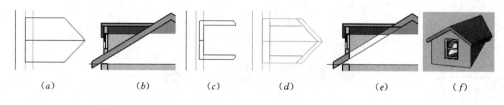

图 10-13　老虎窗

2）在 F4 屋顶平面视图中，选择老虎窗小屋顶，在左下角视图控制栏单击"临时隐藏/隔
　　离" 🐰 工具，选择"隐藏图元"，将小屋顶临时隐藏，如图 10-13（c）。

3）单击功能区"常用"选项卡"洞口"面板中的"老虎窗"洞口工具。单击拾取要剪切
　　的大屋顶，显示"修改｜编辑草图"子选项卡，如图 10-14。

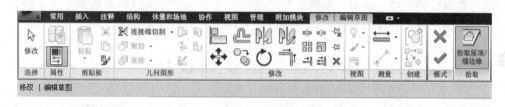

图 10-14　老虎窗

4）创建洞口边界：选项栏单击"拾取屋顶/墙边缘"工具，单击拾取老虎窗三面墙的内边
　　线，创建 3 条边界线。视图控制栏再次单击"临时隐藏/隔离" 🐰 工具，选择"重设
　　临时隐藏/隔离"，重新显示小屋顶，再单击拾取小屋顶创建边界线，结果如图 10-13
　　（d）。

5）功能区单击"√"工具创建老虎窗洞口。在"剖面 1"剖面视图中观察老虎窗洞口在
　　屋顶中同时进行垂直和水平剪切，如图 10-13（e）。完成后的老虎窗如图 10-13（f）。
　　保存文件。

【提示】　拾取边界后，不需要修剪成封闭轮廓即可创建老虎窗洞口。完成后的老虎
窗和老虎窗的墙及小屋顶之间没有依附关系，删除墙和小屋顶后，老虎窗洞口可以独立存
在剪切屋顶。

10.5.2　编辑老虎窗洞口

　　选择老虎窗洞口，可以用功能区"编辑老虎窗洞口"命令和"修改"面板中的移动、
复制、旋转、阵列、镜像等编辑命令编辑或快速创建其他洞口。本节不再详述。

　　完成上述练习后，保存并关闭文件，结果请参见本书附赠光盘的"练习文件 \ 第 10
章"目录中的"10-01 完成.rvt"文件。

　　"基础 12 式"第 7 式"穿墙术"——洞口！学完本章内容，您就掌握了克敌制胜的秘
密武器，无论对手什么样的"金刚罩"、"铁布衫"、"金缕玉衣"，甚至"梅花桩"、"脚踩
乾坤"都可以被洞穿而过！下面再来学习第 8 式"步步高升"——楼梯！

第 11 章　楼　　梯

楼梯是建筑设计中一个非常重要的构件，且形式多样造型复杂。Revit Architecture 提供了"楼梯（按草图）"和"楼梯（按构件）"两种专用的创建工具，可以快速创建直跑、U 形楼梯、L 形楼梯和螺旋楼梯等各种常见楼梯，同时还可以通过绘制楼梯踢面线和边界线、设置楼梯主体、踢面、踏板、梯边梁的尺寸和材质等参数的方式来自定义楼梯样式，从而衍生出各种各样的楼梯样式，并满足楼梯施工图的设计要求。

11.1　按草图绘制楼梯

本节将详细讲解使用"楼梯（按草图）"工具创建各种直梯、螺旋楼梯、自定义楼梯的使用方法以及绘制楼梯的各种编辑方法。

11.1.1　直梯

本节将以 U 形楼梯为例，详细讲解直梯的创建方法，并简要描述其他直跑、L 形、三跑等楼梯的创建技巧。

1. U 形楼梯

打开本书附赠光盘的"练习文件 \ 第 11 章"目录中的"江湖别墅-11. rvt"文件，打开 F1 平面视图，缩放图形到右上角楼梯间位置。

1) 单击功能区"常用"选项卡"楼梯坡道"面板中的"楼梯"工具下拉列表中的"楼梯（按草图）"命令，"修改｜创建楼梯草图"子选项卡如图 11-1。系统默认进入绘制草图模式，所有图形都灰色显示。

图 11-1　"修改｜创建楼梯草图"子选项卡

2) 设置楼梯属性：在绘制楼梯草图前，要先选择楼梯类型，并设置各项楼梯参数。在左侧"属性"选项板中单击"编辑类型"按钮，打开"类型属性"对话框。按下述方法新建楼梯类型，设置属性参数。

- 新建类型：从"类型"下拉列表中选择"整体式楼梯-带踏板踢面"类型，再单击"复制"，在弹出的"名称"栏中，输入"家用-150×250mm"，单击"确定"以现有类型为模板创建了新的整体式楼梯类型。

【提示】　在本书提供的中国样板文件中，楼梯类型有限，可以在样板文件中事先创建自己常用的楼梯类型，在项目设计中直接选用。楼梯样式多时，一定要复制新的类型再设置参数，不要直接修改现有类型的参数设置，以防止影响其他已有的楼梯类型。

- 设置"类型属性"参数：在"类型属性"对话框中，修改"最小踏板深度"（踏步宽）为 250，其他踏板、踢面等参数选择默认值，单击"确定"。
- 设置"实例属性"参数：在"属性"选项板中，设置梯段"宽度"参数为 1050，其他参数自动提取（"基准标高"为 F1、"底部偏移"为 0、"顶部标高"为 F2、"顶部偏移"为 0、"实际踏板深度"为 250，"所需踢面数"自动计算后为 20 个踏步）。

【提示】　楼梯的详细参数功能设置请参见 11.4.1 节中"'属性'选项板"内容。

3）绘制定位参照平面：单击功能区"工作平面"面板中的"参照平面"工具，如图 11-2 左 1，捕捉左侧结构柱的右上角点，向右移动光标绘制 1 条水平参照平面；再绘制 2 条垂直参照平面，并用临时尺寸精确定位其和左右墙内边线的距离为 525。

- 水平参照平面决定起跑位置。
- 左右两条垂直参照平面到左右墙的间距尺寸 525，为梯段"宽度"值（1050）的一半。Revit Architecture 创建楼梯时，将捕捉梯段的中点位置。

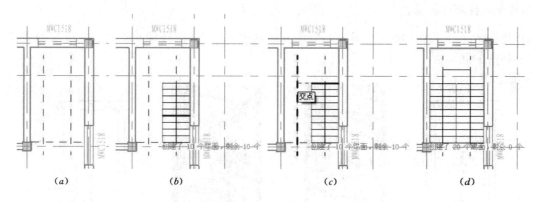

图 11-2　U 形楼梯草图

4）绘制梯段：

- 单击"绘制"面板中的"梯段"，并选择"线" ╱ 绘制工具。移动光标到右侧参照平面交点位置，两条参照平面亮显并提示"交点"时单击捕捉交点作为第一跑起跑位置。
- 向上垂直移动光标，随光标出现矩形的楼梯边界预览图形。捕捉蓝色临时尺寸为 2250 时，水平参照平面下方出现灰色显示的"创建了 10 个踢面，剩余 10 个"的提示字样，单击捕捉第一跑终点（或直接输入第一跑长度值 2250 后回车自动捕捉），自动创建第一跑梯段草图（黑色踏步线、绿色边界线、蓝色梯段中心线），如图 11-2 左 2。
- 顺着最上面踏步线向左移动光标，系统自动捕捉踏步线和左侧参照平面的交点位

置，如图 11-2 右 2，单击捕捉交点作为第二跑的起点。向下垂直移动光标到矩形
预览图形之外单击一点，自动创建休息平台和第二跑梯段草图。

- 平台边界调整：选择顶部的平台水平边界线，编辑临时尺寸或拖拽线到顶部墙内
  边线重合。完成后的楼梯草图如图 11-2 右 1。

5）设置扶手类型：功能区单击"栏杆扶手"工具，从对话框下拉列表中选择"900mm 圆
管 栏杆落在踏面"样式，单击"确定"。

6）功能区单击"√"工具创建了 U 形楼梯。完成后的楼梯如图 11-3 左 1 和左 2。

【提示】　创建楼梯时自动创建扶手。扶手默认放在梯边梁上，本例的楼梯为整体式
楼梯，没有梯边梁，如果选择其他扶手类型，扶手可能在梯边梁位置踏空，需要手动单击
方向"翻转"符号翻转方向或设置扶手类型属性参数"栏杆偏移"值，将扶手调整到踏步
上。关于扶手的创建与编辑方法，请参见"第 13 章 阳台与扶手"，本章不做详细讲解。

7）多层楼梯：一层楼梯完成后，二层等其他楼层楼梯不需要再创建，可通过设置楼梯参
数的方式自动完成。选择刚创建的楼梯，在"属性"选项板中，设置"多层顶部标高"
参数为 F3，即可创建 F2 层楼梯。

【提示】　必须在连续楼层层高一致的情况下，才能通过设置"多层顶部标高"参数
的方式创建其他楼层楼梯，完成后的楼梯是一个对象，可通过编辑草图、设置参数等方式
编辑所有楼层的楼梯。

8）楼梯间洞口：按"10.4 竖井洞口"的方法创建 F2、F3 的楼梯间洞口。完成后的楼梯
如图 11-3 右 2。

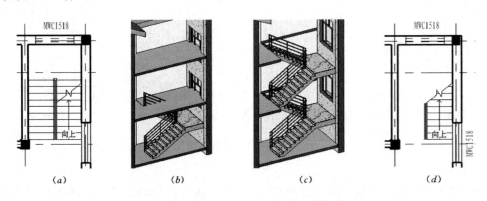

图 11-3　多层楼梯、楼梯间洞口与首层显示设置

9）首层楼梯显示设置：首层平面图中的楼梯显示需要手工设置以满足出图要求。
- 打开 F1 平面视图，功能区单击"视图"选项卡"图形"面板中的"可见性/图
  形"工具打开当前视图的"楼层平面：F1 的可见性/图形替换"对话框。
- 在"模型类别"选项卡中单击展开节点"楼梯"前的"＋"号，取消勾选下面的
  "梯边梁超出截面线"、"楼梯超出截面线"选项。
- 同理取消勾选节点"扶手"下面的"扶手超出截面线"。
- 单击"确定"后首层楼梯正确显示，如图 11-3 右 1。

10）保存并关闭文件，结果请参见本书附赠光盘的"练习文件＼第 11 章"目录中的"江湖别墅-11 完成．rvt"文件。

2. 直跑、L 形、三跑等常规楼梯

除 U 形楼梯外，其他直跑、L 形、三跑等常规楼梯也可以通过参照平面精确捕捉和分段绘制梯段的方式，快速创建各种样式的楼梯，如图 11-4。

打开本书附赠光盘的"练习文件＼第 11 章"目录中的"11-01．rvt"文件，打开 F1 平面视图，同前所述用"楼梯（按草图）"工具，选择"整体式楼梯-带踏板踢面"为楼梯类型，梯段"宽度"默认为 1000，扶手类型选择"900mm 圆管 栏杆落在踏面"，按以下提示绘制不同楼梯。

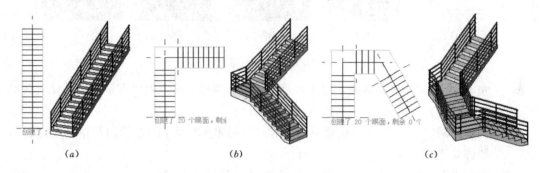

（a）　　　　　　　　　　　（b）　　　　　　　　　　　（c）

图 11-4　直跑、L 形、三跑楼梯

1）直跑楼梯：如图 11-4 左，绘制十字形起跑位置和梯段中心线位置参照平面，单击捕捉参照平面交点和矩形预览图形外一点绘制一个梯段，单击"√"工具即可创建直跑楼梯。

2）L 形楼梯：如图 11-4 中，按 L 形绘制 2 组 4 条起跑位置和梯段中心线位置参照平面，分两次捕捉绘制两跑梯段，单击"√"工具即可创建带平台的 L 形楼梯。

3）三跑楼梯：如图 11-4 右，按 C 形绘制 3 组 6 条起跑位置和梯段中心线位置参照平面，分三次捕捉绘制 3 跑梯段，单击"√"工具即可创建带双平台的三跑楼梯。

- 重叠三跑楼梯：对一些层高比较高、楼梯间空间有限的公用建筑，经常有 U 形三跑楼梯，因为第 1 跑和第 3 跑上下重叠（或有交叉），而 Revit Architecture 不能绘制重叠或交叉的楼梯草图，因此需要采用特殊方法处理，下面简要说明。练习文件"11-01．rvt"的层高为 4.5m，下面将用 U 形双跑楼梯创建可以到达 F3 楼层的楼梯。

- 在 F1 平面图中，用"楼梯"工具，设置楼梯"属性"参数：选择"整体式楼梯-带踏板踢面"为楼梯类型，设置"基准标高"为 F1、"底部偏移"为 0、"顶部标高"为 F2、"顶部偏移"为-1500（楼梯顶部下降 1/3 层高）、梯段"宽度"默认为 1000。"扶手类型"选择"900mm 圆管 栏杆落在踏面"，在右侧楼梯间中绘制一个 U 形双跑楼梯。

- 选择外侧扶手，按 Delete 键删除。完成后的楼梯如图 11-5 左 1、左 2。

- 完成的楼梯只到了 F1 层的 2/3 高度位置。选择楼梯，在"属性"选项板中设置楼梯"多层顶部标高"参数为 F3，"确定"后楼梯可以上到 F2、F3，如图 11-5

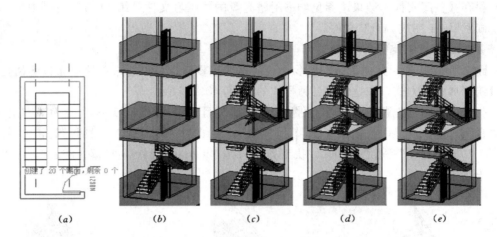

图 11-5 重叠三跑楼梯

左 3。但在第 2 和第 3 跑、第 4 和第 5 跑之间楼梯交接位置没有平台，楼梯间洞口也没有开。

- 楼梯间洞口：按"10.3 垂直洞口"的方法创建 F2、F3 的楼梯间洞口。完成后的楼梯如图 11-5 右 2。
- 中间平台：打开 F1 平面视图，在楼梯间单开门平台位置，用"楼板"命令创建一个矩形楼板，并在"属性"选项板中设置楼板参数"标高"为 F1、"相对标高"为 3000，单击"√"工具创建了第 2 和第 3 跑之间的平台。选择刚创建的楼板，用"复制到剪贴板""粘贴"-"与选定的标高对齐"工具将其复制到 F2 层，并设置其"属性"参数"标高"为 F2、"相对标高"为 1500。完成后的楼梯如图 11-5 右 1。

【提示】 本例的实质是用 3 层层高 3000 的 U 形楼梯，加上绘制的 2 个小楼板装成了 2 层层高 4500 的楼梯。如果只有一层 4500 层高的重叠 3 跑楼梯，可以用一个 3000 高的 U 形楼梯加一个 1500 高的直梯和小楼板组合而成。

完成上述练习后，保存文件，结果请参见本书附赠光盘的"练习文件 \ 第 11 章"目录中的"11-01 完成 . rvt"文件。

11.1.2 螺旋楼梯

螺旋楼梯的创建方法和 U 形楼梯一样，只是绘制参照平面和绘制梯段时的捕捉方式不同。下面以带平台的螺旋楼梯为例讲解其操作流程。

接上节练习，在保存的"11-01. rvt"文件中创建带平台的螺旋楼梯。

1）打开 F1 平面视图，单击功能区"常用"选项卡"楼梯坡道"面板中"楼梯"工具下拉列表中的"楼梯（按草图）"命令，显示"修改 | 创建楼梯草图"子选项卡。

2）设置楼梯属性：在左侧"属性"选项板中单击"编辑类型"按钮，在"类型属性"对话框中的"类型"中选择"整体式楼梯-带踏板踢面"为楼梯类型，单击"确定"。设置实例属性参数"基准标高"为 F1、"底部偏移"为 0、"顶部标高"为 F2、"顶部偏移"为 0、梯段"宽度"默认为 1500，其他选择默认值。

3）设置扶手类型：单击功能区"栏杆扶手"工具，选择"900mm 圆管 栏杆落在踏面"。

4）绘制定位参照平面：单击功能区"参照平面"工具，如图 11-6 左绘制 4 条参照平面：

- 先绘制 2 条十字交叉的参照平面确定螺旋楼梯的圆心位置。
- 在右侧 2500 位置绘制 1 条参照平面和水平参照面垂直平相交，确定第 1 跑起跑位置。
- 再单击捕捉圆心点并向左上方移动光标，捕捉到和水平参照平面 135°夹角位置单击绘制第 3 条斜向参照平面，确定第二跑起跑位置。

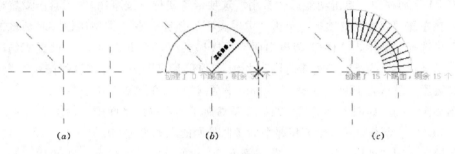

图 11-6 螺旋楼梯 1

5）绘制梯段：

- 单击功能区"绘制"面板中的"梯段"，并选择"圆心-端点弧"绘制工具。移动光标单击捕捉大十字参照平面交点作为圆心。
- 向右移动光标单击捕捉右侧参照平面交点为第一跑起点，如图 11-6 中。逆时针移动光标出现弧形楼梯预览图形，当参照平面下方出现灰色显示的"创建了 15 个踢面，剩余 15 个"提示字样时，单击捕捉第一跑终点，绘制第一跑梯段草图，如图 11-6 右。
- 再次单击捕捉螺旋楼梯圆心，沿斜向参照平面向左上方移动光标，当从第 1 跑梯段中心线位置延伸出弧形虚线延长线时，单击捕捉交点作为第二跑起点，如图 11-7 左。继续逆时针移动光标到弧形预览图形之外单击一点，自动创建中间平台和第二跑梯段草图，如图 11-7 中。

6）功能区单击"√"工具创建了带平台的螺旋楼梯，如图 11-7 右。保存文件，结果请参见本书附赠光盘的"练习文件 \ 第 11 章"目录中的"11-01 完成 . rvt"文件。

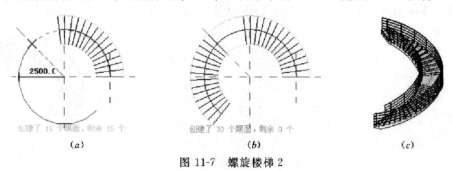

图 11-7 螺旋楼梯 2

11.1.3　自定义楼梯

前述各种 U 形、L 形、三跑直梯和螺旋楼梯，都是使用"梯段"工具创建楼梯草图的方式创建的，其梯段宽度固定，踢面线为直线。但设计中经常有一些宽度不固定、踢面线也可能是弧形的异形楼梯。对这些异形楼梯，可以使用"梯段"工具的"边界"和"踢面"工具手工绘制边界和踢面线创建楼梯草图，也可以编辑上述常规楼梯的边界和踢面线草图来快速创建。

下面以一个外圆内方的楼梯为例讲解异形楼梯边界和踢面的绘制方法。接上节练习，在保存的"11-01.rvt"文件中创建下面的楼梯。

1) 打开 F1 平面视图，单击功能区"常用"选项卡"楼梯（按草图）"工具。设置楼梯属性：在左侧"属性"选项板中单击"编辑类型"按钮，在"类型属性"对话框的"类型"中选择"整体式楼梯-带踏板踢面"为楼梯类型，单击"确定"。设置实例属性参数"基准标高"为 F1、"底部偏移"为 0、"顶部标高"为 F2、"顶部偏移"为 0、梯段"宽度"默认为 1500；选择"900mm 圆管 栏杆落在踏面"扶手类型。

2) 绘制参照平面：如图 11-8 左 1，绘制 6 条参照平面。参照平面围合的矩形尺寸为 5100×3900，2 条短参照平面距离相邻平面参照平面的距离为 1200。

3) 绘制梯段：用"梯段"工具，如图 11-8 左 2，绘制 3 个等跑梯段，每跑 10 个踢面。

4) 编辑梯段边界和踢面线：

- 选择楼梯外侧所有绿色边界线，按 Delete 键删除。

- 单击功能区"边界"命令，选择"起点-终点-半径弧" ⌒ 绘制工具，单击捕捉最下面左右两个踢面线的外侧端点，向上移动光标输入半径值 3700 后回车创建了新的弧形边界。

- 单击功能区"修剪/延伸多个图元"工具，将左上和右上角两个平台的四条踢面线延伸到弧形边界上。再用"拆分图元"工具，确保选项栏取消勾选"删除内部线段"，在左上和右上角两个平台的四条踢面线和绿色边界交点处单击，将边界拆分成 5 段。

- 单击选择左下角的踢面线后按 Delete 键删除。单击功能区"踢面"命令，选择"起点-终点-半径弧" ⌒ 绘制工具，绘制一段弧形踢面，完成后草图如图 11-8 右 2。

5) 功能区单击"√"工具创建了外圆内方的特殊楼梯，如图 11-8 右 1。保存文件，结果请参见本书附赠光盘的"练习文件 \ 第 11 章"目录中的"11-01 完成.rvt"文件。

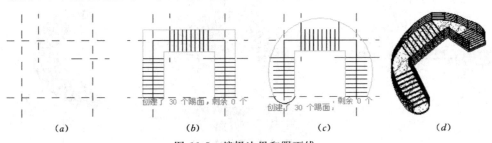

| (a) | (b) | (c) | (d) |

图 11-8　编辑边界和踢面线

【提示】 绘制楼梯边界时，一定要在中间平台和踏步交界位置打断边界，或将平台和踏步边界分开绘制，否则将无法创建楼梯。

11.1.4 编辑按草图绘制楼梯

无论是直梯、螺旋楼梯、还是自定义楼梯，其编辑方法完全一样，都可以用"属性"选项板和"编辑草图"命令编辑楼梯各项参数和草图，从而延伸出各种各样的楼梯样式，并满足楼梯施工图的设计要求。

打开本书附赠光盘的"练习文件\第11章"目录中的"11-02.rvt"文件，打开三维视图，图中有4个不同样式的楼梯，从左到右依次为：带梯边梁的底面阶梯式楼梯、整体式带踏板踢面楼梯、整体式无踏板踢面楼梯、无踢面中间梯梁木楼梯。选择一个楼梯，体验下面的楼梯编辑方法。

选择第2个"整体式带踏板踢面楼梯"样式楼梯，功能区显示"修改 | 楼梯"子选项卡，如图11-9。

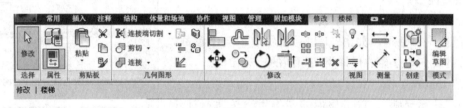

图 11-9 "修改 | 楼梯"子选项卡

11.1.4.1 "属性"选项板

楼梯的可设置参数非常多，正因为如此，才可以演变出各种样式的楼梯类型出来，满足不同的设计需求。

1. 实例属性参数

在左侧"属性"选项板中，如图11-10，编辑以下实例属性参数，确定后只改变当前选择的楼梯。

1) 限制条件类参数：设置楼梯顶底高度参数。

- "基准标高"、"底部偏移"：设置楼梯底部所在楼层标高位置和相对标高的高度偏移。
- "顶部标高"、"顶部偏移"：设置楼梯顶部所在楼层标高位置和相对标高的高度偏移。
- "多层顶部标高"：设置多层建筑中相同层高楼梯的最顶部所在标高，设置后自动创建其他楼层楼梯。详见"11.1.1 U形楼梯"中的操作。

2) 图形类参数：设置文字与标签显示。

图 11-10 "属性"选项板

- "文字（向上）"、"文字（向下）"：设置楼梯在平面图中"向上"和"向下"标记显示文字。
- "向上标签"、"向下标签"：勾选或取消勾选即可显示或隐藏平面图中的"向上"和"向下"标记文字。

- "向上箭头"、"向下箭头"：勾选或取消勾选即可显示或隐藏平面图中的向上和向下箭头。
  - "在所有视图中显示向上箭头"：勾选后即可在所有视图中显示向上箭头。

3）尺寸标注类参数：设置楼梯梯段、踏板、踢面等的尺寸。
  - "宽度"：设置楼梯梯段宽度。
  - "所需踢面数"：设置新的楼梯踏步数。
  - "实际踢面数"：该值自动提取不可更改，其值为当前选择楼梯的实际踏步数。
  - "实际踢面高度"：该值根据楼梯高度和"所需踢面数"自动计算而得，不可更改。其值为按新的"所需踢面数"（踏步数）修改楼梯后，楼梯的实际踏步高。
  - "实际踏板深度"：设置楼梯的实际踏步宽度。

4）标识数据和阶段化类参数：设置楼梯的注释、标记、创建阶段等参数。

2. 类型属性参数

在"属性"选项板中单击"编辑类型"按钮打开"类型属性"对话框，如图 11-11。编辑以下类型参数，确定后将改变和选择的楼梯类型相同的所有楼梯。

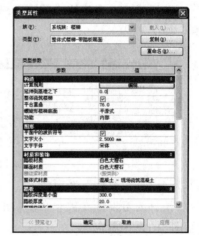

图 11-11　类型属性

1）构造类参数：
  - "计算规则"：单击后面的"编辑"按钮，打开"楼梯计算器"对话框，勾选"使用楼梯计算器进行坡度计算"，可以按建筑图形标准设置计算内部楼梯的经验公式。
  - "延伸到基准之下"：设置将梯边梁延伸到楼梯基准标高之下的高度位置。对于将梯边梁附着到楼板洞口表面，而不是放置在楼板表面的情况，可以勾选此参数。输入负值即可将梯边梁延伸到楼板之下。如图 11-12 为参数值为 0 和-240（楼板厚度）时梯边梁延伸的对比。
  - "整体浇注楼梯"：勾选此参数，楼梯将没有梯边梁，主体由一种材质构成，直梯底部为平滑式底面。图 11-13 为整体式楼梯和非整体式楼梯的对比。
  - "平台重叠"：当"螺旋形楼梯底面"为"阶梯式"时，参数"平台重叠"值可控制踢面表面到底面上相应阶梯的垂直表面的距离。
  - 螺旋形楼梯底面：勾选"整体楼梯"后，才可以选择参数"螺旋形楼梯底面"，可设置为"平滑式"或"阶梯式"底面。
  - "功能"：可设置为"外部"或"内部"，便于创建过滤器，以便在导出模型时对模型进行简化。

2）图形类参数：
  - "平面中的波折符号"：勾选此参数，在平面视图中显示楼梯截断线。
  - "文字大小"、"文字字体"：设置平面图中"向上"和"向下"符号文字的大小和字体。

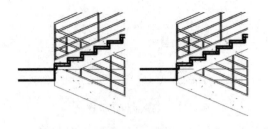

图 11-12 梯边梁延伸到基准之下

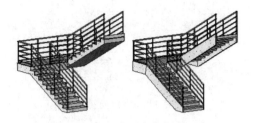

图 11-13 整体式楼梯

3）材质和装饰类参数：

- "踏板材质"、"踢面材质"：单击参数值，右侧显示 按钮，单击打开材质库选择踏板和踢面材质。通过材质中的"截面填充图案"、"表面填充图案"设置可以控制楼梯在三维和立剖面视图中的材质显示，满足施工图要求。

- "梯边梁材质"、"整体式材质"：设置楼梯主体结构材质。勾选前面的参数"整体浇注楼梯"可以设置整体式楼梯的"整体式材质"参数，取消勾选可设置"梯边梁材质"。

4）踏板相关参数：

- "最小踏板深度"、"踏板厚度"：设置最小踏步宽度和踏板厚度。

- "楼梯前缘长度"：指定踏板在楼梯前缘突出的长度。

- "楼梯前缘轮廓"：从下拉列表中选择踏板在楼梯前缘的放样轮廓，如图 11-14 的踏板前缘轮廓为半径20mm 的弧形轮廓。

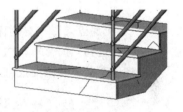

图 11-14 楼梯前缘轮廓

- "应用楼梯前缘轮廓"：从下拉列表中选择"楼梯前缘轮廓"应用在踏板上的位置为单边、双边还是三边。图 11-14 为"前侧、左侧和右侧"三边应用轮廓的楼梯。

【提示】 可以自定义楼梯前缘轮廓：用"新建"-"族"命令，选择"公制轮廓-楼梯前缘.rft"为模板，用"线"命令绘制封闭轮廓，保存文件后即可载入项目文件中使用。具体请参见"5.4.3 自定义轮廓族"一节。

5）踢面相关参数：

- "最大踢面高度"、"踢面厚度"：设置最大踏步高和踢面厚度。

- "开始于踢面"、"结束于踢面"：勾选此参数，将在楼梯起始和结束端添加踢面。

- "踢面类型"：可选择"直梯"、"斜梯"或"无"，创建直线型、倾斜型踢面，或不创建踢面。图 11-15 为直线型和倾斜型踢面对比。

- "踢面至踏板连接"：选择"踏板延伸至踢面下"或"踢面延伸至踏板后"设置踢面和踏板连接关系。图 11-16 为两种连接形式的对比。

6）梯边梁相关参数：只有非整体式楼梯（取消勾选"整体楼梯"）以下参数才生效。

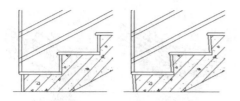

图 11-15　踢面类型

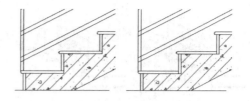

图 11-16　踢面与踏板连接

- "在顶部修剪梯边梁"：如果选择"不修剪"，则会对梯边梁进行单一垂直剪切，生成一个顶点。如果选择"匹配标高"，则会对梯边梁进行水平剪切，使梯边梁顶端与顶部标高等高。如果选择"匹配平台梯边梁"，则会在平台上的梯边梁顶端的高度进行水平剪切。图 11-17 为三种修剪梯边梁方式的对比。

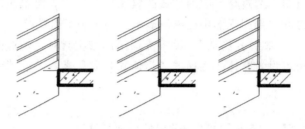

图 11-17　修剪梯边梁

- "左侧梯边梁"、"右侧梯边梁"：设置两侧梯边梁类型。选择"无"表示没有梯边梁，选择"闭合"梯边梁将在楼梯侧面将踏板和踢面挡住，选择"开放"梯边梁将位于踏板和踢面底部。图 11-18 为闭合、开放、无梯边梁对比。

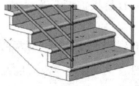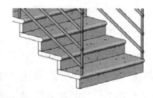

图 11-18　梯边梁类型

- "中间梯边梁"：设置在梯段下方左右两侧梯边梁之间平均布置的中间梯边梁数量。如图 11-19 为有 2 根中间梯边梁的楼梯。
- "梯边梁厚度""梯边梁高度"：设置梯边梁厚度和高度。
- "开放梯边梁偏移"：当梯边梁类型为"打开"时该参数有效，可设置左右两侧开放式梯边梁向中间靠近的偏移距离，如图 11-20。
- "楼梯踏步梁高度"：设置侧梯边梁和踏步的相对高度位置，此高度是从踏板末端（较低的角部）测量到梯边梁底侧的距离（垂直于梯边梁）。如果增大此数字，梯边梁则会从踏板向下移动，而踏板不会移动。扶手不会改变相对于踏板的高度，但栏杆会向下延伸直至梯边梁顶端。
- "平台斜梁高度"：设置侧梯边梁和平台的相对高度位置，增大此值侧梯边梁下移。

7）标识数据类参数：设置楼梯的类型标记、注释记号、制造商、型号等参数。

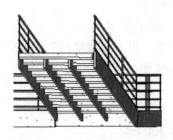

图 11-19 中间梯边梁

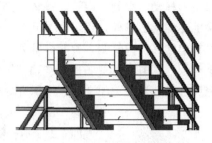

图 11-20 开放梯边梁偏移

8）新建楼梯类型：单击"复制"，输入新的楼梯类型"名称"后可以新建楼梯类型，编辑前述各参数后确定，将只替换当前选择的楼梯为新楼梯类型。

【提示】 楼梯构件是一种比较复杂的构件，其高度和上下标高相关联，形状和绘制梯段的边界和踢面线草图关联，创建完成的楼梯总的踏步数和实际踏步高已经确定。所以在替换类型时如果选择的楼梯类型的踏步高、踏步宽值和现有类型不同，或直接修改了现有楼梯类型的"基准标高"、"基准偏移"、"顶部标高"、"顶部偏移"、"所需踢面数"、"宽度"、"实际踏板深度"、"最小踢面深度"（踏步宽）、"最大踢面高度"（踏步高）等会改变楼梯高度、宽度、踏步尺寸规格等的参数值后，系统有可能会报警并出现错误的楼梯形状或提示无法生成楼梯表面。基于上述原因建议用户在修改楼梯属性参数时，不要直接修改上述参数，仅编辑各种材质、踢面和踏板厚度、轮廓和连接方式等参数。如果一定要修改，请选择楼梯，选项栏选"编辑草图"命令回到创建楼梯草图模式，先删除现有的边界和踢面线，然后在楼梯"属性"选项板中单击"编辑类型"按钮，新建楼梯类型并编辑相关参数，再用"梯段"命令重新绘制边界和踢面线草图，在单击"√"工具完成楼梯编辑即可。

11.1.4.2 "编辑草图"工具

当需要重新设置楼梯的踏步高、踏步宽、楼梯高度、宽度等尺寸参数时，建议使用"编辑草图"工具：设置楼梯参数后，重新绘制楼梯边界和踢面草图。

1）选择楼梯，功能区单击"编辑草图"按钮，显示"修改｜楼梯＞编辑草图"子选项卡。

2）单击"属性"选项板的"编辑类型"工具，在"类型属性"对话框中单击"复制"创建新楼梯类型，并设置相关类型参数，完成后单击"确定"。设置相关实例属性参数。

3）选择现有的楼梯边界和踢面线草图，按 Delete 键删除。用"梯段"命令重新绘制边界和踢面线草图。

4）功能区单击"√"工具后更新楼梯。

11.1.4.3 鼠标控制

在平面图中选择楼梯，显示一个蓝色的楼梯方向"翻转"箭头，和"向上"、"向下"标签，如图 11-21。

1）翻转方向：单击"翻转"箭头即可改变楼梯的上下方向。

2）移动标签：单击并拖拽"向上"、"向下"标签的蓝色实心圆点，即可移动标签的位置。

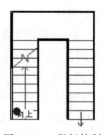

图 11-21 鼠标控制

11.1.4.4 移动、复制、旋转、镜像、阵列等常规编辑命令

除上述编辑工具外，还可以使用"修改｜楼梯"子选项卡"修改"面板中的移动、复制、旋转、阵列、镜像等编辑工具，以及"剪贴板"面板中的"复制到剪贴板"、"剪切到剪贴板"、"粘帖"等命令来编辑楼梯。

完成上述练习后关闭文件，不保存。

11.2 按构件创建楼梯

和绘制楼梯草图不同，"楼梯（按构件）"工具是使用梯段、平台、支座等模型构件组装楼梯的方法，可创建各种直梯、螺旋楼梯、L 形和 U 形斜踏步楼梯、以及自定义异性楼梯，本节将详细讲解其创建和编辑方法。

【提示】 本节内容为 Revit 2013 版本开始的新功能，因此本节的练习文件也仅适用于 Revit 2013 版本及以上的软件操作使用。

11.2.1 构件楼梯与草图楼梯的区别

与绘制楼梯的草图方式不同，构件楼梯是通过使用多个梯段、平台、以及支座模型构件组装而成的楼梯模型，每一个梯段、平台、以及支座模型构件都可以单独选择编辑，以此达到创建各种常规和异型楼梯的设计需求。

构件楼梯相对于草图楼梯（创建、编辑基本都依赖于草图）而言，其优越性主要有：

- 构件楼梯可单独编辑每一个梯段、平台、以及支座模型构件的参数，或手动拖拽控制其边界位置快速调整。
- 构件楼梯可快速创建 L 形、U 型转角斜踏步复杂楼梯。
- 构件楼梯可快速创建大于 360 度的螺旋楼梯、或高净空空间的垂直多跑复杂楼梯。
- 构件楼梯的踏板、踢面等视图显示控制内容更多、更灵活，有利于出图。
- 修改现有楼梯的各项参数后，构件楼梯可以自动更形楼梯模型。而草图楼梯一般情况下不能自动更新，必须重新绘制草图。

构件楼梯的基本参数和设置方法同草图楼大同小异，因此本节后面的内容将不再详细描述操作细节，重点讲解其不同之处。

11.2.2 直梯

本节将以 U 形楼梯为例，详细讲解构件直梯的创建方法。其他直跑、L 形、三跑或多跑等构件楼梯的创建方法相同。

1. U 形楼梯

打开本书附赠光盘的"练习文件 \ 第 11 章"目录中的"11-03 构件 . rvt"文件，打开 F1 平面视图，缩放图形到楼梯间位置。

1) 单击功能区"常用"选项卡"楼梯坡道"面板中的"楼梯"工具下拉列表中的"楼梯（按构件）"命令，"修改 ｜ 创建楼梯"子选项卡如图 11-22。系统默认进入创建梯段构件模式，所有图形都灰色显示。

2) 设置楼梯属性：同绘制草图楼梯一样，要先选择楼梯类型，并设置各项楼梯参数。在

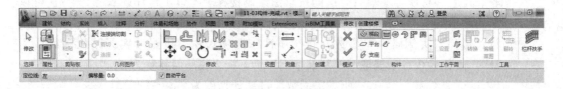

图 11-22　"修改 | 创建楼梯"子选项卡

左侧"属性"选项板中单击"编辑类型"按钮，打开"类型属性"对话框。按下述方法新建楼梯类型，设置属性参数。

- 新建类型：从"族"下拉列表中选择"系统族：现场浇注楼梯"，从"类型"下拉列表中选择"整体式楼梯-带踏板踢面"类型；再单击"复制"，在弹出的"名称"栏中，输入"整体式构件-150 x 250mm"，单击"确定"以现有类型为模板创建了新的整体式楼梯类型。

【提示】　在本书提供的中国样板文件中，楼梯类型有限，可以在样板文件中事先创建自己常用的楼梯类型，在项目设计中直接选用。楼梯样式多时，一定要复制新的类型再设置参数，不要直接修改现有类型的参数设置，以防止影响其他已有的楼梯类型。

- 设置楼梯"类型属性"参数：在"类型属性"对话框中，设置"最小梯段宽度"为 1050、"最小踏板深度"（踏步宽）为 250、"最大踢面高度"（踏步高）为 150，其他参数选择默认值。如图 11-23 示意。
- 设置梯段、平台"类型属性"参数：在图 11-23"类型属性"对话框中，单击"构造"下面的"梯段类型"参数值显示小"浏览"按钮，单击即可打开梯段的"类型属性"对话框，如图 11-24，在此可以设置梯段的材质、踢面和踏板的尺寸

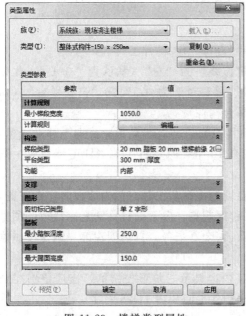

图 11-23　楼梯类型属性

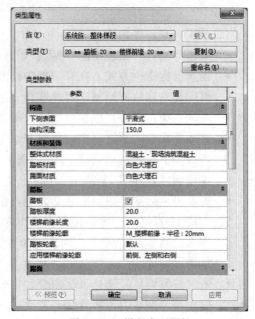

图 11-24　梯段类型属性

149

轮廓位置和材质等参数（方法同按草图绘制楼梯，本节不再详述）。同样方法可以设置平台的"类型属性"参数。设置完成后单击"确定"。

- 设置楼梯"实例属性"参数：在"属性"选项板中，设置"实际踏板深度"为 250，其他参数自动提取（"基准标高"为 F1、"底部偏移"为 0、"顶部标高"为 F2、"顶部偏移"为 0，"所需踢面数"自动计算后为 20 个踏步）。

【提示】　楼梯的详细参数功能设置请参见"11.1.4 编辑按草图绘制楼梯"中"属性选项板"一节内容。

3）绘制定位参照平面：单击功能区"工作平面"面板中的"参照平面"工具，如图 11-25 左 1，在距离底部内墙面 1300 位置绘制 1 条水平参照平面（起跑位置）。

- 水平参照平面决定起跑位置。
- 可根据需要绘制梯段中心线等其他参照平面辅助定位。本例有楼梯间墙，因此只绘制一条起跑线参照平面。

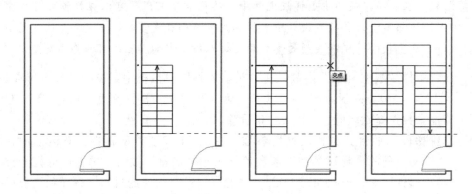

图 11-25　U 形构件楼梯

4）创建梯段、平台等构件：

- 单击"构件"面板中的"梯段"，并选择"直梯" ▥ 构件工具。
- 设置捕捉定位方式：在选项板中设置"定位线"为"左"（默认为"中心"，此处将捕捉左侧墙面绘制，因此选择"左"），"偏移量"为 0，勾选"自动平台"（勾选此选项，将自动创建两跑之间的休息平台构件）。
- 移动光标单击捕捉左侧内墙面和水平参照平面的交点，沿墙面垂直向上移动光标，当梯段下面显示"创建了 10 个踢面、剩余 10 个"时，再次单击即可创建第一跑梯段构件，如图 11-25 左 2。
- 顺着最上面踏步线向右移动光标，系统自动捕捉踏步线和右侧内墙面的交点位置，如图 11-25 右 2，单击捕捉交点作为第二跑的起点。向下垂直移动光标到矩形预览图形之外单击一点（"创建了 20 个踢面、剩余 0 个"），自动创建第二跑梯段和休息平台构件。
- 平台边界调整：选择顶部的平台构件，其四边显示三角形控制柄，拖拽顶部控制柄到与顶部墙内边线重合。完成后的楼梯构件平面如图 11-25 右 1。

5）设置扶手类型：功能区单击"栏杆扶手"工具，从对话框下拉列表中选择"900mm 圆

管 栏杆落在踏面"样式,选择扶手"位置"为"踏板",单击"确定"。

6) 功能区单击"√"工具创建了 U 形构件楼梯。

7) 保存文件,结果请参见本书附赠光盘的"练习文件\第 11 章"目录中的"11-03 构件-完成.rvt"文件。

【提示】 如选项栏不勾选"自动平台"选项,则需要使用"平台"命令通过手动"拾取两个梯段"或"创建草图"的绘制方式创建平台。支座:可通过拾取梯段或平台上的各个路径方式创建楼梯梯边梁或斜梁。

2. 直跑、L 形、三跑等常规楼梯

除 U 形构件楼梯外,其他直跑、L 形、三跑等常规构件楼梯也可以通过参照平面精确捕捉和创建梯段、平台构件的方式,快速创建各种样式的楼梯。

对于高净空楼梯间的垂直多跑楼梯,可以在平面图中上下重叠或交叉位置,自动捕捉创建各跑的梯段、平台、支座构件,从而创建高复杂度楼梯。设计师无须像绘制草图楼梯那样担心楼梯草图重叠、交叉造成楼梯无法生成。

上述各种构件楼梯的创建方法、参数设置方法相似,本节不再详述,结果如图 11-26。请参考本书附赠光盘的"练习文件\第 11 章"目录中的"11-03 构件-完成.rvt"文件中的各种楼梯模型。

图 11-26 U 形、直跑、L 形、三跑、多跑构件楼梯

11.2.3 螺旋楼梯

使用"楼梯(按构件)"工具"梯段"命令中的以下专用命令,可以高效创建带平台、不带平台的、旋转角度大于及小于 360°的各种螺旋楼梯,方便快捷。如图 11-27。

图 11-27 螺旋构件楼梯

1)"全踏步螺旋"命令⦿:通过捕捉圆心、设置半径的方法,快速创建不带平台的、旋转角度大于及小于 360°的螺旋楼梯。

2)"圆心-端点螺旋"命令:通过捕捉圆心、各跑起点和终点位置的方法,快速创建带平台、不带平台、旋转角度大于及小于 360°的螺旋楼梯。

　　构件螺旋楼梯的基本参数和设置方法同草图楼梯、前述构件直梯大同小异，本节不再详细描述操作细节。请参考本书附赠光盘的"练习文件 \ 第 11 章"目录中的"11-03 构件-完成 . rvt"文件中的各种楼梯模型。

11.2.4　L 形、U 形斜踏步转角楼梯

　　使用"楼梯（按构件）"工具"梯段"命令中的以下专用命令，可以高效创建 L 形、U 形斜踏步转角楼梯，方便快捷。

1. L 形斜踏步转角楼梯

　　接前面练习，在"11-03 构件 . rvt"文件中，打开 F1 平面视图，继续创建楼梯。

1）单击功能区"常用"选项卡"楼梯坡道"面板中的"楼梯"工具下拉列表中的"楼梯（按构件）"命令。进入创建梯段构件模式，所有图形都灰色显示。

2）设置楼梯属性：同前所述，设置楼梯、梯段、平台的各项参数。此处直接选择"现场浇注楼梯"的"整体式楼梯-带踏板踢面"默认样式楼梯，设置"实际梯段宽度"为 1050。

3）在"修改 | 创建楼梯"子选项卡"构件"面板中，单击"梯段"中的"L 形转角"命令 。

4）设置定位方式：在选项栏中设置"定位线"为"左"，"基准高度"为 0，勾选"自动平台"，取消勾选"镜像预览"。

5）移动光标，出现 L 形转角楼梯的预览图形随光标移动（光标在图形左下角）。单击捕捉楼梯左下角位置即可放置楼梯梯段构件，如图 11-28 左 1。注意：默认的梯段除起点、终点位置的各 2 个踏步为正交线外，其他踏步全部为斜线平均分布。

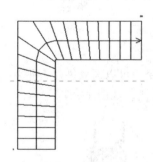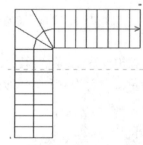

图 11-28　L 形斜踏步转角楼梯

6）设置梯段转角实例参数，如图 11-28 左 2：
- 单击选择 L 形梯段，设置其实例参数中的"转角样式"为"单点式"。
- 设置"起点的平行踏板"数为 8，"终点的平行踏板"数为 8。其他参数默认。
- 完成后的 L 形构件楼梯只有转角位置的踏步线为斜线，如图 11-28 右 2。

7）功能区单击"√"工具创建了 L 形斜踏步构件楼梯。如图 11-28 右 1。

8）保存文件，结果请参见本书附赠光盘的"练习文件 \ 第 11 章"目录中的"11-03 构件-完成 . rvt"文件。

2. U 形斜踏步转角楼梯

U 形斜踏步转角楼梯（"U 形转角"命令 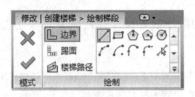）和 L 形斜踏步转角楼梯的创建方法相同，本节不在详述。请参见本书附赠光盘的"练习文件 \ 第 11 章"目录中的"11-03 构件-完成 .rvt"文件的楼梯模型。

11. 2. 5　自定义楼梯

除前述各种常规、复杂楼梯外，对一些不等宽梯段、异形梯段和平台的特殊楼梯，同样可以使用构件楼梯自定义创建。简要说明如下：

1) 在平面图中，单击功能区"常用"选项卡"楼梯坡道"面板中的"楼梯"工具下拉列表中的"楼梯（按构件）"命令。进入创建梯段构件模式，所有图形都灰色显示。
2) 设置楼梯各项参数。
3) 绘制梯段构件：单击"梯段"工具中的"创建草图" ✐ 命令，进入"修改 ｜ 创建楼梯 > 绘制梯段"子选项卡，如图 11-29。使用这些绘制工具即可绘制梯段的踢面（踏步）和边界轮廓线。绘制完成后勾选"√"工具返回"修改 ｜ 创建楼梯"选项卡。

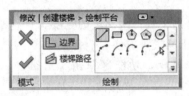

图 11-29　绘制梯段、绘制平台子选项卡

4) 绘制平台构件：单击"平台"工具中的"创建草图" ✐ 命令，进入"修改 ｜ 创建楼梯 > 绘制平台"子选项卡，如图 11-29。使用这些绘制工具即可绘制平台的边界轮廓线。绘制完成后勾选"√"工具返回"修改 ｜ 创建楼梯"选项卡。
5) 最后单击"√"工具即可创建自定义形状的复杂构件楼梯。

　　【提示】　和草图楼梯不同的是：标准构件楼梯的梯段、平台构件没有草图，因此不同通过直接修改构件草图的方式创建纯异型楼梯，必须通过构件楼梯的"创建草图"方法手动创建。

11. 2. 6　编辑构件楼梯

构件楼梯的编辑方法、参数设置同草图楼梯大同小异，主要区别在于增加的可控制参数和拖拽操控柄控制，可以控制更多的楼梯尺寸和图形显示。

打开本书附赠光盘的"练习文件 \ 第 11 章"目录中的"11-03 构件-完成 .rvt"文件，选择一个中间楼梯间内的 U 形楼梯，体验下面的楼梯编辑方法。

选择中间楼梯间内的 U 形楼梯，功能区显示"修改 ｜ 楼梯"子选项卡，如图 11-30。

1. "属性"选项板

楼梯的属性参数设置同上节草图楼梯大同小异，此处不再详述。请参考"11.1.4 编辑按草图绘制楼梯"中"'属性'选项板"一节内容。

和草图楼梯不同的是：构件楼梯除可以选择楼梯对象，设置其实例"属性"和"类型属性"参数以外，还可以单独选择其梯段、平台构件设置其"类型属性"参数。方法

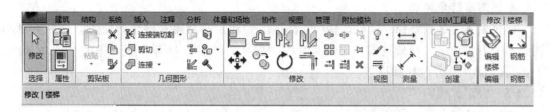

图 11-30 "修改 | 楼梯"子选项卡

如下：

1）移动光标到楼梯的梯段或平台上，楼梯高亮显示但不要单击鼠标。

2）按 Tab 键切换到楼梯的梯段或平台高亮显示时，单击鼠标左键选择梯段或平台。

3）单击"属性"选项板中的"编辑类型"按钮即可编辑其各项类型属性参数。编辑完成后，构件楼梯的模型即可自动更新。

4）增加的构件楼梯参数在前述创建楼梯过程中有所描述，不再一一列举。

2. "编辑楼梯"工具

当需要分别设置每跑梯段的宽度、每跑的踏步数等楼梯设计内容时，使用构件楼梯的"编辑楼梯"工具最为方便。

1）选择 U 形楼梯，功能区单击"编辑楼梯"命令，显示"修改 | 创建楼梯"子选项卡，如图 11-31。

2）属性参数：可设置楼梯、梯段、平台的相关实例、类型属性参数。

图 11-31 "修改 | 创建楼梯"子选项卡

3）编辑梯段子构件：

- 鼠标控制：移动光标单击选择梯段构件，在梯段的起点和两侧显示三角形控制柄，如图 11-32。
- 拖拽两侧三角形控制柄，可以调整梯段宽度。
- 拖拽起点三角形控制柄，可以改变第一跑图形的踏步数，同时第二跑图形的踏步数自动增加或减少。
- 参数精确控制：可以设置梯段的实例和类型参数精确控制梯段。例如，如图 11-32 先设置"定位线"参数为"左侧对齐"，再设置"实际梯段宽度"为 1150，单击"应用"后，梯段左侧不动右侧边界自动向右移动 100，创建不等宽构件楼梯。

4）编辑平台子构件：移动光标单击选择平台构件，在平台的边界显示三角形控制柄，如图 11-32，拖拽控制柄可调整边界位置。

5）可以删除现有的梯段、平台构件，重新创建新的梯段、平台构件。

6）转换为基于草图：

- 选择梯段或平台构件，功能区单击"转换"命令，可以将构件转换为草图绘制模式。注意：此操作不可逆，一旦转化为草图，将失去构件的功能，只能按草图楼梯方式编辑。
- 选择转换为草图后的梯段，功能区单击"编辑草图"命令，即可编辑其草图轮廓

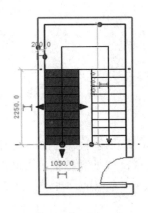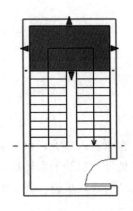

图 11-32

形状。

7) 翻转方向：功能区单击"翻转"命令，可以改变楼梯的起点和终点的上下方向。

8) 完成编辑后，功能区单击"√"工具后即可。

3. 鼠标控制

在平面图中选择构件楼梯或"向上"、"向下"标签，可以用鼠标手动控制楼梯显示。

1) 翻转方向：单击选择楼梯，显示蓝色的"翻转"箭头，单击即可改变楼梯的上下方向。

2) 移动标签：单击选择楼梯的"向上"、"向下"标签，显示文字和箭头的控制柄。

● 单击并拖拽"向上""向下"标签的蓝色实心圆点，即可移动标签的位置。

● 单击并拖拽箭头的三角形控制柄，即可移动楼梯路径箭头的左右位置。

4. 移动、复制、旋转、镜像、阵列等常规编辑命令

除上述编辑工具外，还可以使用"修改｜楼梯"子选项卡"修改"面板中的移动、复制、旋转、阵列、镜像等编辑工具，以及"剪贴板"面板中的"复制到剪贴板"、"剪切到剪贴板"、"粘帖"等命令来编辑楼梯。

完成上述练习后关闭文件，不保存。

"基础 12 式"第 8 式"步步高升"——楼梯！楼梯和幕墙一样，可设置参数众多，也正因为如此，才造就了楼梯的无穷变化，从而满足了各种项目的设计需求！

特别是强大的"楼梯（按构件）"工具，将以前版本中"楼梯"命令仅限于绘图的功能，提升到了"设计楼梯"的层次，设计效率极高。

下一章将学习"步步高升"的姊妹篇——第 9 式"借坡下驴"（坡道）！

第 12 章　坡　　道

在建筑入口处，由于室内外高差的原因，经常有方便行车或残障车推行的高差比较小、坡度比较缓的实体坡道。当然也有在地下停车场出入口处或高架处高差很大、坡度很陡的结构板式坡道。无论哪种坡道，都可以用 Revit Architecture 专用的"坡道"工具轻松实现。

坡道的创建和编辑方法几乎同楼梯完全一样，本章将详细讲解直坡道的创建方法，其他螺旋坡道、异形坡道的创建与坡道的编辑方法将简要描述，详细操作请参见"第 11 章楼梯"。

12.1　直　　坡　　道

本节将以"江湖别墅"车库入口坡道和北立面无障碍坡道为例，详细讲解两种常见直坡道（不带平台和带平台坡道）的创建方法。

12.1.1　不带平台坡道

打开本书附赠光盘的"练习文件 \ 第 12 章"目录中的"江湖别墅-12.rvt"文件，打开 F1 平面视图，缩放图形到右下角有卷帘门的车库位置。

1) 单击功能区"常用"选项卡"楼梯坡道"面板中的"坡道"工具，"修改│创建坡道草图"子选项卡如图 12-1。系统默认进入绘制草图模式，所有图形都灰色显示。

图 12-1　"修改│创建坡道草图"子选项卡

2) 设置坡道属性：在绘制楼梯草图前，要先选择坡道类型，并设置各项坡道参数。在"属性"选项板中单击"编辑类型"按钮，打开"类型属性"对话框。按下述方法新建坡道类型，设置属性参数。

- 新建类型：在"类型属性"对话框中单击"复制"，在弹出的"名称"栏中，输入"坡道 1/5"，单击"确定"以现有类型为模板创建了新的坡道类型。
- 设置类型属性参数：在"类型属性"对话框中，设置最下面的"造型"参数为"实体"，"坡道最大坡度（1/x）"为 5（坡道高度为长度的 1/5）。其他参数选择默认值，单击"确定"。

- 设置实例属性参数：在"属性"选项板中，设置"基准标高"为"室外地坪"、"底部偏移"为 0、"顶部标高"为 F1、"顶部偏移"为 0、"宽度"为 3860，其他参数选择默认值。

【提示】 "造型"参数如选择"结构板"则将创建板式坡道。坡道的详细参数功能设置请参见"12.3.1'属性'选项板"一节。

3) 绘制定位参照平面：单击功能区"工作平面"面板中的"参照平面"工具，如图 12-2（a），在 2 号轴线右侧绘制 1 条垂直参照平面，其到 2 号轴线距离为 275mm；再沿外墙面绘制 1 条水平参照平面。

4) 绘制梯段：

- 单击"绘制"面板中的"梯段"，并选择"线"✐绘制工具。移动光标单击捕捉参照平面交点作为坡道起跑点。
- 向下垂直移动光标，随光标出现矩形的坡道边界预览图形。在矩形预览图形之外单击一点，自动创建坡道草图，草图下显示灰色的"2250 创建的斜坡坡道，0 剩余"。如图 12-2（b）。

5) 设置扶手类型：功能区单击"扶手类型"工具，从对话框下拉列表中选择"无"（不创建扶手），单击"确定"。

6) 功能区单击"√"工具创建了坡道，但方向不对。单击选择刚创建的坡道，如图 12-2（c）单击坡道顶部的"翻转"箭头翻转坡道方向，完成后的坡道如图 12-2（d）。

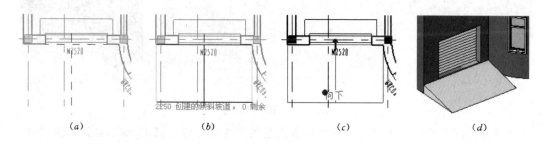

（a）　　　　　　（b）　　　　　　（c）　　　　　　（d）

图 12-2　车库实体坡道

【提示】 本例绘制草图时，从上向下捕捉绘制，虽然方向反了，但可以精确定位坡道位置，完成后只需要单击"翻转"箭头调整方向即可。

12.1.2　带平台坡道

接上节练习，打开 F1 平面视图，缩放图形到北立面单开门位置。下面来创建带平台的无障碍实体坡道。

1) 单击功能区"常用"选项卡的"坡道"工具，显示"修改 | 创建坡道草图"子选项卡。

2) 设置坡道属性：在"属性"选项板中单击"编辑类型"按钮，打开"类型属性"对话框，从"类型"下拉列表中选择前面创建的"坡道 1/5"类型，单击"确定"。设置实例属性参数"基准标高"为"室外地坪"、"底部偏移"为 0、"顶部标高"为 F1、"顶部偏移"为 0、"宽度"为 1200，其他参数选择默认值。

3）绘制定位参照平面：单击功能区"工作平面"面板中的"参照平面"工具，如图 12-3
（a），在北立面外墙外绘制 1 条水平参照平面，距离外墙面 600mm（"宽度"参数的
1/2）。

4）绘制梯段：

- 单击功能区"梯段"工具，并选择"线"╱绘制工具。移动光标单击捕捉参照平
  面和 2 号轴线交点作为坡道起跑点，向右水平移动光标，在矩形预览图形之外单
  击一点，自动创建坡道梯段草图，如图 12-3（b）。

- 绘制坡道平台：功能区单击"边界"工具，如图 12-3（c），在 2 和 1/1 号轴线之
  间，在自动绘制的 2 条上下绿色边界左侧，再绘制上下两条水平边界线。再单击
  "踢面"工具，在 1/1 轴线上，捕捉刚绘制的 2 条水平边界线，绘制 1 条垂直踢面
  线。如此围绕单开门创建了一个坡道平台。

5）设置扶手类型：功能区单击"扶手类型"工具，从对话框下拉列表中选择"圆管扶手"
单击"确定"。

6）功能区单击"√"工具创建了坡道，但方向不对。单击选择刚创建的坡道，单击坡道
左侧的"翻转"箭头翻转坡道方向。

7）选择靠墙的扶手按 Delete 键删除，门西侧没有扶手，本节暂不处理。完成后的坡道如
图 12-3（d）。

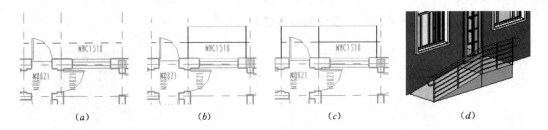

（a）　　　　　　　（b）　　　　　　　（c）　　　　　　　（d）

图 12-3　无障碍坡道

8）保存并关闭文件，结果请参见本书附赠光盘的"练习文件 \ 第 12 章"目录中的"江湖
别墅-12 完成 . rvt"文件。

　　本例使用"梯段"、"边界"、"踢面"工具联合创建了一个带平台的单跑坡道。

　　对于像 U 形楼梯、L 形楼梯、三跑楼梯等那样的带 1 个或多个平台的坡道，其创建
方法和楼梯完全一样：先设置坡道属性，设计合适的"基准标高""顶部标高""坡道最大
坡度（1/x）"参数，让坡道足够的长，则可以像绘制楼梯各跑梯段一样，绘制足够的定
位参照平面并捕捉绘制坡道的各跑梯段，单击"√"工具后即可创建带多个平台的坡道，

图 12-4　多平台坡道

如图 12-4。

12.2　螺旋坡道与自定义坡道

12.2.1　螺旋坡道

螺旋坡道依然用"坡道"工具创建，其创建方法和创建螺旋楼梯一样，简要说明如下，详细请参考"11.2 螺旋楼梯"。

1）单击功能区"常用"选项卡的"坡道"工具，显示"修改｜创建坡道草图"子选项卡。

2）设置坡道属性：在"属性"选项板中单击"编辑类型"按钮，在"类型属性"对话框中，新建坡道类型或选择现有类型，设置类型属性参数后单击"确定"。设置实例属性参数。

3）绘制定位参照平面：单击功能区"参照平面"工具，绘制十字参照平面确定圆心位置，再绘制起跑位置参照平面。

图 12-5　螺旋坡道

4）绘制梯段：功能区单击"绘制"面板中的"梯段"工具，并选择"圆心-端点弧" 绘制工具。移动光标先单击捕捉圆心，再捕捉起跑位置。移动光标出现弧形坡道预览图形，捕捉梯段终点或在弧形坡道预览图形外单击，自动绘制坡道草图。

5）设置扶手类型：单击"扶手类型"工具，选择需要的扶手类型单击"确定"。

6）功能区单击"√"工具创建了螺旋坡道。如图 12-5 示意。

12.2.2　自定义坡道

和自定义楼梯一样，可以用"坡道"工具的"边界"、"踢面"工具手工绘制自定义坡道的草图，或编辑常规坡道的边界和踢面线草图来快速创建自定义坡道。具体操作本节不再详述，详细请参考"11.3　自定义楼梯"。

12.3　编　辑　坡　道

坡道的编辑方法和楼梯的编辑方法完全一样，可以用"属性"选项板、"编辑草图"、鼠标控制、复制移动等编辑命令编辑坡道各项参数、草图和位置。

打开本书附赠光盘的"练习文件＼第 12 章"目录中的"江湖别墅-12 完成 .rvt"文件，打开三维视图，选择车库入口坡道，功能区显示"修改｜坡道"子选项卡，如图12-6。

12.3.1　"属性"选项板

1. 实例属性参数

在左侧"属性"选项板中，如图 12-7。编辑实例参数，确定后只改变当前选择的坡道。

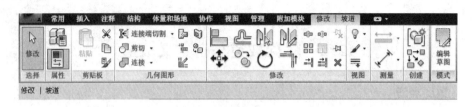

图 12-6　"修改|坡道"子选项卡

1）限制条件类参数：设置楼梯顶、底高度参数。

- "基准标高"、"底部偏移"：设置坡道底部所在楼层标高位置和相对标高的高度偏移。
- "顶部标高"、"顶部偏移"：设置坡道顶部所在楼层标高位置和相对标高的高度偏移。
- "多层顶部标高"：设置多层建筑中相同层高坡道的最顶部所在标高，设置后自动创建其他楼层坡道。此功能在多层停车场坡道中非常有用。

2）图形类参数：设置文字与标签显示。

- "文字（向上）"、"文字（向下）"：设置坡道在平面图中"向上"和"向下"标记显示文字。
- "向上标签"、"向下标签"：勾选或取消勾选即可显示或隐藏平面图中的"向上"和"向下"标记文字。
- "在所有视图中显示向上箭头"：勾选后即可在所有视图中显示向上箭头。

图 12-7　"属性"选项板

3）尺寸标注类参数："宽度"即设置坡道梯段宽度。

4）标识数据和阶段化类参数：设置楼梯的注释、标记、创建阶段等参数。

2. 类型属性参数

在"属性"选项板中单击"编辑类型"按钮打开"类型属性"对话框，如图 12-8。编辑类型参数，确定后将改变和选择的坡道类型相同的所有坡道。

1）构造类参数：

- "厚度"：当参数"造型"选择"结构板"时该参数有效，设置坡道板厚度。
- "功能"：可设置为"外部"或"内部"，便于创建过滤器，以便在导出模型时对模型进行简化。

2）图形类参数：编辑参数"文字大小""文字字体"控制坡道"向上"和"向下"文字的大小与字体。

3）材质和装饰参数：编辑"坡道材质"参数设置坡道主体材质及表面和截面填充图案。

4）尺寸标注参数"最大斜坡长度"：指定在创建坡道平台前，坡道梯段草图的最大长度值。

5）其他参数：

- "坡道最大坡度（1/x）"：设置坡道的最大坡度（高度/长度），参数值为长度 x

的值。

● "造型"：设置坡道的造型为"实体"则创建实体坡道，选择"结构板"则创建板式坡道。图 12-5 即为两种造型的螺旋坡道。

6) 标识数据类参数：设置坡道的类型标记、注释记号、制造商、型号等参数。

7) 新建坡道类型：单击"复制"，输入新的坡道类型"名称"后可以新建坡道类型，编辑前述各参数后确定，将只替换当前选择的坡道为新坡道类型。

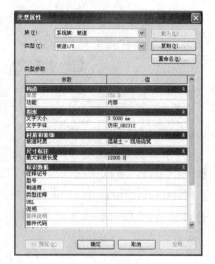

图 12-8 类型属性

12.3.2 "编辑草图"工具

和编辑楼梯草图一样，当需要重新设置坡道的高度、宽度等尺寸参数时，建议使用"编辑草图"工具：设置坡道参数后，重新绘制坡道边界和踢面草图。

1) 选择坡道，功能区单击"编辑草图"按钮，显示"修改｜坡道＞编辑草图"子选项卡。

2) 单击"属性"选项板的"编辑类型"工具，在"类型属性"对话框中单击"复制"创建新坡道类型，并设置相关类型参数，完成后单击"确定"。设置相关实例属性参数。

3) 选择现有的坡道边界和踢面线草图，按 Delete 键删除。用"梯段"命令重新绘制边界和踢面线草图。

4) 功能区单击"√"工具后更新坡道。

12.3.3 鼠标控制

在平面图中选择楼梯，显示一个蓝色的坡道方向"翻转"箭头，和"向上"、"向下"标签，如图 12-9。

1) 翻转方向：单击"翻转"箭头即可改变坡道的上下方向。

2) 移动标签：单击并拖拽"向上"、"向下"标签的蓝色实心圆点，即可移动标签的位置。

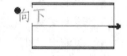

图 12-9 鼠标控制

12.3.4 移动、复制、旋转、镜像、阵列等常规编辑命令

除上述编辑工具外，还可以使用"修改｜坡道"子选项卡"修改"面板中的移动、复制、旋转、阵列、镜像等编辑工具，以及"剪贴板"面板中的"复制到剪贴板"、"剪切到剪贴板"、"粘贴"等编辑命令来编辑坡道。

完成上述练习后关闭"江湖别墅-12 完成 .rvt"文件，不保存。

"基础 12 式"第 9 式"借坡下驴"——坡道！坡道和楼梯的创建和编辑方法几乎完全一样，学完本章后，相信您已经轻车熟路地自由穿梭于室内室外楼上楼下了！下面再来学习第 10 式"空中楼阁"——阳台与扶手！

第 13 章 阳 台 与 扶 手

除前两章创建楼梯和坡道时自动创建的扶手外，Revit Architecture 还提供了专用的"扶手"工具，可以快速创建各种样式的扶手，并可以根据项目需求自定义扶手样式。

Revit Architecture 中没有专用的"阳台"工具，项目设计中的阳台由楼板和扶手组合而成。基于楼板和扶手的不同样式，可以组合出各种样式的阳台，且编辑方便快捷。

13.1 阳 台 与 扶 手

13.1.1 阳台与平扶手

如前所述，阳台由楼板和扶手组合而成。下面就通过"江湖别墅"F2、F3 阳台为例，详细讲解阳台楼板和扶手的创建方法。

打开本书附赠光盘的"练习文件 \ 第 13 章"目录中的"江湖别墅-13.rvt"文件，打开 F2 平面视图，缩放到二层平面右下角单开门位置。

1）创建阳台楼板：

- 功能区单击"常用"选项卡"构建"面板中的"楼板"工具，单击"属性"选项板"编辑类型"按钮，从"类型"中选择"常规 140-20 + 120"类型，单击"确定"。
- 功能区单击"修改｜创建楼层边界"选项卡的"边界线"工具，并选择"线"✏绘制工具。在外墙右下角位置绘制多边形边界线，尺寸如图 13-1 (a)。
- 功能区单击"✓"工具创建了阳台楼板，如图 13-1 (b)。

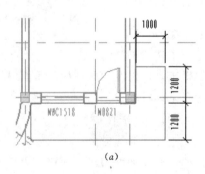
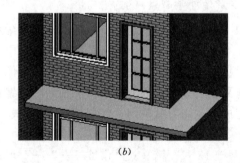

(a)　　　　　　　　　　　　　　　　(b)

图 13-1 阳台楼板

2）创建阳台扶手：

- 在 F2 平面视图中，单击功能区"常用"选项卡"楼梯坡道"面板中的"扶手"工具，"修改｜创建扶手路径"子选项卡如图 13-2。

- 设置扶手主体：功能区单击"拾取新主体"工具，单击拾取刚创建的小楼板作为扶手主体。

【提示】　设置楼板为扶手主体后，当楼板的垂直高度位置发生变化后，扶手会自动跟随楼板高度调整。

图 13-2　"修改 | 创建扶手路径"子选项卡

- 绘制扶手路径线：单击"线" ∕ 绘制工具，选项栏勾选"链"，设置"偏移量"为"-50"。移动光标单击捕捉小楼板顶部水平边线的左端点，再向右水平移动光标顺时针连续单击捕捉小楼板的边线交点，到弧墙右侧角点为止，绘制 4 条扶手路径线，如图 13-3 (a)。路径线自动向楼板边线内部偏移 50，如图 13-3 (b)。

【提示】　扶手路径线可以是封闭轮廓，也可以是开放线条，但必须连续。必要时可以用修剪、拆分、偏移等命令编辑线。

- 设置扶手属性：单击"属性"选项板"编辑类型"按钮，在"类型属性"对话框的"类型"下拉列表中选择"园艺栏杆"类型，单击"确定"。
- 功能区单击"√"工具创建了阳台扶手，如图 13-3 (c)。

3）创建 F3 阳台与扶手：

- 在三维视图中，单击选择刚创建的阳台楼板和扶手，单击功能区"修改 | 选择多个"子选项卡"创建"面板的"创建组"工具，在弹出的"创建模型组"对话框中输入"右侧阳台"后单击"确定"，将楼板和扶手组合成了"右侧阳台"组。
- 单击选择"右侧阳台"组，在功能区"修改 | 模型组"子选项卡中单击"剪贴板"面板中的"复制到剪贴板"工具，将阳台复制到剪贴板中。再单击"粘贴"工具下拉三角箭头，从下拉菜单中选择"与选定的标高对齐"命令，在对话框中单击选择"F3"，单击"确定"后复制了 F3 阳台，如图 13-3 (d)。

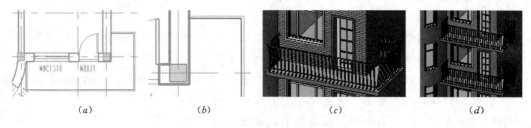

| (a) | (b) | (c) | (d) |

图 13-3　创建阳台扶手

【提示】　关于组的创建和编辑方法请参见"14.4.3　模型组"。

4）同样方法，创建南立面弧墙左侧 F2 阳台。完成后保存文件，结果请参见本书附赠光盘的"练习文件 \ 第 13 章"目录中的"江湖别墅-13 完成 . rvt"文件。

13. 1. 2　斜扶手

在前两章创建楼梯和坡道时已经看到，系统可以自动创建楼梯和坡道两侧的踏步斜扶手和平台扶手。而在一些公共场合的楼梯和坡道，经常有几道扶手，或者当误操作删除了楼梯和坡道的扶手后，需要重新创建扶手，或者要在斜楼板上创建斜扶手，Revit Architecture 同样可以使用"扶手"工具轻松实现。

创建斜扶手有两个关键："设置扶手主体"和分别绘制倾斜与水平扶手路径线。

接上节练习，打开 F1 平面视图和默认三维视图，并平铺显示两个视图，缩放到北立面带平台坡道位置。原有的坡道扶手如图 13-4（a）。选择坡道扶手，按 Delete 键删除，下面来重新创建坡道扶手。

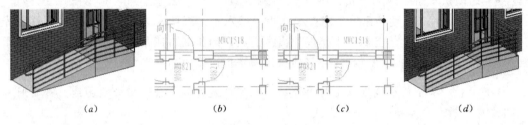

（a）　　　　　（b）　　　　　（c）　　　　　（d）

图 13-4　坡道扶手

1) 在 F1 平面视图中，单击功能区"常用"选项卡的"扶手"工具。

2) 设置扶手主体：功能区单击"拾取新主体"工具，单击拾取坡道作为扶手主体。设置主体后，扶手的坡度将和坡道的坡度保持一致。

3) 绘制路径线：
   - 单击"线" ╱绘制工具，选项栏勾选"链"，设置"偏移量"为"-50"。
   - 移动光标单击捕捉坡道左侧垂直边线的下端点，向上垂直移动光标顺时针连续单击捕捉垂直边线上端点、坡道平台边线右端点、坡道右上端点，在坡道边线内偏移 50 距离绘制 3 条扶手路径线，如图 13-4（b）、（c）。

4) 新建扶手类型：
   - 单击"属性"选项板"编辑类型"按钮，在"类型属性"对话框中从"类型"下拉列表中选择"圆管扶手"扶手类型，再单击"复制"输入"坡道栏杆"，单击"确定"后复制了新的扶手类型。
   - 在"类型属性"对话框中单击"栏杆位置"后面的"编辑"按钮，打开"编辑栏杆位置"对话框。在下面的"支柱"列表中，单击第 2 列"栏杆族"的第 1 行的值，从下拉列表中选择"Baluster-Round1：1" "族为扶手起点（绘制路径线的起点）栏杆样式。单击"确定"关闭所有对话框。

5) 功能区单击"√"工具创建了坡道扶手，如图 13-4（d）。

6) 完成后保存文件，结果请参见本书附赠光盘的"练习文件 \ 第 13 章"目录中的"江湖别墅-13 完成 . rvt"文件。

【提示】　自定义扶手类型的详细方法请参见"13.3 自定义扶手"。

13.2 编 辑 扶 手

接上节练习，打开默认三维视图，旋转缩放视图到北立面坡道和扶手位置。选择扶手，"修改｜扶手"子选项卡如图 13-5。

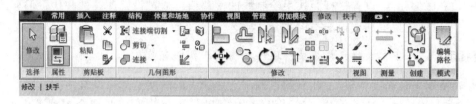

图 13-5 "修改｜扶手"子选项卡

13.2.1 "属性"选项板

1. 类型选择器

从类型选择器选择其他扶手类型，可以快速创建其他样式扶手。

2. 实例属性参数

选择扶手后，左侧的"属性"选项板显示选择扶手的类型和实例属性参数。如图 13-6，编辑图元类型和实例属性参数只影响当前选择的扶手。

1）限制条件类："基准标高"、"底部偏移"参数可设置水平扶手所在楼层标高位置和相对标高的高度偏移。

2）尺寸标注类：扶手"长度"参数自动计算，不可编辑。

3）标识数据和阶段化类参数：设置楼梯的注释、标记、创建阶段等参数。

3. 类型属性参数

单击"编辑类型"按钮打开"类型属性"对话框，如图 13-7。编辑类型参数，确定后将改变和选择扶手类型相同的所有扶手。

1）构造类：

图 13-6 "属性"选项板

图 13-7 类型属性

- "扶手高度"：由"扶手结构"中设置最高值自动提取，不可编辑。
- "扶手结构"：单击后面的"编辑"按钮打开"编辑扶手"对话框，可以设置横向各扶手的高度、偏移、轮廓、材质。详细请参见"13.3　自定义扶手"。
- "栏杆位置"：单击后面的"编辑"按钮打开"编辑栏杆位置"对话框，可以设置栏杆和支柱的位置、对齐方式等。详细请参见"13.3　自定义扶手"。
- "栏杆偏移"：设置栏杆距扶手绘制线的偏移值。通过设置此属性和扶手偏移的值，可以创建扶手和栏杆的不同组合。

【提示】　以下参数对楼梯扶手、坡道扶手等斜扶手有效。

- "使用平台高度调整"：此参数可控制平台扶手的高度。如果设置为"否"，平台扶手与楼梯梯段扶手等高。如果设置为"是"，平台扶手高度则会根据下面的参数"平台高度调整"的值进行向上或向下调整。
- "平台高度调整"："使用平台高度调整"参数选择"是"此参数生效，平台扶手根据参数值提高或降低扶手高度。
- "斜接"：如果两段扶手在平面内成角相交，但没有垂直连接，则 Revit 既可选择"添加垂直/水平线段"进行连接，也可选择"无连接件"而保留间隙。这可用于创建连续扶手，其中，从平台向上延伸的楼梯梯段的起点无法由一个踏板宽度替代。
- "切线连接"：如果两段相切扶手在平面内共线或相切，而在立面上没有垂直连接，则可以设置此参数为"延伸扶手使其相交"、"添加垂直/水平线段"或"无连接件"使扶手连接或保留间隙。图 13-8 为楼梯扶手前两种连接方式的比较。
- "扶手连接"：在扶手段之间进行连接时，Revit 将试图创建斜接连接。如果不能进行斜接连接，则可修剪各段（即使用垂直平面对其进行剪切），或对其进行接合（即使用与斜接尽可能相近的方法连接各段）。接合连接最适合于圆形扶手轮廓。

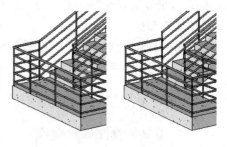

2) 标识数据类：设置扶手的类型标记、注释记号、制造商、型号等参数。

图 13-8　切线连接

3) 新建扶手类型：单击"复制"，输入新的扶手类型"名称"后可以新建扶手类型，编辑前述各参数后确定，将只替换当前选择的扶手为新扶手类型。

13.2.2　"编辑路径"工具

选择扶手，功能区单击"编辑路径"工具，显示"修改｜扶手＞编辑路径"子选项卡，使用和"修改｜创建扶手路径"同样的方法，重新修改扶手路径线、设置扶手属性、设置扶手主体等，单击"√"工具后更新选择的扶手。

对楼梯和坡道等斜扶手类型，在扶手属性中设置了"斜接"、"切线连接"、"扶手连接"等参数后，扶手会自动处理连接部位，扶手坡度自动提取主体的坡度。但有些时候，希望手动控制扶手的坡度，或者扶手连接，那么可以在创建扶手时，或者用"编辑路径"工具时，用以下方法编辑有关设置：

1）高度校正与坡度：

- 高度校正：选择扶手路径线，选项栏如图 13-9。默认的"高度校正"为"按类型"，表示高度调整由扶手类型自动控制。如果选择"自定义"，可在后面栏中输入高度值。

| 修改 \| 扶手 > 编辑路径 | 坡度：按主体 ▼ | 高度校正：按类型 ▼ | 0.0 |

图 13-9　扶手路径线选项栏

- 坡度：选择扶手路径线，选项栏默认的"坡度"为"按主体"，表示扶手段的坡度自动提取其主体（例如楼梯或坡道）坡度，如图 13-10（*a*）。如选择"水平"，则使主体呈倾斜状扶手段强制为水平扶手，如图 13-10（*b*）。如选择"倾斜"则使扶手段为倾斜扶手，且此扶手与相邻扶手段之间是连续连接，如图 13-10（*c*）。

（*a*）　　　　　　　（*b*）　　　　　　　（*c*）

图 13-10　坡度：按主体、水平与倾斜

【提示】如选择"水平"，需要设置"高度校正"值以保证和相邻扶手的正确连接。

2）编辑扶手连接：

功能区单击"编辑扶手连接"工具，移动光标单击捕捉扶手路径线连接点，出现"X"形标记，可从选项栏的"扶手连接"下拉列表中选择"按类型"、"延伸扶手使其相交"、"添加垂直/水平线段"或"无连接件"连接方法（连接方法由扶手类型的"斜接"和"切线连接"参数设定）。

完成上述练习后关闭"江湖别墅-13.rvt"文件，不保存。

13.3　自定义扶手

在 Revit Architecture 中，扶手是一种比较复杂的构件，和门窗等简单构件族不同，扶手不能通过定义长宽高等简单参数来创建新的类型。和幕墙相似，Revit Architecture 的扶手构件由几个横向的扶手和纵向的栏杆组装而成。其中横向的扶手可以有不同的截面轮廓，由二维轮廓族定义；纵向的栏杆又分栏杆支柱、栏杆、栏杆嵌板三种形式，由不同样式的三维栏杆构件族定义，如图 13-11 示意。在项目文件中自定义组装自己的扶手样式之前，需要先自定义扶手轮廓族和三维栏杆族，然后再通过定义这些族之间的相对位置关系参数等，来定义自己的扶手类型。

图 13-11　扶手

13.3.1　自定义扶手轮廓族和栏杆族

1. 自定义扶手轮廓族

自定义扶手轮廓的方法同墙饰条，只是选择的样板文件不同，本节不再详述，详细请参见"5.4.3 自定义轮廓族"一节。

单击应用程序菜单中的"新建"-"族"命令，选择"公制轮廓-扶手.rft"为样板文件，打开族编辑器。单击"线"命令的"线"／或"矩形"□等绘制工具，在水平"扶手顶部"参照平面下方，按实际尺寸绘制封闭轮廓线，保存文件后即可创建扶手轮廓族。

本节的练习将使用本书附赠光盘的"练习文件\第 13 章"目录中的"木扶手 5.rfa"扶手轮廓族文件定义扶手。可打开该文件查看其形状，研究其创建方法，如图 13-12。

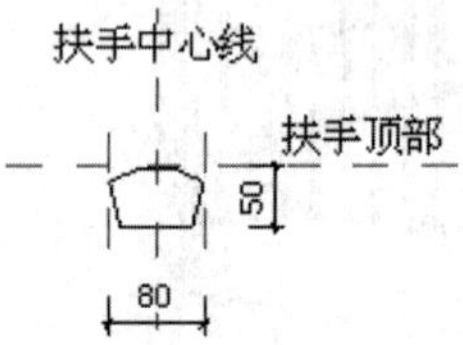

图 13-12　木扶手轮廓

2. 自定义栏杆族

扶手起点、终点和转角处的栏杆支柱、中间的栏杆、栏杆嵌板等扶手组成构件，如果有不同的样式，需要单独定义。定义方法基本一致，但不同的样式选择的样板文件不同：

1)"公制栏杆-支柱.rft"：适用于顶部和底部不随扶手的倾斜角度而剪切的，位于扶手起点、终点和转角处的栏杆支柱。

2)"公制栏杆.rft"：适用于顶部和底部随扶手的倾斜角度而剪切的中间纵向栏杆。

3)"公制栏杆-嵌板.rft"：适用于顶部和底部随扶手的倾斜角度而倾斜的中间玻璃等材质的栏杆嵌板。

单击应用程序菜单中的"新建"-"族"命令，选择上述对应的样板文件，打开族编辑器，不同的样板文件其默认设置不同，如图 13-13。然后用和"5.2.2 内建模型"一节中自定义异形墙类似的"实心拉伸（融合、旋转、放样、放样融合）"和"空心拉伸（融合、旋转、放样、放样融合）"等工具创建栏杆模型，并设置其参数后保存文件即可。

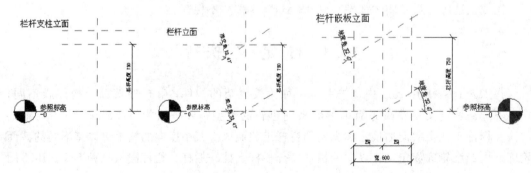

图 13-13　栏杆支柱、栏杆、栏杆嵌板族样板文件默认设置

因为各种自定义构件族的方法都基本一致，本节不再详细讲解栏杆族的定义方法，详细操作方法请参见"第 15 章 自定义构件族"。

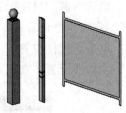

本节的练习将使用本书附赠光盘的"练习文件 \ 第 13 章"目录中的"支柱-正方形，带球 .rfa"、"木栏杆 .rfa"、"栏杆嵌板 1.rfa"族文件定义扶手。可打开这些文件查看其形状，研究其创建方法，如图 13-14。

图 13-14 栏杆族

13.3.2 自定义扶手

有了自定义的栏杆支柱、栏杆、栏杆嵌板、扶手轮廓族，即可载入到项目文件中，或项目样板文件中，组装自定义自己的扶手样式，设置方法如下：

(1) 打开本书附赠光盘的"练习文件 \ 第 13 章"目录中的"13-01.rvt"文件，打开默认三维视图，图中有一段转角扶手。

(2) 载入族：单击功能区"插入"选项卡"从库中载入"面板中的"载入族"工具，定位到本书附赠光盘的"练习文件 \ 第 13 章"目录，按住 Ctrl 键选择全部的"栏杆嵌板 1.rfa""木扶手 5.rfa""木栏杆 .rfa""支柱-正方形，带球 .rfa" 4 个族文件，单击"打开"后载入到文件中。

【提示】 Revit Architecture 中的构件库"Metric Library"-"栏杆"库中，提供了更多常见的栏杆支柱、栏杆、栏杆嵌板、扶手轮廓族文件，可以载入后使用。

(3) 新建扶手类型：单击选择扶手，单击"属性"选项板的"编辑类型"按钮打开扶手"类型属性"对话框。单击"复制"按钮，输入"玻璃栏板扶手"类型名称，单击"确定"。

(4) 定义扶手结构：

1) 在"类型属性"对话框中，单击"扶手结构"后面的"编辑"按钮，打开"编辑扶手"对话框。单击选择第 3~5 行行标，点"删除"按钮删除原有的水平扶手。

2) 如图 13-15，设置第 1 行"扶手 1"的"高度"为 900、"偏移"为 0、从"轮廓"下拉列表中选择载入"木扶手 5：木扶手 5"轮廓族、单击"材质"栏右侧的小按钮从打开的"材质"对话框中选择"木质-柚木"，单击"确定"。

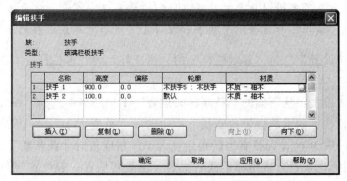

图 13-15 "编辑扶手"对话框

3）同样方法设置第 2 行"扶手 2"的"高度"为 100、"轮廓"为"默认"，其他同上。完成后单击"确定"完成横向扶手设置。

（5）定义栏杆位置：

1）单击"栏杆位置"后面的"编辑"按钮，打开"编辑栏杆位置"对话框。

2）主样式设置：如图 13-16 设置主样式中的栏杆和栏杆嵌板。

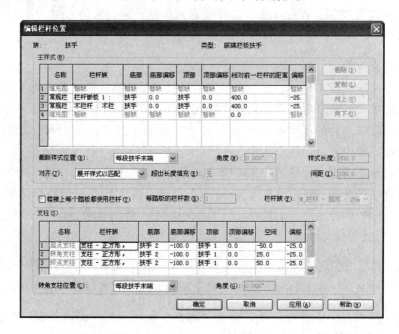

图 13-16　"编辑栏杆位置"对话框

- 在"主样式"下面列表中单击行标 2，选择第 2 行内容，再单击右侧的"复制"按钮复制一行栏杆。

- 如图 13-16，从第 2 行"常规栏杆"的"栏杆族"下拉列表中选择刚载入的"栏杆嵌板 1：600mm-玻璃"、设置"底部"为"扶手 2""底部偏移"为 0、"顶部"为"扶手 1""顶部偏移"为 0、"相对前一栏杆的距离"为 400、"偏移"为−25。

【提示】　通过"底部"、"底部偏移"、"顶部"、"顶部偏移"参数设置将栏杆嵌板的高度位置定位在上下两根横向扶手"扶手 1"和"扶手 2"之间。前面扶手的"偏移"参数和此处栏杆的"偏移"参数控制了扶手和栏杆上下是否对齐或偏移的距离。

- 同样方法设置第 3 行"常规栏杆"的"栏杆族"为"木栏杆：木栏杆"，其他参数同上。

- 截断样式设置：从下面的"截断样式位置"下拉列表中选择"每段扶手末端"，则将在每段扶手的末端位置截断扶手；如选择"角度大于"，并设置后面的"角度"参数（一般为 0），则只有当转角角度大于该角度值时才截断扶手；如果选择"从不"，则无论是否有转角都不截断扶手（在截断位置一般放置转角支柱）。本例选择"每段扶手末端"。

- "对齐"设置：设置"对齐"为"起点"，则从扶手起点位置布置栏杆和栏杆嵌板，在扶手终点位置可能会出现多余的间隙；如设置为"终点"，结果同起点相反；如设置为"中心"，则从扶手中心位置向两边布置栏杆和栏杆嵌板，起点和终点的间隙相等；如设置为"展开样式以匹配"，则按扶手长度均匀布置栏杆和栏杆嵌板，所有间隙相等。本例选择"展开样式以匹配"。
- "超出长度填充"设置：如果"对齐"设置为"起点"、"终点"、"中心"，该参数有效，可以控制当有多余间隙时，用选择的栏杆族，按后面的"间距"值填充多余的间隙。

3）支柱设置：如图 13-16 设置支柱中的栏杆支柱。
- 起点支柱：在"支柱"下面列表中设置第 1 行"起点支柱"的"栏杆族"为"支柱-正方形，带球：100mm"、"底部"为"扶手 2"、"底部偏移"为−100（"扶手2"的高度值）、"顶部"为"扶手 1"、"顶部偏移"为 0、"空间"为−50、"偏移"为−25。

【提示】 "空间"参数−50mm 为支柱正方形边长的 1/2，此值使横向扶手的端面和起点支柱的侧面重合连接，如果小于此值，扶手将伸到支柱内部连接。"偏移"参数同前面栏杆和扶手的参数一样控制支柱和扶手、栏杆上下是否对齐或偏移的距离。

- 转角支柱：设置第 2 行"转角支柱"的"空间"为 25，其他参数同上。
- 终点支柱：设置第 3 行"终点支柱"的"空间"为 50，其他参数同上。
- "转角支柱位置"：从下拉列表中选择"每段扶手末端"，则将在每段扶手的末端位置放置一个栏杆支柱；如选择"角度大于"，并设置后面的"角度"参数（一般为 0），则只有当转角角度大于该角度值时才放置一个栏杆支柱；如果选择"从不"，则无论是否有转角都不放栏杆支柱。本例选择"每段扶手末端"。

4）楼梯栏杆设置：如果是楼梯栏杆，可以根据需要勾选"楼梯上每个踏板都使用栏杆"选项，并可以设置"每踏板的栏杆数"和"栏杆族"。本例不做设置。

5）完成上述设置后，单击"确定"返回"类型属性"对话框。

（6）在"类型属性"对话框中，根据需要设置扶手的其他"栏杆偏移""斜接""切线连接""扶手连接"等类型参数，本例选择默认设置。完成后单击"确定"创建了新的扶手样式"玻璃栏板扶手"，并将选择的扶手替换为该类型，如图 13-17（a）。

（7）栏杆材质：完成后的扶手材质没有问题，但栏杆、支柱等的材质为默认灰色显示。

1）栏杆嵌板材质：在项目浏览器中展开"族"节点下的"扶手"-"栏杆嵌板 1"，选择"600mm-玻璃"类型，单击鼠标右键，选择"类型属性"命令，打开"类型属性"对话框。单击"框架材质"参数值从"材质"列表中选择"木质-柚木"材质，单击"确定"关闭对话框完成设置。

2）栏杆、栏杆支柱材质：同样方法，选择"木栏杆"和"支柱-正方形，带球：100mm"的"100mm"类型，在"类型属性"对话框设置栏杆"材质""支柱材质"参数为"木质-柚木"材质。完成后的扶手如图 13-17（b）。

（8）保存并关闭文件。结果请参见本书附赠光盘的"练习文件 \ 第 13 章"目录中的"13-

01 完成.rvt"文件。

"基础 12 式"第 10 式"空中楼阁"——阳台与扶手！看似简单的扶手，却蕴涵着如此复杂的变化，正如最简单的直拳往往是一招制敌的制胜法宝！

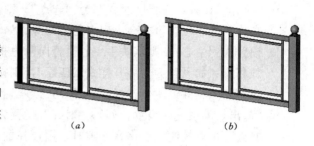

（a）　　　　　　　（b）

图 13-17　自定义栏杆

到本章为止，您已经学完了"常用"选项卡中，从标高轴网到阳台扶手等最主要的创建建筑 BIM 模型的各种工具，"江湖别墅"的毛坯房主体已经成型，但缺少了台阶、散水、卫浴、家具、灯具等室内外布局构件的别墅，总感觉空落落的！下面就来学习第 11 式"锦上添花"——室内外常用构件及其他，给"江湖别墅"增加些许生气！

第 14 章　室内外常用构件及其他

除前面第 4 至第 13 章讲述的各种常用建筑构件外，各种台阶、散水、女儿墙、卫浴、家具、灯具、家用电器、电梯、雨篷等室内外布局构件，也是建筑设计中不可或缺的重要组成部分。

这一类构件虽然种类繁多，形式各异，但 Revit Architecture 却将其统一划归"构件"类别，并用以下两种方法来快速创建：

- "放置构件"：适用于布置卫浴、家具、灯具、家用电器、电梯等标准室内外构件。
- "内建模型"：适用于自定义台阶、散水、女儿墙等非标构件。

除此之外，Revit Architecture 还提供了天花板、模型文字、模型线、模型组等设计工具。本章将逐一详细讲解其设计方法。

14.1　台阶、散水、女儿墙

和阳台一样，Revit Architecture 没有提供专用的台阶、散水、女儿墙创建工具。由于此类构件没有通用的尺寸规格和样式，所以一般使用"内建模型"方法快速创建。

14.1.1　台阶

打开本书附赠光盘的"练习文件 \ 第 14 章"目录中的"江湖别墅-14.rvt"文件，打开"室外地坪"平面视图，缩放到西立面双开门入口位置。

1) 新建常规模型类别：

- 单击功能区"常用"选项卡"构建"面板中的"构件"工具的下拉三角箭头，从下拉菜单中选择"内建模型"命令，如图 14-1 (*a*)。

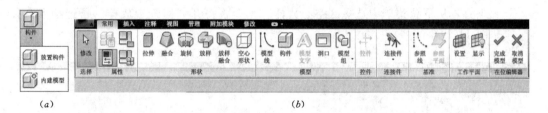

(*a*) 　　　　　　　　　　　　(*b*)

图 14-1　"内建模型"命令及族编辑器的"常用"选项卡

- 在弹出的"族类别与族参数"对话框中选择"常规模型"类别，单击"确定"。在弹出的"名称"栏中输入"西立面台阶"，单击"确定"打开族编辑器，其他图形灰色显示。族编辑器的"常用"选项卡如图 14-1 (*b*)。

173

2）拉伸台阶主体：

- 单击功能区"常用"选项卡"形状"面板中的"拉伸"工具，打开"修改｜创建拉伸"子选项卡，如图 14-2。

图 14-2　"修改｜创建拉伸"子选项卡

- 如图 14-3（a），使用"拾取线" 、"线" 和"修剪/延伸为角部"工具，通过拾取外墙面、绘制和修剪方式，创建封闭拉伸轮廓线（左侧边线距离外墙面 600，下面边线和外墙面平齐）。

- 设置拉伸属性：在左侧"属性"选项板中设置以下参数。

  ◇ 设置"拉伸终点"为 450mm（室内外高差）。因为默认"拉伸起点"为 0、"工作平面"为"标高：室外地坪"，由此决定由室外地坪向上拉伸台阶到 F1。

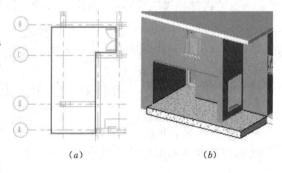

图 14-3　实心拉伸

  ◇ 单击"材质"参数的值"按类别"，再单击右侧出现的小按钮 ，从"材质"对话框列表中选择"混凝土-现场浇注混凝土"材质，单击"确定"关闭对话框。

- 功能区单击"√"工具创建了台阶主体，结果如图 14-3（b）。

3）剪切台阶踏步：

- 在"室外地坪"平面视图中，单击"常用"选项卡"形状"面板中的"空心形状"工具，从下拉菜单中选择"空心放样"命令，打开"修改｜放样"子选项卡，如图 14-4。

图 14-4　"修改｜放样"子选项卡

- 拾取放样路径：

  ◇ 单击功能区"拾取路径"工具，打开"修改｜放样＞拾取路径"子选项卡，默认选择"拾取三维边"工具。

◇ 移动光标单击拾取拉伸台阶的左侧和下部边线创建连续的放样路径线，如图 14-5（a）。在选择的第 1 条边上出现一个工作平面，将用于绘制放样轮廓。

◇ 功能区单击"√"工具完成路径，结果如图 14-5（b）。

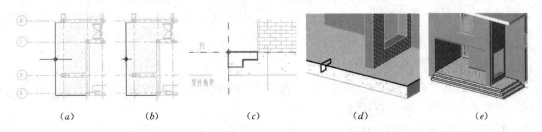

（a）　　　（b）　　　（c）　　　（d）　　　（e）

图 14-5　空心放样

- 创建放样轮廓：

◇ 完成路径的同时，自动打开"轮廓"子选项卡，如图 14-6。

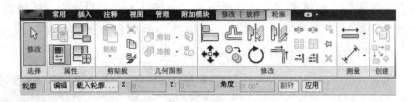

图 14-6　"轮廓"子选项卡

◇ 单击选项栏"编辑"按钮，在"转到视图"对话框中选择"立面：南立面"，单击"打开视图"后自动切换到南立面视图准备绘制放样轮廓。同时显示"修改｜放样＞编辑轮廓"子选项卡，如图 14-7。

图 14-7　"修改｜放样＞编辑轮廓"子选项卡

◇ 单击"线" ∕ 绘制工具，如图 14-5（c），在台阶左上角参照平面交点位置绘制要剪切的阶梯多边形（右下方两级台阶边线的宽度为 300mm，高度为 150mm）。

◇ 功能区单击"√"工具完成轮廓返回"轮廓"子选项卡。三维视图结果如图 14-5（d）。

- 功能区单击"修改｜放样"子选项卡中的"√"工具，自动从拉伸主体中剪切了台阶，结果如图 14-5（e）。

4）功能区单击"√ 完成模型"结束"内建模型"命令，创建了西立面台阶。

5) 同样方法创建南立面台阶，保存并关闭文件，结果请参见本书附赠光盘的"练习文件 \ 第 14 章"目录中的"江湖别墅-14-01 完成 .rvt"文件。

【提示】　本例采用实心拉伸和空心放样自动布尔运算的方式创建了台阶。选择台阶，单击"在位编辑"工具，可以返回族编辑器，然后再选择拉伸或放样模型，单击"编辑拉伸"或"编辑放样"工具，用和创建时一样的工具方法，编辑修改拉伸放样轮廓、放样路径，设置材质等属性参数，完成后即可更新模型。

14.1.2　散水

散水可以用实心"放样"工具创建，放样路径和轮廓的操作方法和台阶的空心放样一样。本节不再详细讲解，只讲述主要流程。

打开本书附赠光盘的"练习文件 \ 第 14 章"目录中的"江湖别墅-14-01 完成 .rvt"文件，打开"室外地坪"平面视图，缩放到左上角位置。

1) 单击"内建模型"命令，选择"常规模型"类别，单击"确定"。输入名称"散水"后单击"确定"，打开族编辑器，其他图形灰色显示。

2) 单击功能区"常用"选项卡"形状"面板中"放样"工具，再单击"绘制路径"工具，选择"线" ╱ 绘制工具，如图 14-8 (a)，沿外墙面绘制 2 条连续路径线（下方到台阶，上方右侧到坡道）。完成后单击"√"工具返回"修改 | 放样"子选项卡。

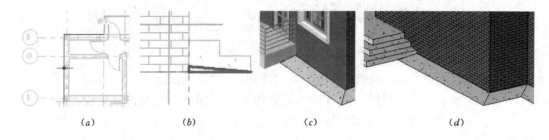

(a)　　　　　　(b)　　　　　　(c)　　　　　　(d)

图 14-8　实心放样散水

3) 单击"选择轮廓"-"编辑轮廓"工具，选择"立面：北立面"单击"打开视图"自动切换到北立面准备绘制放样轮廓。选择"线" ╱ 绘制工具，如图 14-8 (b)，在墙角外侧绘制三角形轮廓（宽 600mm、高 50mm）。完成后单击"√"工具。

4) 功能区单击"修改 | 放样"子选项卡中的"√"工具，创建了第 1 段散水散水。

5) 选择散水，在"属性"选项板中设置"材质"参数为"混凝土-现场浇注混凝土"，完成后的散水如图 14-8 (c)。

6) 同样方法在建筑右上角外墙坡道和右侧台阶之间创建第 2 段散水，如图 14-8 (d)。

7) 单击功能区"√ 完成模型"工具结束"内建模型"命令。保存文件。

14.1.3　女儿墙

女儿墙的样式多种多样，从其创建方法来讲，大致可归纳为两种：墙和放样。对截面是矩形的女儿墙可以使用"墙"工具绘制一段矮墙来创建，对截面非矩形的女儿墙则用"放样"工具创建。

本节接上小节练习，用放样方式创建"江湖别墅"左侧二层平屋顶的女儿墙。在"江湖别墅-14-01 完成 .rvt" 文件中，打开 F3 平面视图。

1) 单击"内建模型"命令，选择"常规模型"类别，单击"确定"。输入名称"女儿墙"后单击"确定"，打开族编辑器，其他图形灰色显示。

2) 单击功能区"常用"选项卡"形状"面板中"放样"工具，再单击"拾取路径"工具，如图 14-9（a），单击拾取二层平屋顶的上左下边线创建放样路径线，并拖拽上下边线右侧端点和右侧外墙面平齐。完成后单击"√"工具。

3) 在"轮廓"子选项卡中，单击选项栏"编辑"按钮，选择"立面：西立面"单击"打开视图"自动切换到西立面准备绘制放样轮廓。选择"线"／绘制工具，如图 14-9（b），在北立面外墙面和平屋顶顶面交点位置右上方绘制直角梯形轮廓（底边宽 350mm、顶边宽 240mm、高 600mm）。完成后单击"√"工具。

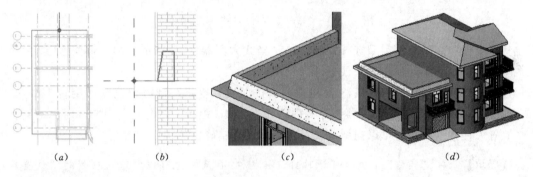

（a）　　　　（b）　　　　（c）　　　　（d）

图 14-9　实心放样女儿墙

4) 功能区单击"修改 | 放样"子选项卡中的"√"工具，创建了女儿墙。选择女儿墙，在"属性"选项板中设置"材质"参数为"混凝土-现场浇注混凝土"。

5) 单击功能区"√ 完成模型"工具结束"内建模型"命令，女儿墙如图 14-9（c）。

6) 保存并关闭文件，结果请参见本书附赠光盘的"练习文件＼第 14 章"目录中的"江湖别墅-14-02 完成 .rvt"文件。完成后的"江湖别墅"模型外观如图 14-9（d）。

【提示】　本节以台阶、散水、女儿墙为例，简要介绍了"内建模型"的创建方法，更多"内建模型"的操作方法请参考"第 15 章 自定义构件族"。

14.2　卫浴装置、家具、照明、电梯、雨篷等

对于卫浴装置、家具、照明设备、家用电器、电梯、雨篷等各种常用标准构件，则可以使用"构件"工具的"放置构件"命令快速布置，并通过修改其属性参数创建其他尺寸规格类型。

14.2.1　卫浴装置

本书提供的样板文件 R-Arch 2011 _ chs.rte 中已经内置了几个常用的卫浴装置，可以直接选择使用，也可以从 Revit Architecture 的构件库"Metric Library"-"卫浴装置"目录中载入更多的 2D、3D 卫浴装置使用。

　　打开本书附赠光盘的"练习文件 \ 第 14 章"目录中的"江湖别墅-14-02 完成 .rvt"文件，打开 F1 平面视图，缩放到一层平面左上角房间位置。

1. 布置卫浴装置

1）单击功能区"常用"选项卡"构建"面板中"构件"工具的下拉三角箭头，从下拉菜单中选择"放置构件"命令。"修改 | 放置构件"子选项卡如图 14-10。

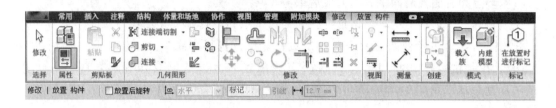

图 14-10　"修改 | 放置构件"子选项卡

2）从"属性"选项板的类型选择器中选择"坐式大便器-3D"族的"M_盥洗室-家用-三维"类型，移动光标出现大便器的预览图形。

3）移动光标到西立面 MWC1518 窗内房间，按两次"空格"键将预览图形旋转 180°角。如图 14-11（a），捕捉大便器到左侧内墙面为 800，距离下面内墙面为 500 时单击鼠标放置大便器（放置后可以立即编辑蓝色临时尺寸精确定位构件位置）。

　　【提示】　按"空格"1 次键可递时针旋转构件 90°角。也可以勾选选项栏的"放置后旋转"选项，先单击放置构件后再直接旋转构件方向。

4）同样方法，从类型选择器中选择"M_小便池-墙-三维"放置在大便器对面墙上，选择"M_地漏 1"放置在大便器右侧。完成后如图 14-11（b）。

　　【提示】　"M_小便池-墙-三维"和门窗一样是基于墙的构件，可以自动识别墙放置。

5）单击功能区"载入族"工具，定位到构件库"Metric Library"-"卫浴装置"-"3D"目录中，选择"台盆-多个 3D.rfa"后单击"打开"载入到项目文件中。

6）按两次"空格"键将预览图形旋转 180°角，单击捕捉卫生间右下角点方式两联台盆，如图 14-11（c）。图 14-11（d）为临时隐藏西立面外墙和窗后显示的卫生间布局。

7）保存"江湖别墅-14-02 完成 .rvt"文件。

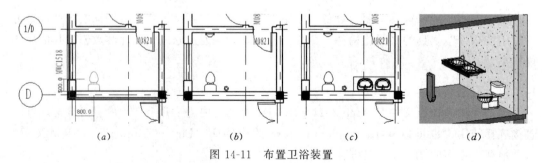

（a）　　　　　　　　（b）　　　　　　　　（c）　　　　　　　　（d）

图 14-11　布置卫浴装置

【提示】　上述大便器、小便池、台盆都是三维构件，可以在任意平立剖等视图中显示。而地漏是二维构件，只能在放置它的平面视图中显示。

2. 编辑卫浴装置

选择两联台盆，"修改｜卫浴装置"子选项卡如图 14-12。

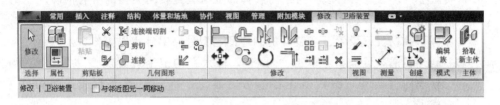

图 14-12　"修改｜卫浴装置"子选项卡

1）"属性"选项板：不同的构件，其设备参数不同，本节以两联台盆为例，简要讲述。

- 图元类型和实例属性参数：选择两联台盆后，左侧的"属性"选项板显示两联台盆的类型和实例属性参数，如图 14-13。编辑图元类型和实例参数，确定后只改变当前选择的卫浴装置。

  ◇ 类型选择器：从类型选择器中选择其他卫浴装置构件类型，可以快速创建其他类型卫浴装置构件

  ◇ 限制条件类："标高""偏移"设置构件所在的楼层标高和高度偏移，勾选"与邻近图元一同移动"选项则可以跟随附近的构件一同移动位置。

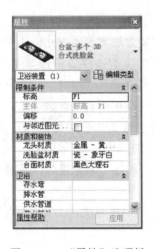

图 14-13　"属性"选项板

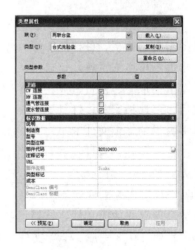

图 14-14　类型属性

  ◇ 材质和装饰类：可以设置龙头、洗面盆、台面等的材质。

  ◇ 尺寸标注类："洗面器间距"设置两个面盆之间的中心距离；"洗面器数量"可以设置多面盆数量；"左侧距墙"指定左侧面盆中心到台面左边界距离；"右侧距墙"指定右侧面盆中心到台面右边界距离；"台面总长"自动计算（"洗面器间距"＋"左侧距墙"＋"右侧距墙"）；"台面高度"设置台面距地面高度。

◇ 卫浴、机械类：在 Revit MEP 建筑设备软件中有用，指定与面盆连接的管道、管件类型及给排水系统名称。

◇ 标识数据和阶段化类：设置卫浴装置的注释、标记、创建阶段等参数。

- 类型属性：单击"编辑类型"按钮，打开"类型属性"对话框，如图 14-14。编辑类型参数，确定后将改变与当前选择的卫浴装置相同类型的所有构件。

◇ 卫浴类：可勾选相关连接选项。

◇ 标识数据类：设置卫浴装置的制造商、型号、部件代码等参数。

◇ 新建卫浴装置类型：单击"复制"，输入新的卫浴装置类型"名称"后可以新建构件类型，编辑前述各参数后确定，将只替换当前选择的构件为新类型。

2）"拾取新主体"：对有主体的构件，如本例中的小便池，单击"拾取主体"工具，再单击拾取其他墙，可以移动小便池的位置。

3）"编辑族"：选择卫浴装置构件，单击"编辑族"工具，可以打开该构件的原始族文件，在位编辑后可保存修改，并重新载入到项目文件中更新所有同类型构件。

4）临时尺寸与鼠标控制：选择卫浴装置构件后，可编辑蓝色临时尺寸精确定位构件位置；单击蓝色反转方向符号 ↕ 或 ↔，即可调整构件的左右、前后方向。

5）移动、复制、阵列、镜像等常规编辑命令：除上述编辑工具外，还可以使用"修改｜卫浴装置"子选项卡"修改"面板中的移动、复制、旋转、阵列、镜像等编辑工具，以及"复制"、"粘贴""对齐粘贴"等命令来编辑卫浴装置构件。

14.2.2 家具、家用电器、照明设备等

其他家具、橱柜、各种照明灯具等设备构件，其布置方法和编辑方法同上节卫浴装置构件，本节不再详细讲解，请自行从"放置构件"工具的类型选择器中选择需要的构件，单击或单击拾取墙、楼板、天花板等构件主体放置，并用临时尺寸精确定位构件位置。布置完成后，可选择家具、灯具等构件，查看其"属性"选项板中各项参数设置。

本书提供的样板文件 R-Arch 2011_chs.rte 中已经内置了几个常用的办公桌、椅子、餐桌、沙发、茶几、台灯、壁灯构件，可以直接选择使用，也可以从 Revit Architecture 的构件库"Metric Library"-"家具"、"橱柜"、"专用设备"、"照明设备"目录中载入更多的 2D、3D 室内外配件族使用。

完成后保存并关闭文件，结果请参见本书附赠光盘的"练习文件＼第 14 章"目录中的"江湖别墅-14-03 完成.rvt"文件，如图 14-15。

14.2.3 电梯

电梯的创建和编辑方法同上节的卫浴、家具、橱柜、照明设备等构件，可以直接从样板文件中选择放置，或从 Revit Architecture 的构件库"Metric Library"-"专用设备"-"电梯"目录中选择其他样式载入项目文件放置后编辑。电梯和卫浴等构件的不同之处是：电梯是贯穿整个楼层的，在每层平面图中都需要显示，但电梯构件只能有一个。

打开本书附赠光盘的"练习文件＼第 14 章"目录中的"14-01.rvt"文件，打开 F1、F4 平面视图，并平铺显示两个视口，缩放视图到左上角楼梯间位置。楼梯间已经用"竖

图 14-15　厨房、餐厅、客厅布置

井"洞口命令创建了洞口。

1）单击功能区"常用"选项卡"构件"工具的"**放置构件**"命令，从类型选择器中选择"C_电梯"族"DT 2015"类型，需要时可以单击"编辑类型"新建其他尺寸规格电梯类型。

2）移动光标出现电梯平面预览图形，单击捕捉电梯间左下角点放置电梯。

3）从类型选择器中选择"电梯门"族"DTM1021"类型，移动光标到电梯间南墙内墙面上自动捕捉中点位置单击放置电梯门。

4）在 F4 平面视图中可以看到，图中没有显示电梯和电梯门，需要手动处理：

- 在 F1 平面图中单击选择电梯，在"属性"选项板中设置"楼层高度"参数为 12000。

- 在 F1 平面图中单击选择电梯门，单击"修改｜专用设备"子选项卡"剪贴板"面板中的"复制到剪贴板"工具，再单击"粘贴"-"与选定的标高对齐"命令，在对话框中选择"F2、F3、F4"，单击"确定"复制电梯门到其他楼层。

- 完成后所有平面图中的电梯和电梯门正确显示，如图 14-16。保存文件。

【提示】　并非"Metric Library"库里所有的电梯族文件都有"楼层高度"参数可以设置电梯平面显示。

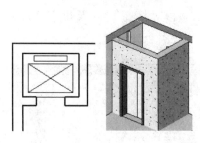

图 14-16　电梯

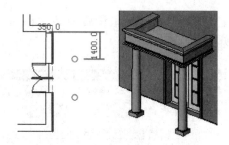

图 14-17　雨篷

14.2.4　雨篷

本书的样板文件 R-Arch 2011_chs. rte 中没有提供雨篷构件，可以从 Revit Architecture 的构件库"Metric Library"-"环境"目录中选择凉篷、门头、天棚等构件载入后使用。

1）接上节练习，单击"放置构件"命令，单击"载入族"工具，定位到"环境"目录中选择"门头 02.rfa"单击"打开"。

2）按"空格"键一次，旋转构件方向，如图 14-17 移动光标到东立面双开门位置，捕捉外墙面中点位置单击放置。

3）选择刚放置的门头，单击"图元属性"可以修改相关的各项尺寸参数，创建不同尺寸规格的构件。

4）完成后保存并关闭文件，结果请参见本书附赠光盘的"练习文件 \ 第 14 章"目录中的"14-01 完成 .rvt"文件。

以上的卫浴、家具、橱柜、照明设备、电梯、雨篷等室内外标准构件，形状构造多种多样，库中可用的构件不一定能满足具体项目的需要，可以在现有构件基础上编辑修改创建新的构件，或从头自定义自己的构件，具体的自定义方法请参见"第 15 章 自定义构件族"。

14.3　天　花　板

在建筑专业设计中，天花板用的比较少，一般到后期机电安装、室内装修时才用到。而且除自动天花板的创建方法外，其他天花板的创建和编辑方法同楼板完全一样，因此本书不做详细讲解，只对不同之处做详细介绍。

14.3.1　创建自动天花板

对卫生间、厨房等空间的以墙为边界的简易平面天花板，可以使用自动天花板功能快速拾取创建。

打开本书附赠光盘的"练习文件 \ 第 14 章"目录中的"江湖别墅-14-03 完成 .rvt"文件，从项目浏览器中打开"天花板平面"节点下的"F1"平面视图和"三维视图"节点下的"厨房"透视图，并平铺显示两个视口，缩放到左上角厨房位置。

1）在 F1 天花板平面视图中，单击功能区"常用"选项卡"构建"面板中的"天花板"工具，"修改 | 放置天花板"子选项卡如图 14-18。默认选择"自动创建天花板"工具。

2）在"属性"选项板中设置参数"标高"为 F1、"相对标高"（天花板高度）参数为 2700。

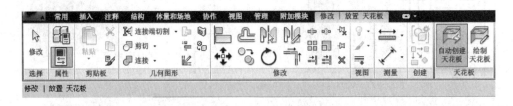

图 14-18　"修改 | 放置天花板"子选项卡

3）从类型选择器中选择"复合天花板"的"600mm×600mm 轴网"类型。移动光标到厨房房间内，系统自动加粗红色亮显厨房的墙边界，如图 14-19（a），单击鼠标即可创建厨房天花板。如图 14-19（b）、（c）。

4）同理设置"相对标高"为 2600，在左侧的卫生间内单击创建天花板。

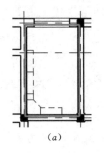
（a）

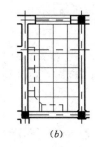
（b）

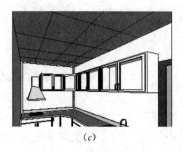
（c）

图 14-19　自动天花板

5）功能区单击"修改"或按 Esc 键结束"天花板"命令。保存并关闭文件，结果请参见本书附赠光盘的"练习文件＼第 14 章"目录中的"江湖别墅-14-04 完成.rvt"文件。

14.3.2　绘制天花板和斜天花板

对没有封闭墙边界房间的天花板，以及图 14-20 的斜天花板、比较复杂的组合天花板，则可以采用"修改｜放置天花板"子选项卡中的"绘制天花板"工具创建。

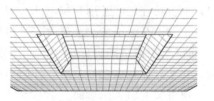
图 14-20

"绘制天花板"的操作方法、斜天花板的坡度设置方法和"楼板"的创建方法完全一样，本节不再详细讲解，请参考"8.1　平楼板"和"8.2　斜楼板"两节内容。下面简要说明创建过程。

1）单击"天花板"-"绘制天花板"工具，显示"修改｜创建天花板边界"子选项卡，如图 14-21。

2）在"属性"选项板中，选择天花板类型，设置"标高""相对标高"参数。

3）单击"边界线"工具，用"线" ╱ 或"矩形" ▭ 绘制工具，绘制封闭天花板边界。如果是斜天花板，可用"坡度箭头"或设置边线"属性"的方式设置天花板坡度。

图 14-21　"修改｜创建天花板边界"子选项卡

4）功能区单击"√"工具即可创建天花板。

14.3.3　编辑天花板

选择天花板，"修改｜天花板"子选项卡如图 14-22，可以使用和楼板一样的图元

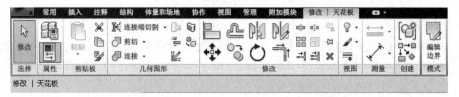

图 14-22　"修改｜天花板"子选项卡

183

"属性"参数、编辑边界、移动复制等编辑方法编辑天花板。详细请参考"8.1.2 编辑平楼板"，本节不再详述。

14.4　模型文字、模型线、模型组

14.4.1　模型文字

对一些建筑上的立体文字标记、指示牌等，可以使用"模型文字"快速创建，如图 14-23 示意。

1. 创建模型文字

打开本书附赠光盘的"练习文件 \ 第 14 章"目录中的"14-01 完成 .rvt"文件，打开东立面视图。

1) 单击功能区"常用"选项卡"模型"面板中的"模型文字"工具，在弹出的"工作平面"对话框中选择"拾取一个平面"，单击"确定"。

2) 移动光标在东立面入口处外墙上单击，将外墙面设置为放置模型文字的工作平面。

图 14-23　模型文字

3) 在弹出的"编辑文字"对话框中输入"江湖别墅"，单击"确定"后跟随光标出现文字的预览图形。移动光标到 4 层墙上单击即可放置文字。

4) 选择文字，在"属性"选项板中，设置"材质"参数为"金属-不锈钢"，"深度"为 100。结果如图 14-24。

【提示】　当在平面和三维视图中，不设置工作平面时，系统默认把模型文字放置在 F1 或当前平面视图标高工作平面上。

图 14-24　模型文字

2. 编辑模型文字

选择模型文字，"修改｜常规模型"子选项卡如图 14-25，可以使用图元"属性"编辑、类型选择器、编辑文字、移动复制等编辑方法编辑模型文字。本节简要描述如下：

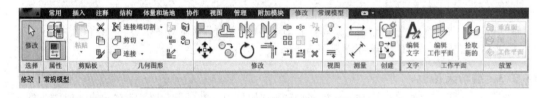

图 14-25　"修改｜常规模型"子选项卡

1) "属性"选项板：

- 类型选择器：可以从类型选择器中选择其他文字样式快速替换当前选择的文字。

- 实例属性参数：可设置文字的内容，"水平对齐"、"材质"、"深度"等参数，完成后只影响当前选择的模型文字。

- 类型属性参数：可设置文字的"文字字体"、"文字大小"、"粗体"、"斜体"等参数，完成后将改变与当前选择的文字相同类型的所有模型文字。可单击"复制"新建模型文字类型，设置上述参数后只替换选择的文字为新的文字类型。

2）"编辑文字"工具：选择模型文字，功能区单击"编辑文字"可以重新编辑文字内容。

3）工作平面：选择模型文字，单击"编辑工作平面"工具可以重新拾取文字的放置面；单击"拾取新主体"工具可以将文字移动到别的主体面上。

4）移动复制等常规编辑命令：移动、复制、镜像等常规编辑命令编辑模型文字。

完成上述练习后，保存并关闭文件，结果请参见本书附赠光盘的"练习文件\第 14 章"目录中的"14-02 完成.rvt"文件。

14.4.2 模型线

对一些需要在所有平立剖视图中显示的线条图案，可以使用功能区"常用"选项卡"模型"面板中的"模型线"工具绘制或拾取创建，如图 14-26 示意。

"模型线"的各种直线、矩形、圆、弧、椭圆、椭圆弧、样条曲线的绘制方法详见"2.2.1 绘制模型线"，本节不再详述。和模型文字一样，绘制模型线时一般需要先设置工作平面。

图 14-26 模型线

"模型线"的编辑方法也非常简单，选择模型线后，可以用鼠标拖拽端点控制柄或修改临时尺寸的方式改变模型线的长度、位置等，也可以用移动、复制、镜像、阵列等各种编辑方法任意编辑，本节不再详述。

14.4.3 模型组

在"13.1 阳台与扶手"中的已经使用"创建组"工具创建了"右侧阳台"组。本节将详细讲解模型组的创建与编辑方法。

1. 组的概念

Revit Architecture 的"组"非常类似与 AutoCAD 的"块"功能，在设计中可以将项目或族中的多个图元组成组，然后整体复制、阵列多个组的实例。在后期设计中当编辑组中的任何一个实例时，其他所有相同的组实例都可以自动更新，提高设计效率。此功能对于布局相同的标准间设备布置、标准户型设计或标准层设计非常有用。

Revit Architecture 的"组"有以下 3 种类型：

- 模型组：由墙、门窗、楼板、模型线等模型图元组成的组称为模型组。
- 详图组：由文字、填充区域、详图线等视图专有图元组成的组称为详图组。
- 附着详图组：由与特定模型组相关联的视图专有图元（如门窗标记等）组成的组称为附着详图组。必须先创建模型组，再选择与模型组中的图元相关的视图专有图元创建附着详图组，或在创建模型组时同时选择相关的视图专有图元后自动同步创建模型组和附着详图组。一个模型组可以关联多个附着详图组。

本节将详细讲解模型组与附着详图组的创建和编辑方法，详图组将在后面的详图设计相关内容中讲解。

2. 创建模型组与附着详图组

打开本书附赠光盘的"练习文件 \ 第 14 章"目录中的"14-03.rvt"文件，打开 F1 平面视图和默认三维视图，并平铺显示两个视口。

1) 在 F1 平面图中窗选所有的图元，单击功能区"修改｜选择多个"子选项卡的"过滤器"工具，在"过滤器"对话框中单击"放弃全部"后，再勾选"窗"和"窗标记"，单击"确定"选择了一层所有的窗。

2) 单击功能区"创建"面板的"创建组"工具，如图 14-27 输入"标准层窗"为模型组"名称"、输入"标准层窗标记"为附着详图组"名称"，单击"确定"创建了窗模型组及窗标记附着详图组。

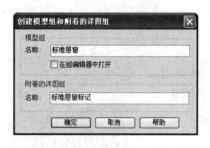
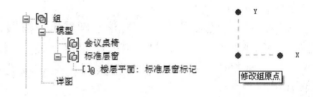

图 14-27　创建组　　　　　图 14-28　项目浏览器中的组　　图 14-29　修改组原点

3) 展开项目浏览器中"组"-"模型"节点，可以看到当前文件中的模型组名称，及与模型组相关的附着详图组名称，如图 14-28。保存文件。

3. 放置模型组与附着详图组

创建好的组，可以使用复制、镜像、阵列、复制与粘贴等常规编辑工具，快速创建其他组实例，达到重复使用的目的。同时，Revit Architecture 还提供了一个专用的"放置模型组"工具。

1) 修改组原点：接上节练习，在 F1 平面视图中单击选择模型组"标准层窗"，在组图形中心位置出现 3 个拖拽控制柄，如图 14-29。其作用如下：

- 组原点：组原点是放置组时的插入点。鼠标拖拽 X、Y 轴原点的蓝色实心点控制柄，即可移动原点到其他方便捕捉放置的位置。本例拖拽组原点到外墙左上角点位置。
- 端点控制柄：鼠标拖拽 X、Y 轴端点的蓝色实心点控制柄，可以绕 Z 轴旋转原点。
- X、Y 翻转：单击 X、Y 文字即可翻转 X、Y 轴方向。

2) 放置模型组：打开 F2 平面视图，单击功能区"常用"选项卡"模型"面板中的"模型组"工具，从下拉菜单中选择"放置模型组"命令。从"放置组"子选项卡的类型选择器中选择"标准层窗"模型组，移动光标单击捕捉 F2 层外墙左上角点位置即可放置组。

3) 附着详图组：选择 F2 层的"标准层窗"模型组，单击功能区"修改｜模型组"子选项卡的"附着的详图组"工具，在"附着的详图组放置"对话框中勾选"楼层平面：标准层窗标记"，单击"确定"自动放置了窗组的标记详图组。保存"14-03.rvt"

文件。

　　【提示】　在项目浏览器中"标准层窗"模型组上点鼠标右键，选择"创建实例"命令，也可以启动"放置模型组"命令。

4. 编辑组

　　以下编辑方法适用于所有的模型组、详图组和附着详图组。

　　接上节练习，打开 F1 平面视图，单击选择左上角房间中的"会议桌椅"模型组，"修改│模型组"子选项卡如图 14-30。

图 14-30　"修改│模型组"子选项卡

1）"属性"选项板：选择组，可设置"参照标高"和"原点标高偏移"参数以控制组的垂直高度位置。

2）"编辑组"：选择左上角房间中的"会议桌椅"模型组，单击"编辑组"工具，将显示"常用"选项卡和"编辑组"浮动面板，如图 14-31，各项功能如下：

- 可以使用"常用"选项卡的各种图元创建工具、"修改"选项卡中的各种编辑工具在组中创建新图元、编辑已有各图元的类型、位置等。

图 14-31　"编辑组"面板

- "添加"组图元：单击"添加"工具，所有组图元及组实例灰色显示，其他非组图元亮显。单击拾取会议桌上方的椅子，椅子即成为组图元并灰色显示。可继续单击拾取其他非组图元。
- "删除"组图元：单击"删除"工具，再单击拾取要删除的组图元即可从组中删除图元（该图元依然在项目中）。

　　【提示】　添加/删除图元时，如果选项栏勾选"多个"则可以用窗选或交叉窗选方式一次选择多个图元，但选择完成后必须单击"完成"按钮结束"添加"或"删除"命令。

- "附着"详图：同上小节，单击"附着"可以附着与模型组相关的附着详图组。
- 完成上述组编辑后（本例只添加会议桌上方的椅子），单击"√ 完成"后，所有相同的组实例全部自动在会议桌靠窗一侧增加一把椅子（下方的组是镜像而来，所以同样在会议桌靠窗一侧增加一把椅子），如图 14-32。

3）"解组"：选择右下角房间"会议桌椅"模型组，单击"解组"即可。解组后的图元各自独立存在，和原先的组实例间不再有关联关系。

4）转换组为链接模型：选择左上角房间中的"会议桌椅"模型组，单击"链接"工具，如图 14-33 选择其中一项后即可将组转换为外部独立的 Revit 项目文件，以备后用。同时选择的组实例由组转换为链接模型，和其他组实例间不再有关联关系。

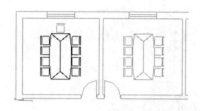 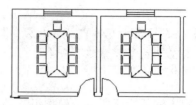

图 14-32　添加组图元前后对比

- "替换为新的项目文件"：选择该项，在"保存组"对话框中设置保存路径，输入新的文件名称（默认名称与组名相同），单击"保存"即可。

- "替换为现有项目文件"：选择该项，在"打开"对话框中找到以前已经保存过的组文件，选择后单击"打开"即可更新原来的文件。

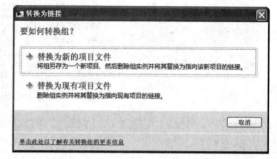

图 14-33　转换组

5）移动复制等常规编辑命令：可以用"修改｜模型组"子选项卡中的移动、复制、阵列、镜像、复制和粘贴等常规编辑命令编辑组。

6）相似组——从组实例中排除图元：此功能可以创建高度相似但局部不同的组实例。

- 排除：移动光标到右上角房间"会议桌椅"模型组中上方中间的椅子上，按 Tab 键椅子亮显时单击选择椅子，椅子右上方出现"排除"符号⏣，如图 14-34。单击该符号，或从右键菜单中选择"排除"命令，即可从组中排除椅子并隐藏该椅子的显示（在家具统计表中不统计排除的椅子，移动光标到组上时可显示排除的椅子）。

- 移到项目：移动光标到右侧的第 1 把椅子上，按 Tab 键单击选择，从右键菜单中选择"移到项目"命令，则将椅子从组中移动到项目里相同位置显示（不隐藏显示，家具统计表照常统计椅子）。

- 恢复：要将排除或移动到项目中的图元恢复到组中，同样要先按 Tab 键选择图元，再单击"排除"符号⏣或从右键菜单中选择"恢复排除的成员"命令即可。需要特别注意的是"移到项目"的图元恢复以后，在项目中相同位置的图元并没

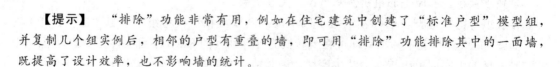

图 14-34　排除图元

有删除，因此在同一位置有两个重叠的图元，系统会自动报警提示，需要手动选择后删除。

【提示】　"排除"功能非常有用，例如在住宅建筑中创建了"标准户型"模型组，并复制几个组实例后，相邻的户型有重叠的墙，即可用"排除"功能排除其中的一面墙，既提高了设计效率，也不影响墙的统计。

7）保存组和载入组：

- 保存组：在项目浏览器中选择组名称，从右键菜单中选择"保存组"命令即可把组保存为外部独立的 Revit 项目文件，以备后用。
- 载入组：单击功能区"插入"选项卡"从库中载入"面板中的"作为组载入"工具，即可把外部的 Revit 项目文件作为组载入到项目中，然后即可用"放置模型组"命令放置到图形中使用。
- "作为组载入到打开的项目中"：单击功能区"常用"选项卡"模型"面板中的"模型组"工具，从下拉菜单中选择"作为组载入到打开的项目中"命令，即可将当前的项目文件作为组载入到另一个已经打开的 Revit 项目文件中使用。

完成上述练习后，保存并关闭文件，结果请参见本书附赠光盘的"练习文件 \ 第 14 章"目录中的"14-03 完成.rvt"文件。

"基础 12 式"第 11 式"锦上添花"——室内外常用构件及其他！至此，您已经学完了"34 式 RAC"中的"基础 12 式"中的 11 式：从柱子、墙到室内外构件。RAC 金刚不坏之身，配以五脏六腑与四肢的点缀，您已经登堂入室，真正进入了 RAC 神奇的殿堂。

掌握了 RAC 的基本套路，可以在江湖中一试身手，通过实战积累经验了！正所谓"通过战争学习战争"嘛！当然仅有这些还远远不够，充其量只能算是一个有一定水平的"小师弟"，距离"大师兄"还差很多，更别说武林大侠了！

江湖险恶，为保证小师弟在闯荡江湖遇到突发事件时能全身而退，下面再传授小师弟"基础 12 式"中的最后一式"独门暗器"——自定义构件族！

第 15 章　自 定 义 构 件 族

在前面十几章的学习中，通过系统自带的墙、楼板、屋顶、楼梯等构件，从库中载入的门窗和卫浴族（卷帘门、两联台盆族等），以及内建的模型族（古城墙、台阶、散水、女儿墙）等，完成了建筑设计中绝大多数的构件设计，对族、类型的概念有了初步的认识。除此之外，对一些特殊形状的建筑构件，或者库中没有的其他常用标准构件，可以通过自定义的方式随时创建。

Revit Architecture 的自定义功能是完全开放的，不需要编写程序代码或脚本即可创建像门窗、家具等一样的参数化构件族。本章将前述各章所讲内容基础上，系统地讲解族的基本概念和创建与编辑方法。

15.1　族　概　述

1. 族基本概念

在本书开篇的 "1.1 Revit Architecture 基本概念" 中已经讲到了 "类别、族、类型和实例" 的基本概念，明白了族用于根据图元参数的共用、使用方式的相同和图形表示的相似来对图元类别进一步分组。

简单来说，族是一个包含通用属性参数集和相关图形表示的图元组合。添加到 Revit Architecture 项目中的所有图元（从墙、门窗、楼板、屋顶等模型构件，到用于对建筑模型创建施工图的详图索引、标记和详图构件等）都是利用族创建的。

族可以是二维族或三维族，但并非所有族都必须是参数化族。例如，墙、门窗都是三维参数化族；卫浴装置有三维族和二维族，有参数化族也有固定尺寸的非参数化族；门窗标记则是二维非参数化族。可以根据实际需要事先合理规划族三维、二维以及是否参数化。

2. 族分类

Revit Architecture 的族分为以下三类：

1) 系统族：

- 系统族是在 Revit Architecture 中预定义的，前面讲到的墙、楼板、屋顶、天花板、楼梯、坡道等需要在施工现场装配的基本图元，以及标高、轴网、图纸和视口类型、尺寸标注样式等能够影响项目环境的系统设置图元都属于系统族。

- 不能从外部载入系统族，也不能将其保存到项目文件之外。系统族只能在项目文件中图元的 "类型属性" 对话框中 "复制" 新的族类型，并设置其各项参数后保存到项目文件中，并在后续设计中可直接从类型选择器中选择使用。

2）可载入族：
- 可载入族用于创建系统族以外的通用建筑构件和一些注释图元族。前面讲到的门窗、家具、卫浴、照明等设备构件，以及门窗标记、标题栏等注释图元都属于可载入族。构件类可载入族的参数化程度一般很高，可极大地提高设计资源的重复利用率。
- 可载入族在外部 .rfa 文件中创建，然后载入到项目文件中使用。它是建筑设计中使用最多的族，可载入族的不断积累将组成自己的设计资源库，提高今后的设计效率。
- 可载入族可以互相嵌套，从而实现非常复杂的参数化可载入族。

3）内建族：
- 内建族适用于创建当前项目专有的独特图元构件，如前面的古城墙。
- 在创建内建族时，可以参照项目中其他已有的图形。当参照图形发生变化时，内建族可以相应的自动调整更新。例如"14.1.3 女儿墙"，创建放样时拾取了平屋顶边界为路径，则当平屋顶边界改变后，女儿墙可以自动跟随调整。

3. 族编辑器

无论是可载入族，还是内建族，族的创建和编辑都是在族编辑器中创建族几何图形，设置族参数和族类型的。在前面古城墙、台阶等的"内建模型"子选项卡中已经对族编辑器有了初步的认识，本小节不详细描述，在后面的内容中将详细讲解族编辑器中的主要功能。

15.2 系 统 族

如前所述，系统族是在 Revit Architecture 中预定义的，墙、楼板、屋顶、天花板、楼梯、坡道等都属于系统族。系统族的创建和编辑方法，在前面章节中已经有了详细讲解，在后面的相关章节中还将继续讲述。本节不再赘述。

15.3 自定义可载入构件族及技巧分析

前面讲到，可载入族用于创建系统族以外的通用建筑构件和一些注释图元族。注释图元族将在后续相关内容中详细讲解，本节将以三维参数化建筑构件族为例，系统地详细讲解自定义三维模型的各种方法、自定义可载入族的基本流程与设计技巧等。

15.3.1 新建族与族样板文件

自定义可载入族的第 1 步是新建族文件：单击 Revit Architecture 主界面左上角的"R_A"图标，打开"应用程序菜单"，选择"新建"-"族"命令，打开"新族-选择样板文件"对话框，并自动定位到族样板文件库"Metric Templates"目录，如图 15-1。

自定义可载入族的第 2 步是选择族样板文件：从图 15-1 的"新族-选择样板文件"对话框选择某一个类别的族样板文件，然后单击"打开"即可进入族编辑器。

图 15-1　选择族样板文件

Revit Architecture 系统中根据不同构件类别预定义了很多不同的族样板文件，样板文件为 .rft 格式，文件中预置了不同的参照平面、属性参数等，可以快速创建不同的可载入族。在样板文件库"Metric Templates"目录中，Revit Architecture 的样板文件分以下 4 大类：

1）标题栏：目录中的"A0 公制 .rft"等用于创建自定义标题栏族。

2）概念体量：目录中的"公制体量 .rft"用于创建概念体量族。

3）注释：目录中的"M_窗标记 .rft"用于创建门窗标记、详图索引标头等注释图元族。

4）构件：除 1）、2）、3）3 个目录之外的其他族样板文件都用于创建各种模型构件和详图构件族。这些样板文件又细分为两大类：

- 常规族样板：所有"公制 * .rft"族样板文件都是没有主体的构件族样板文件（"公制窗 .rft"、"公制门 .rft"属于自带墙主体的常规构件族样板）。

- 基于主体的族样板：其他基于墙、基于楼板、基于屋顶、基于天花板、基于面、基于线的"基于 * 的公制 * .rft"都属于可以放置到对应主体上的构件族样板。

15.3.2　自定义建模方法

不同构件族其形状各式各样，需要使用不同的建模方法创建其三维模型，这是自定义可载入构件族的一个至关重要的工作内容。在正式创建自定义可载入构件族之前，本小节先以创建"常规模型"为例，系统地讲解自定义"实心"和"空心"形状的 5 类建模方法。

按上小节的方法，"新建"-"族"，从图 15-1 的"新族-选择样板文件"对话框选择"公制常规模型 .rft"为族样板文件，单击"打开"进入族编辑器，功能区"常用"选项卡如图 15-2。平面图中的十字参照平面为构件的中心位置，因为本例重在讲解建模方法，因此将在这一个文件中创建几个不同的三维模型，不再参照现有的中心参照平面。

Revit Architecture 的形状建模有实心和空心两种类型："形状"面板中的"空心拉伸"、"空心融合"、"空心旋转"、"空心放样"、"空心放样融合"工具都是实心建模工具；单击"空心形状"，下拉菜单中同样有对应的 5 种空心建模方法，如图 15-3。

图 15-2　族编辑器的"常用"选项卡

- 使用实心的 5 种工具可以创建各种形状的实体模型。
- 使用空心的 5 种工具可以创建各种形状的空心模型，用于从实心实体模型中剪切洞口。

Revit Architecture 就是使用各种实心实体模型的组合，以及与空心模型之间进行布尔运算，来创建各式各样构件模型。

从项目浏览器中打开"参照标高"楼层平面视图和"视图 1"三维视图，并平铺显示两个视口，完成下面的练习。

1. 创建实心形状

1）拉伸：建模原理——在工作平面中绘制封闭轮廓线，在垂直方向拉伸该轮廓一定高度后创建柱状形状。

图 15-3　空心形状

- 在"参照标高"楼层平面视图中，功能区单击"常用"选项卡"形状"面板的"拉伸"工具，"修改｜创建拉伸"子选项卡如图 15-4。

图 15-4　"修改｜创建拉伸"子选项卡

- 绘制拉伸轮廓：用"矩形" ▭ 和"圆形" ⊙ 绘制工具，绘制一个 1000mm × 800mm 的矩形和半径为 200 的圆，如图 15-5（a）。

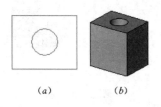

（a）　　　（b）

- 设置拉伸属性：在"属性"选项板中设置实例参数"拉伸起点"为 0、"拉伸终点"为 1000，其他"材质"、"可见"、"子类别"等参数选择默认。
- 功能区单击"√"工具，完成后的拉伸实体如图 15-5（b）。

图 15-5　拉伸

2）融合：建模原理——在两个平行面上分别绘制两个不同的封闭轮廓线，系统自动在两个边界间融合创建锥台形状。

- 在"参照标高"楼层平面视图中，功能区单击"常用"选项卡"形状"面板的"融合"工具，"修改｜创建融合底部边界"子选项卡如图 15-6。
- 绘制融合底部边界：用"矩形" ▭ 绘制工具，绘制一个 1000mm × 800mm 的

图 15-6　"修改｜创建融合底部边界"子选项卡

矩形。

- 绘制融合顶部边界：单击"编辑顶部"工具，显示"创建融合顶部边界"子选项卡（同图 15-6 类似）。用"线"✐绘制工具，在矩形内部绘制一个小的 4 边形。完成的边界如图 15-7（a）。

- 设置融合属性：在"属性"选项板中设置实例参数"第一端点"为 0、"第二端点"为 1000，其他"材质"、"可见"、"子类别"参数选择默认。

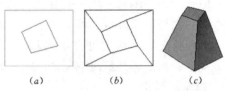

（a）　　（b）　　（c）

图 15-7　融合

- 功能区单击"√"工具，完成后的融合实体如图 15-7（b）、（c）。

3）旋转：建模原理——将封闭轮廓线围绕轴旋转某个角度（0～360°）创建旋转形状。

- 在"参照标高"楼层平面视图中，功能区单击"常用"选项卡"形状"面板的"旋转"工具，"修改｜创建旋转"子选项卡如图 15-8。

图 15-8　"修改｜创建旋转"子选项卡

- 绘制旋转轮廓：单击"边界线"工具，选择"线"✐绘制工具，如图 15-9（a），绘制一个直角梯形（上下底边长 500mm、200mm，右侧垂直边长 800mm）。

- 绘制轴线：单击"轴线"工具，选择"线"✐绘制工具，在梯形右侧 200mm 位置绘制一条垂直轴线（蓝色加粗显示），如图 15-9（a）。

【提示】　可以用"轴线"工具中的"拾取线"工具拾取已有边线创建轴线。

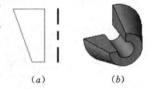

（a）　　　　（b）

图 15-9　旋转

- 设置旋转属性：在"属性"选项板中设置实例参数"起始角度"为 0°、"结束角度"为 270°，其他"材质"、"可见"、"子类别"参数选择默认。

- 功能区单击"√"工具，完成后的旋转实体如图 15-9（b）。

4）放样：建模原理——将封闭轮廓线沿一条连续路径拉伸，创建等截面的带状放样形状。

- 在"参照标高"楼层平面视图中，功能区单击"常用"选项卡"形状"面板的
"放样"工具，"修改｜放样"子选项卡如图 15-10。

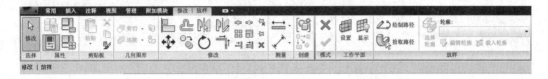

图 15-10 "修改｜放样"子选项卡

- 绘制路径：单击"绘制路径"工具，"修改｜放样＞绘制路径"子选项卡如图 15-
11。选择"线"／绘制工具，如图 15-12 (*a*)，绘制一条折线（边长 800mm、
1000mm、800mm）。单击"√"工具完成路径，返回"修改｜放样"子选项卡，
此时在绘制的首条路径线上的轮廓工作平面处于选择状态。

图 15-11 "修改｜放样＞绘制路径"子选项卡

【提示】　也可以使用"拾取路径"工具，拾取已有边线创建放样路径。方法同
"14.1 台阶、散水、女儿墙"中的放样。

- 绘制轮廓：单击"编辑轮廓"工具（如果已经取消选择轮廓工作平面，该工具不
亮显，需要先单击"选择轮廓"工具），在弹出的"转到视图"对话框中选择"立
面：前"，单击"打开视图"，系统自动
切换到前立面视图，并显示"修改｜放
样＞编辑轮廓"子选项卡（同图 15-11
类似）。选择"线"／绘制工具，在参照
平面中心点位置绘制直角梯形轮廓（上
下边长 200mm、400mm，垂直边长
600m），再用"圆形"◎绘制工具在梯

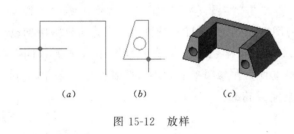

图 15-12 放样

形内绘制一个半径 100mm 的圆，如图 15-12 (*b*)。单击"√"工具完成轮廓。

【提示】　也可以使用"载入轮廓"工具，从库中载入外部轮廓族文件创建轮廓。

- 在"修改｜放样"子选项卡中单击"√"工具，完成后的放样实体如图 15-12
(*c*)。

5）放样融合：放样创建的是等截面的带状形状，放样融合则可以创建变截面的带状形状。
建模原理——首尾两个不同的封闭轮廓线，沿放样路径其截面逐渐融合而成。

- 在"参照标高"楼层平面视图中，功能区单击"常用"选项卡"形状"面板的

"放样融合"工具，"修改│放样融合"子选项卡如图 15-13。

图 15-13　"修改│放样融合"子选项卡

● 绘制路径：单击"绘制路径"工具，"修改│放样融合＞绘制路径"子选项卡如图 15-14。选择"起点-终点-半径弧" ⌒ 绘制工具，如图 15-15（a），绘制一条弧线（半径 800mm，左右端点间距 1500mm）。单击"√"工具完成路径，返回"修改│放样融合"子选项卡，此时在绘制的路径线上起点轮廓工作平面处于选择状态，功能区"选择轮廓 1"、"选择轮廓 2"、"编辑轮廓"、"载入轮廓"等工具可用。

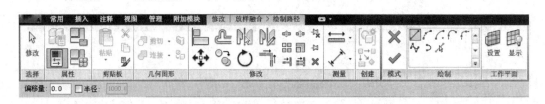

图 15-14　"修改│放样融合＞绘制路径"子选项卡

【提示 1】　此时如果单击图形空白处，将取消选择轮廓工作平面，"编辑轮廓""载入轮廓"工具不能使用。需要单击"选择轮廓 1"或"选择轮廓 2"工具才能激活。

【提示 2】　也可以使用"拾取路径"工具，拾取已有边线创建放样融合路径。但无论是绘制还是拾取，路径必须是单段线条，不能是连续的折线。

● 绘制轮廓 1：单击"选择轮廓 1"，再单击"编辑轮廓"工具，在弹出的"转到视图"对话框中选择"三维视图：视图 1"，单击"打开视图"，系统自动切换到已经打开的三维视图中，并显示"修改│放样融合＞编辑轮廓"子选项卡（同图 15-14 类似）。选择"矩形" ▭ 绘制工具，在参照平面中心点位置绘制一个 400mm ×200mm 的矩形，单击"√"工具完成轮廓。

● 绘制轮廓 2：同理单击"选择轮廓 2"，再单击"编辑轮廓"工具，在"三维视图：视图 1"中，选择"起点-终点-半径弧" ⌒ 和"线" ╱ 绘制工

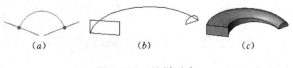

（a）　　　　（b）　　　　（c）

图 15-15　放样融合

具，在参照平面中心点位置绘制一个半径 100mm 的半圆，单击"√"工具完成轮廓。完成后的两个轮廓如图 15-15（b）。

【提示】　也可以使用"载入轮廓"工具，从库中载入外部轮廓族文件创建轮廓。

● 在"修改│放样融合"子选项卡中单击"√"工具，完成后的放样融合实体如图

15-15（c）。

完成上述练习后保存文件，结果请参见本书附赠光盘的"练习文件\第 14 章"目录中的"15-01 完成 .rvt"文件。

【提示】 在绘制上述封闭轮廓及路径时，选择的是默认的平面标高为工作平面而直接绘制，因此省略了设置工作平面的环节。真正项目设计中，需要根据需要选择楼层平面、参照平面或图元表面等作为工作平面，并切换到合适的视图中绘制。

2. 编辑实心形状

接上节练习，选择刚创建实心拉伸模型，功能区显示"修改｜拉伸"子选项卡，如图 15-16。单击"编辑拉伸"工具即可回到创建拉伸轮廓状态，重新编辑轮廓形状、设置拉伸"属性"参数等后，单击"√"工具即可更新模型。其他融合、旋转、放样、放样融合实心模型同理，本节不再逐一详细讲解。

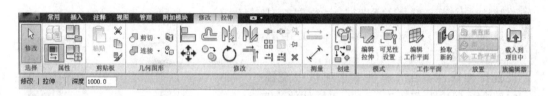

图 15-16 "修改｜拉伸"子选项卡

对拉伸、融合、旋转模型形状，选择形状后会出现蓝色三角形造型控制柄，单击并拖拽可改变其端面位置。

对融合与放样融合实心模型，补充一点"编辑顶点"功能。在创建融合和放样融合对象时，默认的两个截面的顶点会自动选择连接，如果需要手动设置顶点连接，可以使用该功能。"编辑顶点"功能可以在创建时使用，也可以在编辑时使用。

1）接上节练习。在"参照标高"平面视图中选择融合模型，功能区单击"编辑底部"（或"编辑顶部"）工具，再单击"编辑顶点"工具，显示"编辑顶点"子选项卡，如图 15-17。

2）"顶点连接"面板中的编辑工具功能如下：

- "向右扭曲"：单击即可向右扭曲融合模型，如图 15-18（a）、（b）。
- "向左扭曲"：单击即可向左扭曲融合模型。
- "重设"：单击可取消扭曲恢复原状。
- "底部控件"：单击显示底部边界顶点的蓝色虚线空心圆控制柄，单击空心圆即可变为实线实心圆控制柄，并创建一条新的顶点连接线，如图 15-18（c）、（d）。

图 15-17 "编辑顶点"子选项卡

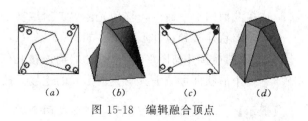

（a）　　　（b）　　　（c）　　　（d）

图 15-18 编辑融合顶点

- "顶部控件"：单击显示顶部边界顶点控制柄，使用方法同"底部控件"。
- 完成上述设置后，按 Esc 键或单击"修改"，再单击"√"工具即可更新模型。

3. 创建和编辑空心形状

　　空心形状必须和实心形状配合使用，不能创建只包含空心形状的族文件。空心形状的创建和编辑方法同前述实心形状完全一样，本节不再详细讲解。下面以拉伸为例简要描述。

1）接上节练习。在"参照标高"平面视图中，功能区单击"常用"选项卡"形状"面板的"空心形状"工具，选择"空心拉伸"工具，显示"修改｜创建空心拉伸"子选项卡（同图 15-4 的"修改｜创建拉伸"子选项卡）。

2）设置工作平面：单击"工作平面"面板中的"设置"工具，选择"拾取一个平面"后单击"确定"。如图 15-19 (a)，移动光标到拉伸模型的南立面边线上亮显时单击拾取作为绘制轮廓工作平面，选择"立面：前"单击"打开视图"切换到前立面视图。

3）绘制拉伸轮廓：选择"圆形" ⌒ 绘制工具在拉伸模型的前立面内绘制一个半径 200mm 的圆，如图 15-19 (b)。

4）设置拉伸属性：在"属性"选项板中设置实例参数"拉伸起点"为 0、"拉伸终点"为 800。

5）功能区单击"√"工具，在拉伸实体上剪切一个洞口，如图 15-19 (c)。

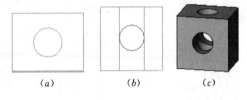

图 15-19　空心拉伸

6）保存并关闭文件，结果请参见本书附赠光盘的"练习文件 \ 第 15 章"目录中的"15-01 完成 . rvt"文件。

4. 连接和剪切几何图形

　　当一个几何图形比较复杂时，用上述某一种创建方法可能无法一次创建完成，需要使用几个实心形状合并，甚至再和几个空心形状剪切后才能完成。下面就来讲一下连接（合并）与剪切几何图形的方法。

　　打开本书附赠光盘"练习文件 \ 第 15 章"目录中的"15-01 完成 . rvt"文件，打开默认三维视图，在最右方有两个重叠的拉伸和融合实心形状与一个空心拉伸（该空心拉伸是复制过来的，没有自动剪切实心形状），如图 15-20 (b)。单击"修改"选项卡，完成下面的练习。

1）连接和取消连接：

- "连接几何图形"：单击"几何图形"面板中的"连接"下拉三角箭头，选择"连接几何图形"命令，移动光标单击拾取实心拉伸形状和实心融合形状，即可将融合形状连接到拉伸形状上，如图 15-20 (c)。按 Esc 键或"修改"结束命令。
- "取消连接几何图形"：选择"取消连接几何图形"命令，单击拾取已经连接的某一个形状即可取消其与其他形状的连接。按 Esc 键或"修改"结束命令。

　　【提示】　连接后的几何图形，仍然是两个对象，可以单独选择后编辑修改。

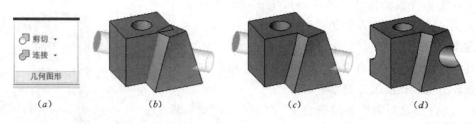

图 15-20　连接、剪切几何图形

2）剪切和取消剪切：

- "剪切几何图形"：单击"几何图形"面板中的"剪切"下拉三角箭头，选择"剪切几何图形"命令，移动光标单击拾取实心拉伸形状和空心拉伸形状，即可剪切洞口。同理单击拾取融合实心形状和空心拉伸形状，剪切洞口，结果如图 15-20（d）。按 Esc 键或"修改"结束命令。
- "取消剪切几何图形"：选择"取消连接几何图形"命令，单击拾取已经剪切的实心形状和空心形状，即可取消剪切。关闭"15-01 完成 . rvt"文件，不保存。

【提示】　连接、剪切、取消剪切几何图形时，可以勾选选项栏的"多重连接""多重剪切""多重不剪切"选项，一次处理多个几何图形。

15.3.3　自定义可载入构件族流程

自定义可载入构件族的过程，简单来说是一个规划、建模、参数化、测试的循环操作过程，直到创建满足要求的族文件为止。说起来简单，但真正做起来经常会有不满意的地方或者自定义效率低下等问题，为了提高设计效率和成果满意度，建议按下面的自定义流程操作：

1）规划族需求：在创建族（特别是一些复杂族）之前，从尺寸规格与控制参数、建模的详细程度、族原点、视图显示、主体 5 个方面综合考虑自定义需求的话，创建族将会变得更加容易，思路更加清晰。

2）选择族样板：新建族时根据族类别选择合适的族样板文件为基础模板。

3）创建族子类别：要将族的不同几何构件指定不同的线宽、线颜色、线型图案和材质，需要在该类别中创建子类别，并在创建几何图形后，设置图形的"子"类别参数。

4）创建族框架：确认族原点，绘制必要的定位参照平面，添加控制参数。

5）添加族参数：给几何图形或嵌套的族指定控制参数、新建其他参数等。

6）创建族几何图形：用上节的拉伸、融合、旋转、放样、放样融合创建族构件的几何形状，修改参数测试族变化。

7）管理族可见性和详细程度：设置几何图形在平立剖视图中在不同详细程度下的可见性与显示方式、绘制开启方向等符号线，以满足制图标准的显示要求。

8）新建类型：新建常用规格类型，设置相关参数等。保存族文件。

9）载入项目中测试族：将族载入到项目文件中，测试各项参数、观察显示效果，必要时重新修改族文件，并再次测试直到满意为止。

以上为自定义可载入构件族的基本流程，可根据实际情况灵活应用。为更好地理解自

定义可载入构件族的流程，本节将以图 15-21 的塑钢门
联窗为例，详细讲解其自定义过程。

1. 规划族需求

　　规划族需求将决定自定义建模的整体思路和设计细
节的建模方法，提高设计效率和质量。

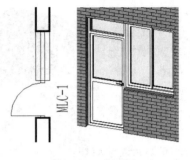

1）尺寸规格与控制参数：门联窗有 M2124、M2426 两
　　种常用规格，需要控制门宽度和高度、亮子高度、窗
　　宽度和高度、框材质和玻璃材质等参数。

图 15-21　门联窗

2）建模的详细程度：
　　● 门联窗由一扇单开门、一扇推拉窗和 1 个门把手
　　　　组成。可以把推拉窗、门把手单独创建族，然后载入到门联窗族中和门组合成门
　　　　联窗族。
　　● 为简化模型，窗框等塑钢型材不考虑内部结构，建成矩形实心框架。

3）族原点：族原点即族的插入点。推拉窗族以窗的中心点为原点，门联窗族以门的中心
　　点为原点。

4）视图显示：门联窗在平面、剖面图中按制图标准要求居中显示两条线，其他都不显示。
　　在立面图中显示所有的模型细节和开启方向。

5）主体：门窗默认以墙为主体，选择"公制窗.rft"、"公制门.rft"族样板文件即可。
　　根据以上需求分析，下面先创建推拉窗族，门把手族直接从库中载入使用。

2. 创建推拉窗族

1）选择样板文件：
　　● 从"应用程序菜单"中选择"新建"-"族"命令，在"新族-选择样板文件"对
　　　　话框中选择"公制窗.rft"为样板，单击"打开"，打开族编辑器。
　　● 功能区单击"常用"选项卡"属性"面板右上角的"族类别和族参数"工具。如
　　　　图 15-22，在窗的"族参数"栏中勾选"总是垂直"，取消勾选"共享"，单击
　　　　"确定"。

　　【提示】　勾选"族参数"中的"总是垂直"，创建的族始终保持绝对垂直状态；勾选
"共享"，则当窗族嵌套到中式窗族并载入到项目中后，可以单独标记和统计窗族。

2）创建族子类别：
　　● 单击功能区"管理"选项卡"设置"面板中的"对象样式"工具，打开"对象样
　　　　式"对话框，如图 15-23。可以设置框架、玻璃、窗台等窗子类别的投影和截面
　　　　线宽，线颜色、线型等。这些设置为族的预设置，可以控制不同几何构件在图中
　　　　的显示方式。当族载入项目文件后，按项目文件中的设置显示几何构件。
　　● 单击"新建"可创建自己的子类别，也可以"删除"、"重命名"子类别。本例选
　　　　择默认设置，单击"确定"完成设置。

3）创建族框架：
　　● 单击功能区"常用"选项卡"属性"面板右下角的"族类型"工具，在"族类型"

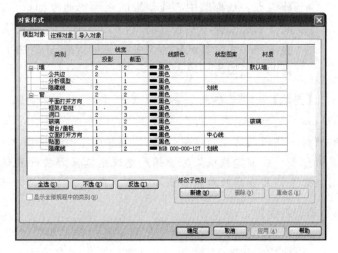

图 15-22 族类别和族参数   图 15-23 族子类别

对话框中预设置洞口参数"高度"为 1500、"宽度"为 1200，单击"确定"。

- 从项目浏览器中"立面（立面 1）"节点下打开"外部"立面视图，默认的族框架如图 15-24（a）。

- 单击"基准"面板的"参照平面"工具。如图 15-24（b），在上下左右 4 条参照平面的内侧绘制 4 条平行参照平面，距离为 50mm（窗框宽度）。在中间垂直参照平面两侧绘制两条平行参照平面，距离为 25mm。

- 单击功能区"详图"选项卡"尺寸标注"面板的"对齐"标注工具，单击拾取相邻的两条参照平面标注距离尺寸，并单击尺寸下的锁形标记，将 50 和 25 的距离锁定，如图 15-24（b）。

- 从项目浏览器中打开"参照标高"楼层平面，如图 15-24（c）调整参照平面长度。

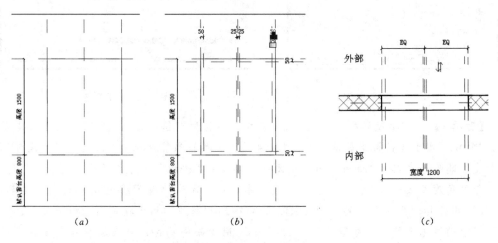

图 15-24 族框架

- 测试：单击"族类型"工具，在对话框中修改"宽度"、"高度"参数，观察参照平面自动随洞口大小变化。如有问题，检查刚标注的尺寸是否锁定。

- 族原点：选择墙中心线位置的水平参照平面，单击"图元属性"工具，可以看到其"名称"为"中心（前/后）"、勾选了"定义原点"参数。同理选择最中间的垂直参照平面，其名称为"中心（左/右）"、勾选了"定义原点"参数。两条参照平面的交点即为族原点。

【提示】　　"是参照"参数：参照平面的"是参照"参数非常重要，默认的"中心（前/后）""中心（左/右）"等值都是"强参照"类型，在项目文件中标注构件尺寸和捕捉时将优先捕捉到这些强参照位置；"弱参照"有限级别低一些；"非参照"则不能作为捕捉参考位置。在创建族框架时，强烈建议先根据需要设置这些参照类型，并和参照"名称"对应起来，其他辅助参照平面一律为"非参照"。本节绘制的 6 条参照平面即为非参照。

4）添加族参数：

- 单击功能区"族类型"工具，在"族类型"对话框中单击"参数"下的"添加"按钮。如图 15-25，输入"名称"为"窗框材质"、设置"规程"为"公共"、"参数类型"为"材质"、"参数分组方式"为"材质和装饰"，单击选择"类型"，单击"确定"。
- 同理创建"玻璃材质"参数，结果如图 15-26。单击"确定"关闭对话框。

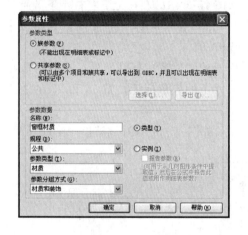

图 15-25　添加参数

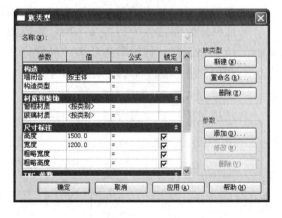

图 15-26　族类型

【提示 1】　　"参数类型"中提供了 13 种常用类型可供选择："文字"用于文本类参数；"整数"用于计数等整数值参数；"数值"用于各种数字参数；"长度"用于设置图元的长度、高度等参数；"面积"用于图元面积参数；"体积"用于图元体积参数；"角度"用于图元角度参数；"坡度"用于定义坡度参数；"货币"用于图元成本等货币类参数；"URL"用于指向用户定义的族的 URL 网络链接；"材质"用于指定图元材质参数；"是/否"用于设置图元是否可见等参数；"族类型"用于嵌套构件，可在族载入到项目中后替换构件。

【提示 2】　　"参数分组方式"可将自定义参数按参数类别在"族类型"和项目中的实例"属性"和"类型属性"对话框中分组显示，便于后期设计中查询与管理。

【提示 3】 "实例"与"类型"：选择"实例"参数为实例属性参数；选择"类型"参数为类型属性参数。在"族类型"对话框中，"实例"参数的名称后显示"（默认）"。

5）创建窗框几何图形：

- 设置工作平面：在"参照标高"平面视图中，功能区单击"常用"选项卡"工作平面"面板中的"设置"工具，在弹出的"工作平面"对话框中选择"拾取一个平面"，单击"确定"。移动光标单击拾取墙中的"中心（前/后）"参照平面为工作平面，在"转到视图"对话框中选择"立面：外部"，单击"确定"切换到"外部"立面视图。

- 绘制放样路径：单击"常用"选项卡"形状"面板的"放样"工具，再单击"绘制路径"工具，选择"矩形" ▭ 绘制工具，捕捉矩形洞口左上角和右下角参照平面交点绘制矩形路径，并单击锁形标记锁定路径线和参照平面的位置关系，如图 15-27（a）。单击"√"工具完成路径。

- 绘制放样轮廓：单击"选择轮廓"工具，再单击"编辑轮廓"工具，在"转到视图"对话框中选择"立面：左"，单击"确定"切换到"左"立面视图。选择"矩形" ▭ 绘制工具，捕捉上面两条参照平面绘制矩形轮廓，并单击锁形标记锁定上下轮廓线和参照平面的位置关系。分别选择左右垂直轮廓线，用临时尺寸调整其到中心垂直参照平面的距离为 50mm。完成后的轮廓如图 15-27（b），单击"√"工具完成轮廓。

- 切换到"视图 1"三维视图，完成后的放样路径和轮廓如图 15-27（c）。单击"√"工具，完成放样后的窗框如图 15-27（d）。

- 选择窗框，在"属性"选项板中单击实例属性参数"材质"第 3 列的小按钮，从"关联族参数"对话框中选择"窗框材质"参数单击"确定"，设置"子类别"参数为"框架/竖梃"，其他参数默认。

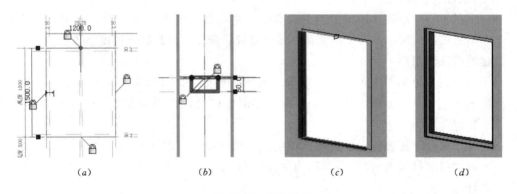

（a）	（b）	（c）	（d）

图 15-27　窗框放样

【提示】 不要单击框架几何图形"材质"参数的值"按类别"来设置材质。这样设置的材质在项目文件中无法用族的"窗框材质"参数控制。

- 测试：单击"族类型"工具，修改高度、宽度参数值为 1800、1500，单击"确定"检验窗框是否正确变化。有问题的话选择窗框单击"编辑放样"工具，重新编辑放样路径、轮廓，直到测试正常为止。测试完成后恢复原始高度、宽度参数值。

6) 创建推拉窗扇框架几何图形：创建方法同上。

- 设置工作平面：切换到"外部"立面视图，使用默认的上次的工作平面。
- 绘制放样路径：单击"常用"选项卡"放样"工具，再单击"绘制路径"，选择"矩形"□绘制工具，如图 15-28（a），捕捉内侧上、左、下和中间右侧参照平面对角交点，绘制矩形轮廓并锁定位置，单击"√"工具完成路径。
- 绘制放样轮廓：单击"选择轮廓"和"编辑轮廓"工具，切换到"左"立面视图，选择"矩形"□绘制工具，如图 15-28（b），绘制矩形轮廓（40mm×50mm）并锁定位置，单击"√"工具完成轮廓。
- 单击"√"工具，完成放样后的左侧窗扇如图 15-28（c）。在"属性"选项板中设置参数"材质"＝"窗框材质"、"子类别"为"框架/竖梃"。

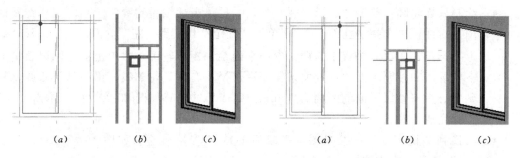

|(a)|(b)|(c)| |(a)|(b)|(c)|

图 15-28　左窗扇放样　　　　　　　　　图 15-29　右窗扇放样

- 同理如图 15-29，在"外部"立面视图中绘制右侧窗扇放样矩形路径；在"左"立面视图中绘制矩形轮廓（40mm×50mm）并锁定位置；创建右侧窗扇并设置"属性"参数。
- 测试：同样修改"族类型"中的高度、宽度参数值为 1800、1500，单击"确定"检验窗框、窗扇是否正确变化。测试完成后恢复原始高度、宽度参数值。

7) 创建玻璃几何图形：

- 切换到"外部"立面视图，单击"常用"选项卡的"拉伸"工具，选择"矩形"□绘制工具，如图 15-30（a），捕捉左侧窗扇的内边界对角点，绘制矩形轮廓并锁定位置。
- 在"属性"选项板中设置"拉伸起点"为-18.5、"拉伸终点"为-21.5、"材质"＝"玻璃材质"、"子类别"为"玻璃"，单击"√"工具，拉伸结果如图 15-30（b）。
- 同理，如图 15-30（c）、（d），创建右侧玻璃拉伸几何图形。注意设置"拉伸起点"为 18.5、"拉伸终点"为 21.5，其他参数同上。完成后的平面显示如图 15-30（e）。
- 测试：同样修改"族类型"中的高度、宽度参数值为 1800mm、1500mm，单击"确定"检验窗框、窗扇、玻璃是否正确变化。测试完成后恢复原始高度、宽度参数值。

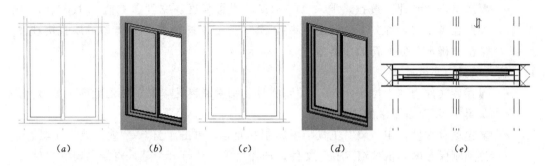

图 15-30　拉伸玻璃

8）管理族可见性和详细程度：

- 可见性设置：切换到"参照标高"平面视图，单击选择窗框，单击功能区"可见性设置"工具。如图 15-31，在"族图元可见性设置"对话框中，取消勾选"平面/天花板平面视图""左/右视图"和"当在平面/天花板平面视图中被迫切时（如果类别允许）"选项，单击"确定"。如此窗框仅在三维视图和立面"前/后视图"中显示。

- 同理，分别选择窗扇和玻璃，和窗框一样设置其仅在三维和立面视图中显示，结果如图 15-32（a），所有窗框等几何图形灰色显示。

图 15-31　可见性设置

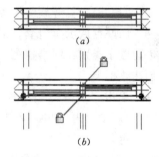

图 15-32　绘制符号线

- 绘制平面符号线：单击功能区"注释"选项卡"详图"面板中的"符号线"工具，在"修改｜放置符号线"子选项卡中选择"拾取线" ⚓ 工具。如图 15-32（b），单击拾取窗框的下边界创建一条符号线，并单击锁形标记锁定其和窗框的位置关系。再单击"可见性设置"工具，勾选所有选项设置其可见性。同理，拾取创建窗框上边界符号线，设置可见性。按 Esc 键或"修改"结束"符号线"命令。

- 绘制剖面符号线：切换到"左"立面视图，同样方法，用"符号线"工具拾取创建窗框左右边界符号线，并锁定其位置，设置可见性。按 Esc 键或"修改"结束"符号线"命令。

9）新建类型：

- 单击"族类型"工具，单击"族类型"下的"新建"按钮，在"名称"对话框中

　　　　输入"C1215"，单击"确定"。

- 再次单击"新建"按钮，输入"C1518"，设置高度、宽度参数值为 1800、1500。如此在类型"名称"下拉列表中将有 C1215、C1518 两种常用类型可以直接选择。单击"确定"创建新的窗类型。

10）载入项目中测试族：

- 保存族文件为"推拉窗.rfa"，关闭文件。结果请参见本书附赠光盘的"练习文件 \ 第 15 章"目录中的同名文件。
- 新建项目文件，用"墙"工具随意绘制一面墙。单击"窗"-"载入族"工具，定位到刚保存的"推拉窗.rfa"文件，选择后单击"打开"载入自定义窗族文件。
- 移动光标在墙上单击放置窗。选择窗，在"属性"选项板中单击"编辑类型"按钮，设置"窗框材质"、"玻璃材质"、"高度"、"宽度"参数，单击"确定"观察窗的变化。如有问题，选择窗族，单击"编辑族"重新打开族文件，编辑修改后保存，再单击"载入到项目中"，替换原有族后重新测试，直到满意为止。

　　本小节按标准流程创建了一个常规推拉窗族，下面将把推拉窗族嵌套到新的门族中创建创建门联窗族，其设计流程同上，类似的操作细节不再详述，主要讲述不同的细节内容。

3. 创建门联窗嵌套族

1）选择样板文件：

- 从应用程序菜单中选择"新建"-"族"命令，选择"公制门.rft"为样板，单击"打开"，打开族编辑器。"族类别和族参数"选择默认设置。
- 门联窗族没有门套，因此单击选择样板文件中的两个门套，按 Delete 键删除。

2）创建族子类别：同推拉窗族，使用"对象样式"中默认的门联窗子类别。

3）创建族框架：

- 单击"族类型"工具，在"族类型"对话框中预设置洞口参数"宽度"为 900、"高度"为 2300，单击"确定"（需要手动调整门开启符号线的右上角端点，并锁定）。
- 打开"内部"立面视图。选择右侧垂直参照平面，在"属性"选项板中设置参数"名称"为"右-门"、"是参照"为"强参照"。
- 单击"参照平面"工具，如图 15-33（a），在右侧垂直参照平面右侧 1200mm 位置，绘制一条垂直参照平面；在底标高上方 800mm 位置绘制一条水平参照平面；在顶部水平参照平面下方 400mm 位置绘制一条水平参照平面。
- 单击"注释"选项卡"尺寸标注"面板中的"对齐"标注工具，如图 15-33（b），单击捕捉右侧两条垂直参照平面标注距离尺寸。同理分别捕捉绘制的两条水平参照平面和顶部水平参照平面，标注其距离尺寸。
- 选择顶部的 1200 尺寸标注，选项栏单击"标签"的下拉列表，选择"＜添加参数…＞"打开"参数属性"对话框。输入"名称"为"窗宽度"、"参数分组方式"为"尺寸标注"、选择"类型"，单击"确定"，尺寸标注 1200 变成了参数"窗宽度 1200"。

- 同样方法，分别选择1500、400尺寸标注，添加参数为"窗高度"和"亮子高度"（注意"亮子高度"参数选择"实例"）。结果如图15-33（c）。

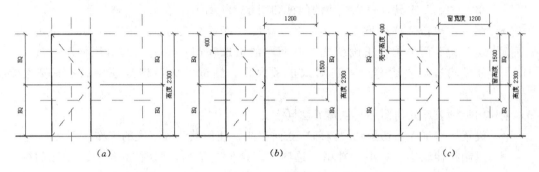

图15-33 族框架

- 测试：在"族类型"对话框中修改"宽度"、"高度"参数，观察参照平面的变化。
- 族原点：同推拉窗，"参照标高"平面视图中，门的中心垂直参照平面和墙内中心水平参照平面交点为族原点（门联窗插入点）。

4）添加族参数：单击功能区"族类型"工具，在"族类型"对话框中可以看到刚添加的参数。按前述方法单击"参数"下的"添加"按钮，添加"框架材质"、"玻璃材质"（选择"类型"）参数。选择"其他"下面的"框架宽度"等3个参数，单击"删除"按钮删除。如图15-34，单击"确定"。

5）创建门框几何图形：

- 设置工作平面：在"参照标高"平面视图中，单击功能区"常用"选项卡"工作平面"面板的"设置"工具，选择"拾取一个平面"，单击拾取墙中的参照平面为工作平面，自动切换到"内部"立面视图。

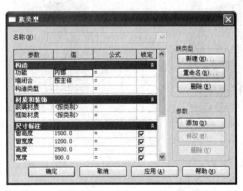

图15-34 添加参数

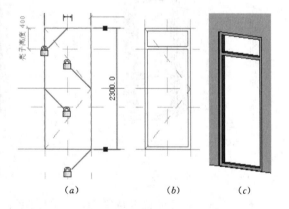

图15-35 添加参数

- 绘制拉伸轮廓：单击"常用"选项卡"拉伸"工具，选择"矩形"⬚"线"✎绘制工具、"偏移""拆分图元"编辑工具，如图15-35（a）、（b），在矩形洞口内边界位置创建拉伸轮廓边界线（门框宽度为50mm），注意锁定边界线和参照平面的位置关系。

- 在"属性"选项板中，设置"拉伸起点"为 -50、"拉伸终点"为 50、"材质"＝"框架材质"、"子类别"为"框架/竖梃"。
- 单击"√"工具，完成拉伸的门框如图 15-35 (c)。
- 测试：单击"族类型"工具，修改高度、宽度参数值为 2500、1000，单击"确定"检验门框是否正确变化。有问题的话选择门框单击"编辑拉伸"工具，重新编辑拉伸轮廓等，直到测试正常为止。测试完成后恢复原始高度、宽度参数值。

6）创建门板和玻璃几何图形：创建方法同上。

- 设置工作平面：切换到"内部"立面视图，使用默认的上次的工作平面。
- 绘制拉伸轮廓：单击"常用"选项卡"拉伸"工具，如图 15-36 (a)，在门框下方的矩形内边界位置创建拉伸轮廓边界线（门框宽度为 50mm、中间横框宽 80mm），注意锁定边界线和参照平面的位置关系。
- 在"属性"选项板中设置"拉伸起点"为 -30、"拉伸终点"为 30、其他参数同上。单击"√"工具完成拉伸的门板框架如图 15-36 (b)。
- 同理，如图 15-37 (a)，在门板下方的矩形内边界位置绘制矩形轮廓并锁定位置，设置"属性"参数"拉伸起点"为 -10、"拉伸终点"为 10，"材质"＝"框架材质"、"子类别"为"嵌板"，单击"√"工具创建了门板嵌板如图 15-37 (b)。
- 同理，如图 15-38 (a)，在门板上方和门框上方亮子的矩形内边界位置绘制矩形轮廓并锁定位置，设置"属性"参数"拉伸起点"为 -3、"拉伸终点"为 3，"材质"＝"玻璃材质"、"子类别"为"玻璃"，单击"√"工具后创建了门玻璃如图 15-38 (b)。

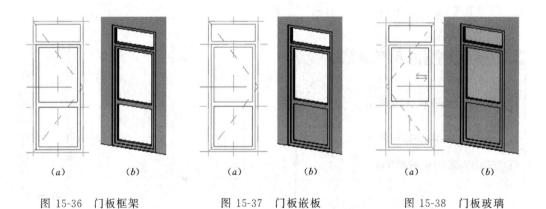

| (a) | (b) | (a) | (b) | (a) | (b) |

图 15-36 门板框架   图 15-37 门板嵌板   图 15-38 门板玻璃

- 测试：同样修改"族类型"中的高度、宽度参数值为 2500、1000，单击"确定"检验门板、玻璃是否正确变化。测试完成后恢复原始高度、宽度参数值。

7）管理族可见性和详细程度：

- 可见性设置：切换到"参照标高"平面视图，分别单击选择门框、门板、门嵌板、玻璃，单击"可见性设置"工具。如图 15-39，设置这些几何图形仅在三维视图和立面"前/后视图"中显示。这些几何图形灰色显示，如图 15-40 (a)。

- 绘制平面符号线：单击功能区"注释"选项卡的"符号线"工具，选择"矩形"
  ▱ 绘制工具，如图 15-40 (b)，单击拾取门框两侧的矩形截面绘制两个矩形，并
  单击锁形标记锁定其和门框的位置关系；再选择"中心-端点弧" ⌒、"线" ╱ 绘
  制工具绘制单开门圆弧和直线。选择刚绘制符号线，单击"可见性设置"工具，
  勾选所有选项设置其可见性。

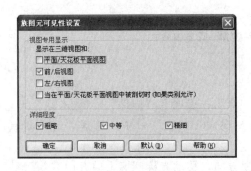

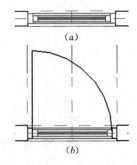

图 15-39 可见性设置　　　　　　　　　　　图 15-40 绘制符号线

- 绘制剖面符号线：切换到"左"立面视图，用"符号线"工具的"拾取线" ╱ 工
  具，拾取创建门框左右边界符号线，并锁定其位置，设置可见性。按 Esc 键或
  "修改"结束"符号线"命令。
- 测试：同样修改"族类型"中的高度、宽度参数值为 2500、1000，单击"确定"
  检验平面和左立面符号线是否正确变化。测试完成后恢复原始高度、宽度参
  数值。

【提示】　　至此门族创建完成，下面来嵌套窗和门把手族，完成门联窗的创建。

8）嵌套推拉窗族：
- 打开"参照标高"平面视图，单击"常用"选项卡的"构件"工具，在弹出的提
  示框中单击"是"，定位到上小节保存的"推拉窗.rfa"文件，单击"打开"载入
  窗族。
- 放置窗：移动光标到墙上门右侧外墙面位置，墙上出现窗的预览时单击放置窗。
- 对齐窗：在"参照标高"平面视图中，用"修改"选项卡的"对齐"工具，拾取
  右侧的垂直参照平面为目标点，再拾取窗右侧边线，将窗右侧对齐到参照平面并
  单击锁形标记锁定其位置，如图 15-41 (a)；同理，在"内部"立面视图，对齐
  窗顶部到顶部水平参照平面，并锁定其位置，如图 15-41 (b)。
- 设置参数：选择窗，单击"属性"选项板中的"编辑类型"按钮，如图 15-41
  (c)，设置参数"窗框材质"="框架材质"、"玻璃材质"="玻璃材质"、"高
  度"="窗高度"、"宽度"="窗宽度"，单击"确定"。这样将推拉窗族的参数
  和门联窗族的参数关联起来。
- 测试：同样修改"族类型"中的窗宽度、窗高度、高度参数值为 1800、1500、
  2500，单击"确定"检验窗、门是否正确变化。测试完成后恢复原始高度、宽度

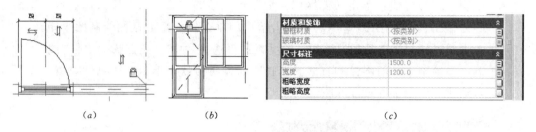

(a)	(b)	(c)

图 15-41　对齐锁定窗、设置窗参数

参数值。

9）嵌套门锁族：

- 打开"参照标高"平面视图，单击"常用"选项卡"构件"-"载入族"工具，定位到"Metric Library"族库中"门 \ 现代 \ 门锁"目录，选择"门锁 5.rfa"文件，单击"打开"载入门锁族。

- 放置锁：按两次"空格"键旋转门锁方向，移动光标到墙上单开门右侧门框位置，单击放置门锁，如图 15-42（a）。选择锁，单击"可见性设置"工具，设置同门板。

- 定位锁：切换到"内部"立面视图，选择锁单击"属性"选项板中的"编辑类型"按钮，设置"门扇厚"参数为 60。拖拽锁的垂直高度位置如图 15-42（b）。单击"注释"选项卡"对齐"标注工具，捕捉窗底部水平参照平面和锁的水平中心线标注距离尺寸，同理标注门洞右边界垂直参照平面和锁垂直中心线距离尺寸。选择锁，编辑上述两个蓝色尺寸为 60、90，并单击尺寸下的锁锁定其位置，如图 15-42（b）。

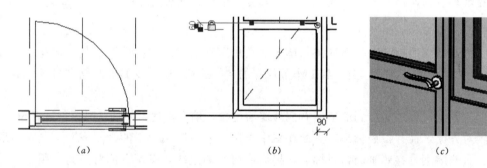

(a)	(b)	(c)

图 15-42　对齐锁定门把手

- 测试：同样修改"族类型"中的高度、宽度参数值为 2500、1000，单击"确定"检验门锁位置是否正确变化。测试完成后恢复原始高度、宽度参数值。

10）控件：打开"参照标高"平面视图，在单开门上有两个方向"翻转"控件 ↕ 和 ↔，如图 15-43（a）。（单击"控件"工具，"放置控制点"子选项卡如图 15-43（b），选择"双向垂直"等工具单击即可放置该控件）。在项目文件中，单击控件可改变门窗开启方向。

11）新建类型：

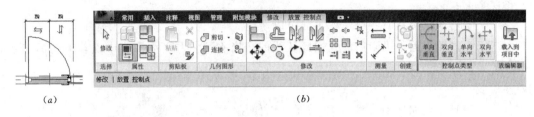

图 15-43　控件

- 单击"族类型"工具，单击"族类型"下的"新建"按钮，在"名称"对话框中输入"MLC-1"，单击"确定"。
- 再次单击"新建"按钮，输入"MLC-2"，设置窗高度、窗宽度、高度、宽度、亮子高度参数值为 1800、1500、2600、1000、500。如此在类型"名称"下拉列表中将有 MLC-1、MLC-2 两种常用类型可以直接选择。单击"确定"创建新的窗类型。

12）载入项目中测试族：

- 保存族文件为"门联窗.rfa"，关闭文件。结果请参见本书附赠光盘的"练习文件 \ 第 15 章"目录中的同名文件。
- 新建项目文件，用"墙"工具随意绘制一面墙。单击"门"-"载入族"工具，定位到刚保存的"门联窗.rfa"文件，选择后单击"打开"载入自定义门联窗族文件。
- 移动光标在墙上单击放置门联窗。选择门联窗单击"属性"选项板"编辑类型"按钮，设置"框架材质"、"玻璃材质"、"高度"、"宽度"等参数，单击"确定"观察门联窗的变化，如图 15-21。如有问题，选择门联窗族，单击"编辑族"重新打开族文件，编辑修改后保存，再单击"载入到项目中"，替换原有族后重新测试，直到满意为止。

【提示】　自定义族时强烈建议在创建了族框架、创建了每一个几何图形后，一定要先修改族参数测试，观察几何图形正确变化后，再开始创建下一个几何图形！如果先创建所有的几何图形，最后再测试，极有可能出现无法解决的错误变化，导致全部返工重做，效率极低。

15.3.4　自定义可载入构件族技巧分析

上小节通过推拉窗和门联窗的创建详细讲解了自定义可载入构件族的流程，除此之外，在族的创建中通过一些小技巧的应用，可以创建一些有特殊效果的族。篇幅有限，本书不再详细讲解技巧案例，仅择其一二讲解其功能特点，感兴趣的可以自行尝试练习。

1. 参照线

在族框架的创建中，参照平面的作用已经得到了充分的体现，族的几何图形定位和参数化完全是通过参照平面来控制的。但对一些复杂的族来讲，用参照线来进行几何图形定位和参数化可能更方便简捷。参照线和参照平面的区别在于：

1）参照平面：
- 一条参照平面只有一个工作平面可以使用。
- 因为参照平面是无限大的，因此从线的角度看，参照平面没有中点，不能标注参照平面的长度尺寸。

2）参照线：
- 一条直线参照线有 4 个工作平面可以使用（沿长度方向有两个相互垂直的工作平面，在端点位置各有 1 个工作平面；弧形参照线在端点位置有 2 个工作平面），如图 15-44，因此用一条参照线，就可以控制基于其 4 个工作平面创建的多个几何图形。
- 参照线是有长度、有中点的，可以标注参照线的长度尺寸，实现一些特殊控制。

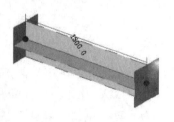

图 15-44 参照线

2. 阵列参数

在有些族中，其中的某一个几何图形或嵌套族，需要根据情况阵列不同的数量，则可以添加一个阵列数量参数。添加阵列参数有 2 点需要注意：

1）阵列时，一定要在选项栏勾选"成组并关联"，只有成组的关联阵列才能添加参数。

2）选择阵列后的任意一个组，当出现阵列数字和引线时，移动光标单击选择引线（不要单击阵列数字），即可从选项栏"标签"栏下拉列表中选择"＜添加参数…＞"来创建新的阵列数参数（也可从右键菜单中选择"编辑标签"，从出现的下拉列表中选择"＜添加参数…＞"命令）。

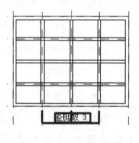

图 15-45 阵列参数

图 15-45 是本书附赠样板文件中的"万能窗-阵列.rfa"的"竖梃数"参数，可打开本书附赠光盘的"练习文件＼第 15 章"中的"万能窗-阵列.rfa"文件，研究其创建方法。

3. 角度参数与斜向剪切

在楼梯扶手的垂直栏杆族、斜柱等构件族中，构件的顶部和底部截面和构件的轴线都有一个斜向角度，且角度值为变量。对这样的族在创建时，需要添加角度参数，并将构件在两头延伸足够的长度，再用空心形状将两头斜向剪切掉即可。

图 15-46 是本书附赠样板文件中的"木栏杆 3.rfa"的角度参数和空心拉伸斜向剪切，可打开本书附赠光盘的"练习文件＼第 15 章"中的"木栏杆 3.rfa"文件，研究其创建方法。

4. 参数公式

在前面的案例中，新建的参数都是设置的具体的数值。在有些族中，参数之间经常有相互的关联关系，例如一个保持"长度：宽度＝2：1"的立方体几何图形，定义了长度、宽度、高度参数，就可以新建一个体积参数，其值可以自动计算（长度×宽度×高度），其参数定义如图 15-47。

添加公式时，一定要注意参数和计算值的单位保持一致，否则公式不能成立。

Revit Architecture 的公式支持加、减、乘、除、指数、对数、平方根、正弦、余弦、

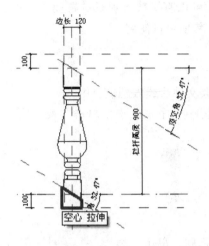

图 15-46 角度参数

图 15-47 参数公式

正切、反正弦、反余弦、反正切等各种运算操作。

5. 主体洞口

基于墙、楼板、屋顶、天花板等主体的族,如需要在主体上开洞口或半洞口,可以使用以下方法:

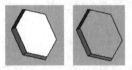

(a)　　　　(b)

图 15-48 主体洞口

1)"洞口"工具:使用"常用"选项卡中的"洞口"工具,可以在上述主体上绘制任意形状洞口轮廓后创建洞口,如图 15-48 (a)。

2)剪切洞口:先创建"空心形状",再用"剪切几何图形"工具剪切洞口,如图 15-48 (b)。

【提示】 在族中的同一个主体上,洞口和剪切洞口不能同时存在。

6. 照明设备光源设置

Revit Architecture 的照明设备族是一个比较特殊的族,因为该族在渲染时要发光,因此在定义族时在创建了设备的外观形状后,还需要设置光源位置等,如图 15-49。

1)在立面视图中调整光源的高度位置。

2)"光源定义":选择光源图形,单击"修改 | 光源"子选项卡中的"光源定义"工具,在图 15-49 对话框中,在"根据形状发光"中单击选择点、线、矩形、圆光源,在"光线分割"中单击选择球形、半球形、聚光灯、光域网等。

可从库中"照明设备"目录中打开任意一个照明设备族,研究其创建方法。

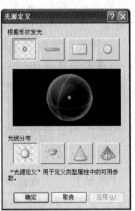

15.3.5 载入族、编辑族、保存族

可载入族可以载入到任意项目选择使用,

图 15-49 光源定义

213

也可以在项目文件中直接打开在位编辑，编辑完成后可以直接载入项目中覆盖原有的族。
同时，也可以把族从项目文件中保存到文件外，以备其他项目使用。

1. 载入族

载入族有两种方法：

1）从"插入"选项卡中单击"载入族"工具，选择族文件后载入到项目中。

2）先单击门窗、柱、构件等工具，再在"修改｜放置…"子选项卡中单击"载入族"工
具载入。

2. 编辑族

编辑族也有两种方法：

1）打开原始族文件后编辑。

2）在位编辑：

- 对项目文件中已经存在的族实例，可以选择该族，单击"编辑族"工具，打开族
  编辑器编辑。

- 对项目没有族实例的族，可以从项目浏览器中，展开"族"节点，找到需要的族
  名称，单击鼠标右键，选择"编辑"命令即可打开族编辑器编辑。

无论哪种编辑方法，都可以在编辑完成后，单击"载入到项目中"工具，将族重新载
入到已经打开的项目文件中，更新原来的族及其参数。也可以先保存族文件，再用"载入
族"工具重新载入。

3. 保存族

对于已经丢失原始族文件的族，可以从原来的项目文件中将族保存为单独的族文件，
以备在其他项目中使用。操作方法是：在项目浏览器中，展开"族"节点，找到需要保存
的族名称，单击鼠标右键，选择"保存"命令，设置保存路径后即可。

15.4　内　建　族

前面两节介绍了系统族、可载入族，对一些某项目专有的独特图元构件，一些通用性
很差的非标构件，例如前面章节中讲到的古城墙、台阶、散水、女儿墙等，可以使用"内
建模型"工具创建内建族实现。前面章节中已经有了很多的内建族案例，本节不再详述。

内建族的创建和编辑方法同可载入族完全一样，二者的区别在于：

1）内建族需要使用"常用"选项卡"构建"面板中的"构件"工具下的"内建模型"命
令创建，创建时不需要选择族样板文件，只需要在"族类别和族参数"对话框中选择
一个"族类别"。

2）内建族不需要像可载入族一样创建复杂的族框架、不需要创建那么多的参数，因此其
流程比较简单。

【提示】　在内建族中，虽然不需要像可载入族一样添加太多的参数，但还是建议添
加必要的尺寸和材质参数，方便在项目文件中直接从族的图元"属性"参数编辑内建族，
而不需要每次都通过"编辑拉伸"等工具编辑几何图形的轮廓、路径等，提高工作效率。

15.5 族参数与共享参数

15.5.1 参数类型

前面创建推拉窗和门联窗可载入族时，添加了亮子高度、窗高度、窗宽度、窗框材质、框架材质、玻璃材质等自定义参数，可以通过控制这些参数来改变几何图形的大小和外观等。添加这些参数时，默认选择的参数类型是"族参数"。Revit Architecture 还提供了另外一种参数类型"共享参数"，这两种类型参数的区别是：

1）族参数：只能出现在族的图元属性中，只能在当前族中使用，通过编辑参数来控制族。
2）共享参数：不仅能出现在族的图元属性中，还能在构件族的统计明细表中统计，也可以自动提取这些参数的值来标记族。共享参数可以在任何族和项目文件中共享使用，而且可以导出到 ODBC 数据库中。

在构件统计明细表中，默认统计族的高度、宽度、类型、注释记号、制造商、部件代码、成本等族样板文件中默认的构造、尺寸标注、标识数据等默认参数，以及标高等参数。基于这样的参数类型区别，强烈建议在自定义可载入族、内建族时，在规划族需求时，事先将需要将来在构件统计表中统计的自定义参数划归共享参数类型，以方便后期的设计。

下面简要描述自定义共享参数的方法，其他操作不再详述。

15.5.2 自定义共享参数

自定义"共享参数"需要先创建共享参数文件，然后从文件中选择参数添加即可。

共享参数文件中的参数可以载入到任何族文件、项目文件中共享使用，因此强烈建议：由一名建筑师创建标准的共享参数文件，文件中事先规划分组创建设计中常用的、Revit Architecture 系统中没有的各种参数（例如各种构件材质参数、标题栏中会签栏的各专业会签参数等），然后将共享参数文件复制给所有设计师共享使用并不断完善。

1. 创建共享参数文件

共享参数文件可以在族编辑器环境中创建，也可以在项目文件环境中创建。下面以常规模型族为例，讲解共享参数文件的创建方法。

1）单击应用程序菜单"新建"-"族"命令，选择"公制常规模型.rft"为样板，单击"打开"。
2）单击"管理"选项卡"设置"面板中的"共享参数"工具，打开"编辑共享参数"对话框。

【提示】 默认的对话框中可能已经选择了系统已有的共享参数文件。

3）单击右上角的"创建"按钮，在"创建共享参数文件"对话框中设置文件保存路径，输入"共享参数-建筑"，单击"保存"。
4）新建参数组：单击右下方"组"中的"新建"按钮，在"新参数组"对话框中输入"材质"，单击"确定"。在"参数组"栏中显示刚创建的"材质"参数组。
5）新建参数：单击右侧"参数"下的"新建"按钮，打开"参数属性"对话框。如图

15-50，输入参数"名称"为"框架材质"、"规程"选择"公共"、"参数类型"选择"材质"，单击"确定"。同理创建"玻璃材质"参数，参数显示在左侧"参数"列表中，如图 15-51。

图 15-50　新建参数　　　　　　　　　图 15-51　共享参数

【提示】　从左侧"参数"列表中选择一个参数，单击"删除"可以删除参数，单击"移动"可将参数移动到别的组中。

6）同理创建"会签栏"组的"结构"、"暖通"、"给排水"、"电气"等"文字"类型参数。

7）单击"确定"即创建了"共享参数-建筑.txt"文件，结果请参见本书附赠光盘的"练习文件 \ 第 15 章"目录中的"共享参数-建筑.txt"文件。

2. 添加共享参数

1）单击功能区"常用"选项卡"属性"面板中的"族类型"工具，在"族类型"对话框中单击"参数"下的"添加"按钮打开"参数属性"对话框。

2）单击选择"参数类型"下的"共享参数"，再单击"选择"按钮打开"共享参数"对话框。

3）如图 15-52，选择"材质"参数组，再选择"框架材质"参数后单击"确定"。

【提示】　单击"编辑"按钮，可打开"编辑共享参数"对话框重新编辑共享参数文件。

4）如图 15-53，设置"参数分组方式"为"材质和装饰"，选择"类型"，单击"确定"即可给族添加"框架材质"参数。同理添加"玻璃材质"参数。

5）保存并关闭族文件，结果请参见本书附赠光盘的"练习文件 \ 第 15 章"目录中的"共享参数.rfa"文件。

【提示】　添加了共享参数的族，载入到项目文件中后，即可用"明细表/数量"工具，在构件统计表中统计各项族参数和共享参数。

自定义共享参数的方法适用于所有自定义的可载入族、内建族的创建和明细表统计，以及系统族的明细表统计。

"基础 12 式"第 12 式"独门暗器"——自定义构件族！掌握了独门暗器，小师弟足

图 15-52　选择共享参数

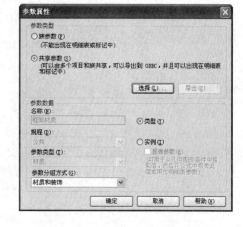

图 15-53　添加共享参数

以应付各种突发事件全身而退了！

至此，您已经完成了"34 式 RAC"之"基础 12 式"——"第二部分 建筑设计"的全部内容，真正可以仗剑闯江湖，在实战中灵活应用、深刻体会、积累经验了。

第三部分

结构、场地与概念体量设计

在"第二部分 建筑设计"中，本书详细讲解了"34 式 RAC"之"基础 12 式"的全套分解动作和套路。本部分将在前述 12 式基础之上，继续完成主要结构构件和场地规划设计内容，创建完整的 3D 参数化建筑模型，更全面、更直观地展示建筑师的设计成果。同时，概念体量部分将详细讲解 Revit Architecture 在建筑概念设计阶段的体量设计与分析应用，充分体现 Revit Architecture 在不同设计阶段的价值。

本部分内容是 Revit Architecture 的"皮"篇，将让前面的建筑模型更加完善、美观。通过本部分内容学习，将让小师弟在"基础 12 式"之上再上一个台阶。因此本书称之为"34 式 RAC"之"进阶 4 式"。

"34 式 RAC"之"进阶 4 式"：

- 第 1 式　他山之石——结构构件
- 第 2 式　布防王城——场地总图设计
- 第 3 式　混沌初开——概念体量设计
- 第 4 式　运筹帷幄——概念体量分析

第 16 章　结　构　构　件

Revit Architecture 虽然不是结构专业设计软件，而且在建筑设计图中一般只需要表现结构柱，但 Revit Architecture 还是提供了结构柱、梁、基础等常用结构构件设计工具，可以让建筑师在设计中及时了解建筑构件与结构主体间的空间位置关系，充分体现三维设计的优势。

创建结构构件可以在建筑项目文件中直接创建，也可以在新的项目文件中单独创建后，将其链接到建筑项目文件中浏览、分析。从专业分工的角度分析，建议单独创建结构构件项目文件。

在第二部分开篇，已经详细讲解了结构柱的创建和编辑方法，本章将在此基础上，详细讲解主梁、次梁、支撑与基础等常用结构构件的创建和编辑方法。

16.1　梁

16.1.1　创建梁

Revit Architecture 提供了两种创建梁的方法：绘制和沿轴线创建。打开本书附赠光盘的"练习文件 \ 第 16 章"目录中的"16-01.rvt"文件，图中已经创建了轴网和柱网。打开 F1 层平面视图和默认三维视图，平铺显示两个视口，完成下面的练习。

1) 在 F1 层平面视图中，单击功能区"结构"选项卡"结构"面板的"梁"工具，"修改 | 放置梁"子选项卡如图 16-1，默认选择"线"✏绘制梁工具。

图 16-1　"修改 | 放置梁"子选项卡

2) 从"属性"选项板类型选择器中选择"M _ 混凝土-矩形梁"族的"400mm×800mm"类型。

3) 设置选项栏：
- "放置平面"：默认选择当前楼层平面标高。
- "结构用途"：从下拉列表中选择"大梁"。可以选择其他用途类型以区分梁。
- "三维捕捉"：取消勾选。勾选后则可以在当前工作平面之外绘制梁和支撑，例如，不论高程如何，屋顶梁都将捕捉到柱的顶部。

- "链"：取消勾选。勾选后可以像连续绘制线一样连续捕捉绘制一串梁。

4）绘制梁：移动光标单击捕捉 1 和 D 号轴线交点、再捕捉 1 和 D 号轴线交点，即可创建一段梁，并自动处理梁和柱的交接。单击锁形符号可以锁定梁和轴线的位置关系。

5）沿轴线布置梁：

- 单击功能区"在轴网上"工具，"修改∣放置梁＞在轴网线上"子选项卡如图 16-2。

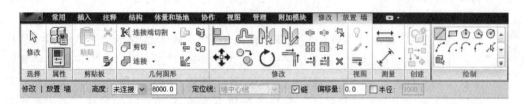

图 16-2 "修改∣放置梁＞在轴网线上"子选项卡

- 移动光标从右下角向左上角交叉窗选所有的轴线，在有结构柱的轴线方向出现梁的预览图形如图 16-3（*a*）（图形复杂时可以按住 Ctrl 键增加选择、按住 Shift 键减少选择），单击"√ 完成"即可创建所有的梁，如图 16-3（*b*）。

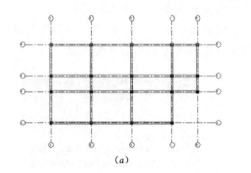 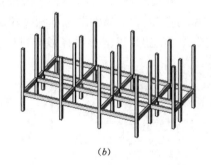

（*a*） （*b*）

图 16-3 创建梁

6）单击"修改∣放置梁"子选项卡的"修改"工具，或按 Esc 键结束"梁"命令。

7）因为梁在当前楼层平面 F1 标高以下，因此以灰色底图显示。保存文件，结果请参见本书附赠光盘的"练习文件＼第 16 章"目录中的"16-01 完成.rvt"文件。

【提示】 沿轴线自动布置的梁，每两根结构柱之间都是一段梁，即使相邻的梁在同一方向上。而绘制的梁，无论中间有多少结构柱，虽然自动处理了梁柱重叠部分，但梁是一根梁。

16.1.2 编辑梁

在 F1 平面视图中选择任意一根梁，"修改∣结构框架"子选项卡如图 16-4。

1."属性"选项板

1）类型选择器：选择梁，从"属性"选项板类型选择器下拉列表中可以选择其他类型的梁，即可将替换当前选择的梁。因此在布置梁时，可以用"在轴网上"工具一次创建

图 16-4　"修改｜结构框架"子选项卡

所有相同类型的梁，然后再用类型选择器快速替换为其他类型的梁。

2）实例属性参数：如图 16-5，编辑实例属性参数只影响当前选择的梁。

- 限制条件类："起点标高偏移"、"终点标高偏移"：设置梁起点和终点相对楼层标高的相对高度偏移距离，设置该参数可以创建斜梁；"Z 方向对正"可以设置梁在垂直方向和标高的对齐方式为顶、中心、底、其他（默认为顶对齐），当选择"其他"时，可设置"Z 方向偏移"参数设置梁在垂直高度方向的偏移值；"侧线对正"可设置梁在水平方向和轴线的对齐方式为中心线、边 1、边 2；"横截面旋转"参数可以设置梁截面轮廓的旋转角度。

- 结构类："角度"参数"横截面旋转"参数可以设置梁的旋转角度；"结构用途"参数可设置梁的用途为大梁、水平支撑、托梁、檩条或其他。

- 其他结构分析、分析模型、阶段化、标识数据类参数：不再详述。

3）"类型属性"：在"属性"选项板中单击"编辑类型"按钮，打开"类型属性"对话框，如图 16-6，编辑以下参数将影响到和当前选择梁同类型的所有梁的显示。

图 16-5　"属性"选项板

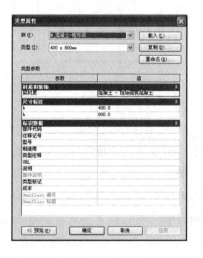

图 16-6　类型属性

- "梁材质"：可设置梁的材质及外观和截面显示。

- 尺寸标注类：设置"b"、"h"参数可调整梁截面的宽度、深度尺寸。

- 标识数据类：可设置部件代码、注释记号、型号、制造商等参数。

- 新建梁类型：单击"复制"可以创建新的规格类型，设置上述参数，确定后将当前选择的梁替换为新的类型。

2. 工作平面

编辑梁的工作平面有两个工具：

1)"编辑工作平面"：选择梁，单击该工具，打开"工作平面"对话框中，如图 16-7。可以从"名称"列表中选择其他标高，"确定"后即可将梁移动到其他标高位置。也可以用拾取平面、线或主体的方式，将梁移动到其他位置。

2)"拾取新的"：当需要将梁移动到和当前梁的工作平面不平行的工作平面上时，可以使用该工具。选择梁，单击该工具，然后拾取新的工作平面（如参照平面等），切换到合适的平面视图中单击放置梁到新主体上（此工具和"编辑工作平面"的"拾取一个新主体"功能相同）。

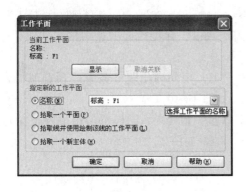

图 16-7　编辑工作平面

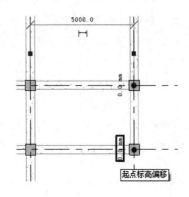

图 16-8　临时尺寸标注控制

3. 临时尺寸标注控制

在平面、立面、三维视图中选择梁时，都会出现起点标高偏移和终点标高偏移参数临时尺寸，如图 16-8，单击调整该参数即可创建斜梁。单击修改梁与相邻构件的距离临时尺寸标注，可以调整梁的位置。

4. 移动、复制、旋转、镜像、阵列等常规编辑命令

除上述编辑命令外，还可以用"修改｜结构框架"面板中的移动、复制、旋转、镜像、阵列等各种常规编辑命令，以及"剪贴板"面板中的"剪贴板"面板中的"复制到剪贴板"、"剪切到剪贴板"、"粘贴"等编辑命令来快速创建其他梁或移动梁位置。

16.2　梁　系　统

绘制和沿轴线创建梁的方式一般用于主梁，对于相互平行的梁，例如井字次梁等，则可以使用"梁系统"工具快速创建。接上节练习，或打开本书附赠光盘的"练习文件＼第16 章"目录中的"16-01 完成 .rvt"文件，平铺显示 F1 平面和默认三维视图，完成下面的练习。

16.2.1　创建梁系统

Revit Architecture 同样提供了两种创建梁系统的方法：自动创建和绘制。

1. 自动创建梁系统

1) 在 F1 平面视图中，单击功能区"结构"选项卡"结构"面板的"梁系统"工具，"修改｜放置结构梁系统"子选项卡如图 16-9。系统默认选择"自动创建梁系统"工具。

图 16-9　"修改｜放置结构梁系统"子选项卡

2) 设置选项栏：从"梁类型"下拉列表中选择"300mm×600mm"梁类型，"对正"参数选择"中心"，"布局规则"参数选择"固定数量"并在后面的栏中输入 3，不勾选"3D"。

3) 移动光标到左上角房间 1 号轴线上的垂直主梁上，房间内出现 3 条直线预览图形，如图 16-10（a），单击即可放置 3 条垂直次梁，如图 16-10（b）。

4) 选项栏修改参数"布局规则"参数的"固定数量"值为 2。同样单击拾取左上角房间 D 号轴线上的水平主梁，放置 2 条水平次梁，结果如图 16-10（c）。

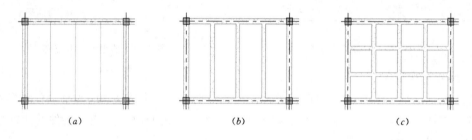

（a）　　　　　　　　　　（b）　　　　　　　　　　（c）

图 16-10　自动创建梁系统

2. 绘制梁系统

1) 接上节练习，使用绘制方法创建梁系统。功能区单击"绘制梁系统"工具，"修改｜创建梁系统边界"子选项卡如图 16-11。

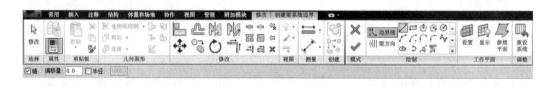

图 16-11　"修改｜创建梁系统边界"子选项卡

2) 使用以下两种方法创建梁系统边界：本节选择第 1 种方法创建。

- "拾取支座"：单击功能区"边界线"，再单击"拾取支座"工具，移动光标到左下角房间内，单击拾取 1 号轴线上的垂直主梁、再顺时针单击拾取房间上面、右侧、下面的 3 根主梁，创建梁系统边界线，如图 16-12（a）。注意在拾取的第 1

根左侧垂直梁边线上有一个平行符号，代表平行梁的排列方向。

- 绘制边界：可以使用"线" ╱、"矩形" ▭ 等绘制工具、"修剪/延伸"等编辑工具创建封闭梁系统边界线和中间的洞口边界线，形成回形嵌套封闭轮廓。在绘制的第1条边线上同样会显示平行符号。

【提示】 可以综合使用"拾取支座"和绘制编辑的方法创建封闭的梁系统边界线，如果绘制了回形嵌套封闭轮廓，则梁在洞口位置自动截断。

3) "梁方向"设置：默认在拾取、绘制的第1条边线上显示平行符号。单击功能区"梁方向"工具，默认选择"拾取线" ╱ 工具，单击拾取其他边线，可以改变梁的排列方向。

4) 梁系统"属性"设置：在"属性"选项板中，设置参数"布局规则"为"固定数量"、"线数"为3、"梁类型"为"M _ 混凝土-矩形梁：300mm×600mm"（如此将从左向右自动平均布置3根平行梁），其他参数默认。

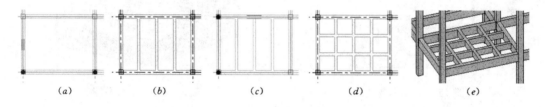

(a) (b) (c) (d) (e)

图 16-12 "创建梁系统边界"子选项卡

5) 单击功能区"√"工具，完成后的梁系统如图16-12 (b)。

6) 同样方法，在该房间内创建水平布置梁系统，"拾取支座"边界线如图16-12 (c)，设置梁系统"属性"参数"线数"为2，其他参数同前。单击"√"工具创建了井字梁，如图16-12 (d)、(e)。

7) 按 Esc 键或单击"修改"结束"梁系统"命令，保存文件。

16.2.2 编辑梁系统

在F1平面视图中，移动光标到刚创建的梁系统上，如图16-13当整个梁系统亮显时（注意不是某一根梁亮显时）单击选择，"修改｜结构梁系统"子选项卡如图16-14。

1. "属性"选项板

梁系统的图元属性编辑主要是实例属性编辑，其类型属性为

图 16-13 梁系统亮显

都是标识数据类参数，对图形影响不大，本节不再详述。如图16-15，修改以下参数后只改变当前选择的梁系统。

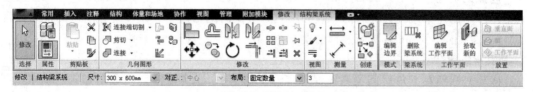

图 16-14 "修改｜结构梁系统"子选项卡

1）限制条件类：

- "3D"：勾选该选项可以创建如图 16-16 示意的三维梁系统。注意只有使用"拾取支座"工具拾取梁或墙等为支座时，才能创建可定义坡度的边界线创建三维梁系统。
- "立面"：可设置梁系统相对当前标高工作平面的垂直偏移高度。
- "工作平面"：自动提取梁系统所在的工作平面，只读参数。

图 16-15　实例属性

图 16-16　三维梁系统

2）填充图案类：

- "布局规则"：可设置平行梁的排列规则为"固定距离"、"固定数量"、"最大间距"、"净间距"。前 3 种测量的是梁中心线距离，"净间距"测量的是梁外部之间的间距。
- "线数"等：该参数随"布局规则"的设置不同显示不同的参数名称，可以设置梁间距或梁数量值。
- "中心线间距"：只读参数，自动计算。
- "对正"：指定梁系统的排列方式，可设为从起点、终点或中心往两边排列。
- "梁类型"：选择梁系统的梁类型名称。
- 其他阶段化、标识数据类参数：不再详述。

2. 选项栏设置

选择梁系统，在选项栏中可以直接选择梁的类型，设置"对正"方式、"布局规则"及间距或梁数量参数值。

3. 编辑边界

选择梁系统，单击"编辑边界"工具，显示"修改｜结构梁系统＞编辑边界"子选项卡，即可用创建梁系统边界时的创建和编辑方法重新编辑边界、设置梁方向、梁系统"属性"等，单击"√"工具更新选择的梁系统。

4. 单根梁编辑

移动光标到左上角房间梁系统某根梁上，按 Tab 键当单根梁亮显时单击选择该梁，同时出现一条引线和一个图钉锁顶符号 ◎。单击该符号解锁梁，即可用前述编辑梁的各种方法来编辑梁的属性参数、编辑临时尺寸移动梁的位置等。

5. 工作平面

编辑梁系统工作平面有两个工具:"编辑工作平面"和"拾取新的"。操作方法同梁,本节不再详述。

6. 移动、复制、旋转、镜像、阵列、对齐等常规编辑命令

除上述编辑命令外,还可以用"修改 | 结构梁系统"中的移动、复制、旋转、镜像、阵列、对齐等各种常规编辑命令,以及"剪贴板"面板中的"剪贴板"面板中的"复制到剪贴板"、"剪切到剪贴板""粘贴"等命令快速创建其他梁系统或移动梁系统位置。

1) 创建梁系统组:在 F1 平面视图中,交叉窗选前面创建的 2 个梁系统,单击"创建组"工具,输入组"名称"为"井字梁",单击"确定"。

2) 复制梁系统组:选择"井字梁"组,单击"修改"面板的"复制"工具,选项栏勾选"多个",将组复制到 A 和 B 号轴线间的另两个房间,以及 C 和 D 轴线间的剩余 3 个房间内。注意右上角房间的梁系统超出了房间边界,如图 16-17 (a)。

3) 编辑梁系统:选择右上角的"井字梁"组,单击"解组"。再分别单击选择两个梁系统,单击"编辑边界"工具,移动右侧边界到右侧 5 号轴线梁上,并设置垂直排列梁系统的"线数"参数为 2,单击"√"工具,结果如图 16-17 (b)。

4) 复制其他楼层梁和梁系统:

- 在默认三维视图中,窗选所有的图元,单击"过滤器"取消勾选"结构柱",单击"确定"选择了所有的梁和梁系统。
- 单击"剪贴板"中的"复制到剪贴板"工具,再单击"粘贴"工具的下拉三角箭头选择"与选定的标高对齐"命令。在"选择标高"对话框中,按住 Shift 键单击 F2 和 F-1 选择了 F2、F3、F4、F-1 标高,单击"确定"将梁和梁系统复制到了其他楼层,结果如图 16-17 (c)。

【提示】　成组后复制的梁系统便于后续设计的编辑修改,编辑一个组后其他自动更新。

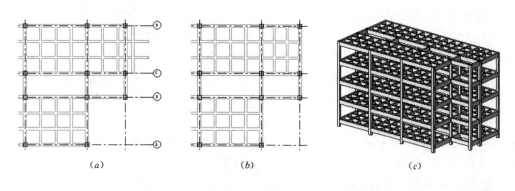

(a)　　　　　　　　　(b)　　　　　　　　　(c)

图 16-17　编辑梁系统

5) 保存并关闭文件,结果请参见本书附赠光盘的"练习文件 \ 第 16 章"目录中的"16-02 完成 . rvt"文件。

16.3　支　　撑

支撑是连接梁和柱的斜构件。与梁相似, 可以通过将单击捕捉到起点和终点来创建支撑。为方便捕捉梁和柱, 可以在平面视图或框架立面视图中添加支撑, 支撑会自动附着到梁和柱。在平面视图或框架立面视图中添加支撑的方法和特点如下:

1) 平面视图: 在平面中必须在选项栏中设置支撑的起点和终点所在的标高和高度偏移值, 然后在平面图中单击捕捉起点和终点的投影位置后创建, 不能直观地看到支撑构件, 必须到三维或立面视图中查看。

2) 框架立面视图: 必须先创建一个框架立面视图, 将该视图作为放置支撑的工作平面, 然后在立面图中直接捕捉起点和终点位置即可创建支撑, 可以直观地看到支撑构件。

16.3.1　创建支撑

1. 在平面视图中创建支撑

接上节练习, 或打开本书附赠光盘的 "练习文件 \ 第 16 章" 目录中的 "16-02 完成 .rvt" 文件, 平铺显示 F1 平面和默认三维视图, 完成下面的练习。

1) 在 F1 平面视图中, 缩放图形到左下角 1 和 2 号轴线间水平梁位置。单击功能区 "结构" 选项卡 "结构" 面板中的 "支撑" 工具, "修改 | 放置支撑" 子选项卡如图 16-18。

图 16-18　"修改 | 放置支撑" 子选项卡

2) 选择支撑类型: 从类型选择器中选择 "UB-通用梁" 的 "305×102×25UB" 类型。

3) 设置选项栏: 如图 16-18, 设置 "起点" 为 "F-1" 标高、后面的高度偏移值为 0, "终点" 为 "F1" 标高、后面的高度偏移值为 0。勾选 "三维捕捉"。

4) 如图 16-19 (a), 移动光标到左下角结构柱的中心位置, 按 Tab 键 2 次, 当出现结构柱的三角形中点符号时单击捕捉作为支撑起点; 如图 16-19 (b), 移动光标到水平梁中点位置, 按 Tab 键 3 次, 当出现梁的三角形中点符号时单击捕捉作为支撑终点, 放置一根支撑。

5) 同样方法在 2 和 A 号轴线交点结构柱和水平梁中点的斜向支撑, 结果如图 16-19 (c)。

6) 按 Esc 键或 "修改" 结束 "支撑" 命令。保存文件。

2. 在框架立面视图中创建支撑

1) 新建框架立面视图:

- 接上节练习, 在 F1 平面视图中, 单击功能区 "视图" 选项卡 "创建" 面板 "立面" 工具下拉三角箭头, 选择 "框架立面" 命令, "框架立面" 子选项卡如图 16-

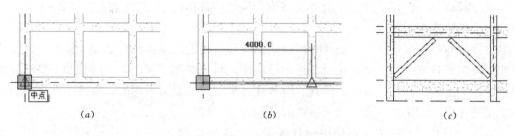

图 16-19　在平面视图中放置支撑

20（*b*）。

- 设置选项栏：勾选"附着到轴网"：将沿轴网创建立面视图，并将轴网所在工作平面作为工作平面；"比例"默认设置新的立面视图比例为"1：100"，可从下拉列表中选择其他合适比例。

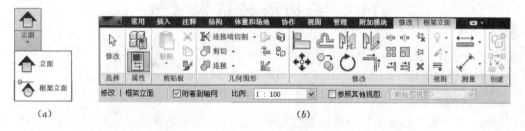

图 16-20　"框架立面"工具与"修改｜框架立面"子选项卡

- 移动光标到西立面 A 和 B 号轴线间、1 号轴线外侧一点，出现立面符号预览图形，如图 16-21（*a*），单击创建框架立面视图。按 Esc 键结束"框架立面"命令。
- 从项目浏览器中"立面"节点下双击打开"立面 1-a"框架立面视图。框架立面视图默认将左右 A 和 B 号轴线作为视图裁剪边界。单击选择视图裁剪边界，拖拽左右两个实心双三角控制柄向两侧调整视图范围。

2）放置支撑：

- 在"立面 1-a"框架立面视图中，单击功能区"常用"选项卡"支撑"工具，选择"UB-通用梁"的"305×102×25UB"类型，勾选"三维捕捉"。
- 如图 16-21（*b*），移动光标单击捕捉左侧结构柱与 F-1 标高交点作为支撑起点；如图 16-21（*c*），单击捕捉顶部梁的中点作为支撑终点即可放置支撑。
- 同样方法创建右侧支撑，单击绘图区域左下角视图控制栏的"详细程度"图标，

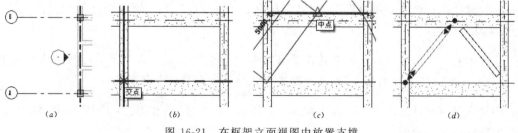

图 16-21　在框架立面视图中放置支撑

选择"精细"，支撑显示由单线变为三维实体，如图 16-21（d）。

16.3.2　编辑支撑

支撑的本质依然是梁，因此选择刚创建的支撑，功能区显示和编辑梁一样的"修改｜结构框架"子选项卡。支撑的编辑方法和梁一样，可以使用"属性"选项板和类型选择器以及移动、复制、旋转、镜像、阵列、对齐等各种常规编辑命令编辑，本节不再详述。不同类型的支撑（梁）的图元属性参数略有不同，请自行体会。

如图 16-21（d）在立面视图中选择支撑，拖拽端点的实心双三角控制柄可以调整支撑的端点延伸值。

用前述创建支撑方法和复制、阵列、对齐、粘贴等编辑命令完成其他支撑，保存并关闭文件，结果请参见本书附赠光盘的"练习文件 \ 第 16 章"目录中的"16-03 完成 . rvt"文件。

16.4　结构墙与结构楼板

打开本书附赠光盘的"练习文件 \ 第 16 章"目录中的"16-03 完成 . rvt"文件，创建结构墙和结构楼板。

16.4.1　结构墙

"第 5 章　墙"讲述了各种墙的创建与编辑方法，其中讲到墙的"结构用途"参数中有非承重、承重、抗剪和复合结构 4 种。默认的"墙"工具创建的都是非承重墙，结构墙的创建可以使用"常用"或"结构"选项卡"墙"工具下的"结构墙"命令快速创建，其创建和编辑方法同非承重墙完全一样，本节不再详述，请参考"第 5 章 墙"的相关内容。

1）打开 F1 平面视图，单击功能区"结构"选项卡"墙"工具的下拉三角箭头，选择"结构墙"命令，"修改｜放置结构墙"子选项卡如图 16-22。

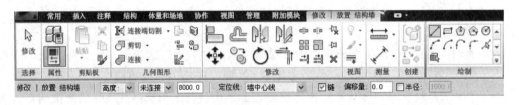

图 16-22　"修改｜放置结构墙"子选项卡

2）从类型选择器中选择"基本墙"的"基础-300mm 混凝土"类型。

3）设置选项栏：设置"深度"为"F-2"标高、"定位线"为"墙中心线"、勾选"链"、"偏移量"为 0。

【提示】　非承重墙绘制时只能设置墙顶部"高度"参数，从下往上绘制；结构承重墙绘制时既可以设置"高度"，也可以设置墙底部"深度"从上往下绘制。

4）移动光标顺时针依次单击捕捉 1 和 A、1 和 D、5 和 D、5 和 B、4 和 B、4 和 A、1 和 A 号轴线交点绘制一圈结构墙。按 Esc 键结束"结构墙"命令。

5）在默认三维视图中，按 Tab 键选择刚绘制的结构墙链，在"属性"选项板中，设置参数"顶部偏移"为 −800 mm（梁高度），将结构墙顶部降到梁下方，结果如图 16-23。保存文件。

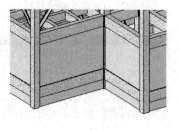

图 16-23　结构墙

16.4.2　结构楼板

"第 8 章　楼板"讲述了各种平楼板、斜楼板的创建与编辑方法，默认的"楼板"工具创建的都是建筑楼板，结构楼板的创建可以使用"常用"或"结构"选项卡"楼板"工具下的"结构楼板"命令快速创建，其创建和编辑方法同建筑楼板完全一样，本节不再详述，请参考"第 8 章　楼板"的相关内容。

1）打开 F1 平面视图，单击功能区"结构"选项卡"楼板"工具的下拉三角箭头，选择"结构楼板"命令，显示"修改│创建楼层边界"子选项卡。

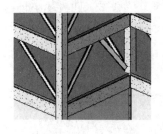

图 16-24　结构楼板

2）绘制楼板边界：单击"拾取墙"工具，移动光标到结构墙外墙面上按 Tab 键单击选择墙链，创建了封闭的楼板楼板边界轮廓线。

3）设置楼板属性：在"属性"选项板中单击"编辑类型"按钮，从"类型"下拉列表中选择"常规-150mm"楼板类型，单击"确定"。设置"相对标高"为 150mm。

4）单击"√"工具创建了 F1 结构楼板。选择楼板用"剪贴板"面板中的"复制到剪贴板""粘贴"-"与选定的标高对齐"工具，复制楼板到 F2、F3 层。结果如图 16-24。

5）保存并关闭文件，结果请参见本书附赠光盘的"练习文件\第 16 章"目录中的"16-04 完成.rvt"文件。

16.5　基　　础

Revit Architecture 根据用途与形状提供了 3 种创建结构基础的方法：条形基础、独立基础、基础底板。接上节练习，或打开本书附赠光盘的"练习文件\第 16 章"目录中的"16-04 完成.rvt"文件，完成下面的练习。

16.5.1　条形基础

条形基础用于沿结构墙创建基础，移动墙时，条形基础随着墙一起移动。可在平面视图或三维视图中沿着结构墙放置条形基础。

1. 创建条形基础

1）打开默认三维视图，单击"结构"选项卡"基础"面板的"条形"基础工具，"修改│放置条形基础"子选项卡如图 16-25（a）。

2）从类型选择器中选择"条形基础"的"连续基角"类型，移动光标单击拾取结构墙即可在墙底部创建条形基础。转动模型连续拾取结构墙创建一圈条形基础，按 Esc 键或

"修改"工具结束命令。结果如图 16-25 (*b*)。

图 16-25　"修改｜放置条形基础"子选项卡与条形基础

3) 平面显示设置：打开 F-2 平面视图，因为条形基础是在 F-2 标高之下位置，因此在图中看不到基础。需要设置平面视图的视图范围。

- 在左侧当前视图的"属性"选项板中，单击"视图范围"参数后的"编辑"按钮，打开"视图范围"对话框。
- 设置下方"视图深度"中的标高"偏移量"为 −500，单击"确定"即可显示标高下方的结构基础构件，如图 16-25 (*c*)。保存文件。

2. 编辑条形基础

单击选择一段条形基础，"修改｜结构基础"子选项卡如图 16-26。

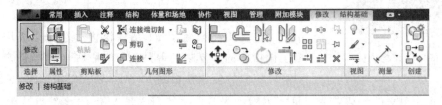

图 16-26　"修改｜结构基础"子选项卡

1) "属性"选项板：

- 类型选择器：从类型选择器中可选择其他类型的条形基础。
- 实例属性参数：修改以下实例参数后只改变当前选择的条形基础。
  - "偏心"：可设置结构墙中心线与条形基础中心线之间的偏移。
  - "分析为"：可选择"基础"或"不用于分析"设置结构分析的属性类型。
  - 其他结构和尺寸标注类参数为只读。
- 类型属性参数：单击"编辑类型"按钮打开"类型属性"对话框，如图 16-27。编辑类型参数，确定后将改变和选择的条形基础类型相同的所有条形基础。
  - "材质"：可以指定条形基础的外观。
  - "结构用途"：可选择"基础"和"挡土墙"两种类型，默认为基础。
  - 尺寸标注类："宽度"、"基础厚度"设置条形基础的宽度和厚度值；"默认端点延伸长度"设置在开放条形基础端头位置，条形基础延伸出墙端点的长度，如图 16-28 (*a*)；勾选"插入点不打断"选项，则在结构墙门窗洞口位置条形基础保持连续，取消勾选条形基础将和墙饰条一样自动打断，如图 16-28 (*b*)。

◇ 新建条形基础类型：单击"复制"输入新的类型名称，确定或设置上述参数后确定，只替换当前选择的条形基础为新的类型。

图 16-27 类型属性

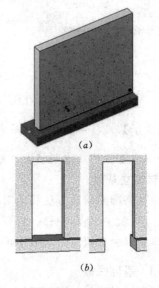

图 16-28 端点延伸与插入点打断

2) 鼠标控制：选择条形基础，鼠标拖拽端点位置的蓝色实心圆点，可以改变"默认端点延伸长度"参数的值，如图 16-28（a）。

3) 移动、复制、阵列等编辑命令编辑：快速创建其他条形基础。

【提示】 无论是移动、复制，还是鼠标拖拽，条形基础必须依附于结构墙存在，并自动随墙的长度、底标高的变化而变化。

16.5.2 独立基础

"独立"基础工具可以沿轴线交点或在结构柱底部位置创建矩形或三角形基脚，基脚可独立存在，无须依附主体。

1. 创建独立基础

1) 接上节练习。打开 F-2 平面视图，单击功能区"结构"选项卡"基础"面板中的"独立"基础命令。默认样板文件中没有独立基础族，因此在弹出的提示框中单击"是"，定位到"Metric Library \ 结构 \ 基础"目录中，选择"桩帽-矩形.rfa"，单击"打开"载入基础族。"修改 | 放置独立基础"子选项卡如图 16-29（a）。

2) 从类型选择器中选择"桩帽-矩形"的"2000mm×2000mm×900 mm"正方形基础类型。

3) 按以下方法放置基础：本例采用第 3 种"在柱上"。

- 单击放置：在图中单击捕捉插入点即可放置独立基础。
- "在轴网处"：单击该命令，再窗选、交叉窗选轴线，在轴线交点位置出现独立基础的预览图形，单击"√"工具即可在选择的轴线交点位置放置独立基础。
- "在柱上"：单击该命令，按住 Ctrl 键窗选 B 和 C 号轴线上室内的 5 个结构柱，单

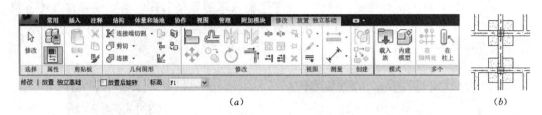

(a)　　　　　　　　　　　　　　　　　　　　(b)

图 16-29　"修改｜放置独立基础"子选项卡

击"√"工具即可在结构柱的底部位置放置独立基础，如图 16-29（b）。

【提示】沿轴网和结构柱放置的独立基础可以随轴网和结构柱的位置变化自动移动。

4）按 Esc 键或"修改"结束"独立基础"命令。保存文件。

2. 编辑独立基础

独立基础的编辑方法和条形基础基本一样，可以使用图元"属性"编辑基础的长度、宽度、厚度、标高和偏移、材质等；可从类型选择器切换其他尺寸规格类型；可用移动、复制等编辑命令编辑。本节不再详述。

16.5.3　基础底板

"基础底板"工具可用于创建建筑最底层平整表面上的基础结构板模型，这些板不需要其他结构图元支撑，也可以用于建立矩形、三角形等之外的复杂形状基础模型。

"基础底板"的创建和编辑方法同楼板、结构楼板完全一样，先绘制封闭楼板边界轮廓线，设置楼板属性参数，单击"√"即可创建基础底板。本节不再详述，请参考"第 8 章 楼板"的相关内容。

1）接上节练习。打开 F-2 平面视图，单击功能区"结构"选项卡"基础"面板的"板"工具的下拉三角箭头，选择"基础底板"命令。

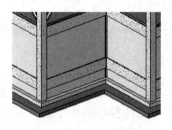

2）单击"拾取墙" 工具，设置"偏移"为 1000mm，按 Tab 键单击拾取结构墙链创建封闭的楼板轮廓。

3）在"属性"选项板中设置参数"标高"为 F-2、"相对标高"为−300（条形基础厚度）。

4）单击"√"工具创建了基础底板，如图 16-30。

5）保存并关闭文件，结果请参见本书附赠光盘的"练习文件 \ 第 16 章"目录中的"16-05 完成 .rvt"文件。

图 16-30　基础底板

【提示】　尽管基础底板的外观、参数设置和创建方法，和建筑楼板、结构楼板都完全一样，但仍强烈建议使用"基础底板"工具来创建，以方便后期的分类构件统计。

16.6　桁　　架

结构桁架也是建筑设计中经常使用的结构构件，Revit Architecture 也提供了专用的

"桁架"工具可快速创建各种常用桁架。

16.6.1 创建桁架

打开本书附赠光盘的"练习文件 \ 第 16 章"目录中的"16-06.rvt"文件，打开 F2 平面视图，完成下面的练习。

1) 单击功能区"结构"选项卡"结构"面板中的"桁架"工具。默认样板文件中没有桁架构件，因此在弹出的提示框中单击"是"，定位到"Metric Library \ 结构 \ 桁架"目录中，选择"普腊人字形桁架-6 嵌板.rfa"，单击"打开"载入桁架族。"修改 | 放置桁架"子选项卡如图 16-31。默认选择"线" ╱ 绘制工具。

图 16-31 "修改 | 放置桁架"子选项卡

2) 在"属性"选项板中单击"编辑类型"按钮，打开"类型属性"对话框，设置上弦杆、竖向腹杆、斜腹杆、下弦杆的"结构框架类型"参数为"UB-通用梁：305×102×25UB"类型，单击"确定"。

3) 移动光标单击捕捉 1 和 A 号轴线交点结构柱下边线中点，垂直向上移动光标单击捕捉 1 和 B 号轴线交点结构柱上边线中点，即可创建一个桁架。按 Esc 键结束"桁架"命令。

4) 打开默认三维视图，结果如图 16-32 (*a*)、(*b*)。

5) 单击选择刚创建的桁架，功能区单击"附着顶部/底部"工具，单击拾取屋顶，即可将桁架上弦杆附着到屋顶下面。如图 16-32 (*c*)，保存文件。

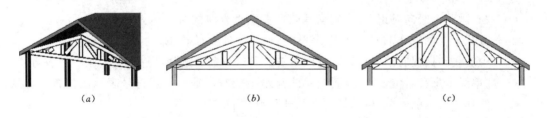

(*a*)　　　　　　　(*b*)　　　　　　　(*c*)

图 16-32 桁架

16.6.2 编辑桁架

桁架的编辑方法和梁系统非常相像，可以使用图元"属性"参数、类型选择器、移动、复制等编辑命令编辑，除此之外桁架还有"附着顶部/底部"、"分离顶部/底部"等 4 个专用编辑工具，下面简要描述。

在三维视图中移动光标到桁架上，当出现一组加粗显示的蓝色实线时，单击即可选择刚创建的桁架，"修改 | 结构桁架"子选项卡如图 16-33。

图 16-33 "修改｜结构桁架"子选项卡

1. 附着与分离

与结构柱、墙一样，可以将结构桁架附着到屋顶或结构楼板；附着后的桁架也可以随时将其分离。

1）附着：单击选择刚创建的桁架，功能区单击"附着顶部/底部"工具，单击拾取屋顶即可。

2）分离：单击选择桁架，功能区单击"分离顶部/底部"工具，单击拾取屋顶即可。分离后的桁架将恢复附着前的形状。

2. "属性"选项板

1）类型选择器：从类型选择器下拉列表中可以选择其桁架类型，快速替换当前选择的桁架。

2）实例属性参数：如图 16-34，编辑实例属性参数只影响当前选择的桁架。

- "起点标高偏移"、"终点标高偏移"：设置桁架起点、终点相对桁架所在标高的高度偏移距离。

- "创建上弦杆"、"创建下弦杆"：控制桁架上弦杆和下弦杆的显示。在某些情况，当不需要上弦杆或下弦杆时可以通过此参数取消创建。

- "支承弦杆"：可选择桁架的支承杆件为"底"或"顶"（即下弦杆或上弦杆）。

图 16-34 "属性"选项板

- "支承弦杆竖向对正"：设置支承弦杆在垂直方向的对齐方式。本例默认的对齐方式为"中心线"，即下弦杆的中心线和捕捉的结构柱顶点连线对齐。可根据需要选择"底"或"顶"对齐方式。

- "单线示意符号位置"：设置当单线显示桁架时，平面示意符号表示的位置，默认选择"支承弦杆"，可选择"上弦杆"或"下弦杆"。

- "非支承弦杆偏移"：设置非支承弦杆距离定位线之间相对水平偏移距离。

- "桁架高度"、"桁架跨度"：自动提取，只读参数。

- 其他标识数据、阶段参数：默认设置。

3）类型属性参数：单击"编辑类型"按钮，打开"类型属性"对话框，如图 16-35。编辑以下参数将影响到和当前选择桁架同类型的所有桁架的显示。

- 上弦杆、竖向腹杆、斜腹杆、下弦杆类参数："分析垂直投影"设置结构分析线的位置，默认选择"梁中心"，可选择"梁顶部"、"梁底部"、"定位线"、"自动检测"；"结构框架类型"可选择桁架杆件的类型；"起点约束释放"、"终点约束释

放"定义释放条件，可用选项为"铰支"、"固
定"或"弯矩"；"角度"可设置杆件截面绕纵
轴的旋转角度。

- 构造类参数：勾选"腹杆符号缩进"则在单线
粗略显示桁架时，腹杆缩进显示；"腹杆方向"
可设置腹杆的方向为"垂直"（绝对垂直）或
"正交"（和支承弦杆保持 90°角）。

- "复制"：单击该按钮，复制新的桁架类型，设
置上述参数"确定"后将只替换当前选择桁架
的类型，其他桁架不变。

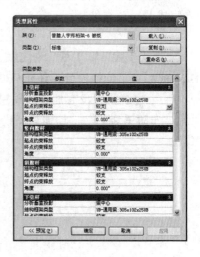

图 16-35　类型属性

3. 单个杆件编辑与连接端切割

1）移动光标到桁架左侧中间的垂直腹杆上，按 Tab 键
当垂直腹杆亮显时单击选择该杆件，如图 16-36
(a)。从"属性"选项板的类型选择器中可以选择其
他类型替换该杆件，可按 Delete 键删除该杆件。

2）单击图 16-36 (a) 中的图钉锁定符号，解锁杆件后，即可移动该杆件的位置，或设置
"属性"选项板中的参数单独
编辑该杆件。本例设置"角
度"参数为 45°。观察该杆件
旋转角度的变化。

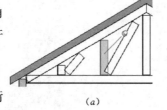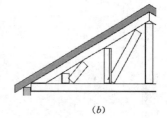

(a)　　　　　　　　　　(b)

3）连接端切割：

- 如图 16-36 (a)，观察桁
架左下角和右下角上弦杆
和下弦杆的连接没有自动

图 16-36　单个杆件编辑与连接端切割

剪切。需要的话可以单击"修改"选项卡的"几何图形"面板的"连接端切割"
工具，先单击拾取上弦杆，再单击拾取下弦杆，切割后的杆件如图 16-36 (b)。

- 删除连接端切割：单击"连接端切割"工具下拉三角箭头，选择"删除连接端切
割"工具，同样单击拾取上弦杆和下弦杆即可取消切割。

4. 重设桁架与删除桁架族

1）"重设桁架"：如前所述，当解锁了杆件、编辑了杆件的实例属性参数、切割连接端、
删除了某杆件等以后，如需要恢复桁架默认的设置，则可以单击选择桁架，单击功能
区"重设桁架"工具即可自动快速恢复原始设置。

2）"删除桁架族"：单击选择桁架，单击功能区"删除桁架族"工具，可以将桁架分解为
单个杆件，分解后所有的杆件将保持在分解前的位置，可以单独选择后编辑。

5. 移动、复制等常规编辑命令

除上述编辑工具外，还可以使用"修改 | 结构桁架"子选项卡"修改"面板中的移
动、复制、旋转、阵列、镜像等编辑工具，以及"剪贴板"面板中的"复制到剪贴板"、
"剪切到剪贴板"、"粘贴"等编辑命令来编辑坡道。

保存并关闭文件，结果请参见本书附赠光盘的"练习文件＼第 16 章"目录中的"16-06 完成 . rvt"文件。

"进阶 4 式"第 1 式"他山之石"——结构构件！结构专业的他山之石让三维建筑 BIM 模型有了铮铮铁骨，任尔风吹雨打，我自岿然不动！

一个建筑模型没有地形和周围配景的映衬，总显得有些许孤单寂寞，下面就来学习第 2 式"布防王城"——场地总图设计，完成最后的建筑模型设计。

第 17 章 场 地 总 图 设 计

Revit Architecture 提供了从地形表面、建筑红线、建筑地坪、停车场、到场地构件等多种设计工具，可以帮助建筑师完成场地总图布置，同时基于地形曲面阶段属性的应用，Revit Architecture 还可以自动计算场地平整的挖填土方量计算，为工程概预算提供基础数据。

场地设计可以在建筑项目文件中直接创建，也可以在新的项目文件中单独创建后，将其链接到建筑项目文件中浏览。从专业分工的角度分析，建议单独创建场地项目文件。

17.1 场 地 设 置

Revit Architecture 在设计场地时，可以随时修改项目的全局场地设置：定义等高线间隔、添加用户定义的等高线，以及选择剖面填充样式等。设置方法如下：

1）单击快速访问工具栏的"新建"工具，新建项目文件。从项目浏览器中双击打开"场地"楼层平面视图。

【提示】　本书提供的样板文件中创建了一个专用的"场地"平面视图，打开了地形表面的显示，且平面图"视图范围"参数中设置了很高的平面剖切位置，可以看到完整的建筑俯视图。其他平面视图默认都隐藏在地形表面。

2）单击功能区"体量和场地"选项卡"场地建模"面板右下角的对话框启动程序 ↘，打开"场地设置"对话框，如图 17-1。

3）等高线显示设置：

- "间隔"：勾选此选项，平面图中将显示主等高线，设置主等高线高程间隔值为 2500。

- "经过高程"：默认为 0，设置主等高线的开始高程。例如，图 17-1 等高线"间隔"为 2500，"经过高程"为 0，则主等高线将会显示在 −2500、0、2500 等 2500 整数倍的位置；如果"经过高程"设为 500，则主等高线将会显示在 −2000、500、3000 等位置。

图 17-1　场地设置

- 附加等高线：次等高线和重点高程的附加等高线可通过"插入"方式自定义。图
  17-1 中设置了"增量"（次等高线高程间隔）为 500mm 的次等高线显示。其中
  "开始""停止"设置次等高线显示的高程值范围；"范围类型"选择"多值"可以
  按"增量"显示高程值范围内的所有等高线，如选择"单一值"将只在"开始"
  值位置显示一根等高线；"子类别"设置附加等高线的类别。用"删除"可删除插
  入的行。

4）剖面图形设置：

- "剖面填充样式"：单击输入栏右侧的按钮，从"材质"对话框中选择场地材质
  （材质的"截面填充图案"参数将决定剖面图中地形剖面的填充图案样式）。
- "基础土层高程"：输入一个负值，指定剖面图中显示的土层深度。

5）属性数据设置：

- "角度显示"：选择"度"或"与北/南方向的角度"，指定建筑红线标记上角度值
  的显示方式。
- "单位"：选择"度 分 秒"或"十进制度数"设置角度值单位。

6）如图 17-1 设置场地参数，单击"确定"完成设置。如果图中已有地形，则等高线等显
  示自动更新。保存文件。

17.2　地形表面与建筑红线

17.2.1　创建地形表面

Revit Architecture 提供了 3 种创建地形表面的方法：放置点、导入实例和点文件。
可以使用其中的一种方法，或综合应用几种方法创建完整地形表面。

1. 放置点

放置点是通过手工设置点的高程值，并在平面图中单击放置一系列高程点来创建地形
表面，适用于简单的地形表面设计，或为后两种方法补充、完善地形表面。

1）打开本书附赠光盘的"练习文件 \ 第 17 章"目录中的"17-01. rvt"文件，打开"场
  地"平面视图，图中有 6 条定位参照平面。

2）单击功能区"体量和场地"选项卡"地形表面"工具，显示"修改 | 编辑表面"子选
  项卡，如图 17-2，默认选择"放置点"创建工具。

图 17-2　"修改 | 编辑表面"子选项卡

3）选项栏设置点的"绝对高程"的"高程"值为 −500。如图 17-3 （a），分别单击捕捉
  左侧的 4 个参照平面交点，放置了 4 个高程为 −500 的点。再设置"高程"值为 1000，
  单击捕捉右侧 4 个参照平面交点，如图 17-3 （b），中间斜坡位置自动显示等高线。按

Esc 键或单击"修改"结束"放置点"命令。

4) 在"属性"选项板中，设置"材质"参数为"场地-草"、"名称"为"斜坡地形"。

5) 功能区单击"√"工具即可创建带坡的简易地形表面，如图 17-3（c）、（d）。

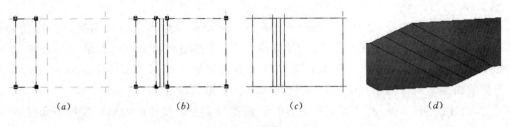

（a）   （b）   （c）   （d）

图 17-3 地形表面-放置点

6) 保存并关闭文件，结果请参见本书附赠光盘的"练习文件＼第 17 章"目录中的"17-01 完成 . rvt"文件。

2. 导入实例

导入实例是 Revit Architecture 根据事先导入的 DWG、DXF 或 DGN 格式的三维等高线数据，沿等高线放置一系列高程点，自动生成地形表面。适用于有三维等高线 CAD 数据的复杂地形表面。

1) 单击快速访问工具栏的"新建"工具，新建项目文件，打开"场地"楼层平面视图。

2) 单击功能区"插入"选项卡"导入 CAD"工具，定位到本书附赠光盘的"练习文件＼第 17 章"目录，选择"导入场地 . DWG"文件，"定位"选择"自动-中心对中心"，单击"打开"导入了 DWG 地形文件。

3) 单击功能区"体量和场地"选项卡"地形表面"工具，显示"修改｜编辑表面"子选项卡。

4) 单击"通过导入创建"工具，选择"选择导入实例"命令，移动光标单击拾取导入的 DWG 图形文件，打开"从所选图层添加点"对话框，如图 17-4，勾选下面的两个等高线图层。单击"确定"系统自动沿等高线放置一系列高程点，如图 17-5。

5) 同样设置表面"属性"参数"材质"为"场地-草"、"名称"为"等高线地形"。

6) 功能区单击"√"工具即可创建复杂地形表面。选择 DWG 地形文件，按 Delete 键

图 17-4 选择图层

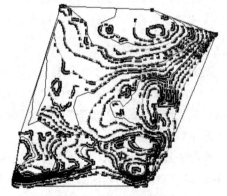

图 17-5 自动生成高程点

删除。

7）按"17.1 场地设置"的方法设置场地，保存并关闭文件，结果请参见本书附赠光盘的"练习文件 \ 第 17 章"目录中的"17-02 完成 . rvt"文件。

3. 点文件

除上述两种方法外，Revit Architecture 还可以使用原始测量点数据文件快速创建地形表面。点文件必须使用逗号分隔的 CSV 或 TXT 文件格式，文件每行的开头必须是 X、Y 和 Z 坐标值，后面的点名称等其他数值信息将被忽略。如果该文件中有两个点的 X 和 Y 坐标值相等，Revit Architecture 会使用 Z 坐标值最大的点。

1）单击快速访问工具栏的"新建"工具，新建项目文件，打开"场地"楼层平面视图。

2）单击功能区"体量和场地"选项卡"地形表面"工具，显示"修改 | 编辑表面"子选项卡。

3）单击"通过导入创建"工具，选择"指定点文件"命令，在"打开"对话框中定位到本书附赠光盘的"练习文件 \ 第 17 章"目录，选择"测量点 . txt"文件，单击"打开"。

4）在弹出的"格式"对话框中选择"米"为单位，单击"确定"自动创建了所有的高程点。

【提示】　因为测量点 . txt 的绝对高程值都在 400m 左右，因此在当前的平面图中看不到。

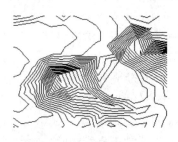

图 17-6　地形表面-点文件

5）设置表面"属性"参数"材质"为"场地-草"、"名称"为"点文件地形"。

6）功能区单击"√"工具即可创建复杂地形表面。打开南立面视图，选择地形表面，用"移动"工具将地形表面向下移动 380000mm 到 F1 标高位置。图 17-6 为完成后的地形局部。

7）保存并关闭文件，结果请参见本书附赠光盘的"练习文件 \ 第 17 章"目录中的"17-03 完成 . rvt"文件。

【提示】　此处将地形下移，仅适用于不需要标注等高线高程值，和建筑绝对高程坐标的情况。如需要标注这些值，则要将地形曲面保持不动，而向上移动标高到合适位置。

17.2.2　编辑地形表面

无论哪种方法创建的地形表面，其编辑方法都只有以下几种。打开本书附赠光盘的"练习文件 \ 第 17 章"目录中的"17-02 完成 . rvt"文件，打开"场地"楼层平面视图。选择地形表面，"修改 | 地形"子选项卡如图 17-7。

1."属性"选项板

单击选择地形表面，在"属性"选项板中可编辑以下实例属性参数："材质"参数、"名称"等标识数据类和阶段类参数。地形表面的"投影面积"和"表面积"参数自动提取，不能编辑。地形表面没有类型属性，也不能从类型选择器中选择其他类型。

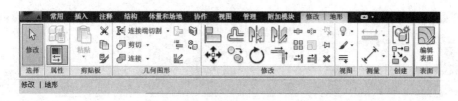

图 17-7 "修改 | 地形"子选项卡

2. 编辑表面

选择地形表面，单击"编辑表面"工具，显示"修改 | 编辑表面"子选项卡，使用以下工具编辑地形表面，单击"√"工具自动更新地形表面。

1）使用前述放置点、导入实例、表面"属性"等工具编辑表面。

2）选择某一个高程点，在选项栏中设置其高程值，或用移动、复制、阵列等编辑命令编辑。

3）"简化表面"：对带有大量高程点的复杂地形表面，可单击"修改 | 编辑表面"子选项卡的"简化表面"工具，输入"表面精度"参数值（值越大删除的高程点越多），单击"确定"即可自动精简高程点。

3. 移动、复制、旋转、镜像等常规编辑工具

选择地形表面，用"修改"面板中的移动、复制、旋转、镜像、阵列等各种常规编辑命令，以及"剪贴板"面板中的"复制到剪贴板"、"剪切到剪贴板"、"粘贴"等命令快速创建其他地形表面或移动表面位置。

4. 等高线标签

1）在"场地"楼层平面视图中，选择地形表面，单击功能区"体量和场地"选项卡"修改场地"面板中的"标记等高线"工具，移动光标在图中单击捕捉两个点，出现一条虚线，虚线和等高线相交位置自动标记带背景遮罩的高程值，如图 17-8。

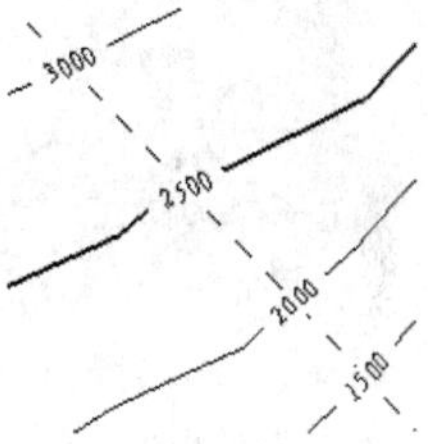

2）按 Esc 键或单击"修改"结束"标记等高线"命令，虚线自动隐藏。单击拾取等高线标签，虚线再次显示，鼠标拖拽虚线或

图 17-8 标记等高线

两个端点的蓝色实心控制柄，移动虚线位置后等高线标签也自动更新。保存文件。

17. 2. 3 建筑红线

有了地形表面，在做场地规划之前，可以先创建建筑红线，并统计规划建设用地面积。Revit Architecture 提供了两种创建建筑红线的方法：绘制和表格。

1. 绘制创建建筑红线

1）绘制建筑红线：

- 接上节练习，或打开本书附赠光盘的"练习文件 \ 第 17 章"目录中的"17-02 完成.rvt"文件，打开"场地"楼层平面视图。

- 单击功能区"体量和场地"选项卡"建筑红线"工具，在弹出的"创建建筑红线"提示框中单击"通过绘制来创建"，显示"修改 | 创建建筑红线草图"子选项卡，如图 17-9。

图 17-9　"修改│创建建筑红线草图"子选项卡

- 绘制草图：选择"矩形"▭ 绘制工具，在地形右下角绘制一个 60m 的正方形。
- 在建筑红线"属性"选项板中，设置"名称"参数为"江湖别墅红线"。
- 功能区单击"√"工具，完成后的建筑红线如图 17-10。

2）编辑绘制建筑红线：单击选择绘制的建筑红线，"修改│建筑红线"子选项卡如图 17-11。

- "属性"选项板：可设置实例属性参数"名称""标记"等，规划建设用地"面积"参数值自动计算。建筑红线没有类型属性。

图 17-10　绘制建筑红线

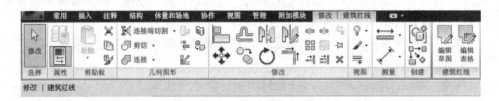

图 17-11　"修改│建筑红线"子选项卡

- "编辑草图"：单击该工具，显示"修改│建筑红线＞编辑草图"子选项卡，和绘制时一样可用各种绘制工具、修剪延伸等编辑工具重新编辑红线草图。
- "编辑表格"：单击该工具，弹出"限制条件丢失"提示框，如图 17-12。单击"是"打开"建筑红线"表格，如图 17-13。可编辑表格中红线的长度和方向角来编辑建筑红线，完成后单击"确定"建筑红线自动更新。

【提示】　用"编辑表格"工具将绘制的红线转换为红线表格后，将不能再使用"编辑草图"工具编辑红线，只能采用编辑表格中的红线参数来编辑。

- 移动、复制、旋转、镜像等常规编辑命令：不再详述。

2. 表格创建建筑红线

表格创建建筑红线比较简单，本节只简要描述不再详细操作，请自行体会。表格创建建筑红线的编辑方法，除不能用"编辑草图"工具外，其他同绘制建筑红线。

1）在"场地"楼层平面视图中，单击功能区"体量和场地"选项卡"建筑红线"工具，在弹出的"创建建筑红线"提示框中单击"通过输入距离和方向角来创建"，打开和图 17-13 类似的"建筑红线"表格，用以下方法设置表格参数：

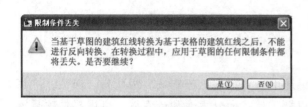

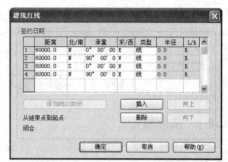

图 17-12　Revit 提示　　　　　　图 17-13　"建筑红线"表格

- 单击"插入"添加红线段，设置各项距离和方向角参数。
- 点"删除"可删除多余的行，点"向上"、"向下"可上下移动行的位置。
- 注意表格左下角的"从结束点到起点"的状态是否为"闭合"。如果没有闭合，可以单击"添加线以封闭"按钮自动创建最后一段红线生成封闭红线轮廓。

2) 完成后单击"确定"，光标位置出现红线预览图形，在图中单击捕捉一点放置红线即可。

3. 建筑红线标记与统计

Revit Architecture 可以自动标记建筑红线段的距离和方向角等，并自动统计所有的建筑红线线段和建设用地面积。

1) 在"场地"楼层平面视图中，单击功能区"注释"选项卡"按类别标记"工具，单击拾取一段建筑红线，在弹出的"未载入标记"提示框中单击"是"。定位到"Metric Library \ 注释 \ 土木工程"目录中，选择"标记_建筑红线.rfa"，单击"打开"载入族。

2) 选项栏取消勾选"引线"，分别单击拾取每段建筑红线，即可自动创建红线标记。如图 17-14（a），按 Esc 键或单击"修改"结束"按类别标记"命令。

3) 单击功能区"视图"选项卡"明细表"工具，选择"明细表/数量"命令，在"新建明细表"对话框中左侧的"类别"列表中选择"建筑红线"，在右侧"名称"栏中输入"规划建设用地面积统计表"，单击"确定"。

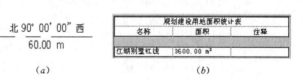

（a）　　　　　　　　　　（b）

图 17-14　建筑红线标记与统计

4) 在"明细表属性"对话框的"字段"选项卡中，分别单击选择"可用字段"中的"名称"、"面积"、"注释"字段并单击中间的"添加（A）-->"按钮，将其添加到右侧列表中，单击"确定"即可自动统计规划建设用地面积统计表。如图 17-14（b）。

5) 同样方法，用"明细表/数量"命令，在"新建明细表"对话框中左侧的"类别"列表中选择"建筑红线线段"，可以统计建筑红线明细表，本节不再详述。

6) 保存并关闭文件，结果请参见本书附赠光盘的"练习文件 \ 第 17 章"目录中的"17-

04 完成 . rvt"文件。

【提示】　明细表的详细设置本节不介绍，详细请参考"第 25 章 明细表视图设计"。

17.3　场地规划、建筑地坪与土方计算

17.3.1　场地规划

有了地形表面和建筑红线，即可在场地中规划道路、停车场、绿化带、河流、广场等。Revit Architecture 提供了两个场地规划工具：拆分表面和子面域。可以根据项目需要或设计习惯选择合适的工具。

1. 拆分与合并表面

"拆分表面"工具可以将一个地形表面拆分为两个表面并分别编辑，拆分后可以为这些表面指定不同的材质来表示公路、湖、广场或丘陵等，也可以删除地形表面的一部分。

1）打开本书附赠光盘的"练习文件 \ 第 17 章"目录中的"17-05. rvt"文件，打开"场地"楼层平面视图。

2）单击功能区"体量和场地"选项卡"修改场地"面板中的"拆分表面"工具，单击拾取图中的地形表面，显示"修改 | 拆分表面"子选项卡，如图 17-15，所有图形灰色显示。

图 17-15　"修改 | 拆分表面"子选项卡

3）使用以下两种方式之一绘制拆分表面边界线：

- 封闭边界线：选择"线" ╱、"矩形" ▭ 等绘制工具、"修剪/延伸"等编辑工具，在地形边界内创建封闭边界线。边界线不能与地形边界相交，如图 17-16（a）。

- 开放边界线：选择"线" ╱、"矩形" ▭ 等绘制工具，在地形边界内绘制一条连续的折线，线的两个端点必须位于地形表面边界上，而且折线不能自相交、不能与表面边界重合，如图 17-16（b）。

4）在右侧"属性"选项板中设置新表面的"材质"参数为"场地-水"。

5）功能区单击"√"工具，地形表面拆成了两个表面。拆分后的表面，可以单独选择，然后用"17.2.2 编辑地形表面"中的方法任意编辑。

6）单击"体量和场地"选项卡的"合并表面"工具，先单击拾取主地形表面，再单击拾取要合并的次表面，即可将两个表面合并为一个表面，合并后的地形表面材质与先拾取的主地形表面的材质相同。关闭"17-05. rvt"文件，不保存。

【提示】　因为拆分后的表面各自独立，如果要重新编辑表面的边界，必须使用"编

辑表面"工具移动高程点的位置，而不能重新编辑绘制的边界线。同时相邻的表面边界也必须同样编辑，否则两个表面间将出现一个缺口或有重叠。

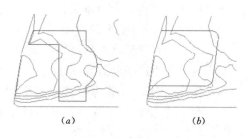

2. 子面域

图 17-16　封闭边界与开放边界

"子面域"工具是在地形表面内绘制封闭轮廓线（或嵌套的回形轮廓），然后将轮廓内的区域赋予不同的材质来表示不同的功能区。创建子面域时不会生成单独的地形表面，可以随时编辑子面域的边界线来修改子面域。子面域必须依附于原始地形表面存在。

1）创建地形子面域：

- 打开本书附赠光盘的"练习文件 \ 第 17 章"目录中的"17-05.rvt"文件，打开"场地"楼层平面视图。图中有一个"原始地形"表面和几条定位参照平面，帮助精确规划场地子面域。

- 单击功能区"体量和场地"选项卡"子面域"工具，显示"修改｜创建子面域边界"子选项卡，如图 17-17，所有图形灰色显示。

图 17-17　"修改｜创建子面域边界"子选项卡

- 绘制子面域边界线：选择"线" ╱ 绘制工具，选项栏勾选"链"，如图 17-18 (a)，捕捉参照平面交点绘制封闭轮廓线。选择"圆角弧" ╭ 工具，选项栏设置"半径"为 500，如图 17-18 (b)，单击拾取两条相交的边线倒圆角。

- 在右侧"属性"选项板中，设置"材质"参数为"场地-柏油路"、"名称"为"道路"。功能区单击"√"工具在地形表面中创建了一条道路子面域，如图 17-18 (c)。

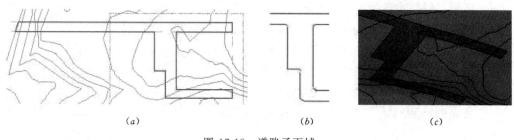

(a)　　　　　　　　(b)　　　　　　　　(c)

图 17-18　道路子面域

- 同样方法用"样条曲线" 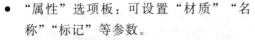、"线" ╱绘制工具和"偏移"工具，如图 17-19 (a)，绘制林荫小路封闭边界，注意路两头的边界线和道路边界线要重合不能交叉；设置子面域"材质"参数为"场地-碎石"、"名称"为"林荫小路"。完成后的林荫小路子面域如图 17-19 (b)。

- 保存文件，结果请参见本书附赠光盘的"练习文件 \ 第 17 章"目录中的"17-05 完成.rvt"文件。

 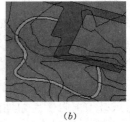

　　　　　　(a)　　　　　　　(b)

图 17-19　林荫小路子面域

2）编辑子面域：

　　子面域的编辑和地形表面的编辑方法几乎完全一样。单击选择道路子面域，显示"修改 | 地形"子选项卡。

- "属性"选项板：可设置"材质""名称""标记"等参数。

- "编辑边界"：单击该工具，显示"修改 | 编辑边界"子选项卡，和绘制时一样可用各种绘制工具、修剪/延伸等编辑工具重新编辑子面域边界线。

- 移动、复制、旋转、镜像等常规编辑命令。

【提示】　　出于后期编辑修改方便考虑，建议使用子面域功能进行场地规划。

17.3.2　场地平整

　　在场地中规划好了道路、停车场等之后，即可使用"平整区域"工具对这些区域进行场地平整。"平整区域"的基本原理是，先根据原始地形表面复制一个新的设计地形表面（原始地形表面被显示为拆除对象），然后要删除要平整区域内的高程点，再沿平整区域边界放置一系列新的高程点，即可创建设计地形表面。

　　接上节练习，或打开本书附赠光盘的"练习文件 \ 第 17 章"目录中的"17-05 完成.rvt"文件，打开"场地"楼层平面视图，继续下面的练习。

1）单击功能区"体量和场地"选项卡"平整区域"工具，弹出"编辑平面区域"提示框，如图 17-20。其中的两个选项功能如下：

- "创建与现有地形表面完全相同的新地形表面"：选择该项，将复制原始地形表面的所有高程点，手动编辑高程点后创建新的设计地形表面。

- "仅基于周界点创建新地形表面"：选择该项，将只复制原始地形表面边界上的高程点，中间的区域自动做平滑处理，手动编辑高程点或放置新的高程点后，创建新的设计地形表面。

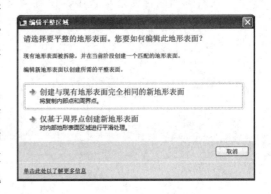

图 17-20　"编辑平面区域"提示框

2）本例仅平整道路区域内的场地，因此在

图 17-20 中单击第 1 个选项，移动光标单击拾取"原始地形"表面，显示"修改｜编辑表面"子选项卡。同时复制了原始地形的所有高程点，此时右下角会弹出一个"警告"栏，提示原始地形表面将被显示为拆除，忽略提示。

3）编辑高程点：

- 用窗选和单击选择方式选择"道路"子面域边界上和内部的高程点，按 Delete 键删除，如图 17-21（a）。
- 单击"放置点"工具，选项栏设置"高程"为−500，沿"道路"子面域边界单击放置一圈新的高程点（尽量多放一些点），如图 17-21（b）（因新放置的部分高程点在原始地形表面之下，因此在图中放置后即隐藏显示，不影响曲面创建）。

4）在"属性"选项板中可以看到"净剪切/填充"（−186.17m³）、"填充"、"截面"等挖填土方量参数值。设置平整后的表面"名称"为"设计地形"。

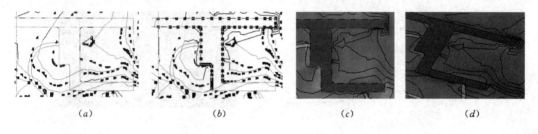

　　　（a）　　　　　　　（b）　　　　　　　（c）　　　　　　　（d）

图 17-21　平整区域

5）功能区单击"√"工具完成场地平整。注意此时在平面图中同时显示了平整后的"设计地形"和拆除后的"原始地形"，需要设置"场地"平面的视图属性。

6）在左侧的视图"属性"选项板中，设置最下面的"阶段过滤器"参数为"显示新建"。结果如图 17-21（c），为"带边框着色"显示的场地平面视图。

7）同样方法设置默认三维视图的"阶段过滤器"参数，视图显示如图 17-21（d）。

8）保存文件，结果请参见本书附赠光盘的"练习文件＼第 17 章"目录中的"17-06 完成.rvt"文件。

17.3.3　建筑地坪

　　上节用"平整区域"工具平整了"道路"子面域范围内的地形表面，并自动计算了挖填土方量。下面用"建筑地坪"工具为建筑模型创建室外地坪。

　　建筑地坪的创建和编辑方法同楼板完全一样，创建封闭边界线、设置地坪属性（包括地坪的构造层设置）完成即可。和斜楼板一样，可以创建带坡度的建筑地坪。详细操作方法本节不再详述，请参考"第 8 章 楼板"有关内容。

　　接上节练习，或打开本书附赠光盘的"练习文件＼第 17 章"目录中的"17-06 完成.rvt"文件，打开"场地"楼层平面视图，继续下面的练习。

1）单击功能区"体量和场地"选项卡"建筑地坪"工具，显示"修改创建建筑地坪边界"子选项卡，如图 17-22，所有图形灰色显示。

2）绘制建筑地坪边界线：选择"边界线"的"矩形" ▭ 绘制工具，如图 17-23（a），捕捉参照平面交点绘制正方形轮廓。

图 17-22　"修改│创建建筑地坪边界"子选项卡

3）建筑地坪属性：在"属性"选项板中单击"编辑类型"按钮，从"类型"下拉列表中
选择"建筑地坪 1"类型，单击"确定"。设置"标高"为"室外地坪"，"相对标高"
为 0，其他参数默认。

4）功能区单击"√"工具创建了建筑地坪，如图 17-23（b）。打开默认三维视图，可以看
到地坪处的地形表面自动附着到地坪下方，如图 17-23（c）。

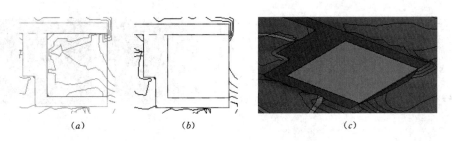

（a）　　　　　　　　　（b）　　　　　　　　　　　（c）

图 17-23　"创建建筑地坪边界"子选项卡

5）选择设计地形表面，在"属性"选项板中查看其"净剪切/填充"参数值为 −273.966
m³。因此建筑地坪可以自动平整场地，并计算挖填土方量。保存文件。

　　【提示 1】　只有在应用了"平整区域"功能的地形表面中，才能自动计算挖填土
方量。

　　【提示 2】　尽管建筑地坪从外观、创建和编辑方法同楼板完全一样，但它却具备了
楼板所没有的和地形表面的自动附着功能，因此强烈建议使用"建筑地坪"功能创建室外
地坪、建筑基础底板等和地形表面有关的构件。

17.3.4　土方计算

　　完成上述设计之后，最后来统计场地的挖填土方量。

1）单击功能区"视图"选项卡"创建"面板"明细表"工具，选择"明细表/数量"命
令，在"新建明细表"左侧列表中选择"地形"，设置"名称"为"土方量"，单击
"确定"。

2）在"明细表属性"的"字段"选项卡中，从左侧的"可用字段"列表中分别选择名称、
填充、截面、净剪切/填充字段，单击"添加（A）-->"按钮添加到右侧"明细表字
段"列表中。

3）单击"过滤器"选项卡，设置"过滤条件"
为"名称"、"等于"、"设计地形"，单击
"确定"后打开土方量明细表，如图 17-24。

土方量			
名称	填充	截面	净剪切/填充
设计地形	143.65 m³	417.61 m³	-273.97 m³

图 17-24　挖填土方量

4）保存并关闭文件，结果请参见本书附赠光盘的"练习文件＼第17章"目录中的"17-07完成．rvt"文件。

【提示】 明细表的详细设置本节不介绍，详细请参考"第25章 明细表视图设计"。

17.4 停车场构件与场地构件

本节将在设计地形上布置停车场构件、植物等场地配景构件，完成最后的场地布置。

17.4.1 停车场构件

接上节练习，或打开本书附赠光盘的"练习文件＼第17章"目录中的"17-07完成．rvt"文件，打开"场地"平面视图和默认三维视图，平铺显示两个视口，完成下面的练习。

1）在"场地"平面视图中，单击功能区"体量和场地"选项卡"停车场构件"工具，"修改｜停车场构件"子选项卡如图17-25。

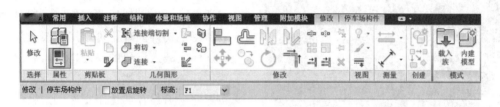

图17-25 "修改｜停车场构件"子选项卡

2）从类型选择器中选择"M_停车位"的"5000×2500mm-90°"类型，移动光标出现车位预览图形，按"空格"键1次逆时针旋转图形，单击捕捉停车场左下角点放置构件。按Esc键或单击"修改"结束"停车场构件"命令，结果如图17-26（a）。

3）单击选择刚放置的停车场构件，单击"拾取新主体"工具，再单击拾取"道路"子面域。有了主体的停车位将随主体的高度变化而自动变化。

4）单击选择放放置的停车场构件，用"阵列"工具向上方阵列6个停车位，间距为2500mm。结果如图17-26（b）。保存文件。

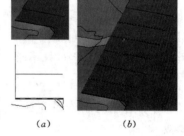

（a） （b）

图17-26 停车场构件

停车场构件的编辑很简单，除上述"拾取新主体"外，还可以用图元"属性"、类型选择器、移动复制阵列等编辑命令编辑，本节不再详述，请自行体会构件的各项属性参数。

17.4.2 场地构件

使用"场地构件"工具可在场地平面中放置各种场地专用构件，如树、电线杆、消防栓等。Revit Architecture的"Metric Library"库的"场地"和"植物"目录中提供了大量的构件族文件，可以载入到项目中使用，本书不再一一介绍。下面仅以植物为例，简要

251

说明其创建方法。

1）接上节练习，在"场地"平面视图中，单击功能区"体量和场地"选项卡"场地构件"工具，"修改 | 场地构件"子选项卡如图 17-27。

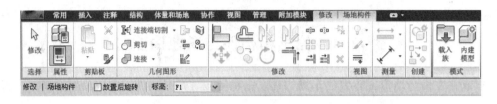

图 17-27　"修改 | 场地构件"子选项卡

2）从类型选择器中选择"松树"类型，移动光标沿道路和林荫小路子面域两侧单击放置两排松树，松树可以自动识别地形表面高度放置到表面上方。可以用复制、阵列等编辑工具快速布置场地构件，如图 17-28。

图 17-28　场地构件

3）单击选择松树，在"属性"选项板中单击"编辑—类型"按钮，打开"类型属性"对话框，可以设置树"高度"类型参数。

4）其他场地构件同理，可以用"载入族"工具从库中载入需要的场地构件族后单击放置，此处不再详述。

5）布置完成后保存并关闭文件，结果请参见本书附赠光盘的"练习文件 \ 第 17 章"目录中的"17-08 完成 . rvt"文件。

【提示】　本样板文件中的"松树"等皆为固定外观形状的模型构件，不能设置其渲染外观，如需后期渲染，请从库中"植物"目录中载入带"RPC"字样的 RPC 植物，如"RPC 树-针叶树 . rfa"。此类植物可以选择不同的树种、设置各种渲染外观，获得效果很好的效果图，但在三维视图中，植物显示为十字片状，美观不足，如图 17-29。

　　场地构件的编辑方法和停车场构件一样，可以使用图元"属性"、类型选择器、拾取新主体、移动复制阵列等编辑命令编辑，本节不再详述，请自行体会构件的各项属性参数。

17.4.3　链接场地模型文件

　　至此场地设计完成，下面将场地模型文件链接到建筑主模型文件中。

1）打开本书附赠光盘的"练习文件 \ 第 17 章"目录中的"江湖别墅-17 . rvt"文件，打开"场地"平面视图。

2）单击功能区"插入"选项卡"链接 Revit"工具，定位到本书附赠光盘的"练习文件 \ 第 17 章"目录，选择"17-08 完成 . rvt"文件，"定位"选择"自动-中心对中心"，单击"打开"导入了场地模型文件。

3）在建筑地坪中用"参照平面"工具绘制 2 条对角线，然后选择参照平面和场地模型文件，单击"移动"工具，单击捕捉参照平面交点为移动起点，再单击捕捉 3 和 C 号轴线交点为移动终点，完成平面定位。删除刚绘制的参照平面。

图 17-29　RPC 植物

图 17-30　链接场地模型

4）打开南立面视图，检查在高度方向上，场地模型的 F1 标高和主模型的 F1 标高已经对齐，完成了立面定位。完成后的三维视图如图 17-30。

5）保存并关闭文件，结果请参见本书附赠光盘的"练习文件 \ 第 17 章"目录中的"江湖别墅-17 完成 . rvt"文件。

"进阶 4 式"第 2 式"布防王城"——场地设计！Revit Architecture 虽不是专业的总图设计软件，但其基本的地形创建与规划功能足以满足建筑专业设计的要求。

建筑设计前期往往是从概念体量模型开始的，Revit Architecture 同样提供了各种体量模型的创建和分析工具。下面就来学习进阶 4 式的第 3 式"混沌初开"——概念体量设计。

第 18 章　概 念 体 量 设 计

在前面各章中，您已经深刻体会了 Revit Architecture 强大的三维建筑设计功能，除此之外，在项目设计前期，建筑师通常会绘制一些二维、三维草图（概念体量模型）来表达设计创意，探讨设计方案。Revit Architecture 的"概念设计环境"功能就为建筑师提供了创建各种概念体量模型的工具，可以使用设计中的点、线和边、面图元来快速创建各种体量形状。

18.1　概 念 设 计 环 境 概 述

18.1.1　内建体量与可载入体量族

Revit Architecture 的"概念设计环境"事实上是一个体量族编辑器与第 15 章的可载入构件族、内建族一样，可以使用"内建体量"和可载入体量族图元来创建概念设计，两种方法操作步骤如下：

1）内建体量：

- 在项目文件中，或新建项目文件。单击功能区"体量和场地"选项卡"概念体量"面板的"内建体量"工具，弹出"体量-显示体量已启用"提示框，单击"关闭"。
- 在"名称"对话框中输入体量名称，单击"确定"进入概念体量族编辑器，显示"常用"选项卡，如图 18-1。

图 18-1　内建体量的"常用"选项卡

- 使用选项卡中的各种工具创建体量模型，详见后面几节内容。完成后单击"√ 完成体量"即可。

2）可载入概念体量族：

- 单击应用程序菜单"新建"-"概念体量"命令，在"新概念体量-选择样板文件"对话框中单击选择"公制体量.rft"，单击"打开"进入概念体量族编辑器，显示"常用"选项卡，如图 18-2。
- 使用"选项卡中的各种工具创建体量模型，详见后面几节内容，完成后保存体量族文件。然后可在项目文件中，使用功能区"体量和场地"选项卡的"放置体量"工具将体量族文件载入到项目文件中放置后使用。

图 18-2 可载入概念体量的"常用"选项卡

18.1.2 两种体量族的区别

内建体量和可载入体量族的体量模型的创建方法完全一样，两者的区别除一个是项目内、一个是项目外之外，其根本的区别在于其操作便利性：可载入体量族的三维视图中可以显示三维参照平面、三维标高等用于定位和绘制的工作平面，可以快速在工作平面之间自由切换，提高设计效率，如图 18-3。

因为设计前期的概念设计，建筑师更习惯在三维视图中推敲设计方案，因此建议使用可载入体量族来创建概念体量设计。

18.1.3 体量族与构件族的区别

体量族的设计思路和第 15 章中的构件族基本一致，但在以下方面两者有很多不同之处：

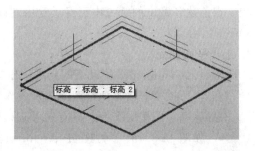

图 18-3 可载入体量族的三维视图

1) 参数化：体量族一般不需要像构件族一样设置很多的控制参数，一般只有几个简单的尺寸控制参数或没有参数。

2) 创建方法：创建构件族时，是先选择某一个"实心"或"空心"形状命令，再绘制轮廓、路径等创建三维模型；而体量族必须先绘制轮廓、对称轴、路径等二维图元，然后才能用"创建形状"工具的"实心形状"或"空心形状"命令创建三维模型。

3) 模型复杂程度：构件族只能用拉伸、融合、旋转、放样、放样融合 5 种方法创建相对比较复杂的三维实体模型；而体量族则可以使用点、线、面图元创建各种复杂的实体模型和面模型（用开放轮廓线创建），如图 18-4（*a*）。

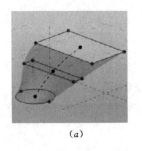

(*a*)

(*b*)

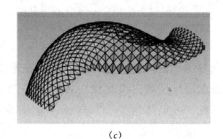

(*c*)

图 18-4 表面有理化与智能子构件

4) 表面有理化与智能子构件：体量族可以自动使用有理化图案分割体量表面，并且可以使用嵌套的智能子构件来分割体量表面，从而实现一些复杂的设计。如图 18-4（*b*）为可变尺寸的参数化构件，图 18-4（*c*）为带智能子构件的体量分割表面。构件族没有此功能。

18.2　模型线、参照线、参照点

在创建体量三维模型前，需要先创建模型线或参照（参照包括族中已有几何图形的边线、表面或曲线，以及参照线），然后选择这些模型线或参照，使用"实心形状"或"空心形状"命令创建三维体量模型。下面详细讲解这些图元的创建方法。新建概念体量族，研究学习本节内容。

18.2.1　工作平面

在 Revit Architecture 中绘制模型线、参照线等图元时，需要根据设计的实际情况，先选择合适的工作平面，然后再绘制模型线或参照线等，如此才能正确创建体量模型形状。在前述各章中的练习中已经反复用"设置"工具选择过了工作平面，本节再系统讲述一下。

1. 工作平面图元

Revit Architecture 的以下图元可以作为绘制的工作平面：

1) 表面：可以拾取已有模型图元的表面作为绘制的工作平面，如图 18-5（*a*）。

2) 三维标高：即楼层平面，只有在可载入体量族的概念设计环境三维视图中才能显示。

- 如图 18-5（*b*），在 Revit Architecture 的三维视图中可以选择楼层标高平面作为工作平面，在平面图中默认把当前楼层平面作为工作平面，拖拽标高面的四个蓝色实心圆控制柄可以改变工作平面面积。

- 可以在立面视图中用"常用"选项卡中的"标高"工具绘制三维标高，方法同项目文件中的楼层标高完全一样。

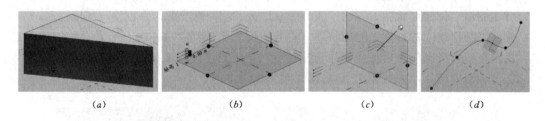

（*a*）	（*b*）	（*c*）	（*d*）

图 18-5　族编辑器功能区

3) 三维参照平面：即常规参照平面，在平立剖面视图中显示为线，只有在可载入体量族的概念设计环境三维视图中才能显示三维的参照平面，如图 18-5（*c*）。

- 在"公制体量 . rft"样板中默认有两条"中心（前/后）""中心（左/右）"参照平面。

- 可以使用"常用"选项卡中的"参照平面"工具绘制更多参照平面。

4）参照点：如图 18-5（*d*），每个参照点都有自己的工作平面，可以在其工作平面上绘制
其他模型线或参照线。关于参照点后面详细讲解。

2. 设置工作平面

默认情况下，工作平面在视图中是不显示的，为操作方便，可以单击"常用"选项卡
"工作平面"面板的"显示"工具，系统自动显示当前的工作平面。Revit Architecture 设
置工作平面的方法大致有以下几种：

1）默认工作平面：
- 在平面视图中，默认把当前楼层平面标高作为工作平面。
- 在立剖面视图中，默认把与立剖面视图平行的"中心（前/后）"或"中心（左/右）"参照平面作为工作平面。
- 在同一个视图中连续绘制模型线等时，默认把上一次的工作平面作为当前工作平面。

【提示】 默认情况下，当前工作平面不显示，为方便操作，建议单击"常用"选项卡"工作平面"面板的"显示"工具显示当前工作平面，提高设计效率。

2）"设置"工具：
- 在平面、立剖面视图中，可以单击"常用"选项卡"工作平面"面板的"设置"工具，再使用"拾取一个平面"或指定命名的标高或参照平面"名称"来选择其他的参照平面、已有图元表面作为工作平面（可能需要在"转到视图"对话框中选择并切换合适的视图中再绘制）。
- 在三维视图中，使用"设置"工具单击拾取已有的三维参照平面、三维标高、已有图元表面、参照点工作平面即可作为工作平面，然后绘制。

3）先"绘制"再设置工作平面：如果先选择了"绘制"面板中的"线" ╱ 或"矩形" ▭ 等绘制工具，而没有事先设置绘制工作平面，则可以使用以下方法。
- 在选项栏"放置平面"的下拉列表中选择"参照平面：中心（前/后）"或"标高：标高 1"等命名的参照平面或标高作为工作平面。
- 在选项栏"放置平面"的下拉列表中选择"拾取……"，然后用上述"设置"工具中的方法拾取工作平面（可能需要在"转到视图"对话框中选择并切换合适的视图中再绘制）。

设置了工作平面，即可在合适的视图中绘制各种形状的模型线、参照线、参照点等图元，下面详细讲解其绘制和编辑方法。

18.2.2 模型线和参照线
1. 模型线

单击"常用"选项卡"绘制"面板的"线"工具，然后选择"线" ╱ 或"矩形" ▭ 等绘制工具即可在工作平面中绘制各种直线、圆、圆弧、椭圆、椭圆弧、样条曲线等模型线。也可以选择"拾取线" ╱ 工具，拾取已有图元的边创建模型线。

模型线的绘制方法在"2.2.1 绘制模型线"一节中做了详细讲解，本节不再详述。

本节只补充一个在概念设计环境中特有的样条曲线绘制方法"通过点的样条曲线"ⅴ绘制工具：

1）新建概念体量族，在"标高 1"平面视图中，单击"通过点的样条曲线"ⅴ绘制工具，光标处出现一个参照点（大的蓝色实心圆球点）预览图形。

2）移动光标单击捕捉几个点，在捕捉位置即会放置几个参照点，同时通过参照点创建了样条曲线，如图 18-6（*a*）示意。通过调整参照点可以编辑样条曲线。

通过点的样条曲线与普通样条曲线的区别在于：通过点的样条曲线是通过拖拽线上的参照点来控制样条曲线，如图 18-6（*a*）；而普通样条曲线是通过拖拽线外的控制点来控制曲线，如图 18-6（*b*）。

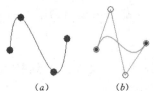

（*a*）　　　　（*b*）　　　　　　　（*a*）　　　　　（*b*）　　　　　（*c*）

图 18-6　两种样条曲线　　　　　　图 18-7　模型线控制柄

其他直线、矩形、圆、椭圆等模型线的编辑方法相同：

1）单击选择模型线轮廓，如图 18-7，拖拽端点的蓝色实心圆点、交点和半径的蓝色空心圆点即可编辑模型线的端点和交点位置（或圆的半径），拖拽边线可移动模型线位置。或选项栏单击"激活尺寸标注"按钮，编辑蓝色临时尺寸移动模型线位置。

2）按 Tab 键可选择某一段模型线，可拖拽线或端点、或编辑蓝色临时尺寸。

3）可以使用移动、复制、旋转、镜像、阵列、修剪、延伸、对齐、拆分、偏移等常规编辑命令编辑修改。

2. 参照线

参照线和参照平面的区别已经在"15.3.4　自定义可载入构件族技巧分析"中做了简要说明：参照线有长度、有中点，自带 4 个（或 2 个）工作平面（图 18-8）。因此在 Revit Architecture 中，参照线不仅可以用来定位，还可以用作工作平面。而在概念设计环境中，参照线还可以和模型线一样用来创建三维体量模型。

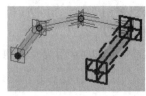

参照线的创建方法和模型线完全一样：单击"常用"选项卡"绘制"面板的"参照"工具，然后选择"线"／或"矩形"▢等绘制工具即可在工作平面中绘制各种直线、圆、圆

图 18-8　参照线

弧、椭圆、椭圆弧、样条曲线等参照线。也可以选择"拾取线"工具，拾取已有图元的边创建参照线。

参照线的编辑方法也同模型线完全一样，可通过拖拽其端点、交点控制柄（图 18-8），以及移动、复制等各种常规编辑命令任意编辑。

18.2.3　参照点

在前面创建"通过点的样条曲线"时，已经用到了参照点功能。参照点是一个空间点，可以通过放置参照点来绘制线、样条曲线。

1. 创建参照点

Revit Architecture 的参照点有 3 种类型：自由点、基于主体的点、驱动点。打开本书附赠光盘的"练习文件 \ 第 18 章"目录中的"18-01.rfa"文件，打开默认三维视图，图中有一些参照点和两条样条曲线，如图 18-9 中下方的 3 个离散的大圆球点为自由参照点，样条曲线上的大圆球点为驱动点，上面样条曲线中间的小圆球点为基于主体的参照点。不同类型的参照点创建方法略有不同。

1) 自由点：用上小节的方法设置工作平面，单击"常用"选项卡"绘制"面板的参照"点图元" ● 工具，移动光标在工作平面中单击即可创建自由参照点。

2) 基于主体的点：单击"点图元" ● 工具，移动光标在已有的样条曲线、模型线、参照线或已有三维形状的表面或边上，单击即可创建基于主体的参照点。

3) 驱动点：驱动点是用于控制样条曲线几何图形的参照点。有两种方法可以创建驱动点。

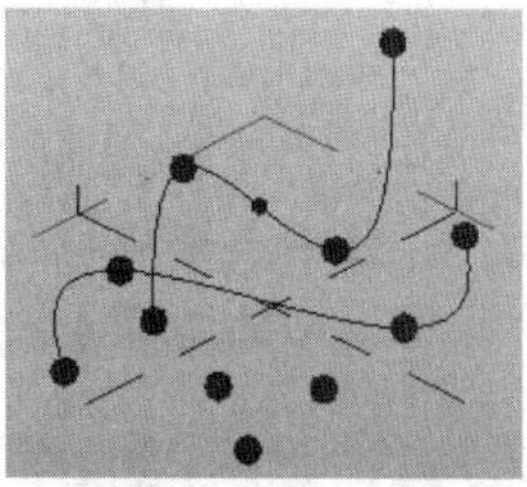

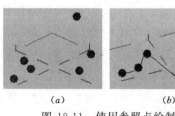

图 18-9　参照点

- 使用"通过点的样条曲线" ∿ 绘制工具绘制线、曲线或样条曲线时自动创建。
- 选择已有的基于主体的参照点，选项栏单击"生成驱动点"按钮创建驱动点。

2. 编辑参照点

1) 移动参照点：

- 在"18-01.rfa"文件的三维视图中，选择任一自由参照点或驱动参照点，如图 18-10 (a)，显示红绿蓝三色坐标控制箭头，拖拽其中的一个箭头即可在 X、Y、Z 某一个坐标方向上水平或垂直移动参照点；拖拽两个箭头之间的直角符号，即可在某一个坐标平面内任意移动参照点。编辑同时显示的蓝色临时尺寸可精确调整参照点位置。也可直接拖拽参照点任意移动点位置。
- 选择基于主体的参照点，如图 18-10 (b)，显示一个工作平面，拖拽参照点可以在样条曲线主体上移动参照点。
- 驱动点和基于主体的参照点，自动随样条曲线等主体对象的移动而移动。
- 完成上述练习后，关闭"18-01.rfa"文件，不保存。

2) 使用参照点绘制线：可以使用现有的各种参照点自动创建线、曲线或样条曲线。

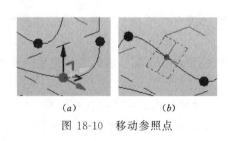

(a)　　　　　　　(b)

图 18-10　移动参照点

(a)　　　　　　　(b)

图 18-11　使用参照点绘制线

- 打开本书附赠光盘的"练习文件 \ 第 18 章"目录中的"18-02. rfa"文件，打开默认三维视图，图中有 7 个空间参照点，如图 18-11（a）。窗选所有的参照点，功能区单击"过滤器"取消勾选"参照平面"后，单击"确定"只选择了参照点。
- 功能区单击"通过点的样条曲线"工具，自动创建了三维样条曲线，如图 18-11（b）。保存并关闭文件，结果请参见本书附赠光盘的"练习文件 \ 第 18 章"目录中的"18-02 完成. rfa"文件。

3）变更点的主体：

- 打开打开本书附赠光盘的"练习文件 \ 第 18 章"目录中的"18-03. rfa"文件，打开默认三维视图，如图 18-12（a）中有一些参照点和 3 条样条曲线，其中最短的样条曲线是在基于主体的参照点自身的工作平面上绘制。

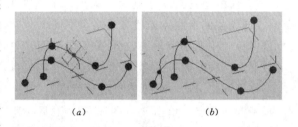

图 18-12　变更点的主体

- 单击选择基于主体的参照点，功能区单击"变更点的主体"工具，移动光标到水平面上样条曲线的左侧端点位置，先单击拾取样条曲线为新主体，但单击放置参照点。请注意：基于主体的参照点及其工作平面上的样条曲线一起移动到了新的主体上，如图 18-12（b）。

【提示】　可以将参照点从主体上移动到其他主体或工作平面上。

- 保存并关闭文件，结果请参见本书附赠光盘的"练习文件 \ 第 18 章"目录中的"18-03 完成. rfa"文件。

4）移动、复制、镜像等编辑命令编辑参照点。

18.3　体 量 形 状 设 计

在概念设计环境中，在工作平面中绘制了参照点、模型线、参照线等图元后，即可使用这些图元，以及已有模型的边线来创建体量模型形状。

Revit Architecture 可以根据设计需要创建以下两种不同类型的体量形状，其创建方法完全一样，但适用于不同的设计需求，其表现形式和编辑方法也略有不同。

1）自由形状：

- 如图 18-13（a），自由形状适用于和其他形状没有关联关系、独立存在的形状设计。使用模型线创建自由形状。
- 选择自由形状时显示实线，可直接编辑形状的顶点、边线和表面来创建复杂形状。

2）基于参照的形状：

- 如图 18-13（b），基于参照的形状适用于在形状和其他形状之间存在位置、尺寸关联关系时创建。使用参照线、参照点或其他形状的任何部分创建基于参照的形状。

● 选择自由形状时显示虚线,通过编辑参照线等参照图元来控制形状。

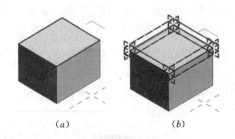

图 18-13 形状类型

图 18-14 创建形状

和构件族一样,Revit Architecture 的体量形状建模也有"实心形状"和"空心形状"两种类型,如图 18-14。与之不同的是,体量形状建模只有这两个实心和空心命令,没有对应的"拉伸"、"融合"、"旋转"、"放样"、"放样融合"等命令。创建体量形状模型的结果完全取决于所选择的模型线、参照线等图元,不同的图元其结果不同。

虽然没有"拉伸"、"融合"、"旋转"、"放样"、"放样融合"这些命令,但体量形状模型依然可分为 5 种形状:拉伸、旋转、扫描、放样、表面。下面逐一讲解其创建和编辑方法。

18.3.1 自由形状

打开本书附赠光盘的"练习文件\第18章"目录中的"18-04.rfa"文件,打开默认三维视图,图中已经绘制了一些模型线,其中有多边形、圆、直线、椭圆、普通样条曲线、通过点的样条曲线,本节将使用这些模型线讲解常用三维体量形状的创建方法。

和"15.3.2 自定义建模方法"一节讲述拉伸、旋转、放样、融合、放样融合 5 种建模方法一样,本节重在讲解体量模型形状的创建方法,因此将在这一个族文件中创建几种不同的三维体量模型,不再参照现有的中心参照平面。

1. 创建形状

1) 拉伸:建模原理——在工作平面中绘制封闭轮廓线,在垂直方向拉伸该轮廓一定高度后创建柱状形状。

● 如图 18-15,单击选择最左侧的大六边形模型线,显示"修改 | 线"子选项卡,单击"创建形状"工具,自动拉伸一个高度创建六棱柱形状,同时显示"修改 | 形式"子选项卡。

● 向上拖拽垂直于顶面的蓝色坐标箭头,调整拉伸形状高度到顶部"标高5"高度。

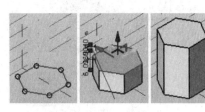

图 18-15 拉伸形状

【提示】 体量形状模型不能通过设置"图元属性"的"拉伸起点""拉伸终点"参数来调整拉伸高度。可以单击"族类型"工具,先"添加"一个"高度"参数,然后在立面图中标注柱体的底面、顶面间距尺寸,再选择尺寸标注单击选项栏"标签"下拉列表选择"高度"参数,即可通过参数来控制体量高度。参数设置方法同"15.3.3 自定义可载入构件族流程"中的方法，本章不再详述。

2）旋转：建模原理——在同一个工作平面中绘制封闭轮廓线和旋转轴，轮廓绕轴旋转一定角度后创建形状。

- 如图 18-16，窗选圆和垂直直线模型线，单击"创建形状"工具，自动创建 360°圆环。
- 选择圆环，在"属性"选项板中设置"起始角度"为 90°，确定后创建 270°圆环。

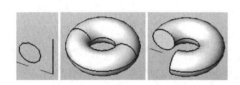

图 18-16　旋转形状

图 18-17　扫描形状

3）扫描：建模原理——同构件族的"放样"，先绘制扫描路径，再在和路径垂直的工作平面中绘制封闭轮廓线，轮廓沿路径扫描后创建形状。

- 如图 18-17，选择中间的样条曲线和端头的六边形轮廓模型线。
- 单击"创建形状"工具，自动创建六边形带状体量模型。

4）放样：建模原理——此"放样"和构件族的"放样"不同，其原理相当于加强版的"融合"，其加强之处在可以在多个平行或不平行截面之间融合为一个复杂体量模型。

- 本例的 5 个椭圆分别位于不同的标高平面上，每层椭圆旋转 22.5°。
- 如图 18-18，选择 5 个椭圆模型线，单击"创建形状"工具，自动创建一个扭转了 90°的椭圆台体量模型。

5）表面：建模原理——上述拉伸、旋转、扫描、放样的实体模型都是使用封闭轮廓创建的，如果选择开放模型线或参照线，然后再拉伸、旋转、扫描、放样，则可创建表面模型。

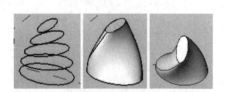

图 18-18　放样形状

图 18-19　表面形状

- 如图 18-19，选择最右侧的通过点的样条曲线和垂直直线模型线，单击"创建形状"工具，图形下方显示一个三维旋转模型和一个平面模型的预览图形，单击左侧的三维旋转模型预览图形，自动创建一个旋转 360°的表面形状。
- 单击选择旋转的表面形状，在"属性"选项板中设置"起始角度"、"结束角度"参数。

【提示】　同一个工作平面中绘制的开放模型线，可以自动连接端点创建一个多边形平面，拖拽该平面也可创建三维体量模型形状。

完成上述练习后，保存文件，结果请参考本书附赠光盘的"练习文件\第 18 章"目录中的"18-04 完成．rfa"文件。

2. 编辑形状

由模型线创建体量形状后，模型线即转化为形状的边、截面、路径等，不能再单独选择模型线编辑来调整形状。可通过以下方法编辑自由形状。

接上节练习，或打开书附赠光盘的"练习文件\第 18 章"目录中的"18-04 完成．rfa"文件，练习下面的形状编辑方法。

选择六棱柱形状的边、面或整个形状，"修改｜形式"子选项卡如图 18-20。

图 18-20 "修改｜形式"子选项卡

1）"属性"选项板：选择六棱柱形状，单击"图元属性"工具，可设置形状的"材质"、"子类别"等参数。

2）"透视"：选择六棱柱形状，单击功能区"形状图元"面板的"透视"工具，六棱柱形状打开透视模式，如图 18-21，可以看到紫色加粗显示的六棱柱底面和顶面的每条边和顶点以及黑色显示的中心虚线和两个端点，再次单击"透视"工具可关闭透视功能。

【提示】 每次只能有一个形状处于透视模式，当选择其他形状打开透视模式时，其他形状自动恢复正常显示。

3）"添加边"：为方便设计，建议在"透视"模式下操作。
- 选择六棱柱形状，单击功能区"添加边"工具，移动光标到六棱柱某一个侧面上，该面亮显，同时出现一条虚显的边随光标移动，如图 18-22（a）。
- 单击鼠标在面中新加一条棱边和两个顶点，将一个面拆分为两个面，如图 18-22（b）。

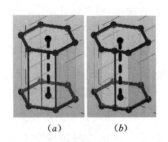

（a）　　　　（b）

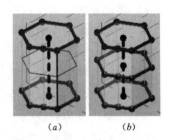

（a）　　　　（b）

图 18-21 透视　　　图 18-22 添加边　　　图 18-23 添加轮廓

4）"添加轮廓"：为方便设计，建议在"透视"模式下操作。
- 选择六棱柱形状，单击功能区"添加轮廓"工具，移动光标到六棱柱某一个侧面或棱边上，该面或棱边亮显，同时出现一条虚显的轮廓随光标移动，如图 18-23

（*a*）。

● 单击鼠标给六棱柱新加一条轮廓线和几个顶点，如图 18-23（*b*）。

5）三维控制箭头：和参照点一样，单击选择六棱柱形状的每一个顶点、边、面，都会出现一个红绿蓝三色坐标控制箭头，如图 18-24 为选择顶点、边、面、轮廓时的三维控制箭头显示。拖拽控制箭头可变化出各种异形形状。请自行随意拖拽顶点、棱边、面，体会形状的变化。

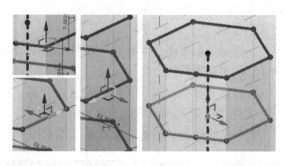

图 18-24　三维控制箭头

● 拖拽其中的一个箭头即可在 X、Y、Z 某一个坐标方向上水平或垂直移动形状的顶点、边、面。

● 拖拽两个箭头之间的直角符号，即可在某一个坐标平面内任意移动形状的顶点、边、面。

图 18-25　锁定轮廓

6）临时尺寸：选择六棱柱形状的顶点、边、面时，也会显示蓝色的临时尺寸，编辑尺寸值可以精确控制顶点、边和面的大小和位置。

7）锁定/解锁轮廓：

使用上述方法可以单独编辑形状的每个顶点、边和面，从而创建复杂形状。但有些时候，对拉伸形状来说，需要始终保持上下截面的完全一致，则可以使用该功能。

【提示】请慎用锁定轮廓功能，一旦锁定轮廓，则前面手工添加的轮廓全部自动删除，仅剩下上下两个端面轮廓，且相互保持关联修改关系，即使用"解锁轮廓"功能也无法恢复锁定前的形状。特别是对多截面放样创建的形状，锁定轮廓后将以起点轮廓为准，创建等截面放样形状，解锁轮廓无法复原，如图 18-25。

● 锁定轮廓：选择六棱柱形状，单击功能区"锁定轮廓"即可，形状的主轮廓实线显示，副轮廓虚线显示。此时选择形状的顶点、边和面，都会出现一个锁形标记，拖拽上下轮廓的任何顶点、边，上下截面都会保持联动。

● 解锁轮廓：选择形状，单击功能区"解锁轮廓"即可解除截面的关联修改关系可单独修改，但形状依然保持锁定轮廓后的样子，无法恢复到锁定前的形状。

8）参数控制：可像构件族一样，给比较规则的形状自定义高度、半径等控制参数。

9）可以用移动、复制、旋转、镜像、连接、剪切等编辑命令编辑形状。

3. 创建和编辑"空心形状"

和构件族的空心形状一样，可以创建体量族的空心形状，和上述实心形状进行布尔运算后剪切各种洞口。

空心形状的创建方法和实心形状完全一样：先设置工作平面，绘制模型线，然后选择模型线图元，单击"修改｜线"子选项卡的"创建形状"下拉三角箭头，选择"空心形状"命令即可。空心形状的编辑方法也同实心形状完全一样，可以透视、添加边、添加轮廓、拖拽顶点边和面、锁定/解锁轮廓、移动复制等，本节不再详述。

【提示】　选择实心或空心形状，在"属性"选项板中设置参数"实心/空心"可以在实心和空心形状之间互相转换。

18.3.2　基于参照的形状

1. 创建形状

基于参照的形状的创建思路和自由形状完全一样：先设置工作平面，绘制参照线，然后选择参照线图元，单击"修改｜参照线"子选项卡的"实心形状"和"空心形状"命令即可创建实心和空心形状。

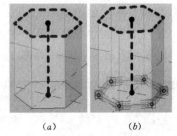

2. 编辑形状

1) 选择基于参照的形状，可单击"透视"打开透视模式，如图 18-26 (a)。但不能给基于参照的形状添加边和轮廓。

2) 基于参照的形状不能像自由形状一样使用三维控制箭头任意编辑每个顶点、边和面，必须单独选择原始的参照线，通过编辑参照线来控制形状，如图 18-26 (b)。

(a)　　　　(b)
图 18-26　基于参照的形状

3) 选择基于参照的形状，单击"解锁轮廓"工具解除轮廓锁定后，则可以使用"添加轮廓"工具添加轮廓，也可以单独选择顶点和边，用三维控制箭头拖拽编辑。

4) 其他编辑方法同自由形状，篇幅有限，本节不再详述，请自行体会。

18.4　表 面 有 理 化

通过前面两节的设置工作平面，绘制模型线、参照线，创建形状等工作，已经可以保存体量族文件，然后载入到项目文件中进行下一章的体量分析与转换等设计内容。

在进入下一章学习之前，本节再讲解一个概念设计环境所特有的功能——表面有理化。表面有理化是指先将体量形状表面进行 UV 网格分割，然后给分割后的表面应用六边形、八边形、错缝、箭头、菱形、棋盘、Z 字形等各种图案填充，最后可以将自定义的填充图案族嵌套到体量族中，从而创建特殊的体量表面形状，如图 18-27。

除 UV 网格分割体量表面外，还可以通过和体量形状相交的三维标高、参照平面和参照平面上所绘制的曲线来分割表面。

下面先详细讲解 UV 网格分割体量表面、表面图案填充及填充图案构件族的应用方法。

18.4.1　UV 网格分割表面

打开本书附赠光盘的"练习文件 \ 第 18 章"目录中的"18-05. rfa"文件，打开默认三维视图，图中有一个简单体量形状。

图 18-27　表面有理化

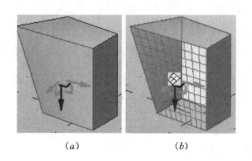

图 18-28　分割表面

1. 创建 UV 网格

1）分割表面：如图 18-28（a），单击选择形状的南立面表面，功能区单击"修改｜形式"子选项卡的"分割表面"工具，自动创建了 UV 网格，如图 18-28（b）。"修改｜分割的表面"子选项卡，如图 18-29。

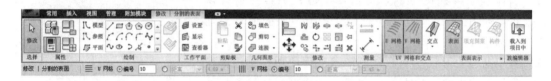

图 18-29　"修改｜分割的表面"子选项卡

2）设置 UV 网格：默认的网格是按照选项栏中的"编号"后的网格数量来平均分布的。

- 在选项栏中单击选择"编号"后面的"距离"，并从下拉列表选择"最大距离"，设置其值为"2m"，回车后网格自动更新。保存文件。
- 单击功能区"UV 网格和交点"面板的"U 网格"和"V 网格"工具，可以根据需要启用或禁用 UV 网格。UV 网格随形状表面的变化而自动调整。

2. 编辑 UV 网格

编辑 UV 网格事实上是编辑分割后的表面，可以使用"属性"和面管理器编辑各项参数。

1）"属性"选项板：选择分割后的表面，在"属性"选项板中，可以设置 UV 网格的"布局"规则、距离、"对正"、"网格旋转"角度、"偏移"值等参数。详细设置见下一节的表面图案填充的实例属性参数。

2）面管理器编辑：选择分割后的表面，单击网格中间的"配置 UV 网格布局"符号 ◈，如图 18-30，设置以下参数可以调整网格布局、旋转和对齐网格。

- 单击左侧和下方的"距离 2.00m"可设置网格距离，单击"♯ 17"可设置网格数量；单击右侧和上方的"0.00°（U）"、"0.00°（V）"可设置 U 或 V 网格的旋转角度；单击中心位置的"0.00°"可设置整个网格线的旋转角度。
- 网格对正：UV 网格默认以网格"中心"为原点向上下左右按规则排列。拖拽中心的蓝色十字箭头网格原点到网格的左上、左中、左下、右上、右中、右下、中上、中下等 8 个角点位置后松开鼠标，可以调整网格原点。

266

3) 表面显示控制:

- 选择分割后的表面,功能区"修改 | 分割的表面"子选项卡"表面显示"面板的"表面"工具处于选择开启状态,如图 18-31(a)。

- 单击"表面"工具取消选择即可关闭 UV 网格表面的显示,再次单击可打开显示。

- 当"表面"工具处于打开状态时,单击"表面表示"面板右下角的对话框启动程序箭头 ,打开"表面表示"对话框,如图 18-31(b)。勾选或取消勾选"UV 网格"选项可打开或关闭 UV 网格的显示;勾选或取消勾选"节点"选项可打开或关闭 UV 网格交点处的节点显

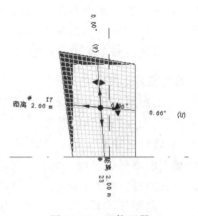

图 18-30 面管理器

示;勾选或取消勾选"原始表面"选项可打开或关闭分割前的原始表面显示,可以设置表面的"样式/材质"参数控制表面外观。图 18-31(c)为同时勾选"节点"和"UV 网格"时表面的显示。

(a)

(b)

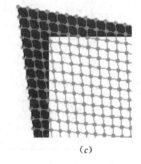
(c)

图 18-31 表面显示

18.4.2 表面图案填充

分割表面后,可以基于分割后的单元格创建表面填充图案。Revit Architecture 为概念设计环境提供了一个专用的填充图案集,包含了常用的六边形、八边形、错缝、箭头、菱形、棋盘、Z 字形等 14 种图案填充,可以从类型选择器中直接选择应用给分割表面。

1. 创建表面图案填充

1) 接上节练习。单击选择分割后的南立面表面,功能区显示"修改 | 分割的表面"子选项卡。

2) 从类型选择器下拉列表中选择"六边形"图案填充类型替换"无填充图案",形状表面如图 18-32(a)。保存文件,结果请参见本书附赠光盘的"练习文件 \ 第 18 章"目录中的"18-05 完成 . rfa"文件。

【提示】 系统在创建图案填充时,并不是在 UV 网格的一个单元格子中创建了一个六边形图案,而是由几个小格子拼合成的六边形图案或其他图案。选择分割后的表面,单

击功能区"表面显示"面板中的"表面"工具，同时显示表格 UV 网格和填充图案，则可以看到六边形填充图案的拼合原理，如图 18-32（*b*）。

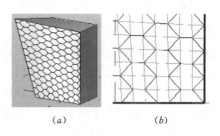

图 18-32　图案填充

2. 编辑表面图案填充

表面图案填充的编辑方法同 UV 网格一样，有"属性"、面管理器和表面显示 3 种方法。

1）"属性"选项板：接上节练习。单击选择应用了填充图案后的表面，如图 18-33，在"属性"选项板中设置以下实例参数控制当前选择表面的 UV 网格和图案填充：

- 限制条件类：从"边界平铺"下拉列表中可以选择"空"、"部分"、"悬挑"3 种类型，控制填充图案和表面边界相交位置的图案处理方式，图 18-34 从上往下依次为对应空、部分（默认类型）、悬挑 3 种类型的处理结果；"所有网格旋转"可设置 UV 网格整体旋转角度。

图 18-33　实例属性

图 18-34　边界平铺

- UV 网格控制类："布局"可设置网格分布方式为"最大间距"、"最小间距"、"固定距离"、"固定数量"；根据"布局"参数的选择不同，"距离"参数显示"距离"或"编号"，可设置网格的间距值或数量；"对正"可设置 UV 网格的排列起始测量点为"中心"、"起点"或"终点"；"网格旋转"可设置 UV 网格的旋转角度；"偏移"设置网格排列起始测量点相对"对正"原点的偏移距离。
- 填充图案应用类："缩进 1""缩进 2"参数设置应用缩进时，填充图案偏移的 UV 网格分割数；"构件旋转"设置旋转角度；勾选"构件镜像"、"构件翻转"选项，可以沿 UV 网格镜像图案填充。
- 注释、标记、面积等标识数据类：表面面积自动计算。

2）面管理器编辑：同"编辑 UV 网格"，不再详述。

3）表面显示控制：操作方法同 UV 网格的表面显示，单击"填充图案"工具可关闭或打开图案填充显示；在"表面表示"对话框中勾选或取消勾选"填充图案线"和"图案填充"可打开或关闭图案填充显示，可设置"图案填充"的材质控制图案填充外观。

图 18-35 为只勾选 "填充图案线" 时表面的显示。完成上述
练习后关闭所有文件，不保存。

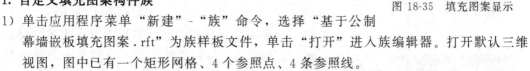

18.4.3　填充图案构件族

上节的表面填充图案只是简单的二维图案，除应用那 14 种
常用图案外，还可以自定义三维的参数化填充图案构件族，并
载入到体量族中替换填充图案，以创建比较复杂的体量表面。
下面以六边形填充图案构件族为例简要介绍自定义流程。

图 18-35　填充图案显示

1. 自定义填充图案构件族

1) 单击应用程序菜单 "新建" - "族" 命令，选择 "基于公制
幕墙嵌板填充图案 .rft" 为族样板文件，单击 "打开" 进入族编辑器。打开默认三维
视图，图中已有一个矩形网格、4 个参照点、4 条参照线。

2) 选择矩形填充图案网格，从 "修改│瓷砖填充图案网格" 的类型选择器下拉列表中选
择 "六边形" 类型，图形变为 6 个参照点、6 条参照线，如图 18-36（a）。

3) 创建六边形框架：在默认三维视图中操作。

- 单击 "常用" 选项卡 "工作平面" 面板的 "显示" 打开工作平面显示开关。
- 单击 "设置" 工具，移动光标到一个参照点位置，按 Tab 键切换显示某一条参照
线的端头工作平面时单击拾取为绘制工作平面，如图 18-36（b）。
- 单击 "绘制" 面板的 "线" 工具，选择 "圆" ⊙ 绘制工具，以参照线端点为圆
心，绘制一个半径为 150mm 的圆，如图 18-36（c）。

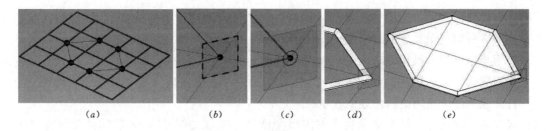

（a）　　　　　（b）　　　　（c）　　　（d）　　　　　（e）

图 18-36　创建填充图案构件族

- 窗选所有的参照线、参照点和圆，单击 "创建形状" 工具，创建了扫描六边形框
架，如图 18-36（d）。
- 单击 "族类型" 工具，单击 "添加" 按钮，添加参数 "框架材质"，"参数分组方
式" 为 "材质和装饰"，选择 "实例"，单击 "确定" 关闭对话框。
- 选择六边形框架，在 "属性" 选项板中单击 "材质" 参数最后面一列的小按钮，
然后选择 "框架材质"，单击 "确定" 将材质参数赋予了六边形框架。

4) 创建六边形面嵌板：

- 单击选择参照线链，单击 "创建形状"，在出现的两个形状预栏图形中单击选择第
2 个面形状，自动创建了六边形面嵌板，如图 18-36（e）。
- 同样创建 "面材质" 参数，并将参数赋予六边形面嵌板。

5) 测试：选择矩形填充图案网格，在 "属性" 选项板中设置 "水平间距"、"垂直间距"

参数为 2000，观察六边形构件自动随网格大小自动变化。

6) 保存并关闭文件，结果请参见本书附赠光盘的"练习文件 \ 第 18 章"目录中的"6 边形嵌板 . rfa"文件。

2. 载入、应用填充图案构件族

1) 打开本书附赠光盘的"练习文件 \ 第 18 章"目录中的"18-05 完成 . rfa"文件，打开默认三维视图。

2) 单击"插入"选项卡"载入族"工具，定位到刚创建的或本书附赠光盘的"练习文件 \ 第 18 章"目录中的"6 边形嵌板 . rfa"文件，选择后单击"打开"载入到项目体量族文件中。

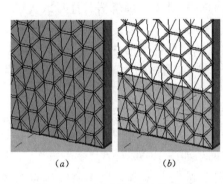

(a)　　　　(b)

图 18-37　应用填充图案构件族

3) 单击选择应用了"六边形"填充图案的南立面表面，从类型选择器下拉列表中选择刚载入的"6 边形嵌板"图案类型，表面图案自动更新，如图 18-37（a）。

4) 移动光标在六边形嵌板构件上按 Tab 键单击选择一个六边形嵌板构件，单击鼠标右键从菜单中选择"选择全部实例"命令选择所有的六边形嵌板构件。在"属性"选项板中设置"面材质"为"玻璃"、"框架材质"为"刨花板"，表面图案自动更新，如图 18-37（b）。

5) 选择南立面表面，选项栏设置"U 网格"的"最大距离"参数为 3m，回车后观察六边形嵌板填充图案族的自动变化。

6) 表面显示控制：操作方法同 UV 网格的表面显示，单击"构件"工具可关闭或打开填充图案构件族的显示；在"表面表示"对话框中勾选或取消勾选"填充图案构件"可打开或关闭填充图案构件族的显示。

7) 保存并关闭文件，结果请参见本书附赠光盘的"练习文件 \ 第 18 章"目录中的"18-06 完成 . rfa"文件。

18.4.4　通过相交分割表面

如前所述，除 UV 网格分割体量表面外，还可以通过和体量形状相交的三维标高、参照平面和参照平面上所绘制的曲线来分割表面。打开本书附赠光盘的"练习文件 \ 第 18 章"目录中的"18-07 . rfa"文件，打开默认三维视图，如图 18-38（a）。图中有一个体量面模型，以及 5 个三维标高、14 个参照平面和体量面模型相交。

1) 窗选两个体量面，功能区单击"修改 | 形式"子选项卡的"分割表面"工具，分割后的表面如图 18-38（b）。

2) 分别单击选择分割后的两个表面，功能区单击"U 网格"、"V 网格"禁用 UV 网格，表面如图 18-38（c）。

3) 使用以下方法之一，分割表面：本例采用第 1 种。

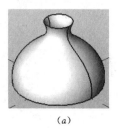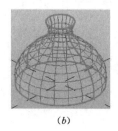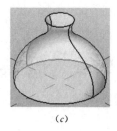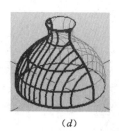

（a）　　　　　　　（b）　　　　　　　（c）　　　　　　　（d）

图 18-38　相交分割表面

- "交点"：单击选择一个表面，功能区单击"UV 网格和交点"面板的"交点"工具的下拉三角箭头，选择"交点"命令。移动光标在三维视图中窗选所有的三维标高、参照平面，功能区单击"√ 完成"即可分割表面（忽略系统提示）。同样方法分割另一个表面，完成后的表面如图 18-38（d）。

- "交点列表"：单击选择一个表面，功能区单击"UV 网格和交点"面板的"交点"工具的下拉三角箭头，选择"交点列表"命令。如图 18-39 在"相交命名的参照"对话框中勾选和体量面相交的并命名的三维标高和参照平面的名称，单击"确定"后即可分割表面。

4）相交分割后的表面，可以和 UV 网格分割表面一样，用"属性"选项板、面管理器、表面显示控制、表面图案填充及填充图案构件族等方法编辑，操作方法同前面 3 小节内容，此处不再详述。需要注意的是，如果要得到和 UV 分割表面一样的表面图案填充及填充图案构件族，需要比较细致的表面分割，否则会出现意想不到的效果。

5）保存并关闭文件，结果请参见本书附赠光盘的"练习文件 \ 第 18 章"目录中的"18-07 完成.rfa"文件。

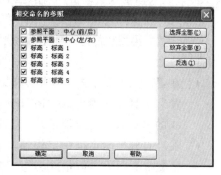

图 18-39　交点列表

"进阶 4 式"第 3 式"混沌初开"——概念体量设计！概念设计环境的模型线、参照点、参照线，拉伸、旋转、扫描、放样、表面形状，以及参数化智能填充图案族的应用，让建筑师在设计初期即可应用 BIM 设计技术，创建各种常规、复杂的体量概念模型。

有了体量模型，即可进行后续的体量分析与统计、并从体量模型自动创建楼板、墙、幕墙、屋顶等基础建筑构件，快速完成平立剖视图等设计。下面就来学习第 4 式"运筹帷幄"——概念体量分析。

第 19 章　概 念 体 量 分 析

第 18 章学习了使用"新建"–"概念体量"和"内建体量"方式创建各种体量模型形状的方法。有了体量模型，即可进行楼层面积、体积、体形系数等各种体量分析与统计、并从体量模型自动创建楼板、墙、幕墙、屋顶等基础建筑构件，快速完成平立剖视图等设计。如此则将前期的概念设计和后续的方案设计、扩初设计、施工图设计连成了一个整体，提高了整体设计质量和效率。

19.1　放　置　体　量

新建项目文件，打开 F1 平面视图，载入体量族文件进行后面的分析。和可载入构件族一样，载入体量族有以下两种方法，本例采用第 2 种方法：

1）先载入再放置：先在功能区"插入"选项卡中单击"载入族"工具选择要载入的体量族文件，然后再用功能区"体量和场地"的"放置体量"工具将体量族模型放置到图中。

2）直接放置：

- 在 F1 平面视图中，单击功能区"体量和场地"的"概念体量"面板的"放置体量"工具，在弹出的"Revit"提示中单击"是"（因为本样板文件中没有预先载入的体量族，所以提示）。

- 在"打开"对话框中定位到本书附赠光盘的"练习文件 \ 第 19 章"目录中的"望江楼 . rfa"概念体量族文件，选择后单击"打开"。"修改｜放置 放置体量"子选项卡如图 19-1。

图 19-1　"修改｜放置 放置体量"子选项卡

- 功能区单击"放置在工作平面上"工具，移动光标在平面图中单击放置体量。按 Esc 键后单击"修改"结束"放置体量"命令。分别窗选平面图中的东南西北 4 个立面符号，将其拖拽到体量模型的外侧。

- 打开三维视图，选择体量模型，在"属性"选项板中设置其"材质"参数为"默认体量"，单击"确定"后体

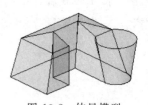

图 19-2　体量模型

量如图 19-2。

- 保存文件。结果请参见本书附赠光盘的"练习文件 \ 第 19 章"目录中的"19-01. rvt"项目文件。

【提示】　单击功能区"体量和场地"的"显示体量"工具可控制体量模型的显示。

19.2　概念体量分析

Revit Architecture 可以在楼层标高位置自动切割体量模型，并自动计算各楼层面积、外表面积、体积和周长。这些信息存储在体量楼层的实例属性中，可将其统计到体量明细表中，也可标记在图中。

通过这些功能可以在设计前期事先规划建筑用途（例如商业、住宅、办公空间）的最佳组合关系、粗略估计建筑的成本、计算建筑的体形系数等。如果结合场地设计中的建筑红线建设用地面积的统计结果，还可以自动计算项目的容积率等技术指标。

19.2.1　创建体量楼层

创建体量楼层需要事先创建楼层标高，然后才能选择标高名称自动切割体量模型。

接上节练习，或打开本书附赠光盘的"练习文件 \ 第 19 章"目录中的"19-01. rvt"项目文件（可能需要单击"显示体量"工具打开体量显示），继续学习下面的内容。

1）创建标高：打开"南立面"视图，单击"常用"选项卡中的"标高"工具，选择"拾取线" 🖋 工具，选项栏设置"偏移量"为 4000，单击拾取 F2 标高创建 F3 标高，其他 F4 到 F8 同理。完成后，选择一根标高线，拖拽所有标高两侧标头到体量模型之外，同样拖拽调整"东立面"标高标头位置。

2）切换到三维视图，单击选择体量模型，"修改 | 体量"子选项卡如图 19-3。

图 19-3　"修改 | 体量"子选项卡

3）单击"体量楼板"工具，在"体量楼层"对话框中勾选除 F8 和室外地坪外的所有标高，单击"确定"在标高位置自动切割体量创建了体量楼层，如图 19-4。

4）选择体量模型，在"属性"选项板中，设置参数"顶圆半径"为 15000，观察体量楼层的自动更新。按 Ctrl＋Z 键取消修改。保存文件。

【提示 1】　F8 为屋顶标高，所以不选择。可以选择体量模型，在"体量楼层"对话框中重新勾选需要的楼层标高，确定后体量楼层自动更新。

【提示 2】　如果 F8 上方还有更高的标高，在"体

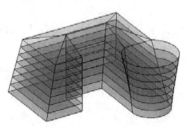

图 19-4　体量楼层

量楼层"对话框中也勾选了这些标高名称，而体量模型没有和这些标高相交，则只会在相交的标高处创建体量楼层，但当把体量模型拉高到和这些标高相交时，系统可以自动创建该标高的体量楼层。

19.2.2　编辑体量楼层

当创建了体量楼层面后，体量的楼层面积、外表面面积、周长、体积等参数已经自动计算完成，并储存在其图元属性中，可以单独选择体量楼层面，查看、设置其属性参数，或在立面视图中标记体量楼层。图 19-5 为一个体量楼层的面积、外表面面积、周长、体积示意图。需要注意的是，顶部楼层的外表面面积包含了顶部平面的面积，因此比其他楼层的面积要大。

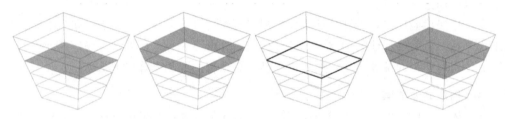

图 19-5　体量楼层的面积、外表面面积、周长、体积

1. "属性"选项板

1）按 Tab 键切换单击选择最底层 F1 的体量楼层面，在"属性"选项板中可以看到灰色显示的体量楼层的面积、外表面面积、周长、体积值等只读参数。输入"用途"参数为"办公"，其他参数默认。

2）同样方法设置 F2、F3 体量楼层面的"用途"参数为"办公"。其他 F4 到 F7 体量楼层面的"用途"参数为"出租"。

2. 标记体量楼层

1）打开南立面视图，单击"插入"选项卡"载入族"工具，定位到本书附赠光盘的"练习文件＼第 19 章"目录中的"体量楼层标记-全 .rfa"文件，选择后单击"打开"。

2）单击"注释"选项卡"按类别标记"工具，选项栏勾选"引线"，从后面下拉列表中选择"自由端点"，如图 19-6 (*b*)。

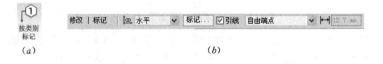

(*a*)　　　　　　　　　　　　　　(*b*)

图 19-6　"按类别标记"工具与设置引线

3）移动光标到体量模型右下角内 F1 标高上，按 Tab 键切换，单击拾取体量楼层面，出现体量楼层标记预览图形，向右上方移动光标在体量模型外单击捕捉引线折点，再向右侧水平移动光标再次单击放置标记。

4）选择体量楼层标记，在"属性"选项板中单击"编辑类型"按钮，设置"引线箭头"参数为"圆点"，单击"确定"体量楼层标记如图 19-7。

5）同样方法用"按类别标记"工具拾取 F2 到 F7 体量楼层面，标记体量楼层。

【提示】 可用"载入族"工具从 Revit Architecture 的构件库"Metric Library"-"注释"目录中载入"体量楼层标记.rfa"族文件后标记只有用途和面积的体量楼层标记。也可以"体量楼层标记.rfa"为基础自定义自己的标记族文件。

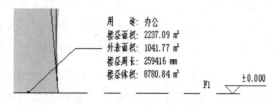

图 19-7 体量楼层标记

6) 同样方法用"载入族"工具从构件库"Metric Library"-"注释"目录中载入"体量标记.rfa"族文件，然后用"按类别标记"工具单击拾取整个体量模型（注意不是体量楼层面），标记"望江楼"体量的名称和总楼层面积。

7) 保存文件，结果请参见本书附赠光盘"练习文件\第19章"目录中的"19-02.rvt"文件。

19.2.3 体量统计与分析

完成上述体量楼层创建和编辑后，即可用"明细表/数量"工具进行体量统计与分析。"明细表/数量"的详细使用设置方法将在"第25章 明细表视图设计"中详细讲解，本节简要描述。

1) 接上节练习，单击"视图"选项卡"创建"面板的"明细表"工具，选择"明细表/数量"命令，打开"新建明细表"对话框。在左侧"类别"栏中选择"体量楼层"，右侧"名称"中自动显示"体量楼层明细表"，单击"确定"。

2) 在"明细表属性"对话框的"字段"选项卡中，从左侧"可用字段"栏中依次选择"体量：族与类型"、"用途"、"楼层面积"、"外表面积"、"楼层周长"、"楼层体积"、"标高"、"合计"字段，单击"添加（A）-->"按钮将其加入到右侧"明细表字段"栏中。

3) 单击"明细表属性"对话框的"排序/成组"选项卡，勾选"总计""逐项列举每个实例"选项。单击"格式"选项卡，在左侧"字段"栏中选择"楼层面积"、"外表面积"、"楼层周长"、"楼层体积"字段，勾选"计算总数"选项。

4) 单击"确定"，完成后的体量楼层统计表如图19-8。由最下方"外表面积"和"楼层体积"总计值相除，即可得到本体量模型的体形系数为0.1595。

体量楼层明细表							
体量：族与类型	用途	楼层面积	外表面积	楼层周长	楼层体积	标高	合计
望江楼：望江楼	办公	2237.09 m²	1041.77 m²	259416	8780.84 m³	F1	1
望江楼：望江楼	办公	2154.96 m²	1036.70 m²	257715	8471.90 m³	F2	1
望江楼：望江楼	办公	2082.62 m²	1034.10 m²	256686	8202.03 m³	F3	1
望江楼：望江楼	出用	2020.03 m²	1033.17 m²	256117	7971.21 m³	F4	1
望江楼：望江楼	出用	1967.21 m²	1033.33 m²	255859	7779.46 m³	F5	1
望江楼：望江楼	出用	1924.15 m²	1034.24 m²	255812	7626.77 m³	F6	1
望江楼：望江楼	出用	1890.86 m²	3158.69 m²	255912	9917.16 m³	F7	1
总计：7		14276.92 m²	9372.00 m²	1797516	58749.37 m³		

图 19-8 体量楼层明细表

【提示】　在明细表中如果增加一列"单价"并输入每平方米的出租价格，再增加一列"总价"（设置其公式为：总价＝单价×面积），则可以粗略估计未来的收益。自定义参数的方法详见"第 25 章 明细表视图设计"。

5）同样方法用"明细表/数量"工具，在"新建明细表"对话框中选择"体量"类别，可以在"体量明细表"中统计当前项目文件中所有体量模型的总楼层面积、总表面面积、总体积。特别注意："体量明细表"的"总表面面积"要比"体量楼层明细表"的"外表面积"总和要大，原因是"总表面面积"包括了体量和地面接触的地面面积。

6）保存文件，结果请参见本书附赠光盘"练习文件 \ 第 19 章"目录中的"19-02.rvt"文件。

19.3　从体量表面创建建筑图元

如本章开篇所说，Revit Architecture 可以使用"面模型"工具从体量模型自动创建楼板、墙、幕墙、屋顶等基础建筑构件，快速完成平立剖视图等设计。如此则将前期的概念设计和后续的方案设计、扩初设计、施工图设计连成了一个整体，提高了整体设计质量和效率。

接上节练习，或打开本书附赠光盘"练习文件 \ 第 19 章"目录中的"19-02.rvt"文件，打开默认三维视图，继续学习本节内容。

19.3.1　创建面模型

1. 面楼板

1）单击"体量和场地"选项卡"面模型"面板的面"楼板"工具，"修改 | 放置面楼板"子选项卡如图 19-9，默认选择"选择多个"工具，可一次性选择多个楼层面。

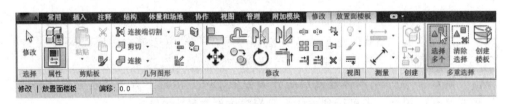

图 19-9　"修改 | 放置面楼板"子选项卡

2）从类型选择器中选择"常规 140-20 ＋ 120"楼板类型，选项栏设置"偏移"为 0。移动光标窗选所有的体量楼层面（如楼板类型不同，可以单击逐个拾取选择），再单击"创建楼板"工具，在体量楼层面下面自动创建了所有楼板（单击"清除选择"可以取消选择），如图 19-10（a）。

3）按 Esc 键或单击"修改"结束"楼板"命令，保存文件。

2. 面墙

1）单击"面模型"面板的面"墙"工具。从类型选择器中选择基本墙"外保温墙350mm-20 ＋ 60 ＋ 240 ＋ 30"墙类型，选项栏设置"定位线"为"面层面：内部"（将内墙面和体量表面重叠定位）。

2）移动光标分别单击拾取南面的 3 面垂直体量表面，自动创建墙，如图 19-10（*b*）。

3）按 Esc 键或单击"修改"结束"墙"命令，保存文件。

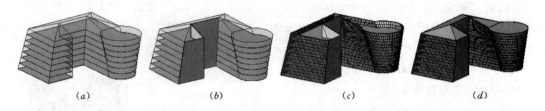

图 19-10　面模型

3. 面幕墙系统

1）单击"面模型"面板的面"幕墙系统"工具。在"属性"选项板中单击"编辑类型"按钮，打开"类型属性"对话框。

2）新建幕墙系统类型：单击"复制"输入新的类型名称"1000mm×2000mm"，单击"确定"。设置"网格 1 样式"和"网格 2 样式"的"间距"参数为 1000、2000；设置"网格 1 竖梃"和"网格 2 竖梃"下面的所有的内部和边界 1、边界 2 竖梃类型为"矩形竖梃：50mm×150mm"类型，单击"确定"。

3）移动光标单击拾取体量侧面所有的斜面和曲面，单击"创建系统"自动创建幕墙系统，如图 19-10（*c*）。

4）按 Esc 键或单击"修改"结束"幕墙系统"命令，保存文件。

4. 面屋顶

1）单击"面模型"面板的面"屋顶"工具，默认选择"选择多个"工具。

2）从类型选择器中选择"架空隔热保温屋顶-混凝土"类型，设置"标高"为 F8，"偏移量"为 295（楼板厚度）。

3）移动光标单击拾取体量顶面所有的斜面，单击"创建屋顶"自动创建坡屋顶；再单击拾取圆弧幕墙顶部的体量顶面平面，单击"创建屋顶"自动创建平屋顶，如图 19-10（*d*）。

4）按 Esc 键或单击"修改"结束"屋顶"命令，保存文件。

【提示】　单击"显示体量"工具关闭体量模型的显示，观察由体量面创建的建筑图元。

19.3.2　编辑面模型

由"面模型"工具创建的楼板、墙、幕墙系统、屋顶图元中，楼板、墙和面幕墙系统的编辑方法同第一部分中讲到的楼板、墙和幕墙系统的编辑方法完全一样；屋顶图元除不能像编辑迹线屋顶的轮廓和坡度外，其他编辑方法也和迹线屋顶完全一样，本节不再详述。

除此之外，体量面模型还可以使用以下编辑工具编辑。

1. 编辑面选择

选择幕墙系统或屋顶图元，单击"面模型"面板的"编辑面选择"工具，移动光标在已有幕墙系统或屋顶图元的体量面上单击，可以删除该面上的幕墙系统或屋顶图元；在空面上单击可以在该面上创建幕墙系统或屋顶图元。

2. 面的更新

所谓"面的更新"是指当在由体量面创建了建筑图元后，当修改了体量时，基于面的建筑图元可以自动更新，无须删除后重新拾取创建。

1）接上节练习。在三维视图中，移动光标到底层楼板边位置，按 Tab 键循环切换，当左下角显示"体量：望江楼：望江楼"时单击选择体量模型。

2）在"属性"选项板中设置"顶圆半径"参数为 15000，体量右半侧部分发生变化，如图 19-11。

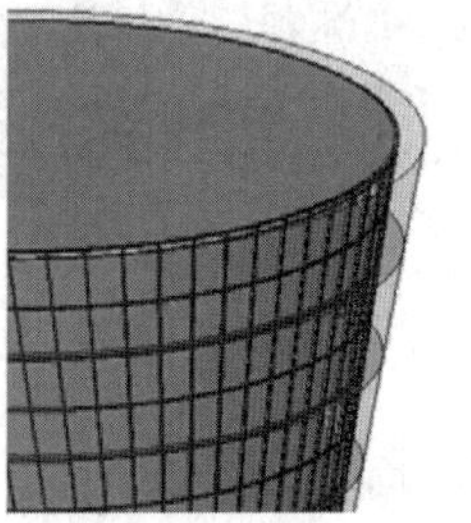

3）按以下两种方法之一自动更新基于面的建筑图元：

- 选择屋顶，单击"面的更新"工具，屋顶即可自动匹配体量表面大小（其他幕墙系统、墙、楼板图元同理）。

图 19-11　面的更新

- 选择编辑后的体量模型，单击"相关主体"工具，系统自动查找并蓝色亮显与该体量相关的建筑构件，然后再单击"面的更新"工具，即可自动将所有建筑图元匹配体量表面大小。

4）保存并关闭文件，结果请参见本书附赠光盘"练习文件 \ 第 19 章"目录中的"19-03.rvt"文件。

19.4　从其他应用程序载入体量研究

在前期设计中，建筑师经常使用其他三维设计软件进行体量研究，例如，Autodesk 3ds Max、Google SketchUp 等。为了保持设计的连续性，Revit Architecture 可以将这些设计工具的三维设计成果导入到体量族中，作为体量模型进行分析、从其体量面创建建筑图元等。

载入外部应用程序三维设计数据时，需要注意以下几点：

1）必须通过 Revit Architecture 可以识别的 CAD 数据格式载入：DWG、DXF、DGN、SAT、SKP。

2）两种载入方法：根据不同的设计情况，选择以下合适的载入方法。

- "导入 CAD"：导入 Revit Architecture 的 CAD 体量模型和原始的 CAD 数据文件之间没有关联关系，如果导入后又编辑了原始 CAD 文件，则 Revit Architecture 的 CAD 体量模型不能自动更新，必须废除导入后做的所有工作重新载入后再编辑。

- "链接 CAD"：链接入 Revit Architecture 的 CAD 体量模型和原始的 CAD 数据文件之间保持关联关系，当原始的 CAD 文件发生变更后，可以在 Revit Architecture 中重新载入并自动更新链接的体量模型，然后基于体量的建筑图元等构件也可以用"面的更新"工具自动更新，无须重新设计。

3）两种体量创建方式：根据不同的设计情况，选择以下合适的体量创建方式。

- 内建体量族：如果这些 CAD 数据仅在一个项目中使用，不具备通用性，请将其载入到 Revit Architecture 的"内建体量"模型中创建体量模型后分析研究。
- 可载入体量族：如果这些 CAD 数据有一定的通用性，可以在未来其他项目中使用，请将其载入到 Revit Architecture 的外部体量模型中，保存为体量族文件，然后再载入到项目文件中进行分析研究。

本节将以 SAT 和 SKP 格式数据为例，简要介绍载入内建体量和可载入体量族的操作方法。

19.4.1 从其他应用程序载入内建体量

1) 新建项目文件，打开 F1 平面视图。功能区单击"体量和场地"选项卡的"内建体量"工具，输入"SketchUp 体量"为内建体量名称，单击"确定"打开族编辑器，显示"常用"选项卡。

2) 单击"插入"选项卡的"链接 CAD"工具。在"链接 CAD 格式"对话框中，先设置"文件类型"为"SketchUp 文件（*.skp）"，"定位"为"自动－中心到中心"。定位到本书附赠光盘"练习文件\第 19 章"目录中的"buildings.skp"文件，选择后单击"打开"。在 F1 平面视图中心位置放置了 SketchUp 体量模型文件。

3) 单击"√ 完成体量"创建了内建体量族。同时右下角弹出系统警告"体量中只包含网格几何图形，而网格几何图形不能用来计算体量楼层、体积或表面积"（某些 CAD 数据有这样的提示，导入后的体量模型部分功能无法使用）。单击鼠标忽略提示。

4) 打开默认三维视图，链接的体量模型如图 19-12（*a*）。该体量模型虽不能计算体量楼层、体积或表面积，但可以用"面模型"工具拾取体量面创建墙、幕墙系统和屋顶。如图 19-12（*b*），本节不再详细描述，请自行练习。

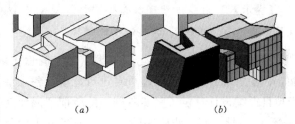

(a)   (b)

图 19-12　导入 SketchUp 体量

5) 功能区单击"管理"选项卡的"管理链接"工具，在"管理链接"对话框中可以看到"buildings.skp"文件。如果重新编辑了该文件，可以在此对话框中选择"buildings.skp"文件，单击"重新载入"即可自动更新链接文件，然后用"相关主体"和"面的更新"工具自动更新基于体量面创建的建筑图元。

6) 保存并关闭文件，结果请参见本书附赠光盘"练习文件\第 19 章"目录中的"19-04.rvt"文件。

【提示】　导入 CAD 时，一定要先创建"内建体量"，然后在内建族编辑器中再"导入 CAD"。如果先"导入 CAD"则是导入到了项目文件中，无法使用"面模型"工具。

19.4.2 从其他应用程序载入外部体量族

1) 单击应用程序菜单"新建"-"概念体量"命令，选择"公制体量.rft"为样板，单击"打开"打开族编辑器。打开"标高 1"平面视图。

2）单击"插入"选项卡的"导入 CAD"工具。在"导入 CAD 格式"对话框中，先设置"文件类型"为"ACIS SAT 文件（＊．sat）"，"定位"为"自动-中心到中心"。定位到本书附赠光盘"练习文件＼第 19 章"目录中的"屋面．sat"文件，选择后单击"打开"。

3）在弹出的提示框中单击"关闭"，在标高 1 平面视图中心位置放置了 sat 体量模型文件。

4）保存文件为"SAT 屋面．rfa"后关闭文件。结果请参见本书附赠光盘"练习文件＼第 19 章"目录中的"SAT 屋面．rfa"文件。

5）新建项目文件，打开 F1 平面视图。单击功能区"体量和场地"的"放置体量"工具，定位到刚创建的"SAT 屋面．rfa"文件，选择后单击"打开"。

6）功能区单击"放置在工作平面上"，移动光标在图形中单击放置体量族。忽略警告信息。

图 19-13　导入 sat 体量

7）打开三维视图，单击"体量和场地"选项卡"面模型"面板的面"屋顶"工具，单击拾取体量曲面，再单击"创建屋顶"即可由 SAT 曲面创建曲面屋顶。

8）单击"显示体量"关闭体量显示，面屋顶如图 19-13。

9）保存并关闭文件，结果请参见本书附赠光盘"练习文件＼第 19 章"目录中的"19-05.rvt"文件。

【提示】　内建体量可以选择"导入 CAD"或"链接 CAD"工具。外部可载入体量族只能用"导入 CAD"工具，不能链接。

"进阶 4 式"第 4 式"运筹帷幄"——概念体量分析！强大的体量设计和体量分析功能，让建筑师在设计前期即可对建筑造型、各项经济技术指标等有了直观、全面的了解。为项目后续设计奠定了坚实基础，此所谓"混沌初开"之际的"运筹帷幄"。经过"进阶 4 式"的锤炼，相信小师弟的实战工夫当有了十足的长进，也对三维建筑 BIM 设计的全局有了深刻了解。

至此本书已经讲解了 第一部分　基本功、第二部分　基础 12 式和第三部分　进阶 4 式所有的招式，完成了 Revit Architecture 三维 BIM 建模设计的所有功能。这 3 部分内容为武学之"外炼筋骨皮"！闯荡江湖仅有一付钢筋铁骨还远远不够，还需要"内炼精气神"！

从下章开始，本书将详细讲解 Revit Architecture 之"精气神"，让小师弟真正达到掌门大师兄的实力和地位。

第四部分

视 图 设 计

在前面三个部分的学习中，已经反复提到了楼层平面、立面、默认三维视图等常用视图，前述所有的设计操作基本都是在这 3 个视图中完成。除此之外，在施工图设计中还需要创建大量的平面、立面、剖面、详图索引、图例、明细表等各种视图，以满足施工图设计要求，例如：房间面积填充平面视图、防火分区平面视图、室内立面视图、斜立面视图、建筑剖面和墙身剖面视图、楼梯间索引详图、墙身屋顶节点详图、门窗图例视图、门窗等构件统计表、房间面积统计表、混凝土用量统计表等。本部分将详细讲解 Revit Architecture 的各种视图设计方法和技巧。

古人认为"精、气、神"为人身三宝。其中精是构成人体、维持人体生命活动的物质基础，没有了精的物质基础，何谈气和神？

建筑设计亦是此理，无论何种类型建筑，无论其复杂程度如何，最终都要通过各种视图展示给项目相关各方，并通过各个视图完成对建筑设计的各种编辑修改。因此"视图设计"便成为建筑设计的"精"，本部分内容也成为 Revit Architecture 秘籍的"精"篇。

本部分包含以下 7 章内容，完成后小师弟将真正进入 Revit Architecture 的殿堂，因此本部分称为"34 式 RAC"之"登堂 7 式"。

"34 式 RAC"之"登堂 7 式"：
* 第 1 式　横扫千军——平面视图设计
* 第 2 式　立地成佛——立面视图设计
* 第 3 式　抽刀断水——剖面视图设计
* 第 4 式　引经据典——详图索引视图设计
* 第 5 式　海市蜃楼——三维视图设计
* 第 6 式　淄铢必较——明细表视图设计
* 第 7 式　井然有序——视图管理

第 20 章　平 面 视 图 设 计

平面视图是 Revit Architecture 最重要的设计视图，70％多的设计内容都是在平面视图中操作完成的。除常用的楼层平面、天花板平面、场地平面外，设计中常用的房间分析平面、可出租和总建筑面积平面、防火分区平面等平面视图都是从楼层平面视图演化而来，并和楼层平面视图保持一定的关联关系。本章将讲解上述各种平面视图的创建、编辑与设置方法。

20.1　楼 层 平 面 视 图

20.1.1　创建楼层平面视图

创建楼层平面视图有以下 3 种方法，其中前两种方法在"3.1 创建标高"的绘制标高、阵列和复制标高中有详细操作讲解，本节简要描述。

1. 绘制标高创建

在立面视图中，功能区单击"常用"选项卡的"标高"工具，选项栏勾选"创建平面视图"选项，单击"平面视图类型"按钮选择"楼层平面"，单击"确定"后绘制一层标高，即可在项目浏览器中创建一层楼层平面视图。

2. "楼层平面"命令

先使用阵列、复制命令创建黑色标头的参照标高，然后功能区单击"视图"选项卡"创建"面板的"平面视图"工具，选择"楼层平面"命令，在"新建平面"对话框中选择复制、阵列的标高名称，单击"确定"即可将参照标高转换为楼层平面视图。

3. "复制视图"工具

本功能适用于所有的平面、立面、剖面、详图、明细表视图、三维视图等视图，是基于现有的平、立、剖等视图快速创建同类视图的方法。

打开本书附赠光盘"练习文件＼第 20 章"目录中的"江湖别墅-20.rvt"文件，打开 F1 平面视图。图中除一层建筑平面图元外，还有链接的"17-08 完成.rvt"场地文件中的植物等图元。下面使用以下 3 种复制方法创建需要的楼层平面视图。

1）"复制视图"：该命令只复制图中的轴网、标高和模型图元，其他门窗标记、尺寸标注、详图线等注释类图元都不复制。而且复制的视图和原始视图之间仅保持轴网、标高、现有及新建模型图元的同步自动更新，后续添加的所有注释类图元都只显示在创建的视图中，复制的视图中不同步。

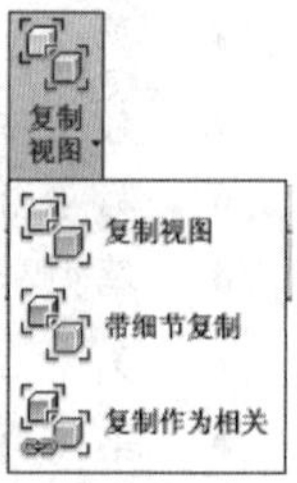

图 20-1　复制视图

- 在 F1 视图中如图 20-1，单击"视图"选项卡"创建"面板的"复制视图"工具，选择"复制视图"命令即可在项目浏览器中创建并打开"副本：F1"楼层平面视图。

- 在项目浏览器中选择"副本：F1"，单击鼠标右键，选择"重命名"命令。在"重命名视图"对话框中输入"F1-房间面积分析"，单击"确定"。本视图将在"20.3 房间分析平面视图"中使用。

2）"带细节复制"：该命令可以复制当前视图所有的轴网、标高、模型图元和注释图元。但复制的视图和原始视图之间仅保持轴网、标高、现有及新建模型图元、现有注释图元的同步自动更新，后续添加的所有注释类图元都只显示在创建的视图中，复制的视图中不同步。

- 在 F1 视图中，功能区单击"复制视图"工具，选择"带细节复制"命令即可在项目浏览器中创建并打开"副本：F1"楼层平面视图。

- 在项目浏览器中选择"副本：F1"，单击鼠标右键，选择"重命名"命令。在"重命名视图"对话框中输入"F1-提条件"，单击"确定"。本视图将在"第 26 章 视图管理"中使用。

3）"复制作为相关"：该命令可以复制当前视图所有的轴网、标高、模型图元和注释图元，而且复制的视图和原始视图之间保持绝对关联，所有现有图元和后续添加的图元始终自动同步。

- 在 F1 视图中，功能区单击"复制视图"工具，选择"复制作为相关"命令即可在项目浏览器中"F1"下创建"相关在 F1 上"楼层平面视图并打开，图中自动显示视图裁剪框。

- 在项目浏览器中选择"相关在 F1 上"，单击鼠标右键，选择"重命名"命令。在"重命名视图"对话框中输入"F1-南区"，单击"确定"。同理再次"复制作为相关"一个 F1 平面视图，"重命名"为"F1-北区"。这两个视图将在"20.1.4 视图裁剪"和"第 30 章 布图与打印"中使用。完成后的项目浏览器中如图 20-2。保存文件。

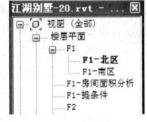

图 20-2 项目浏览器

【提示】 也可在项目浏览器的"楼层平面"节点下选择"F1"，单击鼠标右键选择"复制视图"的相关命令，复制视图后再"重命名"视图。

20.1.2 视图编辑与设置

创建的平面视图，可以根据设计需要设置视图比例、图元可见性、详细程度、显示样式、视图裁剪等，也可在视图的"属性"选项板中设置更多的视图参数。

接上节练习，打开 F1 平面视图，按下面方式设置平面视图。

1. 视图比例设置

在 F1 平面视图中，可按以下两种方法设置视图比例：

1）视图控制栏：

- 如图 20-3（a），单击绘图区域左下角的视图控制栏中的"1：100"，打开比例列表从中选择需要的视图比例即可（本例选择默认的 1：100 不变）。

（a）　　　　　　　　　　　　　　（b）

图 20-3　"视图控制栏"、"自定义比例"对话框

- 在比例列表中选择"自定义"，然后在"自定义比例"对话框中输入需要的比例值 80，如图 20-3（b）。可勾选"显示名称"，在后面栏中输入该比例在比例列表中的显示名称（例如："1：80"）单击"确定"后即可改变当前视图的比例。

2）视图"属性"选项板：

- 也可以在左侧的视图"属性"选项板中的参数"视图比例"的下拉列表中选择需要的视图比例"1：80"。
- 如从下拉列表中选择"自定义"，则下面的参数"比例值 1："激活，可自定义比例。

2. 视图详细程度设置

视图的详细程度分为粗略、中等和精细 3 种。同一个图元，在不同的详细程度设置下会显示不同的内容。此功能可用于以下图形显示控制。

1）复合墙、楼板、屋顶图元：

- 这些图元的类型属性参数中，都有"粗略比例填充样式"和"粗略比例填充颜色"参数，可以设置粗略比例下图元的截面填充图案和颜色；在其"结构"参数的"编辑部件"对话框中可以设置图元材质的截面填充图案和颜色，此为中等和精细比例下的截面填充图案和颜色。
- 这些图元在粗略程度下只显示两条边线和粗略比例下的截面填充图案和颜色，而在中等和精细程度下可以显示所有构造层的边线和各层材质的截面填充图案，如图 20-4（a）所示。

2）结构梁、结构柱：

- 结构梁、结构柱图元没有"粗略比例填充样式"和"粗略比例填充颜色"参数，但本书提供的项目样板文件 R-Arch 2011_chs.rte 中的结构梁、结构柱的族文件中嵌套了黑色实体填充详图族，因此同样可以实现在粗略程度下其截面显示黑色填充，而在中等和精细程度显示钢筋混凝土的截面填充图案，如图 20-4（b）。
- 如果需要修改黑色实体填充的颜色灰度，必须编辑结构梁、结构柱的族文件中嵌套的黑色实体填充详图族文件。

3）内建族、可载入族：

- 在第 15 章中自定义内建族和可载入族时，为了简化模型的平面、立面、剖面显示，我们设置过玻璃、窗框等图元的可见性。此时除简单地取消其显示外，也可以设置其在粗略程度下不显示，在中等程度下显示局部，在精细程度显示所有细节。如图 20-4（c），双开门在粗略程度下只显示简单框架，在中等和精细程度下显示所有的门把手等细节。

- 完成后的族即可在项目文件中随不同视图的详细程度显示不同的内容。

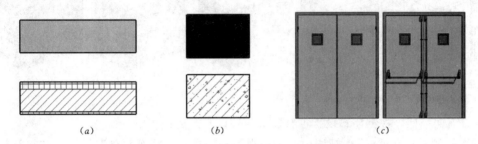

图 20-4　不同详细程度下图元的不同显示

4）其他应用：

除上述常用设计应用外，像幕墙竖梃、施工详图构件等类似的，需要在不同详细程度下显示不同内容的设计需要，都可以使用该功能实现。本书不再逐一讲解，请自行体会。

【提示】　Revit Architecture 在创建平面、立剖面等视图时，会根据视图的比例自动按照样板文件预先设置中不同比例对应的详细程度来显示视图中的图元。比例与详细程度的默认对应关系设置，请参见"第 37 章 自定义项目设置"。

与视图比例设置方法一样，详细程度设置也有以下两种设置方法：

1）视图控制栏：在 F1 平面视图中，单击视图控制栏中比例后面的"详细程度"图标，从列表中选择"□粗略""▣中等"或"▩精细"即可。本例 F1 平面图选择默认的"□粗略"。

2）视图"属性"选项板：设置"详细程度"参数为"粗略""中等"或"精细"即可。

3. 视觉样式设置

无论是平面视图，还是立剖面、三维视图，视觉显示样式有以下 6 种：

- 线框：以透明线框模式显示所有能看见和看不见的图元边线及表面填充图案。
- 隐藏线：以黑白两色显示所有能看见的图元边线及表面填充图案，且阳面和阴面显示亮度相同。
- 着色：以图元材质颜色彩色显示所有能看见的图元表面及表面填充图案，图元边线不显示，且阳面和阴面显示亮度不同。
- 带边框着色：以图元材质颜色彩色显示所有能看见的图元表面、边线及表面填充图案，但阳面和阴面显示亮度不同。
- 一致的颜色：以图元材质颜色彩色显示所有能看见的图元表面、边线及表面填充图案，且阳面和阴面显示亮度相同。
- 真实：从"选项"对话框启用"硬件加速"后，"真实"样式将以图元真实的渲染材质外观显示，而不是用材质颜色和填充图案显示。如果您的计算机显卡不支持"硬件加速"功能，则此样式不起作用，其显示结果同"着色"。

图 20-5 从左至右，依次为三维视图的前 5 种图形显示样式。

图 20-5　五种视觉样式

与前面一样，视觉样式设置也有以下两种设置方法：

1）视图控制栏：在 F1 平面视图中，单击视图控制栏中"详细程度"后面的"视觉样式"图标，从列表中选择线框、隐藏线、着色、带边框着色、一致的颜色或真实即可。本例 F1 平面图选择默认的"隐藏线"模式。

2）视图"属性选项板：设置"视觉样式"参数为线框、隐藏线、着色、带边框着色、一致的颜色或真实即可。

4. 视图可见性设置

在平面、立剖面、三维视图中，随时可以根据设计的需要、出图的需要，隐藏或恢复某些图元的显示。Revit Architecture 提供了 3 种可见性设置方法："可见性/图形"工具、隐藏与显示、临时隐藏或隔离。3 种设置方法在"1.5.2　图元可见性控制"一节已经做了详细讲解，本节不再详述。

接前面练习，打开 F1 平面视图，下面以"可见性/图形"工具设置平面视图可见性。

1）功能区单击"视图"选项卡"图形"面板中的"可见性/图形"工具，打开"楼层平面：F1 的可见性/图形替换"对话框。

2）在"注释类别"选项卡中取消勾选"立面"；在"Revit 链接"选项卡中取消勾选"17-08 完成 .rvt"，单击"确定"，隐藏了场地模型文件和 4 个立面符号，"缩放匹配"视图。

3）同样方法打开 F4 平面视图，设置其可见性，完成后保存文件。

其他楼层平面视图的可见性设置同理。本例暂不设置，在下小节中用别的方法快速设置。

5. 过滤器设置与应用

在"楼层平面：F1 的可见性/图形替换"对话框中，可以看到 Revit Architecture 能够通过"过滤器"来设置视图的图元可见性。下面简要描述其使用方法。

1）在 F1 平面视图中，功能区单击"视图"选项卡"图形"面板中的"过滤器"工具，打开"过滤器"定义对话框。单击左下角的第一个图标"新建"，输入"室内设备"，单击"确定"创建了一个空的过滤器。

2）如图 20-6，在中间的"类别"栏中勾选"专用设备"、"卫浴装置"、"家具"、"家具系统"、"橱柜"、"照明设备"类别，单击"确定"完成过滤器设置。

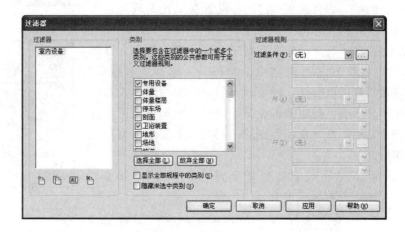

图 20-6 过滤器设置

【提示】 在"过滤器"对话框中，可以进一步设置"过滤器规则"的"过滤条件"，从而将类别中具有某些共同特性的图元给过滤出来，而不是该类别的所有图元。

3）单击"可见性/图形"工具，打开"楼层平面：F1 的可见性/图形替换"对话框，如图 20-7，在"过滤器"选项卡中单击"添加"按钮，从"添加过滤器"对话框中选择刚创建的"室内设备"，单击"确定"，然后取消勾选其"可见性"选项，单击"确定"后即可自动隐藏所有的室内设备。

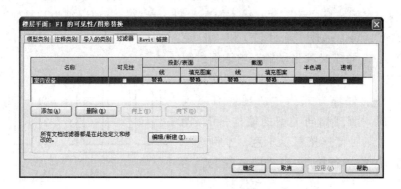

图 20-7 过滤器可见性设置

【提示】在"可见性/图形"对话框中，除可以关闭过滤图元的显示外，也可以设置这些图元的投影和截面显示线样式和填充图案样式的替换样式，或设置其为半色调、透明显示，以实现特殊的显示效果。请自行体会。

4）按 Ctrl＋Z 取消隐藏"室内设备"。保存文件。

6. 视图"属性"选项板

更多的平面视图设置需要在视图"属性"选项板中设置相关参数。接前面练习，打开 F1 平面视图。如图 20-8，设置以下视图参数。

1）图形类参数：

- "视图比例"、"比例值 1："：可设置视图比例或自定义比例。

图 20-8　"属性"选项板

- "显示模型"：选择"标准"则正常显示模型图元，选择"作为基线"则灰色调显示模型图元，选择"不显示"则隐藏所有模型图元。设置该参数，所有注释类及详图图元不受影响。此功能可在某些特殊平面详图视图中需要突出显示注释类及详图图元，淡化或不显示模型图元时使用。
- "详细程度"：可设置图形显示为粗略、中等、精细 3 种，控制图元的显示细节。
- "可见性/图形替换"：单击后面的"编辑"按钮打开"楼层平面：F1 的可见性/图形替换"对话框，设置图元可见性。
- "视觉样式"：可设置模型视觉样式为线框、隐藏线、着色、带边框着色、一致的颜色或真实。
- "图形显示选项"：单击后面的"编辑"按钮打开"图形显示选项"对话框，设置模型的阴影和日光位置。详细设置方法将在"第 32 章 日光研究"中详细讲解。
- "基线"和"基线方向"：基线即底图。Revit Architecture 默认会把下面一层的平面图灰色显示作为当前平面图的底图，以方便捕捉绘制，出图前请设置"基线"参数为"无"。Revit Architecture 可把任意一层设置为基线底图，不受楼层上下限制。本例选择"无"。"基线方向"为只读参数，自动识别为"平面"。
- "方向"：可以选择"项目北"和"正北"方向。项目"正北"方向设置方法将在"第 37 章 自定义项目设置"中详细讲解。
- "墙连接显示"：设置平面图中墙交点位置的自动处理方式为"清理所有墙连接"或"清理相同类型的墙连接"。图 20-9 为两种墙连接显示示意。本例选择"清理所有墙连接"。当"详细程度"为中等和精细时，该参数自动选择"清理所有墙连接"方式，且不能更改。

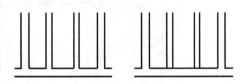

图 20-9　墙连接显示

- "规程"：默认为"建筑"，可选择"结构"、"机械"、"电气"、"协调"。此值用于控制项目浏览器中视图的组织架构。详细设置方法将在"第 26 章　视图管理"中讲解。
- "颜色方案位置"和"颜色方案"：用于设置面积分析和房间分析平面颜色填充方案。详细设置方法将在本章后面两节中详细讲解。

2）标识数据类参数：

- "视图名称"：设置视图在项目浏览器中显示的名称。对平面图来说，该名称"F1"和标高名称保持一致。可以设置为"首层平面图"等，"确定"时会提示

"是否希望重命名标高和视图？"如果选择"是"则项目浏览器中的名称和立面图
中的标高名称都会改变。

　　【提示】　　本书强烈建议不要改变本参数默认的"F1"等名称，让视图、标高都按默
认楼层顺序自动排序，便于视图管理。

- "相关性"：只读参数，默认值为"主选项"。该参数用于设计选项多方案探讨功
  能，详细请参见"第 35 章 设计选项"。
- "图纸上的标题"：输入"首层平面图"。当视图放到图纸上时，视口标题自动提取
  该参数值作为标记。如果不设置该参数，视口标题将自动提取"视图名称"参
  数值。

　　【提示】　　当视图放到图纸上时，此处还会显示"图纸编号"和"图纸名称"只读参
数，并自动提取视图所在图纸的编号和名称。

- "参照图纸"和"参照详图"：平面视图不可用。该参数用于剖面、索引详图等的
  标头中的参照图纸和详图编号。
- "默认视图样板"：可从下拉列表中选择合适的显示样板，本例选择"无"。关于视
  图样板的应用详见"20.1.3　视图样板"。

3）范围类参数：视图裁剪及视图范围类参数设置方法将在"20.1.4　视图裁剪"和
　　"20.1.5　视图范围、平面区域与截剪裁"中详细讲解。

4）阶段化类：可设置阶段过滤器和视图阶段。

　　【提示】　　本小节在 F1 平面视图中做的比例、可见性等设置，自动传达到相关的
"F1-北区""F1-南区"平面视图中，不需要逐一设置。但"复制"和"带细节复制"创建
的"F1-房间面积分析""F1-提条件"平面视图视图不会自动传递。

20.1.3　视图样板

　　在上小节中，设置了 F1 平面视图的比例、详细程度、模型图形样式、可见性以及视
图属性参数。这些设置以及下小节中的视图裁剪参数等设置，都可以保存为一个视图设置
样板，然后将其设置快速自动应用到其他楼层平面视图中，提高设置效率。

1. 从当前视图创建视图样板

1）接前面练习，在 F1 平面视图中，功能区单击"视图"选项卡"视图样板"工具，从
　　下拉菜单中选择"从当前视图创建样板"命令。

2）在"新视图样板"对话框中输入"首层平面显示"，单击"确定"打开"视图样板"对
　　话框，如图 20-10。对话框右侧的"视图属性"栏中各项参数自动提取了当前 F1 平面
　　视图的参数值。可在此重新编辑各项参数设置。

3）单击"确定"即可基于 F1 平面视图的视图属性设置创建了"楼层、结构、面积平面"
　　类型视图样板。

2. 应用视图样板

　　将新建的和已有的视图样板的参数设置应用到其他视图中有以下两种方法：

1）"将样板应用到当前视图"：

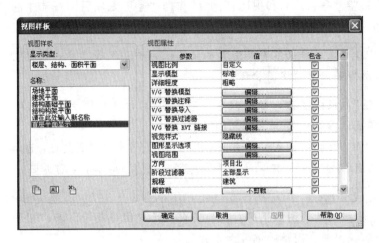

图 20-10　视图样板设置

- 应用到单个视图：从项目浏览器中打开"F1-房间面积分析"平面视图，功能区单击"视图"选项卡"视图样板"工具，从下拉菜单中选择"将样板应用到当前视图"命令。从"应用视图样板"对话框中选择"首层平面显示"样板，单击"确定"后平面视图即可按样板中的设置显示。"缩放匹配"视图，保存文件。

- 应用到多个视图：从项目浏览器中按住 Ctrl 键，单击选择 F2、F3、F4 三个视图，功能区单击"视图样板"工具，从下拉菜单中选择"将样板应用到当前视图"命令。从"应用视图样板"对话框中选择"首层平面显示"样板，单击"确定"。打开 F2、F3、F4 平面视图，可以看到平面视图按样板中的设置显示。保存文件。

2）"将默认样板应用到当前视图"：

- 打开"F1-提条件"平面视图，在视图"属性"选项板中设置"默认视图样板"参数为"首层平面显示"，视图并没有变化。

- 单击"视图样板"工具，从下拉菜单中选择"将默认样板应用到当前视图"命令，视图即可按样板中的设置显示。保存文件。

【提示】　在项目浏览器中选择视图名称，单击鼠标右键菜单中的"应用视图样板"和"应用默认视图样板"命令，其功能同"将样板应用到当前视图"和"将默认样板应用到当前视图"。

3. 视图样板设置

在本书提供的项目样板文件 R-Arch 2011_chs.rte 中，已经预先设置了一些常用的视图样板，可以直接选择使用。这些视图样板可以随时根据项目需要，重新编辑其比例、可见性、详细程度、模型视觉样式、图形显示选项、视图裁剪等参数，或复制、重命名、删除等管理视图样板。

功能区单击"视图"选项卡"视图样板"工具，从下拉菜单中选择"查看样板设置"命令，即可打开"视图样板"对话框进行以下管理。

1）从"显示类型"下拉列表中选择"＜全部＞"或其他类型，在下面的"名称"栏中可以显示全部或部分视图样板名称。

2）在"名称"栏中选择某一个样板名称，在右侧"视图属性"栏中可设置其各项参数。

3）左下角的 3 个图标，可以复制、重命名和删除选择的视图样板。

【提示】　建议在自己的样板文件中设置好各种常用的不同比例的平面、立剖面、详图、三维等视图样板，方便后续项目设计中直接选择批量设置视图，提高设计效率。

20.1.4　视图裁剪

视图裁剪功能在视图设计中非常重要，在大项目分区显示、分幅出图等情况下可以使用该功能调整裁剪范围显示视图局部。本节详细就讲解视图裁剪的功能应用方法。

1. "裁剪视图"与"注释裁剪"

打开"F1-南区"平面视图，在创建该视图时已经自动打开了"裁剪视图"与"裁剪区域可见"开关，因此图中建筑外围有一个很大的矩形裁剪范围框。单击选择裁剪框，可以看到一个回形嵌套的矩形裁剪框，里面的实线框是模型裁剪框，外侧的虚线框是注释裁剪框。

1）"裁剪视图"：可通过以下两种方式控制是否裁剪视图。

- 视图"属性"选项板：在"F1-南区"平面视图的"属性"选项板中，勾选"裁剪视图"参数则可以用模型裁剪框裁剪视图。取消勾选则不裁剪。

- 视图控制栏：单击图标 或 ，可以在不裁剪和裁剪视图间切换。

2）"裁剪区域可见"：和"裁剪视图"一样，可通过"属性"选项板的"裁剪区域可见"参数和视图控制栏的 或 控制模型裁剪框是否显示。注意：当不裁剪视图时，即使打开裁剪框显示，也不裁剪视图。

3）"注释裁剪"：必须通过视图"属性"选项板的"注释裁剪"参数控制虚线注释裁剪框是否显示。注释裁剪框专用于裁剪尺寸标注、文字注释等注释类图元，凡与注释裁剪框相交的注释图元都会被全部隐藏。

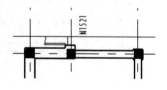

图 20-11　注释裁剪

【提示】　如果不打开"注释裁剪"，仅用模型裁剪框裁剪视图的话，可能会出现如图 20-11 所示的情况：没有被完全裁剪掉的双开门，其门标记依然在裁剪框外正常显示。

2. 裁剪视图

打开上述 3 个开关后，即可使用以下两种方法来调整裁剪框边界裁剪视图。

1）拖拽裁剪框：

- 在"F1-南区"平面视图中，单击选择模型裁剪框，拖拽北面实线边线中间的蓝色实心双三角控制柄，到 C 号轴线水平墙上方一点松开鼠标，虚线注释裁剪框跟随移动裁剪视图。拖拽虚线注释裁剪框和双开门的门标记相交，裁剪隐藏标记。

- 拖拽东、西、南裁剪边界到轴网标头外侧位置，结果如图 20-12 (a)。

- 视图控制栏单击图标 ，隐藏裁剪边界显示，裁剪后的南区平面如图 20-12 (b)。

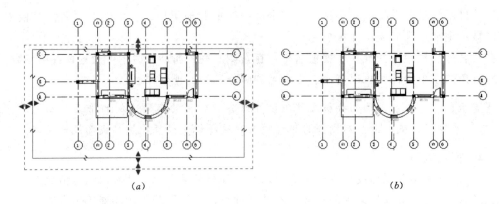

图 20-12　拖拽裁剪

2）尺寸精确裁剪：

- 打开"F1-北区"平面视图，单击选择模型裁剪框，功能区单击"修改｜楼层平面"子选项卡的"尺寸裁剪"工具，打开"裁剪区域尺寸"对话框。

- 如图 20-13（a），设置裁剪框的"宽度"、"高度"参数和"注释裁剪偏移"的左右顶底四边距离模型裁剪框的边距尺寸，单击"确定"。移动裁剪框位置到平面视图北半区位置，下边界在 C 号轴线水平墙下方一点。

- 视图控制栏单击图标　，隐藏裁剪边界显示，裁剪后的北区平面如图 20-13（b）。

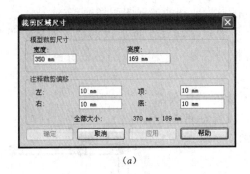 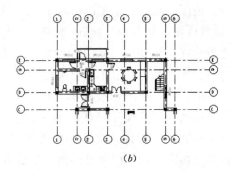

（a）　　　　　　　　　　　　　　　（b）

图 20-13　尺寸裁剪

3. 裁剪视图功能的其他应用

1）轴网标头与裁剪框：

- 选择任意一根垂直轴线，会发现裁剪边界外的所有上标头全部变成了"2D"标头，且标头会随着裁剪边界自动调整其位置。打开 F1、F2 等视图，可以看到其他视图中的轴线上标头位置没有变化。

- 如果拖拽裁剪框边界到标头之外，则所有上标头又会恢复为"3D"标头，与其他平面视图中的轴网标头同步连动。

- 在平面图设计中如需单独调整某层轴网标头位置，即可使用此功能。

2）楼梯间、卫生间详图设计：

- 先用"带细节复制"工具复制并重命名平面视图，然后裁剪视图到楼梯间或卫生间位置。该详图在项目浏览器中和原平面图在同一节点下。

● 在裁剪后的视图中标注尺寸、文字注释等，创建局部详图。

【提示】 此方法创建的详图，在原平面视图中没有索引详图的索引框，符合国内设计师的设计习惯。但也没有详图索引标头，原始平面图和详图之间没有对应的索引关系，不如索引详图方便。请根据设计习惯和爱好自行选择合理方式。

完成上述练习后，保存并关闭文件，结果请参见本书附赠光盘"练习文件\第 20 章"目录中的"江湖别墅-20-01 完成.rvt"文件。

20.1.5 视图范围、平面区域与截剪裁

Revit Architecture 平面视图模型图元的显示，由视图范围、平面区域与截剪裁的参数设置控制。打开本书附赠光盘"练习文件\第 20 章"目录中的"20-01.rvt"文件，如图 20-14，右侧错层房间的底高度高出 F1 标高 1500mm，左侧外墙上有两面下宽上窄的装饰墙。本节将用此例来完成下面的练习。

1. 视图范围

建筑设计中平面视图模型图元的显示，默认是在楼层标高以上 1200mm 位置水平剖切模型后向下俯视而得，不同剖切位置、向下不同的视图深度决定了平面视图中模型的显示。

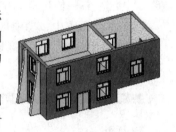

图 20-14

1）打开 F1 平面视图，在视图"属性"选项板中单击"视图范围"参数后面的"编辑"按钮，打开"视图范围"对话框，如图 20-15。

2）"主要范围"设置：

● "顶"与"偏移量"：这两个参数结合设置了视图"主要范围"的顶部位置，如图 20-16，默认为相对当前标高 F1 向上偏移 2300mm 的位置。

● "底"与"偏移量"：这两个参数结合设置了视图"主要范围"的底部位置，如图 20-16，默认为当前标高 F1 位置。

● "剖切面"与"偏移量"：这两个参数结合设置了横切模型的高度位置，如图 20-16，默认为相对当前标高 F1 向上偏移 1200mm 的位置。注意：剖切面的高度位置必须位于顶和底高度之间。

3）"视图深度"设置：

● "标高"与"偏移量"：这两个参数结合决定了从剖切面向下俯视能看多深如图 20-16，由此也就决定了平面视图中模型的显示。默认的视图深度为到当前标高为止。

● 在需要时可以设置相对当前标高的偏移量。例如在"江湖别墅"文件中的首层 F1 平面图中，设置了视图深度的"标高"为"室外地坪"、"偏移量"为 0，因此在 F1 平面中能看到 F1 下面的坡道和台阶等构件。

4）单击"确定"关闭对话框。平面视图的显示即由上述"剖切面"到视图深度"偏移量"之间范围内的图元多决定。

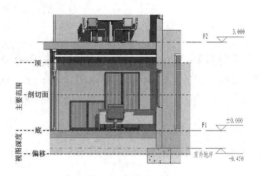

图 20-15　视图范围　　　　　　　　　　图 20-16　视图范围图解

2. 平面区域

在 F1 平面视图中，按默认的标高以上 1200mm 位置剖切，仅能剖切到模型左侧的墙和门窗，右侧的错层房间剖切不到，因此不能显示。

根据设计需要，在 F1 平面视图中要显示右侧的错层房间平面，则可以使用"平面区域"工具设置右侧错层房间位置的局部剖切位置，设置方法如下：

1）在 F1 平面视图中，功能区单击"视图"选项卡"创建"面板"平面视图"工具，从下拉菜单中选择"平面区域"命令，显示"修改│创建平面区域边界"子选项卡，如图 20-17。

图 20-17　"修改│创建平面区域边界"子选项卡

2）绘制平面区域边界：选择"矩形" □ 绘制工具，在房间右侧紧贴外墙面绘制一个宽度约 5500mm 的矩形（围住右侧房间），如图 20-18（a）。

3）设置局部视图范围：在"属性"选项板中单击参数"视图范围"后的"编辑"按钮打开"视图范围"对话框。设置"顶"的"偏移量"为 3000mm，"剖切面"的"偏移量"为 2700，单击"确定"。

4）功能区单击"√"工具，右侧错层房间即可正常显示，如图 20-18（b）。保存文件。

5）修改平面区域：

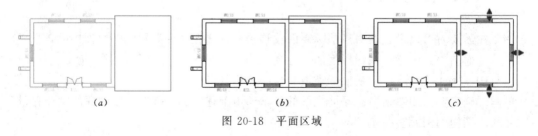

（a）　　　　　　　　　　（b）　　　　　　　　　　（c）

图 20-18　平面区域

- 如图 20-18 (*c*)，单击选择平面区域，拖拽边线上的蓝色实心双三角控制柄可调整边界范围。
- 单击"修改│平面区域"子选项卡的"编辑边界"工具，返回绘制边界状态，可重新编辑平面区域边界位置和形状，"完成平面区域"后刷新平面显示。
- 单击"修改│平面区域"子选项卡的"视图范围"工具或设置"属性"选项板的"视图范围"参数，可以重新设置平面区域范围内的"剖切面"等参数。
- 出图前可用"可见性/图形"工具，在"注释类别"选项卡中取消勾选"平面区域"类别，隐藏其显示。

3. 截剪裁

在本例的左侧外墙上有两个下宽上窄的装饰墙，此类墙的平面显示可根据设计需要设置不同的处理方式。此墙的底标高在 F1 平面，F1 平面视图不需要设置可正确显示，但 F2 平面视图却有 3 种不同的显示方法。

1）打开 F2 平面视图，在"属性"选项板中检查该视图的"视图范围"参数为默认设置："剖切面"为 1200，"视图深度"为当前 F2 标高。

2）注意"截剪裁"参数默认的设置为"不剪裁"，平面视图显示如图 20-19 (*a*)，能看到装饰墙在 F1 标高的底部投影边线。

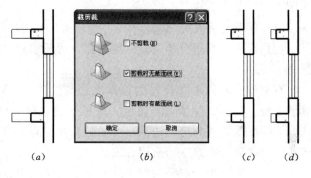

图 20-19　平面视图

3）单击"截剪裁"参数后面的按钮，打开"截剪裁"对话框，如图 20-19 (*b*)，选择"剪裁时无截面线"，单击"确定"。装饰墙的平面显示如图 20-19 (*c*)。该选项在 F2"视图深度"位置截断了墙的下部不显示，且在截断位置不显示截面线。

4）同理，如选择"剪裁时有截面线"，则装饰墙的平面显示如图 20-19 (*d*)。该选项在 F2"视图深度"位置截断了墙的下部不显示，且在截断位置显示截面线。

完成上述练习后，保存并关闭文件，结果请参见本书附赠光盘"练习文件＼第 20 章"目录中的"20-01 完成 .rvt"文件。

20.2　天 花 板 平 面 视 图

天花板平面视图的创建、编辑与设置、视图样板、视图裁剪、视图范围等功能与上节的楼层平面视图完全一样，本节不再详述。下面仅就创建天花板平面视图的细节不同之处简要描述。

与创建楼层平面视图一样，创建天花板平面视图同样有以下 3 种方法：绘制标高创建、"天花板投影平面"命令创建、复制视图。下面简要描述前两种方法的细节不同之处。

1．绘制标高创建

在立面视图中，功能区单击"常用"选项卡的"标高"工具，选项栏勾选"创建平面视图"选项，单击"平面视图类型"按钮选择"天花板平面"，确定后绘制一层标高，即可在项目浏览器中创建一层天花板平面视图。

2．"天花板投影平面"命令

先使用阵列、复制命令创建黑色标头的参照标高，然后功能区单击"视图"选项卡"创建"面板的"平面视图"工具，选择"天花板投影平面"命令，在"新建天花板平面"对话框中选择复制、阵列的标高名称，单击"确定"即可将参照标高转换为天花板平面视图。

20.3　房间分析平面视图

除前面各章讲到的各种建筑构件之外，Revit Architecture 还提供了专用的"房间"构件，可以对建筑空间进行细分，并自动标记房间的编号、面积等参数，还可以自动创建房间颜色填充平面图和图例。

20.3.1　房间与房间标记

特别说明：与门窗和门窗标记一样，房间也分"房间"构件和房间标记两个对象。

1．房间边界

在创建房间前，需要先创建房间边界。Revit Architecture 可以自动识别墙、幕墙、幕墙系统、楼板、屋顶、天花板、柱子（建筑柱、材质为混凝土的结构柱）、建筑地坪、房间分隔线等构件为房间边界。前面的几种房间边界在前述各章中都有了详细讲解，本节仅讲解"房间分隔线"的使用方法。

房间分隔线用于在开放的、没有隔墙等房间边界的建筑空间内，用线将一个大的房间细分为几个小房间。例如：在起居室内划分一个就餐区等。房间分隔线在平面视图和三维视图中可见。

打开本书附赠光盘"练习文件 \ 第 20 章"目录中的"江湖别墅-20-01 完成 . rvt"文件，打开 F1 平面视图，完成下面的练习。

1）缩放视图到右上角楼梯间位置，功能区单击"常用"选项卡"房间和面积"面板的"房间"工具的下拉三角箭头，从下拉菜单中选择"房间分隔线"命令，显示"修改｜放置房间分隔"子选项卡。

2）选择"线" ╱ 绘制工具，如图 20-20，单击捕捉楼梯口左侧结构柱的右下角点，向右水平移动光标到右侧内墙面单击绘制一条房间分隔线。按 Esc 键结束命令，保存文件。

【提示】　房间分隔线是模型线，因此可以自动同步到所有从 F1 平面视图复制的视图中。

2．房间面积与体积计算设置

Revit Architecture 可以自动计算房间的面积和体积，但默认情况下，只计算房间面积。同时计算房间面积时墙的房间边界位置可以根据需要设定为墙面或墙中心线等。另外，房间面积和体积的计算结果和测量高度有关系，默认是从楼层标高 1200mm 位置计算。如图 20-21 示意，在有斜墙的房间中，上图从 1200mm 虚线位置测量的面积和体积比下图从楼板上方虚线位置测量的值要小。

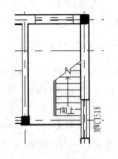

图 20-20　房间分隔线

1) 接前面练习。功能区单击"常用"选项卡"房间和面积"面板的下拉三角箭头，从下拉菜单中选择"面积和体积计算"命令，打开"面积和体积计算"对话框，如图 20-22。

2) 启用"体积计算"：本例默认选择"仅按面积（更快）"仅计算面积。

- "仅按面积（更快）"：默认选择本项，只计算房间面积，不计算体积，计算速度快。
- "面积和体积"：选择本项则可以同时计算面积和体积。

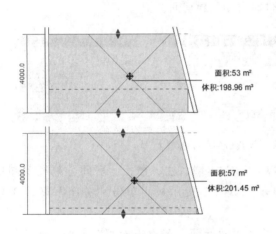

图 20-21　房间面积与体积计算高度

图 20-22　面积与体积计算设置

【提示】　起用该功能将影响 Revit Architecture 的性能，强烈建议只在需要计算房间体积时起用该功能，在创建了房间体积统计表后，立刻禁用该功能。

3) "房间面积计算"：本例选择"在墙面面层"作为房间边界位置。可根据需要选择"在墙中心"、"在墙核心层"、"在墙核心层中心"为房间边界位置。单击"确定"完成设置。

4) 计算高度设置："计算高度"参数由标高族的类型属性定义，因此需要在立面图中设置。

- 打开南立面视图，选择 F1 标高，单击"属性"选项板的"编辑类型"按钮。F1 标高的族"类型"名称为"C_标高 00＋层标"。
- "自动计算房间高度"与"计算高度"：勾选"自动计算房间高度"参数，按标高以上 1200mm 高度计算，"计算高度"参数变为灰色只读的"自动"，单击"确定"。

　　【提示】　　如需定义不同的计算高度，可取消勾选"自动计算房间高度"参数，并输入"计算高度"参数值（有斜墙房间时，可以设置"计算高度"为 0，一般可以确保所有面积的正确计算）。

- 同样方法选择 F2 标高，勾选"自动计算房间高度"类型参数。因为 F2、F3、F4 都是"C_上标高＋层标"标高族类型，因此只需要设置一次即可。保存文件。

　　【提示】　　如需给不同的层定义不同的计算高度，可以在标高的类型属性对话框中"复制"一个新的标高类型，然后设置"计算高度"参数，确定后替换当前选择标高原有的族类型。

3. 创建房间和房间标记

　　分隔好了房间、设置好了计算规则，下面可以创建房间构件和房间标记了。

1) 接前面练习，打开 F1 平面视图。功能区单击"常用"选项卡"房间和面积"面板的"房间"工具，显示"修改│放置房间"子选项卡，如图 20-23，默认选择"在放置时进行标记"（选择该选项在创建房间构件时自动创建房间标记）。

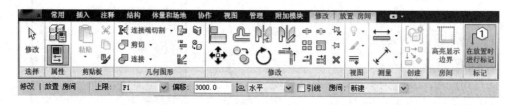

图 20-23　"修改│放置房间"子选项卡

2) 单击"高亮显示边界"工具，系统可以自动查找墙、柱、楼板、房间分隔线等图中所有的房间边界图元橙色亮显，并显示"警告"提示栏，单击"关闭"恢复正常显示。

3) 从类型选择器中选择"C_房间标记"的"房间标记_名称＋面积"类型。选项栏设置以下参数：

- "上限"和"偏移"：这两个参数共同决定了房间构件的上边界高度。本例中"上限"默认提取了当前标高 F1，"偏移"设置为 3000。
- 标记方向：默认选择"水平"则房间标记水平显示。可以选择"垂直"显示或"模型"显示（标记与建筑模型中的墙和边界线对齐，或旋转到指定角度）。
- "引线"：默认不勾选。当房间空间小，需要在房间外面标记时可以勾选该选项。
- "房间"：默认选择"新建"房间。

4) 移动光标，在房间外时出现面积为"未闭合"的房间和标记预览图形，如图 20-24 (a)。移动光标到楼梯间内，房间边界亮显并显示房间面积值，如图 20-24 (b)。单击即可放置房间和房间标记。继续移动光标依次创建 F1 层其他房间和房间标记。完成后按 Esc 键结束命令，保存文件。

4. 编辑房间

1) 编辑房间标记：

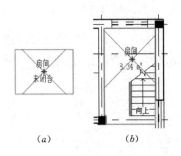

图 20-24　创建房间

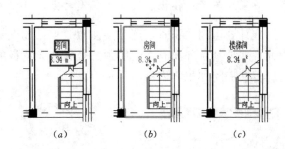

图 20-25　编辑房间标记

- 接前面练习，移动光标到楼梯间房间标记文字上，文字亮显如图 20-25 （a），单击选择标记，房间边界亮显，房间名称"房间"蓝色显示，如图 20-25 （b）。
- 单击房间名称"房间"，输入"楼梯间"后回车，结果如图 20-25 （c）。同样方法设置其他房间名称为：餐厅、厨房、门厅、储藏室、卫生间、车库、起居室。
- 选择房间标记，选项栏勾选"引线"则自动创建引线。拖拽房间标记的十字移动符号，可将标记移动到房间外。

2）房间"属性"编辑：

- 接前面练习，移动光标到楼梯间房间标记文字左上角，带斜十字叉的房间边界高亮显示，单击即可选择房间，如图 20-26 （a）。"修改│房间"子选项卡如图 2-26 （b）。

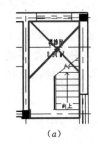

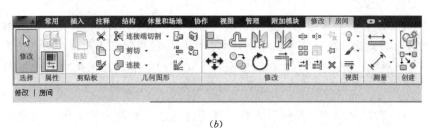

图 20-26　选择房间与"修改│房间"子选项卡

- 房间的"属性"选项板如图 20-27。房间的面积、周长等参数为只读。可设置房间的"上限"、"高度偏移"（上边界）和"底部偏移"（下边界），以及房间"名称"（可从下拉列表中选择现有名称）。

创建房间时设置的或房间属性设置的参数"上限"、"高度偏移"（上边界）和"底部偏移"（下边界）值，决定了房间体积的计算法则。如图 20-28 的上下边界为例：

- 如图 20-28 （a），当上边界高度在屋顶（房间边界图元）的下方时，房间体积按上边界高度计算，边界上方的体积不计算。
- 如图 20-28 （b），当上边界高度在屋顶（房间边界图元）的上方时，房间体积按屋顶边界内的实际体积计算。

【提示】　此功能在有坡屋顶或酒店大堂有多层通透空间时，将"高度偏移"（上边界）设置到屋顶或楼板、天花板高度之上，可以确保精确计算房间体积。

在计算房间体积时，还需要注意一点：如图 20-29，当室内墙体、柱等是房间边界的图元，如果其顶部没有达到屋顶、楼板或天花板的下表面时，则墙体、柱上方的空间也不会计算在房间体积之内。

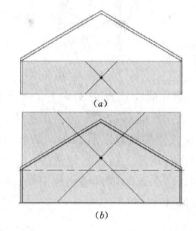

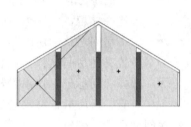

图 20-27　"属性"选项板　　　　图 20-28　上下边界设置　　　　图 20-29　房间体积计算

3）删除房间：

- 单击选择"楼梯间"房间（不是选择房间标记），然后再按 Delete 键或功能区的"删除"工具即可删除该房间。

【提示】　删除房间时系统在右下角弹出"警告"提示："已从所有模型视图中删除某个房间，但该房间仍保留在此项目中。可从任何明细表中删除房间或使用'房间'命令将其放回模型中。"此时尽管视图中没有了该房间，但在房间统计表中依然存在，但标记为"未放置"。如果在房间统计表中删除了该房间，才是彻底地从项目删除。

- 功能区单击"房间"工具，和前述创建房间时一样，但在选项栏中从"房间"参数的下拉列表中选择"2 楼梯间"，移动光标在楼梯间内单击即可重新放置房间。
- 单击选择"楼梯间"房间的房间标记，按 Delete 键删除。房间依然在视图中存在，单击"标记"工具选择"标记房间"命令在楼梯间内单击即可重新标记楼梯间房间。

【提示】　房间面积统计表将在"第 24 章 明细表视图"中详细讲解。

4）移动、复制等编辑命令：选择房间，然后将其移动或复制到其他房间边界内，则房间边界和面积等参数自动更新。

同样方法创建 F2、F3 层平面视图房间和房间标记，切记将 F3 层房间的"偏移"参数或"高度偏移"参数设置为 5550（高于坡屋顶）。完成后保存文件，结果请参见本书附赠光盘"练习文件 \ 第 20 章"目录中的"江湖别墅-20-02 完成 .rvt"文件。

20.3.2　房间填充与图例

创建了房间，即可根据房间名称或面积等自动创建颜色填充平面图，并放置颜色图例。接前面练习，打开"F1-房间面积分析"平面视图，完成下面练习。

1．创建颜色填充平面图与颜色图例

1）在"F1-房间面积分析"平面视图中，功能区单击"视图"选项卡"可见性/图形"工具，在"注释类别"中取消勾选"轴网"和"参照平面"，单击"确定"隐藏其显示。

2）在视图"属性"选项板中，单击"颜色方案"后面的"＜无＞"按钮，打开"编辑颜色方案"对话框。在左侧"方案"栏中选择"按房间名称"，在右侧列表中自动给每一个房间匹配了一种"实体填充"颜色，如图 20-30。

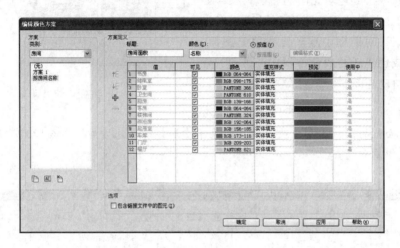

图 20-30　"编辑颜色方案"对话框

3）编辑颜色方案：本例采用默认设置。

- 单击左下角的 3 个按钮，可以复制、重命名、删除颜色方案。
- "标题"：设置颜色图例的标题名称为"房间面积"。
- 在"颜色"下列列表中可以选择"名称"、"部门"等填色依据。
- 在下面的列表中，单击"填充样式"列可从下拉列表中选择颜色"实体填充"或某种填充图案样式。单击"颜色"列下的按钮可以选择实体填充或填充图案的颜色。
- 中间竖排的 4 个按钮可以上下移动右侧列表中某一条的上下位置，可以新建一行或删除新建的行。
- "包含链接文件中的图元"：勾选该选项，可以给链接的 RVT 文件中的房间创建颜色填充。

4）单击"确定"回到"属性"选项板，设置"颜色方案位置"参数为"背景"，自动创建颜色填充平面图，如图 20-31。

5）功能区单击"常用"选项卡"房间和面积"面板的"图例"工具，移动光标到房间右侧单击放置颜色图例，如图 20-31。保存文件。

【提示】　"颜色方案位置"参数为"背景"时，家具、楼梯等室内构件可遮挡住平面填充颜色，如图 20-31。如设置为"前景"，则填充颜色将覆盖家具、楼梯等所有室内构件。

2. 编辑颜色方案与颜色图例

平面房间颜色填充方案可以随时根据需要编辑修改。

1) "编辑方案"：单击选择颜色图例，功能区单击"修改｜颜色填充图例"子选项卡如图 20-32。单击"编辑方案"回到"编辑颜色方案"对话框中重新设置填充图案、颜色，或创建新的颜色方案，"确定"后平面图自动更新。

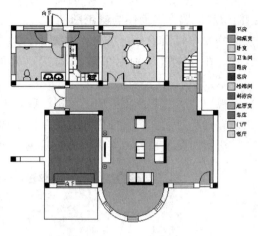

图 20-31　颜色方案

【提示】　也可单击"常用"选项卡"房间和面积"面板的下拉三角箭头，从下拉菜单中选择"颜色方案"命令回到"编辑颜色方案"对话框中重新设置。

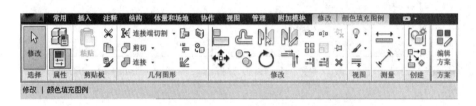

图 20-32　　"修改｜颜色填充图例"子选项卡

2) "属性"选项板：单击选择颜色图例，在"属性"选项板中单击"编辑类型"按钮，可设置以下参数：

- 图形类参数：可设置图例的"样例宽度"、"样例高度"、"颜色"、"背景"等；勾选"显示标题"可显示颜色方案标题；设置"显示的值"为"全部"则图例显示项目中所有房间的图例，如设置为"按视图"则只显示当前平面图房间的图例。
- 文字类参数：设置图例字体、大小、下划线等。
- 标题文字类参数：设置图例标题的字体、大小、下划线等。

3) 控制柄调整：

- 单击选择颜色图例，向上拖拽图例下方的蓝色实心圆点，可将图例分列布置，如图 20-33。向下拖拽可恢复单列显示。
- 拖拽图例上方的蓝色实心三角形，可调整图例列宽，如图 20-33。

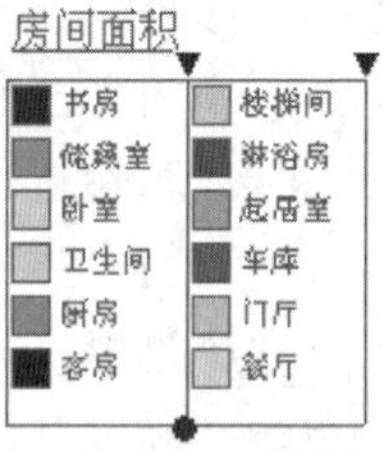

图 20-33　编辑图例

完成后保存并关闭文件，结果请参见本书附赠光盘"练习文件＼第 20 章"目录中的"江湖别墅-20-02 完成 .rvt"文件。

20.4　面积分析平面视图

Revit Architecture 的面积分析功能，可以用来在大型公用建筑中快速分析项目的总建筑面积和室外面积、室内不同用途（办公、储藏室、公共空间等）的可出租面积、防火分区面积等各种与面积相关的分析与统计。

20.4.1　面积方案、面积类型与测量规则

在进行面积分析前需要先设置面积方案，本书提供的样板文件 R-Arch 2011＿chs. rte 文件中设置了两种默认的面积方案：总建筑面积和可出租面积。其中总建筑面积面积方案为系统默认不可删除，其他防火分区等面积方案需要自己创建。

1. 面积方案设置

打开本书附赠光盘"练习文件 \ 第 20 章"目录中的"20-02. rvt"文件，下面以图中的办公楼为例讲解面积平面视图的详细功能。

1) 功能区单击"常用"选项卡"房间和面积"面板的下拉三角箭头，从下拉菜单中选择"面积和体积计算"命令，在"面积和体积计算"对话框中单击"面积方案"选项卡。

2) 设置面积方案：

- 单击右上角的"新建"按钮新建一行"面积方案 1"，设置其"名称"为"防火分区面积"，如图 20-34。

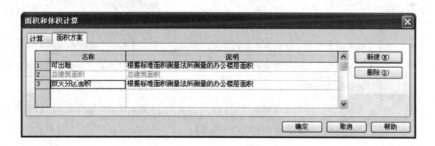

图 20-34　新建面积方案

- 按"删除"按钮可删除不需要的面积方案。单击"确定"完成设置，保存文件。

2. 面积类型

面积类型来自 Revit Architecture 默认的面积方案：总建筑面积和可出租面积。两种方案的面积类型值见表 20-1。

表 20-1　　　　　　　　　　　　　　　面　积　类　型

面积方案	面积类型	定 义 及 举 例
总建筑面积	总建筑面积	建筑的总建筑面积。它是建筑外墙外表面以内的全部面积
	外部面积	建筑外墙面以外的所有面积。例如，由四面墙所封闭的外部庭院

续表

面积方案	面积类型	定 义 及 举 例
可出租面积	建筑公共面积	大厅、中庭、会议室、休息室、售货（或自动售货）面积、保安台、门房面积、餐饮服务设施、保健和健身中心、托儿所（幼儿园日托）设施、更衣室（或存物室）和浴室设施、邮局
	办公面积	通常情况下指承租人的人员和办公设备（家具）所使用的面积
	楼层面积	洗手间、传达室、供电室、电话亭、设备间、电梯大厅、公共走廊，以及主要供此楼层的承租人使用的其他面积
	主垂直贯穿面积	楼梯、电梯井、暖气、管井、垂直管道及其封闭墙体
	储藏室面积	办公楼中的零售占地面积
	外部面积	建筑外墙以外的全部面积

3. 面积类型测量规则

不同的面积类型，当与其相邻的面积类型不同时，其面积边界的测量定位规则不同，详见表20-2。

表 20-2　　　　面 积 类 型 测 量 规 划

面积方案	所选的面积类型	相邻的面积类型	面积边界测量规则
总建筑面积	总建筑面积	无	从建筑的外表面测量面积边界
		外部面积	从建筑的外表面测量面积边界
	外部面积	外部面积	从墙中心线测量面积边界
		总建筑面积	从建筑的外表面测量面积边界
可出租面积	建筑公共面积	建筑公共面积、办公面积、储藏室面积	从墙中心线测量面积边界
		外部面积、主垂直贯穿面积	从界定建筑公共面积的墙面测量面积边界
	办公面积	建筑公共面积、办公面积、储藏室面积	从墙中心线测量面积边界
		外部面积、主垂直贯穿面积	从界定办公面积的墙面测量面积边界
	楼层面积	办公面积、储藏室面积或建筑公共面积	从界定其他面积的墙面测量面积边界
		外部面积、主垂直贯穿面积	从界定楼层面积的墙面测量面积边界
		楼层面积	从墙中心线测量面积边界
	主垂直贯穿面积	主垂直贯穿面积	从墙中心线测量面积边界
		外墙	从界定主垂直贯穿面积的墙面测量面积边界
		其他面积（除了外部面积）	从界定其他面积的墙面测量面积边界
	储藏室面积	主垂直贯穿面积、楼层面积	从界定储藏室面积的墙面测量面积边界
		外墙	从外部面积的墙面边界测量面积边界
		建筑公共面积、办公面积、储藏室面积	从墙中心线测量面积边界
	外部面积	外墙	从墙中心线测量面积边界
		储藏室面积	从界定外部面积的墙面测量面积边界
		其他面积	从界定其他面积的墙面测量面积边界

【提示】　在可出租面积方案类型中，如果在外墙上放置窗，Revit Architecture 会根据窗的高度按以下规则放置面积边界线：如果窗户高度大于墙高的 50%，则面积边界线会定位于玻璃面上；如果窗户高度小于墙高的 50%，则面积边界线会定位于外墙的内表面上。

在新建面积方案时，自动采用"可出租面积"的面积类型和面积边界测量规则。

20.4.2　可出租面积平面视图

无论是可出租面积、总建筑面积，还是防火分区面积平面视图，其创建和编辑的基本流程如下。

1. 创建面积平面视图

1) 接前面练习，打开 F1 平面视图。功能区单击"常用"选项卡"房间和面积"面板的"面积"工具，从下拉菜单中选择"面积平面"命令。

2) 如图 20-35 在"新建面积平面"对话框中设置以下参数：
   - 从"类型"下拉列表中选择"可出租"面积方案；在下面的视图列表中选择 F1 到 F5 平面视图；设置面积平面视图"比例"为默认的"1∶100"。
   - 勾选"不复制现有视图"，单击"确定"。

   【提示】　勾选"不复制现有视图"选项创建了所选择标高的面积平面视图后，下次再选择"面积平面"命令时，"新建面积平面"对话框列表中将不再显示已经创建了面积平面视图的标高名称，以此确保不会重复创建相同标高的面积平面视图，保证各面积的唯一性和后期面积明细表的精确统计。

3) 在弹出"Revit"提示框"是否要自动创建与所有外墙关联的面积边界线？"中连续单击"是"，则自动在项目浏览器中的"面积平面（可出租）"节点下创建了 5 层的可出租面积平面视图，如图 20-36，最后一个打开的面积平面视图是 F5。

图 20-35　新建面积平面

图 20-36　项目浏览器

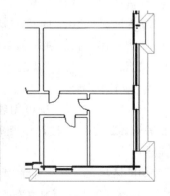
图 20-37　面积边界

4) 设置面积平面视图可见性：打开 F1 可出租面积平面视图，单击"视图"选项卡的"可见性/图形"工具。在"注释类别"选项卡中取消勾选"轴网"、"立面"和"参照平面"，单击"确定"图中只显示模型图元。

5）在面积平面图中观察在墙的内边界和窗玻璃位置按规则自动创建了蓝色显示的面积边界，如图 20-37。如果外墙不封闭，系统不能自动创建面积边界，需要手工创建。

6）视图样板：单击"视图样板"工具选择"从当前视图创建样板"命令，输入"面积平面显示"，单击"确定"两次创建了视图样板。在项目浏览器中"面积平面（可出租）"节点下按住 Shift 键单击 F2 和 F5，同时选择了 F2 到 F5 的 4 个面积平面视图，单击鼠标右键选择"应用视图样板"命令，选择刚创建的"面积平面显示"，单击"确定"。打开其他面积平面视图查看都只显示了模型图元。保存文件。

【提示】　在创建"视图样板"前，建议设置视图"属性"参数"显示模型"为"半色调"（默认为"标准"），以此将面积边界、面积标记外的其他所有图形都显示为半色调，突出显示面积相关图元。此设置可以保存在视图样板，并快速应用到其他视图。

2. 面积边界

前面自动创建了外部面积边界，内部的各个不同功能用途的面积边界可以采用拾取墙和绘制的方式创建。

1）打开 F1 可出租面积平面视图，功能区单击"常用"选项卡"房间和面积"面板的"面积"工具，从下拉菜单中选择"面积边界线"命令，显示"修改｜放置面积边界"子选项卡。

2）拾取边界：单击"拾取线" 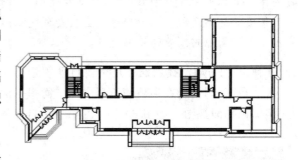 绘制工具，选项栏勾选"应用面积规则"，单击拾取所有的室内墙（南侧和西南侧大门入口第 2 道门的内墙除外）和中央休息大厅的房间分隔线，自动在墙中心线位置创建面积边界线。

3）绘制边界：选择"线" 绘制工具，在左右两个楼梯间口初捕捉左右面积边界端点各绘制一条面积边界线。

图 20-38　面积边界

4）按 Esc 键或单击"修改"结束"面积边界线"命令，结果如图 20-38。

3. 面积与面积标记

有了面积边界，即可创建面积和面积标记。面积和面积标记的创建和编辑方法同房间和房间标记完全一样，详细请参考"20.3.1　房间与房间标记"一节内容，本节简要描述。

1）功能区单击"常用"选项卡"房间和面积"面板的"面积"工具，从下拉菜单中选择"面积"命令。移动光标在平面各个面积边界内单击放置面积构件，同时自动创建面积标记。

2）编辑面积名称与类型：

- 平铺显示 F1 可出租面积平面视图 和 F1 平面视图，参照 F1 平面视图中的房间名称设置面积名称。

- 在 F1 可出租面积平面视图中，移动光标到最左侧面积标记上，按 Tab 键单击选择面积构件，带斜十字线的面积边界高亮显示，在"属性"选项板中，设置参数"名称"为"办证大厅"，"面积类型"为"办公面积"。

- 同理选择右侧的楼梯间面积构件，设置其"属性"参数"名称"为"楼梯间"，"面积类型"为"主筋垂直贯穿"。可以看到楼梯间的左右面积边界根据面积类型自动做了调整。如图 20-39 为设置前后面积边界的变化对比。

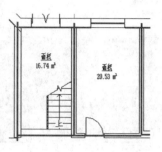

图 20-39 面积类型与边界位置

- F1 其他面积设置请参考本书附赠光盘"练习文件 \ 第 20 章"目录中的"20-02 完成 . rvt"文件。完成后保存文件。

4. 面积填充与图例

和房间面积平面图一样，最后给面积创建颜色填充和图例，创建方法同上节的房间颜色填充与图例。

1）接上节练习，在 F1 可出租面积平面视图中，在视图"属性"选项板中，单击"颜色方案"参数后面的"＜无＞"按钮。

2）如图 20-40 在"编辑颜色方案"对话框中选择左侧的"方案"，设置"标题"为"面积类型"，单击"确定"自动按面积类型创建颜色填充。

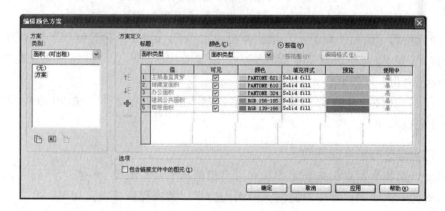

图 20-40 编辑颜色方案

3）功能区单击"常用"选项卡"房间和面积"面板的"图例"工具，在图形上方单击放置颜色图例，结果如图 20-41。

4）同样方法为 F2、F3、F4、F5 可出租面积平面视图创建面积和面积标记、设置面积名称和面积类型、最后创建面积填充和图例。完成后保存文件，最终结果请参考本书附赠光盘"练习文件 \ 第 20 章"目录中的"20-02 完成 . rvt"文件。

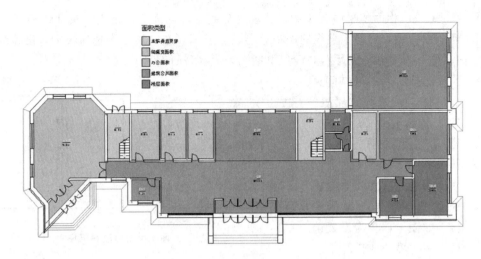

图 20-41　面积平面颜色填充与图例

20.4.3　总建筑面积平面视图

总建筑面积平面视图的创建方法和可出租面积平面视图完全一样，不同之处在于其没有那么多的室内面积，系统在创建总建筑面积平面视图时，会自动在每层创建一个面积和面积标记，也无须做颜色填充和图例。其流程简要描述如下：

1）打开 F1 平面视图。功能区单击"常用"选项卡"面积"工具，从下拉菜单中选择"面积平面"命令。在"类型"中选择"总建筑面积"，再选择 F1 到 F5 标高名称，单击"确定"，在"Revit"提示框中连续单击"是"，在项目浏览器中的"面积平面（总建筑面积）"节点下创建了所有 5 层的总建筑面积平面视图。

2）观察总建筑面积的边界在外墙面，且自动创建了面积和面积标记。

3）将前面创建的"面积平面显示"视图样板应用给 F1 到 F5 总建筑面积平面视图。

4）分别在 F1 到 F5 总建筑面积平面视图中，设置面积的名称为"首层总建筑面积""二层总建筑面积"等即可。

5）完成后保存文件，最终结果请参考本书附赠光盘"练习文件 \ 第 20 章"目录中的"20-02 完成 . rvt"文件。

20.4.4　防火分区面积平面视图

防火分区面积平面视图的创建方法和可出租面积平面视图完全一样，不同之处在于其没有那么多的室内面积，需要绘制防火分区内边界。其流程简要描述如下：

1）打开 F1 平面视图。功能区单击"常用"选项卡"面积"工具，从下拉菜单中选择"面积平面"命令。在"类型"中选择"防火分区面积"，再选择 F1 到 F5 标高名称，单击"确定"，在"Revit"提示框中连续单击"是"，在项目浏览器中的"面积平面（防火分区）"节点下创建了所有 5 层的防火分区面积平面视图。观察防火分区面积的外边界和可出租面积完全一样。

2）将前面创建的"面积平面显示"视图样板应用给 F1 到 F5 防火分区面积平面视图。

3）分别在 F1 到 F4 防火分区面积平面视图中，用"面积边界线"工具，在中厅扶手两端位置绘制两条防火分区边界线。在 F5 防火分区面积平面视图的中间绘制一条防火分区边界线。然后用"面积"命令分别创建面积和面积标记，并设置防火分区面积名称。

4）分别在 F1 到 F5 防火分区面积平面视图中，给视图应用颜色方案，按名称填充颜色，并放置颜色图例。图 20-42 为 F1 防火分区面积平面视图示意。

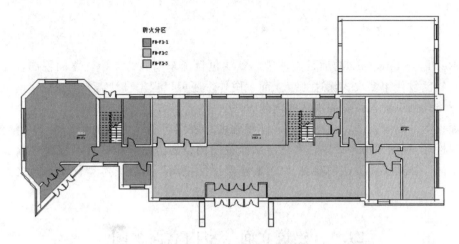

图 20-42　防火分区面积平面视图颜色填充与图例

5）完成后保存并关闭文件，最终结果请参考本书附赠光盘"练习文件 \ 第 20 章"目录中的"20-02 完成 . rvt"文件。

20.4.5　面积平面视图编辑

上述面积平面视图的面积和面积标记等的编辑和房间面积平面视图完全一样，详细请参见上节内容。同时无论是房间面积平面视图，还是面积平面视图，其视图比例、可见性、详细程度、图形显示样式、视图属性、视图裁剪等设置，和楼层平面视图完全一样，详细请参见"20.1 楼层平面视图"内容。房间及面积统计表将在"第 24 章　明细表视图"中详细讲解。

"登堂 7 式"第 1 式"横扫千军"——平面视图设计！看似平常到熟视无睹的平面图设计，却暗藏无穷的变化，可以满足不同的设计和分析需求。一招横扫千军，让您俯视战场全局，对整体态势有了全面的了解与分析。接下来再来看一下侧翼的布防：第 2 式"立地成佛"——立面视图设计。

第 21 章　立面视图设计

在 Revit Architecture 的项目文件中，默认包含了东南西北 4 个正立面视图，在前面各章中已经反复使用多次。除这 4 个立面视图外，还可以根据设计需要创建更多的立面视图，本章将详细讲解各种立面视图的创建方法。

立面视图的复制视图、视图比例、详细程度、视图可见性、过滤器设置、视觉样式、视图"属性"、视图裁剪等设置，和楼层平面视图的设置方法完全一样，仅个别参数和细节略有不同，详细操作方法请参见"20.1 楼层平面视图"内容，本章仅就不同之处做详细讲解。

21.1　建筑立面与室内立面视图

打开本书附赠光盘"练习文件 \ 第 21 章"目录中的"江湖别墅-21.rvt"文件，打开 F1 平面视图，功能区单击"视图"选项卡"可见性/图形"工具，在"楼层平面：F1 的可见性/图形替换"对话框的"注释类别"中勾选"立面"，单击"确定"后显示打开立面符号显示。接着完成下面练习。

21.1.1　默认建筑正立面视图

如前所述，项目文件中默认包含了东南西北 4 个正立面视图。这 4 个立面视图是根据楼层平面视图上的 4 个不同方向的立面符号⊙自动创建的。立面符号由立面标记和标记箭头两部分组成：

1）单击选择圆，完整的立面标记如图 21-1 （a）：

- 符号四面有 4 个正方形复选框，勾选即可自动创建一个立面视图。此功能在创建多个室内立面时非常有用。
- 单击并拖拽符号左下角的旋转符号，可以旋转立面符号，创建斜立面。此功能无法精确控制旋转角度，不建议使用。

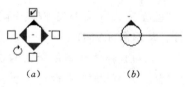

（a）　　　　　（b）

图 21-1　立面符号

2）单击圆外的黑色三角标记箭头，在立面符号中心位置出现一条蓝色的线代表立面剪裁平面，如图 21-1 （b）。在默认样板中，正立面关闭了视图裁剪边界和远裁剪，因此 4 个正立面能看到无限宽、无限远。

特别提醒：在设计开始时，如果建筑的范围超出了默认 4 个立面符号的范围，一定要分别创选整个立面符号，然后拖拽或用"移动"工具将其移动到建筑范围之外，以创建完整的建筑立面视图。如果立面符号位于建筑范围之内，其创建的实际上是一个剖面视图。

【提示】 如果删除默认的 4 个正立面视图符号，其对应的立面视图也将被删除。虽然可以用"立面"命令重新创建立面视图，但在原来视图中已经创建的尺寸标注、文字注释等注释类图元将不能恢复。因此务必谨慎操作。

21.1.2 创建立面视图

无论是建筑正立面、斜立面视图还是室内立面视图，都可以使用"立面"命令创建。

1) 打开 F1 平面视图，缩放到南立面弧墙位置。功能区单击"视图"选项卡"创建"面板的"立面"工具下拉三角箭头，选择"立面"命令，显示"修改 | 立面"子选项卡如图 21-2 (b)。

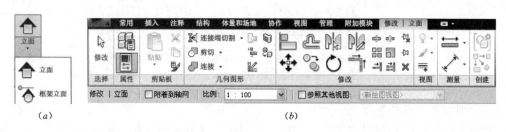

图 21-2 "立面"工具与"修改 | 立面"子选项卡

2) 选项栏：设置即将创建的立面视图"比例"为"1：100"。

3) 移动光标到弧墙外侧，可以发现立面标记箭头在随着光标自动调整其对齐方向，始终与其附近的墙保持正交方向。在弧墙右侧窗外单击放置立面符号，在项目浏览器中自动创建"立面 1-a"斜立面视图。按 Esc 键或单击"修改"结束"立面"命令。

4) 单击选择黑色三角立面标记箭头，显示立面视图剪裁平面。如图 21-3 (a)，拖拽蓝色边线到建筑右下角之外；拖拽边线左右两个端点的蓝色实心圆控制柄，调整立面视图裁减宽度到建筑左下角点和右上角点之外；拖拽边线对面的蓝色双三角箭头，调整立面视图深度远裁减边界到建筑左上角点之外。

5) 在项目浏览器中选择"立面 1-a"，从右键菜单中选择"重命名"，输入"东南立面"，单击"确定"。

6) 打开立面视图：可用以下 4 种方法之一打开刚创建的立面视图，结果如图 21-3 (b)。

- 双击黑色三角立面标记箭头。
- 单击黑色三角立面标记箭头，从右键菜单中选择"进入立面视图"命令。
- 在项目浏览器中双击视图名称"东南立面"。
- 在项目浏览器中单击选择视图名称"东南立面"，从右键菜单中选择"打开"命令。

7) 在立面视图中，选择视图裁剪边界，可直观地调整立面视图裁剪范围。拖拽其左右边界等同于在平面图中拖拽边线左右两个端点的蓝色实心圆控制柄。保存文件。

【提示】 如果要精确创建某角度的斜立面视图，可以先放置立面符号，然后选择立面

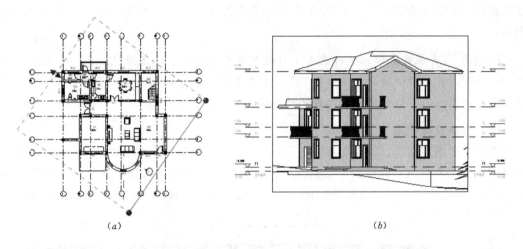

图 21-3　创建立面视图

符号，用"旋转"工具旋转某精确角度到需要的方向，然后再调整视图裁剪边界宽度和深度。

21.1.3　创建室内立面视图

　　室内立面视图依然是用"立面"工具，其创建、裁剪范围设置、重命名、打开方法同前所述完全一样，本小节着重介绍其细节不同之处。

1）打开 F1 平面视图，缩放到北立面厨房位置。单击"立面"工具，设置"比例"为"1∶50"。移动光标在厨房内，使黑色三角立面标记箭头朝左时单击放置立面符号。"重命名"为"厨房-西立面"。

2）单击选择黑色三角立面标记箭头，可以看到视图左右裁剪边界自动调整到了上下墙面上。拖拽调整视图深度裁剪边界到厨房西侧墙左面。

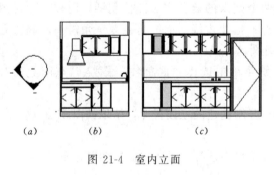

图 21-4　室内立面

3）单击选择立面标记的圆，勾选南侧的正方形复选框，自动创建第 2 个室内立面，"重命名"为"厨房-南立面"。同样调整视图深度裁剪边界到厨房南侧墙下方。

4）完成后的立面符号如图 21-4（a）。完成后的"厨房-南立面"、"厨房-西立面"室内立面视图如图 21-4（b）、(c)。

5）保存并关闭文件，结果请参见本书附赠光盘"练习文件\第 21 章"目录中的"江湖别墅-21-01 完成.rvt"文件。

　　【提示】　室内立面创建时，其左右裁剪边界自动定位到左右内墙面，上裁剪边界自动定位到楼板的下表面，上裁剪边界自动定位到上面楼板或天花板的下表面（本例为厨房的天花板）。可以选择立面视图裁剪边界，根据需要调整裁剪边界位置。

21.1.4 远剪裁设置

立面视图的复制视图、视图比例、详细程度、视图可见性、过滤器设置、视觉样式、视图"属性"、视图裁剪等设置，和楼层平面视图的设置方法完全一样，详细操作方法请参见"20.1 楼层平面视图"内容，请自行体会。本节补充讲解平面视图没有的"远剪裁"功能。

在平面视图的视图"属性"中有一个"截剪裁"参数，在立面视图中与之对应的功能是"远剪裁"，其功能和设置方法完全一样，如图 21-5。

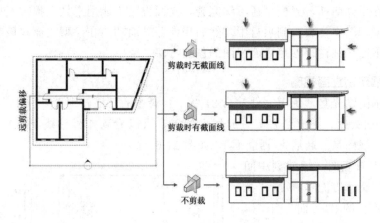

图 21-5 远剪裁

1）在立面视图的视图"属性"选项板中，参数"远剪裁偏移"即为前面在平面图中调整的立面符号视图深度距离。

2）单击"远剪裁"参数后面的按钮，可选择"不剪裁"、"剪裁时无截面线"或"剪裁时有截面线"，3 种视图处理方式视图显示结果不同。

21.2 框 架 立 面 视 图

框架立面视图是一种特殊的立面视图，可以作为辅助设计的一个的工作平面使用。当创建竖向结构支撑或创建其他模型图元，但在常规平面等视图中难以捕捉定位时，可以使用框架立面视图功能。

Revit Architecture 可以自动捕捉并对齐图中已有的轴线、已命名的参照平面图元来创建框架立面视图，同时将该轴线或参照平面作为该立面视图的工作平面，然后即可直接在图中创建结构支撑等图元，无须再设置工作平面。框架立面视图的裁剪范围也被限制在垂直于选定轴线的左右相邻轴线之间的区域。

在平面视图中单击"视图"选项卡的"立面"工具，在"修改｜立面"子选项卡的选项栏中勾选"附着到轴网"，移动光标到轴线或已命名的参照平面上，单击放置立面符号即可创建框架立面视图。详细操作请参考"16.3.1 创建支撑"一节，本节不再详述。

21.3　参　照　立　面　视　图

前面用"立面"工具创建立面和框架立面视图时，都在项目浏览器中创建了一个真实的立面视图，可以在其中进一步完善立面施工图设计。而在实际设计中，经常有几个地方的立面视图完全一样的情况，那么只需要在项目浏览器中创建一个立面视图，其他地方都用参照立面视图功能直接指向该立面视图即可，减少了重复劳动。

另外，在设计前期，当模型还不够完善，立面视图不能用来做汇报时，可以把已经完成的效果图或草图文件载入到项目中，然后用参照立面功能在模型立面和该视图之间创建关联关系。下面详细讲解参照立面视图的创建方法。

21.3.1　参照现有立面视图

打开本书附赠光盘"练习文件 \ 第 21 章"目录中的"江湖别墅-21-02.rvt"文件，打开 F1 楼层平面视图，缩放到右下方起居室位置，可以看到 4 号轴线上有一个立面符号，其对应的立面视图是"起居室-西立面"，如图 21-6（a）。

1）打开 F2 平面视图，缩放到中间起居室位置。功能区单击"视图"选项卡的"立面"工具，显示"修改│立面"子选项卡。

2）选项栏勾选"参照其他视图"，然后从右侧的下拉列表中选择"立面：起居室-西立面"视图。移动光标在起居室 4 号轴线上茶几左侧单击放置参照立面符号即可，此时在项目浏览器中没有创建新的立面视图。

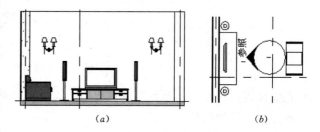

图 21-6　参照现有立面视图

3）参照立面符号如图 21-6（b），双击黑色三角立面标记箭头即可链接并打开"起居室-西立面"视图。保存文件。

21.3.2　参照图纸视图

1）功能区单击"视图"选项卡的"创建"面板的"绘图视图"工具，在"新绘图视图"对话框中输入"名称"为"西立面-效果图"，单击"确定"，在项目浏览器的"绘图视图（详图）"节点下创建并打开了一个空白的视图。

2）单击"插入"选项卡的"图像"工具，定位到本书附赠光盘"练习文件 \ 第 21 章"目录中的"21-07.jpg"文件，单击"打开"在图中单击放置。

3）打开 F1 平面视图，单击"视图"选项卡的"立面"工具，选项栏勾选"参照其他视图"，然后从右侧的下拉列表中选择"绘图视图：西立面-效果图"视图。

4）移动光标在南立面弧墙左侧窗外单击放置立面符号，即可创建参照立面视图。双击黑色三角立面标记箭头即可链接并打开"西立面-效果图"视图，结果如图 21-7。

5）保存并关闭文件。结果请参见本书附赠光盘"练习文件 \ 第 21 章"目录中的"江湖别

图 21-7 参照现有立面视图

墅-21-02 完成 . rvt" 文件。

【提示】 在绘图视图中可以任意绘制二维草图、载入 DWG 详图和图像文件等。

"登堂 7 式" 第 2 式 "立地成佛" ——立面视图设计！看似简单的自动创建功能，省却了大量的绘图劳动，让您专心于 "设计"。完善了侧翼布防，再来规划一下内部秩序：第 3 式 "抽刀断水" ——剖面视图设计。

第 22 章　剖 面 视 图 设 计

本书提供的样板文件 R-Arch 2011 _ chs. rte 中，提供了两种剖面视图类型：建筑剖面和详图剖面。两种剖面视图的创建和编辑方法完全一样，但剖面标头显示不同、用途不同。建筑剖面用于建筑整体或局部的剖切，详图剖面用于墙身大样等剖切详图设计。

剖面视图的复制视图、视图比例、详细程度、视图可见性、过滤器设置、视觉样式、视图"属性"、视图裁剪等设置，和楼层平面、立面视图的设置方法完全一样，详细操作方法请参见"20.1　楼层平面视图"和"21.1　建筑立面与室内立面视图"内容，本章仅就不同之处做详细讲解。

22.1　建 筑 剖 面 视 图

打开本书附赠光盘"练习文件 \ 第 22 章"目录中的"江湖别墅-22.rvt"文件，打开 F1 平面视图，完成下面练习。

22.1.1　创建建筑剖面视图

1) 在 F1 平面视图中，功能区单击"视图"选项卡"创建"面板的"剖面"工具，显示"修改 | 剖面"子选项卡如图 22-1（b），从类型选择器中选择"建筑剖面"类型。

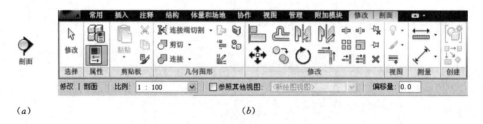

图 22-1　"剖面"工具及"修改 | 剖面"子选项卡

2) 选项栏设置：
- 设置即将创建的剖面视图"比例"为"1∶100"
- "参照其他视图"用于创建参照剖面，详见 22.2 节。
- "偏移量"：可以设置偏移值，然后相对于两个捕捉点的连线偏移一个距离绘制剖面线。用于精确捕捉绘制剖面线。本例设置为 0。

3) 移动光标到南立面弧墙外参照平面上单击捕捉一点作为剖面线起点，垂直向上移动光标到超出北立面坡道上方位置再次单击捕捉一点作为剖面线终点，绘制了一条剖面线。

4) 如图 22-2（a），拖拽上下左侧的蓝色双三角箭头调整剖面视图的裁剪宽度和深度到合适位置。观察在项目浏览器中"剖面（建筑剖面）"节点先创建了"剖面 1"视图。

5）选择"剖面 1"视图名称，从右键菜单中选择"重命名"，输入 1，单击"确定"。观察剖面标头标记变为 1。

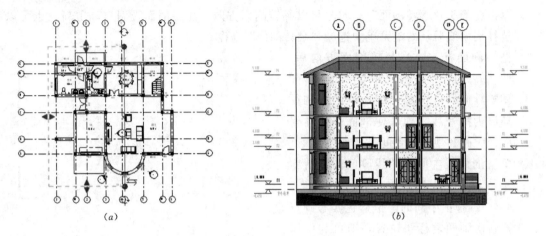

图 22-2　建筑剖面

6）打开剖面视图：可用以下 4 种方法之一打开刚创建的 1—1 剖面视图，结果如图 22-2 (b)。

- 双击剖面线起点的蓝色剖面标头。
- 单击选择剖面线，从右键菜单中选择"转到视图"命令。
- 在项目浏览器中双击视图名称"1"。
- 在项目浏览器中单击选择视图名称"1"，从右键菜单中选择"打开"命令。

7）在剖面视图中，选择视图裁剪边界，可直观地调整剖面视图裁剪范围。拖拽其左右边界等同于在平面图中拖拽左右视图裁剪边线的蓝色实心三角控制柄。保存文件。

22.1.2　编辑建筑剖面视图

剖面视图的复制视图、视图比例、详细程度、视图可见性、过滤器设置、视觉样式、视图"属性"、视图裁剪等设置，和楼层平面、立面视图的设置方法完全一样，详细操作方法请参见"20.1 楼层平面视图"和"21.1 建筑立面与室内立面视图"内容，请自行体会。本节补充讲解剖面线的几个编辑方法。

单击"平铺"工具同时显示 F1 平面视图和 1—1 剖面视图。在 F1 平面视图中单击选择剖面线，"修改｜视图"子选项卡如图 22-3。接着完成下面练习。

1. 剖面标头位置调整

如图 22-4 (a)，选择剖面线后，在剖面线的两端和视图方向一侧会出现裁剪边界、

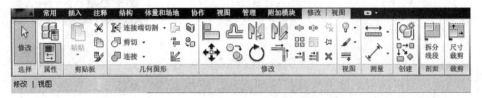

图 22-3　"修改｜视图"子选项卡

端点控制柄等。视图裁剪刚才已经讲过，下面补充 4 点：

1）标头位置：拖拽剖面线两个端点的蓝色实心圆点控制柄，可以移动剖面标头位置，但不会改变视图裁剪边界位置。

2）单击双箭头"翻转剖面" ⇆ 符号可以翻转剖面方向，注意剖面视图自动更新（也可以选择剖面线后从右键菜单中选择"翻转剖面"命令）。

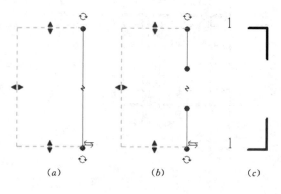

3）循环剖面标头：当翻转剖面方向后，两侧的"1"剖面标记并不会自动跟随调整方向。可以单击剖面线两头的循环箭头符号 ↻，即可使剖面标记在对面、中间和现有位置间循环切换。

4）单击剖面线中间的"线段间隙"折断符号 ↯，可以将剖面线截断，如图 22-4（b）。拖拽中间的两个蓝色实心圆点控制柄到两端标头位置，即可和中国制图标准的剖面标头显示样式保持一致，如图 22-4（c）。

图 22-4　剖面标头

2. 折线剖面视图

Revit Architecture 可以将一段剖面线拆分为几段，从而创建折线剖面视图，方法如下：

1）创建 2—2 剖面：按前述方法，在 F1 平面视图中用"剖面"工具，在 D 和 1/D 号轴线间，从右向左绘制一条水平剖面线，并"重命名"为"2"，如图 22-5（a）。

2）单击选择水平剖面线，功能区单击"修改｜视图"子选项卡的"拆分线段"工具，移动光标在 3 号轴线右侧剖面线上一点单击，将剖面线截断。同时向右下方移动光标，右侧一段剖面线随光标动态移动。

3）移动光标到 B 和 C 号轴线间茶几和小沙发中间单击放置剖面线，即可创建折线剖面视图，如图 22-5（b）。可继续拆分剖面线。完成后的剖面视图如图 22-5（c）。

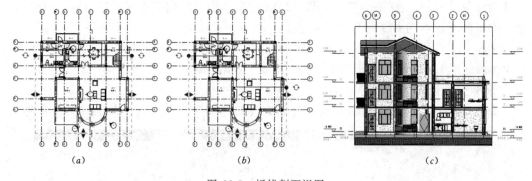

图 22-5　折线剖面视图

4）回到 F1 平面视图中，单击选择折线剖面线，拖拽每段剖面线上的蓝色双三角箭头可调整剖切位置和折线位置。其他剖面标头位置、翻转剖面、循环剖面标头、剖面线截断等功能同上小节。

5）保存文件，结果请参见本书附赠光盘"练习文件＼第 22 章"目录中的"江湖别墅-22
完成．rvt"文件。

22.2　墙身等详图剖面视图

墙身等详图剖面视图的创建和编辑方法同建筑剖面完全一样，本章不再详细描述。与
建筑剖面不同的是：详图剖面的标头为带索引标头的剖面标头，且生成的剖面视图不在项
目浏览器中"剖面（建筑剖面）"节点中，而在"详图视图（详图）"节点中。

接上节练习，打开 F1 平面视图，继续完成下面的练习。

1. 详图剖面视图

1）缩放视图到东立面楼梯间窗户位置。单击"剖面"工具，从类型选择器中选择"详图"
类型，设置选项栏"比例"为"1∶50"。

2）移动光标到窗户右侧 6 号轴线位置单击一点作为剖面线起点，向左水平移动光标在窗
左侧单击一点作为剖面线终点，如图 22-6（a），调整视图深度。

3）在项目浏览器"详图视图（详图）"节点下创建了"详图 0"视图。"重命名"为"墙
身大样 1"。打开该视图，单击选择视图裁剪边界，拖拽上边界到屋顶之上，完成后的
墙身剖面视图如图 22-6（b）。注意 1∶50 的比例默认显示为"中等"详细程度，所以
剖面视图中显示了墙、楼板、屋顶的复合层节材质等细节。

2. 截断视图

对于高层建筑的墙身大样图来讲，过高的视图在出图时非常不方便。同时因为中间标
准层的节点视图完全一样，因此经常会把视图截断为几个部分，各显示其中的几个关键节
点，然后将几个节点视图的垂直距离尽可能地靠近，以降低视图高度，方便布图。下面简
要说明其操作方法。

1）接前面练习。在"墙身大样 1"视图中，单击选择视图裁剪边界，在垂直边界上单击

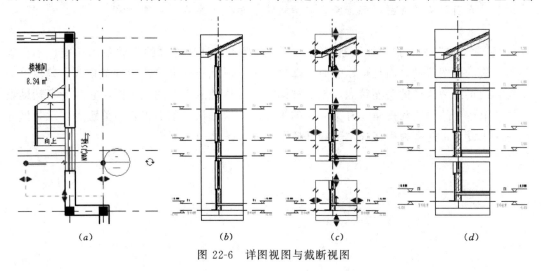

|(a)|(b)|(c)|(d)|

图 22-6　详图视图与截断视图

两次"水平视图截断"符号↲，将视图截断为上、中、下 3 部分。

2）如图 22-6（c），分别拖拽 3 个小视图裁剪边界上下边界的蓝色双三角箭头，调整视图裁剪显示范围（如果拖拽上下边界到和相邻的视图边界重叠时松开鼠标，则可以合并视图）。

3）再分别拖拽中间和上面两个小视图中间的移动符号↕，将视图向下移动到和下面视图靠近位置即可，结果如图 22-6（d）。注意尽管视图高度变了，但楼层标高值并没有变化。

4）保存并关闭文件，结果请参见本书附赠光盘"练习文件＼第 22 章"目录中的"江湖别墅-22 完成.rvt"文件。

【提示】　截断视图功能适用于所有的平面、立面、剖面视图，对一些超长、超高视图的视图显示调整非常方便。截断视图可水平截断，也可垂直截断。

22.3　参　照　剖　面　视　图

参照剖面视图和参照立面视图的原理和用途相同，详细请参考"21.3　参照立面视图"，本节不再详述，请自行体会。建筑剖面和详图剖面都可以创建参照剖面视图，创建参照剖面的流程简要描述如下：

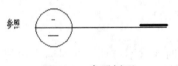

图 22-7　参照剖面

1）功能区单击"剖面"工具，从类型选择器中选择"建筑剖面"或"详图"类型，选项栏设置视图"比例"。

2）勾选"参照其他视图"，从后面的下拉列表中选择现有剖面视图或绘图视图名称，然后在平面图中单击捕捉两点绘制剖面线即可创建参照剖面视图。双击剖面标头即可打开链接的现有剖面视图或绘图视图。

【提示】　本书提供的样板文件 R-Arch 2011_chs.rte 中，参照剖面视图的剖面标头采用了带索引标头的详图剖面标头，且旁边有"参照"字样，如图 22-7。

"登堂 7 式"第 3 式"抽刀断水"——剖面视图设计！强大的自动剖切功能，不仅省却了大量的绘图劳动，而且可以随时、随地、随心所欲地审查建筑的各个角落，确保万无一失。也正因为这样的功能特点，剖面视图不再是传统意义上的施工图，它成为了辅助设计的一个重要的手段和视角。有了完整的平立剖，即可从中索引重要的关键点，对其做详细的深化设计，此即为第 4 式"引经据典"——详图索引视图设计。

第23章　详图索引视图设计

Revit Architecture 可以在平面、立面、剖面、详图视图中使用"详图索引"工具索引并放大显示视图局部创建节点详图。绘制详图索引的视图是该详图索引视图的父视图，如果删除父视图，则也将删除依附于该视图的详图索引视图。

详图索引视图的复制视图、视图比例、详细程度、视图可见性、过滤器设置、视觉样式、视图"属性"、视图裁剪等设置，和楼层平面、立面视图的设置方法完全一样，详细操作方法请参见"20.1　楼层平面视图"和"21.1　建筑立面与室内立面视图"内容，本章仅详细讲解详图索引视图的创建方法。

23.1　详图索引视图

施工图中的大量节点详图、平面楼梯间详图等都可以通过"详图索引"工具快速创建。

23.1.1　节点详图索引视图

打开本书附赠光盘"练习文件 \ 第 23 章"目录中的"江湖别墅-23.rvt"文件，打开"墙身大样 2"详图剖面视图，缩放到顶部平屋顶位置，完成下面练习。

1）功能区单击"视图"选项卡"创建"面板的"详图索引"工具，显示"修改│详图索引"子选项卡如图 23-1（b）。选项栏设置视图"比例"为"1∶10"。

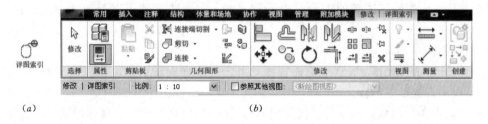

（a）　　　　　　　　　　　　　　　　（b）

图 23-1　"详图索引"工具和"修改│详图索引"子选项卡

2）如图 23-2（a），移动光标在平屋顶和女儿墙左上角位置单击捕捉索引框起点，向右下角移动光标在天花板下方单击捕捉索引框对角点放置详图索引框，即在项目浏览器中创建了"详图 0"索引详图。选择视图名称，"重命名"为"平屋顶详图"。

3）单击选择详图索引框，如图 23-2（b）：
- 拖拽矩形框 4 边的蓝色实心圆点控制柄，可以调整详图索引范围。
- 拖拽索引标头圆上的蓝色实心圆点控制柄，可调整标头位置；拖拽引线上的蓝色实心圆点控制柄可调整引线折点位置。

4）打开详图索引视图：可用以下 4 种方法之一打开"平屋顶详图"，结果如图 23-2（c）。

- 双击蓝色详图索引框标头。
- 单击选择详图索引框，从右键菜单中选择"转到视图"命令。
- 在项目浏览器中双击视图名称"平屋顶详图"。
- 在项目浏览器中单击选择视图名称"平屋顶详图"，从右键菜单中选择"打开"命令。

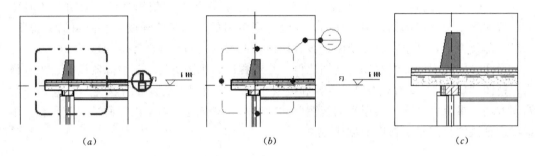

图 23-2　详图索引视图

5）在详图索引视图中，选择视图裁剪边界，可直观地调整视图裁剪范围。拖拽其 4 边边界等同于在其父视图"墙身大样 2"中调整索引框边界。

6）其他节点详图、平面楼梯间详图等创建方法同理，保存文件。结果请参见本书附赠光盘"练习文件 \ 第 23 章"目录中的"江湖别墅-23 完成.rvt"文件。

　　【提示】　如在平面视图中索引平面楼梯间详图，单击"详图索引"工具后，要先在类型选择器中选择"楼层平面"详图类型，然后再捕捉对角点索引。

23.1.2　详图索引可见性控制

　　当项目设计需要创建大量的节点索引详图时，在一个视图的图面中可能会有很多详图索引框和标头，影响了图面的美观。Revit Architecture 建议使用以下 2 种方法设置其可见性：

1）比例控制：

- 打开"墙身大样 2"详图剖面视图，单击选择详图索引框，在左侧"属性"选项板中设置以下参数。
- "显示在"参数：默认为"仅父视图"，详图索引只显示在绘制详图索引的视图中，可以观察"父视图"参数为"墙身大样 2"；可从"显示在"参数下拉列表中选择"相交视图"，此时下面的"当比例粗略度超过下列值时隐藏"参数激活，从比例列表中选择"1：50"。
- 在视图控制栏中修改"墙身大样 2"视图的比例为"1：100"，详图索引隐藏显示，恢复"1：50"比例（或 1：20 等精细比例），详图索引恢复显示。

　　【提示】　完成练习后，恢复"显示在"参数为"仅父视图"。详图索引框的"属性"参数设置等同于在"平屋顶详图"视图中的视图"属性"设置。

2) "可见性/图形"控制：打开"墙身大样 2"详图剖面视图，功能区单击"视图"选项卡的"可见性/图形"工具，在"注释类别"中取消勾选或勾选"详图索引"，单击"确定"可隐藏或打开其显示。

【提示】 只显示索引标头：单击"管理"选项卡"设置"面板的"对象样式"工具，打开"对象样式"对话框，在"注释类别"中淡季选择"详图索引边界"，设置其后面的"线颜色"参数为"白色"（和图形背景色相反），单击"确定"即可。此方法是变通"隐藏"了详图索引边界，不是真正的隐藏，当移动光标到索引标头引线上时即可重新显示详图索引边界。因为详图索引标头引线端点位置始终在详图索引边界上，所以此方法"隐藏"边界后，引线端点位置可能不在需要的位置上。本方法不推荐使用，仅供参考。

23.2 参照详图索引视图

与参照立面视图、参照剖面视图等一样，节点详图也可以参照现有的详图视图创建参照详图索引视图。

接上节练习，从项目浏览器中打开建筑剖面 2—2 视图，缩放到右侧顶部平屋顶位置。

1) 功能区单击"视图"选项卡的"详图索引"工具，在"修改∣详图索引"子选项卡的选项栏中设置视图"比例"为"1∶10"。

2) 选项栏勾选"参照其他视图"，从下拉列表中选择"详图视图：平屋顶详图"。

3) 移动光标在平屋顶和女儿墙的左上角和右下角位置，单击捕捉索引框对角点放置详图索引，创建了参照详图索引视图。

4) 单击选择索引框，调整索引范围和标头位置，结果如图 23-3。双击索引标头即可打开链接到上节创建的"平屋顶详图"视图。

5) 保存并关闭文件。结果请参见本书附赠光盘"练习文件 \ 第 23 章"目录中的"江湖别墅-23 完成 . rvt"文件。

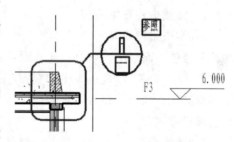

图 23-3 参照详图索引

【提示】 "江湖别墅-23 完成 . rvt"文件中已经创建了 4 个正立面视图、1 个东南斜立面视图、3 个室内立面视图、两个建筑剖面视图、两个墙身大样详图剖面、两个屋顶索引详图、3 个平面楼梯间索引详图、一个楼梯间详图剖面视图，供大家学习参考。

"登堂 7 式"第 4 式"引经据典"——详图索引视图设计！强大的自动索引功能，极大地减少了后期施工图设计的工作量，并保证了二维施工图与三维模型之间的一致性，提高了设计效率和质量。

通过前面的平面、立面、剖面、索引详图视图，您已经对每一个二维细节有了详细了解。下面再回归到 Revit Architecture "三维设计"的本质上来，详细讲解"登堂 7 式"第 5 式"海市蜃楼"——三维视图设计。

第 24 章　三 维 视 图 设 计

　　Revit Architecture 的三维视图有两种：透视三维视图和正交三维视图。项目浏览器的"三维视图"节点下的 {3D} 就是默认的正交三维视图，在前面章节中已经反复用到。

　　三维视图的复制视图、视图比例、详细程度、视图可见性、过滤器设置、视觉样式、视图"属性"、视图裁剪等设置，和楼层平面、立面视图的设置方法完全一样，详细操作方法请参见"20.1　楼层平面视图"和"21.1　建筑立面与室内立面视图"内容，本章仅详细讲解三维视图的创建方法和三维视图独有的编辑方法。

24.1　透 视 三 维 视 图

　　Revit Architecture 可以在平面、立剖面视图中创建创建透视三维视图，但为了精确定位相机位置，建议在平面图中创建。

24.1.1　创建透视三维视图

　　打开本书附赠光盘"练习文件 \ 第 24 章"目录中的"江湖别墅-24.rvt"文件，打开"场地"楼层平面视图，缩放到江湖别墅建筑中心位置，完成下面练习。

1）如图 24-1（a），功能区单击"视图"选项卡"创建"面板的"三维视图"工具的下拉三角箭头，选择"相机"命令。移动光标出现相机预览图形随光标移动。

2）选项栏设置：

- "透视图"：勾选该选项，将创建透视三维视图。取消勾选，将创建正交三维视图。
- 相机位置设置：如图 24-1（b），设置参数"偏移量"参数为 12000mm，"自"参数为标高"F1"。这两个参数决定了放置相机的高度位置为自标高 F1 以上 12m 高位置。

3）如图 24-1（c），在"林荫小路"左下角弧形顶点位置单击放置相机，向右上方移动光

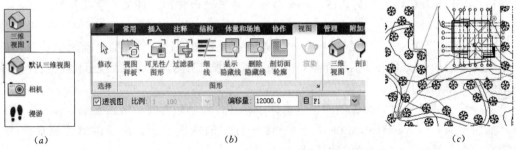

| (a) | (b) | (c) |

图 24-1　"相机"工具

标在江湖别墅建筑右上角位置单击放置相机目标点，即可在项目浏览器中"三维视图"节点下，自动创建透视三维视图"三维视图 1"，并自动打开显示。

4）在项目浏览器中单击选择"三维视图 1"，单击鼠标右键选择"重命名"命令，输入新名称"西南鸟瞰"，单击"确定"。完成后的初始透视三维视图如图 24-2。保存文件。

图 24-2　初始透视三维视图　　　图 24-3　"属性"选项板　　　图 24-4　完成后的透视三维视图

24.1.2　编辑透视三维视图

刚创建的透视三维视图需要精确设置相机的高度和位置、相机目标点的高度和位置、相机远裁剪、视图裁剪框等，才能得到预期的透视图效果，设置方法如下。

1."属性"选项板

在"西南鸟瞰"透视三维视图中，左侧的透视图"属性"选项板如图 24-3，设置以下参数设置相机和视图：

1）"视觉样式"：选择"带边框着色"。

2）"远裁剪激活"：取消勾选该选项，则可以看到相机目标点处远裁剪平面之外的所有图元（默认勾选该选项，只能看到远裁剪平面之内的图元）。

3）"视点高度"：此值为创建相机时的相机高度"偏移量"参数值，本例选择原设置 12000mm。

4）"目标高度"：设置参数值为 3000。此参数和"视点高度"决定了透视三维视图的相机由 12000mm 高度鸟瞰 3000mm 高度位置。

5）"阶段过滤器"：选择"显示新建"，则链接的地形曲面中仅显示场地平整以后的地形表面。

6）其他参数：选择默认。完成后的透视三维视图如图 24-4。

2. 在平面、立面视图中显示相机并编辑

前面在透视图"属性"选项板设置了相机的"视点高度"、"目标高度"等高度位置，除此之外，还可以在立面视图中拖拽相机视点和目标的高度位置；相机平面位置也必须在平面视图中拖拽调整。

1）打开"场地"楼层平面视图，观察视图中没有显示相机。在项目浏览器中单击选择"西南鸟瞰"透视三维视图，单击鼠标右键选择"显示相机"命令，则在平面视图中显示相机，如图 24-5（a）。

- 单击并拖拽相机符号📷即可调整相机视点水平位置。
- 单击并拖拽相机目标符号⊚即可调整目标水平位置。

2）打开"南立面"楼层平面视图，在项目浏览器中单击选择"西南鸟瞰"透视三维视图，单击鼠标右键选择"显示相机"命令，则在立面视图中显示相机，如图 24-5（b）。

- 单击并拖拽相机符号📷即可调整相机"视点高度"参数和水平位置。
- 单击并拖拽相机目标符号⊚即可调整目标水平位置；单击并拖拽相机目标符号下方的蓝色实心圆点，即可调整相机目标的"目标高度"参数。

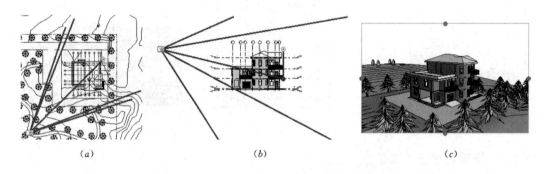

(a)　　　　　　　　　(b)　　　　　　　　　(c)

图 24-5　显示相机与裁剪视图

3. 裁剪视图

打开"西南鸟瞰"透视三维视图，单击选择视图裁剪框，用以下方法调整裁剪范围：

1）拖拽裁剪框：单击并拖拽视图裁剪框四边的蓝色实心圆点，即可调整透视图裁剪范围。

2）"尺寸裁剪"：单击功能区"尺寸裁剪"工具，设置"宽度"参数为 180、"高度"为 115，单击"确定"。完成后的透视三维视图如图 24-5（c）。

24.1.3　在透视三维视图中编辑图元

在透视三维视图中选择任意一扇窗，可以看到"修改 | 窗"子选项卡中的绝大部分命令都不能使用，只有删除、隐藏、替换、线处理、类型属性等几个工具可以使用，而且在视图中不显示蓝色临时尺寸和控制柄。

因此在透视三维视图中不能像在平面、立剖面、正交三维视图中一样可以任意编辑图元，只能在"属性"选项板中选择图元类型、编辑实例属性参数和类型属性参数，可以删除、隐藏、替换、线处理图元等。具体操作同前述各种内容，本节不再详述。

完成本节练习后，保存文件，结果请参见本书附赠光盘"练习文件 \ 第 24 章"目录中的"江湖别墅-24-01 完成 .rvt"文件。

24.2　正交三维视图

创建正交三维视图有两种方法：相机和复制定向。相机创建与上节创建和设置透视三维视图方法完全一样，复制定向在前面各章中已经多次讲到，本节简要描述如下。

1. 创建相机正交三维视图

接上节练习，或打开本书附赠光盘"练习文件 \ 第 24 章"目录中的"江湖别墅-24-01 完成 . rvt"文件，打开"场地"楼层平面视图，完成下面练习。

1）功能区单击"视图"选项卡"创建"
   面板的"三维视图"工具的下拉三
   角箭头，选择"相机"命令。

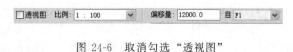

图 24-6 取消勾选"透视图"

2）选项栏取消勾选"透视图"，设置
   "偏移量"为 12000，"自"为"F1"，如图 24-6。

3）如图 24-7（a），在江湖别墅建筑右下方地形边界附近单击放置相机，在建筑左上角单击放置相机目标，自动创建并打开正交三维视图"三维视图 1"，"重命名"为"东南正交"。

4）在"属性"选项板中设置"视觉样式"为"带边框着色"、取消勾选"远裁剪激活"、"目标高度"为 3000、"阶段过滤器"选择"显示新建"。拖拽视图裁剪框裁剪视图，完成后的正交三维视图如图 24-7（b）。保存文件。

2. 复制定向正交三维视图

用相机创建正交三维视图略显繁琐，可以使用以下复制并定向的方法快速创建。

1）打开默认正交三维视图 {3D}，功能区单击"复制视图"工具，选择"复制视图"命令，在项目浏览器中复制了"副本：{3D}"正交三维视图，"重命名"为"西北等轴侧"。

2）单击绘图区域右上角的视图导航 ViewCube 工具右下角的下拉三角箭头，或在 ViewCube 上单击鼠标右键，打开 ViewCube 关联菜单，选择"确定方向"-"西北等角图"命令，模型自动定向到西北等轴侧方向，如图 24-7（c）。保存文件。

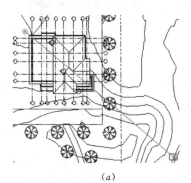 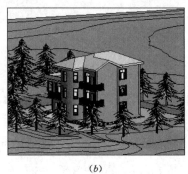 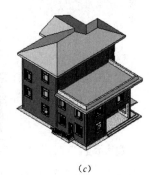

（a）　　　　　　　　　　（b）　　　　　　　　　（c）

图 24-7 正交三维视图

3）保存文件，结果请参见本书附赠光盘"练习文件 \ 第 24 章"目录中的"江湖别墅-24-02 完成 . rvt"文件。

24.3 剖面框与背景设置

除上述各种视图编辑方法和工具外，三维视图还有两个非常重要的编辑工具：剖面框和背景设置。

接上节练习，或打开本书附赠光盘"练习文件 \ 第 24 章"目录中的"江湖别墅-24-02 完成.rvt"文件，打开默认正交三维视图 {3D}，完成下面练习。

24.3.1　剖面框

剖面框功能可以在建筑外围打开一个立方体线框，拖拽立方体 6 个面的控制柄，可以在三维视图中水平剖切模型查看建筑各层内部布局，或垂直剖切模型查看建筑纵向结构。

1) 在三维视图中，在"属性"选项板中勾选参数"剖面框"，建筑外围显示立方体剖面框。单击选择剖面框，立方体 6 个面上显示 6 个蓝色双三角控制柄和一个旋转控制柄，如图 24-8（a）。

2) 向下拖拽顶面的蓝色双三角控制柄到 F2 标高上方位置，即可水平剖切模型看到二层内部布局，如图 24-8（b）。

3) 向右拖拽西立面的蓝色双三角控制柄到弧墙中间位置，即可垂直剖切模型看到建筑纵向空间结构，如图 24-8（c）。

4) 拖拽旋转控制柄先旋转剖面框一个角度，在拖拽侧面的蓝色双三角控制柄即可垂直斜切模型看到建筑纵向空间结构，如图 24-8（d）。

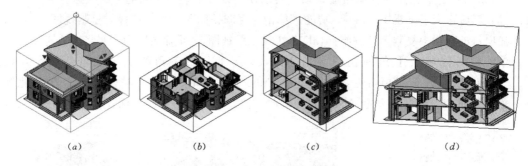

（a）　　　　　　（b）　　　　　　（c）　　　　　　（d）

图 24-8　剖面框

5) 剖切模型后，如取消勾选"剖面框"参数，则模型自动复原。因此如果需要保留剖切视图，请先复制视图然后再打开剖面框剖切视图。出图时可以在"可见性/图形"中"注释类别"中取消勾选"剖面框"隐藏其显示。保存文件。

【提示】　利用剖面框功能，可以分别在前后和左右两个方向垂直剖切模型，然后将图形导出为图像格式文件，用 Photoshop 等图像处理软件拼接后实现 1/4 直角剖切模型的特殊效果。本节不详细描述，请自行体会灵活应用。

24.3.2　三维视图背景设置

在三维视图中，可以指定图形渐变背景，使用不同的颜色呈现天空、地平线和地面。在正交三维视图中，渐变是地平线颜色与天空颜色或地面颜色之间的双色渐变融合。

打开默认正交三维视图 {3D}，取消勾选"剖面框"参数，完成下面练习。

1) 功能区单击"视图"选项卡"图形"面板右侧的箭头 ，打开"图形显示选项"对话框。

2）如图 24-9，勾选下面的"渐变背景"选项，单击"天空颜色"、"地平线颜色"、"地面颜色"后面的按钮，设置不同的显示颜色，单击"确定"。

3）图 24-10 上下两图为地平线颜色与地面颜色、地平线颜色与天空颜色之间的双色渐变融合示意图（为提高计算机性能，设计过程中建议不要打开背景显示）。

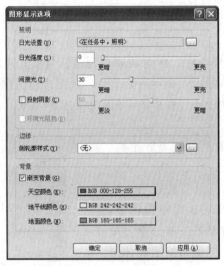

图 24-9　渐变背景设置　　　　　　　　　　图 24-10　渐变背景

4）保存并关闭文件，结果请参见本书附赠光盘"练习文件 \ 第 24 章"目录中的"江湖别墅-24-03 完成 . rvt"文件。

　　"登堂 7 式"第 5 式"海市蜃楼"——三维视图设计！强大的透视三维视图和正交三维视图设计与展示功能，使得设计展示变得随心所欲、美轮美奂！由此也可以充分体验三维设计和传统二维绘图的区别所在。

　　下面接着学习三维设计的另一个强势功能：第 6 式"锱铢必较"——明细表视图设计。

第 25 章 明细表视图设计

Revit Architecture 可以自动提取各种建筑构件、房间和面积构件、材质、注释、修订、视图、图纸等图元的属性参数，并以表格的形式显示图元信息，从而自动创建门窗等构件统计表、材质明细表等各种表格。可以在设计过程中的任何时候创建明细表，明细表将自动更新以反映对项目的修改。

如图 25-1，功能区单击"视图"选项卡"明细表"工具，下拉菜单中有 5 个明细表工具：

图 25-1 "明细表"工具

1) 明细表/数量：用于统计各种建筑、结构、设备外设备、场地、房间和面积等构件明细表。例如门窗表、梁柱构件表、卫浴装置统计表、房间统计表，以及在前面第三部分学习中已经创建的规划建设用地面积统计表、土方量明细表、体量楼层明细表等表格。

2) 材质提取：用于统计各种建筑、结构、室内外设备、场地等构件的材质用量明细表。例如墙、结构柱等的混凝土用量统计表。

3) 图纸列表：用于统计当前项目文件中所有施工图的图纸清单。

4) 注释块：用于统计使用"符号"工具添加的全部注释实例。

5) 视图列表：用于统计当前项目文件中的项目浏览器中所有楼层平面、天花板平面、立面、剖面、三维、详图等各种视图的明细表。

本章将重点讲解构件"明细表/数量"和"材质提取"明细表的创建和编辑方法。图纸列表、注释块、视图列表的创建和编辑方法与构件"明细表/数量"完全相同，将在本书"第 26 章 视图管理"和"第五部分 施工图设计"相关章节中简要描述。

25.1 构 件 明 细 表

与门窗等图元有实例属性和类型属性一样，明细表也分为以下两种：

• 实例明细表：按个数逐行统计每一个图元实例的明细表。例如每一个 M0921 的单开门都占一行、每一个房间的名称和面积等参数都占一行。

• 类型明细表：按类型逐行统计某一类图元总数的明细表，例如 M0921 类型的单开门及其总数占一行。

打开本书附赠光盘"练习文件 \ 第 25 章"目录中的"江湖别墅-25.rvt"文件，因为该项目文件开始时使用的样板文件"R-Arch 2011 _ chs.rte"中已经预设了 3 个常用明细表，因此在项目浏览器中可以看到在"明细表/数量"节点下已经有了 3 个明细表：门明细表、窗明细表、图纸列表（暂时为空）。双击打开门明细表，可以看到该表是一个实例统计表，每一行就是一扇门的详细参数。

25.1.1 创建构件明细表

1）新建明细表：

- 功能区单击"视图"选项卡"明细表"工具，下拉菜单中选择"明细表/数量"工具。
- 如图 25-2，在"新建明细表"对话框左侧的"类别"列表中选择"家具"，表格默认的"名称"为"首层家具明细表"。
- 在"名称"下单击选择"建筑构件明细表"，"阶段"选择默认的"新构造"。单击"确定"打开"明细表属性"对话框。

2）设置"字段"属性：选择要统计的构件参数并设置其顺序。

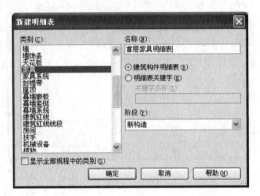

图 25-2 "明细表"工具

- 如图 25-3，在"明细表属性"对话框左侧的家具构件的"可用字段"列表中按住 Ctrl 键单击选择"合计"、"族"、"标高"、"注释"、"类型"，然后单击中间的"添加（A）-->"按钮将其加入到右侧"明细表字段"栏中。
- 从右侧"明细表字段"栏中选择多余的字段，单击"<--删除（R）"按钮可将其复原到左侧"可用字段"栏中。

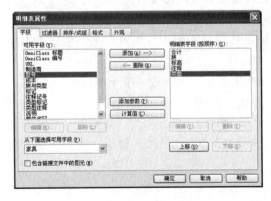

图 25-3 设置家具"字段"属性

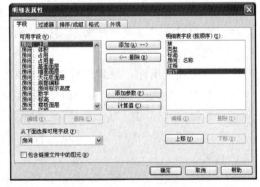

图 25-4 设置房间"字段"属性

- 单击"从下面选择可用字段"的下拉列表，选择"房间"。如图 25-4，左侧的"可用字段"列表显示房间构件的各个字段。单击选择"房间：名称"，再单击"添加（A）-->"按钮将其加入到右侧"明细表字段"栏中。

- 在"明细表字段"栏中单击选择"合计"，单击"下移"按钮将其移动到最下方。同样方法选择其他字段，单击"上移"、"下移"按钮，如图 25-4 调整字段顺序。

3）设置"过滤器"属性：通过设计过滤器可统计符合过滤条件的部分构件，不设置过滤器则统计全部构件。

- 单击"过滤器"选项卡，如图 25-5，从"过滤条件"后面的下拉列表中选择"标高"、"等于"、"F1"，以此条件统计首层家具。
- 同样方法可从"与"后面的下拉列表中设置第 2、第 3、第 4 层过滤条件，统计同时满足所有条件的构件。本例不设置。

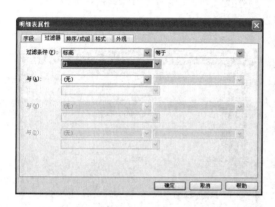

图 25-5　设置"过滤器"属性

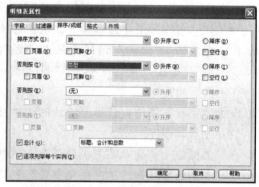

图 25-6　设置"排序/成组"属性

4）设置"排序/成组"属性：设置表格列的排序方式及总计。

- 单击"排序/成组"选项卡，如图 25-6，从"排序方式"下拉列表中选择"族"，并单击选择"升序"，设置了第一排序规则：按家具名称升序排列。
- 从"否则按"下拉列表中选择"类型"，并单击选择"升序"，设置了第二排序规则：按家具尺寸规格升序排列。可根据需要设置 4 层排序方式。
- 勾选"总计"，并选择"标题、合计和总数"，将在表格最后总计家具的总数量等。
- 本例勾选"逐项列举每个实例"则创建家具实例明细表（取消勾选将创建类型明细表）。

5）设置"格式"属性：设置构件属性参数字段在表格中的列标题、单元格对齐方式等。

- 单击"格式"选项卡，如图 25-7，单击选择左侧"字段"栏中的"族"，设置其右侧的"标题"为"家具"。同理设置"类型"的"标题"为"规格"、"标高"的"标题"为"楼层"、"房间：名称"的"标题"为"房间"。其他"对齐"等参数默认。
- 单击选择"合计"字段，设置"对齐"方式为"中心线"，勾选"计算总数"选项。

6）设置明细表"外观"属性：设置表格放到图纸上以后，表格边线、标题和正文的字体等。

- 单击"外观"选项卡，如图 25-8，勾选"网格线"，选择"细线"，设置表格的内部表格线样式；勾选"轮廓"，选择"中粗线"，设置表格的外轮廓线样式。

 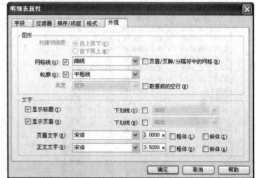

图 25-7 设置"格式"属性　　　　　图 25-8 设置"外观"属性

- 勾选"显示标题"显示开始设置的表格的名称（大标题）、勾选"显示页眉"显示"格式"中设置的字段"标题"（列标题）。
- 设置"页眉文字"（标题和列标题）的文字为"宋体"、大小为 5，"正文文字"为"宋体"、大小为 3.5。
- 其他"粗体"、"斜体"、"数据前的空行"等都不勾选。

【提示】　此处的"外观"属性设置在明细表视图中不会直观地显示，必须将明细表放到图纸上以后，表格线宽、标题和正文文字的字体和大小等样式才能被显示并打印出来。

7）设置完成后，单击"确定"即可在项目浏览器"明细表/数量"节点下创建"首层家具明细表"视图，自动统计江湖别墅首层中所有的沙发、餐桌、电视等家具构件的名称、规格、所在楼层及房间。完成后的"首层家具明细表"如图 25-9。

8）保存文件，结果请参见本书附赠光盘"练习文件 \ 第 25 章"目录中的"江湖别墅-25-01 完成.rvt"文件。

25.1.2　编辑明细表

创建好的表格可以随时重新编辑其字段、过滤器、排序方式、格式和外观，或编辑表格样式等。另外在明细表视图中同样可以编辑图元的族、类型、宽度等尺寸，也可以自动定位构件在图形中的位置等。

1."属性"选项板

从项目浏览器中双击打开"窗明细表"，可以看到此表为实例明细表，明细表的"属性"选项板如图 25-10。出图时的窗明细表应该为类型明细表，下面通过编辑属性参数的方法重新设置明细表。

1）标识数据类参数：

- "视图名称"参数：设置表格名称（大标题）。
- "默认视图样板"：与平面、立剖面视图一样，可以将设置好的表格样式保存为明细表视图样板，然后应用到其他明细表视图。设置方法请参考"20.1.3　视图样板"。

首层家具明细表					
家具	规格	楼层	房间	注释	合计
ㄨ_椅子-钢管椅	ㄨ_椅子-钢管椅	F1	餐厅		1
ㄨ_椅子-钢管椅	ㄨ_椅子-钢管椅	F1	餐厅		1
ㄨ_椅子-钢管椅	ㄨ_椅子-钢管椅	F1	餐厅		1
ㄨ_椅子-钢管椅	ㄨ_椅子-钢管椅	F1	餐厅		1
ㄨ_椅子-钢管椅	ㄨ_椅子-钢管椅	F1	餐厅		1
ㄨ_椅子-钢管椅	ㄨ_椅子-钢管椅	F1	餐厅		1
地柜1	W1830 *D610*	F1	起居室		1
娱乐中心	1800 x 2300	F1	餐厅		1
娱乐中心	1800 x 2300	F1	餐厅		1
带椅子的圆形	1525mm 直径	F1	餐厅		1
桌13	W1200*D600*H	F1	起居室		1
沙发18	W1880*D860*H	F1	起居室		1
沙发18	W1880*D860*H	F1	起居室		1
沙发19	W810*D860*H8	F1	起居室		1
液晶电视	W1028*D89*H6	F1	起居室		1
音响	W115*D111*H1	F1	起居室		1
音响	W115*D111*H1	F1	起居室		1
总计: 17					17

图 25-9　首层家具明细表

图 25-10　"属性"选项板

2）其他类参数（"明细表属性"设置）：

单击参数"字段"、"过滤器"、"排序/成组"、"格式"和"外观"后面的"编辑"按钮，可以打开图 25-3～图 25-8 的对应的"明细表属性"对话框，可以重新设置各项参数，单击"确定"后表格自动更新。设置方法同前，本节不再详述，只补充以下几个参数选项。

- "逐项列举每个实例"：在"窗明细表"视图中，单击"排序/成组"后的"编辑"按钮，取消勾选"逐项列举每个实例"，单击"确定"后窗类型明细表如图 25-11 (a)。
- "空行"：单击"排序/成组"后的"编辑"按钮，在"排序方式"后的"降序"下勾选"空行"，单击"确定"后将根据第一排序规则"标高"在不同的标高之间添加一个空行，如图 25-11 (b)。
- "页脚"：单击"排序/成组"后的"编辑"按钮，在"排序方式"的"标高"下勾选"页脚"，并从后面的下拉列表中选择"标题、合计和总数"，取消勾选"空行"，单击"确定"后将根据第一排序规则"标高"在不同的标高之间添加一个页脚总计行，如图 25-11 (c)。

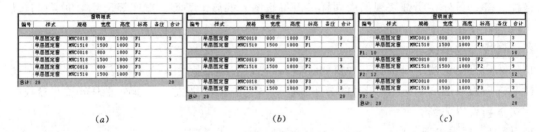

(a)　　　　　　　　　　(b)　　　　　　　　　　(c)

图 25-11　明细表属性设置

【提示】　图 25-11 (a) 中表格的正文和标题中间的空行，是在明细表"外观"属性中勾选了"数据前的空行"创建。

3）阶段化类参数：可设置明细表视图的阶段过滤器和阶段参数。

2. 编辑表格

除“属性”选项板外，还有以下专用的明细表视图编辑工具，可编辑表格样式或自动定位构件在图形中的位置。

1）列标题成组与解组：

- 在窗明细表视图中，单击列标题“宽度”并按住鼠标左键不放，向右移动光标到列标题“高度”上松开鼠标，同时选择了列标题“宽度”和“高度”单元格。功能区“修改｜明细表/数量”子选项卡如图 25-12。

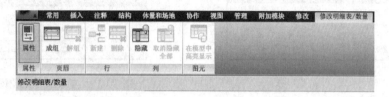

图 25-12 “修改｜明细表/数量”子选项卡

- 单击“成组”工具，即可在列标题“宽度”和“高度”单元格上方增加一个合并后的单元格，单击单元格输入“尺寸”按“回车”键完成编辑，表格如图 25-13（*a*）。
- 单击“尺寸”单元格，功能区单击“解组”工具，即可恢复成组前的原状。

2）隐藏与取消隐藏列：

- 在窗明细表视图中，单击“编号”列下方的任一单元格，功能区单击“隐藏”工具，即可隐藏表格“编号”列，如图 25-13（*b*）。
- 功能区单击“取消隐藏全部”即可取消隐藏所有已经隐藏的列。

窗明细表							
			尺寸				
编号	样式	规格	宽度	高度	标高	备注	合计
	单层固定窗	MRC0818	800	1800	F1		3
	单层固定窗	MRC1518	1500	1800	F1		7
F1: 10							10
	单层固定窗	MRC0818	800	1800	F2		3
	单层固定窗	MRC1518	1500	1800	F2		9
F2: 12							12
	单层固定窗	MRC0818	800	1800	F3		3
	单层固定窗	MRC1518	1500	1800	F3		3
F3: 6							6
总计: 28							28

（*a*）

窗明细表						
		尺寸				
样式	规格	宽度	高度	标高	备注	合计
单层固定窗	MRC0818	800	1800	F1		3
单层固定窗	MRC1518	1500	1800	F1		7
F1: 10						10
单层固定窗	MRC0818	800	1800	F2		3
单层固定窗	MRC1518	1500	1800	F2		9
F2: 12						12
单层固定窗	MRC0818	800	1800	F3		3
单层固定窗	MRC1518	1500	1800	F3		3
F3: 6						6
总计: 28						28

（*b*）

图 25-13 成组与隐藏

3）新建与删除行：

- 新建行：常规的构件明细表自动统计所有的现有构件图元，在明细表中不能添加新的数据行。此功能只有在房间和面积统计表中才有效，单击功能区“行”面板的“新建”工具即可。
- 删除行：单击表格中某一个单元格，再单击功能区“行”面板的“删除”工具，弹出 Revit 提示框如图 25-14，警告删除该行将连图形中的的几何图元一起删除。因此除新建的空白行外，请谨慎操作该工具。

4）在模型中定位图元：

- 在窗明细表视图中，单击第一行 F1 标高的单层固定窗 MWC0818 的任意一个单元格，单击功能区"在模型中高亮显示"工具，即可自动在已经打开的三维视图中（或其他视图中）自动定位并缩放高亮显示 F1 层弧墙上的 3 扇窗。同时显示"显示视图中的图元"对话框，如图 25-15。
- 单击"显示"可以自动打开其他视图高亮显示选择的 3 扇窗。

图 25-14　Revit 提示

图 25-15　在模型中定位图元

5）在表格中编辑图元：Revit Architecture 的明细表视图不仅是一个构件统计表格，还是一个可以编辑图元的辅助设计视图工具，在表格中可以编辑构件的图元族和类型、可编辑构件的宽度及高度参数等。

【提示】　强烈建议在明细表中仅编辑构件的族和类型等参数，不要直接编辑图元的宽度及高度参数等。以窗为例，窗的类型名称 C1218 和其宽度及高度参数值有一一对应关系，当修改 C1218 为 C1518 类型时，其对应的宽度及高度参数值自动更新，反之则不行。

- 打开"首层家具明细表"和 F1 平面视图，单击"视图"选项卡的"平铺"工具同时显示两个视图。
- 单击"液晶电视"的"规格"列单元格，在 F1 平面视图起居室中的液晶电视自动亮显。
- 单击单元格后面的下拉箭头，从下拉列表中选择"W1206 * D89 * H762"类型，图形同步自动更新。

25.1.3　导出明细表

Revit Architecture 的所有明细表都可以导出为外部的带分割符的 .txt 文件，可以用 Microsoft Excel 或记事本打开编辑。

1）在"首层家具明细表"视图中，单击左上角的"R_A"图标，从应用程序菜单中选择"导出"-"报告"-"明细表"命令。系统默认设置导出文件名为"首层家具明细表 .txt"。

2）设置导出文件保存路径，单击"保存"打开"导出明细表"对话框，如图 25-16。

3）根据需要设置导出明细表外观和"字段分割符"等输出选项（本例选择默认设置），单击"确定"即可导出明细表。结果请参见本书附赠光

图 25-16　导出明细表

盘"练习文件\第 25 章"目录中的"首层家具明细表.txt"文件。

本节以"首层家具明细表"和"窗明细表"为例详细讲解了明细表的创建、编辑和导出方法，其他构件、房间面积等明细表方法相同，本节不再详述，请自行练习体会。完成后保存并关闭文件，结果请参见本书附赠光盘"练习文件\第 25 章"目录中的"江湖别墅-25-01 完成.rvt"文件。

25.2　其他常用明细表及使用技巧

25.1 节详细讲解了构件明细表的创建和编辑方法，本节将简要介绍其他几种常用明细表的创建方法和技巧。

25.2.1　面积明细表与公式计算

在表格中经常会有表格列与列值之间自动进行公式计算的需求，Revit Architecture 的明细表同样提供了此功能，可以自定义参数并在列值之间自动进行公式计算，下面以可出租面积统计明细表为例简要说明其设置方法。

打开本书附赠光盘"练习文件\第 25 章"目录中的"25-01.rvt"文件，打开 F1 可出租面积平面视图，完成下面练习。

1）功能区单击"视图"选项卡"明细表"工具，下拉菜单中选择"明细表/数量"工具，在"新建明细表"对话框中，单击选择"面积（可出租）"类别，明细表默认"名称"为"面积明细表（可出租）"，选择"建筑构件明细表"，单击"确定"。

2）设置"字段"属性：

- 在"字段"选项卡中单击选择除"数字"外的全部字段，单击"添加（Λ）-->"按钮将其加入到右侧"明细表字段"栏中。
- 单击"添加参数"按钮，如图 25-17，设置参数"名称"为"单价"、"参数类型"为"货币"，单击"确定"。
- 单击"计算值"按钮，如图 25-18，设置参数"名称"为"总价"、参数"类型"为"货币"，计算"公式"为"单价 * 面积 /（1m²）"，单击"确定"。

【提示】　参数"单价"的单位为元，"面积"参数的单位为平方米（公式表示为 m²），则"单价 * 面积 /（1m²）"的单位也是元，如此才能和"总价"参数的单位保持一致。如公式写为"单价 * 面积"，则单击"确定"后系统会提示单位不一致而无法继续。

- 用"上移""下移"按钮调整各参数顺序为："名称"、"周长"、"面积"、"面积类型"、"标高"、"单价"、"总价"、"注释"、"合计"。

3）设置"排序/成组"属性：设置"排序方式"为"标高"和"升序"，勾选"总计"和"逐项列举每个实例"。

4）设置"格式"属性：单击选择"单价"参数，设置其"标题"为"单价（元）"；设置"总价"参数的"标题"为"总价（元）"，勾选"计算总数"选项。

5）设置"外观"属性：设置"网格线"为"细线"、"轮廓"为"中粗线"、"页眉文字"大小为 5、"正文文字"大小为 3.5、勾选"数据前的空行"。

图 25-17　添加"单价"参数

图 25-18　添加"总价"计算值

6）单击"确定"自动统计所有的面积平面视图的可出租面积明细表。在"单价（元）"列中手动输入每平方米的出租价格，则"总价（元）"列中自动计算其总价，并在表格下方自动总计，如图 25-19。

面积明细表（可出租）							
名称	周长	面积	面积类型	标高	单价（元）	总价（元）	注释	合计
办证大厅	39941	96.28 m²	办公面积	F1	2500.00	240695.59		1
楼梯间	16218	18.45 m²	主筒垂直贯穿	F1				1
办公	17640	19.86 m²	办公面积	F1	2500.00	49648.50		1
办公	16780	18.64 m²	办公面积	F1	2500.00	46601.25		1
办公	16780	18.64 m²	办公面积	F1	2500.00	46601.25		1
卫生间	14640	15.29 m²	楼层面积	F5				1
办公	16780	17.97 m²	办公面积	F5	2500.00	44916.75		1
报告厅	41490	101.06 m²	建筑公共面积	F5	8000.00	808471.20		1
总计: 68						6337804.50		

图 25-19　可出租面积明细表

7）保存并关闭文件，结果请参见本书附赠光盘"练习文件 \ 第 25 章"目录中的"25-01-01 完成 .rvt"文件。

25.2.2　关键字明细表

在一些特定项目设计中，需要给某一类或几类构件添加一个或几个共同的参数，并且希望该参数既能在"属性"选项板中显示并编辑，也能在明细表中统计并编辑。例如：给所有的室内家具添加一个"物资编码"的参数，不同的类型家具、同类型家具不同规格的家具其"物资编码"不同，此参数只在当前项目中需要。因此需要考虑如何创建该参数。

在前面的章节中已经讲解到各种添加构件参数的方法，大致有以下几种：

- 自定义明细表参数：在上小节中讲解了自定义明细表参数的方法，但这些参数只能显示在明细表中，在构件的"属性"选项板中不会显示。
- 族参数：在"15.5　族参数与共享参数"中讲到在自定义构件族时自定义的族参数可以显示在"属性"选项板中，但不能统计到明细表中。
- 共享参数：在"15.5　族参数与共享参数"中讲到在自定义构件族时自定义的共享参数则可以同时显示在"属性"选项板和明细表中。但此方法需要逐个编辑每个构件原始族文件添加参数，且该参数会带到其他项目中。

综合考虑设计的需求和上述 3 种方法的缺陷，本节提供第 4 种方法：关键字明细表。下面以"物资编码"参数为例详细讲解其设置方法。

打开本书附赠光盘"练习文件 \ 第 25 章"目录中的"江湖别墅-25-01 完成 . rvt"文件，打开"家具明细表"视图，完成下面练习。

1. 创建关键字明细表

1）功能区单击"视图"选项卡"明细表"工具，选择"明细表/数量"工具。

2）如图 25-20，在"新建明细表"对话框中，单击选择"家具"类别，设置明细表"名称"为"物资编码明细表"，选择"明细表关键字"，输入"关键字名称"为"物资编码"，单击"确定"。

3）设置"字段"属性：单击"字段"选项卡，在右侧"明细表字段"栏中已经有了"关键字名称"字段。在左侧"可用字段"栏中选择"注释"，单击"添加（A）-->"按钮将其加入到右侧"明细表字段"栏中。

图 25-20　明细表关键字

4）设置"格式"属性：单击"格式"选项卡，在左侧"字段"栏中选择"关键字名称"，设置其"标题"为"物资编码"。

5）其他"排序/成组""外观"选项卡参数选择默认设置，单击"确定"创建了一个只有两列（物资编码、注释）的空白表格。

6）单击"修改 | 明细表/数量"子选项卡"行"面板的"新建"工具，新建一空行，输入其"物资编码"为"DQ-YJDS-32″"，"注释"为"液晶电视 32″"；同样方法"新建"行，设置"物资编码"为"DQ-YJDS-40″"、"注释"为"液晶电视 40″"。

物资编码明细表	
物资编码	注释
DQ-YJDS-32″	液晶电视32″
DQ-YJDS-40″	液晶电视40″

图 25-21　物资编码明细表

7）"物资编码明细表"如图 25-21，保存文件。

2. 将关键字应用到构件属性和明细表中

1）将关键字应用到构件属性中：

- 打开 F1 平面视图，缩放到右下角起居室，单击选择"液晶电视：W1206 * D89 * H762"，观察左侧的"属性"选项板中"标识数据"下多了一个参数"物资编码"。

- 单击"物资编码"参数值，从下拉列表中选择"DQ-YJDS-40″"即可。

2）将关键字应用到构件明细表中：

- 打开"家具明细表"视图，在"属性"选项板中单击"字段"参数后的"编辑"按钮。从左侧的"可用字段"中选择"物资编码"，单击"添加（A）-->"按钮将其加入到右侧"明细表字段"栏中，调整其位置到"注释"之前。

- 单击"确定"明细表增加一列，并自动提取了刚设置的 F1 液晶电视的物资编码。

- 单击 F2 起居室液晶电视的"物资编码"参数值，从下拉列表中选择"DQ-YJDS-32″"，后面的"注释"值自动更新。同样方法设置 F2 起居室液晶电视的"物资编码"参数值。

同样方法先在"物资编码明细表"中新建行，给其他沙发、桌子、地柜、音响等家具及其不同规格类型设置不同的物资编码，然后用上述两种方法之一将其应用到构件属性和明细表中。此处不再详述，完成后保存并关闭文件，结果请参见本书附赠光盘"练习文件\ 第 25 章"目录中的"江湖别墅-25-02 完成 .rvt"文件。

【提示】 建议使用构件类型明细表的方式设置关键字，例如，本例中 F1 餐厅的 6 把"M ＿ 椅子-钢管椅"，只需在明细表中设置一次即可，不需要在图形中逐一选择设置。

25.2.3 多类别明细表

前面的明细表一次只能统计某一类构件，例如门统计表、窗统计表等。在设计中有时候需要将某几类构件统计在一个表中，在 Revit Architecture 中将这种表格称为"多类别明细表"。

多类别明细表的创建和编辑方法同构件明细表，只需要在"新建明细表"对话框中，单击选择"＜多类别＞"类别，设置明细表"名称"，单击"确定"后设置各项参数即可，此处不再详述。

特别说明：多类别明细表统计的参数有限，只能统计族、类型、标高、部件代码、注释、成本等通用参数，像门窗等构件的宽度、高度等参数无法统计。可以通过设置"过滤器"的方式统计某几类构件。

25.2.4 自定义表格

Revit Architecture 的明细表都是由构件、视图、图纸等自动统计而得，不能像 Auto-CAD 一样可以创建空白表格并编辑表格内容。为了满足设计要求，建议使用以下变通方法自定义表格：

1）打开本书附赠光盘"练习文件\ 第 25 章"目录中的"25-01-01 完成 .rvt"文件。

2）新建自定义表格方案：

- 单击功能区"常用"选项卡"房间与面积"面板的下拉三角箭头，选择"面积和体积计算"命令。在对话框中单击"面积方案"选项卡。
- 单击"新建"创建新的"面积方案 1"，设置其名称为"自定义表格"。单击"确定"。

3）创建自定义明细表：

- 功能区单击"视图"选项卡"明细表"工具，选择"明细表/数量"工具，如图 25-22 选择"面积（自定义表格）"类别，设置表格"名称"，单击"确定"。
- 单击"字段"选项卡，单击"添加参数"按钮，设置参数"名称"为"AA"，其他参数默认，单击"确定"。同理"添加参数"BB（可以用"计算值"按钮添加表格公式计算参数，请根据实际设计需要设置参数名称、参数类型等，此处为示意）。
- 其他"过滤器"、"排序/成组"、"格式"、"外观"选项卡参数选择默认设置。单击"确定"创建了一个空白表格。

4）编辑表格：

- 在"修改｜明细表/数量"子选项卡中，单击"行"面板的"新建"工具添加空白行，输入表格正文内容。

- 用"删除""成组""解组""隐藏"等工具，或"属性"选项板根据需要设置表格。

- 保存文件，自定义表格如图 25-23 示意。

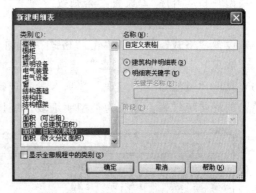

图 25-22 新建自定义表格

25.2.5 材质提取明细表

Revit Architecture 可以自动提取墙、梁柱等各种构件的面层材质名称与用量。材质提取明细表的创建和编辑方法同前，但有专用的"材质提取"工具，本节简要描述。

接上节练习，打开 F1 平面视图，完成下面练习。

图 25-23 自定义表格

1）功能区单击"视图"选项卡"明细表"工具，选择"材质提取"工具。

2）在"新建材质提取"对话框中，单击选择"墙"类别，设置明细表"名称"为"墙材质统计表"，单击"确定"。

3）设置"字段"属性：单击"字段"选项卡，如图 25-24，在左侧"可用字段"栏中选择"族与类型"、"材质：名称"、"材质：面积"、"材质：体积"、"材质：成本"、"材质：制造商"、"材质：说明"、"合计"字段，单击"添加（A）-->"按钮将其加入到右侧"明细表字段"栏中。

4）设置"排序/成组"属性：单击"排序/成组"选项卡，设置"排序方式"为"族与类

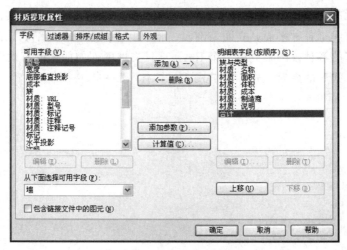

图 25-24 设置"字段"属性

型"和"升序"，设置"否则按"为"材质：名称"和"升序"，取消勾选"逐项列举每个实例"选项。

5）设置"格式"属性：单击"格式"选项卡，分别选择字段"材质：面积"和"材质：体积"，勾选"计算总数"选项。

6）其他"过滤器"、"外观"选项卡参数选择默认设置，单击"确定"自动创建了所有墙的材质统计表。此表为类型明细表，统计了同一类型墙相同材质的用量，如图 25-25。

墙材质统计表							
族与类型	材质：名称	材质：面积	材质：体积	材质：成本	材质：制造商	材质：说明	合计
基本墙：dq－240mm	涂层－内部－石膏板	1035.46 m²	248.13 m³				61
基本墙：dq－370mm	涂层－内部－石膏板	357.05 m²	130.89 m³				19
基本墙：dq－490mm	涂层－内部－石膏板	1808.99 m²	90.23 m³				23
基本墙：dq－490mm	砖石建筑－瓷砖	1783.03 m²	88.93 m³				23
基本墙：dq－490mm	默认墙	1828.98 m²	698.71 m³				23
基本墙：dq－600mm	砖石建筑－瓷砖	5.88 m²	3.53 m³				2
基本墙：dq－1020mm	涂层－内部－石膏板	78.54 m²	3.93 m³				2
基本墙：dq－1020mm	砖石建筑－瓷砖	78.54 m²	3.93 m³				2
基本墙：dq－1020mm	默认墙	78.54 m²	79.33 m³				2
基本墙：内部－135mm	涂层－内部－石膏板	1707.67 m²	24.41 m³				27
基本墙：内部－135mm	金属－壁骨层	341.69 m²	21.84 m³				27
基本墙：常规－200mm	涂层－内部－石膏板	114.12 m²	22.82 m³				4
总计：215		9218.49 m²	1416.66 m³				

图 25-25　墙材质统计表

7）保存并关闭文件，结果请参见本书附赠光盘"练习文件 \ 第 25 章"目录中的"25-01-02 完成 .rvt"文件。

25.2.6　其他明细表

除构件明细表和材质提取明细表外，Revit Architecture 还提供了图纸列表、注释块和视图列表明细表，这些明细表的创建和编辑方法同前，本节不再详述，将在本书"第 26 章 视图管理"和"第五部分 施工图设计"相关章节中简要描述。

"登堂 7 式"第 6 式"锱铢必较"——明细表视图设计！强大的自动统计与明细表编辑图元功能，不仅节约了大量的人工统计时间，极大地提高了工作效率，而且在明细表中编辑与定位图元的功能让设计师多了一个强大的批量编辑图元的视图工具。

前面 6 章讲解了各种平面、立面、剖面、三维、详图索引、明细表视图的创建和编辑方法，如此众多的各种视图集成在一个 Revit 项目文件中，如何才能有效地管理？下面就来学习"登堂 7 式"的最后一式：第 7 式"井然有序"——视图管理。

第 26 章 视 图 管 理

图 26-1 "全部"组织

打开本书附赠光盘"练习文件 \ 第 26 章"目录中的"江湖别墅-26.rvt"文件，本项目的项目浏览器如图 26-1：所有的平面、立面、剖面、三维、详图索引、明细表等视图都集成在项目文件的项目浏览器中，且自动按视图类型进行分类放置。从最上方的"视图（全部）"可以看出本项目的视图组织结构排序方式名称为"全部"。

本书提供的项目样板文件 R-Arch 2011 _ chs.rte，默认采用的项目浏览器视图组织结构排序方式名称为"全部"，因此使用该样板文件创建的项目文件都采用了"全部"排序方式，可以根据设计需要在项目文件中选择其他的排序方式，或自定义自己的排序方式。

本章将详细讲解其设置方法以及视图的命名与排序方法。

26.1 项目浏览器视图组织结构

在"江湖别墅-26.rvt"文件中，功能区单击"常用"选项卡"窗口"面板的"用户界面"工具，从下拉菜单中选择"浏览器组织"命令，打开"浏览器组织"对话框。如图 26-2，在"视图"选项卡中已经有"全部"、"规程"、"类型/规程"、"阶段"等几种组织结构。

26.1.1 常用组织结构

在图 26-2 的几种组织结构中，"全部"、"规程"、"类型/规程"是最常用的 3 种方法，下面简要说明其不同之处。

1. "全部"

如图 26-1 的项目浏览器中，默认显示所有的项目视图，并按视图类型进行分类放置的排序方式，是系统默认的"全部"组织结构。

2. "规程"

在"20.1 楼层平面视图"一节中的视图"属性"选项板中，已经讲到每个视图都

图 26-2 浏览器组织

有一个图形类参数"规程"，因为 Revit Architecture 是建筑专业软件，所以该参数默认的设置都是"建筑"。"规程"排序方式就是按照专业和视图类型分组组织视图，该排序方式适用于以下两种情况：

- 在设计过程中，需要给其他专业提条件图，为此可以复制一个视图出来，在该图中只创建其他专业需要的设计信息，同时希望把该视图单独放置到项目浏览器一个单独的节点（例如"协调"）下统一管理。
- 有多个专业进行工作集协同设计时，希望项目浏览器中的视图按专业分类放置。

1）在图 26-2 的"浏览器组织"对话框中，单击勾选"规程"，再单击"编辑"按钮，打开"浏览器组织属性"对话框，如图 26-3。可以看到"规程"的排序规则是：先按"规程"（专业）分组，然后按"族与类型"（视图类型）分组，每个视图按"视图名称"的"升序"排序。单击"确定"关闭所有对话框，观察项目浏览器的组织结构发生了变化。

2）在项目浏览器中，单击选择"F1-提条件"楼层平面视图，在上面的"属性"选项板中设置参数"规程"为"协调"。完成后的项目浏览器如图 26-4。

  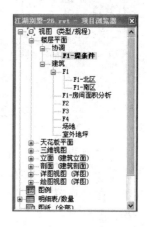

图 26-3　浏览器组织属性　　图 26-4　"规程"组织　　图 26-5　"类型/规程"组织

3．"类型/规程"

如图 26-5，该组织结构和"规程"的排序规则正好相反：先按"族与类型"（视图类型）分组，再按"规程"（专业）分组，然后每个视图按"视图名称"的"升序"排序。

26.1.2　自定义组织结构

明白了上述排序原理，即可自定义项目浏览器组织结构。

1）功能区单击"常用"选项卡"用户界面"工具，从下拉菜单中选择"浏览器组织"命令，在图 26-2 的"浏览器组织"对话框中，单击"新建"按钮，在"浏览器组织名称"对话框中输入"规程/降序"，单击"确定"。

2）在"浏览器组织属性"对话框中如图 26-3 设置"成组条件"和"排序方式"，选择最下面的"降序"，单击"确定"返回"浏览器组织"对话框创建了新的排序方式。

3）单击"编辑"、"删除"、"重命名"可以随时编辑已有的组织结构名称。

4）勾选刚创建的"规程/降序"，单击"确定"即可应用该组织方式。

26.1.3 视图命名与排序

如前所述，无论哪种组织结构，各个视图都是按"视图名称"的"升序"或"降序"排列的，例如：楼层平面视图的 F1、F2、…按英文字母顺序排序，中文名称的视图按拼音首字母顺序排序。因此，当视图中有大量视图时，如果以中文名称命名，往往会显得非常混乱，难以快速找到需要的视图。

所以，本书建议：

- 对平面视图，采用样板文件默认的 F1、F2、…顺序自动命名排序，但在每个视图的"属性"选项板中设置其参数"图纸上的标题"为"首层平面图"、"二层平面图"等。

- 对其他视图，特别是详图中的中文名称视图，一律在视图名称前加前缀：先根据前缀分组后再排序。例如各层的楼梯平面详图，一律命名为"LT-01-首层楼梯平面详图"、"LT-02-二层楼梯平面详图"、"LT-03-顶层楼梯平面详图"等，并在每个视图的"属性"选项板中设置其参数"图纸上的标题"为"首层楼梯平面详图"、"二层楼梯平面详图"、"顶层楼梯平面详图"等。如图 26-6 示意。

图 26-6　视图命名与排序

完成上述练习后，保存文件，结果请参见本书附赠光盘"练习文件 \ 第 26 章"目录中的"江湖别墅-26 完成 .rvt"文件。

26.2 视 图 列 表

Revit Architecture 可以像统计构件明细表一样统计和编辑项目文件中的所有视图，Revit Architecture 称之为"视图列表"。视图列表可帮助设计师管理项目中的视图、跟踪视图的状态、确保重要视图会显示在施工图图纸上、确保同类视图使用一致并且适当的设置（可在视图列表中直接编辑视图的某些参数设置）。

视图列表的创建和编辑方法同"25.1 构件明细表"，本节简要描述如下：

1）接上节练习，功能区单击"视图"选项卡"明细表"工具，从下拉菜单中选择"视图列表"命令，打开"视图列表属性"对话框。

2）设置"字段"属性：在左侧"可用字段"栏中选择"族与类型"、"视图名称"、"比例1:"、"详细程度"、"相关标高"、"图纸上的标题"、"图纸名称"、"图纸编号"、"规程"、"合计"字段，单击"添加（A）-->"按钮将其加入到右侧"明细表字段"栏中。

3）设置"排序/成组"属性：单击"排序/成组"选项卡，设置"排序方式"为"族与类型"和"升序"，设置"否则按"为"视图名称"和"升序"，勾选"总计"和"逐项列举每个实例"选项。

4）设置"外观"属性：单击"外观"选项卡，设置"网格线"为"细线"、"轮廓"为"中粗线"、"页眉文字"大小为 5、"正文文字"大小为 3.5、勾选"数据前的空行"。

5）其他"过滤器"选项卡参数选择默认设置，单击"确定"自动创建了视图列表，如图 26-7 示意。

视图列表									
族与类型	视图名称	比例值 1:	详细程度	相关标高	图纸上的标题	图纸名称	图纸编号	规程	合计
三维视图	{3D}	100	中等					建筑	1
三维视图	东南正交	100	粗略		东南正交三维视图			建筑	1
三维视图	厨房		中等		厨房透视图			建筑	1
三维视图	客厅		中等		客厅透视图			建筑	1
详图视图（详图）	QS-01-墙身大样1	50	中等		墙身大样1			建筑	1
详图视图（详图）	QS-02-墙身大样2	50	中等		墙身大样2			建筑	1
详图视图（详图）	WD-01-坡屋顶详图	10	中等		坡屋顶详图			建筑	1
详图视图（详图）	WD-02-平屋顶详图	20	中等		平屋顶详图			建筑	1
总计：40									

图 26-7　视图列表

6）在视图列表中可以设置视图的视图名称、详细程度、图纸上的标题、规程等参数值，也可以了解到整个项目的进展状态。此处不再详述，请自行练习体会。

7）保存并关闭文件，结果请参见本书附赠光盘"练习文件 \ 第 26 章"目录中的"江湖别墅-26 完成 . rvt"文件。

"登堂 7 式"第 7 式"井然有序"——视图管理！一个项目设计文件，辅以井然有序的项目浏览器视图管理、视图列表及视图命名规则，彻底改变了传统 2D 设计模式下几多文件夹、几多互不关联的文件、几多互不关联的视图等低效的设计现状，在提升设计效率的同时，极大地提升了设计质量。

通过第四部分"登堂 7 式"的学习，小师弟已经真正进入了 Revit Architecture 的殿堂，对 Revit Architecture 有了比较系统的认识，从实力角度来讲，小师弟也成功晋升为二师兄。但江湖险恶，没有达到大师兄的实力，远不足以担当大任！

从下章开始，本书将详细讲解 Revit Architecture 之"神"篇——施工图设计，让二师兄更上一层楼，真正掌握 Revit Architecture 之"内室"秘籍！

第五部分

施 工 图 设 计

古人认为"气"是无形之物，既看不见又摸不着，但又客观存在，是生命活动的依赖，精、神及人体筋骨都通过它才可得到调养。

建筑设计亦是此理，无论是传统二维设计，还是新兴三维 BIM 设计，项目设计的最终成果都要落实到施工图设计上来。而施工图，特别是大量的节点详图，总给人一种"看不见又摸不着，但还离不了"的感觉。有了施工图设计，才算完善的项目。

因此"施工图设计"便成为建筑设计的"气"，本部分内容也成为 Revit Architecture 秘籍的"气"篇。

三维施工图设计给传统施工图设计带来了以下变革：

- 三维 BIM 设计的 2D 施工图是在由三维 BIM 模型自动生成的底图上经过精细设置、二维详图工具补充后创建完成，确保了施工图的质量和效率。
- 三维 BIM 设计的施工图设计不再是单纯的 2D 施工图，可以在设计重点和重点部位，配以三维视图，以方便项目各方理解项目设计，甚至指导施工。

本部分包含以下 4 章内容，完成后二师兄将真正掌握 Revit Architecture 之"内室"秘籍，因此本书称之为"34 式 RAC"之"入室 4 式"。

"34 式 RAC"之"入室 4 式"：
- 第 1 式　各有所长——尺寸标注与限制条件
- 第 2 式　源远流长——文字注释
- 第 3 式　精雕细刻——详图设计
- 第 4 式　拼图奥秘——布图与打印

第 27 章　尺寸标注与限制条件

尺寸标注是施工图设计的一个最基本的设计内容，有了第四部分的平立剖和详图等各个视图，即可在其中快速完成各种标注。Revit Architecture 的尺寸标注功能不仅能快速自动标注门窗洞口尺寸、开间进深尺寸、角度、弧度、半径等尺寸，而且尺寸标注和构件之间保持关联自动更新关系。同时对已有的尺寸标注，还可以随时根据需要增加或减少尺寸界线来更新尺寸，而无须删除后重新标注。

尺寸标注是视图专有图元，只能在创建它的视图中可见。Revit Architecture 的尺寸标注有 2 种类型：临时尺寸标注和永久尺寸标注（包括对齐、线性、角度、径向、弧长和高程点标注等）。

尺寸标注除基本的标注图元作用外，还可以约束图元的相对位置、对称关系等，Revit Architecture 称为限制条件。限制条件是和尺寸标注相关联，但可以独立于尺寸标注起作用的非视图专有图元。限制条件可以在其限制图元可见的所有视图中显示，而尺寸标注只能显示在创建它的一个视图中。

27.1　施工图设计视图准备

尺寸标注图元和其捕捉标注的轴线等图元的位置关系密切，因此在开始施工图设计之前，需要将相关平面、立面、剖面、详图索引等视图的轴线、标高、比例、视觉样式、详细程度、基线、裁剪范围、视图范围等各种图元和视图属性进行设置，以满足出图要求。

在“第四部分 视图设计”中已经详细讲解了各种平面、立面、剖面、详图索引等常用视图的创建和视图设置方法，在“第 3 章 标高、轴网、参照平面”中也已经详细讲解了标高和轴网的各种编辑方法。这些方法在进行本部分的施工图设计之前，即可用来对视图进行出图前的设置。本节以平面视图和立剖面视图为例，简要说明相关设置方法。更多详细设置请参见“第 3 章 标高、轴网、参照平面”和“第四部分 视图设计”各章内容。

打开本书附赠光盘“练习文件 \ 第 27 章”目录中的“江湖别墅-27.rvt”文件，打开 F1 平面视图，完成下面练习。

27.1.1　平面视图设置

1) 视图比例、详细程度、视觉样式、基线等设置：这些设置在“20.1　楼层平面视图”一节已经做过设置，此处采用默认设置。特别注意设置：“视图比例”为“1：80”，“基线”为“无”关闭视图的底图。

2) 设置视图深度：本项目的 F1 标高下只有室外台阶和散水，因此可以在 F1 平面图中设置其全部显示。

- 在左侧的"属性"选项板中,单击参数"视图范围"后的"编辑"按钮。
- 在"视图范围"对话框中设置"视图深度"的"标高"参数为"标高之下(室外地坪)"、"偏移量"为 0,单击"确定"即可在 F1 平面图中显示台阶和散水。

3) 设置台阶、散水材质表面填充图案:观察台阶和散水的表面有沙粒填充图案,不适合出图,需要重新设置。功能区单击"管理"选项卡的"材质"工具,在左侧的列表中单击选择"混凝土-现场浇筑混凝土"材质,从"表面填充图案"的下拉列表中选择"<无>",单击"确定"。

4) 隐藏立面符号:按住 Ctrl 键,窗选上下左右 4 个立面符号,单击功能区"修改|选择多个"子选项卡"视图"面板的第一个灯泡工具"在视图中隐藏",从下拉菜单中选择"隐藏图元"命令即可隐藏立面符号。

5) 设置轴网标头位置:分别单击选择 1 和 A 号轴线,向外拖拽轴线标头内侧的蓝色空心圆,移动标头到合适位置后松开鼠标即可。注意:在轴线 3D 状态下拖拽标头,所以F2、F3、F4 的标头位置都做了同步调整。完成后的 F1 平面图如图 27-1 (*a*)。

6) F2、F3 平面视图设置:同样方法,在 F2、F3 平面视图中隐藏立面符号。隐藏墙身详图剖面和楼梯详图剖面 3 个剖面符号,和两个建筑剖面符号。完成后的 F2 平面图如图27-1 (*b*)。

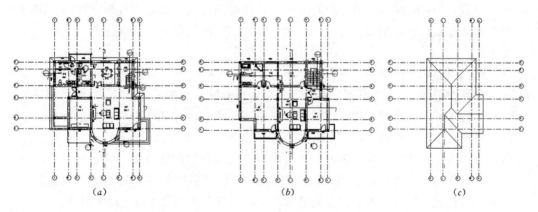

图 27-1 平面视图设置

7) F4 屋顶平面视图设置:

- 隐藏轴线:打开 F4 屋顶平面视图,交叉窗选 1、1/1、2 号轴线,单击功能区"在视图中隐藏"工具,从下拉菜单中选择"隐藏图元"命令即可隐藏左侧的 3 根轴线。

- 裁剪视图调整轴网标头:单击视图控制栏的 显示视图裁剪框,再单击 打开视图裁剪。单击选择视图裁剪框,拖拽左侧边线到轴网标头内合适位置,轴网标头自动向右移动到轴线合适长度。注意:此时拖拽视图裁剪框,轴线在 2D 状态下移动标头,所以 F1、F2、F3 的标头位置不会发生变化。单击视图控制栏的 显示视图裁剪框 ,隐藏裁剪边界。

- 隐藏墙身详图剖面和楼梯详图剖面 3 个剖面符号,和两个建筑剖面符号。完成后的 F2 平面图如图 27-1 （c）。

27.1.2 立剖面视图设置

1）视图比例、详细程度、视觉样式等设置：设置"视图比例"为"1：80"，"详细程度"为"粗略"，"视觉样式"为"隐藏线"。其他默认。

2）轴网设置：本书样板文件的立剖面视图中，轴网标头默认都在标高上方，国内出图时习惯只保留起始和终止轴线，且标头在下方，轴线很短。其设置方法如下：

- 打开"南立面"视图，分别单击选择 1 号轴线和 1/1 号附加轴线，在左侧的"属性"选项板中单击"编辑类型"按钮，设置"非平面视图轴号（默认）"参数为"底"，单击"确定"。轴线标头到了下方。
- 单击选择 1 号轴线，向下拖拽标头上方的蓝色空心圆移动所有标头到合适位置。
- 交叉选择除 1 号和 6 号轴线以外的所有轴线，单击功能区"修改 | 选择多个"子选项卡"视图"面板的"在视图中隐藏"工具，从下拉菜单中选择"隐藏图元"命令即可隐藏中间的轴线。
- 单击视图控制栏的 显示视图裁剪框，再单击 打开视图裁剪。单击选择视图裁剪框，拖拽顶部边线到屋顶上方和轴线相交。单击选择 1 号轴线，发现所有轴线都变成了 2D 状态，向下拖拽轴线顶部的蓝色实心圆点到 F1 标高位置即可。

3）标高设置：本书样板文件的立剖面视图中，标高标头默认都是双标头，国内出图时习惯只保留起始标头，不带层标（F1、F2 等），且标高线很短不横穿立面。其设置方法如下：

- 在"南立面"视图中，单击选择 F2 标高，在左侧的"属性"选项板中的类型选择器中选择"C _ 上标高 _ 起点"类型，所有同类型的 F2、F3、F4 标高都只保留了起点标头且隐藏了层标。同样方法分别选择不同类型的 F1、室外地坪标高，从类型选择器中选择"C _ 标高 00 _ 起点"和"C _ 下标高 _ 起点"类型。
- 单击选择视图裁剪框，拖拽右侧边线到建筑右侧和标高相交。单击选择 F2 标高，发现所有标高都变成了 2D 状态，向左拖拽标高右侧的蓝色实心圆点到建筑左侧边线位置。向右拖拽标高左侧的蓝色空心圆到合适位置缩短一点标高线。
- 单击视图控制栏的 显示视图裁剪框 ，隐藏裁剪边界即可。完成后的"南立面"视图如图 27-2 （a）。

4）其他立剖面设置：同样方法设置其他北立面、东立面、西立面、东南立面视图和1—1、

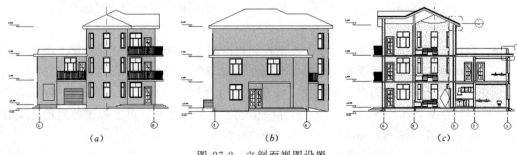

(a)　　　　　　　　(b)　　　　　　　　(c)

图 27-2　立剖面视图设置

2—2 剖面视图。注意隐藏立剖面视图中的墙身剖面和建筑剖面符号。完成后的西立面和 1—1 剖面视图如图 27-2（*b*）、（*c*）。

完成上述练习后保存文件，结果请参见本书附赠光盘"练习文件 \ 第 27 章"目录中的"江湖别墅-27-01完成 . rvt"文件。

27.1.3　详图索引视图设置

详图索引视图的设置方法详同平面、立剖面视图完全一样，因为索引是自动打开了视图裁剪框，所以调整时更方便快捷。本节不再详述，详细内容请参见"第四部分　视图设计"各章内容。

27.2　临时尺寸标注

在本书"2.3.5 端点、造型控制柄与临时尺寸标注"一节，已经讲到了临时尺寸的基本功能，并在前述各种中已经频繁使用其进行图元定位。下面再系统讲述临时尺寸标注的两个主要功能：图元查询与定位、转换为永久尺寸标注。

接上节练习，或打开本书附赠光盘"练习文件 \ 第 27 章"目录中的"江湖别墅-27-01完成 . rvt"文件，打开 F1 平面视图，完成下面练习。

1. 图元查询与定位

临时尺寸标注的图元查询与定位功能主要体现在以下几个方面：

1）当用"墙"、"门"、"窗"、"模型线"、"结构柱"等工具创建图元时，会出现和左右相邻图元的灰色临时尺寸，可以预捕捉某尺寸位置单击创建图元。绘制墙和线等，捕捉第 2 点时，还会出现蓝色临时尺寸，直接输入长度值即可创建图元。

2）选择一个图元：如图 27-3（*a*），单击选择 B 号轴线左侧的结构柱，会出现和相邻图元的蓝色临时尺寸，单击编辑尺寸，输入新的尺寸值或输入一个公式自动计算尺寸值后按"回车"键，即可移动结构柱到新的位置。

3）选择多个图元：在 F1 平面视图中，如图 27-3（*b*），按住 Ctrl 键单击选择 B 号轴线左侧的结构柱和墙，单击功能区"激活尺寸标注"按钮，即可出现蓝色临时尺寸。单击编辑尺寸，输入新的尺寸值或输入一个公式自动计算尺寸值后按"回车"键，即可移动图元到新的位置。

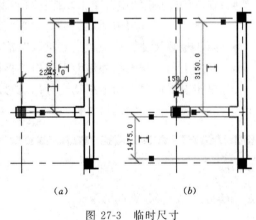

（*a*）　　　　　　（*b*）

图 27-3　临时尺寸

4）临时尺寸参考墙时，循环单击尺寸界线上的蓝色实心正方形控制柄，可以在内外墙面和墙中心线之间切换临时尺寸界线参考位置。也可以在实心正方形控制柄上单击按住鼠标左键不放，并拖拽光标到轴线等其他位置上松开，捕捉到新的尺寸界线参考位置。

2. 转换为永久尺寸标注

1）单击临时尺寸标注下面的尺寸标注符号 ⊢，即可将临时尺寸标注转换为永久尺寸标注。

2）单击选择转换后的永久尺寸标注，即可编辑其尺寸界线位置、文字替换等。详细请见下节内容。

【提示】　由临时尺寸标注转换得来的永久尺寸标注都是单个尺寸标注，后期编辑效率较低。虽然可以编辑其尺寸界线位置创建连续尺寸标注，但在某些情况个下标注效率不高。因此建议使用下节的永久尺寸标注来标注图元。

27.3　永久尺寸标注

接上节练习，或打开本书附赠光盘"练习文件 \ 第 27 章"目录中的"江湖别墅-27-01完成 . rvt"文件，打开 F1 平面视图，完成下面练习。

27.3.1　创建永久尺寸标注

在 Revit Architecture 功能区"注释"选项卡中共有以下 8 个永久尺寸标注工具。

1. 对齐尺寸标注

"对齐"尺寸标注工具可以标注两个或两个平行图元之间的距离，或者标注两个或两个以上点之间的距离尺寸。建筑设计中 3 道尺寸线、墙厚、图元位置等大部分尺寸标注都可以使用该工具快速完成。

"对齐"尺寸标注有两种捕捉标注图元的方式：单个参照点和整个墙。下面举例说明。

1）单个参照点：逐点捕捉标注。

- 在 F1 平面视图中，单击功能区"注释"选项卡的"对齐"工具，"修改｜放置尺寸标注"子选项卡如图 27-4。选项栏默认选择"拾取"方式为"单个参照点"。

- 第 1 道总尺寸：选项栏从"拾取"前面的下拉列表中选择"参照墙面"，移动光标到左上角 1 号轴线外墙面上单击捕捉墙面，再移动光标到右侧 6 号轴线外墙面上单击捕捉墙面，向上移动光标出现总尺寸标注预览图形，在顶部轴网标头下方附近位置单击放置总尺寸标注。

图 27-4　"修改｜放置尺寸标注"子选项卡

- 第 2 道开间尺寸：移动光标在顶部轴网标头下方依次单击捕捉所有轴线，然后移动光标到第一道总尺寸下方 10mm 附近位置时，系统自动捕捉到两道尺寸线间距位置，单击放置第 2 道开间尺寸即可。

特别说明：用"单个参照点"捕捉标注时，一定要充分应用 Tab 键来快速切换捕捉位置，以提高标注捕捉效率。例如标注墙厚度时，如选项栏设置"拾取"墙位置为"参照墙中心线"，则当移动光标到墙面上时，系统可以自动捕捉到墙中心线，但捕捉不到墙面，此时按 Tab 键切换到墙面亮显时单击即可捕捉墙面，同理捕捉另一侧墙面及其他构造层面等，完成后单击放置尺寸标注即可。

【提示】　当放置尺寸标注后，每个尺寸值下方都会出现一把打开的锁形标记符号，单击可锁定尺寸不变，此为限制条件，其使用方法详见"27.5 限制条件的应用"。

2）整个墙：自动捕捉批量标注。

- 接前面练习，选项栏从"拾取"前面的下拉列表中选择"参照墙中心线"，从后面的下拉列表中选择"整个墙"，后面的"选项"按钮激活可用。

- 单击"选项"按钮，如图 27-5 选择"洞口"和"宽度"、"相交墙""相交轴网"选项，单击"确定"关闭对话框。

- 第 3 道尺寸：移动光标到北立面 E 号轴线左侧外墙上单击捕捉墙，向上移动光标到第 2 道开间尺寸下方 10mm 附近位置时，系统自动捕捉到两道尺寸线间距位置，单击放置第 3 道尺寸。再次单击拾取右侧外墙，移动光标和刚放置的第 3 道尺寸线对齐放置右侧第 3 道尺寸。完成后的 3 道尺寸线如图 27-6，其中有一点零碎尺寸，后面再编辑。保存文件。

图 27-5　自动尺寸标注选项

【提示】　当轴线很多时，"整个墙"功能可以用来快速自动标注第 2 道开间（进深）尺寸：先绘制一面穿过所有轴线的辅助墙，然后用"整个墙"功能，并设置"自动尺寸标注选项"为只勾选"相交轴网"，然后单击捕捉墙即可创建第 2 道尺寸，但墙两头有两个多余的尺寸。删除辅助墙，多余尺寸自动删除即可完成第 2 道开间（进深）尺寸标注。请自行体会。

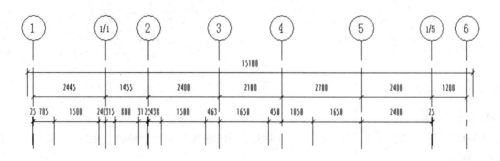

图 27-6　"对齐"尺寸标注

2. 线性尺寸标注

"线性"尺寸标注工具可以标注两个点之间（如墙或线的角点或端点）的水平或垂直

距离尺寸，如图 27-7。标注方法简要说明如下，请自行绘制斜墙或线图元练习体会：

1）单击功能区"注释"选项卡的"对齐"工具，移动光标到墙的左下角点上，如图 27-7（a），按 Tab 键亮显该点时单击捕捉第一点。

2）移动光标到墙的左上角点上，如图 27-7（b），按 Tab 键亮显该点时单击捕捉第二点。此时光标初出现水平或垂直的尺寸标注预览图形（按空格键可切换水平和垂直尺寸标注）。

3）移动光标到墙左侧自动显示垂直尺寸标注，单击即可放置尺寸标注，如图 27-7（c）。同样方法捕捉两个点在墙上方放置水平尺寸标注，如图 27-7（d）。

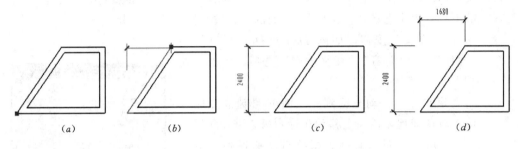

图 27-7　"线性"尺寸标注

3. 角度尺寸标注

"角度"尺寸标注工具可以标注两个或多个图元之间的角度值。在 F1 平面视图中，缩放到南立面弧墙位置。

1）单击功能区"注释"选项卡的"角度"工具，移动光标到南立面弧墙左侧窗中线位置，如图 27-8（a），当窗中线亮显时，单击捕捉第一点。

2）再连续单击捕捉中间和右侧窗的中线，向上移动光标出现角度尺寸标注预览图形。移动光标到合适位置，单击即可放置角度尺寸标注，如图 27-8（b）。

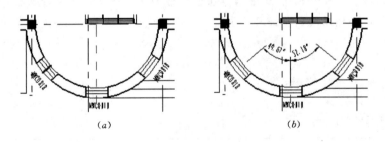

图 27-8　"角度"尺寸标注

4. 径向尺寸标注

"径向"尺寸标注工具可以标注圆或圆弧的半径值。在 F1 平面视图中，缩放到南立面弧墙位置。

1）单击功能区"注释"选项卡的"径向"工具，选项栏选择"参照墙面"，移动光标到南立面弧墙内墙面，如图 27-9（a），当弧墙内边弧线亮显时，单击捕捉圆弧线。

2）移动光标出现半径尺寸标注预览图形，单击即可放置半径尺寸标注，如图 27-9（b）。

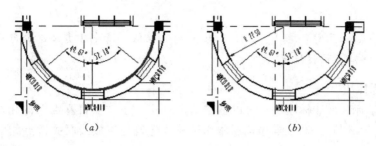

图 27-9　"径向"尺寸标注

5. 弧长度尺寸标注

"弧长度"尺寸标注工具可以标注圆弧长度值。在 F1 平面视图中，缩放到南立面弧墙位置。

1) 单击功能区"注释"选项卡的"弧长度"工具，移动光标到南立面弧墙外墙面，如图 27-10（a），当弧墙外边弧线亮显时，单击捕捉圆弧线。

2) 移动光标单击捕捉和弧线相交的左右两面水平墙的外墙面，如图 27-10（b）。

3) 向下移动光标出现弧长度尺寸标注预览图形，单击即可放置弧长度尺寸标注，如图 27-10（c）。

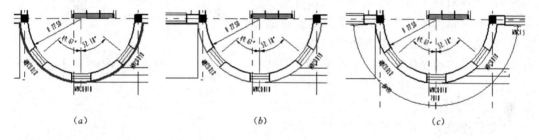

图 27-10　"弧长度"尺寸标注

6. 高程点标注

"高程点"尺寸标注工具可以标注选定点的实际高程值，可将其放置在平面、立面和三维视图中。高程点通常用于获取坡道、公路、地形表面、楼梯平台、屋脊、室内楼板、室外地坪等的高程值。

打开南立面视图，下面以坡屋顶和女儿墙为例标注 3 个高程点。

1) 单击功能区"注释"选项卡的"高程点"工具，从类型选择器中选择"C＿高程 mm"高程点类型，选项栏取消勾选"引线"和"水平段"选项（勾选该选项在标注时将先创建引线和水平段，然后才放置标注）。

2) 移动光标到屋顶最高处顶点，单击捕捉该点并向右移动光标，出现弧长度尺寸标注预览图形后单击，即可放置尺寸标注，如图 27-11。

3) 同样方法在屋顶右侧顶部水平线上、和左侧女儿墙顶部单击捕捉放置尺寸

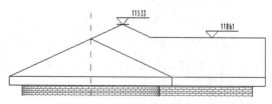

图 27-11　"高程点"尺寸标注

标注。

【提示】　如标注室外地坪、或单位为 m 的高程值，请先从类型选择器中选择对应的高程点类型，然后再捕捉标注。

7. 高程点坐标标注

"高程点坐标"尺寸标注工具可以标注选定点相对于"项目基点"的相对 X、Y 坐标值（可包含高程 Z 值）。高程点坐标通常用于获取建筑施工放线时关键点相对于项目基点的相对坐标。

打开 F1 平面视图，单击"视图"选项卡"可见性/图形"工具，在"模型类别"中的"场地"节点下勾选"项目基点"，单击确定后显示项目基点符号⊗，单击选择该符号，显示基点坐标如图 27-12（a）。开始项目设计前，要事先设定项目基点的位置，例如选择 1 号和 A 号轴线交点和此基点位置重合。取消勾选"项目基点"关闭项目基点显示。

1) 单击功能区"注释"选项卡的"高程点坐标"工具，选项栏勾选"引线"和"水平段"选项。

2) 移动光标到右上角外墙面交点处，显示该点的坐标预览图形后单击捕捉交点，向右上方移动光标出现引线时单击捕捉引线折点，再向右水平移动光标到合适位置单击放置高程点坐标，如图 27-12（b）。

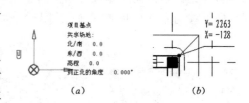

图 27-12　"高程点坐标"尺寸标注

8. 高程点坡度标注

"高程点坡度"尺寸标注工具可以标注模型图元的面或边上的特定点处的坡度。可以在平面视图、立面视图和剖面视图中放置高程点坡度。高程点坡度标注有箭头百分比和三角形两种显示方式。

1) 箭头百分比：

- 打开 F1 平面视图，缩放到右侧散水位置。单击功能区"注释"选项卡的"高程点坡度"工具。从类型选择器中选择"箭头-百分比"高程点坡度类型，选项栏设置"相对参照的偏移"为 1.5mm。

- 移动光标到散水内显示坡度预览图形后，单击放置。同理放置其他点的高程点坡度尺寸标注。按 Esc 键或单击"修改"结束命令。

- 单击选择高程点坡度尺寸标注，拖拽箭头的控制柄调整箭头长度到散水边线内，坡度值位置自动调整，结果如图 27-13（a）。

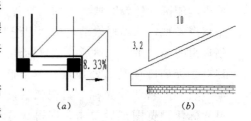

图 27-13　"高程点坡高"尺寸标注

2) 三角形：

- 打开南立面视图，缩放到坡屋顶位置。单击功能区"注释"选项卡的"高程点坡度"工具。从类型选择器中选择"三角形"高程点坡度类型。选项栏设置"坡度表示"为"三角形"，"相对参照的偏移"为 1.5mm。
- 移动光标到弧墙上方坡屋顶左侧坡线上出现坡度预览图形后，单击捕捉坡线，再向左上方移动光标单击放置三角形坡度标注，如图 27-13（b）。保存文件。

27.3.2　编辑永久尺寸标注

尺寸标注的编辑方法有以下 6 种：编辑尺寸界线、鼠标控制、图元与尺寸关联更新、编辑尺寸标注文字、"类型属性"参数编辑（尺寸标注样式）和限制条件。本节详细讲解前 4 种，后两种将在下面两节中单独详细讲解。

接前面练习，打开 F1 平面视图，练习下面尺寸编辑操作。

1. 编辑尺寸界线

该编辑方法仅适用于"对齐"和"线性"尺寸标注类型。

观察前面图 27-6 用"整个墙"方式创建的第 3 道尺寸线，会发现 1、2 和 1/5 号轴线上都有一个标注墙中心线的碎尺寸，1/5 和 6 号轴线间没有标记尺寸，下面就来编辑这几个尺寸，删除、增加尺寸界线，使其符号出图的要求。

1）缩放图形到上方尺寸标注位置，单击选择左边的第 3 道尺寸，"修改 | 尺寸标注"子选项卡如图 27-14。同时尺寸标注蓝色显示，且每个尺寸值下方都有一个打开的锁形符号，尺寸上方还有一个"不相等"符号 ⊠。

图 27-14　"修改 | 尺寸标注"子选项卡

2）单击功能区"编辑尺寸界线"工具，会发现标注的墙中心线、门窗洞口边线、轴线等尺寸界线图元会蓝色显示，如图 27-15（a）。同时随光标移动有一条灰色的尺寸界线。

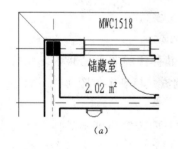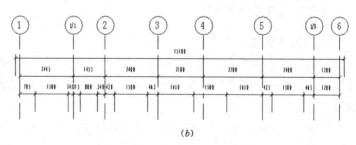

图 27-15　编辑尺寸界线

3）分别单击拾取 1 和 2 号轴线左侧的墙中心线，再在空白处单击即可完成尺寸界线编辑，按 Esc 键或单击"修改"结束命令。

4）同理选择右边的第 3 道尺寸，单击"编辑尺寸界线"工具，再分别单击拾取 4 号轴线、楼梯间高窗洞口左右边线、1/5 轴线右侧的墙中心线和 6 号轴线，在空白处单击完成编辑。完成后的尺寸标注如图 27-15（b）。

5）同样方法编辑其他对齐和线性尺寸标注，满足出图要求为止。注意：有些尺寸值有重叠，不能自动避让，需要手动调整，见下述。

2. 鼠标控制

　　同前，单击选择左边的第 3 道尺寸，尺寸标注显示如图 27-16（a）。观察尺寸标注的每条尺寸界线、每个文字下方都有蓝色实心矩形控制柄可以拖拽调整，锁形符号和"不相等"符号 ≠ 将在"27.5 限制条件的应用"一节讲解。

1）尺寸界线调整：

- 单击并拖拽尺寸界线端点的控制柄，可以调整尺寸界线长度到合适位置。
- 单击某些尺寸界线中点的控制柄，如左侧 1500 窗洞口尺寸界线，可以将尺寸界线切换到窗洞口中心位置，再次单击可以恢复原位置。
- 单击并拖拽尺寸界线中点的控制柄，移动光标捕捉到其他图元参照位置后松开鼠标，即可将尺寸界线移动到新的位置。

2）尺寸标注文字位置调整：单击并向左拖拽 1/1 号轴线左侧的尺寸标注文字 240，单击并向右拖拽 1/1 号轴线右侧的尺寸标注文字 315，即可解决文字重叠避让问题，如图 27-16（b）。

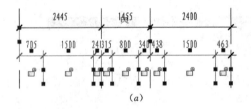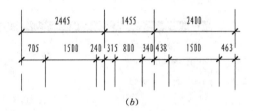

图 27-16　鼠标控制

　　【提示】　　拖拽时尽量不要将文字拖拽出其左右两条尺寸界线范围之外，以达到图纸美观的要求。如空间不够必须拖拽到外侧，则系统会自动添加一条弧形引线，可根据需要在选项栏取消勾选"引线"。

3. 图元与尺寸关联更新

　　与临时尺寸一样，Revit Architecture 的永久尺寸标注和其标注的图元之间始终保持关联更新关系，可以通过"先选择图元，然后编辑尺寸值"的方式精确定位图元。下面举例说明。

　　打开 F1 平面视图，缩放到下方弧墙窗位置，可以发现左右两个窗角度不对称：单击选择左侧的弧墙窗，其角度标注值变为蓝色尺寸，单击文字并输入"50°"后回车，窗自动调整位置。同样方法调整 F2、F3 平面图的弧墙窗位置。

4. 编辑尺寸标注文字

　　Revit Architecture 的尺寸值是自动提取的实际值，单独选择尺寸标注，其文字不能直接编辑。但有些时候在尺寸值前后上下需要增加辅助文字或其他前缀后缀等，或直接用文本替换尺寸值。例如：在平面图中标注洞口的宽度和高度、在楼梯剖面图中标注"20×150＝3000"等。这些特殊的尺寸标注方法如下。

1）洞口尺寸标注：

- 在 F1 平面视图中，缩放到左侧 B 号轴线上的墙和洞口位置。
- 单击"对齐"标注工具，选项栏设置"拾取"为"单个参照点"，移动光标依次单击拾取墙的左端点，洞口左右边线、右侧 1/1 轴线，向上移动光标单击放置尺寸标注。
- 单击中间的 1420 尺寸值，打开"尺寸标注文字"对话框，如图 27-17（a），设置"高于"为"洞口宽度"、"低于"为"高度"。
- 单击"确定"后洞口尺寸的上方（高于）和下方（低于）标注如图 27-17（b）。

2）楼梯剖面标注：

- 打开"LT-04-楼梯剖面详图"，单击"对齐"标注工具，选项栏设置"拾取"为"单个参照点"，移动光标依次单击拾取 F1、F2、F3 标高线，在左侧标高标头内侧单击放置尺寸标注。
- 分别单击尺寸值 3000，在"尺寸标注文字"对话框中设置"前缀"为"20×150＝"，单击"确定"后标注如图 27-17（c）。

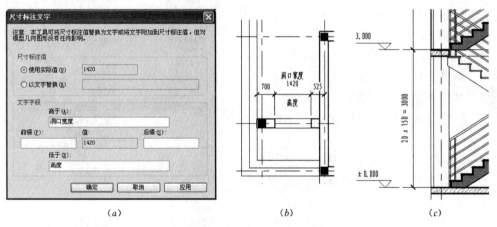

（a）　　　　　　　　（b）　　　　　　　　（c）

图 27-17　编辑尺寸标注文字

　　使用上述尺寸标注创建和编辑方法完成其他平面、立面、剖面等视图的尺寸标注，完成后保存并关闭文件，结果请参见本书附赠光盘"练习文件＼第 27 章"目录中的"江湖别墅-27-02 完成 .rvt"文件。

27.4　尺寸标注样式

　　在上节创建尺寸标注时，所有尺寸标注的文字字体、字体大小、高宽比、文字背景、尺寸记号、尺寸界线样式、尺寸界线长度、尺寸界线延伸长度、尺寸线延伸长度、中心线符号及样式、尺寸标注颜色等尺寸标注的细节设置，都采用了标准的格式设置。这些设置可以在各种尺寸标注样式对话框中事先设置或随时设置，设置完成后，所有的尺寸标注将自动更新。

　　和尺寸标注工具相对应，Revit Architecture 的尺寸标注样式有 6 种，如图 27-18。其设置方法完全一样（个别参数不同），下面以线性尺寸标注样式为例，详细讲解其各项参数设置方法。

　　新建项目文件，完成下面的练习。

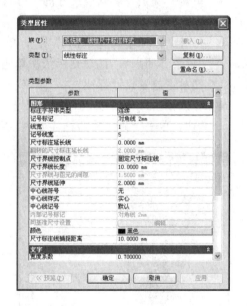

图 27-18　尺寸标注类型

27.4.1　线性尺寸标注样式

(1) 功能区单击"注释"选项卡"尺寸标注"面板的下拉三角箭头，选择"线性尺寸标注类型"命令，打开线性尺寸标注类型的"类型属性"对话框，如图 27-19。

(2) 图形类参数设置：

1) "标注字符串类型"参数：可从下拉列表中选择以下 3 种方式之一。

- "连续"：如前面的第 2 道开间尺寸线，连续捕捉多个图元参照点后，单击放置多个端点到端点的连续尺寸标注。这是建筑设计默认的标注样式（本书样板文件也采用该默认样式），如图 27-20（a）。

- "基线"：连续捕捉多个图元参照点后，单击放置以第一个参照点尺寸界线为基线开始测量的叠层尺寸标注。这种样式在机械行业用得较多，如图 27-20 （b）。

- "纵坐标"：放置带有从尺寸标注原点开始测量的值的尺寸标注字符串，如图 27-20（b）。

2) "记号标记"参数：选择尺寸标注两端尺寸界线和尺寸线交点位置的记号样式。默认选

图 27-19　类型属性

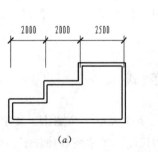

(a)

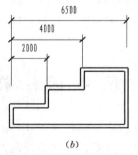

(b)

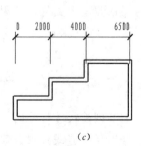

(c)

图 27-20　标注字符串类型

择常用的"建筑 2mm"标记样式（加粗显示 2mm 长的斜线记号）。

3）"线宽"、"记号线宽"：设置尺寸标注线的线宽为 1 号线、记号标记的线宽为 5 号线。

4）"尺寸标注延长线"参数：设置尺寸标注两端尺寸线延伸超出尺寸界线的长度，建筑设计默认为 0mm。

5）"翻转的尺寸标注延长线"参数：仅当将"记号标记"类型参数设置为"箭头"类型时，才启用此参数。当标注空间不够，需要将箭头翻出尺寸界线之外时，箭头外侧尺寸线延长线的长度，如图 27-21。

6）"尺寸界线控制点"参数：可从下拉列表中选择以下两种尺寸界线样式之一。

- "固定尺寸标注线"：选择该值后，可设置下面的"尺寸界线长度"参数为固定值。这是建筑设计默认的标注样式（本书样板文件设置为 10mm），如图 27-22（a）。
- "图元间隙"：选择该值后，可设置下面的"尺寸界线与图元的间隙"参数为固定值。无论标注的图元有多远，尺寸界线端点到图元之间的距离不变，如图 27-22（b）。

图 27-21　翻转的尺寸标注延长线

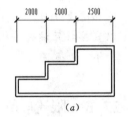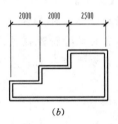

图 27-22　固定尺寸标注线与图元间隙

7）"尺寸界线延伸"参数：设置尺寸界线延伸超出尺寸线的长度，默认为 2mm。

8）"中心线符号"、"中心线样式"、"中心线记号"参数：设置尺寸界线参照族实例和墙的中心线时，在尺寸界线上方显示的中心线符号的图案、线型图案和末端记号。

9）"内部记号标记"参数：仅当将"记号标记"类型参数设置为"箭头"类型时，才启用此参数。设置尺寸翻转后，记号标记样式。

10）"同基准尺寸设置"参数：当"标注字符串类型"参数设置为"纵坐标"时，该参数可用，单击后面的"编辑"按钮，可设置其文字、原点、尺寸线等样式。

11）"颜色"参数：设置尺寸标注的颜色，默认为黑色。

12）"尺寸标注线捕捉距离"参数：设置等间距堆叠线性尺寸标注之间的自动捕捉距离，如前面的 3 道尺寸线之间的自动捕捉距离。

（3）文字类参数设置：

1）"宽度系数"参数：设置文字的高宽比。

2）"下划线"、"斜体"、"粗体"参数：勾选或取消该选项，设置字体样式。

3）"文字大小"、"文字偏移"、"读取规则"参数：设置标注文字的大小、文字相对尺寸线的偏移距离和读取规则。

4）"文字字体"、"文字背景"、"单位格式"参数：设置标注文字的字体、背景是否透明（是否能遮盖文字下方的线等图元）和单位格式（默认选择项目设置单位格式）。

（4）其他标识数据类参数默认。设置完成后单击"确定"，则已有的同类型尺寸标注自动更新，后面新建的尺寸标注按新的样式显示。

（5）创建新的尺寸标注类型：在"类型属性"对话框中单击"复制"，输入新的类型"名称"后"确定"。设置上述各项参数，单击"确定"后即可创建新的尺寸标注类型。单击"对齐"标注工具，从类型选择器中选择需要的尺寸标注类型，即可捕捉图元参照创建不同类型的尺寸标注。

27.4.2　其他尺寸标注样式

对齐、线性、弧长度标注工具都使用的"线性尺寸标注样式"，其他角度、径向、高程点、高程点坐标、高程点坡度尺寸标注样式的设置方法完全一样，不同在于个别参数的不同，例如：径向尺寸标注样式的"显示弧中心标记"、"显示半径前缀"，高程点坐标尺寸标注样式的"高程指示器"等，本节不再详述，请自行体会。完成后关闭文件，不保存。

【提示】　除特殊项目特殊要求外，常规的尺寸标注样式建议在样板文件中事先设置上述尺寸标注样式参数，以便在所有项目中共享使用。本书提供的样板文件中已经设置好了所有的尺寸标注样式，可以直接打开该文件根据需要重新设置并保存后使用。样板文件的设置方法请参见"第 36 章 自定义项目设置"。

27.5　限制条件的应用

如前所述，在创建尺寸标注时，每个尺寸值下都会出现一个锁形符号和"不相等"符号，此为限制条件。在"15.3 自定义可载入构件族及技巧分析"一节中也已经多次使用这两个限制条件，实现了构件的参数化。下面再系统地讲解一下限制条件的应用方法。

打开本书附赠光盘"练习文件 \ 第 27 章"目录中的"27-01. rvt"文件，完成下面练习。

1. 应用尺寸标注的限制条件

在放置永久性尺寸标注后，单击尺寸的锁形符号锁定尺寸标注，即可创建限制条件。

1）单击选择右侧的 440 尺寸标注，单击右侧的锁形符号，即可创建限制条件锁定了门到内墙面之间的距离，如图 27-23（a）。

2）单击选择门，除临时尺寸外，在门的左侧还出现蓝色虚线和锁形符号限制条件，如图

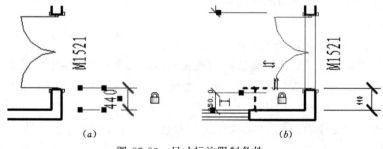

图 27-23　尺寸标注限制条件

27-23（b）。拖拽南立面墙观察门的变化。

【提示】 在视图中用"可见性/图形"工具，在"注释类别"中取消勾选"限制条件"，单击"确定"后可以隐藏限制条件（蓝色虚线和锁形符号）的显示。

2. 相等限制条件

相等限制条件可用于快速等间距定位图元，例如定位参照平面、门窗间距、内墙间距等。

1）单击选择上方的尺寸标注，单击尺寸标注上方的"不相等"符号 ，则中间的两面垂直墙自动调整位置，使其左右间距相等，如图 27-24（a），所有相等的尺寸值变为文字"EQ"。

2）在"属性"选项板中设置"相等显示"参数为"值"，则所有相等的尺寸值变为文字"2167"，如图 27-24（b）。

3）单击选择左侧第 2 面垂直墙，如图 27-24（c），显示蓝色虚线显示的限制条件和 EQ 外，在左侧垂直墙上还有一个锚定符号 ，表示当尺寸变化时，左侧垂直墙保持不动，另三面墙自动调整其位置但保持间距相等。

4）向右水平拖拽选择的第 2 面垂直墙，观察其余墙的变化。可以单击并拖拽锚定符号到另外 3 面垂直墙上锚定其位置不动。

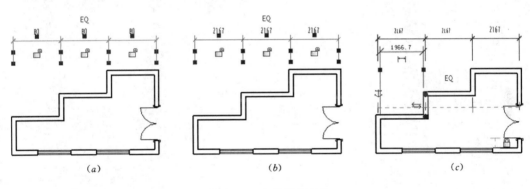

图 27-24 相等限制条件

3. 删除限制条件

可使用以下三种方法取消、删除限制条件：

1）单击锁形符号解除锁定。

2）单击 EQ 符号变为"不相等"符号 ，解除相等限制条件。

3）删除应用了限制条件的尺寸标注时，在弹出的提示对话框中按以下方法执行：

- 单击"确定"：只删除尺寸标注，保留了限制条件。限制条件可以独立于尺寸标准存在和编辑，删除尺寸标注后，选择约束的图元即可显示限制条件。

- 单击"取消约束"：同时删除尺寸标注和限制条件。

完成上述练习后，保存并关闭文件，结果请参见本书附赠光盘"练习文件 \ 第27章"目录中的"27-01 完成 .rvt"文件。

"入室 4 式"第 1 式"各有所长"——尺寸标注！8 大标注工具，6 类尺寸标注样式，强大的样式自定义功能，可以轻松实现各种尺寸标注的要求。而限制条件的应用则赋予了传统尺寸标注更多的辅助设计功能，在项目设计中、特别是自定义构件设计中充分发挥了三维参数化设计的优势。

在施工图设计中另一个与尺寸标注配套的、非常重要的施工图设计工具是文字注释。下面就来学习"入室 4 式"的第 2 式"源远流长"——文字注释。

第 28 章　文　字　注　释

Revit Architecture 的文字注释类图元大致可分为 4 大类：文字、标记、符号、注释记号。本章逐一详细讲解其创建和编辑方法，在下一章的详图设计中将不再描述。

28.1　文字与文字样式

打开本书附赠光盘"练习文件 \ 第 28 章"目录中的"江湖别墅-28.rvt"文件，完成下面的练习。

28.1.1　创建文字

Revit Architecture 的文字和 AutoCAD 一样也分多行文字和单行文字，但命令只有一个，且可以互相转换。

1. 多行文字

1）打开南立面视图，功能区单击"注释"选项卡"文字"面板的"A 文字"工具，"修改 | 放置文字"子选项卡如图 28-1。从类型选择器中选择"3.5mm 仿宋"字体类型。

图 28-1　"修改 | 放置文字"子选项卡

2）根据文字是否带引线和引线类型，Revit Architecture 有 4 个创建文字工具：功能区"格式"面板中的有 4 个带字母"A"的工具，其操作方式略有不同。如图 28-2 为 4 种格式文字示意。

    (a)   (b)   (c)   (d)

图 28-2　4 种格式文字

- 无引线多行文字 A：在图中单击按住鼠标左键并拖拽出矩形文本框后松开鼠标，在框中输入文字，完成后在文本框外单击即可，如图 28-2（a）。
- 一段引线多行文字 A：在图中单击放置引线起点，移动光标到引线终点位置单击按住鼠标左键并拖拽出矩形文本框后松开鼠标，在框中输入文字，完成后在文本框外单击即可，如图 28-2（b）。

- 两段引线多行文字 ✐A：在图中单击放置引线起点，移动光标再次单击放置引线折点，移动光标到引线终点位置单击按住鼠标左键并拖拽出矩形文本框后松开鼠标，在框中输入文字，完成后在文本框外单击即可，如图 28-2（c）。

- 弧引线多行文字 ✐A：在图中单击放置弧引线起点，移动光标到弧引线终点位置单击按住鼠标左键并拖拽出矩形文本框后松开鼠标，在框中输入文字，完成后在文本框外单击即可，如图 28-2（d）。

3）本例采用两段引线多行文字：

- 单击 ✐A 工具，在"格式"面板中单击选择"右上引线"和"右对齐"格式。

- 移动光标在左侧二层的墙上单击捕捉引线起点，向左上方移动光标到墙外单击捕捉引线折点，再向左水平移动光标到引线终点位置单击按住鼠标左键并向左下方拖拽出矩形文本框后松开鼠标，输入"红色瓷砖贴面"后，在文本框外单击即可创建右对齐文字（如果文字长度超出了文本框的宽度，文字将自动换行），如图 28-3（a）。

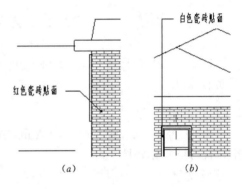

图 28-3　两段引线多行文字

4）同样方法在 F3 层弧墙中间窗的窗套上单击捕捉引线起点，向上垂直移动光标到屋顶上方捕捉引线折点，在水平向右移动到引线终点位置创建左对齐的两段引线多行文字"白色瓷砖贴面"，如图 28-3（b），保存文件。

【提示】　因为 Revit Architecture 可以用文字编辑工具在上述 4 种文字格式之间切换，所以在创建文字时，可以不必在在意文字的引线类型，可先创建文字以后再编辑。

2. 单行文字

单行文字和多行文字的创建和编辑方法完全一样，其唯一的区别在于：创建时只需要在位置起点（对引线单行文字）或在引线终点位置单击鼠标，然后输入文字即可。文本框的长度会随输入文字的长度而变化，文字不换行。本节不再详述，请自行体会。

28.1.2　编辑文字

单击选择刚创建的"白色瓷砖贴面"文字，"修改｜文字注释"子选项卡如图 28-4。

1. 添加/删除引线与引线位置设置

1）添加引线：

图 28-4　"修改｜文字注释"子选项卡

- 选择"白色瓷砖贴面"文字后，单击两次功能区"格式"面板中的"添加左直线引线" 工具，即可增加两条左引线。
- 分别拖拽两条引线的蓝色起点实心圆，到下面 F1、F2 层的弧墙窗的窗套上即可，3 条引线在水平段和垂直方向上重合，起点不同。
- 另外 3 个"添加右直线引线"和"添加左（右）弧引线"方法相同。

2）删除引线：选择"白色瓷砖贴面"文字，功能区单击"删除最后一条引线"工具 ，即可从最后添加的引线开始删除，连续单击可以删除全部引线。

3）引线位置设置：此功能仅对有多行的文字才能见效。选择文字，单击功能区的"左上引线"、"左中引线"、"左下引线"、"右上引线"、"右中引线"、"右下引线"工具，可以设置引线终点在文字的附着点。图 28-5 为引线附着点示意。

图 28-5　左上与左中引线

2. 文字格式与内容编辑

1）对齐方式设置：选择文字，单击功能区的"左对齐"、"居中对齐"、"右对齐"即可。

2）文字内容编辑：选择文字再单击文本框内的文字，即可编辑修改文字内容，完成后在文本框外单击完成编辑。

3）粗体、斜体、下划线：在文本框内选择需要的文字，单击功能区的粗体、斜体、下划线工具即可。

3. 鼠标控制

1）选择"红色瓷砖贴面"文字，显示文本框和引线控制柄，如图 28-6。

2）鼠标拖拽控制柄实现以下编辑功能：

- 移动文本框：单击并拖拽左上角的移动符号，可移动文本框，引线自动调整。
- 旋转文本框：单击并拖拽右上角的旋转符号，可旋转文本框。

图 28-6　鼠标控制

- 文本框宽度调整：单击并拖拽文本框两侧的实心圆控制柄即可，文字自动换行。
- 引线调整：单击并拖拽引线的起点、折点、终点控制柄，可调整引线 3 个点的位置。

4. 拼写检查与查找/替换

1）"拼写检查"：通过该工具可检查已选定内容中或者当前视图或图纸中的文字注释的拼写。

2）"查找/替换"：通过该工具可查找需要的文字，并将其替换为新的文字。

5. "属性"选项板与文字样式

1）类型选择器：选择"红色瓷砖贴面"文字，从"属性"选项板的类型选择器中选择"5mm 仿宋"等类型，可以快速创建其他字体。

2）实例属性参数：选择文字，在"属性"选项板可设置文字的引线附着和对齐方式等，如图 28-7。

3）类型属性参数（文字样式）：

- 选择文字，在"属性"选项板中单击"编辑类型"按钮，打开文字的"类型属性"对话框。或单击"注释"选项卡"文字"面板右侧的箭头，打开的文字的"类型属性"对话框，如图 28-8。
- 在对话框中可设置文字的"颜色"、"文字字体"、"文字大小"、"宽度系数"、"引线箭头"、"显示边框"等参数。"确定"后所有同类型的文字自动更新。
- 新建文字样式：在对话框中单击"复制"，输入新的类型名称，设置上述参数，"确定"后只改变选择的文字类型。

图 28-7　"属性"选项板

图 28-8　类型属性

【提示】　和尺寸标注样式一样，建议在样板文件中事先设置好常用的文字样式，以便大家共享使用。

完成上述练习后，保存文件，结果请参见本书附赠光盘"练习文件 \ 第 28 章"目录中的"江湖别墅-28-01 完成 . rvt"文件。

28.2　标　　记

标记是在图纸中识别图元的专用注释，在"第 7 章 门窗"和"第 20 章 平面视图设计"中已经用到了创建和编辑了门窗标记、房间标记和面积标记等。除此之外，墙、楼板、楼梯、结构构件等各种构件图元都可以根据需要创建自己的标记。

28.2.1　创建标记

标记的创建方法有自动标记和手动标记两大类：

- 自动标记：在使用门窗、房间、面积、梁等工具时，其对应的"修改∣放置门"等子选项卡中，在"标记"面板中都默认选择了"在放置时进行标记"工具，因此在创建这些图元时即可自动标记（本书提供的样板文件中没有载入梁标记，需

要手工载入）。对结构柱等构件则需要单击选择"在放置时进行标记"工具后自动
创建标记。

- 手动标记：对墙、楼梯、楼板、材质等一般情况下不需要标记的图元，则需要用
  "按类别标记"、"全部标记"、"多类别"和"材质标记"等标记工具手动标记。

接上节练习，或打开本书附赠光盘"练习文件 \ 第 28 章"目录中的"江湖别墅-28-
01 完成 . rvt"，打开 F3 楼层平面视图，可以看到图中所有的门窗都没有标记。下面逐一
介绍各种手动标记工具的使用方法，房间标记和面积标记工具详见"第 20 章 平面视图设
计"，本节不再详述。

1. 按类别标记：逐一标记

"按类别标记"工具用于逐一单击拾取图元创建图元特有的标记注释，例如门窗标记
和房间标记等专有标记。

1）在 F3 平面视图中，功能区单击"注释"选项卡"标记"面板的"按类别标记"工具，
"修改｜标记"子选项卡如图 28-9。

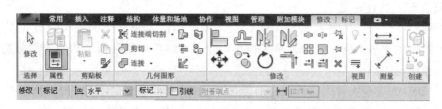

图 28-9　"修改｜标记"子选项卡

2）选项栏设置：

- 引线设置：可以需要勾选或取消勾选"引线"。本例标记门窗，因此取消勾选。
- 标记：单击"标记"按钮，打开"标记"对话框，可以为各种构件类别选择或载
  入需要的标记族，单击"确定"后系统将按选定的标记族样式标记图元。本例选
  择默认的"C＿门标记""C＿窗标记"标记族。

3）移动光标到北立面外墙的窗上，出现窗标记
预览图形，单击即可创建窗标记
"MWC1518"。继续单击拾取其他门窗等图
元可以快速创建其他标记。

4）按 Esc 键多功能区单击"修改"结束标记命
令，保存文件。

2. 全部标记：批量标记

"全部标记"工具用于自动批量给某一类或
某几类图元创建图元特有的标记注释，例如门
窗标记、房间标记、梁标记等专有标记。

1）在 F3 平面视图中，功能区单击"注释"选
项卡"标记"面板的"全部标记"工具，打
开"标记所有未标记的对象"对话框，如图

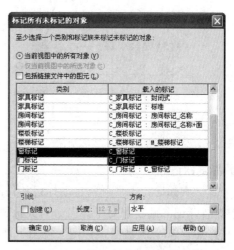

图 28-10　标记所有未标记的对象

28-10。

2）标记设置：

- "当前视图中的所有对象"：系统默认选择。默认在当前视图中的所有对象中标记选择的图元标记族。
- "仅当前视图中的所选对象"：如果事先选择了一些图元，则系统默认选择该选项，将在当前视图中的所选择的对象中标记选择的图元标记族。可以切换选择"当前视图中的所有对象"。
- "包括链接文件中的图元"：勾选该选项，将同时标记链接的 Revit 文件中的图元。
- 引线设置：勾选"创建"即可设置引线长度和方向。本例不勾选。

3）如图 28-10，按住 Ctrl 键单击选择"门标记"和"窗标记"类别，单击"确定"即可自动标记所有没有标记的门和窗。

4）按 Esc 键多功能区单击"修改"结束标记命令，拖拽调整楼梯间两个门的标记位置到合适位置，保存文件。

3. 多类别标记：共性标记

如果需要标记构件的共享属性，例如给楼板、墙、屋顶、楼梯等构件标记其类型名称，则可以使用"多类别"标记工具来快速创建，而不需要单独为不同的构件分别创建一个类型名称标记族。

1）打开"QS-02-墙身大样 2"视图，功能区单击"注释"选项卡"标记"面板的"多类别"工具，类型选择器中选择了默认的标记类型（样板文件中事先载入的）。

2）选项栏勾选"引线"，从后面的下拉列表中选择"自由端点"（如选择"附着端点"则需要先放置标记再调整引线，操作烦琐）。

3）移动光标在顶部的女儿墙截面内单击放置引线起点，向左上方移动光标单击放置引线折点，再向左水平移动光标单击放置标记"女儿墙"。同样方法单击标记平屋顶、墙、楼板和散水。保存文件，结果如图 28-11。

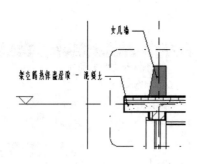

图 28-11　多类别标记

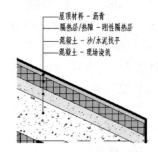

图 28-12　材质标记

4. 材质标记

"材质标记"工具可以自动标记各种图元及其构造面层的材质名称，并最材质名称自动更新标记。此功能对于详图中的大量材质做法标记十分有用。

1）打开"WD-01-坡屋顶详图"视图，功能区单击"注释"选项卡"标记"面板的"材质标记"工具，类型选择器中选择了默认的标记类型（样板文件中事先载入的）。

2）选项栏勾选"引线"，默认选择"自由端点"（不可设置）。

3）移动光标在坡屋顶的下面混凝土结构层内单击放置引线起点，向上垂直移动光标单击放置引线折点，再向右水平移动光标单击放置材质标记"混凝土-现场浇筑"。

4）同样方法在屋顶结构层上方的面层中，在结构层材质标记的垂直线上单击放置引线起点，向上垂直移动光标在结构层材质标记上方单击放置引线折点，再向右水平移动光标单击放置材质标记"混凝土-沙/水泥找平"。

5）同样方法创建保温层和屋面层的材质标记，完成后的叠层标记如图 28-12。保存文件。

28.2.2 编辑标记

打开"QS-02-墙身大样 2"视图，选择"女儿墙"标记，"修改｜多类别标记"子选项卡如图 28-13。

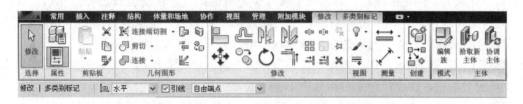

图 28-13 "修改｜多类别标记"子选项卡

1. 引线控制

1）自由端点与附着端点：标记引线的端点有两种形式，其功能特点如下：

- 自由端点：创建时手动捕捉引线起点、折点、终点位置，完成后自由拖拽其位置。特别注意：对多类别标记，即使拖拽引线起点离开其标记的图元，标记也不会自动更新。必须使用"拾取新主体"刷新其标记内容；材质标记则可以自动更新。
- 附着端点：创建时自动捕捉引线起点，放置标记后只能拖拽标记折点和标记位置，引线起点不能调整。

选择标记后，可以在选项栏在两种端点类型之间切换，切换后需要拖拽调整引线和标记位置等。

2）删除/添加引线：选择标记后，在选项栏取消勾选或勾选"引线"即可删除/添加引线，完成后需要拖拽调整标记位置等。

3）鼠标控制：单击并拖拽引线的起点、折点可以调整引线形状；单击并拖拽标记下方的移动符号可以移动标记位置。

2. 标记主体更新

1）"拾取新主体"：选择标记，单击该工具，再单击视图新的标记图元，则标记内容自动更新。对引线自由端点标记需要拖拽调整引线起点。

2）"协调主体"：此工具用于链接模型的标记注释图元的更新或删除。当外部链接模型文件发生变更时，以其为主体的标记图元可能需要更新或删除已经无用的孤立标记，则可以使用该工具删除无用的标记或拾取新主体更新标记。

3. "属性"选项板

1）类型选择器：选择标记，从"属性"选项板的类型选择器中可选择其他标记类型，快速创建其他样式的图元标记。

2）实例属性参数：选择标记，在"属性"选项板可设置标记的引线和方向。

3）类型属性参数（标记样式）：

- 选择标记，在"属性"选项板中单击"编辑类型"按钮，打开标记的"类型属性"对话框。可设置标记"引线箭头"样式为"圆点"或其他样式。
- 新建标记样式：在对话框中单击"复制"，输入新的类型名称，设置"引线箭头"参数，"确定"后只改变选择的标记类型。

4. 载入标记

在本书提供的样板文件"R-Arch 2011＿chs.rte"中已经载入了各种常用的标记族，可以直接选择使用。设计中如遇到梁等没有载入的标记时，可以用以下方式载入使用。

1）提示并载入：标记图元时，如选择了没有标记族的图元，系统会自动弹出提示框询问是否为其载入标记，单击"是"打开"载入族"对话框，定位到"Metric Library"-"注释"目录汇总查找对应的标记族后，单击"打开"载入即可使用。

2）"标记"对话框载入：在"按类别标记"、"多类别"、"材质标记"工具的选项栏中单击"标记"按钮，在"标记"对话框中单击"载入"。

3）"载入的标记"：单击"注释"选项卡"标记"面板的下拉三角箭头，选择"载入的标记"命令，在"标记"对话框中单击"载入"。

4）"载入族"：单击"插入"选项栏中的"载入族"工具载入。

完成上述练习后，保存并关闭文件，结果请参见本书附赠光盘"练习文件＼第 28 章"目录中的"江湖别墅-28-02 完成.rvt"文件。

28.2.3　自定义标记

除样板文件和"Metric Library"-"注释"中系统自带的标记族外，可以根据需要自定义需要的标记族。下面简要介绍其自定义方法。

1）单击应用程序菜单"R$_\Lambda$"图标，在下拉菜单中单击选择"新建"-"注释符号"命令，在"新注释符号-选择样板文件"对话框中选择合适的样板文件作为模板：

- "M＿门标记.rft"、"M＿窗标记.rft"：创建门窗标记时使用。
- "M＿房间标记.rft"：创建房间标记时使用。
- "M＿多类别标记.rft"：创建多类别标记时使用。
- "M＿常规标记.rft"：创建其他构件标记，如材质标记、墙标记等时使用。

2）本例以常规标记为例。选择"M＿常规标记.rft"单击"打开"进入族编辑器，删除红色说明文字。功能区单击"常用"选项卡"属性"面板的"族类别和族参数"工具，在对话框中选择需要的标记类别，如"材质标记"，单击"确定"。

3）功能区单击"常用"选项卡"文字"工具，类型选择器中默认的文字样式为"3mm"（需要的话可设置其类型属性参数创建新的文字样式）。在参照平面交点右侧单击放置文本框，输入"材质："。

4）单击"常用"选项卡"标签"工具，类型选择器中默认的标签样式为"3mm"（需要的话可设置其类型属性参数创建新的标签样式）。在"材质："右侧单击标签，自动打开"编辑标签"对话框。

5) 如图 28-14，在左侧"类别参数"栏中选择"名称"，单击中间 符号，添加到右侧"标签参数"栏中，单击"确定"创建了材质名称标签，可以在项目文件中自动提取图元材质名称。

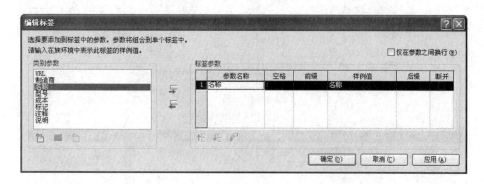

图 28-14　编辑标签

6) 单击选择"名称"标签，在"属性"选项板中设置其"水平对齐"参数为"左"。完成后的标记样式如图 28-15 (*a*)。

7) 需要的话，可以用"线"、"填充区域"等命令绘制其他辅助图形或文字。

8) 保存文件为"材质标记-名称 . rfa"。结果请参见本书附赠光盘"练习文件 \ 第 28 章"目录中的同名文件。

9) 新建一个项目文件，绘制一面墙和一扇窗，做一个剖面视图，设置其详细程度为"精细"。载入刚创建的材质标记族，用"材质标记"工具测试标记，结果如图 28-15 (*b*) 示意。

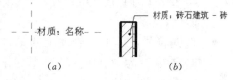

图 28-15　自定义材质标记

其他标记族的定义方法大同小异，篇幅有限，本节不再一一讲解，请自行体会。

28.3　符号与注释块明细表

使用"符号"工具可以在项目中放置二维注释图纸符号，例如：指北针、坡度符号、参考图籍符号等，如图 20-16 示意。

28.3.1　创建符号

打开本书附赠光盘"练习文件 \ 第 28 章"目录中的"江湖别墅-28-02 完成 . rvt"，打开 F1 楼层平面视图，完成下面练习。

1) 功能区单击"注释"选项卡"符号"面板的"符号"工具，"修改｜放置符号"子选项卡如图 28-17。

2) 指北针：从类型选择器中选择"C _ 指北针 1"符号类型，移动光标在图形右上角单击放置即可，如图 28-18 (*a*)。

3) 图籍索引符号：

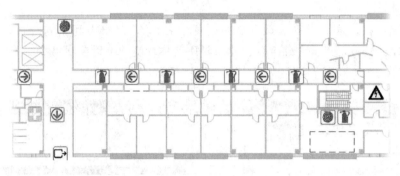

图 28-16　符号

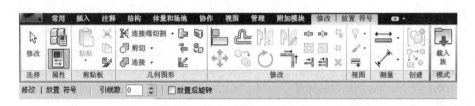

图 28-17　"修改│放置符号"子选项卡

- 从类型选择器中选择"C＿图籍索引"符号类型，选项栏设置"引线数"为1，移动光标在图形右下角台阶外单击放置一个带引线的图籍索引符号，按 Esc 键结束命令。
- 选择符号，单击符号左上角的"?"，输入"图籍名称"为"J85-990"；单击符号左下角的"?"，输入"注释1"为"台阶详见"；单击标头内上方的"?"，输入"图籍详图号"为1；单击标头内下方的"?"，输入"图籍页码"为2（也可在符号的"属性"选项板中设置上述参数）。

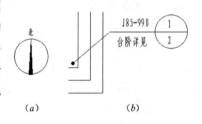

图 28-18　自定义材质标记

- 选择符号，调整引线起点、折点、符号位置到合适位置。结果如图 28-18（b）。

4）更多符号请单击"载入族"工具从"Metric Library"-"符号"中载入使用，或自定义符号族后载入使用。保存文件。

28.3.2　编辑符号

选择符号，"修改│常规注释"子选项卡如图 28-19。

符号的编辑方法和前面两节的文字和标记类似，可以添加/删除引线、可以鼠标拖拽引线端点和符号位置、可以在"属性"面板中选择其他类型、设置符号实例参数或设置符号的类型属性参数。本节不再详述，请自行体会。

28.3.3　注释块明细表

Revit Architecture 可以自动使用"注释块"明细表工具，自动统计使用"符号"工具添加的全部符号实例。

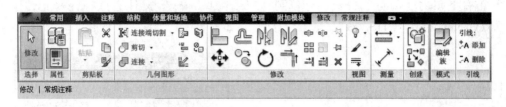

图 28-19 "修改 | 常规注释"子选项卡

1) 功能区单击"视图"选项卡"明细表"工具,从下拉菜单中选择"注释块"命令。在"新建注释块"对话框左侧的"族"列表中选择"C_符号-指北针"符号族,输入明细表名称为"指北针",单击"确定"。
2) 在"注释块属性"对话框的"字段"中,选择"类型""合计",单击"添加(A)-->"。在"排序/成组"中勾选"合计",取消勾选"逐项列举每个实例"。其他默认。
3) 单击"确定"即可指北针的总数。

   注释块的自动统计功能可以用来在表格中批量修改符号类型,例如如果给几面墙附着了同样的符号注释,当修改注释时,为提高效率,希望一次性修改所有相同的注释,则可以先统计该符号注释,然后在表格中编辑修改,图形中的符号注释即可自动更新。

【提示】 明细表的创建和编辑方法请参见"第 25 章 明细表视图设计"。

28.3.4 自定义符号

自定义符号的方法同自定义标记一样,不同之处是需要选择"常规注释.rft"为样板文件。本节不再详述,详细请参考"28.2.3 自定义标记"。

完成上述练习后,保存并关闭文件,结果请参见本书附赠光盘"练习文件 \ 第 28 章"目录中的"江湖别墅-28-03 完成.rvt"文件。

28.4 注释记号与注释记号图例视图

除添加文字、标记、符号外,还可以通过给构件或材质添加注释记号,并创建注释记号图例的方式来识别图元,如图 28-20 示意。创建注释记号的基本流程如下。

28.4.1 设置注释记号文件

Revit Architecture 中提供的默认注释记号数据基于 1995 年建筑规范研究院(CSI)Master Format 系统,该系统可使用 16 区来组织建筑流程和材质。这是在美国广泛使用的一种系统。该系统的较新版本尚未得到广泛的传播和使用。此较新版本是基于 50 区的,并于 2004 年引入。可根据需要将其他区添加到默认注释记号数据文件中,以完成对此新格式的支持。

打开本书附赠光盘"练习文件 \ 第 28 章"目录中的"28-01.rvt"文件,打开"详图01"视图,完成本节练习。

1) 功能区单击"注释"选项卡"标记"面板的下拉三角箭头,选择"注释记号设置"命令,打开"注释记号设置"对话框。

2）单击右上角的"浏览"按钮，定位到"Metric Library"文件夹选择注释记号文件"RevitKeynotes_CHS.txt"，单击"打开"，如图 28-21。

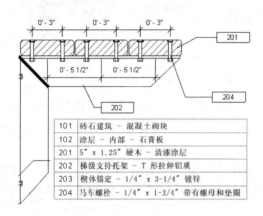

图 28-20　注释记号

图 28-21　注释记号设置

3）设置文件的"路径类型"和"编号方法"，单击"确定"完成设置。保存文件。

28.4.2　创建与编辑注释记号

创建注释记号有 3 个工具：

- 图元注释记号：使用为图元指定的注释记号类型标记选定图元。
- 材质注释记号：使用为选定图元材质指定的注释记号类型标记选定图元材质。
- 用户注释记号：使用选定的注释记号标记图元。

1）功能区单击"注释"选项卡"标记"面板"注释记号"工具的下拉三角箭头，选择"材质注释记号设"命令。选项栏勾选"引线"设置引线端点附着方式为"自由端点"。

2）移动光标在屋顶中间的结构层内单击放置引线起点，移动光标再单击放置折点和终点，弹出"注释记号"对话框。如图 28-22，从列表中选择关键字代码"03400"，单击"确定"创建注释记号。

3）同理在屋顶结构层上方的保温层内单击创建注释记号"07220"；在屋顶结构层下方的保温层内单击创建注释记号"09200"；在墙结构层中创建注释记号"04050"，完成后的结果如图 28-23。

注释记号的编辑方法和前面标记类似，可以添加/删除引线、可以鼠标拖拽引线端点和符号位置、可以在"属性"面板中选择其他类型、设置符号实例参数或设置符号的类型属性参数、可以拾取新主体、协调主体等。本节不再详述，请自行体会。

28.4.3　注释记号图例视图

仅有注释记号不足以描述清楚图元材质、图元类型等，需要配以注释记号图例表来辅助说明。

1）功能区单击"视图"选项卡"创建"面板中的"图例"工具，从下拉列表中选择"注释记号图例"命令。

2）在"新建注释记号图例"对话框中输入图例表名称"注释记号图例"后单击"确定"，打开"注释记号图例属性"对话框。

图 28-22 注释记号设置

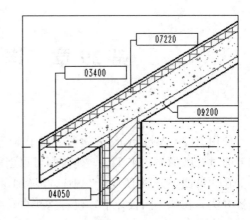

图 28-23 注释记号

3) 在明细表属性设置对话框中默认选择了图例表的字段"关键
值"和"注释记号文字",单击"确定"自动创建注释记号
图例表格,如图 28-24。

注释记号图例	
关键值	注释记号文字
03400	预制混凝土
04050	基本岩石建筑材
07220	屋顶及屋面板隔
09200	灰泥板和石膏板

【提示】 明细表的创建和编辑方法请参见"第 25 章 明细
表视图设计"。

图 28-24 注释记号图例

4) 完成上述练习后,保存并关闭文件,结果请参见本书附赠光
盘"练习文件 \ 第 28 章"目录中的"28-01 完成 .rvt"文件。

"入室 4 式"第 2 式"源远流长"——文字注释!文字、标记、符号、注释记号 4 大
金刚,辅以各种尺寸标注让设计图面立刻显得充实起来,真正起到了记载历史的重任。

在施工图设计中,除在各种平面、立剖面视图中创建尺寸标注与文字注释之外,还有
大量的工作在于节点详图设计。下面就来学习"入室 4 式"的第 3 式"精雕细刻"——详
图设计。

第 **29** 章　详　图　设　计

　　使用 Revit Architecture 进行三维 BIM 设计时，不是每一个构件或构件的细部特征都需要通过三维的方式来实现，建筑师可以创建标准详图，将设计信息传递给施工方。

　　在"第四部分 视图设计"中已经详细讲解了各种剖面详图、详图索引视图的创建和设置方法。在施工图设计中，仅有这些自动生成的基本视图还远远达不到施工图设计的细节要求，还需要在此基础上进一步用各种详图设计工具进行深化设计，再辅以前面两章讲到的尺寸标注和文字注释，方能完成施工图详图设计。

　　本章将在上两章的基础上，详细讲解各种详图设计工具的使用方法。注意：和尺寸标注和文字注释一样，本章创建的各种详图图元都属于视图专有图元，只能在创建的视图中显示。

29.1　详图视图与绘图视图

　　根据详图的创建方法不同，Revit Architecture 的详图分为两种类型：详图视图和绘图视图。打开本书附赠光盘"练习文件 \ 第 29 章"目录中的"江湖别墅-29. rvt"文件，完成下面练习。

29.1.1　详图视图

　　详图视图是由模型的平面、立剖面等视图剖切或索引而创建的详图，详图中包含建筑模型图元，是模型相关详图。例如前面讲到的用"剖面"工具创建的墙身详图，和用"详图索引"工具创建的平屋顶详图等都属于模型相关详图视图。

　　因为详图视图是从模型视图创建而来，因此与其他平面、立剖面等模型视图保持双向关联修改，确保了详图设计的精确性，提高了设计质量。

　　创建详图视图有以下两种方法，其视图保存在项目浏览器的"详图视图（详图）"节点下，如图 29-1：

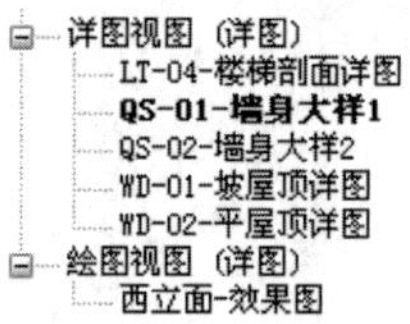

图 29-1　详图

1）功能区单击"视图"选项卡"创建"面板的"剖面"工具，从类型选择器中选择"详图"类型，创建剖面详图（详见"22.2 墙身等详图剖面视图"）。

2）功能区单击"视图"选项卡"创建"面板的"详图索引"工具，从类型选择器中选择"详图"类型，创建详图索引节点详图（详见"23.1 详图索引视图"）。

29.1.2　绘图视图

　　除上述模型相关详图外，在详图设计中可能需要创建和模型不关联的详图，例如手绘的二维详图、或导入的 AutoCAD 详图等，Revit Architecture 把这类详图称为"绘图视图"。其创建方法如下：

1）在"江湖别墅-29.rvt"文件中，功能区单击"视图"选项卡"创建"面板的"绘图视图"工具。在"新绘图视图"对话框中，输入视图"名称"为"屋顶详图"，设置"比例"为"1∶50"，单击"确定"在项目浏览器中的"绘图视图（详图）"节点下创建了新的空白详图。

2）在此空白详图视图中，使用方法创建详图设计内容：

- 绘制详图：使用各种详图绘制工具（详图线、填充区域、详图构件、重复详图构件、隔热层、详图组、尺寸标注、文字、注释、符号等，详见下节内容），绘制二维详图线和详图构件等图元。
- 导入或链接详图：导入或链接外部的 AutoCAD 详图、Revit Architecture 标准详图等可重复利用详图资源。

3）本例采用导入详图方法：功能区单击"插入"选项卡"导入"面板的"导入 CAD"工具，定位到本书附赠光盘"练习文件 \ 第 29 章"目录中的"导入绘图视图.dwg"文件，单击"打开"即可，结果如图 29-2。保存文件。

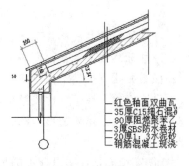

图 29-2　绘图视图

【提示】　导入的 CAD 文件是一个整体，不能直接编辑。关于导入导出等方法详见"第 37 章 共享与协同"。

绘图视图和模型间没有任何关联关系，但在设计中可能需要和详图视图一样在绘图视图和模型视图间创建一个位置参照关系，单击索引标头或剖面标头即可打开该绘图视图。此需求可以使用"详图索引"或"剖面"工具，并在选项栏中勾选"参照其他视图"并从列表中选择刚创建的绘图视图名称即可。"参照其他视图"的设置方法详细请参见"22.3　参照剖面视图"和"23.2　参照详图索引视图"，本节不再详述。

29.2　详图设计与编辑工具

无论是详图视图，还是绘图视图，甚至常规平面、立剖面等视图中，都可以使用以下各种详图设计和编辑工具进行深化设计，再加上前两章的尺寸标注和文字注释工具，即可完成施工图设计。本节将详细介绍各种详图设计和编辑工具的使用方法和设置技巧。

29.2.1　详图设计工具

接上节练习，在"江湖别墅-29.rvt"文件中，打开"QS-01-墙身大样 1"视图，观察墙、屋顶、楼板图元的构造层显示已经在视图的"可见性/图形"对话框中做好了设置（详见"5.3 复合墙与叠层墙"的"3. 复合墙详图显示设置"）。可将同比例相同显示设置的视图保存为视图样板，并应用到其他同类视图，而不需要逐个视图设置，详见"20.1.3 视图样板"）。

下面详细讲解"注释"选项卡"详图"面板中的每一个重要的详图设计工具。

1. 详图线

在"2.2 基础绘制功能"和"14.4.2 模型线"中详细讲解了模型线的创建和编辑方法，模型线属于模型图元，创建一根线可以在所有视图中显示。而详图线则属于视图专有图元，只能在创建的视图中可见。因此详图线是详图设计中最常用的二维设计工具，其创建和编辑方法和模型线完全一样，本节不再详述，请参见模型线有关章节。

1）在"QS-01-墙身大样 1"视图中，功能区单击"注释"选项卡"详图"面板的"详图线"工具，"修改 | 放置详图线"子选项卡如图 29-3。默认选择"线" ╱ 绘制工具。

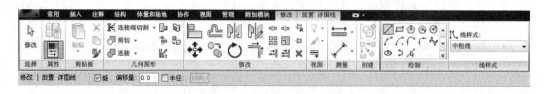

图 29-3　"修改 | 放置详图线"子选项卡

2）在功能区的"线样式"下拉列表中选择"中粗线"样式，移动光标在－0.45mm 室外地坪标高线上，在视图裁剪框左右边界位置单击捕捉两点绘制一条直线，表示室外地面截面线（虽然本例链接了外部的地形总图 Revit 文件，可以自动剖切地面，但需要设置其可见性等，比较繁琐，因此本例直接关闭了其显示，而绘制详图线表示）。

3）其他矩形、正多边形、圆、圆弧、椭圆、样条曲线等详图线根据需要绘制。保存文件。

2. 图案填充

图案填充是详图设计中的另一个应用广泛的设计工具，在 Revit Architecture 中创建图案填充有以下两种方法：图元材质和填充区域。

1）图元材质设置：设置图元材质的"截面填充图案"，适用于所有的三维模型图元。

在详图中观察墙、楼板、屋顶等图元的截面，发现这些图元的构造层中已经自动显示了材质图案填充，无须逐一绘制。

- 在"QS-01-墙身大样 1"视图中，单击选择坡屋顶，在"属性"选项板中单击"编辑类型"按钮，打开"类型属性"对话框。单击"结构"参数后面的"编辑"按钮，打开"编辑部件"对话框。

- 单击第 7 行"结构 [1]"后面的"材质"参数值后面的小按钮，打开"材质"对话框。可以看到右侧的"截面填充图案"为"混凝土"。在左侧"材质"列表中选择"C_混凝土-钢筋混凝土-密集"材质，"截面填充图案"变为"钢筋混凝土_0.02"。

【提示】　可复制新的材质名称，设置其"截面填充图案"、"表面填充图案"等，材质详细设置方法请参见"第 32.1 材质与渲染外观库"。

- 单击第 1 行"面层 1 [4]"后面的"材质"参数值后面的小按钮，打开"材质"对话框。从"表面填充图案"下拉列表中选择"250 垂直"填充样式。

- 单击"确定"关闭对话框，所有同类型屋顶的截面填充图案全部自动更新。如图

29-4（*a*）为屋顶截面填充图案，图

29-4（*b*）为屋顶表面填充图案。

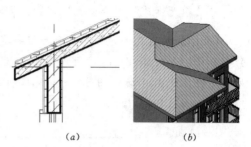

2）填充区域：除模型图元截面以外的图案填充，可以使用"填充区域"工具快速创建。例如：在墙剖面中绘制一个钢筋混凝土的图案填充，表示窗上部的过梁，而不需要创建一个三维的梁；或在平面中绘制一个地毯图案填充表示地毯等。

图 29-4 图元材质填充图案

- 在"QS-01-墙身大样 1"视图中，功能区单击"注释"选项卡"详图"面板的"区域"工具的下拉三角箭头，选择"填充区域"工具，"修改｜创建填充区域边界"子选项卡如图 29-5。

图 29-5 "修改｜创建填充区域边界"子选项卡

- 选择"矩形" ▭ 绘制工具，在"线样式"下拉列表中选择"粗线-5 号"样式，移动光标在坡屋顶下方窗户上方的墙内，捕捉结构层边界绘制一个高 250 的矩形，如图 29-6（*a*）。
- 在"属性"选项板中单击"编辑类型"按钮，从"类型"下拉列表中选择"钢筋混凝土-密"图案填充类型

【提示】 可单击"复制"，新建图案填充类型，然后单击参数"填充样式"的"值"名称的小按钮打开"填充样式"对话框，如图 29-7。从中选择需要的填充样式后，单击"确定"并设置其"线宽"、"颜色"等属性参数。

- 单击"确定"，再单击功能区"√"即可创建过梁图案填充，如图 29-6（*b*）。
- 编辑图案填充：选择图案填充可以用功能区的"编辑边界"工具重新设置图案填充边界，可在"属性"选项板中替换填充类型或单击"编辑类型"按钮设置其

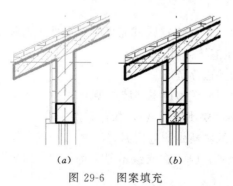

图 29-6 图案填充

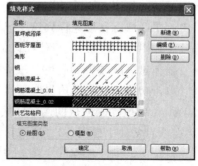

图 29-7 填充样式

"填充样式"等类型属性参数。编辑简单不再详述，请自行体会。保存文件。

【提示】　填充区域孤岛检测与边界显示控制：在绘制填充区域时需要绘制封闭的嵌套轮廓线，如图29-8（a）；可以选择其边线从类型选择器中选择线样式，如虚线、不可见线等特殊线型，如图29-8（b）；完成填充区域时，多层嵌套的边界会自动检测并显示填充图案，如图29-8（c）。

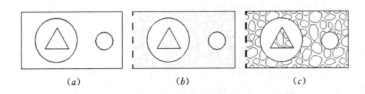

图 29-8　孤岛检测与边界显示控制

3. 遮罩区域

在"1.5.2 图元可见性控制"中讲到可以使用可见性/图形、在视图中隐藏/隔离、临时隐藏/隔离等方法快速隐藏/显示某个或某类图元。除此之外，在项目设计中有时候需要隐藏图元的局部而不是整个图元，则可以使用"遮罩区域"工具。遮罩区域的创建和编辑方法如下：

1）在"QS-01-墙身大样 1"视图中，功能区单击"注释"选项卡"详图"面板的"区域"工具的下拉三角箭头，选择"遮罩区域"工具，"修改｜创建遮罩区域边界"子选项卡如图 29-9。

图 29-9　"修改｜创建遮罩区域边界"子选项卡

2）选择"矩形"▭绘制工具，在"线样式"下拉列表中选择"不可见线"样式，移动光标在 3.000 标高上方的窗周围绘制一个矩形，如图 29-10（a）。

3）单击功能区"√"即可创建遮罩区域遮盖了下面的墙窗等图元的显示，且遮罩区域边界不可见，如图 29-10（b）。

4）编辑遮罩区域：移动光标到遮罩区域边界附近，当遮罩区域亮显时单击即可选择遮罩区域，如图 29-10（c）。可使用以下方法编辑遮罩区域。

- 拖拽遮罩区域边界蓝色双三角控制柄调整边界范围。
- 单击功能区"编辑边界"工具，重新绘制或调整遮罩区域边界。

5）按 Delete 键删除刚创建的遮罩区域（本例不需要遮罩区域），保存文件。

除在项目文件中使用外，"遮罩区域"在族编辑器中的应用更有用：

- 自定义二维注释族（注释、详图或标题栏）时，在族编辑器中可创建二维遮罩区域，用于控制二维图元的显示。

- 在创建三维模型族时，在族编辑器中可创建三维遮罩区域，用于控制三维图元的显示。如图 29-11，可通过遮罩区域来控制椅子和桌子族重叠时两者之间的遮挡关系。

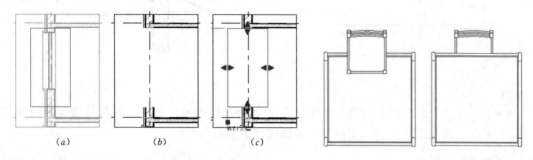

图 29-10　遮罩区域　　　　　　　图 29-11　构件族遮罩区域

4. 详图构件

详图构件的概念类似于 AutoCAD 中的详图图块，可以直接选择放置后复制、阵列等。详图构件是视图专有图元，只在创建的视图中显示，单击在视图中放置即可。

Revit Architecture 的详图构件有两种类型：公制详图构件和基于线的公制详图构件。其创建方法略有不同。

1）公制详图构件：

- 在"QS-01-墙身大样 1"视图中，功能区单击"注释"选项卡"详图"面板的"构件"工具的下拉三角箭头，选择"详图构件"工具，"修改 | 放置详图构件"子选项卡如图 29-12。

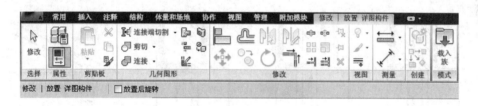

图 29-12　"修改 | 放置详图构件"子选项卡

- 从类型选择器中选择"M＿电＿电箱"的"B1"类型，移动光标在一层楼板上方位置单击放置即可，如图 29-13。可选择其他详图构件，继续单击放置。
- 编辑详图构件：单击选择电箱，可拖拽其位置，单击双箭头符号反转方向，或在"属性"选项板中单击"编辑类型"按钮设置其"高度"、"宽度"参数。

2）基于线的公制详图构件：

- 接前面练习。单击"载入族"工具，定位到"Metric Library"-"详图构件"-"木质和塑料"-"粗制的木器"-"预制木质结构"目录中，选择"木质工形托梁-侧边．rfa"文件，单击"打开"载入详图构件族。
- 在图中单击捕捉 9.500 标高和内墙面交点为起点，水平向右移动光标单击捕捉终点，在两点之间即可绘制工形托梁的侧面图形，如图 29-14。

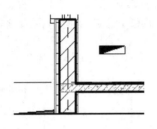

图 29-13　详图构件

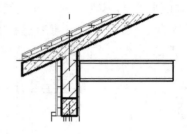

图 29-14　基于线的详图构件

- 编辑基于线的详图构件：单击选择工形托梁详图构件，可拖拽其位置，拖拽其端点位置改变长度（长度改变后详图构件自动延伸）。

【提示】　可从"Metric Library"-"详图构件"库中载入更多的详图构件，或自定义详图构件。自定义详图构件是提升施工详图设计效率的最重要的手段之一，自定义方法详见"29.4 自定义详图构件"。

5. 截断符号

截断符号是一种特殊的详图构件，因为在详图设计中大量使用，所以在本小节中单独详细讲解。

1）在"QS-01-墙身大样 1"视图中，功能区单击"注释"选项卡"详图"面板的"构件"工具的下拉三角箭头，选择"详图构件"工具。

2）从类型选择器中选择"M_截断符号"构件，移动光标到顶部详图裁剪边界下部窗断开位置，光标处出现截断符号预览图形，如图 29-15（*a*）。

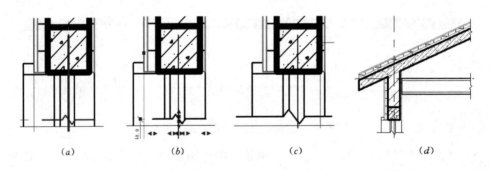

（*a*）　　　　　　（*b*）　　　　　　（*c*）　　　　　　（*d*）

图 29-15　截断符号

3）按空格两次旋转符号 180°，单击放置截断符号，如图 29-15（*b*）。拖拽截断符号的蓝色双三角控制柄可以调整截断符号的总宽度、折线宽度和高度、移动折线位置等，让截断符号遮盖有关图形，完成后的截断符号如图 29-15（*c*）。

4）同样方法在其他详图裁剪边界截断图形位置创建截断符号，完成后单击视图控制栏的↹，隐藏裁剪边界，结果如图 29-15（*d*）。保存文件。

【提示】　可以复制截断符号提高设计效率，无须逐一单击放置调整。

6. 重复详图构件

"详图构件"工具可以快速放置单个详图图元或随两点长度自动延伸的详图图元。在详图设计中有时候需要在两点长度间沿直线方向自动阵列单个详图图元,且希望调整阵列详图图元的间距值,则可以使用专用的"重复详图构件"工具快速创建。

1)绘制土壤:

- 在"QS-01-墙身大样 1"视图中,功能区单击"注释"选项卡"详图"面板的"构件"工具的下拉三角箭头,选择"重复详图构件"工具,"修改丨放置重复详图"子选项卡如图 29-16,默认选择"线"╱绘制工具(可拾取线自动绘制)。

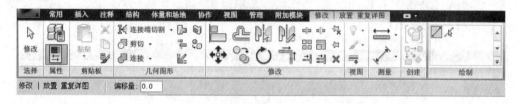

图 29-16 "修改丨放置重复详图"子选项卡

- 从类型选择器中选择"素土夯实"重复详图类型。移动光标单击捕捉－0.450m 室外地坪标高上详图线的左右端点,即可绘制重复详图(该详图由一个标准详图构件,零间距直线阵列而成),如图 29-17(a)。

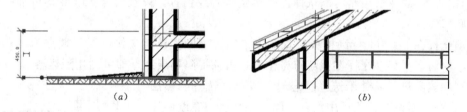

图 29-17 重复详图构件

2)绘制射钉:

- 同样方法,选择"重复详图构件"工具,在"属性"选项板中单击"编辑类型"按钮,打开"类型属性"对话框。
- 单击"复制",输入"射钉组"为新的重复详图"名称",单击"确定"。
- 从"详图"参数右侧值的下拉列表中选择"钉"详图构件为基础图元,设置"布局"参数为"固定距离",阵列"间距"参数为400mm,"详图旋转"参数为"逆时针 90°"。

【提示】 可设置"布局"参数为"固定数量"、"最大间距"或"填充可用间距"(零间距填充)。

- 单击"确定"关闭对话框,创建"射钉组"重复详图构件。
- 移动光标在前面创建的屋顶下方的工形托梁详图上边线两端点内侧附近,单击捕捉两点,即可在两点之间按规则自动阵列钉子详图,如图 29-17(b)。

- 编辑详图构件：选择"射钉组"重复详图构件，拖拽左右端点调整长度，中间的详图构件阵列数量自动根据长度变化调整；单击"属性"选项板的"编辑类型"按钮回到"类型属性"对话框，可重新设置前述"布局"、"间距"等参数。保存文件。

7. 隔热层

Revit Architecture 还提供了专用的"隔热层"工具，可以快速创建各种宽度和密度的隔热层构件。

1) 在"QS-01-墙身大样 1"视图中，功能区单击"注释"选项卡"详图"面板的"隔热层"工具，"修改│放置隔热层"子选项卡如图 29-18。默认选择"线"／绘制工具（可拾取线自动绘制）。

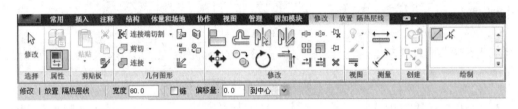

图 28-18　"修改│放置隔热层"子选项卡

2) 设置选项栏：设置隔热层"宽度"为 50，"偏移量"为 25（宽度的一半），偏移参照为"到中心"（隔热层绘制时默认捕捉隔热层中心线位置，设置偏移 25mm 即可捕捉隔热层底部绘制）。

3) 移动光标在 ±0.000 标高楼板位置，单击捕捉墙面和楼板交接位置下端点为隔热层起点，向右水平移动光标在截断符号位置单击捕捉隔热层终点即可创建隔热层。

4) 在刚创建隔热层后处于选择状态时（或单击选择隔热层后），在"属性"选项板中设置"隔热层膨胀与宽度的比率（1/x）"参数为 2。完成后的隔热层如图 29-19。

5) 编辑隔热层：选择隔热层，可以用临时尺寸编辑其长度，拖拽其位置，或在"属性"选项板中设置"隔热层宽度"、"隔热层膨胀与宽度的比率（1/x）"参数。保存文件。

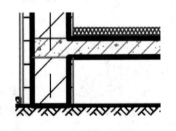

图 29-19　隔热层

8. 详图组

在"14.4.3 模型组"中详细讲解了组的概念，模型组和与模型有关的标记等附着详图组的创建和编辑方法，组的使用是提升设计效率的手段之一。与模型组对应的还有"详图组"工具，是提升详图设计效率的手段之一。

特别说明：只能选择和模型图元没有关系的文字、符号、详图线、填充区域、遮罩区域、详图构件、重复详图构件、隔热层等视图专有详图图元来创建详图组。当选择了与模型相关的标记、尺寸标注等图元创建详图组时，系统会自动报警提示不能忽略的错误。

1) 在"QS-01-墙身大样 1"视图中，按住 Ctrl 键单击选择前面创建的屋顶下方的工形托梁详图、"射钉组"重复详图、右侧的截断符号，功能区显示"修改│详图项目"子选项卡。

2) 功能区单击"创建"面板的"创建组"工具，在"创建详图组"对话框中输入详图组名称"木质梁详图"，单击"确定"即可创建详图组，如图 29-20。保存文件。

3) 创建详图组后，即可选择组，用"创建组"工具下的"创建类似实例"工具、复制、阵列、镜像等工具快速创建其他相同的详图组。

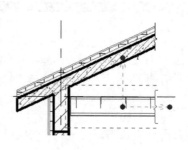

图 29-20 详图组

4) 编辑详图组：详图组的编辑方法和模型组完全一样，可以用"编辑组""解组"工具，拖拽调整组原点等方法编辑修改。本节不再详述，请参见"14.4.3 模型组"有关内容自行体会。

29.2.2 详图编辑工具

除上述详图设计工具外，还有几个专用的详图和视图编辑工具，在详图设计中广泛使用。

1. 详图显示顺序调整

单击选择上述各种详图图元时，在"修改｜详图项目"子选项卡的右侧都会显示"排列"面板。如图 29-21，单击"放到最前"或"放到最后"工具的下拉三角箭头，可以选择"放到最前"、"前移"或"放到最后"、"后移"工具，即可调整重叠详图图元的前后显示位置。

2. 剖切面轮廓

"剖切面轮廓"工具是详图设计中最重要的编辑工具，可以使用该 图 29-21 详图排序
工具编辑墙、楼板、屋顶、梁等各种模型图元的截面轮廓，以满足施工详图细节设计的要求，而模型图元的模型本身并不发生任何变化。下面以坡屋顶为例详细讲解其编辑方法。

1) 打开"WD-01-坡屋顶详图"视图，功能区单击"视图"选项卡"图形"面板的"剖切面轮廓"工具，选项栏选择"编辑"后面的"面"。

2) 移动光标单击拾取坡屋顶的结构层边线，"修改｜创建剖切面轮廓草图"子选项卡如图 29-22。同时在结构层边线上显示橙色轮廓线。

3) 选择"线" ✎ 绘制工具，如图 29-23（a），单击捕捉屋顶结构层右上角点为起点，沿屋顶外边线绘制一条开放的边界线（顶部边长 200mm，左侧边线垂直于屋顶结构层）。注意边界线两端点必须位于屋顶结构层边线上。

4) 单击右侧边线上的箭头使其箭头超内。功能区单击"√"工具，即可修改结构层的截面轮廓，并自动填充相同的材质，如图 29-23（b）。注意屋顶上面的面层、保温层、找平层没有编辑，所以结构层中间有一条截面线。

5) 再次选择"剖切面轮廓"工具，选项栏选择"面"，单击拾取结构层上面的找平层，如图 29-23（c），在找平层上下边界内绘制一条垂直于边界的短线，和刚绘制的结构层边线重合，箭头方向朝左上。单击"√"工具屋顶轮廓如图 29-23（d）。

图 29-22　"修改｜放置隔热层"子选项卡

6）同样方法编辑另外两个面层和保温层，完成后的屋顶轮廓如图 29-23（e）。

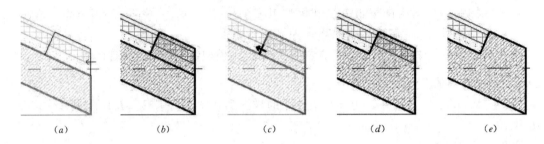

（a）　　　　　（b）　　　　　（c）　　　　　（d）　　　　　（e）

图 29-23　剖切面轮廓

7）选择"剖切面轮廓"工具，选项栏选择"面与面之间的边界"选项，移动光标单击拾取屋顶结构层和找平层的公共边，如图 29-24（a），绘制边界线（编辑公共边时没有箭头），单击"√"工具屋顶轮廓如图 29-24（b）。

8）编辑剖切面轮廓：选择刚创建的剖切面轮廓，用以下方法编辑。

- 单击功能区"编辑草图"工具，返回绘制轮廓界面重新编辑轮廓线。
- 单击"放到最前"、"前移"或"放到最后"、"后移"工具，调整其前后显示位置。
- 按 Delete 键或"删除"工具删除刚创建的剖切面轮廓。保存文件。

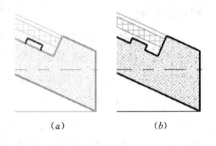

（a）　　　　　（b）

图 29-24　面与面之间的编辑

"剖切面轮廓"功能在详图设计中被广泛用来编辑详图中墙（例如墙面的局部突起或凹陷、墙身剖面详图中门窗顶底位置的墙面层包络等）、楼板、屋顶、梁等各种模型图元的截面轮廓，绘制模型图元的详图细节，再结合详图线、图案填充等详图图元的设计，可以满足各种详图设计的要求。

3. 隐藏线显示与删除

正常情况下，显示在后面的模型图元和详图图元是不能显示的。Revit Architecture 提供了"显示隐藏线"和"删除隐藏线"工具可以显示或隐藏后面图元的线，以满足特殊的显示要求。

1）"显示隐藏线"：在"WD-01-坡屋顶详图"视图中，功能区单击"视图"选项卡"图形"面板的"显示隐藏线"工具。如图 29-25（a），先单击拾取屋顶下面的墙，再单击拾取屋顶，即可透过墙显示屋顶边线，如图 29-25（b）。

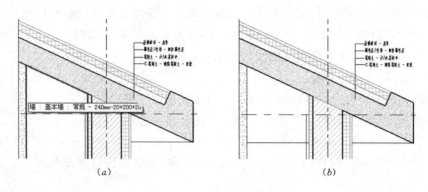

图 29-25　隐藏线显示与删除

2）"删除隐藏线"：单击该工具，按同样顺序拾取墙和屋顶，即可删除隐藏线。

4. 线处理（立面轮廓加粗等）

在 Revit Architecture 中模型图元边线默认都是实线显示，在绘制模型线和详图线时可以选择其他不同的线样式。如有特殊线型设计需求，可以使用"线处理"工具编辑已有图元的边线，如以下情况：

- 需要用虚线或其他线样式显示图元边线。
- 用"不可见线"隐藏某些棱边线的显示，例如一面复杂形状的墙其立面视图中显示了很多边线，可以隐藏一些边线简化立面显示。
- 立面视图的外轮廓加粗显示等。

打开"西立面"视图，下面以立面视图外轮廓加粗显示为例详细讲解线处"理工具"的操作方法。

1）功能区单击"修改"选项卡"视图"面板的"线处理" 工具，从"线样式"下拉列表中选择"粗线-4 号"样式。

2）移动光标单击拾取屋顶、墙、窗、台阶等的外轮廓边线即可将图元的边线加粗显示。如图 29-26 示意。

3）特别注意：单击拾取图元创建的线可能很长，在创建后一定要马上拖拽其端点到合适的位置，然后再继续单击拾取其他线条，而不能在全部拾取完成后，再用"修剪/延伸"工具或拖拽端点的方式调整边线。

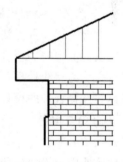

图 29-26　线处理

使用"线处理"工具加粗显示立面视图外轮廓时，在一些交点位置有时候不能处理，会出现交叉显示（例如有弧墙的位置），所以最终的结果不太尽如人意。因此下面再推荐 2 种立面轮廓加粗显示的方法供选择："详图线"和"图形显示选项"设置。简要说明如下：

1）详图线：

- 接前面练习，打开"东立面"视图，功能区单击"注释"选项卡"详图"面板的"详图线"工具，从"绘制"面板中选择"拾取线"绘制工具。
- 从"线样式"下拉列表中选择"粗线-4 号"样式。选项栏设置"偏移量"为 0。移动光标单击拾取屋顶、墙、窗、台阶等的外轮廓边线，将图元的边线加粗显示

（拾取后可单击锁形标记可锁定详图线和拾取的模型图元的位置关系）。

- 必要时可以使用"线" ╱ 等绘制工具沿图元边线绘制详图线。然后用"修剪/延伸""拆分"等工具编辑详图线为角部连接即可。

2）图形显示选项：

- 接前面练习，打开"北立面"视图，功能区单击"视图"选项卡"图形"面板右下角的对话框启动程序箭头 ⬎，打开"图形显示选项"对话框。
- 如图 29-27，在下面的"侧轮廓样式"下拉列表中选择"粗线-4 号"线样式。单击"确定"后立面视图屋顶、墙、台阶等的外轮廓边线自动加粗显示，如图 29-28 示意。

图 29-27　侧轮廓样式设置

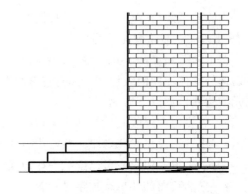

图 29-28　立面侧轮廓加粗显示

- 此方式设置会自动搜索立面视图中图元的外轮廓加粗显示，例如每级台阶的外轮廓等都会加粗显示，这和国标制图标准不太吻合。

综合上述 3 种方法，可以看出，详图线方式虽然需要逐一拾取或绘制详图线后修剪编辑完成，但却完美符合国标制图标准。图形显示选项方式虽不太符合国标制图标准，但效率最高。而"线处理"工具则在细节上难以处理，比较繁琐。所以请根据项目情况、设计习惯等选择合理的设计方法。

5. 拆分面与填色

在"5.3.1 复合墙构造层设置"一节的"2. 面层多材质复合墙"中讲到可以在墙的类型属性中编辑墙构造层创建面层多材质复合墙，实现在不同高度显示不同材质的墙面。

在设计中，有时候仅需要在某图元表面的局部范围内显示不同的材质，例如在墙面中显示一块不同的瓷砖贴面或图案。此特殊需求可以在 Revit Architecture 中使用"拆分面"和"填色"工具轻松实现。

1）接前面练习，打开"南立面"视图，缩放到左侧墙洞口位置。功能区单击"修改"选项卡"几何图形"面板右上角的"拆分面" ⬚ 工具。移动光标单击拾取有洞口的外墙面，进入绘制面边界模式，"修改|拆分面＞创建边界"子选项卡如图 29-29。

2）选择"矩形" ▭ 绘制工具，在墙面的橙色边界内、在洞口上方绘制一个矩形。功能区单击"√"工具即可在墙面中拆分出一个新的矩形面。

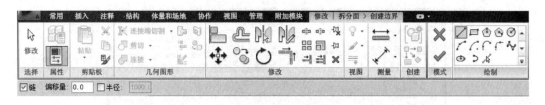

图 29-29 "修改│拆分面＞创建边界"子选项卡

3) 功能区单击"修改".选项卡"拆分面"工具下方的"填色" ⬚ 工具，"修改│填色"子选项卡如图 29-30。

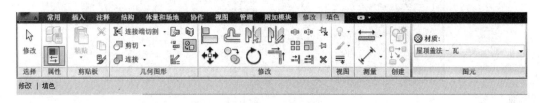

图 29-30 "修改│填色"子选项卡

4) 从功能区"材质"的下拉列表中选择"屋顶盖法-瓦"材质样式，移动光标单击拾取刚拆分的矩形面，即可给面赋予新的材质。结果如图 29-31。

5) 打开默认三维视图，观察墙洞口的截面没有填充。再次用"填色"工具，从"材质"的下拉列表中选择"C_外饰-面砖 1，XXX"材质样式，移动光标单击拾取墙洞口截面，即可给面赋予和墙面相同的材质。结果如图 29-31。

6) 按 Esc 键或单击"修改"结束"填色"命令。保存文件。

6. 图元替换

在 Revit Architecture 的样板文件中，所有模型图元的默认显示都是黑色实线显示。而在出图时，有时候需要把某些图元，例如家具、链接的底图等做灰色半色调显示，或显示虚线等样式。因此需要设置这些图元的替换显示样式，下面以剖面视图的家具为例简要说明其设置方法。

图 29-31 拆分面与填色

1) 接前面练习，打开 2—2 剖面视图。选择任意一个沙发或其他家具图元，在"修改│家具"子选项卡"视图"面板中单击中间的"替换视图中的图形" ✎ 工具。

2) 按类别替换：如图 29-32，从下拉菜单中选择"按类别替换"工具，可打开"可见性/图形替换"对话框。如图 29-33，在"模型类别"选项卡中分别选择"家具"、"卫浴装置"、"橱柜"，再勾选后面的"半色调"选项。单击"确定"即可灰色显示所有的家具、卫浴设备和橱柜。

3) 在"可见性/图形替换"对话框中单击"替换"可以设置某一类图元的线宽、线颜色和填充图案。请自行体会。

图 29-32 替换工具

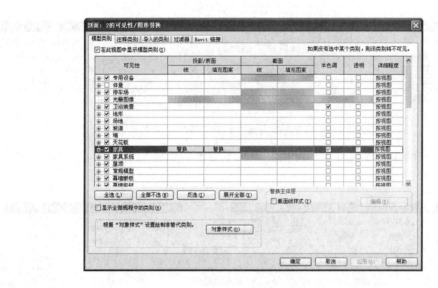

图 29-33　图形替换

4）按图元替换：选择某家具，如选择"替换视图中的图形"工具的"按图元替换"子工具，打开"视图专有图元图形"对话框，如图 29-34。设置图元的线宽、线颜色和填充图案后，单击"确定"将只替换选择的图元。

5）如设置了图元过滤器，则可以"按过滤器替换"图元的显示。保存文件。

7. 保存视图

对于使用详图线、填充区域、详图构件等各种二维详图工具创建的二维详图视图，可以将其保存为外部的详图图库文件，以供将来在其他项

图 29-34　按图元替换

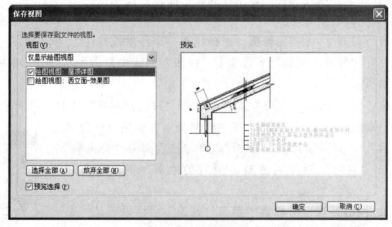

图 29-35　保存视图

目中重复使用。

1) 打开"屋顶详图"绘图视图,单击应用程序菜单"R_A"图标,在下拉菜单中单击选择"另存为"-"库"-"视图"命令,打开"保存视图"对话框。

2) 如图 29-35,可根据需要选择多个视图批量保存。单击"确定"保存路径和文件名,单击"保存"即可。结果请参考本书附赠光盘"练习文件\第 29 章"目录中的"屋顶详图.rvt"文件。

用本节的详图设计和编辑工具,以及尺寸标注、文字注释等深化设计其他详图、立剖面视图等。完成后,保存并关闭文件,结果请参见本书附赠光盘"练习文件\第 29 章"目录中的"江湖别墅-29-01 完成.rvt"文件。

29.3　图例视图与图例构件

施工图设计中还有一个非常重要的内容:门窗等构件图例视图。Revit Architecture 提供了专用的"图例"和"图例构件"工具可以自动快速创建需要的构件图例视图。

打开本书附赠光盘"练习文件\第 29 章"目录中的"江湖别墅-29-02.rvt"文件,下面以门窗样式图例为例详细讲解"图例"和"图例构件"工具的使用方法。

29.3.1　图例视图

1) 功能区单击"视图"选项卡"创建"面板的"图例"工具,从下拉菜单中选择"图例"命令,打开"新图例视图"对话框。

2) 输入视图"名称"为"门窗图例","比例"为"1:50",单击"确定"即可在项目浏览器中创建新的节点"图例"和空白的"门窗图例"视图。

【提示】　图例视图是专用视图类型,在项目浏览器中它和明细表视图、图纸、视图、族、组等属于同一级别。因此尽管从外观看和上一章的绘图视图相似,但却有根本区别:绘图视图属于详图范围,可以作为参照详图使用,而图例视图不能作为参照详图使用,图例构件只能在图例视图中创建。

29.3.2　图例构件

有了图例视图,即可自动创建图例构件,并标注图例尺寸、标记类型名称、添加文字注释等后即可完成构件图例设计。

1. 创建图例构件

1) 功能区单击"注释"选项卡"详图"面板的"构件"工具下拉三角箭头,从下拉菜单中选择"图例构件"命令,选项栏如图 29-36。

| 族: | 窗: 单层固定窗 : MWC1518 | ∨ | 视图: | 楼层平面 | ∨ | 主体长度: | 2000.0 |

图 29-36　"图例构件"选项栏

2) 选项栏设置:从"族"下拉列表中选择"窗:单层固定窗:MWC1518"窗族,设置"视图"为"楼层平面",设置窗主体墙的"主体长度"为"2000"。

3）移动光标出现带墙的窗构件图例平面视图，单击即可放置平面图例。选项栏设置"视图"为"立面：前"，移动光标到平面图例下方中间位置，图例自动上下对齐（出现对齐虚线）时单击放置窗立面图例。

4）同样方法，从选项栏中选择"窗：单层固定窗：MWC0818"、"门：M _ 单-玻璃：M0821"、"门：M _ 双-玻璃：M1521"族，分别放置其平面和前立面图例。

5）完成后单击功能区"修改"结束"图例构件"命令，门窗图例如图 29-37。

图 29-37 门窗图例

2. 编辑图例构件

1）选项栏编辑：单击选择图例构件，可以同创建图例构件时一样从选项栏中选择图例"族"和"视图"方向，图例自动更新。

2）"属性"选项板：单击选择图例构件，在"属性"选项板中可以设置"视图方向"、"主体长度"、"详细长度"、"构件类型"（族类型）参数，图例自动更新。

3）尺寸与文字等：用尺寸标注和文字工具，标注图例尺寸和门窗类型名称（图例的门窗标记不能自动创建）。

4）详图图元：可以使用上节的详图线、区域、构件、详图组、隔热层等详图工具在图例视图中补充图例构件的设计细节内容，不再详述。

5）保存并关闭文件，结果请参见本书附赠光盘"练习文件 \ 第 29 章"目录中的"江湖别墅-29-02 完成 .rvt"文件。

29.4 自定义详图构件

在"29.2.1 详图设计工具"中讲到了详图构件和重复详图构件的应用，在"Metric Library"-"详图构件"库中自带了大量的详图构件图库可以载入使用。

为提高设计效率，可以使用过去积累的 DWG 详图图库中的详图资源，保存为 Revit 的详图构件族。下面简要说明详图构件的自定义方法。

如前所述，Revit Architecture 的详图构件有两种类型：公制详图构件和基于线的公制详图构件。其自定义方法略有区别。

1. 自定义公制详图构件族

1）单击左上角"R_A"图标的应用程序菜单"新建"-"族"命令，选择"公制详图构件 .rft"为模板，单击"打开"进入族编辑器。

2）以参照平面交点为中心，使用功能区"常用"选项卡的"直线"、"填充区域"、"文字"等命令绘制二维详图线、填充图案、文字等图元。

3）可以使用"详图构件"、"符号"工具从外部载入其他详图构件族、符号族等，插入到图中创建嵌套族。

4）和三维构件族一样，可以在"族类型"对话框中新建长度、宽度等参数来控制详图尺寸大小。

5）设置详图图元的可见性；使用"控件"工具，在详图附近单击放置详图方向控制按钮。

6）保存文件后即可载入到项目文件中使用。

2. 自定义基于线的公制详图构件族

1）单击左上角"R$_A$"图标的应用程序菜单"新建"-"族"命令，选择"基于线的公制详图构件 . rft"为模板，单击"打开"进入族编辑器。

2）在参照线两端点之间按前述创建公制详图构件的方法创建各种二维线、填充图案、文字等图元，注意将图元和参照线端点位置锁定。

3）可以载入其他详图构件族、符号族插入，新建长度、宽度等参数，放置控制符号等。

4）保存文件后即可载入到项目文件中使用。

"入室 4 式"第 3 式"精雕细刻"——详图设计！详图视图、绘图视图、图例视图等各种视图的应用，详图构件等各种详图设计和编辑工具的使用，结合尺寸标注、文字注释等工具，构成了详图设计的强大阵容。功能虽然简单，但纷繁复杂，需要综合灵活应用方能体会兵团作战之强大与奥妙。

通过前面各章的学习，您已经掌握了 Revit Architecture 的从轴网定位到施工详图设计的各种方法和技巧，二师兄的功力也大有长进，距离大师兄的功力仅差一步之遥。下面就由二师兄整理本门所学，撰写学业论文，全面展示与检验其学业成果与功力。此为学成出师前的最后一关："入室 4 式"的第 4 式"拼图奥秘"——布图与打印。

第 30 章 布 图 与 打 印

有了前面的各种平面、立剖面、详图等视图，以及明细表、图例等各种设计成果，即可创建图纸，将上述成果布置并打印展示给各方，同时自动创建图纸清单，保存全套的项目设计资料。

30.1 创建图纸与布图

在打印出图前，首先要创建图纸，然后布置视图到图纸上，并设置各个视图的视图标题等再打印。打开本书附赠光盘"练习文件 \ 第 30 章"目录中的"江湖别墅-30. rvt"文件，完成下面练习。

30.1.1 创建图纸

1）功能区单击"视图"选项卡"图纸组合"面板的"图纸"工具，打开"新建图纸"对话框，如图 30-1。

2）从上面的"选择标题栏"列表中选择"A0 公制"标题栏，单击"确定"即可创建一张 A0 图幅的空白图纸，在项目浏览器中"图纸（全部）"节点下显示为"A101-未命名"。

【提示】 单击"载入"按钮，可以定位到"Metric Library"-"标题栏"库中选择其他图幅的标题栏。自定义标题栏请参见"30.4 自定义标题栏"。

3）观察标题栏右下角：因此在项目开始时，已经在"项目信息"中设置了公用参数"客户姓名"、"项目名称"、"项目编号"参数，因此每张新建的图纸标题栏中都将自动提取。

图 30-1 新建图纸

4）图纸设置：使用以下方法可设置相关图纸和项目信息参数。

- 单击选择图框，再单击标题栏中的"江湖别墅"等公用参数"项目名称"、"客户姓名"、"项目编号"参数的值，即可直接输入新的项目信息。
- 单击标题栏中的"未命名"输入"平面图"，项目浏览器中图纸名称变为"A101-平面图"；单击"绘图员"后的"作者"标签输入"张三"；单击"审图员"后的"审图员"标签输入"李四"（其他会签栏中的参数标签在自定义的标题栏中定义好后，在项目中同样方法设置）。

- 在图纸视图的"属性"选项板中可以设置"设计者"、"审核者"、"图纸编号"、"图纸名称"、"绘图员"等参数。保存文件。

【提示】　如果删除了标题栏，可以单击功能区的"标题栏"工具，从类型选择器中选择"A0 公制"或其他标题栏，移动光标在视图中单击即可重新放置标题栏。

30.1.2　布置视图

1. 导向轴网

在布置视图前，为了图面美观，可以先创建"导向轴网"显示视图定位网格，在布置视图后打印前关闭其显示即可。

1）接前面练习，在"A101-平面图"图纸中，功能区单击"视图"选项卡"图纸组合"面板的"导向轴网"工具，打开"导向轴网名称"对话框。

2）输入"名称"为"20mm 网格"，单击"确定"即可显示视图定位网格覆盖整个图纸标题栏，如图 30-2。

3）编辑导向轴网：

- 单击选择导向轴网，在"属性"选项板中设置"导向间距"参数为"20"，单击"应用"按钮导向轴网自动更新。可重新设置导向轴网"名称"参数。
- 拖拽导向轴网边界的 4 个控制柄可以调整导向轴网范围大小。

2. 布置视图

在图纸中布置视图有两种方法："视图"工具和项目浏览器拖拽。两种方法适用于所有的视图，下面用不同类型的视图为例详细讲解视图的布置和设置方法。

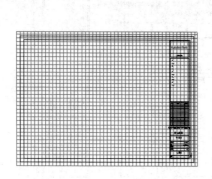

图 30-2　导向轴网

图 30-3　"视图"工具

1）布置平面、立剖面视图：

- 在"A101-平面图"图纸中，功能区单击"视图"选项卡"图纸组合"面板的"视图"工具，打开"视图"对话框列出了当前项目中所有的平面、立剖面、三维、详图、明细表等各种视图，如图 30-3。
- 在"视图"对话框中选择"楼层平面：F1"视图，单击"在图中添加视图"按钮，移动光标出现一个视图预览边界框，单击即可在图纸中放置"楼层平面：

F1"视图。

- 单击选择"楼层平面：F1"视图，功能区单击"移动"工具，选择视图中 A 和 1 号轴线交点为参考点，再捕捉一个导向轴网网格交点为目标点定位视图位置。

- 单击选择"楼层平面：F1"视图，观察视图左下角的视口标题已经自动提取了 F1 平面视图属性中的"图纸上的标题"参数名称"首层平面图"和比例参数值。单击标题名称可以输入新的名称。可拖拽标题线的右端点缩短线长度到标题右侧合适位置，如图 30-4。

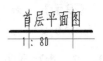

首层平面图

1:80

图 30-4 视图标题

【提示】 选择视图标题，从类型选择器下拉列表中可以选择其他样式的视图标题（例如前面带圆圈视图编号 1、2 等的视图标题）。

- 取消选择视图，移动光标到视图标题上，当标题亮显时单击选择视图标题（不是选择视图），用"移动"工具或拖拽视图标题到视图下方中间位置后松开鼠标即可。

- 同样方法，布置"楼层平面：F2"、"楼层平面：F3"、"楼层平面：F4"平面视图，并参考导向轴网和视图中的轴网交点，使 4 个视图上下左右对齐。然后调整视图标题线长度，移动视图标题位置。

- 单击"可见性/图形"工具，在"注释类别"中取消勾选"导向轴网"类别，单击"确定"后完成"A101-平面图"图纸布置，结果如图 30-5。

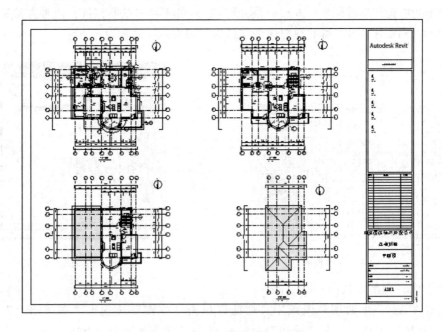

图 30-5 "A101-平面图"图纸

- 同样方法创建"A102-立面图"（A0）图纸，在图纸视图的"属性"选项板中设置参数"导向轴网"为前面创建的"20mm 网格"，然后布置"东立面"、"南立面"、

"西立面"、"北立面"视图。

- 同样方法创建 "A103-剖面图"（A1）图纸，布置 "1"、"2" 两个建筑剖面视图。

2）布置详图视图：详图视图的布置和设置方法同平面、立剖面等视图一样，不同之处在于，当把视图布置到图纸上以后，所有的详图索引标头都可以自动记录图纸编号和视图编号，方便视图的管理。下面以详图视图为例简要讲解 "项目浏览器拖拽" 的布图方法。

- 用前述方法新建 "A104-楼梯详图"（A1）图纸，设置导向轴网。
- 从项目浏览器中单击选择 "LT-01-首层楼梯平面图" 视图，按住鼠标左键拖拽视图到图纸中松开鼠标，移动到合适位置单击放置视图即可。
- 用前述方法调整视图位置、调整视图标题线长度和视图标题位置。
- 同样方法拖拽 "LT-02-二层楼梯平面图"、"LT-03-顶层楼梯平面图"、"LT-04-楼梯剖面详图" 视图到图纸中布置并设置。
- 打开 "A101-平面图" 图纸，观察 3 个平面图中（以及其他所有相关视图中）楼梯平面和剖面详图索引标头自动提取了 "A104" 的图纸编号和详图编号，如图 30-6。
- 同样方法创建 "A105-节点详图"（A1）图纸，拖拽 "QS-01-墙身大样 1"、"QS-02-墙身大样 2"、 "WD-01-坡屋顶详图"、"WD-02-平屋顶详图"、"门窗图例" 视图到图纸中布置并设置。

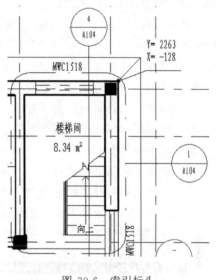

图 30-6　索引标头

3）布置明细表视图：明细表视图的布置方法同前述视图一样，布置后可以根据布图需要调整表格的列宽、拆分或合并表格等。

- 用前述方法新建 "A106-明细表"（A0）图纸，设置导向轴网。
- 单击 "视图" 工具，选择 "明细表：家具明细表" 视图，单击 "在图中添加视图" 按钮，移动光标在图纸中合适位置单击即可放置明细表。
- 调整列宽：单击选择表格，如图 30-7 拖拽表格顶部的蓝色三角控制柄即可调整表格列宽。
- 拆分表格：单击表格右边线中间的 "拆分明细表" 符号 ∿，即可将表格拆分为两部分，如图 30-7。拖拽左侧表格下边线上的蓝色实心圆控制柄可以调整表格长度，左右表格中的行数自动调整。可连续单击将表格拆分为多个表格。
- 合并表格：单击并拖拽某一个拆分表格中心位置的移动符号到另一个拆分表格上，当左右边线重叠时松开鼠标即可合并表格。
- 同样方法在图纸中布置 "房间明细表"、"窗明细表"、"门明细表"、"视图列表"、"首层家具明细表" 明细表视图。

家具明细表						
家具	规格	楼层	房间	物流编码	注释	合计
带格子内视层货架	1525宽 直亮	F1	制片	(无)		1
娱乐中心	1200 x 2500 x 0610 高	F1	制片	(无)		2
#_格子-调音箱		F1	制片	(无)		6
咨明	高1115 +D111+H125Z	F1	起居室	(无)	↑	4
少友 19	高210 +D650 +H210	F1	起居室	(无)	↓	4
吴话	高1200 +D600 +H820	F1	起居室	(无)		1
演示电视	高1206+D029 +H762	F1	起居室	DQ-灯DS-40"	演示电视40"	1
抽框1	高1250 +D610 +H800 高	F1	起居室	(无)		1
咨明	高1115 +D111+H125Z	F2	起居室	(无)		2
少友 19	高210 +D650 +H210	F2	起居室	(无)		1

家具明细表						
家具	规格	楼层	房间	物流编码	注释	合计
演示电视	高1025+D029 +H560	F2	起居室	DQ-灯DS-52"	演示电视52"	1
吴话	高1200 +D600 +H820	F2	起居室	(无)		2
抽框1	高1250 +D610 +H800 高	F2	起居室	(无)		1
少友 19	高1250 +D650 +H210	F2	起居室	(无)	↑	2
咨明	高1115 +D111+H125Z	F5	起居室	(无)	↓	1
演示电视	高1025+D029 +H560	F5	起居室	DQ-灯DS-52"	演示电视52"	1
吴话	高1200 +D600 +H820	F5	起居室	(无)		1
抽框1	高1250 +D610 +H800 高	F5	起居室	(无)		1
少友 12	高1250 +D650 +H210	F5	起居室	(无)		2
总计：55						55

图 30-7　表格调整、拆分表格

其他图纸和视图方法相同，本节不再详述。

30.1.3　编辑图纸中的视图

上小节在图纸中布置好的各种视图，与项目浏览器中原始视图之间依然保持双向关联修改关系，可以使用以下方法编辑各种模型和详图图元。

1）关联修改：从项目浏览器中打开原始视图，在视图中做的任何修改都将自动更新图纸中的视图。如重新设置了视图"属性"中的比例参数，则图纸中的视图裁剪框大小将自动调整，而且所有的尺寸标注、文字注释等的文字大小都将自动调整为标准打印大小，但视图标题的位置可能需要重新调整。

2）在图纸中编辑图元：

- 单击选择图纸中的视图，"修改│视口"子选项卡如图 30-8。单击"激活视图"工具或从右键菜单中选择"激活视图"命令，则其他视图全部灰色显示，当前视图激活，可选择视图中的图元编辑修改（等同于在原始视图中编辑）。编辑完成后，从右键菜单中选择"取消激活视图"命令即可恢复图纸视图状态。

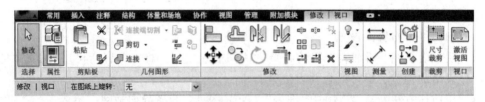

图 30-8　"修改│视口"子选项卡

- 单击选择图纸中的视图，单击"尺寸裁剪"工具打开"裁剪区域尺寸"可以重新设置视图裁剪范围。
- 单击选择图纸中的视图，在"属性"选项板中可以设置该视图的"视图比例"、"详细程度"、"视图名称"、"在图纸上的标题"等所有参数，等同于在原始视图中设置视图"属性"参数。
- 打开"A106-明细表"图纸，单击选择一个表格，从右键菜单中选择"编辑明细表"命令，即可重新打开原始的明细表视图，重新设置"属性"参数或设置表格单元格标题、内容等。

30.1.4　图纸清单

在"26.2 视图列表"中讲解了"视图列表"工具的创建方法，与之对应的还有一个

"图纸列表"工具（"视图"选项卡"明细表"工具下），可以自动统计所有的图纸清单，其统计方法同视图列表及其他明细表视图，本节不再详述。

图纸列表	
图纸编号	图纸名称
A101	平面图
A102	立面图
A103	剖面图
A104	楼梯详图
A105	节点详图
A106	明细表

图 30-9 图纸列表

本书提供的中国样板文件中已经默认设置了一个"图纸列表"表格，在创建上述图纸时，表格已经自动生成，打开即可，如图30-9。

完成上述练习后，保存并关闭文件，结果请参见本书附赠光盘"练习文件 \ 第 30 章"目录中的"江湖别墅-30-01 完成 . rvt"文件。

30.2 视 图 分 幅

对一些超长视图可以将视图分幅出图，为了保证后面对视图的修改同步传递到分幅的视图中，需要使用"复制作为相关"工具复制主视图为几个相关视图并裁剪其出图范围，在主视图中绘制"拼接线"指示视图拆分的位置，创建图纸布图，最后再添加视图参照标记。

打开本书附赠光盘"练习文件 \ 第 30 章"目录中的"江湖别墅-30-01 完成 . rvt"文件，下面以首层平面图为例，详细讲解视图分幅出图的操作流程。

1. 复制相关视图

在分幅出图前，首先要从一个主视图复制几个相关视图，确保复制的视图和原始主视图之间所有模型和注释图元都保持绝对的关联修改关系。复制相关视图有以下两种方法：

- 在主视图中单击功能区"视图"选项卡"创建"面板的"复制视图"工具，从下拉菜单中选择"复制作为相关"工具。
- 在项目浏览器中，选择要复制的主视图，从右键菜单中选择"复制视图"-"复制作为相关"命令。

复制的相关视图在项目浏览器中显示在主视图名称节点下，复制后要"重命名"视图名称。"复制视图"的详细操作请参见"20.1.1 创建楼层平面视图"的"复制视图"工具一节。

2. 裁剪视图

复制视图后，要在裁剪视图边界以只显示要分幅出图的部分。裁剪视图的详细操作方法请参见"20.1.4 视图裁剪"一节，该节中已经复制了两个 F1 楼层平面的相关视图"F1-北区"、"F1-南区"，并做好了裁剪范围。

在"江湖别墅-30-01 完成 . rvt"文件中，双击打开"F1-北区"、"F1-南区"视图，隐藏图中的剖面线，下面以这两个视图为例完成后面的分幅出图。

3. 添加拼接线

1）打开"F1"楼层平面视图，功能区单击"视图"选项卡"图纸组合"面板的"拼接线"工具，"修改 | 创建拼接线草图"子选项卡如图 30-10。

2）和绘制详图线一样，使用"线"／绘制工具，沿 C 号轴线绘制一条通长的线（可根据需要绘制折线，或用"拾取线"工具拾取已有线创建）。

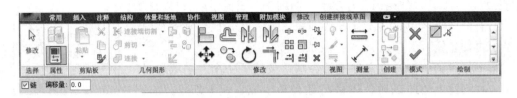

图 30-10　"修改｜创建拼接线草图"子选项卡

3）单击功能区"√"工具完成绘制后，平面图中显示一条绿色双点划线拼接线。打开
　　"F1-北区"、"F1-南区"观察视图中同样创建了拼接线。保存文件。

4. 创建图纸、布置视图

1）功能区单击"视图"选项卡"图纸组合"面板的"图纸"工具，创建"A107-首层南
　　区平面图"（A3 图幅）。用"视图"工具在图纸中布置"楼层平面：F1-南区"视图，
　　调整视图标题线长度和位置。

2）同理创建"A108-首层北区平面图"（A3 图幅），布置"楼层平面：F1-北区"视图，
　　调整视图标题线长度和位置。保存文件。

5. 添加视图参照

　　视图参照用于在拼接线两侧给分幅的图纸添加一个注释，说明另外一边的图纸的图纸
编号等，方便图纸的追踪管理。同时双击该视图参照可以切换到另一个分幅视图，方便
设计。

1）打开"F1-北区"视图，功能区单击"视图"选项卡"图纸组合"面板的"视图参照"
　　工具。如图 30-11，选项栏设置"目标视图"为"楼层平面：F1-南区"。

2）移动光标出现"F1-南区"所在的图纸视
　　图参照标记"参照：A107"预览图形。
　　在 C 号轴线评接线下方左右两端点附近，
　　单击防止参照标记即可。

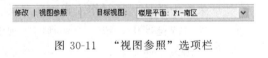

图 30-11　"视图参照"选项栏

3）同样方法，在"F1-南区"视图中创建视图参照标记"参照：A108"。

4）打开"A107-首层南区平面图"、"A108-首层北区平面图"图纸，观察图纸中也自动显
　　示了视图参照注释（注意原始的主平面视图中同时显示两边的视图参照注释，需要的
　　话可以隐藏其显示）。

　　【提示】　　可自定义视图参照标记，自定义方法请参照"28.2.3 自定义标记"，需要在
"族类别与族参数"对话框中选择"视图参照"类别。载入自定义视图参照标记后，用"视
图参照"工具，在"类型属性"中"复制"新的类型，设置"查看参照标记"参数即可。

　　完成上述练习后，保存文件，结果请参见本书附赠光盘"练习文件 \ 第 30 章"目录
中的"江湖别墅-30-02 完成.rvt"文件。

30.3　打　　印

　　完成布图后，即可直接打印出图。

1) 打开"A101-平面图"图纸，单击左上角"R$_A$"图标的应用程序菜单"打印"-"打印"命令，打开"打印"对话框，如图 30-12。

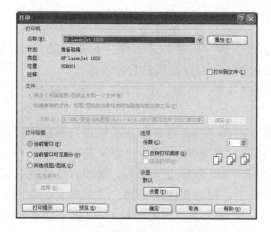

图 30-12 "打印"对话框　　　　　图 30-13 "视图/图纸集"对话框

2) 打印设置：在对话框中设置以下选项。

- 打印机：从顶部的打印机"名称"下拉列表中选择需要的打印机，自动提取打印机的"状态"、"类型"、"位置"等信息。

- "打印到文件"：如勾选该选项，则下面的"文件"栏中的"名称"栏将激活，单击"浏览"打开"浏览文件夹"对话框，可设置保存打印文件的路径和名称，以及打印文件类型［可选择"打印文件（*.plt）"或"打印机文件（*.prn)"］。确定后将把图纸打印到文件中再另行批量打印。

- "打印范围"：默认选择"当前窗口"打印当前窗口中所有的图元；可选择"当前窗口可见部分"则仅打印当前窗口中能看到的图元，缩放到窗口外的图元不打印；可选择"所选视图/图纸"，然后单击下面的"选择"按钮，打开"视图/图纸集"对话框中批量勾选要打印的图纸或视图（此功能可用于批量出图），如图 30-13。

- 选项：设置打印"份数"，如勾选"反转打印顺序"则将从最后一页开始打印。

- "打印设置"：单击"设置"按钮，打开"打印设置"对话框如图 30-14，设置以下打印选项。

   ◇ 打印机：打印机"名称"为"默认"，提取前面的设置。

   ◇ 纸张：从"尺寸"下拉列表中选择需要的纸张尺寸，纸张"来源"为"默认纸盒"即可。

   ◇ 页面位置：选择"中心"将居中打印；或选择"从角部偏移"，设置其值为"用户定

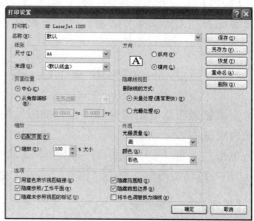

图 30-14 打印设置

义"，然后设置下面的"＝x""＝y"的打印偏移值。
- ◇ 缩放：选择"匹配页面"则可以根据纸张大小自动缩放图形打印；选择"缩放"则可以设置后面的缩放比例。
- ◇ 方向：根据需要选择打印方向为"纵向"或"横向"。
- ◇ 隐藏线视图：设置"删除线的方式"为"矢量处理"或"光栅处理"。该选项可以设置在立面、剖面和三维视图中隐藏线视图的打印性能。
- ◇ 外观：设置光栅图像的打印"质量"（高、中等、低、演示）和"颜色"（彩色、灰度、黑白线条）。
- ◇ 选项：默认用黑色打印链接视图，勾选"用蓝色表示视图链接"可以用蓝色打印；勾选"隐藏参照/工作平面"、"隐藏范围框"、"隐藏裁剪边界"将不打印参照平面、工作平面、范围框、视图裁剪边界图元，即使这些图元在视图中可见；如果视图没有放到图纸上，则在视图中剖面、立面和详图索引的标记符号将为空，打印时可勾选"隐藏未参照视图的标记"，则不会打印这些没有参照视图的标记；对视图中以"半色调"显示的图元，可勾选"将半色调图形替换为细线"选项用细线打印半色调图元。
- ◇ 保存设置：单击"保存"可保存当前打印设置；单击"另存为"可把设置保存为新的名称，以备后续打印选择使用；单击"恢复"将设置恢复到其最初保存的状态；单击"重命名"和"删除"可重命名或删除打印设置。
- ◇ 设置完成后单击"确定"返回"打印"对话框。

【提示】　可以用左上角"R▲"图标的应用程序菜单"打印"-"打印设置"命令，在"打印设置"对话框中事先设置常用的打印选项名称，并设置上述参数，保存在样板文件中直接选择使用。

3）打印预览：单击"预览"按钮，可预览打印后的结果，如有问题重新设置上述选项。
4）设置完成后，单击"确定"即可发送数据到打印机打印或打印到指定格式的文件中。详细设置请自行体会。

【提示】　除在图纸中打印外，也可在任意视图中设置打印的范围和比例后打印局部或全部视图。上述设置方法和其他设计软件的打印设置大同小异，详细操作请自行体会。

30.4　自定义标题栏

前面创建图纸时用的是软件自带的标题栏示意，您需要自定义自己的标题栏，自定义方法简要说明如下：

（1）单击左上角"R▲"图标的应用程序菜单"新建"-"标题栏"命令，选择"A0 公制
.rft"图幅为模板，单击"打开"进入族编辑器。图中有一个标准尺寸的标题栏外框。

【提示】　选择"新尺寸公制 .rft"为模板可以创建自定义图幅标题栏。

（2）创建标题栏线框与文字：使用以下两种方法创建标题栏中的线框与文字、图案填

充等。

1）绘制：

- 用"常用"选项卡"详图"面板中的"直线"工具，从"子类别"中选择"宽线""细线"等线样式绘制边框和表格线等。
- 用"文字"工具，先在"类型属性"对话框中复制新的文字样式，设置文字大小、字体等，然后在图框中创建标题栏中的"设计"、"绘图"、"审核"、"审定"、"比例"，以及会签栏中的"建筑"、"结构"、"暖通"等文字和公司名称等文字。
- 用"填充区域"工具绘制或导入外部光栅图像作为公司 LOGO。

2）导入 AutoCAD 标题栏：

导入已有的 AutoCAD 标题栏是快速创建 Revit 标题栏的重要方法，导入时需要注意文字字体的自动替换（AutoCAD 中的 .shx 字体在 Revit 不能识别，需要指定替换为系统的字体）。如不设置字体映射，系统将根据 AutoCAD 字体自动替换为默认设置中的字体。

- 映射字体：在 Revit Architecture 安装目录的"Data"文件夹中打开"shxfontmap.txt"文件，使用以下格式，输入 .shx 文件名及要将它映射到的字体名称：*filename*.shx<tab>*fontname*。保存文件后即可生效。
- 功能区单击"插入"选项卡"导入 CAD"工具，选择对应图幅的 .DWG 格式文件，单击"打开"载入到族文件中。移动 CAD 文件和图幅边界线重合即可。
- 导入时注意"导入单位"，必要时设置合适的比例系数。导入后的 CAD 文件是一个整体，如要编辑其中的线条和文字的话，要选择文件用"分解"工具分解后再编辑。分解后 CAD 文件中的线和文字将自动转换为 Revit 的详图线和文字，并创建对应的线样式和文字样式。

（3）添加标签：标题栏中的项目名称、图纸名称、设计人、校对人等需要输入文字的单元格，可以通过"标签"命令放置占位符，以后在项目文件中可以直接修改文字内容。

- 和"28.2.3 自定义标记"中创建标签一样，单击"常用"选项卡"文字"面板中的"标签"工具，从类型选择器中选择合适的标签类型（或单击"编辑类型"按钮新建标签类型，并设置"文字字体"、"文字大小"等相关参数）。
- 功能区单击"格式"面板的"左对齐"等工具设置对齐方式，移动光标单击放置标签打开"编辑标签"对话框。
- 从左侧"类别参数"栏中选择"图纸名称"等参数，单击中间的 ▦ 符号，添加到右侧"标签参数"栏中，单击"确定"即可创建占位符。拖拽移动其位置。
- 其他参数同理，详细操作请参见"28.2.3 自定义标记"。

（4）添加共享参数：对系统中没有的参数，例如"建设单位"，会签栏中的"结构"、"暖通"等，可以创建共享参数载入到族文件中使用。

- 用"15.5.2 自定义共享参数"的方法自定义"结构""暖通"等参数（可在一个共享参数文件中创建所有参数，然后载入使用）。
- 单击"标签"工具，在"编辑标签"对话框中单击左下角的"添加参数"图标。在"参数属性"对话框中单击"选择"按钮打开"编辑共享参数"对话框。
- 单击"浏览"定位到本书附赠光盘"练习文件 \ 第 15 章"目录中的"共享参数-

建筑.txt"文件，单击"打开"。选择"参数组"为"会签栏"，选择"结构"等所有参数，单击"确定"打开"共享参数"对话框。

- 再次选择"参数组"为"会签栏"，选择"结构"参数单击"确定"两次将共享参数添加到"编辑标签"对话框中，单击中间的 ⬛ 符号，添加到右侧"标签参数"栏中。单击"确定"即可创建共享参数标签。拖拽移动其位置。其他参数同理。

（5）保存并关闭标题栏族文件，即可载入到项目文件中在创建"图纸"时使用。

（6）带共享参数的自定义标题栏，首次载入到项目文件中时，其共享参数可能显示为"？"，不能直接编辑。需要在项目文件中逐个加载自定义共享参数方可编辑。

（7）单击"管理"选项卡的"项目参数"工具，在"项目参数"对话框中单击"添加"按钮，打开"参数属性"对话框。如图 30-15，选择"共享参数"，单击"选择"按钮打开"共享参数"对话框。

（8）在"共享参数"对话框中，单击"编辑"再点"浏览"选定"共享参数-建筑.txt"文件，单击"确定"返回"共享参数"对话框。然后选择"会签栏"参数组，选择参数"结构"单击"确定"返回"参数属性"对话框。

（9）如图 30-15，在右侧栏中勾选"图纸"，单击"确定"返回"项目参数"对话框即可将参数添加到项目文件的图纸中。同样方法逐一添加需要的参数，完成后单击"确定"关闭对话框，即可像图纸名称、设计人等项目参数一样可以直接编辑了。

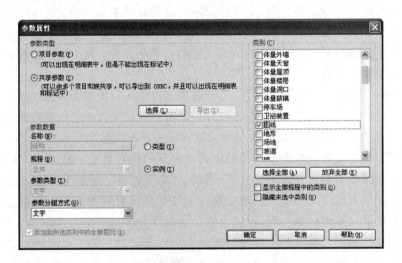

图 30-15　添加项目共享参数

【提示】　强烈建议：一个设计单位由专人创建一个专用的共享参数文件并共享给所有的设计师，然后在自定义的中国样板文件中指定共享参数文件。如此则后续所有的项目文件都无须再逐一设置，节省大量的重复劳动，提高设置效率和质量。

"入室 4 式"第 4 式"拼图奥秘"——布图与打印！不同类型视图的布图与设置、视图分幅等，使得最终的设计成果得以全面展示与共享。

　　至此，您已经完成了 第一部分 基本功、第二部分 基础 12 式、第三部分 进阶 4 式、第四部分 登堂 7 式、第五部分 入室 4 式 的全部学业，并从小师弟、二师兄不断成长为 A 帝国 工程建设诸侯国 Revit Architecture 分舵的掌门大师兄。

　　学业有成、江湖扬名，值得庆贺。Revit Architecture 舵主为大师兄举行盛大的"出师礼"，希望大师兄下山后能将本门武学发扬光大！啪、啪、啪……（礼花翻飞）！

　　出师了，下山了，从此将仗剑闯江湖，扬威立万！下山前的头天晚上，Revit Architecture 舵主拿出一本珍藏多年的秘籍，交给大师兄，语重心长地说："此乃我门之绝世心法——Revit 心经。一般人我不传给他，你下山后务必潜心研习，能否成为一代大师，就看你的造化了！"大师兄含泪伏地拜谢。

　　"Revit 心经"究竟有何秘密？一代大师如何成就？请看下部分详细分解。

第六部分

Revit 大师之路

　　古人认为"神"是精神、意志、知觉、运动等一切生命活动的最高统帅，神充则身强、神衰则身弱、神存则能生、神去则会死。因此中医治病时，观察病人的"神"成为望诊中的重要内容之一。

　　建筑设计亦是此理，无论是传统二维设计，还是新兴三维 BIM 设计，仅仅会三维建模、会施工图设计，充其量只是一个建模员、绘图员，是一个"工匠"。

　　要成为大师，必须要识大体、顾全局有团队意识，要有创新、有不同于常人的"神"的东西。要成为 Revit Architecture 大师同样如此，要在"Revit 心经"基础上，不断揣摩、不断创新方能成事。

　　本部分就来详细讲解成为"Revit Architecture 大师"的"Revit 心经"，助您踏上 Revit Architecture 大师之路。因此本部分内容为 Revit Architecture 秘籍的"神"篇。

　　本部分包含以下 7 章内容，完成后大师兄将具备 Revit Architecture 大师的基础和潜质，因此本书称之为"34 式 RAC"之"大师 7 式"。

　　"34 式 RAC"之"大师 7 式"：
- 第 1 式　宇宙之光——日光研究
- 第 2 式　妙手丹青——渲染
- 第 3 式　凌波微步——漫游
- 第 4 式　花开两朵——设计选项
- 第 5 式　步步为营——阶段
- 第 6 式　个性张扬——自定义项目设置
- 第 7 式　天地大同——共享与协同

第 31 章　日　光　研　究

　　Revit Architecture 虽然不是专业的日照分析软件，但提供了日光研究功能，以评估自然光和阴影对建筑和场地的影响。

　　日光研究模式包括"静止"、"一天"、"多天"、"照明" 4 种。无论哪种模式，其操作流程基本相同，都要经过以下 5 个步骤：指定项目地理位置和正北、创建日光研究视图、创建日光研究方案（"静止"、"一天"、"多天"、"照明"日光设置和阴影）、查看日光研究动画或图像、保存日光研究图像或导出日光研究动画。本章将逐一讲解其操作技巧。

31.1　静　态　日　光　研　究

　　本节将详细讲解日光研究的操作流程，后面 3 节将只讲解不同日光研究模式的区别之处。

31.1.1　项目地理位置和正北

　　打开本书附赠光盘"练习文件 \ 第 31 章"目录中的"江湖别墅-31. rvt"文件，打开"场地"楼层平面视图。

1）项目地理位置：单击功能区"管理"选项卡"项目位置"面板的"地点"工具，如图 31-1 设置项目地理位置为"北京，中国"，单击"确定"。本项目在项目开始时已经设置过本项，详细请参见"1.4.2 项目地点"一节。

2）项目正北与项目北：在项目设计中，为绘图方便，将图纸正上方作为项目北方向，然后绘制水平和垂直轴网定位，因此在"场地"平面的"属性"选项板中可以查看视图的"方向"参数为"项目北"。

　　而在创建日光研究时，为了模拟真实自然光和阴影对建筑和场地的影响，需要把项目方向调整到"正北"方向。其设置方法如下：

- 在"场地"楼层平面视图中，先在"属性"选项板中设置视图的"方向"参数为"正北"，单击"应用"。
- 单击功能区"管理"选项卡"项目位置"面板的"位置"工具，从下拉菜单中选择"旋转正北"命令，移动光标出现旋转中心点和符号线。
- 在旋转中心点右侧水平位置单击捕捉一点作为选择起点，逆时针移动光标出现蓝色旋转角度临时尺寸，输入"15"后回车即可将项目逆时针旋转 15°到正北方向（也可在选项栏中设置"逆时针旋转角度"参数为"15"后回车自动旋转项目到正北），结果如图 31-2.

图 31-1　项目地理位置

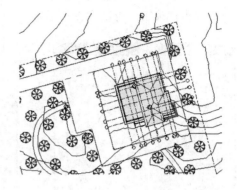

图 31-2　项目正北

- 旋转正北后，即可通过"属性"选项板中的"方向"参数来切换项目北与项目正北。

31.1.2　创建日光研究视图

建议使用建筑信息模型的正交三维视图创建日光研究，常规的平面、立剖面视图也可以用于日光研究，可从另一个角度来诠释设计。

所谓日光研究视图，是指专用于日光研究、只显示三维模型图元的视图。可以用"复制视图"工具复制现有三维、平面、立剖面视图，"重命名"后设置视图的可见性、显示模式等。复制视图与视图设置请参见"20.1 楼层平面视图"。

本例以三维视图为例：复制默认三维视图"{3D}"，"重命名"为"01-静态日光研究"，定向到视图"西南等轴侧"方向并"保存视图"，设置视图的视觉样式为"隐藏线"（黑白线条显示更容易显示日光阴影效果），缩放视图到别墅主体位置，完成本节练习。

31.1.3　创建静态日光研究方案

1）单击功能区"视图"选项卡"图形"面板右下角的对话框启动程序箭头 ，打开"图形显示选项"对话框，如图 31-3。在此设置"照明"各项参数即可创建日光研究方案。

2）日光设置：

- 单击"日光设置"最右侧的"…"按钮，打开"日光设置"对话框，默认选择"照明"日光研究模式。
- 新建日光研究方案：如图 31-4，先选择"静止"日光研究，从下面的"预设"栏中选择"夏至"，单击左下角的"复制"图标，输入日光研究方案"名称"为"北京-20100801"，单击"确定"（可单击"删除"、"重命名"图标编辑方案）。
- 设置地点日期时间：如图 31-4，右侧的"位置"自动提取了前面"地点"中的设置（单击后面的"…"按钮可重新设置项目地点）；设置"日期"为"2010-8-1"（可直接输入，或从下拉列表的日期表中选择）；设置"时间"为"11：00"。
- 设置阴影投射位置：取消勾选"地平面的标高"选项，以在图中的地形表面上投射阴影（如图中没有设计地形表面，可以勾选"地平面的标高"，并选择一个标高

411

　　名称，则将在该标高平面上投射阴影）。

- 单击"确定"返回"图形显示选项"对话框。

图 31-3　"图形显示选项"对话框

图 31-4　日光设置

3）日光强度与间接光：

- 在"日光强度"后面的栏中输入 50，或拖拽右侧的滑块调节日光（直接光）
  亮度。
- 在"间接光"后面的栏中输入 30，或拖拽右侧的滑块调节环境光（间接光）
  亮度。

4）投射阴影：勾选"投射阴影"，在后面的栏中输入 40，或拖拽右侧的滑块修改阴影的
　　暗度，如图 31-5。

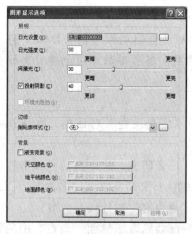

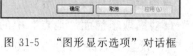

图 31-5　"图形显示选项"对话框

图 31-6　静态日光研究

5）边缘与背景：可根据需要设置这两个选项，本节不设置。

- 边缘：从"侧轮廓样式"后的下拉列表中选择一种线样式，可以加粗模型轮廓显
  示，增强对比效果。

- 背景：可设置天空、地平线、地面颜色，创建比较好的图形效果。设置方法详见"24.3.2 三维视图背景设置"。

6）设置完成后单击"确定"即可创建带阴影的三维视图，如图31-6。保存文件。

【提示】 设置好的日光研究视图，随时可以在"图形显示选项"对话框中重新设置各项参数，确定后图形自动更新。

30.1.4 查看静态日光研究

1. 日光路径与日光设置

除在"图形显示选项"对话框的"日光设置"中设置日照时间外，还可以通过日光路径的方式灵活设置。

1）在"01-静态日光研究"视图中单击绘图区域左下角视图控制栏的"关闭日光路径" 图标，如图31-7从菜单中选择"打开日光路径"工具。

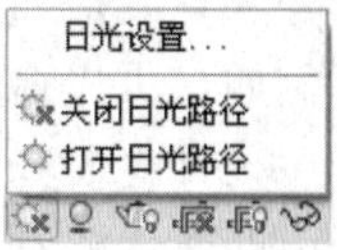

图 31-7 日光路径

2）"缩放匹配"显示整个图形，可以看到图中显示一个日轨图案，如图31-8。可通过以下方式设置日光研究方案，设置完成后阴影自动更新。

- 单击选择黄色日光路径，在"属性"选项板中设置"日光路径大小（％）"参数为100。
- 拖拽顶部的太阳球，可以沿路径或8字形分度标移动日光来调整日照时间。
- 单击太阳球上部的日照时间值，可以直接调整日照时间。
- 单击东方日出起点位置的日期值，可以直接设置年月日。

3）设置完成后，可以单击图31-7中的"关闭日光路径"隐藏日轨图案。

4）如图31-7，也可直接用"日光设置"工具打开"日光设置"对话框设置日光研究方案。

2. 打开与关闭阴影

设置了日光研究打开阴影后，计算机性能将受到很大影响，每次缩放或旋转三维图形，系统都要重新计算并刷新一遍阴影的显示。因此建议在平时设计过程中关闭阴影显示，只在需要时再打开。

图 31-8 日光路径

1）单击绘图区域左下角视图控制栏的"打开阴影" 图标，如图31-9从菜单中选择"关闭阴影"或"打开阴影"工具，即可关闭或打开阴影。

2）如图31-9，也可从此处选择"图形显示选项"命令设置日光研究方案。保存文件。

30.1.5 保存日光研究图像

设置好的日光研究，可以将视图当前的图形显示保存为图像，存储在项目浏览器的"渲染"节点下，以备随时查看。

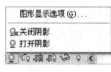

图 31-9 打开阴影

1）在项目浏览器中，在"01-静态日光研究"视图名称上单击鼠标右键选择"作为图像保存到项目中"命令。

2）在对话框中"为视图命名"为"01-静态日光研究"，设置"图像尺寸"为"2000"像素，其他参数默认，单击"确定"即可在项目浏览器的"渲染"节点下创建一个图像视图。

3）完成上述练习后，保存文件，结果请参见本书附赠光盘"练习文件 \ 第 31 章"目录中的"江湖别墅-31-01 完成.rvt"文件。

31.2　一天日光研究

一天日光研究是指在特定某一天已定义的时间范围内自然光和阴影对建筑和场地的影响。例如，可以追踪 2010 年 8 月 1 日从日出到日落的阴影变化过程。

一天日光研究的创建方法同静态日光研究的流程完全一样，不同之处在于"日光设置"中的设置略有区别以及最后生成的是一个动态的日光动画，本节不再一一详述，仅重点介绍不同之处。

1. 创建日光研究视图

1）接上节练习，或打开本书附赠光盘"练习文件 \ 第 31 章"目录中的"江湖别墅-31-01 完成.rvt"文件。项目地理位置与正北不再设置。

2）"复制"上节的"01-静态日光研究"视图，"重命名"为"02-一天日光研究"。

2. 创建一天日光研究视图

1）同样方法在"图形显示选项"对话框中，单击"日光设置"最右侧的"…"按钮，打开"日光设置"对话框。

2）日光设置：

- 如图 31-10，选择"一天"日光研究，选择"一天日光研究-北京、中国"方案。
- 设置"日期"为"2010-8-1"；设置"时间"为"11：00"；勾选"日出到日落"系统提取北京当日的日出和日落时间；设置"时间间隔"为"30 分钟"。

取消勾选"地平面的标高"。

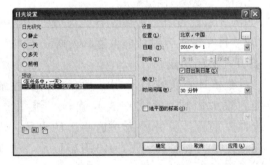

图 31-10　一天日光研究

3）单击"确定"两次完成日光研究设置。阴影默认显示在日出时间的位置。

3. 查看一天日光研究

1）在日光路径两头可设置日出、日落时间和年月日。

2）确保阴影处于打开状态。单击绘图区域左下角视图控制栏的"打开阴影" 图标，从菜单中选择新出现的"日光研究预览"工具，选项栏如图 31-11。

3）日光研究预览：

- 选项栏可设置预览起始"帧";单击日
  期时间按钮可打开"日光设置"对
  话框。

图 31-11 日光研究预览

- 单击"播放"按钮即可在视图中自动
  播放日光动画预览。单击"下一关键帧""下一帧"等可以手动控制播放进度。

4. 保存日光研究图像、导出日光研究动画

1)保存日光研究图像:

- 单击"关闭日光路径"工具隐藏日轨图案。单击"日光研究预览"工具,选项栏
  设置要保存图像的"帧"值为 10,先显示该帧画面。
- 在"02——天日光研究"视图名称上单击鼠标右键选择"作为图像保存到项目中"
  命令,将当前帧图像保存到项目浏览器"渲染"节点下为"02——天日光研究-
  10"。

2)导出日光研究动画:

- 单击左上角"R_A"图标的应用程序菜单"导出"-"图像和动画"-"日光研究"
  命令,打开"长度/格式"对话框。
- 输出长度设置:如图 31-12,选择"全部帧"(可选择"帧范围",输入起点和终
  点帧值导出一段动画);设置"帧/秒"为 10(该值和总帧数决定了动画的"总时
  间")。
- 格式设置:设置"视觉样式"为"隐藏
  线";"缩放为实际尺寸的"为"7"或设
  置"尺寸标注"值决定到处文件大小。
- 单击"确定"设置保存路径和文件名称
  为"02——天日光研究.avi"。默认动画
  文件格式为.avi(如选择.jpg 等图像格
  式,将导出所有帧为静帧图像文件)。
- 单击"保存",在"视频压缩"对话框中
  选择一种压缩格式以减小文件体量,单
  击"确定"即可自动导出为外部动画文
  件或批量静帧图像。

图 31-12 导出日光研究动画

3)保存文件,结果请参见本书附赠光盘"练习
  文件\第 31 章"目录中的"江湖别墅-31-02 完成.rvt"和"02——天日光研究.avi"
  文件。

31.3 多 天 日 光 研 究

多天日光研究是指在特定某月某日到某月某日,已定义日期范围内某时间点自然光和
阴影对建筑和场地的影响。例如,可以追踪 2010 年 2 月 1 日至 7 月 31 日半年内每天
10:00~11:00 阴影由长变短的过程。

图 31-13 多天日光研究

多天日光研究的创建方法同一天日光研究的流程完全一样，不同之处在于"日光设置"中的设置略有区别，如图 31-13。本节不再详述，结果请参见本书附赠光盘"练习文件＼第 31 章"目录中的"江湖别墅-31-03 完成.rvt"中的"03-多天日光研究"视图和"03-多天日光研究.avi"文件。

31.4 照 明 日 光 研 究

前面的 3 种日光研究模式都是根据地点、日期、时间来定义的日光设置。照明日光研究则可以根据相对于视图的方向角和仰角来定义日光位置。

照明日光研究的创建方法同静态日光研究的流程完全一样，不同之处在于"日光设置"中的设置略有区别，如图 31-14。本节不再详述，结果请参见本书附赠光盘"练习文件＼第 31 章"目录中的"江湖别墅-31-04 完成.rvt"中的"04-照明日光研究"视图。

图 31-14 照明日光研究

"大师 7 式"第 1 式"宇宙之光"——日光研究！强大的日光研究功能，表面看是多了一个锦上添花的展示方式，多了几种建筑设计表现的手段，实质是让建筑师研究项目对周边环境的影响，变得直观、真实而简单。

接下来再来研究一个大家耳熟能详的建筑表现手法："大师 7 式"第 2 式"妙手丹青"——渲染！

第 32 章 渲　染

Revit Architecture 集成了 mental ray 渲染引擎，因此可以生成建筑模型的照片级真实渲染图像，从而可以向客户展示设计或将它与团队成员分享。

同时，Revit Architecture 也可以导出三维视图，然后使用其他软件应用程序来渲染该图像，例如 3ds max，详见"第 37 章"。

Revit Architecture 渲染大致有以下 6 个步骤：创建渲染三维视图、指定材质渲染外观、定义照明、配景设置、渲染设置与渲染、保存渲染图像。

创建渲染三维视图（透视图、正交三维视图）的方法请参见"第 24 章 三维视图设计"。创建了视图后打开视图裁剪框，调整好要渲染的视图范围即可。

打开本书附赠光盘"练习文件 \ 第 32 章"目录中的"江湖别墅-32.rvt"，打开"西南鸟瞰"三维透视图，完成本章的材质、渲染等练习。

32.1　材　质　与　贴　花

32.1.1　材质

在前面各章中，已经反复用到了模型图元的材质参数，从材质库中选择了现有的材质名称，设置了模型的表面和截面填充图案等。这些表面和截面填充图案设置只用于控制模型图元在三维、平面、立剖面、详图等各个设计视图中的表面和截面的显示，而不能用于渲染。真正的渲染效果需要设置材质的"渲染外观"，下面系统地讲解材质的自定义方法。

功能区单击"管理"选项卡"设置"面板"材质"工具，打开"材质"对话框，如图 32-1。

"材质"对话框分左右两部分，左侧为"材质"列表，右侧为材质"属性"的图形、渲染外观、标识和物理特性 4 个选项卡。

1. 材质列表

1）材质搜索：在顶部的"材质"栏中输入搜索关键词，例如"混凝土"则系统自动搜索材质名称、材质标识、物理特性中所有包含"混凝土"关键词的材质，并在列表中显示。

2）材质类：从"材质类"下拉列表中选择关键词，如"金属"，则材质列表中自动过滤显示所有在"标识"选项卡中过滤条件"材质类"为"金属"的材质。默认显示"全部"材质类，无过滤。

3）材质列表显示方式：如图 32-1 材质列表默认材质名称列表。单击列表右下角的 图标，可以在名称列表、小图标和大图标之间切换显示。

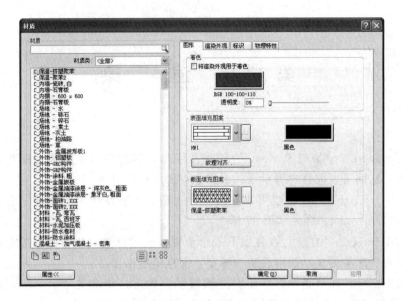

图 32-1　"材质"对话框

4）复制、重命名、删除材质：

- 如图 32-1，单击列表左下角的 图标，可以复制、重命名、删除材质。
- 从列表中选择"C_外饰-面砖 1，×××"材质，单击列表左下角的"复制"图标，在"复制 Revit 材质"对话框中输入"C_外饰-面砖 1，墙"，单击"确定"复制了新的材质。

5）"属性"：单击"属性《"或"属性》"按钮，可以隐藏或显示右侧的材质"属性"框。

2. 材质图形设置

选择刚创建的"C_外饰-面砖 1，墙"材质，单击右侧材质"属性"框的"图形"选项卡，设置以下材质图形选项。图形设置可以控制模型图元在三维、平面、立剖面、详图等各个设计视图中表面和截面的颜色和填充图案显示，是施工图设计（特别是详图）的重要组成部分。

1）着色：该选项决定了模型图元的表面显示颜色与透明度。

- RGB 值：单击矩形颜色图标按钮，可打开"颜色"对话框，从中选择"基本颜色"中左上角的颜色块（RGB 值为：255-128-128），单击"确定"。
- "透明度"：拖拽滑块或输入透明度值可设置透明度。本例选择默认的 0（不透明）。
- "将渲染外观用于着色"：如勾选该选项，则将自动提取"渲染外观"中的材质颜色赋予模型图元，此时 RGB 值自动更新，透明度灰色显示不能调整。

【提示】　在设计中如果不需要渲染，则只需设置 RGB 值和透明度即可，如设置了渲染外观，则建议使用"将渲染外观用于着色"，以保持渲染和模型显示颜色的一致性。

2）表面填充图案：

- 单击"表面填充图案"下图例框右侧的下拉箭头，从填充图案列表中选择"砌块

418

225×450"（225、450 单位为 mm，为墙砖的真实尺寸）。
- 单击后面的矩形颜色图标按钮，从"颜色"对话框中选择填充图案线条的颜色。

【提示】　也可单击后面的"…"按钮，打开"填充样式"对话框选择图案。注意表面填充图案一定要选择下面的"模型"类型，如图 32-2。模型各个面填充图案的线条会和模型的边界线保持相同的固定角度，如图 32-3（*a*）的屋顶面层的垂直线填充图案；如选择绘图填充图案则所有填充图案线保持相同角度，如图 32-3（*b*）。

图 32-2　模型填充样式

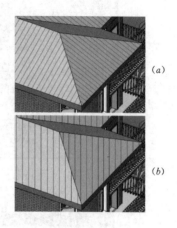

图 32-3　模型和绘图填充图案区别

3）截面填充图案：
- 单击"截面填充图案"下图例框右侧的下拉箭头，从列表中选择"垂直线-3mm"。
- 单击后面的矩形颜色图标按钮，从"颜色"对话框中选择填充图案线条的颜色。

【提示】　同样单击后面的"…"按钮，打开"填充样式"对话框选择图案。注意截面填充图案一定要选择下面的"绘图"类型。

3. 材质渲染外观设置

单击右侧材质"属性"栏的"渲染外观"选项卡，设置以下渲染外观选项。渲染外观设置决定了模型最终的材质渲染结果。

1）渲染外观基于：
- 单击右侧的"基于"按钮，打开"渲染外观库"对话框。如图 32-4 在左侧列表中选择"砖石-石料"，在右侧样例栏中选择第一个样例"板岩-红色"，单击"确定"返回"材质"对话框，"渲染外观基于"下的图像自动更新，如图 32-5。
- 单击图像右下角的下拉三角箭头，从下拉列表中选择"渲染-高质量"（可选择"墙"、"球体"等材质图像显示方式，本例默认为"墙"）。

2）常规设置：
- "图像"：单击图像样条，打开"纹理编辑器"对话框，如图 32-6（本例采用默认设置）。单击"源"后的"Masonry. Stone. Slate. Red. jpg"图像名称可从"Mats"库中选择更多材质贴图。拖拽"亮度"滑条或输入值可以调整图像亮度。勾选"反转图像"可反转图像颜色。单击"变换"可设置图像"位置"（偏移和旋转）、

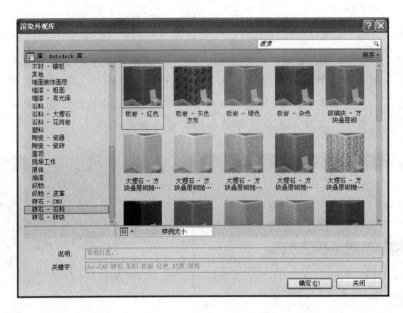

图 32-4　渲染外观库

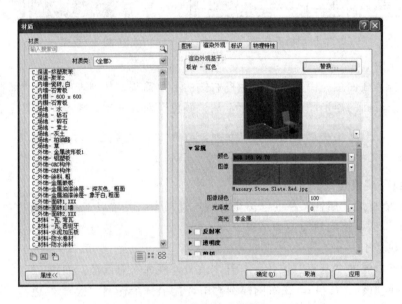

图 32-5　渲染外观设置

　　"比例"（240mm、480mm 尺寸）、"重复"（水平和垂直平铺）等设置。单击"完成"返回"材质"对话框。

- 单击"图像"下的图像名称也可从"Mats"库中选择更多材质贴图。
- 图像褪色、光泽度、高光等：拖拽或输入图像褪色、光泽度值，设置"高光"。本例选择默认设置。
- "颜色"：如此处没有选择图像，可单击"颜色"条选择需要的颜色。

3）反射率、透明度、剪切、自发光、凹凸设置：对金属等材质根据需要设置这些选项，设置方法同"常规"设置大同小异。本例采用默认设置。

4. 材质标识设置

单击右侧材质"属性"栏的"标识"选项卡，设置以下标识选项。标识设置主要用于材质过滤和注释信息等。

1) 过滤条件：设置"材质类"参数为"石料"。通过左侧的"材质类"可以过滤显示材质。

2) 说明信息、产品信息、注释信息：输入说明信息的"说明"为"外墙石材，240mm×480mm，红色"，其他留空。

5. 材质物理特性设置

单击右侧材质"属性"栏的"物理特性"选项卡，设置以下物理特性选项。物理特性设置主要用于设置混凝土、钢、木材类材质的材料类型、弹性模量、剪变模量、泊松比等物理特性参数。

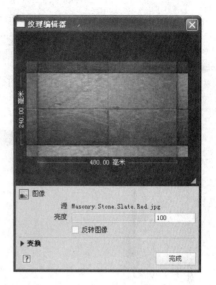

图 32-6　纹理编辑器

1) 材质类型：先从"材质类型"下拉列表中选择"混凝土"、"钢"、"木材"、"常规"等类型，然后从下面的"混凝土类型"或"钢类型"等下拉列表中选择某类型或"＜未命名＞"（本例选择"材质类型"为"未指定"，不设置物理特性参数）。

2) 物理参数：如"混凝土类型"或"钢类型"选择了"＜未命名＞"，则可以设置材料类型、弹性模量、剪变模量、泊松比等物理特性参数。

设置完成上述参数后，在"图形"选项卡中勾选"将渲染外观用于着色"。单击"确定"即可创建新的材质"C_外饰-面砖1，墙"。

选择一面外墙（外保温墙 350mm-20mm + 60mm + 240mm + 30mm），单击"属性"选项板的"编辑类型"按钮，单击"结构"参数后的"编辑"按钮，单击第1层"面层1[4]"的"材质"值的小按钮，从"材质"对话框中选择"C_外饰-面砖1，墙"，单击"确定"3次即可赋予墙面新的材质。保存文件。

其他屋顶、门窗、台阶、女儿墙、扶手、坡道、散水等模型的材质同样方法设置，本节不再逐一讲解。

32.1.2　贴花

使用"放置贴花"工具可将图像放置到建筑模型的水平表面和圆筒形表面上以进行渲染。例如，可以将贴花用于标志、绘画、广告牌和电视画面等，如图 32-7 示意。对于每个贴花，可以指定一个图像及其反射率、亮度和纹理（凹凸贴图）。设置方法如下：

1) 贴花类型：

● 功能区单击"插入"选项卡"链接"面板"贴花"

图 32-7　贴花

工具的下拉三角箭头，从下拉菜单中选择"贴花类型"命令打开"贴花类型"对话框。

- 单击左下角的"创建新贴花"图标，输入贴花"名称"为"竹子"，单击"确定"。
- 单击右侧"设置"栏"源"后面的"…"按钮，定位到本书附赠光盘"练习文件 \ 第 32 章"目录中的"竹子.jpg"文件，单击"打开"载入图像文件，如图 32-8。

图 32-8　贴花类型

- 设置图像的亮度、反射率、透明度和纹理（凹凸贴图）等。本例采用默认设置。
- 可复制、重命名、删除贴花。可用列表、小图标、大图标方式显示贴花列表。单击"确定"完成设置。

2）放置贴花：

- 打开南立面视图，功能区单击"插入"选项卡"贴花"工具的下拉三角箭头，从下拉菜单中选择"放置贴花"命令，"属性"选项板的类型选择器中自动选择了"竹子"贴花。
- 选项栏勾选"固定宽高比"，设置"宽度"为 1500，"高度"自动更新为 1125。
- 移动光标出现矩形交叉线贴画预览图形，在左侧平屋顶下方外墙面上单击放置贴画即可，结果如图 32-9。注意贴画只有在渲染后才能显示。
- 编辑贴画：单击选择贴花，拖拽角点的控制柄或设置"属性"选项板的参数可以调整贴花尺寸大小，拖拽可调整其位置。

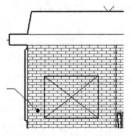

图 32-9　贴花显示

完成上述练习后，保存文件。结果请参见本书附赠光盘"练习文件 \ 第 32 章"目录中的"江湖别墅-32-01 完成.rvt"文件。

32.2　渲 染 照 明 设 置

渲染场景的照明分日光和人造灯光两种方式。其设置方法在前面章节已经详细讲解，本章将直接选择使用。

1. 日光和阴影设置

日光和阴影设置的详细操作方法请参见"31.1 静态日光研究"一节，本例将直接选择已经创建的静态日光研究方案。

1) 接上节练习，或打开本书附赠光盘"练习文件 \ 第 32 章"目录中的"江湖别墅-32-01 完成 . rvt"文件。打开"西南鸟瞰"三维透视图，单击视图控制栏的"打开阴影" ⚬ 图标，选择"图形显示选项"命令打开"图形显示选项"对话框。

2) 单击"日光设置"后的"…"按钮，在"日光设置"对话框中选择"北京-20100801"方案，单击"确定"2 次即可。

2. 人造灯光

人造灯光的创建很简单，只需要用"常用"选项卡的"放置构件"工具，从类型选择器中选择照明设备构件单击放置到图形中或墙、天花板上即可。照明设备的"属性"参数中可以控制照明设备的瓦数。详细请参见"14.2.2 家具、家用电器、照明设备等"一节。

人造灯光的亮度调节可以在"渲染"对话框中详细设置，详细请参见"32.4.1 渲染设置"。

32.3　配 景 设 置

在"17.4.2 场地构件"一节中已经创建了树等场地构件。渲染前可以在场地中放置更多的植物、人、车都构件。本例不再详细操作，详细请参见"17.4.2 场地构件"。

在"17.4.2 场地构件"一节中提过，本案例中的植物不能设置渲染外观，如要得到好的渲染效果，可以用 RPC 植物替换这些植物。因为本例的场地是链接的外部 Revit 文件，所以可以打开本书附赠光盘"练习文件 \ 第 32 章"目录中的"17-08 完成 . rvt"文件重新设置场地构件。

32.4　渲 染 设 置 与 渲 染

32.4.1　渲染设置

接上节练习，打开"西南鸟瞰"三维透视图。功能区单击"视图"选项卡"图形"面板的"渲染"工具，打开"渲染"对话框。

1) 渲染质量设置：如图 32-10 从"设置"下拉列表中选择"高"（选择"编辑"可以自定义质量等级）。

2) 输出设置：可选择"分辨率"为"屏幕"或"打印机"。本例选择"打印机"，然后从后面的下拉列表中选择"300DPI"，此选项将决定渲染图像的打印质量。

3）照明设置：

- 方案：从"方案"后的下拉列表中选择"室外：仅日
  光"照明方案。可根据渲染场景选择其他"室外：仅
  人造光"、"室外：日光和人造光"、"室内：仅日光"、
  "室内：仅人造光"、"室内：日光和人造光"等照明
  方案。

- 日光设置：单击后面的"…"按钮可以选择其他日光
  研究方案。

4）人造灯光设置：

- 如前面的照明方案选择"室外：仅人造光"、"室外：
  日光和人造光"、"室内：仅人造光"、"室内：日光和
  人造光"等照明方案，则"人造灯光"按钮可用，单
  击可打开"人造灯光-西南鸟瞰"对话框，如图 32-11。

- 勾选的照明设备在渲染时可以发光，取消勾选则不发
  光。调节后面的"暗显（0-1）"值可以调节照明设备
  亮度。

图 32-10　渲染设置

- 灯光组：单击"组选项"下的"新建"按钮，输入"F1 客厅"单击"确定"创建
  灯光组，同理创建"F2 客厅"、"F3 客厅"灯光组。

图 32-11　人造灯光

图 32-12　灯光组

- 移动照明设备到灯光组：按住 Ctrl 键单击选择"1：壁灯 05：壁灯 05"和"2：
  壁灯 05：壁灯 05"，单击"设备选项"下的"移动到组"按钮，从"灯光组"下
  拉列表中选择"F1 客厅"，单击"确定"。同理移动 3、4 号灯到"F2 客厅"组，
  5、6 号灯到"F3 客厅"组。结果如图 32-12。

- 取消勾选或勾选"F1 客厅"组，则可以关闭或打开整个组中所有照明设备的
  发光。

- 单击"确定"返回"渲染"对话框，重新设置本例照明方案为"室外：仅日光"。

5）背景设置：

- 从"样式"后的下拉列表中选择"天空：少云"背景样式，然后拖拽"薄雾"的滑块设置云量。
- 可选择"样式"为颜色，然后选择天空颜色；或选择"图像"，然后选择天空背景贴图。完成后的"渲染"对话框如图 32-10。保存文件。

32.4.2　区域渲染与全部渲染

Revit Architecture 的渲染分全部渲染和区域渲染两种方式，功能如下：

1）区域渲染：该功能可用于设置图元材质后，检验材质渲染效果，用区域渲染节约时间。

- 在"渲染"对话框中勾选顶部"渲染"按钮旁边的"区域"，则在渲染视图中出现一个矩形的红色渲染范围边界线。
- 单击选择渲染边界，拖拽矩形边界和顶点的蓝色控制柄可以调整渲染区域边界。完成后单击"渲染"即可渲染局部区域。

2）全部渲染：

- 取消勾选"区域"，单击"渲染"即可渲染全部。
- 本例渲染全部。单击"渲染"按钮系统即可自动开始渲染视图，并显示"渲染进度"对话框（单击"取消"可结束渲染）。完成后的渲染图像如图 32-13。

图 32-13　渲染图像

3）模型与图像显示切换：

- 渲染完成后，单击"渲染"对话框下面的"显示模型"按钮可以显示渲染前的模型视图状态。同时"显示模型"按钮变为"显示渲染"。
- 单击"显示渲染"按钮则恢复显示渲染图像，同时"显示渲染"按钮变为"显示模型"。保存文件。

32.5　图　像　处　理

渲染完成后的图像可以简单调整后将其保存到项目文件中，或导出为外部图像文件，然后用 Photshop 等图像编辑软件做后期编辑。

32.5.1　调整曝光

在 Revit Architecture 中可以简单设置图像的曝光值、亮度、中间色调、阴影、白点和饱和度。

1）接上节练习。单击"渲染"对话框的"调整曝光"按钮，打开"曝光控制"对话框，如图 32-14。

2）拖拽滑块或输入值，可设置图像的曝光值、亮度、中间色调、阴影、白点和饱和度（单击顶部的"重设为默认值"按钮可以恢复原始设置）。本例采用默认设置。

3）单击"确定"完成设置。

32.5.2　保存与导出图像

渲染图像的保存有以下两种方式；

1）保存到项目中：单击"渲染"对话框的"保存到项目中"按钮，输入图像"名称"为"西南鸟瞰_1"，单击"确定"即可将图像保存在项目浏览器的"渲染"节点下。

2）导出：单击"渲染"对话框的"导出"按钮，设置保存路径，指定保存图像文件名为"西南鸟瞰"，单击"保存"即可将文件保存为外部图像文件。

图 32-14　图像调整

完成上述练习后，关闭"渲染"对话框，保存并关闭文件。结果请参见本书附赠光盘"练习文件 \ 第 32 章"目录中的"江湖别墅-32-02 完成 .rvt"和"西南鸟瞰 .jpg"文件。

【提示】　关闭"渲染"对话框后渲染视图显示渲染前的模型视图状态。再次打开"渲染"对话框后用"显示渲染（模型）"按钮可以切换显示。

"大师 7 式"第 2 式"妙手丹青"——渲染！集成的 mental ray 渲染功能，让建筑师在完成建筑设计的同时，可以随时创建渲染效果图来展示自己的设计成果。

即使建筑师不亲自做效果图，也可以将自己的建筑模型导出到 3ds max 渲染，减少了渲染时的重复建模工作量。再退一步讲，即使不用 Revit 渲染，也可以把 Revit 的模型文件或图像文件交给效果图设计公司，由专业效果图设计师来按照建筑师的设计模型来设计效果图，如此最少可以节约大量建筑师和效果图设计师的反复沟通时间，确保效果图设计的精确到位。

除了日光研究和渲染，Revit Architecture 还提供了另一种建筑表现手法："大师 7 式"第 3 式"凌波微步"——漫游！

第 **33** 章　漫　　游

在"24.1 透视三维视图"一节，用"相机"工具创建了静止的透视视图。如果给相机设置一条路径，并沿路径移动相机则可以创建漫游视图。

33.1　创　建　漫　游

创建漫游视图首先要设置漫游路径，然后再编辑漫游路径关键帧位置的相机位置和视角方向即可。

打开本书附赠光盘"练习文件 \ 第 33 章"目录中的"江湖别墅-33.rvt"文件，打开 F1 楼层平面视图，完成本章练习。

33.1.1　创建漫游路径

创建漫游路径的关键是要在建筑出入口、转弯、上下楼等关键位置放置关键帧，由这些关键帧相连的路线即是相机路径。

1) 在 F1 平面视图中，功能区单击"视图"选项卡"创建"面板的"三维视图"工具的下拉三角箭头，从下拉菜单中选择"漫游"命令，"修改 | 漫游"子选项卡如图 33-1。

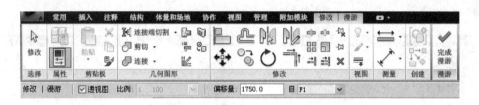

图 33-1　"修改 | 漫游"子选项卡

2) 选项栏设置：
- 勾选"透视图"，则漫游的每帧画面为透视图效果。
- 视点高度设置：设置视点为"自"当前标高"F1"向上"偏移量"为 1750mm（大致人眼的高度）。

3) 放置关键帧：
- 移动光标在西立面双开门外台阶边单击放置相机起点关键帧，移动光标出现淡蓝色相机路径和相机方向预览图形。
- 如图 33-1，在门外、门内、转弯处的实心圆点位置附近单击放置其他关键帧。
- 完成后功能区单击"√完成漫游"工具即可在项目浏览器中"漫游"节点下新建"漫游 1"视图。选择该视图，从右键菜单中选择"重命名"命令，输入"名称"

为"01-首层起居室漫游"，单击"确定"。

- 双击视图名称即可打开漫游视图，设置其视觉样式为"带边框着色"，如图 33-3 显示漫游终点时的视图。保存文件。

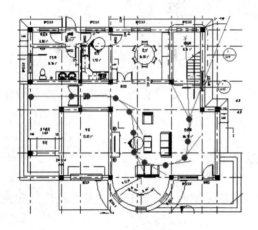

图 33-2　漫游路径

图 33-3　漫游视图

【提示】　放置关键帧时，可以随时设置选项栏的"偏移量"高度，例如在楼梯口、休息平台和楼上位置设置不同的高度，从而实现上下楼等特殊漫游效果。

33.1.2　预览与编辑漫游

创建好的漫游视图可以随时预览其效果，并编辑其路径关键帧的相机位置和视角方向等，得到满意的漫游效果。

在"01-首层起居室漫游"视图中，单击选择视图边界，"修改｜相机"子选项卡如图 33-4。

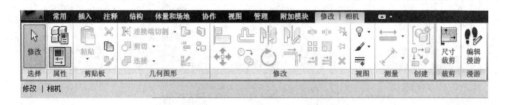

图 33-4　"修改｜相机"子选项卡

1）裁剪漫游视图：用以下两种方式裁剪视图边界。

- 尺寸裁剪：单击选择视图边界，功能区单击"尺寸裁剪"工具，打开"裁剪区域尺寸"对话框。设置"宽度"为"200"，"高度"为"160"，单击"确定"。
- 拖拽：单击选择视图边界，拖拽 4 边界上的蓝色实心圆点调整。

2）预览漫游：通过预览漫游发现视频中的问题，然后重新编辑相机或其他视图设置解决。

- 在"01-首层起居室漫游"视图中，单击选择视图边界，功能区单击"编辑漫游"工具，"编辑漫游"子选项卡如图 33-5（a）。
- 选项栏可以看到默认的漫游视频"共"为"300"帧画面。设置"帧"为"1.0"，漫游视图切换到双开门外起点位置，如图 33-5（b）。

- 自动预览漫游：功能区单击"播放"按钮可以自动播放漫游视频。
- 手动预览漫游：单击"下一关键帧"可以跳到下一个关键帧画面（创建漫游路径时的关键点位置）；单击"下一帧"可以跳到下一帧画面；单击"上一关键帧"可以跳到上一个关键帧画面；单击"上一帧"可以跳到上一帧画面。

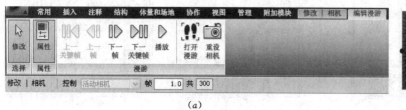

(a)   (b)

图 33-5   "编辑漫游"子选项卡与漫游起始帧

- 通过预览漫游发现一些问题，在进入起居室转弯位置相机视角不好，室外场地的地形表面显示了多余的原有阶段的地形表面（蓝色显示），需要手动设置。
- 在视图中空白位置单击鼠标左键，弹出"退出漫游"提示框"是否放弃漫游编辑？"，单击"是"结束命令。
- 在"01-首层起居室漫游"视图的"属性"选项板中设置参数"阶段过滤器"为"显示新建"，解决室外场地地形表面的显示问题。

3）编辑漫游路径：

- 同时打开并"平铺"显示 F1 平面视图和"01-首层起居室漫游"两个视图。在"01-首层起居室漫游"视图中单击选择视图边界，则 F1 平面视图中显示漫游相机，如图 33-6（a）。
- 移动光标在 F1 平面视图中单击激活平面视图，相机依然处于选择状态。功能区单击"编辑漫游"工具。在"编辑漫游"子选项卡中设置选项栏的"控制"为"路径"，则平面图中的蓝色相机路径在每个关键帧位置显示一个蓝色实心圆点控制柄，如图 33-6（b）。
- 单击并拖拽关键帧控制柄即可调整相机关键帧位置，相机路径自动更新。

4）编辑相机视角：

- 接上面练习。在"编辑漫游"子选项卡中设置选项栏的"控制"为"活动相机"，则平面图中显示相机符号（包括相机视点和目标点），并在每个关键帧位置显示一个红色实心圆点控制柄，如图 33-6（c）。
- 单击"下一关键帧"工具跳到第 4 个关键帧位置（门内转弯处），平面图相机位置和漫游视图画面自动切换。
- 如图 33-7，拖拽相机目标点到起居室右侧沙发右下角位置，观察漫游视图视角变化的结果。同样方法继续单击"下一关键帧"工具，逐个调整后续每一个关键帧的相机视角。

5）添加/删除关键帧：可根据需要补充添加或删除关键帧精确设置相机路径。

- 在"编辑漫游"子选项卡中设置选项栏的"控制"为"添加关键帧"，移动光标在

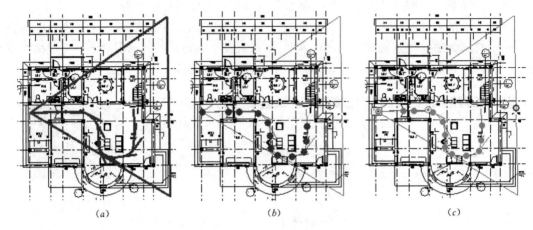

图 33-6　编辑漫游路径与相机

现有相机路径上单击即可增加关键帧。

- 在"编辑漫游"子选项卡中设置选项栏的"控制"为"删除关键帧"，移动光标在要删除的关键帧上单击即可删除。

6）重复预览和编辑：

- 完成上述漫游相机的路径、相机视角、关键帧编辑后，移动光标在"01-首层起居室漫游"视图中单击激活漫游视图，重新设置选项栏的"帧"为"1.0"回到起点位置，功能区单击"播放"按钮再次预览编辑后的漫游视图。

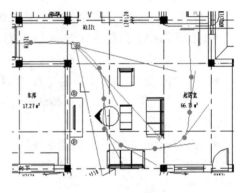

图 33-7　调整相机视角

- 如有问题，重新回到 F1 平面视图中编辑上述相机的路径、相机视角和关键帧。完成后在图中空白位置单击鼠标左键，弹出"退出漫游"提示框"是否放弃漫游编辑？"，单击"是"结束命令。保存文件。

完成上述练习后，保存文件。结果请参见本书附赠光盘"练习文件 \ 第 33 章"目录中的"江湖别墅-33 完成.rvt"文件。

33.2　导　出　漫　游

创建好的漫游视图可以导出为外部的.avi 视频格式文件单独播放，导出方法如下。

33.2.1　设置漫游帧

接上节练习，或打开本书附赠光盘"练习文件 \ 第 33 章"目录中的"江湖别墅-33 完成.rvt"文件，打开"01-首层起居室漫游"视图。

1）在"01-首层起居室漫游"视图的"属性"选项板中单击最下方参数"漫游帧"后的"300"按钮，打开"漫游帧"对话框。默认"总帧数"为 300，"帧/秒"为 15，视频

"总时间"为 20 秒（300/15），相机移动速度为"匀速"。

2）输入"总帧数"为 600，"帧/秒"为 15 不变，单击"应用"则"总时间"变为 40 秒，如图 33-8。

3）如图 33-9 取消勾选"匀速"，则可以设置每一个关键帧后的"加速器"参数值（0.1～10），以加速或减速在某关键帧位置相机的移动速度，模拟真实的漫游行进状态。本例勾选"匀速"。单击"确定"完成漫游帧设置。

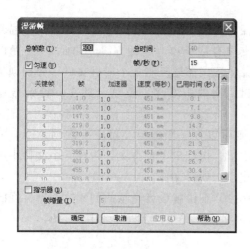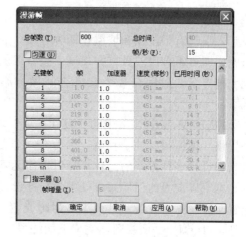

图 33-8　漫游帧设置　　　　　　　　　图 33-9　加速器设置

33.2.2　导出漫游

导出漫游的方法同"31.2 一天日光研究"的导出日光研究方法完全一样，详细请参见"31.2 一天日光研究"。

1）单击左上角"R$_\Lambda$"图标的应用程序菜单"导出"-"图像和动画"-"漫游"命令，打开"长度/格式"对话框。设置"输出长度"为"全部帧"，其他参数默认。

2）单击"确定"设置保存路径和文件名称为"首层起居室漫游"。单击"保存"选择视频压缩格式后单击"确定"自动导出视频文件。结果请参见本书附赠光盘"练习文件\第 33 章"目录中的"首层起居室漫游 .avi"文件。

【提示】　在"长度/格式"对话框中如设置"视觉样式"为＜渲染＞，则可以创建照片级的漫游效果。

"大师 7 式"第 3 式"凌波微步"——漫游！简单的设置、不一样的表现手法，建筑师信手拈来！

在建筑设计中，经常有局部设计的多方案探讨。下面就来学习 3D 设计的多方案探讨方法："大师 7 式"第 4 式"花开两朵"——设计选项！

第 34 章　设　计　选　项

在建筑设计中，经常有局部设计的多方案探讨需求。例如：在门厅入口处的雨篷局部设计，顶部有平屋顶和坡屋顶两种方案，底部支撑有柱子和墙两种方案，如此 2×2 两两搭配，即可组合出 4 种方案来。按常规的设计方法，需要复制 4 个项目文件，分别创建这 4 种方案，然后在 4 个文件之间做方案探讨，文件版本多、重复劳动多，设计效率低下。

Revit Architecture 中的"设计选项"功能则可以在一个项目文件中一次创建所有的平屋顶、坡屋顶、柱子和墙，然后在一个文件中组合搭配出 4 种方案，并在一个文件中进行局部设计多种方案的比较与探讨，而无须创建几个项目文件。

本章以前面的门厅入口处雨篷局部设计为例，详细讲解设计选项的创建、编辑、视图设置与方案探讨方法。打开本书附赠光盘"练习文件 \ 第 34 章"目录中的"34-01.rvt"文件，打开 F1 平面视图，完成下面练习。

34.1　创 建 设 计 选 项

在 Revit Architecture 的一个项目文件进行多方案探讨的基础原理是：在现有主模型之外，先创建几个方案选项，然后在不同的选项环境中创建该方案的模型构件（该模型和主模型不在同一个环境中），最后将不同的选项方案互相搭配形成多种设计方案。

34.1.1　启动设计选项

1) 在 F1 平面视图中，如图 34-1，功能区单击"管理"选项卡"设计选项"面板的"设计选项"工具，打开"设计选项"对话框，进入设计选项设计和编辑模式。

2) 创建设计选项：

- 单击右侧"选项集"下的"新建"按钮（首次启动"设计选项"功能，只有该按钮可用），在左侧栏中自动创建"选项集 1"及其"选项 1（主选项）"。

图 34-1　设计选项

- 再单击"选项"下的"新建"按钮，在左侧栏中"选项集 1"下创建"选项 2"。

- 同样方法，再次依次单击"选项集"和"选项"下的"新建"按钮，创建"选项集 2"及其"选项 1（主选项）"和"选项 2"，结果如图 34-2。

3) 重命名设计选项：

- 单击选择左侧栏的"选项集 1"，再单击"选项集"下的"重命名"按钮，在"重命名"对话框中输入"支撑"单击"确定"。

- 单击选择"支撑"选项集下的"选项 1（主选项）"，再单击"选项"下的"重命名"按钮，在"重命名"对话框中输入"墙"单击"确定"。

- 同样方法，"重命名"、"选项集 2"及其"选项 1（主选项）"和"选项 2"的名称为"屋顶"、"平屋顶"和"坡屋顶"，结果如图 34-3。保存文件。

图 34-2 创建设计选项 　　　　　　　图 34-3 重命名设计选项

34.1.2 编辑设计选项

有了各方案名称，即可编辑各方案设计选项，创建各方案的模型构件。

1）编辑"支撑"设计选项的"墙"主方案：

- 接前面练习。在"设计选项"对话框中单击选择"墙（主选项）"，再单击"编辑所选项"按钮，则对话框左上方的"正在编辑"栏中变为"支撑：墙（主选项）"。

- 单击"关闭"按钮关闭对话框。注意此时主模型变为灰色显示，"设计选项"面板中的下拉列表也由"主模型"变为"墙（主选项）"。

- 功能区单击"常用"选项卡"构建"面板的"墙"工具，从类型选择器中选择"外保温墙 350mm-20 ＋ 60 ＋ 240 ＋ 30"类型，选项栏设置墙"高度"为"F2"，其他参数默认。移动光标顺时针捕捉双开门外的参照平面端点和交点，绘制 3 面墙。

- 单击"门"工具，选择"M ＿ 双-玻璃 M1521"门类型，在刚绘制的右侧垂直墙上单击居中放置双开门。完成后的"墙"主方案如图 34-4（a）。

2）编辑"支撑"设计选项的"柱子"次方案：

- 接前面练习。从功能区"设计选项"面板中的下拉列表中选择"柱子"选项，则刚绘制的"墙"方案中的构件隐藏显示。

- 在 F1 平面视图中，功能区单击"常用"选项卡"构建"面板的"柱"工具的下拉三角箭头，选择"结构柱"工具，从类型选择器中选择"M ＿ 圆形-结构柱 300mm"类型，选项栏设置墙"高度"为"F2"。移动光标单击参照平面交点放置两个结构柱。完成后的"柱子"次方案如图 34-4（b）。

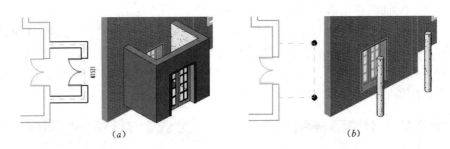

图 34-4　"支撑"设计选项两种方案

3）编辑"屋顶"设计选项的"平屋顶"主方案：

- 接前面练习。从功能区"设计选项"面板中的下拉列表中选择"平屋顶（主选项）"选项，则刚绘制的"柱子"次方案中的构件隐藏显示，同时灰色显示主模型和"墙"主方案模型。

- 打开 F2 楼层平面视图，功能区单击"常用"选项卡"构建"面板的"屋顶"工具的下拉三角箭头，选择"迹线屋顶"工具。

- 选项栏取消勾选"定义坡度"，如图 34-5（a）沿主模型墙面和"墙"主方案 3 面墙外 500mm 位置，绘制屋顶边界线。功能区单击"√"创建平屋顶，选择屋顶类型为"常规-125mm"，完成后的"平屋顶"主方案如图 34-5（a）。

4）编辑"屋顶"设计选项的"坡屋顶"次方案：

- 接前面练习。从功能区"设计选项"面板中的下拉列表中选择"坡屋顶"选项，则刚绘制的"平屋顶"方案中的平屋顶隐藏显示。

- 功能区单击"迹线屋顶"工具，如图 34-5（b）图绘制双坡屋顶边界线，设置屋顶坡度为 50%。功能区单击"√"创建平屋顶，选择屋顶类型为"常规-125mm"，完成后的"坡屋顶"次方案如图 34-5（b）。

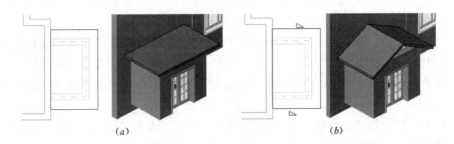

图 34-5　"屋顶"设计选项两种方案

【提示】　因为坡屋顶和下面的墙分别属于不同的设计选项，因此不将墙附着到屋顶下方，设计选项和主模型中的图元同理。

5）"完成编辑"设计选项：完成上述设计后，可以用以下两种方法之一完成设计选项编辑。

- 再次单击功能区"管理"选项卡的"设计选项"工具，在"设计选项"对话框中单击"完成编辑"按钮，则对话框左上方的"正在编辑"栏中变为"主模型"。单

击"关闭"关闭对话框回到主模型编辑状态下，同时视
图中默认显示两个方案的主选项方案中的模型图元：墙
和平屋顶，如图 34-6。

- 从功能区"设计选项"面板中的下拉列表中选择"主模
  型"，即可自动完成编辑。

【提示】　因为坡屋顶和下面的墙分别属于不同的设计选
项，因此不将墙附着到屋顶下方，设计选项和主模型中的图元
同理。

图 34-6　设计选项

6）编辑设计选项图元：在"主模型"编辑模式下，无法选择设计选项中的图元进行编辑，
　　如要编辑可以使用以下方法。

- 从功能区"设计选项"面板中的下拉列表中选择"墙（主选项）"、"柱子"、"平
  屋顶（主选项）"、"坡屋顶"等选项方案，然后即可切换显示该设计选项中的图
  元，再选择后编辑。
- "拾取以进行编辑"：单击"设计选项"面板中的"拾取以进行编辑"工具，即可
  单击可见的设计选项中的图元，并自动切换到该设计选项中，然后即可选择该设
  计选项中的图元并编辑。此功能对主模型图元无效。

完成上述练习后，保存文件。结果请参见本书附赠光盘"练习文件＼第 34 章"目录
中的"34-01 完成.rvt"文件。

34.2　多 方 案 探 讨

创建好的各设计选项方案及其模型图元，即可设置在几个视图中分别显示各种方案进
行方案探讨。当确定了最终的方案后，可以删除不需要的方案及其图元。

接 34.1 节练习，或打开本书附赠光盘"练习文件＼第 34 章"目录中的"34-01 完成
.rvt"文件。打开默认三维视图 {3D}，如图 34-6，视图中默认显示两个方案的主选项方
案中的模型图元：墙和平屋顶。

34.2.1　多方案视图设置

1）复制视图：复制三维视图 {3D} 4 个，分别"重命名"为"1-墙＋平屋顶"、"2-墙＋坡
　　屋顶"、"3-柱＋平屋顶"、"4-柱＋坡屋顶"。
2）设置视图设计选项可见性：

- "1-墙＋平屋顶"视图默认显示第 1 种主方案，不需要设置，如图 34-7（a）。
- 打开"2-墙＋坡屋顶"视图，单击功能区"视图"选项卡"图形"面板的"可见
  性/图形"工具，打开对话框的"设计选项"选项卡。
- 如图 34-8，设置"支撑"选项集为"墙（主选项）"、"屋顶"选项集为"坡屋
  顶"，单击"确定"后"2-墙＋坡屋顶"视图显示第 2 种方案，如图 34-7（b）。
- 同样方法，打开"3-柱＋平屋顶"、"4-柱＋坡屋顶"视图，设置其设计选项可见
  性。确定后视图如图 34-7（c）、（d）显示。

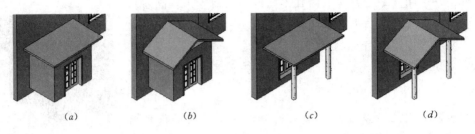

(a)　　　　　　　(b)　　　　　　　(c)　　　　　　　(d)

图 34-7　设计选项 4 种方案

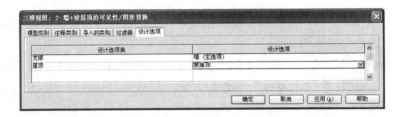

图 34-8　设计选项

3）方案探讨："平铺"显示 4 个视图，即可在同一个项目文件中同时显示 4 种方案进行方案探讨。保存文件，结果请参见本书附赠光盘"练习文件 \ 第 34 章"目录中的"34-02 完成 . rvt"文件。

34.2.2　确定主选方案

确定最终设计方案后，可以将其余方案及其图元删除，以减小文件体量。此处的"删除"设计选项不用与简单的"删除"图元工具，需用专用工具设置，方法如下。

1）打开"3-柱＋平屋顶"视图，该视图的方案将作为最终设计方案。

2）设置主选项：再次单击功能区"管理"选项卡的"设计选项"工具，在"设计选项"对话框中选择"柱子"，单击右侧"选项"下的"设为主选项"按钮，在弹出的报警提示对话框中单击"删除并设为主选项"按钮，即可将"柱子"设置为主方案。

3）接受主选项：单击选择"支撑"，单击右侧"选项集"下的"接受主选项"按钮，在弹出的"删除选项集"报警提示对话框中单击"是"，在"删除专用选项视图"对话框中单击"删除"即可删除"支撑"设计的次方案及其相关视图。

4）同样方法，单击选择"屋顶"，单击"接受主选项"按钮删除所有次方案和有关视图。完成后单击"关闭"项目浏览器中剩下了"3-柱＋平屋顶"方案视图。

5）保存并关闭文件，结果请参见本书附赠光盘"练习文件 \ 第 34 章"目录中的"34-03 完成 . rvt"文件。

【提示】　一旦"接受主选项"后，删除的设计选项和图元将不能恢复，因此在删除前请保存备份文件。

"大师 7 式"第 4 式"花开两朵"——设计选项！花开两朵，各表一枝。多方案各自独立又浑然一体，方便快捷！

在建筑施工时，可以分阶段跟踪图元的创建和拆除时间，从而实现项目施工过程的模拟，以及按施工顺序分阶段统计图元构件，方便后期施工管理。下面就来学习工程阶段化有关内容："大师 7 式"第 5 式"步步为营"——工程阶段化。

第35章 工程阶段化

Revit Architecture 中的"阶段"和建筑设计中常说的方案阶段、扩初阶段、施工图阶段的时间"阶段"概念不同。Revit Architecture 的"阶段"用来追踪创建或拆除视图或图元的阶段。利用此功能可以模拟项目施工的工程，以及按施工阶段统计不同阶段的图元构件，方便后期施工管理。

本章以一栋简单的 4 层小楼为例，简要介绍工程阶段的创建和设置方法。打开本书附赠光盘"练习文件 \ 第 35 章"目录中的"35-01. rvt"文件，打开 F1 平面视图，完成下面练习。

35.1 阶段与阶段过滤器

在工程阶段化之前，首先要根据需要创建工程阶段，并设置阶段过滤器和图形显示替换。

35.1.1 创建工程阶段

1) 在 F1 平面视图中，功能区单击"管理"选项卡"阶段化"面板的"阶段"工具，打开"阶段化"对话框。

2) 单击选择第 2 行的"新构造"阶段，单击右侧的"在后面插入"按钮，则创建了"阶段 1"。单击修改"阶段 1"的名称为"2010-08-01"，输入"说明"为"F1 层"。

3) 同样方法创建阶段"2010-08-04""2010-08-07""2010-08-10""2010-08-13"，设置其"说明"为"F2 层"、"F3 层"、"F4 层"、"屋顶层＋雨篷"，结果如图 35-1。

4) 创建好的阶段不能调整其先后位置，只能用"在前面插入"、"在后面插入"按钮创建新的阶段，或用"与上一个合并"、"与下一个合并"按钮合并多余的阶段。

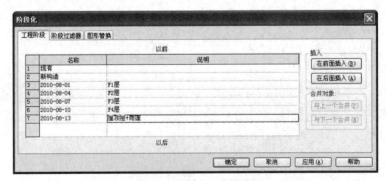

图 35-1 创建工程阶段

【提示】 注意对话框中上面的"以前"和下面的"以后",说明了工程阶段的先后顺序。

35.1.2 阶段过滤器

1) 单击"阶段过滤器"选项卡,对话框如图 35-2。其中设置了各种过滤器的显示状态,使用其可以在视图或明细表中控制阶段图元的可见性。

图 35-2 阶段过滤器

2) 单击"新建"按钮可以创建新的阶段过滤器,然后设置其名称,和在该过滤器中"新建"、"现有"、"已拆除"及"临时"图元的显示方式。可选择以下 3 种设置:
   - 不显示:不显示构件。
   - 按类别:根据默认的"对象样式"对话框中定义的显示方式显示图元。
   - 已替代:根据后面的"图形替换"选项卡中指定的显示方式显示图元。
3) 单击"删除"可删除多余的阶段过滤器。本例中采用默认设置。

35.1.3 阶段状态与图形替换

1) 单击"图形替换"选项卡,对话框如图 35-3。其中设置了"新建"、"现有"、"已拆除"及"临时"图元的替换显示方式。该选项配合阶段过滤器控制阶段图元在视图中的显示方式。

图 35-3 图形替换

2) 默认有以下 4 种阶段状态:
   - 现有:构件是在早期阶段中创建的,并继续存在于当前阶段中。

- 已拆除：构件是在早期阶段中创建的，在当前阶段中已经拆除。
- 新建：构件是在当前视图的阶段中创建的。
- 临时：构件是在当前阶段期间创建并被拆除的。

3) 单击投影、截面下下的线和填充图案，可以选择需要的线型和填充图案。可勾选"半色调"灰色显示图元，可设置显示材质样式。单击"确定"关闭对话框。

35.2 工 程 阶 段 化

创建了阶段和阶段过滤器，即可将其应用与构件和视图，从而实现项目的阶段化显示和统计。

35.2.1 构件阶段属性设置

Revit Architecture 的每个模型图元都有"创建的阶段"和"拆除的阶段"两个阶段化参数。可以给不同的图元指定不同的阶段。

1) 在 F1 平面视图中，窗选所有的图元，单击功能区"过滤器"，在"过滤器"对话框中只勾选墙、楼板、窗和门类别，单击"确定"。

2) 在"属性"选项板中设置"创建的阶段"参数为"2010-08-01"，单击"应用"按钮平面图中的刚才选择的图元自动隐藏了显示（因为视图的阶段属性参数中设置了过滤器）。

3) 同样方法选择顶部的电梯和右侧的雨篷设置其"创建的阶段"参数为"2010-08-13"。

35.2.2 视图阶段属性设置

1) 接上节练习。按 Esc 键取消选择，在 F1 平面视图的"属性"选项板中设置"阶段过滤器"为"无"，则 F1 平面图又恢复了正常显示。

2) 同样方法设置 F2、F3、F4 的墙、楼板、窗和门，以及 F5 屋顶的"创建的阶段"参数为"2010-08-04"、"2010-08-07"、"2010-08-10"、"2010-08-13"。视图的"阶段过滤器"参数为"无"。

3) 三维视图同理：打开默认三维视图，发现视图中没有显示任何图元，原因同前。设置其视图"属性"的"阶段过滤器"参数为"无"，图元恢复显示。

4) 施工过程模拟：
- 复制默认三维视图"｛3D｝"，"重命名"为"工程阶段模拟"。
- 在视图的"属性"选项板中设置视图的"阶段过滤器"参数为"显示完成"，"阶段"参数为"2010-08-01"，则视图中只显示第 1 阶段 F1 主体图元。
- 设置"阶段"参数为"2010-08-04"，则显示了第 2 阶段完成后的建筑主体。同样方法，逐步设置"阶段"参数为"2010-08-07"、"2010-08-10"、"2010-08-13"，视图将依次显示第 3、4、5 阶段完成后的建筑主体模型。

【提示】 可把每个阶段的视图显示截图后保存成系列图像文件，即可在 Microsoft Office PowerPoint 中作成图像动画模拟文件，或在视频编辑软件中创建施工动画模拟文件。

35.2.3 阶段明细表统计

Revit Architecture 可以按阶段统计构件明细表，方便施工管理。

1) 功能区单击"视图"选项卡"明细表"工具，选择"明细表"命令。

2) 在"新建明细表"对话框中选择"窗"类别，输入表格"名称"为"窗明细表-20100801"，设置明细表的"阶段"为"2010-08-01"，单击"确定"。

3) 从可用字段列表中选择"族与类型"、"宽度"、"高度"、"标高"、"合计"字段，单击"添加（A）-->"添加到右侧列表中。其他选项卡参数默认。

4) 单击"确定"即可只统计第 1 阶段"2010-08-01"F1 的所有窗。

5) 保存文件，结果请参见本书附赠光盘"练习文件 \ 第 35 章"目录中的"35-01 完成.rvt"文件。

35.3 拆 除 对 象

使用"拆除"工具，可以在当前阶段将对象标记为已拆除。如果在一个视图中拆除某个对象，该对象在阶段相同的所有视图中都被标记为拆除。

当拆除某个对象后，其外观将会根据阶段过滤器的设置改变。例如，如果在视图中应用"显示拆除＋新建"过滤器，则使用"拆除"命令单击拆除的任何对象都以黑色虚线显示。如果在阶段过滤器中关闭已拆除对象的显示，当单击这些对象时，它们会被隐藏起来。

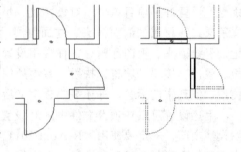

图 35-4 拆除对象

1) 功能区单击"管理"选项卡"阶段化"面板的"拆除"工具，光标将变成锤子形状。

2) 移到光标到要拆除的对象上，该对象高亮显示，单击即可将其拆除，连续单击拆除其他对象，按 Esc 键结束命令。

3) 图 35-4 为拆除前后的构件显示对比。

"大师 7 式"第 5 式"步步为营"——工程阶段化！阶段的创建与设置，施工过程模拟与分阶段统计，将 3D 设计延伸到了数字施工体验！百尺竿头，更进一步！

本书提供的中国样板文件中已经设置好了各种出图的符号、样式、线型、线宽等。而不同的设计单位都有其不同的设置样式，下面就来学习 Revit Architecture 的高级设置篇："大师 7 式"第 6 式"个性张扬"——自定义项目设置。

第 36 章 自定义项目设置

和 AutoCAD 一样，为了提高设计效率和质量，为了规范出图标准，在每个专业都需要在默认的 .dwt 样板文件基础上，自定义一个专用样板文件。该文件中事先设置好图层、线型、线样式、尺寸标注样式、文字样式、表格样式等，然后共享给同专业所有设计师使用。Revit Architecture 软件也是同理，同样需要这样一个专业样板文件，来规范三维制图标准，在满足出图要求的同时，也便于建筑师之间的沟通。

Revit Architecture 自带的样板文件 "DefaultCHSCHS. rte" 等，其标高标头、剖面标头、标注样式等都不符合中国建筑制图标准。Autodesk 公司提供的 Revit Architecture 中国本地化族库中有一个官方的中国样板文件，读者可以自己到官方网站上下载使用。

本书附赠光盘提供的 "R-Arch 2011_chs. rte" 为笔者自己的中国样板文件，该文件中已经设置好了项目单位、对象样式、填充样式、线型、线宽、线样式、尺寸标注样式、文字样式、材质、剖面标头、立面符号、详图索引标头、门窗标记、房间标记、面积标记、引线箭头、视图标题等各种常用设置与注释标记等，载入并设置了常用墙、门窗、楼板、屋顶、楼梯、坡道、扶手、室内外构件、详图构件等各种构件和注释图元，可以直接使用，但其中的标题栏等还需要自定义后载入使用。

上述设置可以在项目文件中随时设置，但笔者强烈建议在使用 Revit Architecture 开始设计之前，一定要使用 "R-Arch 2011_chs. rte" 或其他符合中国制图标准的中国样板文件来创建项目，然后在项目中根据特殊项目需要局部调整不合要求的设置。

当已经完全掌握 Revit Architecture 的各项设计功能及各项设置方法后，即可基于 "R-Arch 2011_chs. rte" 或其他符合中国制图标准的中国样板文件，来自定义自己的中国样板文件。这是进行三维设计时，规范、提高同单位建筑师的设计效率的最重要的、不可缺少的过程。

打开本书附赠光盘中根目录下的 "样板文件" 目录下的 "R-Arch 2011_chs. rte" 中国样板文件，默认打开 F1 平面视图。本章将以该文件为基础，详细讲解中国样板文件的自定义方法，其中有些样式设置等在前面有关章节中已经做了详细讲解，本章不再详述。在 "R-Arch 2011_chs. rte" 文件中完成下面各节的设置练习，即可创建自己的样板文件。

样板文件的自定义设置主要在功能区 "管理"、"注释" 选项卡、"视图" 选项卡，以及项目浏览器中完成。

36.1 项目单位、信息、参数及共享参数设置

36.1.1 项目单位设置

项目单位设置很简单，功能区单击 "管理" 选项卡的 "设置" 面板中的 "项目单位"

工具，打开"项目单位"对话框即可长度、面积等单位格式，如图 36-1。详细请参见"1.4.3 项目单位"。

36.1.2　项目信息设置

功能区单击"管理"选项卡的"设置"面板中的"项目信息"工具，打开项目"实例属性"对话框即可设置项目能量设置、项目名称、编号、地址、客户名称、发布日期等项目基本信息，如图 36-2。详细请参见"1.4.1 项目信息"。

图 36-1　项目单位设置　　　　　　　　图 36-2　项目信息设置

在项目信息中，可以根据设计院的设计需要添加更多的项目参数，详细请参见"36.1.3 项目参数设置"内容。

36.1.3　项目参数设置

在前面各章中，已经看到每个模型构件、注释图元、视图等都有自己的实例和类型参数，这些参数是在 Revit Architecture 系统和族文件中事先定义好的，而系统族（墙、楼板、屋顶、楼梯等）的参数不能通过编辑族的方式自定义。

在"25.2.2 关键字明细表"中归纳了自定义参数的 4 种方法：

1) 自定义明细表参数：在明细表中添加自定义参数，但这些参数只能显示在明细表中，在构件的"属性"选项板中不会显示。

2) 族参数：在"15.5 族参数与共享参数"中讲到在自定义构件族时自定义的族参数可以显示在"属性"选项板中，但不能统计到明细表中。

3) 共享参数：在"15.5 族参数与共享参数"中讲到在自定义构件族时自定义的共享参数则可以同时显示在"属性"选项板和明细表中。但此方法需要逐个编辑每个构件原始族文件添加参数，且该参数会带到其他项目中。

4) 关键字明细表：此方法虽然可以在"属性"选项板和明细表中同时显示参数，但只能给模型图元和面积图元添加自定义参数，而且每次只能添加一个关键字，需要先创建关键字和关键字明细表，然后再在构件统计表中设置其参数和参数值。

除上述方法外，如需要给项目中的某类图元（载入族、系统族、视图、项目信息等）添加更多的自定义参数（非尺寸、材质关联类参数），且需要在"属性"选项板和明细表中同时显示和设置参数，则可以通过"项目参数"工具快速创建，方法如下：

1）功能区单击"管理"选项卡的"设置"面板中的"项目参数"工具，打开项目"项目参数"对话框，如图 36-3。单击"添加"按钮，打开"参数属性"对话框，如图 36-4。

 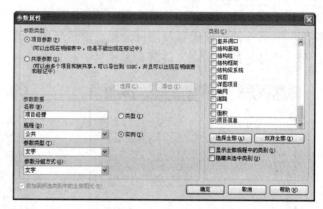

图 36-3　项目参数　　　　　　　　　　图 36-4　参数属性

2）选择"项目参数"参数类型，输入参数"名称"为"项目经理"、"参数类型"为"文字"、"参数分组方式"为"文字"。在右侧"类别"栏中勾选"项目信息"。

3）单击"确定"即可创建新的参数"项目经理"。其他参数同理设置。完成后单击"确定"。

4）单击"项目信息"工具，回到图 36-2 的对话框中，在"文字"类参数中出现刚创建的项目信息参数"项目经理"。保存文件。

36.1.4　共享参数设置

共享参数是非常重要的添加自定义族参数和项目参数的方法，再次强烈建议创建一个公用的共享参数文件，设置好所有的常用参数，然后将需要的参数添加到族和项目文件中使用。详细设置方法请参"15.5 族参数与共享参数""30.4 自定义标题栏"等节。保存文件。

36.2　对象样式、填充样式设置

36.2.1　对象样式设置

在使用本书的"R-Arch 2011 _ chs. rte"中国样板文件创建的项目文件中，可以看到墙、门窗、屋顶、楼板等各种模型和注释图元的线宽、线颜色、线型等都已经做了事先设置，可以直接出图打印。这些图元的显示取决于"对象样式"设置。

1）功能区单击"管理"选项卡的"设置"面板中的"对象样式"工具，打开"对象样式"对话框，如图 36-5。可以分别设置模型对象、注释对象和导入对象的显示样式。

2）模型对象样式设置：

- 线宽设置：选择"墙"可设置其"投影"（看线）线宽为"1"号线，其"截面"线宽为"5"号线。可分别设置"墙"节点下其子类别图元的线宽。

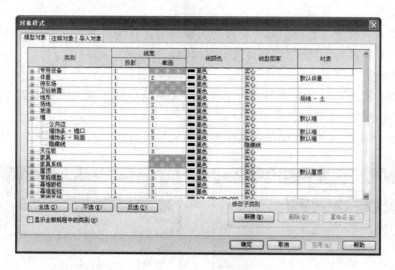

图 36-5　对象样式设置

【提示】　特别提醒：此处的 1、5 不是真实打印线宽，而是线宽编号，其对应的打印线宽设置参见下节"36.3 线型、线宽、线样式设置"。

- 线颜色：设置模型图元的显示颜色。通过线颜色设置，可以实现和 AutoCAD 一样的显示方式。
- 线型图案：设置模型图元的显示线型。默认模型图元都是实线（实心）显示。
- 材质：设置模型图元类别的默认材质。当没有给模型图元设置专用材质时，自动根据模型类别按这里的默认材质显示。系统默认设置了体量、场地、墙、屋顶、楼板的材质，可根据需要设置其他图元类别的默认材质。

3）注释对象样式设置：单击"注释对象"选项卡，同模型对象样式设置一样，可以设置各种标注、注释、文字、标记等注释类图元的显示样式。

4）导入对象样式设置：单击"导入对象"选项卡，同模型对象样式设置一样，可以设置导入的 CAD 图纸中图元的显示样式。

5）其他编辑与设置：

- "显示全部规程中的类别"：勾选该选项，则将显示建筑图元类别之外的水暖电等其他专业的图元类别，并设置其显示。
- 修改子类别：单击"新建"可以给墙等图元类别添加子类别图元；单击"删除"可以删除多余的图元子类别；单击"重命名"可以重命名子类别。

6）完成上述设置后，单击"应用"、"确定"关闭对话框，则所有后续新建图元和已有图元的显示都将自动更新。

36.2.2　填充样式设置

在前面章节中已经多次用到了图元截面的"材质"设置及"填充区域"工具，从填充样式库中选择了需要的填充图案。可以事先定义好常用的填充图案样式，随时在项目中使用。

1. 填充样式库

1) 功能区单击"管理"选项卡的"设置"面板中的"其他设置"工具，选择第 1 个设置工具"填充样式"，打开"填充样式"对话框。

2) 填充图案类型：

- 绘图：如图 36-6，此类图案用于模型图元材质中的"截面填充图案"和详图中的"填充区域"工具的填充图案样式。
- 模型：如图 36-7，此类图案用于模型图元材质中的"表面填充图案"样式。

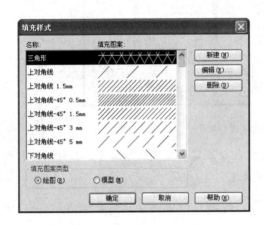　　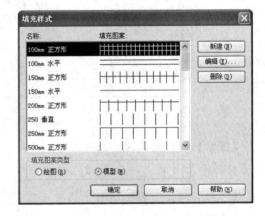

图 36-6　"绘图"填充样式　　　　　　图 36-7　"模型"填充样式

3) 编辑填充样式：单击"新建"可以新建填充样式、单击"编辑"可以编辑现有的填充样式、单击"删除"可以删除多余的填充样式。

2. 自定义填充样式

自定义 Revit Architecture 填充样式有以下 3 种方法：

1) 新建简单填充样式：下面以"绘图"填充图案为例。

- 单击"新建"按钮，打开"新填充图案"对话框（如选择"模型"填充样式，则打开"添加表面填充图案"对话框）。
- 如图 36-8，选择"简单"和下面的"交叉填充"，设置"名称"为"交叉线－20°3mm"，设置"线角度"为"20°"，"线间距 1（2）"参数为"3mm"。
- "主体层中的方向"：此参数决定了填充图案和主体图元之间的显示关系，可选择"定向到视图"（视图中所有相同的填充图案保持一致的方向）、"保持可读"（填充图案与主体对齐，同一个主体内的填充图案保持相同的方向）、"与图元对齐"（填充图案与主体对齐，但同一个主体内不同方向的填充图案按新的原点调整其填充方向）。如图 36-9 从上到下为 3 种设置的显示区别，一般选择"保持可读"。
- 单击"确定"即可创建新的填充图案。

2) 导入自定义填充样式：下面以"绘图"填充图案为例。

- 单击"新建"按钮，打开"新填充图案"对话框，选择"自定义"，设置"主体层中的方向"为"保持可读"。
- 单击"导入"按钮，定位到 Revit Architecture 程序安装目录中"Data"目录，选

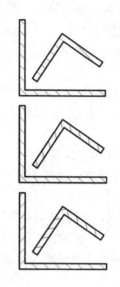

图 36-8　简单样式　　　　图 36-9　主体层中的方向　　　　图 36-10　导入样式

　　择 Revit 填充文件"revit metric. pat",单击"打开"。

● 如图 36-10,从右侧列表中选择"Wood _ 5"图案,设置图案"名称"为"木纹","导入比例"为"1.00",单击"确定"即可创建自定义材质。

　　【提示】　导入的图案有时候需要设置合适的"导入比例"才能正常显示。可以导入其他设计软件,如 AutoCAD 的 . pat 图案填充样式文件,共享填充图案样式。

3)自定义 . pat 文件:

　　pat 格式图案填充文件可以用"记事本"打开编辑,其文件格式如图 36-11。各项含义如下:

● 单位:第 1 行为图案填充样式的单位,本例为 mm。前面的分号";"代表本行是程序注释。

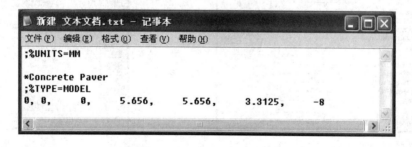

图 36-11　图案填充样式 pat 文件

● 填充样式名称:第 2 行前面带"∗"号的后面的文字为图案填充样式名称。

● 图案填充类型:第 3 行的"TYPE＝MODEL"是说明该样式为"模型"填充图案。"绘图"填充图案是"TYPE＝DRAFTING"。

● 填充图案描述:最后一行的数字为填充图案描述。本例的意思是:绘制 0°水平线，以（0，0）点为原点计算，相对原点 x 和 y 方向偏移 5.656mm 和 5.656mm 开始落笔绘制线，线长度为 3.3125mm，然后抬笔空一个 8mm 的空格（负号代表抬笔空格）。后面继续相对前一个点连续绘制 3.3125mm 的线和 8mm 的空格组成一个填充图案。

- 用多行填充图案描述可以组合成复杂的图案填充样式，例如六边形、八边形等图案。设置完成后保存文件为 .pat，即可导入到文件中自定义填充样式。保存文件。

本书附赠光盘"练习文件 \ 第 36 章"目录中的"Concrete Paver.pat"文件为一个模型填充图案的描述文件，请自行打开研究，并导入后观察其填充图案，体会自定义方法。

36.3　线型、线宽、线样式设置

线型、线宽、线样式是打印出图前非常重要的设置之一，其设置方法如下。

36.3.1　线型设置

1）功能区单击"管理"选项卡的"设置"面板中的"其他设置"工具，选择"线型图案"工具，打开"线型图案"对话框，如图 36-12。

2）编辑线型：

- 选择"单点划线：12＋6＋.＋6 mm"线型，单击"编辑"按钮打开"线型图案属性"对话框，如图 36-13。
- 可以看到该线型是由一段 12mm 的划线、一段 6mm 的空格（空间）、一个圆点（1.5pt 长的划线）和一段 6mm 的空格（空间）组合而成。
- 其中"类型"列可选择划线、空间、圆点 3 种类型，"值"可设置其长度。圆点长度不需设置，自动绘制 1.5pt 长的划线。

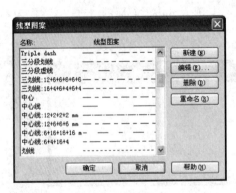

图 36-12　线型图案

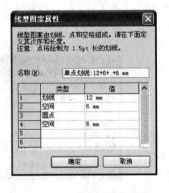

图 36-13　线型图案属性

3）单击"新建"、"编辑"、"删除"、"重命名"可以新建线型、编辑删除或重命名现有线型。

4）自定义线型：单击"新建"按钮，同上编辑线型的各组成部分即可定义自己的线型。单击"确定"完成设置。

36.3.2 线宽设置

如前所述，对象样式中的几号线不是实际打印线宽，其对应的线宽需要单独设置。

1）功能区单击"管理"选项卡的"设置"面板中的"其他设置"工具，选择"线宽"工具，打开"线宽"对话框，如图 36-14。需要分别设置模型、透视视图和注释图元的线宽。

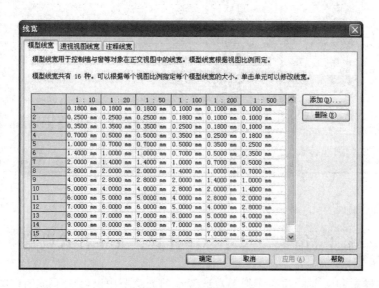

图 36-14　线宽设置

2）模型线宽：

- 模型图元线宽共有 1～16 号，不同编号的线宽在对应的不同比例下其实际打印线宽不同，需要单独设置。
- 单击"添加"可从列表中选择其他比例然后设置其 16 号线的宽度。单击"删除"可删除比例及其线宽设置。

3）注释线宽：单击"注释线宽"选项卡，可以设置标注、注释类图元的线宽。注释线宽同样有 1～16 号，但和比例没有关系。

4）透视视图线宽：透视视图线宽和注释线宽设置方法相同。

5）单击"应用"、"确定"完成设置。

36.3.3 线样式设置

在前面章节中绘制模型线、详图线等时，经常要选择线样式，即选择粗线-4 号、细线-1 号、虚线等不同的线样式来创建不同的线图元。这些线样式就是由前面的线型、线宽，结合线颜色组合而成的不同的线类型。设置方法如下：

1）功能区单击"管理"选项卡的"设置"面板中的"其他设置"工具，选择"线样式"工具，打开"线样式"对话框，如图 36-15。展开"线"节点可以看到本文件中已经设置好了常用的各种线样式，可随时设置其线宽（1～16 号）、线颜色和线型图案。

2）单击"新建"可新建线样式，单击"重命名"可命名线样式，单击"删除"可删除多余的线样式。完成后单击"应用"、"确定"完成设置。保存文件。

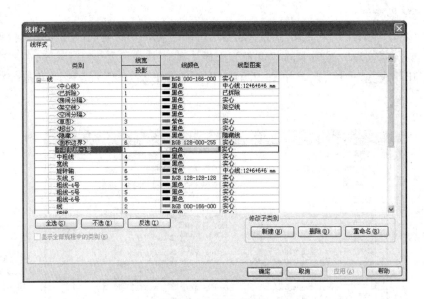

图 36-15　线样式设置

36.4　箭头、尺寸标注样式、文字样式设置

尺寸标注样式和文字样式的详细参数设置在前面章节中已经做了详细讲解，本节不再详述，只补充一点：箭头设置。

36.4.1　箭头设置

建筑设计中尺寸标注、文字引线等都有对角线、箭头或圆点等尺寸记号标记。这些记号标记可以用"箭头"工具设置。

1) 功能区单击"管理"选项卡的"设置"面板中的"其他设置"工具，选择"箭头"工具，打开箭头"类型属性"对话框，如图 36-16。

2) 从"类型"下拉列表中选择"对角线 2mm"、"圆点"、"箭头 15°"等箭头类型，即可编辑其"箭头样式"、"记号尺寸"等参数。

3) 单击"复制"可新建箭头样式，然后设置其相关参数即可。注意：一定要设置样式类型名称和"箭头样式"对应起来，方便管理。完成后单击"应用"、"确定"。

36.4.2　尺寸标注样式与文字样式设置

尺寸标注样式设置请参见"27.4 尺寸标注样式"一节。文字样式设置请参见"28.1 文字与文字样式"一节。保存文件。

图 36-16　箭头设置

36.5 立面、剖面、详图索引标记设置

立面、剖面、详图索引标记的设置由3部分组成：标记族 + 标记类型 + 视图类型。其设置方法大同小异：先自定义标记族文件，载入到样板文件中，然后进行标记类型、视图类型设置。本书的中国样板文件已经设置好相关标记，本节重在讲解设置方法。

36.5.1 立面标记设置

1）自定义立面标记族：

- 单击应用程序菜单"R_A"图标，在下拉菜单中单击选择"新建"-"注释符号"命令，选择"M_立面标记主体.rft"、"M_立面标记指针.rft"为模板，分别创建立面符号的主体和指针族文件。详细请参考"28.2.3 自定义标记"一节。
- 用"载入族"工具将族载入到中国样板文件中，在项目浏览器的"族"-"项目符号"节点下可以看到这些族文件。

2）立面标记设置：

- 功能区单击"管理"选项卡的"设置"面板中的"其他设置"工具，选择"立面标记"工具，打开立面标记的"类型属性"对话框，如图36-17。
- 单击"复制"新建立面标记类型，然后从其参数"立面标记"的下拉列表中可以选择载入的或现有的立面标记族即可。
- 从"类型"下拉列表中可选择现有的标记类型，编辑其参数设置。单击"应用"、"确定"完成设置。

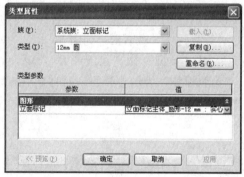

图 36-17 立面标记设置

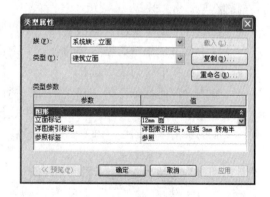

图 36-18 立面视图类型设置

3）立面类型设置：最终放置到图纸上的立面符号是由立面类型决定的。

- 功能区单击"视图"选项卡的"创建"面板中的"立面"工具下拉三角箭头，选择"立面"工具。在"属性"选项板中单击"编辑类型"按钮，打开立面的"类型属性"对话框，如图36-18。
- 编辑默认的"建筑立面"类型的参数：从"立面标记"参数下拉列表中选择前面创建的立面标记类型，或现有标记类型。"参照标签"为创建参照立面时显示的标

签文字。完成后单击"应用"、"确定"完成设置。

36.5.2　剖面标记设置

剖面标记的设置方法同立面标记完全一致。

1）自定义立面标记族：选择"M_剖面标头.rft"为模板。然后载入到中国样板文件中。

2）剖面标记设置：

- 功能区单击"管理"选项卡的"设置"面板中的"其他设置"工具，选择"剖面标记"工具，打开剖面标记的"类型属性"对话框，如图 36-19。
- 从"类型"下拉列表中选择"建筑剖面"或"详图"类型，然后从"剖面标头""剖面线末端"参数下拉列表中选择载入的剖面标记族或现有族，设置"断开剖面显示样式"为"有隙缝的"。单击"应用"、"确定"完成设置。

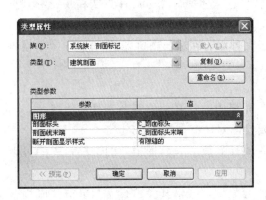

图 36-19　剖面标记设置

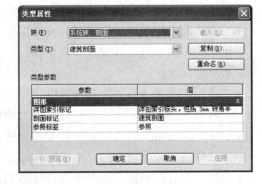

图 36-20　剖面视图类型设置

3）剖面类型设置：

- 功能区单击"视图"选项卡的"创建"面板中的"剖面"工具。在"属性"选项板中单击"编辑类型"按钮，打开剖面的"类型属性"对话框，如图 36-20。
- 从"族"下拉列表中选择"系统族：剖面"，其"类型"为"建筑剖面"，设置其参数"剖面标记"为"建筑剖面"标记，"参照标签"为创建参照剖面时显示的标签文字。同理从"族"下拉列表中选择"系统族：详图视图"，设置相关参数。完成后单击"应用"、"确定"完成设置。

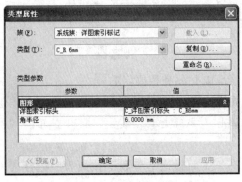

图 36-21　详图索引标记设置

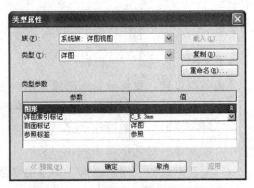

图 36-22　详图索引视图类型设置

36.5.3 详图索引标记设置

详图索引标记的设置同剖面标记的设置方法完全一致，不再详述，请自行体会。用"其他设置"工具中的"详图索引标记"工具和"详图索引"视图工具设置相关参数，如图 36-21 和图 36-22。保存文件。

36.6 临时尺寸标注、捕捉、详细程度设置

临时尺寸、捕捉、详细程度设置可以在项目设计过程中随时设置，在样板文件中可以事先设置常用选项，方法如下。

36.6.1 临时尺寸标注设置

1) 功能区单击"管理"选项卡的"设置"面板中的"其他设置"工具，选择"临时尺寸标注"工具，打开"临时尺寸标注属性"对话框，如图 36-23。
2) 设置临时尺寸标注的尺寸界线的默认参考位置为：墙的"面"和门窗的"洞口"边界。
3) 单击"确定"完成设置。

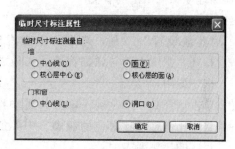

图 36-23　临时尺寸标注设置

36.6.2 捕捉设置

和 AutoCAD 一样，Revit Architecture 可以设置端点、中点、交点、垂足等图元的捕捉位置，可设置捕捉快捷键。

1) 功能区单击"管理"选项卡"设置"面板中的"捕捉"工具，打开"捕捉"设置对话框，如图 36-24。
2) 设置如下：
   - 尺寸标注捕捉：勾选"长度标注捕捉增量"和"角度尺寸标注捕捉增量"，并在下面栏中设置尺寸自动变化时的增量值即可（增量值含义：当在视图缩放比例不同的情况下，长度临时尺寸值默认按 5mm、20mm、100mm、1000mm 变化。意思上当视图缩放很大时，移动光标临时尺寸按 5mm 增量变化；当视图缩放匹配显示整个视图时，移动光标临时尺寸按 1000mm 增量变化。角度增量同理）。
   - 对象捕捉：勾选端点、中点、交点、垂足等捕捉选项即可。
   - 临时替换：括号中的字母"SE"等为

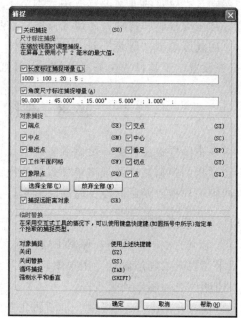

图 36-24　捕捉设置

捕捉的快捷键，当有多个捕捉选择时可以用快捷键指定单个捕捉类型；按 Tab 键可以循环捕捉类型，按 Shift 键和强制水平或垂直捕捉。

3）单击"确定"完成设置。

36.6.3 详细程度设置

在"20.1.2 视图编辑与设置"已经详细讲解了给单个视图设置其详细程度，从而控制图形细节显示与否的方法。在"23.1.1 节点详图索引视图"等章节中也看到当创建详图索引视图时，先设置了视图比例，即可在新建的视图中自动设置其详细程度。也就是说视图的详细程度和视图比例有关。

1）功能区单击"管理"选项卡"设置"面板中的"其他设置"工具，选择"详细程度"工具，打开"视图比例与详细程度的对应关系"对话框，如图 36-25。

2）单击选择某一个比例，单击 或 按钮，即可将该比例移动到对应的粗略、中等、精细详细程度的比例列表中。

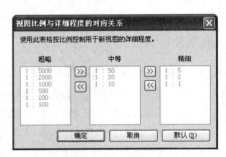

图 36-25 详细程度设置

3）单击"确定"完成设置，视图按其比例对应的详细程度更新显示。保存文件。

36.7 材质、渲染外观库、日光设置

在"第 32 章 渲染"和"第 31 章 日光研究"两章中，已经详细讲解了材质、渲染外观库、日光设置的详细设置方法，本节不再详述。在中国样板文件中，可以事先创建并设置好常用的材质和各种日光研究方案，在项目设计中直接选择使用即可。

功能区单击"管理"选项卡"设置"面板中的"材质"工具，和"其他设置"中的"日光设置"工具设置相关参数即可。详细设置请参考前面两章内容。保存文件。

36.8 视图与视图样板设置

在中国样板文件中，可以事先将默认的 F1、F2、场地等平面视图、东南西北立面视图、常用的门窗表、图纸清单样式等视图的比例、图元可见性、表格格式等设置好，可以创建视图样板以便后面设计时随时调用，方法如下。

36.8.1 视图设置

1）在本书的中国样板中，保留 F1、F2、室外地坪标高及其楼层平面视图，保留"场地"平面视图（场地设计专用视图），以及东南西北 4 个正立面符号及其立面视图，保留门窗明细表和图纸列表视图。

2）分别打开 F1、F2、场地、东南西北 4 个正立面视图，在视图的"属性"选项板中设置其比例、图元可见性（例如在场地平面以外的楼层平面视图中都要关闭地形和植物等

构件的显示）、基线（底图）、视觉样式、详细程度、视图裁剪、颜色方案、视图名称、在图纸上的名称等视图参数。详细请参考"20.1.2 视图编辑与设置"有关内容。

3）在门窗明细表和图纸列表视图中编辑设置其统计的字段、过滤器、排序方式、格式、外观等。详细请参考"第25章 明细表视图设计"有关内容。

4）必要的话，可以创建图纸视图、门窗图例视图、其他构件统计明细表等空白视图在样板文件中待用。

36.8.2 视图样板设置

在项目比较小，视图比较少时，可以在项目文件中逐一设置上述视图及其参数。为提高设置效率，可以在样板文件中事先根据视图类型和视图比例创建视图样板，将来在项目设计中即可直接选择应用。视图样板的创建和设置方法请参见"20.1.3 视图样板"一节。下面简要描述在中国样板文件中创建视图样板的方法。

1）功能区单击"视图"选项卡"图形"面板中的"视图样板"工具，选择"查看样板设置"工具，打开"试图样板"对话框，如图36-26。

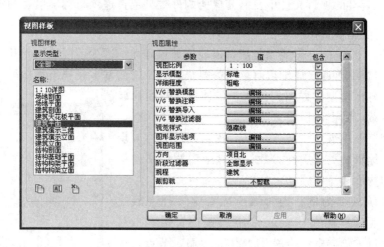

图 36-26 视图样板设置

2）建筑平面视图样板设置：
- 单击选择"名称"列表中的"建筑平面"视图样板，单击左下角的"复制"图标。在"新视图样板"对话框中输入名称"建筑平面-1：100"，单击"确定"。
- 设置右侧列表"视图属性"参数"视图比例"为"1：100"，"详细程度"为"粗略"，单击"V/G 替换模型"后的"编辑"按钮，在"可见性/图形替换"对话框中取消勾选"地形"、"场地"、"植物"等不需要在平面视图中显示的图元。其他注释、导入图元设置同理。
- 设置"视图样式"为"隐藏线"，"方向"为"项目北"，"规程"为"建筑"，其他参数默认。
- 同样方法，可以复制新的"建筑平面-1：200""建筑平面-1：500"等常用；平面视图比例的视图样板，并设置其参数。

3）建筑立面、剖面视图样板设置：设置方法同建筑平面视图样板设置，可以创建常用比例立剖面视图的视图样板，本节不再详述。

4) 详图视图样板设置：设置方法同建筑平面视图样板设置，区别之处在于其"详细程度"为"精细"或"中等"，在"V/G 替换模型"的"可见性/图形替换"对话框中需要勾选"截面线样式"并设置复合墙、屋顶、楼板等复合构造层的显示样式，详细设置请参见"5.3.1 复合墙构造层设置"有关内容。可以创建楼梯详图、墙身详图、门窗图例、节点索引详图等各种常用详图的常用比例的视图样板。

5) 可"删除"、"重命名"视图样板，设置完成后，单击"确定"。保存文件。

36.9　常用模型、注释图元类型设置

除上述基础绘图环境设置外，在中国样板文件中还可以实现设置好各种常用模型构件的类型和注释图元的类型等。例如常用墙的类型与复合层及材质设置、常用门窗类型与门窗标记设置、视图标题设置、房间和面积标记设置、常用重复详图样式、常用填充区域样式等。

也可以从现有的项目文件中复制需要的构件类型或传递项目标准信息到样板文件中。

36.9.1　图元类型设置

这些设置工作量大，需要反复测试以验证其正确性。因为不同的图元其设置方法不尽相同，所以本节不再逐一详细讲解，只简要描述自定义的基本设置流程如下：

1) 先自定义各种模型和详图构件族、各种标记与注释族等，然后载入到中国样板文件中。

2) 在项目浏览器中展开"族"节点，找到载入的族或现有的族，编辑其类型属性参数，删除中国样板文件中不需要的构件和注释族。

图 36-27　图元类型设置

- 以系统族墙为例：因为墙不能自定义外部族文件，所以只能在样板文件中设置。如图 36-27，在项目浏览器中单击展开"族"-"墙"节点，选择"基本墙"节点下的"弹涂陶粒砖墙 300"墙类型，双击或从右键菜单中选择"类型属性"命令，打开墙的"类型属性"对话框，艰苦设置各种墙类型的类型参数、构造层、材质等。

- 可删除此处不需要的墙类型。在"类型属性"对话框中可"复制"新的墙类型。

3) 以新建的中国样板为模板，新建项目文件，创建一些模型和注释图元，测试其参数和图形显示是否满足需求。如不满足重复刚才的过程直到满足要求为止。

36.9.2　传递项目标准

如果在其他项目文件、中国样板文件中有需要的图元，则可以采用以下两种方式将其传递到自己的中国样板文件中。

1) 复制图元：

- 先在其他项目文件、中国样板文件中找到需要的图元，或创建需要的图元，然后选择该图元，单击"复制到剪贴板"工具。
- 在自定义样板文件中，单击"粘贴"工具下拉三角箭头，选择"与同一位置对齐"命令，则自动将该图元及其族文件和族类型同步复制到样板文件中。删除该图元，族文件和族类型将保留下来。

2）传递项目标准：

- 同时打开其他项目文件、中国样板文件和自定义样板文件。

图 36-28　传递项目标准

- 功能区单击"管理"选项卡的"设置"面板中的"传递项目标准"工具，打开"要复制的项目"对话框，如图 36-28。
- 从"复制自"下拉列表中选择源文件，从下面的列表中勾选要复制的项目，单击"确定"即可复制需要的图元类型到样板文件中。

36.10　样板文件综合测试与保存

按上述方法创建好自定义样板文件后，要先用它创建项目文件，然后做全方位测试以验证其争取性，然后在共享给其他同事使用。

1）保存样板文件：设置完上述各项后，单击应用程序菜单"R$_\Lambda$"图标，在下拉菜单中单击选择"另存为"-"样板"命令，设置保存路径和文件名。注意设置保存"文件类型"为"样板文件（*.rte）"，单击"保存"即可。

2）单击应用程序菜单"R$_\Lambda$"图标，在下拉菜单中单击选择"新建"-"项目"命令。如图 36-29，在"新建项目"对话框中，单击"浏览"按钮，定位到刚保存的自定义中国样板文件，单击"打开"返回"新建项目"对话框。

图 36-29　新建项目

3）选择"新建"下的"项目"，单击"确定"即可以自定义中国样板为模板创建空白的项目文件。

4）使用各种模型和注释图元的创建工具创建轴网、标高、墙、门窗、剖面、详图索引、明细表、图纸、图例、尺寸标注、文字、标记、注释符号等图元，检查是否满足设计和出图需要。如有问题重新打开中国样板文件，重新设置后保存，再次新建项目文件重新测试，直到满意为止。

如果对软件的功能特点非常熟悉，此处的综合测试工作，也可以在前面各节设置时，直接在中国样板文件中测试，不需要到项目文件中测试。之所以建议在项目文件中做综合测试，是因为可以避免出现其他一些不容易发现的问题：

- 例如：在样板文件中测试轴网标头，载入标头族文件，且替换了轴网类型属性中的标头族后，如果在样板文件直接绘制一根轴线（起始轴号是 1），测试完成后删除该测试轴线，保存样板文件。则以该样板文件为模板创建的项目文件，绘制的第 1 根轴线的编号是 2，不是 1。对标高、图纸、视图名称等类似图元都有同样的问题。

- 解决方法是：在样板文件中创建 1 号测试轴线后，编辑其轴号为 0，然后再删除。则后续创建的轴号是 1。

36.11　快 捷 键 设 置

设置 Revit Architecture 快捷键是提高设计效率的重要手段，建筑师可以根据自己的设计习惯，自定义自己的快捷键，也可以将快捷键定义文件复制共享给其他建筑师使用。

1) 单击主界面左上角的"R_A"图标，在下拉菜单中单击"选项"按钮，打开"选项"对话框。单击顶部的"用户界面"选项卡，再单击"快捷键"后的"自定义"按钮打开"快捷键"对话框，默认显示"全部"功能命令，可从"过滤器"中选择"应用程序菜单"等过滤器显示部分功能命令。

2) 在顶部的"搜索"栏中输入"墙"，则可自动显示所有与墙相关的功能命令，如图 36-30。

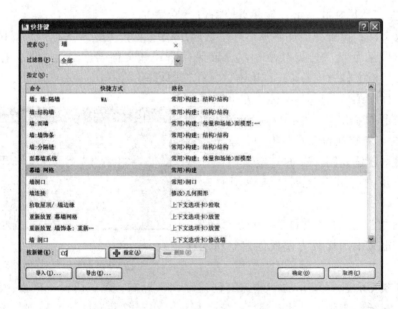

图 36-30　自定义快捷键

3) 单击选择"幕墙 网格"命令，其对应的功能区位置为"常用＞构建：体量和场地＞面模型"，在下面的"按新键"栏中输入"CG"，单击"指定（A）"按钮，即可在"幕

墙 网格"命令后显示快捷键"CG"。其他功能命令设置方法相同,可输入"Ctrl+字母"等特殊快捷键。

4) 在顶部的"搜索"栏中删除"墙",则自动显示"全部"功能命令。

5) 导出/导入快捷键文件:

- 单击"导出(E)…"按钮,设置保存路径,默认"文件名"为"Keyboard-Shortcuts. xml",单击"保存"即可保存快捷键设置文件。
- 将"KeyboardShortcuts. xml"复制给所有建筑师,在同样的"快捷键"对话框中,单击"导入(I)…"按钮,定位到"KeyboardShortcuts. xml",单击"打开"即可。

6) 设置完成后,单击"确定"关闭所有对话框,快捷键即可生效,无须重新启动 Revit Architecture 软件。

"大师 7 式"第 6 式"个性张扬"——自定义项目设置! 强大的自定义设置功能不仅适用于自定义中国样板文件,也同样适用于自定义项目文件基本绘图环境! 以此可以满足不同国家、不同设计单位、不同设计项目、设置不同设计师的习惯要求。虽说如此,笔者依然强烈建议,将这些基本设置工作在中国样板文件中完成,然后共享给单位内部的设计师使用,以此提高设计效率和沟通效率,规范 3D 设计和制图标准。此为个性张扬与公共规则的有机融合。

至此,您已经完成了"大师 7 式"的前 6 式,距离 Revit 大师仅差一步之遥。下面就来学习"34 式 RAC"的最后一式:"大师 7 式"第 7 式"天地大同"——共享与协同。

第 37 章　共　享　与　协　同

在建筑设计过程中，建筑要给设备专业提条件，要和其他专业进行协同设计，要和其他软件例如 AutoCAD、3ds max、SketchUp 等交换设计数据。Revit Architecture 作为一款专业的三维建筑设计软件，同样提供了各种导入、导出、链接、工作集等数据共享与协同设计功能，在提升建筑本专业的设计效率和设计质量的同时，也提升了专业间的协同设计效率和设计质量。

37.1　导入、链接 CAD 文件

在建筑概念设计阶段，建筑师可能会有 AutoCAD、SketchUp、Rhino 等设计软件的数据，这些数据可以直接导入或通过中间格式导入到 Revit Architecture 中使用，或链接到 Revit Architecture 中使用。Revit Architecture 可以导入或链接的数据格式有：DWG、DXF、DGN、SAT、SKP。本节重点介绍导入 DWG、SAT、SKP 格式文件。

注意：Revit Architecture 支持导入除圆锥体、B 样条曲面和 SmartSolid 以外的大多数 DGN 表面和实体。但高于 7.0 版本的 SAT 文件格式不能导入到 Revit Architecture 中。

以本书附赠的中国样板文件为模板，新建项目文件，打开 F1 层平面视图完成下面练习。

37.1.1　导入 DWG 格式文件

1. 导入 DWG 格式文件

AutoCAD 的 DWG 格式是最常用的、设计资源积累最多的数据格式。可以将 DWG 格式的平面图导入到 Revit Architecture 的平面视图中、将其立面图导入到 Revit Architecture 的立面视图中作为设计底图，以辅助 Revit 3D 设计。导入 DWG 流程如下：

1) 将 AutoCAD SHX 字体映射到 TrueType 字体：

- 导入包含文字的 AutoCAD 图形时，可以将 AutoCAD SHX 字体映射到 TrueType 字体，以便它们可以正确地显示在 Revit Architecture 中。
- 在 Revit Architecture 安装目录的 "Data" 文件夹中打开 "shxfontmap. txt" 文件，使用以下格式，输入 .shx 文件名及要将它映射到的字体名称：*filename*. shx <tab>*fontname*。保存文件后即可生效。

2) 设置导入的 DWG 文件的线宽：

- 导入 DWG 文件时，将根据笔号线宽设置，为文件中的每个图层指定一个线宽。Revit Architecture 可以从 DWG 文件中导入笔号，并将其映射到 Revit 线宽。然后可以将这些映射保存在文本文件中，并且成为项目的设定映射。

- 功能区单击"插入"选项卡"导入"面板右下角的对话框启动程序箭头 ⬕，打开
  "导入线宽"对话框，如图 37-1。

图 37-1　导入线宽设置

- 默认的导入线宽设置文件为"importlineweights-dwg-default.txt"，单击"载入"
  按钮可从 Revit Architecture 安装目录的"Data"文件夹中载入其他设置文件。
- 编辑 1～255 笔号对应的线宽值即可设置导入线宽映射。单击"另存为"按钮可保
  存线宽设置文件。单击"确定"完成设置。

【提示】　导入前如不设置文字和线宽映射，系统将根据默认的映射文件自动处理。

3）导入 DWG 文件：

- 功能区单击"插入"选项卡"导入"面板的"导入 CAD"工具，打开"导入
  CAD 格式"对话框，如图 37-2。

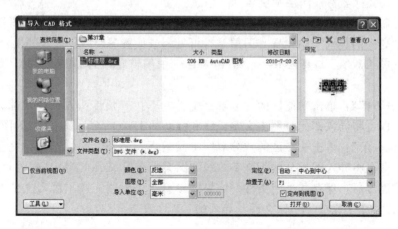

图 37-2　导入 DWG 格式文件

- 定位到本书附赠光盘"练习文件 \ 第 37 章"目录，单击选择"标准层 . dwg"文
  件，设置"导入单位"为"毫米"，"定位"方式为"自动-中心到中心"，"放置
  于"默认为当前平面视图"F1"。其他参数默认。

- 单击"打开"即可自动将 DWG 文件中心对中心自动导入到 Revit 项目文件中。

【提示】　因为 Revit 的默认图形背景为白色，AutoCAD 的默认背景为黑色，所以此处的"颜色"设置为"反选"，可根据实际设置选择"保留"或"黑白"。导入的"图层"默认的"全部"，可选择"可见"只导入可见图层，或选择"指定"在开始导入文件时在弹出的对话框中选择要导入的图层。

2. 编辑导入的 DWG 格式文件

导入的 DWG 文件是一个整体，不能直接编辑其中的线、图块等。单击选择导入的 DWG 图形，"修改｜标准层.dwg"子选项卡如图 37-3，可以根据需要进行如下编辑：

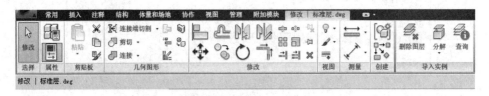

图 37-3　"修改｜标准层.dwg"子选项卡

1）"属性"选项板：
- 设置参数"基准标高"和"底部偏移"可以调整 DWG 图形的垂直高度位置。
- 单击"编辑类型"按钮，打开"类型属性"对话框可以设置图形的"导入单位"和"比例系数"参数。此功能对不知道导入 DWG 的比例值时非常有用，可以先设置"导入单位"为"自动检测"，然后在这里重新设置其单位和比例。

2）"删除图层"：单击功能区的"删除图层"工具，勾选要删除的图层名称，单击"确定"即可删除不需要的图层。

3）"查询"：单击功能区的"查询"工具，移动光标到 DWG 图元上，可以查询该图元所在的 DWG 文件名称、图层和块名称等信息。

4）可见性控制：导入的 DWG 文件，可以用"视图"选项卡的"可见性/图形替换"工具，在"导入的类别"中设置其图层是否可见、或设置图层的投影线替换及半色调等。

5）分解导入的 DWG：如要在 Revit Architecture 中编辑导入的 DWG 图元，则必须先分解该对象。
- "部分分解"：单击功能区的"分解"工具的下拉三角箭头，选择"部分分解"工具，即可将导入图元分解为文字、线和嵌套的 DWG 符号（图块）等图元。
- "完全分解"：单击功能区的"分解"工具的下拉三角箭头，选择"完全分解"工具，即可将导入图元分解为文字、线和图案填充等 AutoCAD 基础图元。

6）完成上述练习后，保存并关闭文件，结果请参见本书附赠光盘"练习文件 \ 第 37 章"目录中的"37-01 完成.rvt"文件（导入的 DWG 没有分解）。

【提示】　导入的 DWG 文件和原始 DWG 文件之间没有关联关系，不能随原始文件的更新而自动更新。

37.1.2　链接 DWG 格式文件

在专业之间进行协同设计时，往往需要 Revit 文件中的 DWG 图元能随外部的原始

DWG 文件保持关联更新关系，那么可以使用"链接 CAD"工具实现。

1. 链接 DWG 格式文件

1) 新建项目文件，打开 F1 平面视图。功能区单击"插入"选项卡"链接"面板的"链接 CAD"工具，打开"链接 CAD 格式"对话框（同图 37-2 的导入对话框一样）。

2) 同导入设置一样：选择"标准层 .dwg"文件，设置"导入单位"为"毫米"，"定位"方式为"自动-中心到中心"，"放置于"默认为当前平面视图"F1"。其他参数默认。

3) 单击"打开"即可将 DWG 文件作为外部参照链接到 Revit Architecture 项目中。

2. 编辑链接的 DWG 格式文件

链接的 DWG 文件，可以同导入的 DWG 文件一样，设置"属性"选项板参数、"删除图层"、"查询"图元信息、设置"可见性/图形替换"等，但不能"分解"。

链接 DWG 文件的可以在对话框中集中管理：

- 功能区单击"插入"选项卡"链接"面板的"管理链接"工具，打开"管理链接"对话框，如图 37-4。其中记录了链接文件的位置、大小等状态。

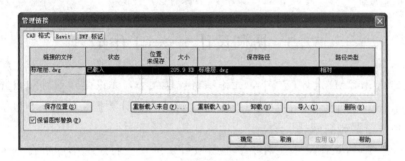

图 37-4　管理链接

- 单击选择 DWG 文件，单击下面的一排按钮，可以卸载、重新载入、删除链接的 DWG 文件。单击"导入"可以将链接文件转为导入 DWG 模式。

【提示】无论是导入 DWG 还是链接 DWG，都可以使用轴网、标高、墙、线等的"拾取线"绘制功能，直接拾取 DWG 图元来快速创建 Revit 图元。请自行体会。

37.1.3　导入、链接 SAT、SKP 格式文件

SAT、SKP 格式文件一般用来导入或链接到外部体量族或内建体量族中，然后用体量面工具创建墙、幕墙和屋顶等 Revit 图元。

导入和链接 SAT、SKP 格式文件的方法同 DWG 文件（不需要设置字体和线宽映射），本节不再详述。详细请参见"19.4 从其他应用程序载入体量研究"一节。

37.2　导入与管理图像

37.2.1　导入图像

导入图像文件非常简单，在平面、立剖面等视图中单击"插入"选项卡"导入"面板的"图像"工具，选择需要的图像文件，单击"打开"即可，移动光标单击放置即可。详

细请参见"21.3.2 参照图纸视图"一节。

37.2.2　管理图像

图 37-5　管理图像

打开本书附赠光盘"练习文件 \ 第 21 章"目录中的"江湖别墅-21-02 完成 .rvt"文件，打开"西立面-效果图"视图。单击选择导入的图像可以用以下方法简单编辑：

1）在"属性"选项板中设置其"宽度"、"高度"参数，或拖拽调整其大小。

2）用功能区的"放到最前""放到最后"等工具调整其上下显示顺序。

3）管理图像：功能区单击"插入"选项卡"链接"面板的"管理图像"工具，打开"管理图像"对话框，如图 37-5。可以统计、"删除"图像。

4）关闭"江湖别墅-21-02 完成 .rvt"文件，不保存。

37.3　协同设计 1——工作集

在传统的 AutoCAD 设计模式下，无论项目规模大小，无论是建筑师独自完成项目设计，还是分工合作协同设计，各自的平面、立剖等所有设计数据之间均各自独立，不可避免地会出现各种错漏碰缺问题。

而在 Revit Architecture 中，对一个小型项目来讲，一名建筑师即可在一个项目文件中完成所有的设计内容，且所有设计数据之间互相关联，避免了各种设计错误。对一个中、大型项目来说，需要几个建筑师协同设计才能完成所有的设计内容，Revit Architecture 同样提供了 3D 协同设计方法，可以彻底解决各种不必要的设计错误问题。

根据项目的不同类型，建筑专业内部 Revit Architecture 有两种协同设计模式可以选择：

1）工作集：适用于无法拆分为多个单体的中、大型综合建筑项目，项目小组所有建筑师在同一个建筑 BIM 模型上完成各自的设计内容，并可以自动更新实现实时的协同设计。

2）链接 Revit 模型：适用于单体建筑，或可以拆分为多个单体，且需要分别出图的建筑群项目，项目小组建筑师各自完成一部分单体设计内容，并在总图（场地）文件中链接各自的 Revit 模型，实现阶段性协同设计（此方式和传统的 AutoCAD 外部参照协同设计模式相同）。

【提示】　对特别大型的项目，可以在"链接 Revit 模型"中使用工作集功能。两种方式结合，实现大兵团协同设计。

本节将详细讲解"工作集"协同设计方式的应用方法和技巧，"链接 Revit 模型"详见"37.4 协同设计 2——链接 Revit 模型"。

37.3.1　启用工作集

1. 工作集概念

工作集是人为划分的图元（例如墙、门窗、楼板或楼梯）的集合。在给定时间内，只有一个用户可以编辑每个工作集。所有小组成员都可查看其他小组成员所拥有的工作集，但是不能对它们进行修改，此限制防止了项目中的潜在冲突。可以从不属于自己的工作集借用图元，编辑完成后保存到中心文件时再还给原来的工作集，实现真正的协同设计。

在起用工作集前，本专业负责人需要综合考虑以下因素，根据项目小组成员的分工合作方式，合理创建工作集，以方便后期的协同设计。其他设置细节请见后面各小节详细讲解。

1）项目大小：

- 项目大小将会影响到项目小组成员协同设计的工作方式，而协同设计分工方式将决定工作集的划分方式。
- 通常一起编辑的图元应处于一个工作集中。但如果项目太大，导致某些图元太大，不能放在一张图纸上时，需要将其拆分后放到指定的工作集中分别编辑。

2）小组成员角色：

- 通常根据设计小组每个人被指定的特定设计功能任务来划分工作集。每一位小组成员都可以控制某个特定的设计部分，例如有专门负责外立面设计的、有负责内部空间布局设计的、有负责电梯楼梯卫生间等细部设计的、有负责场地总图设计的等。如此则可以设置工作集为外立面设计、F1-F5 内部布局设计、F6-F10 内部布局设计、室内外构件设计、场地设计等。
- 通常不需要为建筑的每个楼层都创建一个工作集。因为在 3D 设计中，对跨层的墙、幕墙等图元可以用一个构件创建完成，既方便修改，也减少模型数量和文件体量。如此当按楼层创建工作集时，容易发生混淆。当然如果综合考虑到传统 2D 协同设计模式的习惯、项目大小等情况，可以按楼层创建工作集。
- 对核心筒结构的楼梯、电梯、管井等图元，以及卫生间设计等可以上下相连的设计部分，考虑其整体编辑方便的特点，建议单独划分成几个对应的工作集中，例如楼梯、电梯、管井、卫生间等。
- 综合考虑上述因素，建议工作集的划分尽可能地细化为好，例如，可细分为 F1-F5 层内墙设计、F1-F5 层门窗设计、F1-F5 层楼板设计等，而这些工作集可以分配给同一位建筑师负责。每个小组成员可以分配的最佳工作集数量为 4 个。如此每个建筑师都各自负责几个工作集，当需要有交叉设计时，可以把其中某个工作集的编辑权限临时分配给其他设计师使用，减少单个图元借用的烦琐操作，提高设计效率。

3）默认的工作集可见性：每个小组成员打开自己的工作集时，默认会同步打开所有的其他工作集。对大型项目，可以事先设置关闭某些工作集的显示，例如可以关闭所有家具、卫浴设备、照明设备等工作集的显示，以提高软件的系统性能。

4）工作集和样板：工作集不能包含在样板文件中。

5）组和族：所有的组和族都拥有自己的工作集，编辑时需要签出其编辑权限。

2. 创建工作集

本节将在一台计算机上模拟多个小组成员进行协同设计的场景，因此需要做以下假设及设置：

1）启动两个 Revit Architecture 软件：先关闭所有的 Revit Architecture 软件和文件，双击桌面的 Revit Architecture 快捷方式，启动两个软件 Revit Architecture A 和 Revit Architecture B。

2）设置角色：
- 建筑师 A：在 Revit Architecture A 中，单击应用程序菜单"R$_A$"图标，在下拉菜单中单击右下角的"选项"按钮，打开"选项"对话框。在"常规"选项卡中设置"用户名"为"建筑师 A"，单击"确定"。
- 建筑师 B：在 Revit Architecture B 中，设置"用户名"为"建筑师 B"。

【提示】 即使在真实场景中，每个小组成员也要在自己的计算机上按约定的规则设置用户名，以方便后面的协同、沟通。

3）专业负责人：假定建筑师 A 为本项目的建筑专业负责人，由他启动协同设计模式。

下面以一个小案例，详细讲解工作集的启动、使用与协同方法和技巧。

1）在 Revit Architecture A 中，建筑师 A 打开本书附赠光盘"练习文件 \ 第 37 章"目录中的"37-03.rvt"文件，打开"F1"平面视图。

2）功能区单击"协作"选项卡"工作集"面板的"工作集"工具，打开"工作共享"对话框，提示"将启用工作共享……无法撤消该操作……"。

3）如图 37-6，在"工作共享"对话框中系统默认将创建两个默认工作集：
- 共享的标高和轴网：系统自动将共用的标高和轴网图元放置到该工作集中。
- 工作集 1：将标高和轴网之外的其他图元全部放置到该工作集中，默认的名称为"工作集 1"。本例设置其名称为"外立面设计"。

4）单击"确定"，稍等片刻打开"工作集"对话框，如图 37-7。默认显示"用户创建"的工作集。

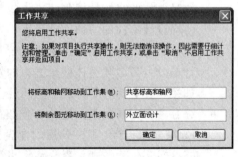

图 37-6 启用工作集

5）单击"新建"按钮，在新建工作集对话框中输入"内部布局设计"，默认勾选"在所有视图中可见"选项，单击"确定"。

6）同样方法创建"电梯布置"、"楼梯设计"工作集。结果如图 37-8。可以"删除""重命名"自己创建的工作集。

7）工作集显示：如图 37-8 下方的"显示"栏中有 4 个选项。
- 用户创建：系统默认勾选显示该类工作集，如刚才创建的"楼梯设计"工作集都属于用户创建工作集。一般情况下所有设计师通过编辑各自负责的工作集完成协

图 37-7 默认工作集

图 37-8 新建工作集

同设计。

- 项目标准：勾选该选项将显示墙类型、尺寸标注样式、共享参数等各种构件与注释图元类型与样式等项目标准类工作集，如图 37-9。此类工作集为系统自动创建，不能删除和重命名，可以由任意小组成员签出编辑，其修改将影响所有工作集的图元。

- 族：勾选该选项将显示当前项目文件中所有存在的族文件工作集，无论该族在图中是否有创建的实例图元，例如门窗族、家具族等。此类工作集为系统自动创建，不能删除和重命名，可以由任意小组成员签出编辑，其修改将影响所有工作集的图元。

- 视图：勾选该选项将显示当前项目文件中所有的平面、立剖面、明细表等视图和视图样板工作集。此类工作集为系统自动创建，不能删除和重命名，可以由任意小组成员签出编辑，其修改将影响该视图中的图元。

8）如图 37-8，只勾选"用户创建"，单击"确定"关闭对话框完成工作集设置。

3. 为工作集指定图元

创建工作集时，默认已经把除轴网和标高之外的所有图元自动划分在了"外立面设

图 37-9 项目标准工作集

计"工作集中，需要根据情况把其中的某些图元重新指定到对应的工作集中。指定方法很简单：设置图元的"属性"参数"工作集"。

1）在 F1 平面视图中，按住 Ctrl 键单击选择电梯和楼梯间的内墙和门，图元"属性"选项板中显示这些不同图元的共同属性参数。

2）如图 37-10，从参数"工作集"的下拉列表中选择"内部布局设计"工作集，单击"应用"即可将这些图元划分到该工作集中。

3）观察功能区"活动工作集"为"外立面设计"工作集。单击"以灰色显示非活动工作集"工具，可以看到刚才的内墙和门已经放到了别的工作集中，以灰色显示。再次单击可以恢复正常显示（此工具在为工作集指定图元时很有用，避免重复选择设置）。

图 37-10 "工作集"参数

4）同样方法，将电梯放置到"电梯布置"工作集中。

5）打开 F2、F3、F4 平面视图，同样方法设置电梯和楼梯间的门到"内部布局设计"工作集中。本例的内墙是从 F1 直接绘制到 F5 的，所以只需要设置一次。电梯是一个构件，同样只需要设置一次。可选择内墙和电梯检查其"工作集"参数设置。

　　【提示】　门窗标记、尺寸标注等注释类图元都属于视图专有图元，因此其默认放置在当前视图工作集中，且不能变更。可选择 F1 平面中的门标记检查其"工作集"参数。

4. 创建中心文件

　　上述工作集及图元属性参数设置完成后，即可保存文件创建协同设计的中心文件。

1）接前面练习，先在资源管理器中创建一个保存共享中心文件的目录，本例设置其文件夹名称为"中心文件"。

2）单击应用程序菜单"R_A"图标，在下拉菜单中单击选择"另存为"-"项目"命令。定位到"中心文件"目录位置，设置"文件名"为"江湖别墅-中心文件.rvt"，单击"保存"即可自动创建中心文件及其备份文件夹，如图 37-11。

　　【提示】　图中的"江湖别墅-中心文件_backup"目录为备份文件夹。"Revit_temp"文件夹为工作集管理器临时文件夹，详见本节最后的"工作集管理器：Worksharing Monitor"。

　　特别说明：

1）在保存中心文件之前，如果直接单击软件顶部快速访问工具栏的"保存"图标（Ctrl+S），将弹出保存提示对话框，如图 37-12。如果单击"是"将把原来的"37-03.rvt"文件直接保存为中心文件，并在该文件所在目录中创建备份文件夹。

2）因为中心文件的文件夹将共享给所有小组成员，因此建议将其保存在单位专用的文件服务器上，不建议将原始文件直接保存为中心文件，然后再复制到别的计算机目录中，以防止保存路径改变后出现其他问题。因此笔者强烈建议用"另存为"命令保存中心

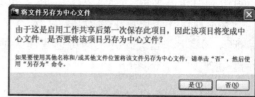

图 37-11　保存中心文件　　　　　　　　　　图 37-12　保存中心文件

文件。

5. 释放工作集编辑权限

最后建筑师 A 要释放所有工作集的编辑权限，关闭中心文件，然后其他小组成员才能进行各自的工作集内容设计。

1) 接前面练习，再次单击功能区"协作"选项卡"工作集"面板的"工作集"工具。

2) 在"工作集"对话框中，单击第一行的工作集名称并按住鼠标左键向下拖拽选择所有的工作集，再单击右侧的"不可编辑"按钮，建筑师 A 即可释放所有工作集的编辑权限："可编辑"列变为"否"，"所有者"列变为空。

3) 单击"确定"关闭对话框。随便选择一个图元，会出现一个不可编辑工作集符号 。关闭中心文件。结果请参见本书附赠光盘"练习文件 \ 第 37 章 \ 工作集 \ 中心文件"目录中的"江湖别墅-中心文件.rvt"文件。

37.3.2　使用工作集

有了中心文件，项目小组建筑师即可从中心文件创建一个本地的副本项目文件，然后在本地文件中进行各自的设计或进行协同设计。

1. 创建新本地文件

1) 建筑师 A 在 Revit Architecture A 中，单击应用程序菜单"R_A"图标，在下拉菜单中单击选择"打开"-"项目"命令。

2) 如图 37-13，定位到"中心文件"目录位置，单击选择"江湖别墅-中心文件.rvt"，取消勾选下方的"创建新本地文件"选项。单击"打开"中心文件。

图 37-13　创建新本地文件

3）单击应用程序菜单 "R_A" 图标，在下拉菜单中单击选择 "另存为" - "项目" 命令。设置本地保存路径，本例为 "建筑师 A" 文件夹，设置 "文件名" 为 "江湖别墅-建筑师 A. rvt"。单击 "保存" 即可创建建筑师 A 的本地设计文件及其备份文件夹 "江湖别墅-建筑师 A _ backup"。

　　【提示】　　打开中心文件时，如果勾选 "创建新本地文件"，则可以自动创建本地工作文件，而不需要再用 "另存为" 命令保存。但其缺点是：自动保存的本地工作文件自动保存在 "我的文档" 目录下，和其他文件混在一起，极不方便。因此建议使用 "另存为" 工具创建。

4）同样方法，建筑师 B 在 Revit Architecture B 中 "另存为" 本地文件 "江湖别墅-建筑师 B. rvt"，保存在本地文件夹 "建筑师 B" 中。

　　【提示】　　所有小组成员的设计都在自己的本地文件中进行，只在保存到中心文件与重新载入工作集时才与服务器上的中心文件发生关系。如此不会给服务器增加任何负担。

2. 签出工作集编辑权限

　　建筑师要编辑自己负责的工作集，首先要签出编辑权限方能编辑。当某一个工作集被签出编辑时，其他小组成员只能浏览，不能再同时编辑。

1）接前面练习。建筑师 A 在 Revit Architecture A 中，单击功能区 "协作" 选项卡 "工作集" 面板的 "工作集" 工具。

2）在 "工作集" 对话框中，单击并拖拽选择 "内部布局设计" 和 "外立面设计" 工作集，单击 "可编辑" 按钮，工作集 "所有者" 列变为 "建筑师 A"。单击 "确定"。

3）同样方法，建筑师 B 在 Revit Architecture B 中，单击 "工作集" 工具，签出 "楼梯设计" 和 "电梯布置" 工作集的编辑权限，工作集 "所有者" 列变为 "建筑师 B"。结果如图 37-14，单击 "确定"。

3. 设计并保存

　　在工作集中保存设计修改有两个工具：本地保存、与中心文件同步。本地保存就是常规的 "保存" 命令，将修改保存到本地副本工作文件中。"与中心文件同步" 则是将修改保存到中心文件去，如此其他小组成员才能看到自己的设计内容，操作如下。

1）接前面练习。建筑师 B 在 Revit Architecture B 中，打开 F1 平面视图。

2）缩放到右上角楼梯间位置，单击 "常用" 选项卡 "楼梯" 工具，绘制一个 "整体式楼梯-带踏板踢面" 双跑楼梯，梯段宽度 1000mm，踏步高 150mm，踏步宽 300mm，"多层顶部标高" 为 "F4"，完成后删除外侧扶手。

3）单击功能区 "协作" 选项卡 "同步" 面板的 "与中心文件同步" 工具的下拉三角箭头，从下拉菜单中选择 "同步并修改设置" 工具，打开 "与中心文件同步" 对话框，如图 37-15。

4）同步选项设置：

- "与中心文件同步前后均保存本地文件"：勾选该选项则同步时自动保存本地文件。
- "同步后自动放弃下列工作集和图元"：勾选 "用户创建的工作集" 则同步时放弃

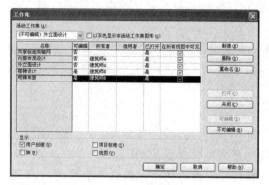

图 37-14　可编辑

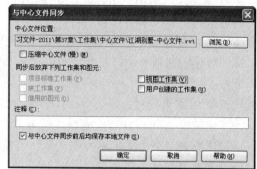

图 37-15　与中心文件同步

工作集的编辑权限，勾选"借用的图元"可以返换借用编辑的图元，其他"视图工作集"等同理。本例取消勾选这些选项，同步后可以继续编辑设计。

5）单击"确定"即可将设计修改保存到本地和中心文件中。

【提示 1】　　在"与中心文件同步"工具的下拉菜单中选择"立即同步"工具，则不打开"与中心文件同步"对话框，系统自动按默认设置同步（借用图元放弃、工作集不放弃）。

【提示 2】　　建议约定每 1～2 个小时，"与中心文件同步"一次，以便其他小组成员及时更新设计，实现实时协同设计。

37.3.3　协同与交互

项目小组成员之间的实时协同，有以下 3 种方式。

1. 重新载入最新工作集

当一个建筑师将自己的设计"与中心文件同步"以后，其他小组成员只需要重新载入最新工作集即可实现实时协同设计。

1）接前面练习。建筑师 A 在 Revit Architecture A 中，打开 F1 平面视图。

2）单击功能区"协作"选项卡"同步"面板的"重新载入最新工作集"工具，即可看到建筑师 B 刚才创建的楼梯。

2. 图元借用

在协同设计中，不可避免地存在交叉设计的图元，例如本例中楼梯间的洞口设计。因为楼板是在建筑师 A 的"外立面设计"工作集中，而楼梯间开洞又归建筑师 B 设计，为此需要相互借用图元编辑。

1）接前面练习。建筑师 B 在 Revit Architecture B 中，打开 F1 平面视图。

2）单击"竖井"洞口工具，绘制楼梯间洞口矩形边界，设置"基准限制条件"为"F2"，"顶部限制条件"为"直到标高 F4"，单击"√"工具，弹出报警对话框提示建筑师 B 无编辑权限，建筑师 A 拥有编辑权限，如图 37-16。

3）单击"放置请求"按钮，即可向建筑

图 37-16　无编辑权限提示

师 A 发送图元借用申请。并可在弹出的"检查可编辑授权"对话框中等待建筑师 A 的编辑授权，如图 37-17。

4）建筑师 A 在接到建筑师 B 的通知后（需要人工电话或其他方式及时通知），单击功能区"协作"选项卡"同步"面板的"正在编辑请求"工具，打开"编辑请求"对话框，如图 37-18。

5）建筑师 A 编辑授权：

- 建筑师 A 可展开节点查看建筑师 B 需要借用的图元及其 ID 号码。
- 选择某一个楼板，单击"显示"可在图中显示确认要借用的图元。
- 单击选择"2010-7-23 0：10：10——建筑师 B"借用请求，单击"拒绝/撤消"可拒绝借用图元。
- 单击选择"2010-7-23 0：10：10——建筑师 B"借用请求，单击"授权"按钮即可把两个楼板的编辑权限借给建筑师 B。

图 37-17　检查可编辑授权

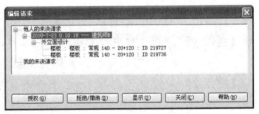

图 37-18　编辑请求

6）本例建筑师 A 选择单击"授权"。单击"关闭"关闭对话框。

7）建筑师 B 在图 37-17 的"检查可编辑授权"对话框中单击"立即检查"，弹出"您的请求已经获得授权"提示栏，单击"关闭"即可创建楼梯间洞口。此时，在"工作集"对话框中可以看到"外立面设计"工作集的"所有者"是"建筑师 A"，而"借用者"是"建筑师 B"。

【提示 1】　常规图元借用：单击选择某图元，出现不可编辑工作集符号。单击该符号同样出现图 37-16 的提醒对话框，单击"放置请求"按钮即可。

【提示 2】　如果借用的图元所在的工作集没有被其他小组成员签出编辑权限，则不需要"放置请求"，Revit 系统可以自动从中心文件签出该图元的编辑权限给借用者。

8）与中心文件同步：建筑师 B 单击"与中心文件同步"工具，勾选"借用的图元""视图工作集"，单击"确定"。

9）打开"工作集"对话框，检查建筑师 B 已经释放了所有借用的工作集编辑权限，但保留了自己工作集的编辑权限可以继续编辑。

【提示】　放弃全部请求：在获得借用图元的编辑授权后，如果决定不将对图元的修改发布到中心模型文件，可以单击功能区的"放弃全部请求"工具。

3. 工作集签入签出

如果嫌上述图元借用模式操作繁琐，可以在团队内部，由建筑师 A 在"工作集"对话框中选择被借用图元所在的"外立面设计"工作集，单击"不可编辑"直接释放工作集的编辑权限，再由建筑师 B 签出后编辑，简单易行。

当完成当天的工作要关闭项目文件时，建议每位建筑师都先在"工作集"对话框中，选择自己编辑的工作集，单击"不可编辑"释放工作集的编辑权限，如此其他建筑师即可在需要时签出这些工作集编辑，或直接向中心文件借用图元编辑，而不会因为某位建筑师不在线，而影响其他建筑师的协同设计。

37.3.4　管理工作集

在工作集中可以查看过去的修改历史记录、可以恢复到以前的某个版本的文件状态。

1. 显示工作集历史记录

Revit Architecture 可以显示一个列表，显示中心文件或本地工作文件的所有保存操作的时间和用户。

1) 建筑师 A 在 Revit Architecture A 中，单击功能区"协作"选项卡"同步"面板的"显示历史记录"工具，定位到"中心文件"目录，选择"江湖别墅-中心文件.rvt"文件，单击"打开"即可显示"历史记录"列表，如图 37-19。

2) 单击"导出"按钮，默认文件名为"江湖别墅-中心文件 历史记录.txt"，默认保存路径为和中心文件所在的目录。单击"保存"即可。结果请参见本书附赠光盘"练习文件 \ 第 37 章 \ 工作集 \ 中心文件"目录中的同名文件。

图 37-19　历史记录

3) 单击"关闭"结束命令。

2. 工作集备份

在工作集模式下，如果想返回之前设计保存的某个时间的版本，可以用"恢复备份"工具实现。特别需要注意的是，一旦恢复，将丢弃后来所做的所有编辑工作，请谨慎操作。

1) 建筑师 B 在 Revit Architecture B 中，单击功能区"协作"选项卡"同步"面板的"恢复备份"工具，定位到"江湖别墅-建筑师 B _ backup"目录，不选择任何文件，单击"打开"即可显示"项目备份版本"对话框，如图 37-20。

【提示】　此处的文件版本由系统根据文件保存时间自动生成，同一天中的几次保存为各个小版本，例如：14.1、14.2 等。

2) 选择某一个时间的版本，单击"返回到"即可。再次提醒：谨慎操作！！

3) 本例不返回，单击"关闭"结束命令。关闭所有文件和软件。

上述操作结果请参见本书附赠光盘"练习文件 \ 第 37 章 \ 工作集"目录中的各个文件。工作集功能虽说比较简单，但因为有别于传统的协同设计模式，因此刚开始时会感觉

图 37-20　项目备份版本

比较生涩，难以理解，请多练习，多体会。

3. 工作集管理器：Worksharing Monitor

　　Worksharing Monitor 是针对 Revit Architecture 速博应用客户的一个专用功能插件，需要单独下载后安装。安装完成后显示在功能区的"附加模块"选项卡的"外部工具"下拉列表中。如图 37-21，该管理器可以协助建筑师了解当前工作集的编辑状态、图元借用状态、编辑请求状态、发出借用通知等，方便小组成员之间协同设计。

　　本书篇幅有限不做详细讲解，请速博应用客户自行下载安装后仔细体会。

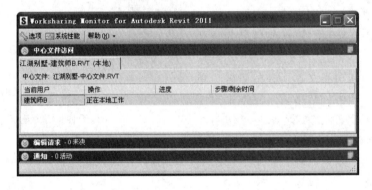

图 37-21　Worksharing Monitor

37.4　协同设计 2——链接 Revit 模型

　　37.3 节讲解了专业内协同设计模式——工作集。对于一些可以拆分为多个单体，且需要分别出图的建筑群项目，以及多专业间的协同设计，可以采用另外一种协同设计模式——链接 Revit 模型。链接 Revit 模型的操作方法同 AutoCAD 的外部参照非常类似，是最接近于传统协同设计模式的 3D 协同设计模式，同时也是 3D 多专业协同设计的重要手段。

37.4.1　链接 Revit 模型

　　打开本书附赠光盘"练习文件 \ 第 37 章 \ 链接 Revit 模型"目录中的"37-04. rvt"文件，打开 F1 平面视图。本节将通过链接"结构 . rvt"文件，系统讲解链接 Revit 模型及其编辑设置方法。

1. 确定链接 Revit 模型定位点

1）在 F1 平面视图中，功能区单击"视图"选项卡"可见性/图形"工具，在"模型类别"中的"场地"节点下勾选"项目基点"，单击确定后显示项目基点符号⊗。

2）同样方法打开"结构.rvt"文件，查看其 F1 平面视图中的项目基点位置。可以发现两个 Revit 模型的项目基点位置相同，因此链接时可以自动使用"自动-原点到原点"方式自动定位。

【提示 1】 强烈建议：在开始项目设计前，即由项目经理或项目的建筑设总事先确定各专业统一的项目定位点，明确以项目的某个定位点（例如 1 号和 A 号轴线的交点）与默认的项目基点（北/南 0，东/西 0）位置重合，以方便后期项目协同。

【提示 2】 强烈建议：特别是对多个单体的建筑群项目，务必事先在一个总图文件中，确定每一个单体建筑相对默认的项目基点（北/南 y，东/西 x）的位置，然后在各个单体的项目文件中，以（北/南 y，东/西 x）点为单体的定位点开始全专业设计。如此既可以保证各单体全专业之间的自动链接定位，也可以保证建筑群总图的自动链接定位。

2. 链接 Revit 模型

1）关闭"结构.rvt"文件。在"37-04.rvt"文件的 F1 平面视图中，功能区单击"插入"选项卡"链接"面板的"链接 Revit"工具，打开"导入/链接 rvt"对话框。

2）如图 37-22，定位到本书附赠光盘"练习文件\第 37 章\链接 Revit 模型"目录，单击选择"结构.rvt"文件，链接模型的"定位"方式有以下几种：

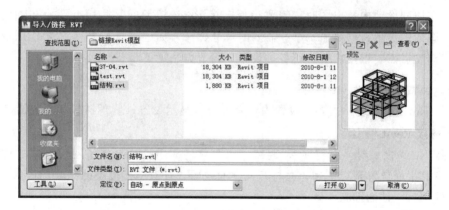

图 37-22 链接 Revit 模型

- "自动-原点到原点"：自动对齐两个 Revit 模型的项目基点⊗定位。本例选择此定位方式。
- "自动-中心到中心"：自动对齐两个 Revit 模型的图形中心位置定位。
- "自动-通过共享坐标"：自动通过共享坐标定位。共享坐标的应用详见"37.4.4 链接模型共享定位"。
- "手动-原点"：被链接文件的项目基点⊗位于光标中心，移动光标单击放置定位。
- "手动-中心"：被链接文件的图形中心位于光标中心，移动光标单击放置定位。

- "手动-基点"：被链接文件基点位于光标中心，移动光标单击放置定位。该选项只用于带有已定义基点的 AutoCAD 文件。

3）"打开"：

- 当链接有工作集的 Revit 模型时，可单击"打开"按钮后面的下拉箭头，从中选择要"全部"可自动打开所有工作集，如选择"指定"可以在单击"打开"按钮后在对话框中选择需要的工作集。本例没有工作集，选择默然的"全部"。
- 单击"打开"按钮，即可将"结构.rvt"模型链接到当前的建筑模型中并自动定位。

4）观察链接模型：

- 观察 F1 平面图中自动链接的模型，发现被链接模型的轴网和当前项目文件中的轴网重叠显示，且"结构.rvt"文件的 F1 平面视图中的尺寸标注等图元没有显示，如图 37-23。

- 打开"南立面"视图，发现被链接模型的轴网、标高和当前项目文件中的轴网、标高重叠显示。

- 从上面的观察可以看出：链接的 Revit 模型，会自动显示其模型和轴网、标高图元，其他注释图元都不显示。而

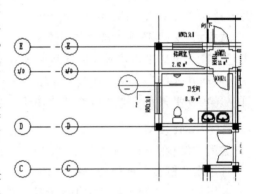

图 37-23　平面图链接模型显示

在协同设计中及出图时，需要隐藏链接 Revit 模型的某些模型图元和轴网、标高图元的显示，需要显示某些需要的尺寸标注、标记注释等图元，因此在链接 Revit 模型后需要根据需要进行各种设置。设置方法见下小节。

37.4.2　编辑链接的 Revit 模型

链接 Revit 模型后，主要的设置内容有定位、显示设置、管理链接和绑定链接。

1. 定位链接 Revit 模型

链接 Revit 模型时，在"导入/链接.rvt"对话框中已经设置了定位方式。链接后还需要观察其平面位置是否正确，并打开某立面视图，查看链接模型的标高在垂直方向上是否和当前项目文件的标高一致。

如链接模型位置不对，可单击选择链接模型，用"修改"选项卡的"对齐"或"移动"工具，以轴网、参照平面、标高（或其他图元边线）为定位参考线，精确定位模型位置。本例的模型已经自动对齐，不再设置。

可复制、镜像链接模型以创建多个链接模型，不需要链接多个项目文件。

2. RVT 链接显示设置

如前所述，在协同设计中及出图时，需要隐藏链接 Revit 模型的某些模型图元和轴网、标高等图元的显示，需要显示某些需要的尺寸标注、标记注释等图元。这些设置都在"可见性/图形替换"对话框中设置。

1）接前面练习。在"37-04. rvt"文件的 F1 平面视图中，功能区单击"视图"选项卡"图形"面板的"可见性/图形"工具，打开"导入/链接 RVT"对话框，单击"Revit链接"选项卡，如图 37-24。

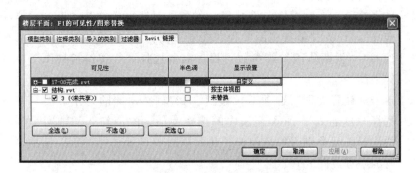

图 37-24　Revit 链接可见性设置

2）半色调：勾选"半色调"选项框，可以将链接模型灰色显示。

3）单击选择"结构. rvt"，再单击后面的"按主体视图"，打开"RVT 链接显示设置"对话框。可以看到链接模型的显示有 3 种方式：

- 按主体视图：默认显示方式。链接模型的图元可见性设置也当前视图的设置相同，但仅显示模型和轴网、标高图元。
- 按链接视图：指定显示链接模型的某一个特定视图。如图 37-25，选择"按链接视图"，则"链接视图"后面的视图栏中自动设置为"楼层平面：F1"，单击"应用"即可显示"结构. rvt"文件 F1 平面视图中的所有模型和尺寸标注等注释图元。

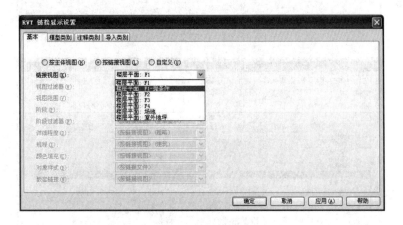

图 37-25　Revit 链接可见性设置

【提示】　"链接视图"设置在专业间协同设计时非常有用，先由建筑专业复制原始的平面、立剖面等视图（"带细节复制"为专用的提条件平立剖视图），并隐藏显示水暖电等专业不需要的模型图元、删除或隐藏不需要的注释图元，然后将视图的"规程"设置为"协调"（详见"20.1.2 视图编辑与设置"的视图"属性"设置）。其他专业链接建筑模型后在"链接视图"中从下拉列表中选择主体视图对应的提条件视图即可。

- 自定义：如要隐藏链接模型中的轴网、标高及其他模型和注释图元，则可以采用"自定义"设置方法。

  ◇ 如图 37-26，在"RVT 链接显示设置"对话框的"基本"选项卡中选择"自定义"，设置"链接视图"为"楼层平面：F1-提条件"视图。其他"视图过滤器""视图范围"等参数可根据需要选择"＜按链接视图＞"或"＜按主体视图＞"。

  ◇ 单击"注释类别"选项卡，如图 37-27，在顶部的"注释类别"下拉列表中选择"自定义"，下面列表中的选择激活。取消勾选"轴网"等不需要显示的注释图元类别（取消勾选"在此视图中显示注释类别"选项，可以隐藏所有的注释类图元）。

  ◇ 模型类别、导入类别图元的可见性同样方法设置（剖面图的"链接视图"设置为"无"）。

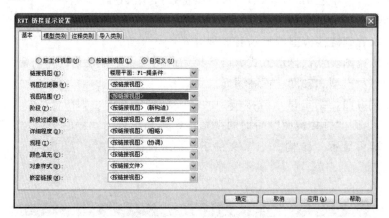

图 37-26　自定义显示设置

图 37-27　自定义注释类别显示设置

4）单击"应用"观察平面图的变化，单击"确定"关闭所有对话框完成设置。其他楼层平面、立剖面视图同理设置。保存并关闭文件，完成后的结果请参见本书附赠光盘"练习文件 \ 第 37 章 \ 链接 Revit 模型"目录中的"37-04-01 完成 .rvt"文件。

3. 管理链接

和"链接 CAD"一样，功能区单击"插入"选项卡"链接"面板的"管理链接"工具，可在"管理链接"对话框中统一管理所有的链接 Revit 模型文件，可卸载、重新载入、删除链接 Revit 模型文件，如图 37-28。

图 37-28　管理链接

1）路径类型：

- 相对路径：相对路径定义了链接文件在工作目录（如项目文件夹）中的位置，链接文件的位置由其相对位置定义。使用相对路径，将项目文件和链接文件一起移至新目录中时，链接保持不变。Revit 按照链接模型相对于工作目录的位置来查找链接模型。
- 绝对路径：绝对路径定义了链接文件在硬盘或网络上的绝对保存位置。使用绝对路径，将项目文件和链接文件一起移至新目录时，链接将被破坏。Revit 将在指定目录查找链接模型。

2）参照类型：导入包含链接模型的模型时，嵌套链接将根据父模型中的"参照类型"设置决定嵌套模型的显示。例如：项目 A 被链接到项目 B，项目 B 被链接到项目 C，则项目 A 在项目 B 中的参照类型将决定项目 A 是否显示，而不论项目 B 在项目 C 中是何种参照类型。

- 覆盖：当项目 A 在项目 B 中的参照类型为"覆盖"时，项目 A 在项目 C 中不显示。这是默认的参照类型，项目 C 链接项目 B 时系统会提示项目 A 不可见。
- 附着：当项目 A 在项目 B 中的参照类型为"附着"时，项目 A 在项目 C 中显示。

请新建一个项目文件，然后用功能区"插入"选项卡的"链接 Revit"工具，分别链接本书附赠光盘"练习文件 \ 第 37 章 \ 链接 Revit 模型"目录中的"B-附着 .rvt"、"B-覆盖 .rvt"文件，观察"A.rvt"的显示，并在"管理链接"对话框观察链接模型 B 的参照类型。

4. 绑定链接

当链接的 Revit 模型原始文件发生变更后，再次打开主体文件或"重新载入"链接文件时，链接的模型可以自动更新。可以根据需要将链接的 Revit 模型绑定到主体文件中，切断其和原始文件之间的关联更新关系。

1）单击选择链接的"结构.rvt"文件。因为结构构件都包在建筑模型中不好选择，所以需要框选所有模型，然后用"过滤器"只勾选"RVT 链接"过滤选择。

2）再单击"修改│RVT 链接"选项卡的"绑定链接"工具，打开"绑定链接选项"对话框，如图 37-29。

- 取消勾选"标高"、"轴网"。如勾选将重命名标高和轴网编号。
- "附着的详图"：可根据需要选择该项，决定绑定时是否将模型关联的标记等详图也一起绑定到当前项目中。

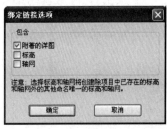

图 37-29　绑定链接选项　　　　　图 37-30　提示对话框

3）单击"确定"，稍等片刻，系统即可将链接模型转换为组（模型组及附着详图组）。组的使用方法请参见"14.4.3 模型组"。

4）绑定时会弹出提示对话框，如图 37-30，提示可以删除链接文件，单击"删除链接"即可。

37.4.3　链接模型共享定位

　　如前所述，每个 Revit 项目文件都有一个项目基点⊗，作为项目内部定位坐标，该基点仅能在 Revit 项目文件中识别使用。当一个项目文件中链接了多个 Revit 模型文件，或 DWG 文件、DXF 文件等时，为防止各链接文件之间的位置变化，可以使用共享坐标的方式自动记录链接文件之间的相互位置关系。

1. 共享坐标

　　当在一个场地文件中有多个相同的建筑模型时，可以使用共享坐标功能为每个模型创建一个位置。也可以为一个建筑定义多个位置，然后在场地中为其选择不同的位置移动该建筑。

　　打开本书附赠光盘"练习文件 \ 第 37 章 \ 链接 Revit 模型"目录中的"37-05-场地.rvt"文件，打开默认三维视图。该场地文件中链接了一个"37-05-别墅.rvt"文件，但有两个模型位于不同的位置。

　　共享坐标有以下两种方式：

- 获取坐标：如果主坐标在链接文件中，使用此方式。系统从链接文件中获取共享坐标和"正北"，并将其应用到主体项目文件中，链接项目共享坐标的原点成为主体项目共享坐标的原点。

- 发布坐标：如果主坐标在主体项目文件中，使用此方式。系统将主体项目文件的共享坐标和"正北"，应用到链接项目文件中，主体项目共享坐标的原点成为链接项目的原点。

下面以"37-05-场地.rvt"主体项目文件和"37-05-别墅.rvt"链接项目文件为例，用"发布坐标"方式简要说明共享坐标的方法。

1) 在三维视图中，单击选择南侧的别墅链接模型，观察其"属性"选项板中的"名称"为"南别墅"（此名称可自定义）。

2) 发布坐标：单击"共享场地"参数后面的"＜未共享＞"按钮，打开"共享坐标"对话框，如图 37-31。选择第 1 项"发布当前项目的共享坐标系……"发布共享坐标。

3) 单击"修改"按钮，打开"位置、气候和场地"对话框的"场地"选项卡，可以看到"37-05-别墅.rvt"链接项目文件中默认有一个"内部（当前）"的位置。

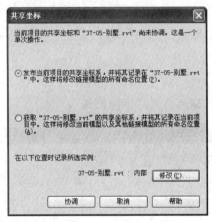

图 37-31　共享坐标

图 37-32　定义位置

4) 定义位置：如图 37-32，单击"重命名"，输入"新名称"为"南区"单击"确定"，将"南别墅"的当前位置定义为"南区"。单击"确定"关闭所有对话框完成设置。

5) 选择位置：选择北侧的别墅链接模型"北别墅"，单击"共享场地"参数后面的"＜未共享＞"按钮，打开"选择场地"对话框，如图 37-33。选择第 2 项"记录当前位置为……"。

6) 定义位置：单击"修改"按钮，打开"位置、气候和场地"对话框的"场地"选项卡，如图 37-34，单击"复制"，输入"名称"为"北区"单击"确定"，将"北别墅"的当前位置定义为"北区"。单击"确定"关闭所有对话框完成设置。

7) 刚才为"37-05-别墅.rvt"链接项目文件创建的"南区"、"北区"两个位置，并不是保存在"37-05-场地.rvt"主体项目文件中，而是要保存在"37-05-别墅.rvt"文件中。

8) 保存位置：单击功能区"插入"选项卡的"管理链接"工具，打开"Revit"选项卡，可以发现"37-05-别墅.rvt"文件的"位置未保存"为勾选状态。选择"37-05-别墅.rvt"文件，单击"保存位置"。如图 37-35，在"位置定位已修改"对话框中单击

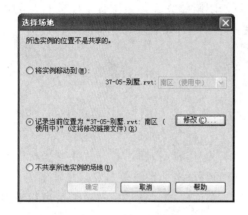

图 37-33　选择场地

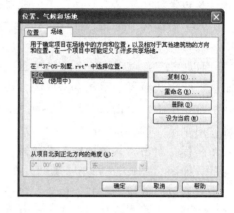

图 37-34　定义位置

"保存"即可保存新位置到链接文件中。

9）保存文件，结果请参见本书附赠光盘"练习文件 \ 第 37 章 \ 链接 Revit 模型"目录中的"37-05-场地-完成 .rvt"文件。

10）测试共享坐标：

- 打开"场地"平面视图，删除两个别墅的链接文件并"删除链接"。

- 用"插入"选项卡的"链接 Revit"工具重新链接刚才保存的"37-05-别墅 .rvt"文件，注意"定位"设置为"自动-通过共享坐标"，单击"打开"。在"位置、气候和场地"对话框中选择"南区（当前）"，单击"确定"后模型自动定位。

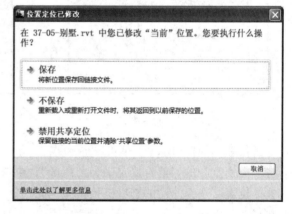

- 选择链接的南区别墅，用"镜像"工具镜像第 2 个别墅模型。选择镜像的别墅模型，在"属性"选项板中单击"共享场地"

图 37-35　保存位置

参数后面的"＜未共享＞"按钮，在"选择场地"对话框中选择第 1 项"将实例移动到"，从后面的下拉列表中选择"北区"，单击"确定"即可自动定位北区别墅。

2. 重新定位

创建共享坐标之后，可以随时查询链接文件的某参照点的坐标值，并可以通过设置新的坐标值来重新定位链接模型位置。

1）报告共享坐标：

- 接前面练习。在"场地"平面视图中，功能区单击"管理"选项卡"项目位置"面板的"坐标"工具，从下拉菜单中选择"报告共享坐标"工具。

- 移动光标在南区别墅右上角点的台阶角点上单击拾取点，则选项栏自动报告该点的坐标值，如图37-36。

| 东/西: | 20931.7 | 北/南: | -26327.5 | 高程: | -300.0 |

图37-36 报告共享坐标

2）重新定位：

- 在"场地"平面视图中，功能区单击"管理"选项卡"项目位置"面板的"坐标"工具，从下拉菜单中选择"在点上指定坐标"工具。
- 移动光标在南区别墅右上角点的台阶角点上单击拾取点，打开"指定共享坐标"对话框，默认显示该点的坐标值和方向，如图37-37。
- 输入新的坐标值，如"东/西"为"10000"，单击"确定"观察链接模型的位置变化。

图37-37 重新定位

【提示】 也可以用"移动"工具移动链接模型位置后，在弹出的位置变更提示对话框中单击"现在保存"来重新定位链接文件的共享坐标位置。

完成上述练习后，关闭"37-05-场地-完成.rvt"文件，不保存。

37.5 多专业协同设计

当建筑师、结构工程师和水暖电工程师在同一建筑项目进行多专业协同设计时，专业间势必会有一点交叉设计的内容，例如轴网、标高、结构柱、卫浴设备等，那么如何尽可能地减少重复设计劳动量，同时当设计变更时，如何监控并及时通知相关专业设计师，成为协同设计一个重要的提高设置质量和效率的关键问题。

同时，专业之间的碰撞检查也是多专业协同设计提高设置质量的一个非常重要的手段。

为了解决上述问题，Revit提供了以下5个工具：复制/监视、协调查阅、协调主体、碰撞检查、修订。

37.5.1 复制/监视

"复制/监视"工具主要应用于以下情况：

- 结构设计师使用Revit Structure软件创建空的结构项目文件，水暖电设计师使用Revit MEP软件创建空的设备项目文件，并链接了建筑专业的项目文件后，结构和水暖电设计师即可使用"复制/监视"工具，从链接文件中复制建筑文件中的轴网、标高等图元，以此作为设计的起点。同时可以自动监视建筑师对这些图元的修改并自动更新。

- 对建筑、结构和水暖电专业之间的交叉设计内容，例如结构柱、卫浴设备等，可以从链接的其他专业的文件中使用"复制/监视"工具，复制这些图元，并监视其设计变更，减少重复劳动，提高设计质量。

"复制/监视"工具不能用于监视所有的图元，仅适用于监视对以下类型图元的修改：标高、轴网、柱（不包括斜柱）、墙、楼板、洞口（包括门窗洞口）、MEP 设备。

如图 37-38，"复制/监视"工具有"使用当前项目"和"选择链接"两个子工具，可以应用于当前项目和链接模型。同时"复制/监视"工具又分为"复制"和"监视"两种方法：

图 37-38 复制/监视

- 复制：复制选择的图元，并自动在复制的图元和原始图元之间建立监视关系。如果原始图元发生修改，则打开项目或重新载入链接模型时会显示一条警告提示。例如：将链接建筑模型中的标高和轴网复制到结构模型中，当在建筑模型中移动标高或轴网时，将显示一条警告提示结构设计师。

- 监视：在相同类型的两个图元（不是复制的图元）之间建立监视关系。如果某一图元发生修改，则打开项目或重新载入链接模型时会显示一条警告提示。例如：可以在建筑和结构设计师各自独立绘制的轴网之间创建监视关系，则当建筑师修改轴网时，将显示一条警告提示结构设计师。

"使用当前项目"和"选择链接"两个子工具与"复制"和"监视"两种方法互相搭配，即可使用"复制/监视"工具来复制当前项目中的图元、复制链接模型中的图元、监视当前项目中的图元、监视链接模型中的图元。下面以一个小练习简要说明"复制/监视"工具的使用方法。

打开本书附赠光盘"练习文件 \ 第 37 章 \ 链接 Revit 模型"目录中的"37-06"文件，打开 F1 平面视图，完成下面练习。

1）缩放到起居室沙发右上角的结构柱位置，该结构柱为链接"结构 .rvt"文件中的结构柱。

2）功能区单击"协作"选项卡"坐标"面板的"复制/监视"工具，选择"选择链接"工具，移动光标单击拾取结构柱（实际拾取的是链接"结构 .rvt"文件），"复制/监视"子选项卡如图 37-39。

图 37-39 "复制/监视"子选项卡

3）"复制/监视"选项：单击"选项"工具打开"复制/监视选项"对话框，如图 37-40，其中列出了可以复制/监视的链接"结构 .rvt"文件的标高、轴网、柱、墙和楼板类型。单击"确定"关闭对话框。

【提示】 注意下面的"其他复制参数"栏中的选项，例如：如勾选"柱"的"按标高拆分柱"选项，则当复制柱时将按标高将柱子拆分为上下几段；勾选"墙"的"复制窗/门/洞口"选项，则复制墙时可以复制门窗及洞口。

图 37-40 复制/监视选项

4）复制并监视链接图元：

- 单击"复制"工具，移动光标单击拾取结构柱，即可在原位置从链接"结构.rvt"文件中复制一个结构柱到当前的建筑文件中，同时在结构柱上方显示一个监视符号 ⊡ 。

- 可继续拾取其他要复制监视的图元，本例不再拾取，按"√完成"工具完成设置。

5）单击选择刚复制的结构柱，用"修改｜结构柱"选项卡中的"复制"工具，复制一个结构柱到左侧 4 号和 C 号轴线交点位置。

6）监视本项目图元：

- 再次单击"协作"选项卡"坐标"面板的"复制/监视"工具，选择"使用当前项目"工具。

- 单击"监视"工具，移动光标单击拾取刚复制的 4 号和 C 号轴线交点的结构柱，再单击拾取从链接"结构.rvt"文件中复制的 5 号和 C 号轴线交点的结构柱，即可在两个结构柱之间创建监视关系，并显示一个监视符号 ⊡ 。

- 按"√完成"工具完成设置。

7）完成上述设置后保存并关闭文件，结果请参见本书附赠光盘"练习文件\第 37 章\链接 Revit 模型"目录中的"37-06-01 完成"文件。

8）修改链接文件：

- 打开本书附赠光盘"练习文件\第 37 章\链接 Revit 模型"目录中的"结构.rvt"文件，打开 F1 平面视图。单击选择 5 号和 C 号轴线交点的结构柱，用"移动"工具，将结构柱向下移动 1000mm。

- 保存文件"结构.rvt"到硬盘中任意位置，后面重新载入链接时使用。

9）测试"复制/监视"：

- 打开前面保存的"37-06-01 完成.rvt"文件（或本书附赠光盘"练习文件\第 37 章\链接 Revit 模型"目录中的"37-06-01 完成.rvt"文件，打开 F1 平面视图。

- 单击"插入"选项卡的"管理链接"工具，在"管理链接"对话框的"Revit"选项卡中单击选择"结构.rvt"，单击"重新载入来自"按钮，定位到刚才保存的"结构.rvt"，单击"打开"重新载入链接文件。

- 系统显示提示对话框，提示"链接.rvt 文件的实例需要协调查阅"，如图 37-41。

- 单击"确定"关闭所有对话框。观察图中链接文件结构柱位置的变化，而复制的结构柱并没有自动更新，需要由建筑师确认是否接受这些调整。保存文件。

图 37-41　提示对话框

图 37-42　协调查阅

37.5.2　协调查阅

　　当图中有大量复制/监视的图元时，设计师很难逐一解释哪些图元发生了变更，而 Revit 可以自动记录这些监视图元的变更记录，供设计师随时查阅，并确认接受或拒绝这些变更。

1）功能区单击"协作"选项卡的"协调查阅"工具接前面练习。功能区单击"协作"选项卡"坐标"面板的"协调查阅"工具，从下拉菜单中选择"选择链接"工具。移动光标单击拾取移动位置后的结构柱选择整个链接文件，打开"协调查阅"对话框，如图 37-42。

2）协调查阅：

- 单击"图元"可以显示或隐藏监视的图元类型名称、图元 ID 号等信息。
- 显示：系统默认"推迟"、"拒绝"变更的图元信息，已经接受的信息将不显示。
- 单击"创建报告"按钮，设置保存路径和报告文件名，可以保存变更报告文件。结果请参见本书附赠光盘"练习文件 \ 第 37 章 \ 链接 Revit 模型"目录中的"37-06-协调报告 .html"文件。
- 接受变更：单击"操作"列下的"推迟"，从下拉列表中选择"移动'300mm×300mm'的实例"。单击后面的"添加注释"按钮，输入"向下移动 1000mm"，单击"确定"。最后单击"应用"按钮，观察从链接文件中复制的结构柱自动更新了其位置，"协调查阅"栏中的信息自动消失。

　　【提示】　从下拉列表中选择"推迟"则可暂时不更新；选择"拒绝"则可以拒绝更新；选择"接受差值"则不做任何修改，而接受监视图元之间的相对关系。不同的监视图元，还有不同的选择，例如删除图元、复制草图、忽略新图元、复制新图元、更新范围等协同查阅操作。

- 单击"确定"关闭对话框完成自动协调更新。

3）同样方法，功能区单击"协作"选项卡的"协调查阅"工具，从下拉菜单中选择"使用当前项目"工具，打开"协调查阅"对话框，单击"操作"列下的"推迟"，从下拉列表中选择"移动'300mm×300mm'的实例"，单击"应用"观察复制结构柱自动更新了其位置。单击"确定"关闭对话框完成自动协调更新。

4）保存文件，结果请参加本书附赠光盘"练习文件 \ 第 37 章 \ 链接 Revit 模型"目录中的"37-06-02 完成 .rvt"文件。

37.5.3 协调主体

在协同设计时，可能有以链接模型为主体的标记注释类图元，例如面积标记等。当链接模型发生变更或删除后，以链接模型为主体的标记注释类图元以及基于面的图元可能会变得孤立，需要使用查阅工具列出这些孤立图元，并自动定位该图元的位置，确认后进行处理。

1）功能区单击"协作"选项卡的"协调主体"工具，打开"协调主体"选项板，如图 37-43。列表中可以列出所有的孤立图元，本例没有。

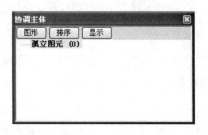 

图 37-43　协调主体　　　　　　　图 37-44　图形替换

2）协调主体操作：

- 图形：单击"图形"按钮，打开"图形"对话框，如图 37-44。可设置孤立图元的线宽、颜色、填充图案以区别显示。
- 排序：单击"排序"按钮，可重新排序孤立图元在列表中的顺序。
- 显示：选择一个孤立图元，单击"显示"按钮，可在图中自动定位显示该图元，然后选择该图元删除或选择新主体。

3）篇幅有限，本节不再详述。请读者自行体会。关闭练习文件，不保存。

37.5.4 碰撞检查

多专业协同设计时，不可避免地会在各专业间出现各种碰撞问题，在传统 2D 设计模式下需要人工检查，费时费力，且不能完全解决。Revit 系列软件则提供了专用的"碰撞检查"工具，可以自动检查各专业模型间的碰撞问题，并自动生成碰撞报告，自动定位碰撞构件位置，真正实现了无差错协同设计，提高了设置质量。

打开本书附赠光盘"练习文件 \ 第 37 章 \ 链接 Revit 模型"目录中的"37-07-机械 .rvt"文件，打开默认三维视图，此图为使用 Revit MEP 软件绘制的暖通和给排水设备和管道模型，并链接了建筑和结构专业的模型文件。

1）功能区单击"协作"选项卡"坐标"面板的"碰撞检查"工具，从下拉菜单中选择"运行碰撞检查"命令，打开"碰撞检查"对话框。

2）如图 37-45，在左侧栏中设置"类别来自"为"当前项目"文件，勾选"管道""软风管""风管"，在右侧栏设置"类别来自"为"37-07-结构 .rvt"文件，勾选"结构框

图 37-45　碰撞检查

图 37-46　冲突报告

架"。单击"确定"打开"冲突报告"对话框，如图 37-46。

【提示】　　设置"类别来自"时，必须设置在当前项目和链接文件之间、或当前项目内部图元之间进行碰撞检查，而不能设置在两个链接文件之间进行碰撞检查。

3）冲突报告：

- 图元定位：单击选择有冲突的某一个风管即可在图中自动以蓝色显示该图元。如果在当前视图中看不到该图元，可以单击"显示"按钮自动打开其他平面等视图定位该图元的位置。

- 导出：单击"导出"按钮，设置保存路径和文件名，即可保存冲突报告文件。结果请参见本书附赠光盘"练习文件 \ 第 37 章 \ 链接 Revit 模型"目录中的"37-07-冲突报告 . html"文件。

- 刷新：当检测出上述碰撞后，将"冲突报告"对话框移动到旁边并保持打开状态，然后水暖设计师可以在"37-07-机械 . rvt"文件中直接修改有冲突的风管等图元的位置等。修改完成后，单击"刷新"按钮，即可重新进行二次检测，已经解决的冲突将不再显示。以此方法，逐一检查、修改、检测每项冲突，直到解决所有问题。

- 图元 ID：注意在冲突报告中除了有冲突图元所在的项目文件名称、图元类型名称外，还有一个图元 ID 代码。此代码可以帮助设计师自动定位图元位置。单击功能区"管理"选项卡"查询"面板的"按 ID 选择"工具，在"按 ID 号选择图元"对话框中输入图元的 ID 号码，单击"确定"即可自动打开一个视图并缩放显示该图元。

图 37-47　按 ID 号选择图元

4）本例重在讲解冲突检查的方法，不修改风管的位置。单击"关闭"关闭对话框。完成上述练习后关闭文件，不保存。

37.5.5　修订

在建筑设计中，经常要修改设计以满足用户或项目要求。在专业内项目成员间、特别是专业间协同设计时，为了提高沟通效率，需要对设计修改保存修订信息，记录修订时间、修改原因与执行者等信息，以备将来查询追踪。Revit Architecture 就提供了专用的"修订"和"云线"等工具实现上述功能。

打开本书附赠光盘"练习文件 \ 第 37 章 \ 链接 Revit 模型"目录中的"37-06.rvt"文件，打开 F1 平面视图，缩放到起居室沙发右上角的结构柱位置，完成下面的练习。

1. 输入修订信息

当在一个场地文件中有多个相同的建筑模型时，可以使用共享坐标功能为每个模型创建一个位置。也可以为一个建筑定义多个位置，然后在场地中为其选择不同的位置移动该建筑。

1）功能区单击"视图"选项卡"图纸组合"面板的"修订"工具，打开"图纸发布/修订"对话框，系统默认有一个修订。

2）选择修订"编号"方式：在"图纸发布/修订"对话框右上方选择"每个项目"为本例的编号方式。此设置将控制云线在标记和明细表中修订编号的显示。

- 每个项目：默认选项。Revit Architecture 根据"图纸发布/修订"对话框中的修订序列对修订进行编号，不能更改。

- 每张图纸：Revit Architecture 相对于图纸上其他云线的序列对云线进行编号，与"图纸发布/修订"对话框中的修订序列无关，可以编辑。

3）输入修订信息：如图 37-48，输入修订信息。

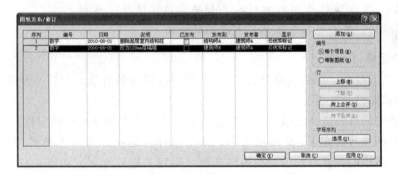

图 37-48　输入修订信息

- 修订"编号"：单击修订 1 的"编号"列，从下拉列表中选择"数字"，则创建的修订按数字顺序排列。可选择"字母"或"无"编号。

- 修订"日期"：输入修订 1 的"日期"为"2010-08-01"。

- 修订"说明"：输入修订 1 的"说明"为"删除起居室内结构柱"。

- "发布到"、"发布者"：输入修订 1 的"发布到"为"结构师 A"，"发布者"为"建筑师 A"（切记不要勾选"已发布"）。

- "显示"：从修订"显示"下拉列表中选择显示"云线和标记"。

- 单击"添加"按钮，创建新修订，设置"编号"、"日期"、"发布者"、"显示"同上，输入修订 1 的"说明"为"改为 120mm 厚隔墙"，"发布到"为"建筑师 B"。

- 如选择某一行的修订，可以用右侧的"上移"、"下移"、"向上合并"、"向下合并"调整修订的顺序或删除修订。本例不调整。

4）单击"确定"完成修订信息设置。保存文件。

2. 修改设计、添加云线批注

有了修订信息，即可修改设计，然后为每个修改创建云线批注，以方便其他设计师追踪设计变更。本例不修改设计，仅以审图人身份添加云线批注，提出修改意见。

1）接前面练习。在 F1 平面视图中，功能区单击"注释"选项卡"详图"面板的"云线批注"工具，"修改│创建云线批注草图"子选项卡如图 37-49。进入绘制云线模式。

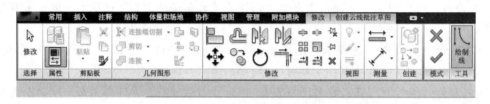

图 37-49　"修改│创建云线批注草图"子选项卡

2）移动光标，在起居室沙发右上角的结构柱周围单击几次鼠标绘制封闭的云线。功能区单击"√"工具即可创建云线，结果如图 37-50。

3）同样方法，在 F1 左上角卫生间和储藏室内墙周围、F2、F3 起居室沙发右上角的结构柱周围绘制封闭的云线。

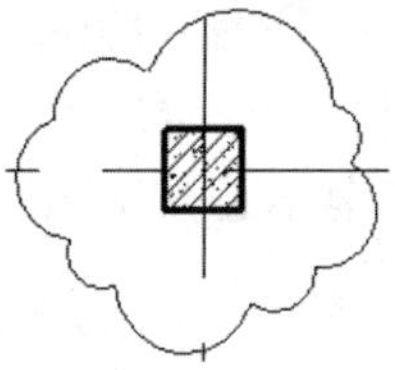

【提示】　可以选择绘制的云线，单击功能区"修改│云线批注"子选项卡的"编辑草图"工具，重新编辑云线。

图 37-50　绘制云线

3. 为云线指定修订及标记

绘制的云线要和"图纸发布/修订"对话框中的修订信息彼此对应，并为云线创建标记方能正确追踪设计变更。

1）为云线指定修订：选择云线后可以从选项栏或"属性"选项板中指定修订。

- 接前面练习。在 F1 平面视图中，单击选择起居室沙发右上角的结构柱的云线，从选项栏的"修订"下拉列表中选择"序列 1-删除起居室内结构柱"。F2、F3 相同位置的结构柱云线选择同样的修订。
- 在 F1 平面视图中，选择左上角卫生间和储藏室内墙的云线，在"属性"选项板中从参数"修订"的下拉列表中选择"序列 2-改为 120mm 厚隔墙"。可以看到其他修订参数灰色显示，不能直接编辑。

2）标记修订：

- 在 F1 平面视图中，功能区单击"注释"选项卡"标记"面板的"按类别标记"工具。选项栏勾选"引线"，选择"附着端点"，引线长度为"6mm"。
- 移动光标在左上角卫生间和储藏室内墙云线的左上方线上单击拾取，即可创建云线标记，编号为 1，如图 37-51。继续单击拾取卫生间和储藏室内墙的云线创建云线标记，编号为 2。

- 同样方法，标记 F2、F3 的结构柱云线，编号都为 1。保存文件。

4. 修订明细表

在出图的标题栏中一般都包含一个修订明细表，当完成上述工作，把某个视图放置到图纸上后，修订明细表即可自动提取该视图中的所有修改，并随修订自动更新。

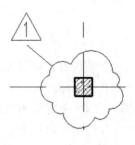

图 37-51 云线标记

1) 接前面练习。功能区单击"视图"选项卡"图纸组合"面板的"图纸"工具，在"新建图纸"对话框中选择"A0 公制"标题栏，单击"确定"创建图纸。

2) 从项目浏览器中选择"F1"楼层平面视图，按住鼠标左键拖拽到图纸中松开鼠标，单击放置视图，观察标题栏右侧的修订明细表中自动提取了修订信息，如图 37-52。

3) 修订明细表的信息始终和"图纸发布/修订"对话框中修订信息保持一致，自动更新。

5. 发布修订

当设计师根据修改意见，重新编辑设计内容并经确认后，即可在"图纸发布/修订"对话框中将该修订标记为"已发布"。在 Revit Architecture 中，将某个修订标记为"已发布"的含义如下：

编号	描述	日期
1	删除起居室内结构柱	2010-08-01
2	改为120mm厚隔墙	2010-08-01

图 37-52 修订明细表

- 在"图纸发布/修订"对话框中，不能再修改该修订的信息。
- 在项目视图中，不能再将已发布的修订指定给其他（新的）云线批注。
- 不能编辑已发布修订指定给的云线批注。

发布修订的方法很简单：

1) 功能区单击"视图"选项卡的"修订"工具，打开"图纸发布/修订"对话框，选择 1 号修订，勾选"已发布"即可。可以看到日期、说明等参数全部灰色显示。

2) 单击"确定"完成发布。在 F1 平面视图中，选择结构柱的修订，可以看到无论是功能区、选项栏，还是"属性"选项板，都不能再编辑该云线批注。

3) 保存文件，结果请参见本书附赠光盘"练习文件 \ 第 37 章 \ 链接 Revit 模型"目录中的"37-06-03 完成 .rvt"文件。

【提示】 出图前可以在"可见性/图形"对话框中的"注释类别"选项卡中取消勾选"云线批注"和"云线批注标记"隐藏所有的修订内容。

前面 3 节内容详细讲解了协同设计的工作集、链接 Revit 模型以及复制监视、协调查阅、碰撞检查、修订等多专业协同设计的方法，结合本章第 1 节的导入、链接 CAD 文件的方法，再加上现有的各种即时通讯手段，您已经掌握了 3D 协同设计的各种模式和方法。在实际项目设计中，还需要根据不同的项目情况、不同的设计习惯、现有的协同设计模式等，综合考核后选择合理的 3D 协同设计模式，切实发挥 3D 协同设计的优势，提高设计质量和效率。

37.6　导　出　与　发　布

在前面各章中已经学习过导出图像、导出明细表、导出日光研究、导出漫游等各种导出工具的使用方法，本节再系统地讲解 Revit Architecture 的各种导出和发布功能与设置方法，以便更好地为后续的设计、分析、模拟等设计提供需要的图形和数据。

打开本书附赠光盘"练习文件 \ 第 37 章 \"目录中的"37-08.rvt"文件，完成下面的练习。

37.6.1　导出 CAD 格式

Revit Architecture 的三维模型及各种平面、立剖面、详图等视图可以导出为 DWG、DXF、DGN 及 SAT 格式文件，以便于和没有使用 Revit Architecture 的设计师或其他单位交流。在导出 DWG、DXF、DGN 之前还需要先设置导出文件的图层、颜色等设置，以便和对方所使用的标准图层等设置保持一致，实现无障碍交流。

1. 导出 DWG 文件

DWG 是设计师使用最多的设计文件格式，导出前需要设置导出图层设置。

1）导出 DWG 图层设置：

- 单击应用程序菜单"R$_A$"图标，在下拉菜单中单击选择"导出"-"选项"-"导出图层 DWG/DXF"命令，打开"导出图层"对话框，如图 37-53。

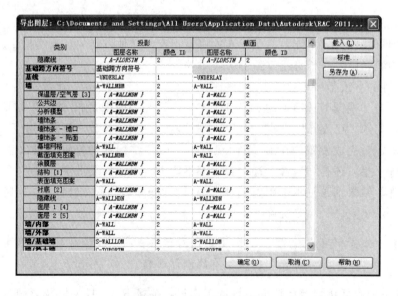

图 37-53　导出图层设置

- 载入设置文件：单击"载入"按钮，可以看到系统默认选择 ISO13567 的图层标准设置文件"exportlayers-dwg-ISO13567.txt"。可以选择其他设置文件载入使用。
- 标准：单击"标准"按钮，打开"未定义图层标准"对话框，可选择载入美国

AIA、ISO13567、新加坡 CP83、英国 BS1192 的图层设置标准文件。

- 另存为：可根据需要，对照使用 DWG 文件方所使用的 DWG 图层设置，在"导出图层"对话框中设置各构件类别的投影和截面线所在的图层名称和颜色 ID 号，然后单击"另存为"按钮保存为新的导出图层设置文件，然后即可共享给其他所有项目小组成员"载入"后使用。

- 本例不做设置，采用默认的 ISO13567 的图层标准导出 DWG。单击"确定"关闭对话框。

2) 导出 DWG：

- 打开"37-08.rvt"文件的 F1 平面视图。单击应用程序菜单"R$_A$"图标，在下拉菜单中单击选择"导出"-"CAD 格式"-"DWG 文件"命令，打开"导出 CAD 格式-视图/设置"对话框，如图 37-54。

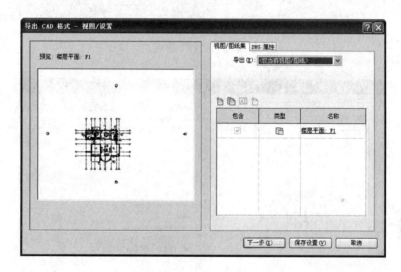

图 37-54 导出 DWG

- 在"视图/图纸集"选项卡中默认选择导出当前视图。可以从"导出"下拉列表中选择"<任务中的视图/图纸集>"，然后从激活的"按列表显示"下拉列表中选择"<模型中的所有视图和图纸>"，即可从下面的列表中批量选择导出的视图，如图 37-55。本例按默认选择导出当前视图。

- 单击"DWG 属性"选项卡，如图 37-56，设置线型比例、单位等属性参数。注意：可根据需要勾选下面的"将房间和面积导出为多段线"。

- 单击"保存设置"则自动关闭对话框，再次打开"导出 CAD 格式-视图/设置"对话框时可以自动提取上次的设置。

- 单击"下一步"，如图 37-57，设置导出文件保存路径，设置"文件名/前缀"为"37-08-导出 DWG"（批量导出视图时，可以自动按"命名"中设定的规则自动命名导出文件名称），"文件类型"为"AutoCAD 2010 DWG 文件（*.dwg）"（可以从下拉列表中选择其他版本的 DWG 格式）。

- 单击"确定"即可自动导出 DWG 文件。结果请参见本书附赠光盘"练习文件\

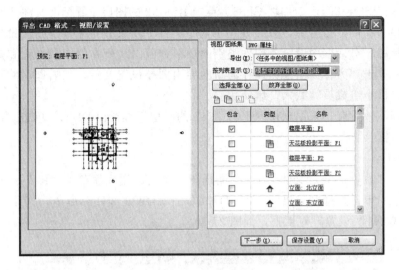

图 37-55 选择导出视图

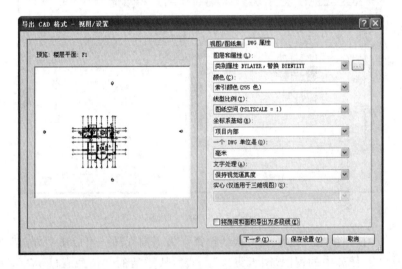

图 37-56 设置导出 DWG 属性

第 37 章 \ " 目录中的 "37-08-导出 DWG-楼层平面-F1.dwg" 文件。

【提示 1】 当导出图纸时，不仅会自动创建 AutoCAD 的图纸空间，而且会自动将图纸中的每个视图的原始视图导出为图纸视图的外部参照视图 DWG 文件。

【提示 2】 当导出三维视图时，在图 37-51 的 "实心（仅适用于三维视图）" 下拉列表中选择 "导出为 ACIS 实体" 选项，如此导出的三维构件为一个实体对象，而不是几个多边形网格面，不仅方便后期的继续编辑修改，也可以保证足够小的 DWG 文件体量。

2. 导出 DXF、DGN、SAT 文件

导出 DXF 的图层设置同导出 DWG 文件完全一样，使用 "导出"-"选项"-"导出图层 DWG/DXF" 命令。导出 DXF 的方法也同导出 DWG 文件完全一样，命令为 "导出"-

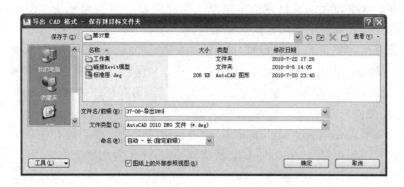

图 37-57　设置导出路径和文件名

"CAD 格式"-"DXF 文件"。请自行练习，本节不再详述。

导出 DGN 的图层设置同导出 DWG 文件完全一样，使用"导出"-"选项"-"导出图层 DGN"命令。导出 DGN 的方法也同导出 DWG 文件几乎完全一样，命令为"导出"-"CAD 格式"-"DGN 文件"。请自行练习，本节不再详述。

导出 SAT 文件的方法和导出 DWG 文件几乎完全一样，命令为"导出"-"CAD 格式"-"ACIS（SAT）文件"。请自行练习，本节不再详述。

37.6.2　导出 DWF/DWFx、FBX、ADSK 交换文件

DWF/DWFx、FBX、ADSK 格式是几个重要的数据浏览、数据交换文件格式。接前面练习，打开默认三维视图，完成下面练习。

1. 导出 DWF/DWFx 文件

DWF/DWFx 格式是同 DWG 格式对应的浏览格式，Revit Architecture、AutoCAD 等多种软件的设计文件都可以导出为 DWF/DWFx 格式（DWFx 为 2011 版本及以后的格式，2010 及以前的格式为 DWF）。DWF/DWFx 格式文件只能浏览、测量、打印，不能做修改，保证了数据安全，且文件体量比较小，方便电子邮件传递或发布到网上。

DWF/DWFx 格式文件可以使用 Autodesk 公司免费的 Design Review 软件进行浏览、测量、打印。也可以使用免费的 Microsoft XPS Viewer 打开和打印 DWFx 文件，在使用 Microsoft Windows Vista 操作系统的计算机上预安装了该软件，对于 Windows XP 操作系统，可直接从 Microsoft 网站下载 Microsoft XPS Viewer。目前，Microsoft XPS Viewer 不支持包含三维内容、受密码保护的内容、受限内容或地理参照图坐标的视图。

导出 DWF/DWFx 的方法同导出 DWG 文件几乎完全一样，单击应用程序菜单"R_A"图标，选择"导出"-"DWF/DWFx"命令即可。不同之处在"DWF 属性"参数不同，且多了一个"项目信息"选项卡。请自行练习，本节不再详述。

2. 导出 FBX 文件

导出 FBX 仅适用于三维视图。FBX 格式是为了和 3ds Max 进行数据交换的一个专用格式，如果用户希望使用 Revit Architecture 的模型在 3ds Max 中进行渲染，创建复杂的渲染效果，则可以使用该功能。

FBX 文件格式可将 Revit Architecture 的渲染信息传递给 3ds Max，包括三维视图的

光、渲染外观、天空设置以及材质指定信息。如此可以尽可能地减少 3ds Max 的重复劳动工作量，保证设计和渲染结果之间的一致性。

打开默认三维视图，单击应用程序菜单"R_A"图标，在下拉菜单中单击选择"导出"-"FBX"命令，设置保存路径和文件名，单击"保存"即可。结果请参见本书附赠光盘"练习文件 \ 第 37 章 \ "目录中的"37-08-导出 FBX.fbx"文件。

3. 导出 ADSK 文件

建筑设计师可以在 Revit Architecture 中进行建筑设计，然后将相关的建筑内容以三维模型的形式导出到可接受 Autodesk 交换文件（ADSK）的土木工程应用程序（如 Auto-CAD Civil 3D）中进行设计展示等。

本节简要介绍导出 ADSK 文件的流程，具体操作请自行练习，不再详述。

1）准备要导出的建筑场地：

- 创建三维视图，并尽可能地简化模型，只将相关图元显示出来。
- 创建总建筑面积平面和建筑红线：要将建筑场地导出到 ADSK 文件中，必须至少指定一个面积平面作为总建筑面积平面。可以在启动导出过程前创建总建筑面积平面，也可以在导出期间在 Revit Architecture 的引导下完成创建过程。总建筑面积平面应处于地平面标高处，因为它在导出后将成为建筑迹线。

- 创建要导出的场地公用设施：可以将土木工程师感兴趣的场地公用设施放置在要导出的建筑场地上，场地公用设施包括煤气、水、电话、电缆和蒸汽接管等。

2）单击应用程序菜单"R_A"图标，在下拉菜单中单击选择"导出"-"建筑场地"命令，打开"建筑场地导出设置"对话框设置相关选项，如图 37-58。

3）单击"下一步"设置保存路径和文件名，即可创建 ADSK 交换文件交给土木工程师。

图 37-58　建筑场地导出设置

37.6.3　导出图像、动画、明细表与报告

1. 导出图像与动画

单击应用程序菜单"R_A"图标，在下拉菜单中单击选择"导出"-"图像与动画"命令下，有 3 个子命令：漫游、日光研究和图像。导出"漫游"详细请参见"33.2.2 导出漫游"，导出"日光研究"详细请参见"31.2 一天日光研究"。

导出"图像"命令则可将任意平面、立剖面等视图，以及日光研究视图、渲染图像等导出为外部的图像文件。在"导出图像"对话框中可设置文件名称和保存路径、导出范

围、图像尺寸、文件格式等，如图 37-59，
单击"确定"即可。

2. 导出报告

单击应用程序菜单"R_A"图标，在下
拉菜单中单击选择"导出"-"报告"命令
下，有 2 个子命令：明细表、房间/面积报
告。导出"明细表"详细请参见"25.1.3
导出明细表"。

导出"房间/面积报告"功能主要面向
欧洲用户，可以创建一个详细报告，描述
平面视图（楼层平面和面积平面）中定义
的面积。这些报告将包含楼层在相应标高
处的所有房间和面积的信息，每个报告都
将生成为一个 HTML 文件。

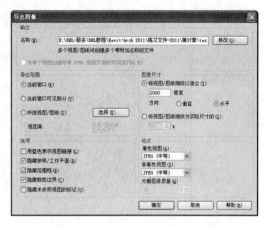

图 37-59 导出图像

创建房间/面积报告时，可以选择下列文件格式：

- Revit 房间面积三角测量报告：对于选定平面中的每个房间或面积，此报告将包
  含房间边界或面积边界的图像，这些边界都经过三角测量及注释。每个图像下
  面，都会有一个表格显示三角测量面积以及房间总面积和窗口总面积的计算。
- Revit 房间面积数值积分报告：对于选定平面中的每个房间或面积，此报告将包
  含一个表格，列出线段、子面积以及它们的尺寸标注。每个表格下面都会有房间
  总面积和窗口总面积。

具体操作请自行练习，本节不再详述。

37.6.4 导出 gbXML、IFC、ODBC 数据库

1. 导出 gbXML 文件

gbXML 文件用于使用第三方负荷分析软件应用程序来执行负荷分析。在平面视图中
的所有区域中放置房间构件后，即可将设计导出为 gbXML 文件。有关 gbXML 方案的详
细信息，也可以访问 http：//www.gbxml.org。

单击应用程序菜单"R_A"图标，在下拉菜单中单击选择"导出"-"gbXML"命令，
打开"导出 gbXML-设置"对话框，如图 37-60。设置相关选项后，单击"下一步"，设置
保存路径和文件名后，单击"保存"即可。具体操作请自行练习，本节不再详述。

2. 导出 IFC 文件

行业基础类（IFC）文件格式由国际协同工作联盟（IAI）开发的。IFC 为不同软件应
用程序之间的协同问题提供了解决方案，此格式具有用于导入和导出建筑对象及其属性的
确定国际标准。有关 IFC 文件格式的详细信息，请访问 http：//www.iai-internation-
al.org。

Revit Architecture 根据最新的 IAI IFC2x3 数据交换标准，提供 IFC 导入和经过完全
认证的导出功能。将 Revit 建筑信息导出为 IFC 格式后，其他建筑专业人员（如结构和建

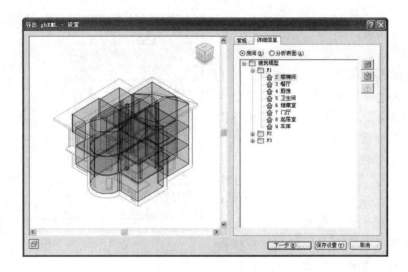

图 37-60　导出 gbXML 设置

筑服务工程师）可以直接使用这些信息。

单击应用程序菜单"R$_A$"图标，在下拉菜单中单击选择"导出"-"IFC"命令，设置保存路径和文件名后，单击"保存"即可。具体操作请自行练习，本节不再详述。

3. 导出 ODBC 数据库

可以将 Revit Architecture 模型构件数据导出到 ODBC（开发数据库连接）数据库中，导出的数据可以包含已指定给项目中一个或多个图元类别的项目参数，对于每个图元类别，Revit Architecture 都会导出一个模型类型数据库表格和一个模型实例数据库表格。例如，Revit Architecture 将创建两个表格，一个表格中列出所有的门类型，以及另一个表格中列出所有的门实例。

ODBC 是一种能够与许多软件驱动程序协同工作的通用导出工具。Revit Architecture 支持的 ODBC 数据库有：Microsoft Access、Microsoft Excel、Microsoft SQL Server。

单击应用程序菜单"R$_A$"图标，在下拉菜单中单击选择"导出"-"ODBC 数据库"命令，如图 37-61，设置数据源、创建数据库文件等后，单击"确定"即可。具体操作请自行练习，本节不再详述。

图 37-61　导出 ODBC 数据库

37.6.5　将 DWF、DWG 发布到 Buzzsaw

Autodesk Buzzsaw 是一种项目数据管理与协同作业服务，可以使用它集中存储、管理和共享来自任何 Internet 连接的项目数据文档，从而提高团队的生产效率并降低成本。

将 Revit Architecture 的项目文件发布到 Buzzsaw 有两种方法：

1) 将 DWF 发布到 Buzzsaw：单击应用程序菜单 "R_A" 图标，在下拉菜单中单击选择 "发布" - "将 DWF 发布到 Buzzsaw" 命令，则可以将选择的视图和图纸自动转换为 DWF 文件，并上传到 Buzzsaw 服务器站点上。

2) 将 DWG 发布到 Buzzsaw：单击应用程序菜单 "R_A" 图标，在下拉菜单中单击选择 "发布" - "将 DWG 发布到 Buzzsaw" 命令，则可以将选择的视图和图纸自动转换为 DWG 文件，并上传到 Buzzsaw 服务器站点上。

此操作必须具有相应的 Buzzsaw 服务器站点的访问和编辑权限才能操作，因此本节不再详述。

37.6.6 导出到 PKPM 节能、Navisworks 软件

Revit Architecture 的三维建筑模型可以导出到 PKPM 的节能软件中进行节能分析。导出 Revit Architecture 的三维建筑模型到 PKPM 节能软件，必须安装对应的导出插件。插件的详细信息请与中国建筑科学研究院上海分院联系。

可以导出 Revit Architecture 的三维建筑模型到 Navisworks 软件进行模型浏览、软硬碰撞检查和施工进度模拟。在安装 Navisworks 软件时，可以选择在 Revit Architecture 上安装相关插件，该插件将放置到功能区 "附加模块" 功能区中。

"大师 7 式" 第 7 式 "天地大同"——共享与协同! 强大的协同设计功能，让建筑师在高效完成本专业设计内容的同时，也可以与专业内项目小组成员以及结构、水暖电设计师之间进行高效、高质量的协同设计。而强大的导入、导出与发布功能，则可以让 Revit Architecture 的设计数据与 AutoCAD、SketchUp、Rhino、3ds Max、Navisworks、PK-PM、Civil 3D、ODBC 数据库、gbXML、IFC 等应用程序与格式之间进行完美的设计数据交互，实现了设计数据共享，为后续的分析、模拟、管理等设计工作提供了技术保障。

恭喜，您已经完成了 "34 式 RAC" 的全部内容的学习，从小师弟成长为真正的 Revit Architecture 大师! 俗话说：师傅领进门，修行靠个人! 大师之所以成为大师，更重要的还要靠不断的实战锤炼，方能达到成竹于胸、灵活应用、挥洒自如之境界! 希望 Revit Architecture 设计工具大师之技能，能促进您建筑设计大师成长之历程!

附 录

学 习 资 源

交流是最好的学习方式，对于 Revit Architecture 的学习来讲，此也同样适用。互联网是一个非常好的交流平台，目前已经有多个 Revit Architecture 资源交流论坛，可以与其他 Revit Architecture 用户共同分享问题与经验。本书为您推荐几个比较好的学习资源网站。

1. Autodesk

- http：//www.autodesk.com.cn：
  AutoCAD、Revit 系列软件官方中文网站，可及时了解 Revit 及其他 Autodesk 产品版本更新情况，以及最新的全球案例。

- http：//au.autodesk.com.cn/IndexAction.do：
  Autodesk AU 技术社区，Autodesk 官方学习教程与技术支持的专业社区。

2. 北纬华元（RNL）

- http：//www.beiweihy.com.cn：
  北京北纬华元软件科技有限公司官方网站，可全面了解行业动态、行业产品与解决方案、服务与支持及北纬论坛的详细信息等。

- http：// www.bim123.com：
  北京北纬华元软件科技有限公司组织主办的大型 Autodesk 软件应用技巧、交流论坛，由专业技术支持工程师提供最专业、最权威的 AutoCAD、Revit 等系列软件应用服务与 BIM 咨询服务。论坛内有大量的用户工程案例、网络教学、出版教程、软件应用技巧等学习资料，是目前国内最大、最权威的 BIM 专业论坛。

- QQ 群：
  北京北纬华元软件科技有限公司组织主办的专业 BIM 讨论群，群内汇集行业内著名的 Revit 系列软件及 BIM 顾问专家。
    - ◇ Revit 北京①建筑：14539991
    - ◇ Revit 北京②结构：27903645
    - ◇ Revit 北京③MEP：7828326
    - ◇ 中国 BIM 群 _ 建筑：15453122
    - ◇ 中国 BIM 群 _ 结构和设备：15457247